高等院校卓越计划系列丛书

土木工程试验与检测

王柏生 主编

中国建筑工业出版社

图书在版编目(CIP)数据

土木工程试验与检测/王柏生主编. —北京：中国建筑工业出版社，2015.7
(高等院校卓越计划系列丛书)
ISBN 978-7-112-18195-7

Ⅰ.①土… Ⅱ.①王… Ⅲ.①土木工程-工程试验-高等学校-教材②土木工程-检测-高等学校-教材 Ⅳ.①TU

中国版本图书馆 CIP 数据核字(2015)第 131222 号

本教材是高等院校卓越计划系列丛书中浙江大学建筑工程学院卓越计划系列教材之一。是在浙江大学本科生课程"结构试验"与研究生学位课程"土木工程试验与检测"的教学内容基础上，参考同类书目，结合作者教学、科研、工程技术服务的经验编写而成。主要介绍土木工程研究性试验、工程质量检测与监测、既有建筑鉴定的仪器设备、方法、原理，包括：土木工程结构试验的仪器与设备、荷静试验、模型试验、结构检测技术、动态测试与分析、岩土工程试验、桩基动测技术、既有建筑鉴定、抗震试验、风洞试验、施工监测。

本书可作为本科生、研究生的教材或教学参考书，也可供相关科研人员和工程技术人员使用。

责任编辑：赵梦梅 李东禧
责任设计：董建平
责任校对：李美娜 刘梦然

高等院校卓越计划系列丛书
土木工程试验与检测
王柏生 主编

*

中国建筑工业出版社出版、发行(北京西郊百万庄)
各地新华书店、建筑书店经销
北京红光制版公司制版
北京云浩印刷有限责任公司印刷

*

开本：787×1092 毫米 1/16 印张：26¾ 字数：646 千字
2015 年 10 月第一版 2015 年 10 月第一次印刷
定价：58.00 元
ISBN 978-7-112-18195-7
(27439)

版权所有 翻印必究
如有印装质量问题，可寄本社退换
(邮政编码 100037)

高等院校卓越计划系列丛书
浙江大学建筑工程学院卓越计划系列教材

《土木工程试验与检测》

主 编 王柏生

编 写 王奎华 王步宇 刘承斌 余世策
　　　　林伟岸 蔡金标

浙江大学建筑工程学院卓越计划系列教材

丛 书 序 言

随着时代进步，国家大力提倡绿色节能建筑，推进城镇化建设和建筑产业现代化，我国基础设施建设得到快速发展。在新型建筑材料、信息技术、制造技术、大型施工装备等新材料、新技术、新工艺广泛应用新的形势下，建筑工程无论在建筑结构体系、设计理论和方法以及施工与管理等各个方面都需要不断创新和知识更新。简而言之，建筑业正迎来新的机遇和挑战。

为了紧跟建筑行业的发展步伐，为了呈现更多的新知识、新技术，为了启发更多学生的创新能力，同时，也能更好地推动教材建设，适应建筑工程技术的发展和落实卓越工程师计划的实施，浙江大学建筑工程学院与中国建筑工程出版社诚意合作，精心组织、共同编纂了"高等院校卓越计划系列丛书"之"浙江大学建筑工程学院卓越计划系列教材"。

本丛书编写的指导思想是：理论联系实际，编写上强调系统性、实用性，符合现行行业规范。同时，推动基于问题、基于项目、基于案例多种研究性学习方法，加强理论知识与工程实践紧密结合，重视实训实习，实现工程实践能力、工程设计能力与工程创新能力的提升。

丛书凝聚着浙江大学建筑工程学院教师们长期的教学积累、科研实践和教学改革与探索，具有了鲜明的特色：

（1）重视理论与工程的结合，充实大量实际工程案例，注重基本概念的阐述和基本原理的工程实际应用，充分体现了专业性、指导性和实用性；

（2）重视教学与科研的结合，融进各位教师长期研究积累和科研成果，使学生及时了解最新的工程技术知识，紧跟时代，反映了科技进步和创新；

（3）重视编写的逻辑性、系统性，图文相映，相得益彰，强调动手作图和做题能力，培养学生的空间想象能力、思考能力、解决问题能力，形成以工科思维为主体并融合部分人性化思想的特色和风格。

本丛书目前计划列入的有：《土力学》、《基础工程》、《结构力学》、《混凝土结构设计原理》、《混凝土结构设计》、《钢结构原理》、《钢结构设计》、《工程流体力学》、《结构力学》、《土木工程设计导论》、《土木工程试验与检测》、《土木工程制图》、《画法几何》等。丛书分册列入是开放的，今后将根据情况，做出调整和补充。

本丛书面向土木、水利、建筑、园林、道路、市政等专业学生，同时也可以作为土木工程注册工程师考试及土建类其他相关专业教学的参考资料。

浙江大学建筑工程学院卓越计划系列教材编委会
2014.10

前　言

土木工程试验与检测技术是土木工程学科研究新材料、新体系、新工艺、新理论、新方法的重要途径，也是保障工程质量、处理工程事故、维护既有建筑物安全运行的重要手段，在土木工程学科的科学研究、技术创新与开发中起着举足轻重的作用，与工程设计、施工技术以及土木工程学科的研究和发展有着密切的关系。近年来，随着我国基本建设的蓬勃发展，土木工程试验与检测技术已越来越受到相关科研人员、工程技术人员的广泛关注和重视。

培养卓越的土木工程师是土木工程专业的主要任务，而土木工程是一门实践性很强的工程学科，试验与检测技术作为实践环节的主要内容之一，无论是本科生的培养还是研究生的培养都是非常重要的。本书以浙江大学本科生课程"结构试验"以及研究生学位课程"土木工程试验与检测"的教学内容为基础，参考同类已出版书目的同时，还结合作者的教学、科研、工程技术服务的丰富经验。相比同类其他书，本书紧跟土木工程试验测试技术的最新发展，结合土木工程建设的工程实际，收纳了土木工程试验与检测的现行标准、规范的相关内容，具有很强的时效性和实用性。尤其在应变测量温度补偿技术、温度应变测量、桩基动测技术等方面有独到的见解，另外在动态测试技术方面有更详细的介绍。

本书除可作为土木工程专业本科生的"结构试验"、土木工程专业研究生的"工程试验与检测"等课程的教材外，也可作为土木工程检测技术人员、监理、设计、工程管理技术人员以及土木工程科学等有关科研人员、工程技术人员的参考用书。

本书由王柏生、王奎华、王步宇、刘承斌、余世策、林伟岸、蔡金标合作编写，其中王柏生编写了第1、3、4、9章，2、5章的主要部分以及第6章的一部分，王奎华编写了第8章和12.1节，王步宇编写6章的部分以及5章的小部分，刘承斌编写了第10章以及第2章的小部分，余世策编写了第9章，林伟岸编写了第7章，蔡金标编写了12.2节，全书由王柏生负责统稿。

本书在书稿整理的过程中，得到了硕士研究生叶灵鹏、汪建伟的许多帮助，在此表示衷心感谢！

由于作者的水平有限，编写中难免存在错误或不妥之处，谨请专家、同行和读者批评指正。

王柏生

2015 年 4 月

目 录

第1章 概述 ··· 1
  1.1 土木工程试验与检测的重要性 ·· 1
  1.2 土木工程试验与检测的目的与任务 ·· 2
  1.3 土木工程试验与检测的分类 ··· 4

第2章 土木工程试验仪器与设备 ·· 8
  2.1 试验加载方法与设备 ·· 8
  2.2 试验量测技术与量测仪表 ··· 26
  2.3 数据采集系统 ·· 58
  2.4 虚拟仪器 ·· 60

第3章 荷载试验 ·· 62
  3.1 概述 ·· 62
  3.2 结构静载试验的程序与试验准备工作 ··· 63
  3.3 结构试验荷载与加载方案 ··· 66
  3.4 结构试验观测 ·· 69
  3.5 结构试验数据处理 ·· 71
  3.6 桥梁荷载试验 ·· 80
  3.7 桩基荷载试验 ·· 83

第4章 结构模型试验 ·· 86
  4.1 模型试验理论基础——模型相似理论 ··· 87
  4.2 结构模型的分类 ··· 94
  4.3 模型设计 ·· 94
  4.4 模型试验材料及制作要求 ··· 100
  4.5 模型试验实例 ··· 103

第5章 结构检测技术 ··· 108
  5.1 钢筋混凝土结构检测 ·· 108
  5.2 钢结构现场检测 ·· 132
  5.3 砌体结构现场检测技术 ··· 139
  5.4 木结构检测 ·· 145

第6章 动态测试与分析 ·· 149
  6.1 振动过程及其描述 ··· 149
  6.2 振动系统对激励的响应 ··· 175
  6.3 频率分析及数字信号处理技术 ·· 199
  6.4 结构模态试验分析技术 ··· 217

第7章 岩土工程试验 242
- 7.1 土工试验原理 242
- 7.2 先进土工试验 261
- 7.3 地基与边坡工程模型试验 269

第8章 桩基动测技术 275
- 8.1 一维波动理论 275
- 8.2 桩基低应变动测原理与技术 279
- 8.3 桩基高应变动测原理与技术 283

第9章 既有建筑鉴定 297
- 9.1 既有建筑的可靠性鉴定 297
- 9.2 危险房屋鉴定 312
- 9.3 火灾后结构鉴定 313

第10章 抗震试验 317
- 10.1 结构伪静力试验 317
- 10.2 结构拟动力试验 323
- 10.3 振动台试验 329

第11章 风洞试验 337
- 11.1 风洞试验概述 337
- 11.2 风洞试验设备 337
- 11.3 结构风洞试验 343

第12章 施工监测 357
- 12.1 基坑围护施工监测技术 357
- 12.2 桥梁工程施工监控技术 386

参考文献 416

第1章 概　　述

1.1　土木工程试验与检测的重要性

从工程技术的发展历史可以知道，工程技术的进步和发展是与工程技术实验密不可分的，新的理论、新的技术都需要通过实验进行验证和检验。工程技术方面的科学研究促进了相关实验技术的发展，与此同时，工程实验技术的不断更新，也会带动工程学科的新发展。土木工程学科的发展也是一样，其中土木工程试验的作用是功不可没的。1767年由法国科学家容格密里完成的梁的试验可算是最早的结构试验，该试验在简支木梁上缘开一槽，槽的方向与梁轴垂直，并用同样大小的硬木块塞入槽内。试验证明了这种木梁的作抗弯承载力丝毫不低于未开槽的木梁，因此，验证了梁受弯时并非整个断面都受拉，而是上缘受压、下缘受拉。容格密里的这个实验受到当时科学家们的高度评价，给人们指出了进一步发展结构强度计算理论的正确方向和方法，因此被誉为"路标试验"。

1949年新中国成立以后，应社会主义基本建设的需要，我国对土木工程相关的试验十分重视。1956年各有关大学开始设置土木工程相关的试验课程（如结构试验），各有关研究机构和大学也开始建立土木工程相关的实验室。虽然当时试验条件和技术水平无法与现在相比，但通过系统的试验研究，为制定我国自己的设计标准、施工验收标准、试验方法标准和可靠性鉴定标准等做出了应有的贡献，为我国一些重大土木工程的建设做出了贡献。改革开放以后，随着计算机技术的普及、发展，大量的研究者都热衷于研究数值计算分析技术与软件开发，当然现在已被广泛应用的一些设计、计算分析的实用软件也被成功的开发，但试验研究却一度被许多研究人员轻视。随着我国城市化进程的发展、基本建设规模的不断扩大，许多工程建设项目尤其是重大工程项目对试验检测技术也不断提出新的要求。而国家对防灾减灾的重视，更使结构抗震、抗风方面的试验研究显得非常重要。同时，我国对教育科技投入也不断增加，许多学者也意识到试验研究的重要性，国家启动的211建设、985计划等都加大了对实验室建设的力度，这些都促成了我国许多高校、和相关研究院、所加大对土木工程试验研究的投入，加强对土木工程工程相关实验室的建设，加上试验检测技术的日新月异，使得我国土木工程试验研究的能力与水平得到了很大的提高。

试验与检测技术在土木工程施工质量检验中起到的重要作用，目前已得到广大工程技术人员的普遍认可。但这是通过多次惨痛的教训、血的代价后才形成的，许多的工程质量安全事故与试验检测或监测有关，如：2008年11月15日杭州地铁工程施工发生坍塌事故致21人死亡（图1.1.1），据查其施工监测报告有杭州某检测机构出具，但实际监测工作由施工单位自己完成；2009年6月27日上海闵行区莲花河畔景苑小区内一栋在建的13层住宅建筑整体倒塌事故（图1.1.2）与相邻基坑开挖施工及堆土有关，显然基坑施工监测及周边房屋监测工作不到位是脱不了干系的。

图 1.1.1　杭州地铁工程坍塌事故现场

图 1.1.2　上海"楼倒倒"

1.2　土木工程试验与检测的目的与任务

1.2.1　科学研究性试验

科学研究性试验是以研究新问题、探索新理论、揭示新规律为目的，其任务就是，通过试验研究在土木工程设计、施工中出现的新问题，验证土木工程学科的各种新理论、新方法，验证各种科学的判断、推理、假设及概念的正确性，验证新的施工方法的可行性，或通过试验开发新型建筑材料、新型结构型式、新型施工工艺。

科学研究性试验的试验对象或称试件，是专门根据具体研究任务要求而设计制作的，它不一定是实际工程中的具体对象，往往的是经过力学分析后抽象出来的模型，模型必须反映研究任务中的主要参数。研究性试验一般都在实验室进行，需要使用专门的试验设备和数据测试系统，以便对试件的各种性能反应作连续的观察、测量和全面的分析研究，从而找出其变化规律，为验证设计理论和计算方法提供依据。这类试验通常研究以下几个方面的问题。

（1）验证计算理论的假定。在土木工程设计中，人们经常为了计算上的方便，对各种计算图式和本构关系作出某些简化的假定。如：土力学计算分析中的固结理论、抗震计算中的恢复力模型等，均需要通过试验进行验证和确定。

（2）为制订设计规范提供依据。以结构设计为例，我国现行的各种结构设计规范除了总结已有大量科学试验和经验以外，为了理论和设计方法的发展，进行了大量钢筋混凝土结构、砌体结构和钢结构的构件及足尺和缩尺模型的试验，以及实体结构物的试验研究，为我国编制各类结构设计规范提供了基本资料与试验数据。事实上现行规范采用的钢筋混凝土结构构件和砌体结构的计算理论，几乎全部是以试验研究的直接结果为基础的。这也进一步体现了结构试验学科在发展设计理论和改进设计方法上的作用。

（3）为发展和推广新结构、新材料与新工艺提供实践经验。随着土木工程学科和基本建设发展的需要，新结构、新材料和新工艺不断涌现。例如在钢筋混凝土结构中各种新结构体系的应用，钢-混凝土组合结构、轻型钢结构的设计推广，纤维混凝土材料、节能建筑材料的发展，以及大跨度结构、高耸结构、超高层建筑与特种结构的设计施工等。但是一种新材料的应用，一个新结构的设计和新工艺的施工，往往需要经过多次的工程实践与科学试验，即由实践到认识，由认识到实践的多次反复，从而积累资料，丰富认识，使设计计算理论不断改进和不断完善。

1.2.2 生产鉴定性试验

生产鉴定性试验是非探索性的。一般是在比较成熟的设计理论基础上进行。其目的是通过试验来检验实际工程是否符合工程设计规范及施工验收规范的要求，并对检验结果做出技术结论。

生产鉴定性的试验以实际工程的整体或部分作为试验对象，这类试验常应用在以下几方面：

（1）检验工程质量，说明工程的可靠性。对某些重要性工程的基础、结构或采用新材料、新工艺及新设计计算理论而设计建造的结构物或构筑物，在建成后需进行总体的性能检验，以综合评价工程设计及施工质量的可靠性。

（2）检验构件或部件的结构性能，判定构件的设计及制作质量。例如预制构件厂或建设工地生产的预制构件，在出厂或吊装前均应对其承载力、刚度和变形性能进行抽样检验，以确定其结构性能是否满足结构设计和构件检验规程所要求的指标。此外对某些结构构造较复杂的部件（如网架节点、特种桥梁、高耸桅杆和焊接构件等）均应进行严格的质量检验。检验性试验应严格按照有关的检验规程或规定进行。

（3）判断既有基础、结构的实际承载力，为改造、扩建工程提供数据。当建筑物由于使用功能发生了变化，原有基础或结构需要加固、改造时（如厂房、桥梁等）往往需要通过试验实测及分析，以确定原有基础、结构的实际潜力。

(4) 检验和鉴定既有建筑物或构筑物的可靠性。这类建筑物或构筑物一般是指经过几十年的使用，发生过异常变形或局部损伤，继续使用时人们对其安全性及可靠性持有怀疑。这类鉴定首先应进行全面的科学调查，调查的方法包括观察、试验、检测和分析。检测手段大多采用无损检测方法，必要时也可采用荷载试验，在调查和分析基础上评定其所属安全等级，最后推算其可靠性。这类鉴定工作应按照相关鉴定规程的有关规定进行。

(5) 为处理工程事故提供依据。对于因遭受地震、大风、洪水、火灾、爆炸而损毁的建筑物、构筑物，或在建造期间及使用过程中发生过严重事故的工程，产生了过度变形、裂缝、倾斜的结构或基础，都要通过试验为加固和修复工作提供依据。

1.3 土木工程试验与检测的分类

土木工程试验与检测包括：材料性能试验与检测、地基基础及土工试验与检测、结构试验与检测。

1.3.1 材料性能试验与检测

每一个土木工程都由多种建筑材料采用各种方式建造而成，显然，这些建筑材料对一个土木工程非常重要，因此，为了解土木工程质量，对建筑材料的物理力学性能、化学性能进行试验检测是非常必要的，而研究开发新的建筑材料或提高建筑材料的性能更是需要进行大量的材料性能试验与检测。

土木工程中常用的建筑材料包括：水泥、砂子、石材、木材、混凝土、沥青、钢材、其他金属材料、碳纤维、玻璃纤维等等，所关注的主要力学性能有：抗压强度、抗拉强度、屈服强度、伸长率、弹性模量、泊松比、抗折强度、硬度、膨胀性能、收缩性能、徐变性能、松弛性能、抗冻性能、抗渗性能、抗冲击性能等等，关注的其他物理性能有：密度（比重）、含水量（率）、细度、流动度、坍落度、稠度、烧失量、含泥量等等，关注的主要化学性能有：化学成分、pH值、碱集料反应、氯离子渗透等等。这些材料性能的试验或检测一般采用单一的或相对简单的仪器设备可以实现，详见相关的试验方法标准或产品标准中的试验方法，本书不再赘述。

1.3.2 地基基础及土工试验与检测

众所周知，地基基础对土木工程建筑物或构筑物至关重要，在土木工程建设开工之前，就要进行工程地质勘探，以了解工程场地的岩土构成、分布，并通过对岩土样品的试验检测，了解地基土层的物理力学性能，如：颗粒成分、粗细、含水量、密度、孔隙比、压缩模量、塑性指数、液性指数、粘聚力、内摩擦角等等，为基础设计提供技术数据。

尽管通过工程地质勘探可以详细的了解有关地基岩土的土工性能，鉴于岩土工程问题的复杂性，地基基础地下工程依然存在许多不确定性，需要进行各种试验检测予以检验和验证，常见的有：地基（天然地基、复合地基）承载力试验、静力触探、动力触探、桩基荷载试验（抗压、抗拔、水平）、桩基检测（低应变动测、高应变动测、超声波跨孔检测、混凝土钻芯检测）、基坑监测（土体位移、沉降、孔隙水压力、支撑内力等监测）、锚杆抗拔试验、地基动力性能检测等等。

1.3.3 结构试验与检测

结构是土木工程的主体，它起到承受荷载传递荷载的作用。结构在外荷载作用下，它就会产生各种反应。例如钢筋混凝土简支梁在静力集中荷载作用下，可以通过测得梁在不同受力阶段的挠度、角变位、截面上纤维应变和裂缝宽度等参数，来分析梁的整个受力过程以及结构的强度、刚度和抗裂性能。当一个框架承受水平的动力荷载作用时同样可以从测得结构的自振频率、阻尼系数、振幅（动位移）和动应变等研究结构的动力特性和结构承受动力荷载作用下的动力反应。近年来在结构抗震研究中，经常是通过结构在承受低周反复荷载作用下，由试验所得的反应力与变形关系的滞回曲线为分析抗震结构的强度、刚度、延性、刚度退化、变形能力等提供数据资料。

结构试验与检测就是在结构物或试验对象（实物或模型）上，以仪器设备为工具，各种实验技术为手段，在荷载（重力、机械扰动力、地震力、风力……）或其他因素（温度、变形）作用下，通过量测与结构工作性能有关的各种参数（变形、挠度、应变、振幅、频率……），从强度（稳定）刚度和抗裂性以及结构实际破坏形态来判断建筑结构的实际工作性能，评估结构的承载能力，确定结构对使用要求的符合程度，检验和发展结构的计算理论。

结构试验与检测通过实验中测定有关数据，来反映结构或构件的工作性能、承载能力和相应的安全性能，为结构的安全使用和设计理论的发展提供重要的依据。结构试验按试验对象分为以下几类。

原型试验，原型试验的试验对象是实际结构或是按实物结构足尺复制的结构或构件。对于实际结构试验一般均用于生产鉴定性试验。例如核电站安全壳加压整体性的试验，工业厂房结构的刚度试验、楼盖承载能力试验以及桥梁在移动荷载下的动力特性试验等均在实际结构上加载量测，另外在高层建筑上直接进行风振测试和通过环境随机振动测定结构动力特性等均属此类。在原型试验中另一类就是足尺结构或构件的试验。以往一般对构件的足尺试验做得较多的对象就是一根梁、一块板或一榀屋架之类的实物构件，它可以在试验室内试验，也可以在现场进行。由于工程结构抗震研究的发展，国内外开始重视对结构整体性能的试验研究，因为通过对这类足尺结构物进行试验，可以对结构构造、各构件之间的相互作用、结构的整体刚度以及结构破坏阶段的实际工作性能进行全面观测了解。

模型试验，由于进行原型结构试验投资大、周期长、测量精度受环境因素等影响，在经济上或技术上存在一定困难。因此，人们在结构设计的方案阶段进行初步探索比较或对设计理论和计算方法进行科学研究时，可以采用按原型结构缩小的模型进行试验。模型是仿照原型（真实结构）并按照一定比例关系复制而成的试验代表物，它具有实际结构的全部或部分特征。模型的设计制作及试验是根据相似理论，用适当的比例和相似材料制成与原型几何相似的试验对象，在模型上施加相似力系（或称比例荷载），使模型受力后重演原型结构的实际工作，最后按照相似理论由模型试验结果推算实际结构的工作。为此这类模型要求有比较严格的模拟条件，即要求做到几何相似、力学相似和材料相似。目前在试验室内进行的大量结构试验均属于这一类。

结构试验也可按荷载性质分为以下几类。

静力试验是结构试验中最大量最常见的基本试验，因为大部分建筑结构在工作时所承受的是静力荷载，一般可以通过重力或各种类型的加载设备来实现和满足加载要求。静力试验的加载过程是从零开始逐步递增一直到结构破坏为止，也就是在一个不长的时间段内完成试验加载的全过程，我们称它为结构静力单调加载试验。

近年来由于探索结构抗震性能，结构抗震试验无疑成为一种重要的手段。结构抗震静力试验是以静力的方式模拟地震作用的试验，它是一种控制荷载或控制变形作用于结构的周期性的反复静力荷载，为区别于一般单调加载试验，称之为低周反复静力加载试验。亦有称之为伪静力试验，目前国内外结构抗震试验较多集中在这一方面。

静力试验的最大优点是加载设备相对来说比较简单，荷载可以逐步施加，还可以停下来仔细观测结构变形的发展，给人们以最明确和清晰的破坏概念。在实际工作中即使是承受动力荷载的结构在试验过程中为了了解静力荷载下的工作特性，在动力试验之前往往也先进行静力试验，如结构构件的疲劳试验就是这样。静力试验的缺点是不能反映应变速率对结构的影响，特别是在结构抗震试验中与任意一次确定性的非线性地震反应相差很远。目前在抗震静力试验中虽然发展一种计算机与加载器联机试验系统，可以弥补后一种缺点，但设备耗资大大增加，而且静力试验的每个加载周期还是远远大于实际结构的基本周期。

动力试验，对于那些在实际工作中主要承受动力作用的结构或构件，为了了解结构在动力荷载作用下的工作性能，一般要进行结构动力试验，通过动力加载设备直接对结构构件施加动力荷载。如研究厂房结构承受吊车及动力设备作用下的动力特性，吊车梁的疲劳强度与疲劳寿命问题，多层厂房由于机器设备上楼后所产生的振动影响，又如高层建筑和高耸构筑物（塔桅、烟囱）等在风载作用下的动力问题，结构抗爆炸抗冲击荷载（冲击波）的影响等。特别是结构抗震性能的研究中除了用上述静力加载模拟以外，更为理想的是直接施加动力荷载进行试验，目前抗震动力试验一般用电液伺服加载设备或地震模拟振动台等设备来进行。对于现场或野外的动力试验，利用环境随机振动试验测定结构动力特性模态参数也日益增多。另外还可以利用人工爆炸产生人工地震的方法甚至直接利用天然地震对结构进行试验。由于荷载特性的不同，动力试验的加载设备和测试手段也与静力有很大的差别，并且要比静力试验复杂得多。

结构试验也可以按试验时间分为短期荷载试验和长期荷载试验。时间对于主要承受静力荷载的结构构件实际上荷载是长期作用的。但是在进行结构试验时限于试验条件、时间和基于解决问题的步骤，我们不得不大量采用短期荷载试验，即荷载从零开始施加到最后结构破坏或到某阶段进行卸荷的时间总和只有几十分钟，几小时或者几天。对于承受动载荷的结构，即使是结构的疲劳试验，则整个加载过程也仅在几天内完成，与实际工作有一定差别。对于爆炸，地震等特殊荷载作用时，整个试验加载过程只有几秒甚至是微秒或毫秒，这种试验实际上是一种瞬态的冲击试验。所以严格地讲这种短期荷载试验不能代替长年累月进行的长期荷载试验。这种由于具体客观因素或技术的限制所产生的影响，我们在分析试验结果时必须加以考虑。

对于研究结构在长期荷载作用下的性能，如混凝土结构的徐变，预应力结构中钢筋的松弛，钢筋混凝土受弯构件裂缝的开展与刚度退化等就必须要进行静力荷载的长期试验。这种长期荷载试验也可称为持久试验，它将连续进行几个月或甚至于数年，通过试验以获得结构的变形随时间变化的规律。为了保证试验的精度，经常需要对试验环境有严格的控制，如保持恒温恒湿，防止振动影响等，当然这就必须在试验室内进行。如果能在现场对实际工作中的结构物进行系统长期的观测，则这样积累和获得的数据资料对于研究结构的实际工作，进一步完善和发展工程结构的理论都具有极为重要的意义。

工程结构和构件的试验可以在有专门设备的试验室内进行，也可以在现场进行试验。

室内试验由于可以获得良好的工作条件，可以应用精密和灵敏的仪器设备进行试验，具有较高的准确度。甚至可以人为的创造一个适宜的工作环境，以减少或消除各种不利因素对试验的影响，所以适宜于进行研究性试验。这样有可能突出研究的主要方面，而消除一些对试验结构实际工作有影响的次要因素。这种试验可以在原型结构上进行，也可以采用模型试验，并可以将结构一直试验到破坏。尤其近年来发展足尺结构的整体试验，大型试验室为之提供了比较理想的条件。

现场试验与室内试验相比由于客观环境条件的影响，使用高精度的仪器设备来进行观测受到了一定的限制，相对来看，进行试验的方法也比较简单，所以试验精度和准确度较差。现场试验多数用以解决生产鉴定性的问题，所以试验是在生产和施工现场进行的，有时研究或检验的对象就是已经使用或将要使用的结构物，它可以获得近乎完全实际工作状态下的数据资料。

第 2 章　土木工程试验仪器与设备

用于土木工程试验的仪器与设备非常多，本章主要介绍常用加载设备及相关辅助设备，同时也介绍相应的加载方法；而量测仪器主要按照量测内容来介绍，对各项常见的量测内容，介绍几种常用的量测方法及相应的仪器，包括量测原理、技术性能指标、适用范围、适用条件等。

2.1　试验加载方法与设备

2.1.1　静力加载方法与设备

可以用于土木工程静载试验加载的方法与设备很多，试验不论是研究性的，还是生产服务性的，是在实验室内进行的，还是在工程现场进行的，无论采用何种方法，其加载设备必须满足以下基本要求：

（1）所用设备必须能够实现试验大纲要求的荷载布置，满足对荷载等效的要求，包括荷载传递方式、边界条件、相关截面内力的等效等；

（2）产生的荷载应当满足试验的准确度、精度的要求，并能保持相对稳定性，即不会随时间、环境条件的变化、结构的变形而产生变化，保证荷载值的相对误差不超过±5%；

（3）加载设备必须具备足够的刚度、强度和稳定性能，保证试验使用的安全可靠；

（4）加载设备不能参与试验对象的工作，以致改变其受力状态或使其产生次内力；

（5）能方便调节以满足加载分级及荷载速率控制的要求，并满足分级精度的要求。

常用的加载方法众多，主要有重物加载、液压加载、机械加载、气压加载以及拆除施工支架加载等。

1. 重物加载及其设备

可用于静载试验加载的重物很多，常用的有：铁块（砝码）、混凝土块、砖、袋装水泥、砂石料、水等，甚至非构件也可以，前提必须满足前述的基本要求。

要引起关注的是，在实际试验采用重物加载时很容易方法不当，可能产生试验荷载"失真"的问题，即不能完全反映试验要求的加载条件。对于如图 2.1.1（a）所示的情

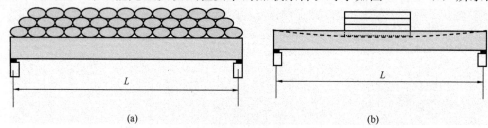

图 2.1.1
(a) 沙袋堆载示意图；(b) 构件堆载示意图

况，堆积在试验构件上的沙袋在加载后产生起拱现象，增加了试件的刚度，出现实测挠度比应该的试验挠度偏小的情况。在采用构件加载时，图2.1.1（b）所示，同样会引起荷载"失真"，而且与模拟的局部均布荷载相差甚远。

采用重物施加均布荷载，比较规范的做法如图2.1.2所示，即重物应分垛堆放，垛间拟保持5～15cm间距，堆放时应避免产生较大的冲击作用，尤其在荷载已经比较大时。

采用重物也可以施加集中荷载，可以通过荷载盘、水箱（桶）、木箱、纤维袋和杠杆等来实现。图2.1.3为重物施加集中荷载的几种情况。

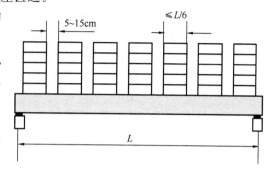

图2.1.2 重物施加均布荷载

用象砂石等非均匀材料作为重物加载时，拟每袋称重，以使所加荷载能够准确计量。用砖块加载时，可以抽取20块或更多的数量，称重后取其平均值作为计算加载量的依据，但所用砖块规格、型号、厂家等要求一致，干燥程度也相同，以确保各砖块的重量误差小于±5%。

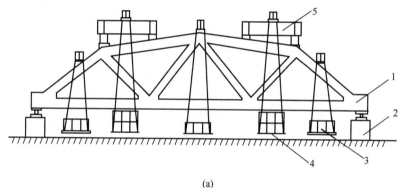

(a)

（a）直接施加集中荷载
1—试件；2—支座；3—重物；4—加载托盘；5—分配梁

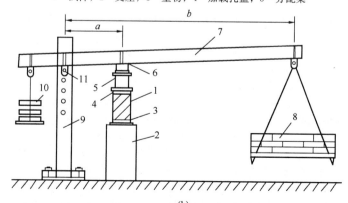

(b)

（b）利用杠杆加载
1—试件；2—支墩；3—支座；4—分配梁支座；5—分配梁；6—加载点；
7—杠杆；8—加载重物；9—杠杆拉杆；10—杠杆平衡重；11—钢销（支点）
图2.1.3 重物施加集中荷载

利用水作为重力加载，是一个简易方便而且甚为经济的方案。水可以盛在水桶内用吊杆作用于结构上，作为集中荷载。也可以采用特殊的盛水装置作为均布荷载直接加于结构表面图 2.1.4，并可以根据水的高度计算和控制荷载值，每施加 1kN/m² 的荷载只需要 10cm 高的水，对于大面积的平板试验，例如楼面、平屋面等钢筋混凝土结构是甚为合适的。在加载时可以利用进水管，卸载时则利用虹吸管原理，这样就可以减少大量运输加载的劳动力。不过当结构变形大时，应注意水深不同引起荷载不均匀，从而导致对试验产生影响。

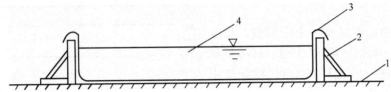

图 2.1.4　用水施加均布荷载
1—试件；2—侧向支撑；3—防水薄膜；4—水

在现场试验水塔、水池、油库等特种结构时，水是最为理想的试验荷载，它不仅符合结构物的实际使用条件，而且还能检验结构的抗裂抗渗情况。

重力加载系统的优点是设备简单，取材方便，荷载恒定，加载形式灵活。采用杠杆间接重力加载，对持久荷载试验及进行刚度与裂缝的研究尤为合适。因为荷载是否恒定，对裂缝的开展与闭合有直接影响。重力加载的缺点是荷载量不能很大，操作笨重而费工。此外，当采用重力加载方式试验时，一旦结构达到极限承载能力，因荷重不会随结构变形而自动卸载，容易使结构产生过大变形而倒塌。因此，安全保护措施应当足够重视，为了确保试验的安全进行，可以在试件底部设置托架或垫块，并与试件地面保持一定的间隙，在试件破坏时起到承托的作用，防止倒塌造成事故。

2. 液压加载设备

液压加载主要用于施加集中荷载，是目前结构试验中应用比较普遍和理想的一种加载方法。它的最大优点是利用油压使液压加载器（千斤顶）产生较大的荷载，试验操作安全方便，特别是对于大型结构构件试验要求荷载点数多，吨位大时更为合适。尤其是电液伺服系统在试验加载设备中得到广泛应用后，为结构动力试验模拟地震荷载、海浪波动等不同特性的动力荷载创造了有利条件，使动力加载技术发展到了一个新的高度。

(1) 液压加载器

液压加载器又称千斤顶，是液压加载设备中的一个主要部件。液压加载器主要工作原理是用高压油泵将具有一定压力的液压油压入液压加载器的工作油缸，使之推动活塞，对结构施加荷载。荷载值由油压表示值和加载器活塞受压底面积求得，也可由液压加载器与荷载承力架之间所置的测力计直接测读；或用传感器将信号输给电子仪表显示，也可由记录器直接记录。

液压加载器的油压表精度不应低于 1.5 级。当采用荷载传感器测量荷载示值时，传感器精度不应低于 c 级，指示仪表的最小分度值不宜大于被测力值总量的 1.0%，示值误差应在 ±1.0% F.S（满量程）之间。

在静载试验中，常用的有普通工程用的手动液压加载器，也有专门为结构试验设计的单向作用及双向作用的液压加载器。

（2）液压加载系统

液压加载法中利用普通手动液压加载器配合加载承力架和静力试验台座使用，是最简单的一种加载方法。设备简单，作用力大，加载卸载安全可靠，与重力加载法相比，可大大减轻笨重的体力劳动。但是，如要求多点加载时则需要多人同时操纵多台液压加载器，这时难以做到同步加载卸载，尤其当需要恒载时更难以保持稳压状态。所以，比较理想的加载方法是采用多点同步液压加载设备来进行试验。

液压加载系统主要是由储油箱、高压油泵、液压加载器、测力装置和阀门通过高压油管连接组成。

当使用液压加载系统在试验台座上或现场进行试验时必须配置各种支承系统，来承受液压加载器对结构加载时产生的反力，如图2.1.5。

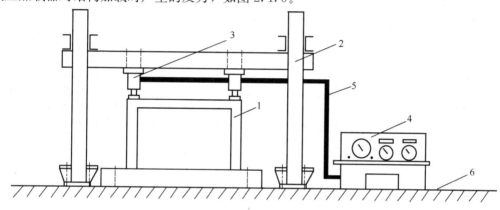

图2.1.5 液压加载系统
1—试件；2—试验承力架；3—液压加载器；4—液压操纵台；5—管路系统；6—试验台座

利用液压加载系统可以对各类建筑结构（屋架、梁、柱、板、墙板等）进行静载试验，尤其对大吨位、大挠度、大跨度的结构更为适用，它不受加载点数的多少、加载点距离和高度的限制，并能适应均布和非均布、对称和非对称加载的需要。

（3）大型结构试验机

大型结构试验机是结构试验室内进行大型结构试验的专门设备，比较典型的是结构长柱试验机，用以进行柱、墙板、砌体、节点与梁的受压与受弯试验。试验机由液压操纵台、大吨位的液压加载器和机架三部分组成。由于进行大型构件试验的需要，它的液压加载器的吨位要比一般材料试验机的容量大，至少在2000kN以上，机架高度在3m左右或更大，试验机的精度不低于2级，图2.1.6是结构长柱试验机示意图。

（4）电液伺服加载系统

电液伺服加载系统主要包括电液伺服作动器、模拟控制器、液压源、液压管路和测量仪器等。目前许多伪静力加载实验已经开始采用计算机进行实验控制和数据采集。

电液伺服作动器是电液伺服实验系统的动作执行者，其构造如图2.1.7所示。电液伺服阀接收到一个命令信号后立即将电压信号转换成活塞杆的运动，从而对试件进行推和拉的加载实验。目前国际上有专门的厂家生产高性能的电液伺服作动器，其产品已经形成了系列，实验室可以根据具体情况选择合适的电液伺服作动器及其配套设备和控制软件。

11

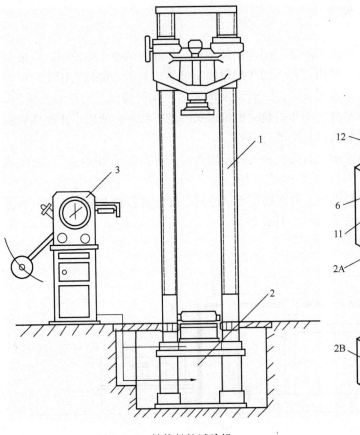
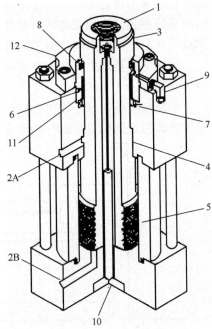

图 2.1.6　结构长柱试验机
1—试验机架；2—液压加载器；
3—液压操纵台

图 2.1.7　作动器
1—活塞杆端头；2—进出油孔；3—活塞杆；
4—软垫；5—活塞密封；6—活塞杆轴承；
7—高压密封；8—低压密封；9—回流孔；
10—线性可调差接变压器；11—密封管；
12—固定盘

模拟控制器主要是对电液伺服作动器提供命令信号，指挥电液伺服作动器完成期望的实验加载过程，这个过程是采用闭环控制来完成的。模拟控制器主要包括信号发生器、信号调节器、PID控制器、输出放大器、位移反馈放大器、力反馈放大器、应变反馈放大器、计数器和过载保护装置等，其原理和各个组成环节如图2.1.8所示。另外，模拟控制器的闭环控制反馈量可以取自试件而不是取自电液伺服作动器本身的反馈，例如可以直接采用试件的位移而不是采用电液伺服作动器的活塞位移作为反馈量。一般情况下模拟控制器中的信号发生器只能产生几种规则的信号如正弦波、三角波和方波。如果实验需要比较复杂的命令信号，那么要用计算机来生成；目前采用微机作为一个信号发生器几乎可以生成任何复杂形式的信号，然后通过 D/A 转换器将生成的命令信号转化成电压信号输入模拟控制器中；当测量信号经 A/D 转换器变成数字量输入计算机时，计算机、D/A 转换器、A/D 转换器、模拟控制器、加载作动器等就组成了一个闭环的计算机控制系统，从而可以实现结构加载实验的自动化。

液压源为整个实验系统提供液压动力。对于电液伺服作动器这种高精度加载设备，相应的液压源也有很高的技术要求，例如要保持液压油的压力和流量工作稳定，同时对供电

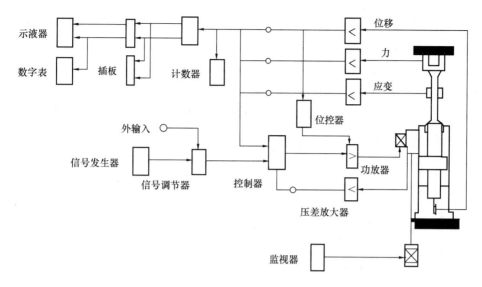

图 2.1.8 模拟控制回路和组成

也有一定的要求,还要有安全保护环节及监测仪表以保证液压源的安全运行。另外,电液伺服实验系统所用液压油的洁净程度比一般液压设备的高许多,在供油管路和回油管路都装有过滤器,这主要是为了保证作动器上的电液伺服阀能够安全可靠地工作。液压源在运行过程中需要不断地进行冷却,以保持油温在额定温度范围之内,否则液压油的温升很高,会造成设备的损坏和液压油的失效。尤其是动态加载实验时液压油的温度上升情形更为严重。所以液压源上都配有冷却器,液压油的冷却是通过热交换器来完成的,因此液压源还要配有相应的冷却水供给系统。

3. 机械器具加载设备

吊链、卷扬机、绞车、花篮螺丝、螺旋千斤顶及弹簧等是机械力加载常用机具。

吊链、卷扬机、绞车和花篮螺丝等主要是配合钢丝或绳索对结构施加拉力,还可与滑轮组联合使用,以改变作用力的方向和拉力大小。拉力的大小通常用拉力测力计测定。

螺旋千斤顶是利用齿轮及螺杆式蜗轮蜗杆机构传动的原理,当摇动手柄时,就带动螺旋杆顶升,对结构施加顶推压力,用测力计测定加载值。

弹簧加载法常用于构件的持久荷载试验。图 2.1.9 所示为利用弹簧施加荷载进行梁的

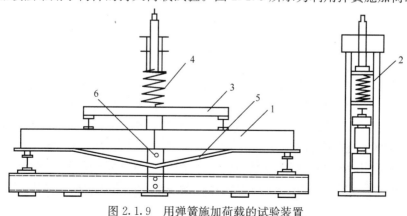

图 2.1.9 用弹簧施加荷载的试验装置
1—试件;2—荷载承力架;3—分配梁;4—加载弹簧;5—仪表架;6——挠度计

持久试验的装置。当荷载值较小时，可直接借助拧紧螺帽以压缩弹簧；加载值很大时，需用千斤顶压缩弹簧后再拧紧螺帽。

4. 气压加载设备

利用气体压力对结构加载有两种方式：一种是利用压缩空气加载；另一种是利用抽真空产生负压对结构构件施加荷载。由于气压加载所产生的为均布荷载，所以，对于平板或壳体试验尤为适合。但必须注意一点，气压加载的荷载作用方向是垂直于结构表面的。

图 2.1.10 是用压缩空气试验钢筋混凝土板的装置。台座由基础（或柱墩式的支座）、纵梁和横梁、承压梁和板以及用橡胶制成的不透气的气囊组成。气囊外面有帆布外罩。由空气压缩机将空气通过蓄气室打入气囊，通过气囊对结构施加垂直于被试结构的均布压力。蓄气室的作用是储存和调节气囊的空气压力，由气压表测定空气压力。由气压值及气囊与结构接触面积求得总加载值。

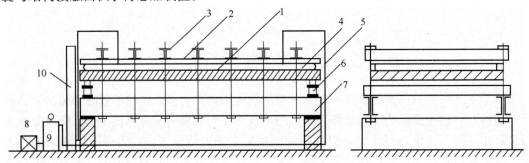

图 2.1.10 气压加载装置

1—试件；2—拼合木板；3—承压梁；4—气囊；5—进气支管；6—横梁；
7—纵梁；8—空气压缩机；9—蓄气室；10—气压计

压缩空气加载法的优点是加载卸载方便，压力稳定，缺点是结构受载面无法观测。对于某些封闭结构，可以利用真空泵抽真空的方法，造成内外压力差，即利用负压作用使结构受力。这种方法在模型试验中用得较多。

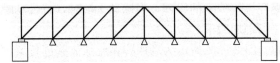

图 2.1.11 拆除施工支撑测试内力示意图

5. 通过拆除施工支撑进行加载

在某些情况下我们可以利用拆除结构制作时的支撑架来模拟结构受重力作用，以检测其挠度和内力（如图 2.1.11）。但采用这种方式时，必须注意到，由于支撑不是绝对刚性，拆除前结构可能已经受力，拆除支撑前后的内力变化与结构位移比较复杂，主要与支撑点的位置以及支撑密度有关；即使支撑绝对刚性，拆除支撑对结构产生的作用与结构的自重荷载作用是不一样的，这时测试出来的数据并不能完全代表结构自重作用下的内力和位移，尤其是内力，两者差异会很大。

2.1.2 动力加载方法与设备

工程结构动载试验时的荷载有两种情况，一种是实际的动力荷载，如动力机械运转、起重机工作、车辆行驶、地震作用等所产生的动荷载；另一种是为了使结构产生预期振动从而进一步识别结构动力特性而人工施加动荷载的方法。下面介绍人工施加动荷载的常用方法和设备。

1. 冲击加载

(1) 突加荷载法

如图 2.1.12，应用摆锤平动或落锤自由下落的方法使结构受到水平或垂直方向的瞬间冲击，作用力持续时间远远低于结构的自振周期，结构受到一个力脉冲，产生一个初速度，因而也可称为初速度加载法。

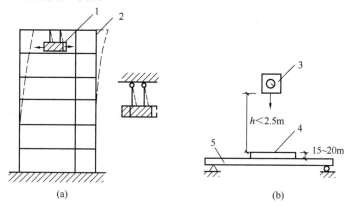

图 2.1.12　突加荷载法施加冲击力荷载
1—摆锤；2—结构；3—落重；4—砂垫层；5—试件

采用摆锤激振时，应注意摆锤摆动频率避开结构自振频率，以免产生共振而影响结构安全。

垂直落锤有可能附着于结构一起振动，从而改变结构的自振特性，因而设计试验时应考虑落锤质量所带来的影响。落锤弹起落下会再次撞击结构，且有可能使结构受损，因而重物不宜过重，落距也不宜过大，常在落点处铺上砂垫层来防止落锤回弹再次撞击结构并降低结构受到的瞬间冲击力。

对于小型结构，为了测试结构的动力特性，常用力锤对结构进行敲击来施加力脉冲，见图 2.1.13，此时还常用安装在力锤上的压电型力传感器直接测试冲击力的大小。

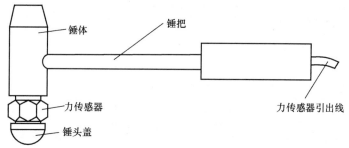

图 2.1.13　冲击力锤

(2) 张拉突卸法

如图 2.1.14，采用绞车或重物张拉铰索，使结构产生一个初位移，然后突然释放，结构在静力平衡位置附近做自由振动，此方法也称为初位移加载法。

这种方法因为结构自振时没有附加质量的影响，因而特别适合于结构动力特性的测定。

为防止结构产生过大位移，张拉力须加以控制，试验前应根据结构刚度和允许的最大位移估算张拉力。

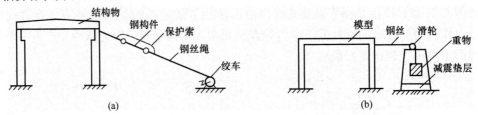

图 2.1.14 张拉突卸法对结构施加冲击力荷载

（3）反冲激振法

采用火箭发射时产生的反冲力对结构施加冲击力，特别适合于在现场对结构物（如大型桥梁、高层建筑等）进行激振。

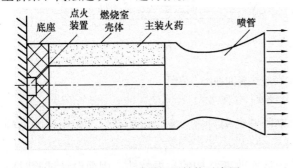

图 2.1.15 反冲激振器结构示意图

图 2.1.15 为反冲激振器的结构示意图。其工作原理为，当点火装置内火药被点着、燃烧后，主装火药很快达到燃烧温度，并进行平稳燃烧，产生的高温高压气体从喷管以极高速度喷出。如每秒喷出气流的重量为 W，按动量守恒定律可得到反冲力 P，此即为作用在被测结构上的反冲力：

$$P = W \cdot \frac{v}{g} \quad (2.1.1)$$

式中：v——气流从喷口喷出的速度

　　　g——重力加速度

以上方法都是利用物体质量在运动时产生的惯性力对结构作用动力荷载，属于惯性力加载的范畴。

2. 机械激振器加载

机械激振器加载也称为离心力加载，也是利用物体质量在运动时产生的惯性力对结构施加荷载，属于惯性力加载的范畴。

离心力加载是根据旋转质量产生的离心力对结构施加简谐激振力，见图 2.1.16。激振频率与转速（旋转角速度）对应，作用力的大小 P 与频率、质量块的质量和偏心值有关，见下式：

$$P = m\omega^2 r \quad (2.1.2)$$

式中：m——偏心块质量

　　　ω——偏心块旋转角速度

　　　r——质量块的偏心值

任何瞬时产生的离心力可分解成垂直和水平两个分力

$$P_V = m\omega^2 r \cdot \sin\omega t \quad (2.1.3)$$

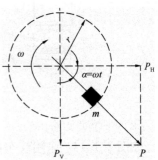

图 2.1.16 偏心质量产生的离心力

$$P_H = m\omega^2 r \cdot \cos\omega t \tag{2.1.4}$$

用离心力加载的机械式激振器的原理如图 2.1.17 所示，一对偏心质量，使它们按相反方向以等角速度 ω 旋转时，每一偏心质量产生一个离心力 $P = m\omega^2 r$，方向如图，如果两个偏心质量的相对位置如图 2.1.17（a）所示，那么两个力的水平分力互相平衡，而垂直分力合成为

$$P_V = 2m\omega^2 r \cdot \sin\omega t \tag{2.1.5}$$

同样，如果两个偏心质量的相对位置如图 2.1.17（b）所示，那么两个力的垂直分力互相平衡，而水平分力合成为

$$P_H = 2m\omega^2 r \cdot \cos\omega t \tag{2.1.6}$$

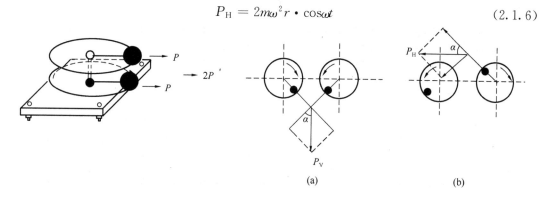

图 2.1.17　机械式激振器原理图

机械激振器使用时，应将激振器底座牢固地固定在被测结构物上，由底座把简谐激振力传递给结构，一般要求底座有足够的刚度，以保证激振力的有效传递。

激振力的频率靠调节电机转速来改变，常用直流电机实行无级调速，控制力的幅值靠改变 m 和 r 值来改变，具体方法有两种，一是改变偏心质量块的相对位置，二是增减偏心质量块的质量。

机械激振器由机械和电控两部分组成。

一般的机械式激振器工作频率范围较窄，大致在 $50\sim60\,\mathrm{Hz}$ 以下，由于激振力与转速的平方成正比，所以当工作频率很低时，激振力就较小。

为了提高激振力，可使用多台激振器同时对结构施加激振力，为了提高激振器的稳定性和测速精度，在电气控制部分采用单相可控硅，速度电流双闭环电路系统，对直流电机实行无级调速控制。通过测速发电机作速度反馈通过自整角机产生角差信号，送往速度调节器与给定信号综合，以保证两台或多台激振器不但速度相同且角度亦按一定关系运行，见图 2.1.18。

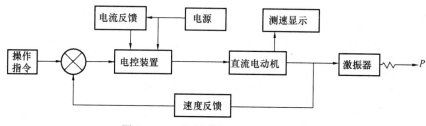

图 2.1.18　机械激振器电控原理框图

两台机械激振器反向同步激振时，还可进行扭振激振。

3. 电磁激振器加载

电磁激振器的剖面示意图如图2.1.19（a）所示，较大的电磁激振器常常安装在放置于地面的机架上，称为振动台，如图2.1.19（b）所示。

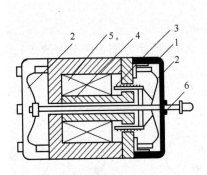
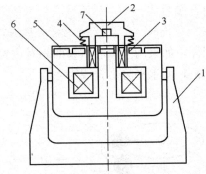

(a) 激振器
1—外壳；2—支撑弹簧；3—动圈；4—铁芯
5—励磁线圈；6—顶杆

(b) 振动台
1—机架；2—激振头；3—驱动线圈；4—支撑弹簧
5—磁屏蔽；6—励磁线圈；7—传感器

图2.1.19 电磁激振设备

电磁激振器工作类似于扬声器，利用带电导线在磁场中受到电磁力作用的原理而工作的。在磁场（永久磁铁或激励线圈中）放入动圈，通以交流电产生简谐激振力，使得台面（振动台）或使固定于动圈上的顶杆做往复运动，对结构施加强迫振动力。

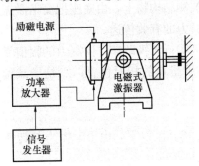

图2.1.20 电磁激振系统

电磁激振器不能单独工作，常见的激振系统由信号发生器、功率放大器、电磁激振器组成，见图2.1.20。信号发生器产生交变的电压信号，经过功率放大器产生波形相同的大电流信号去驱动电磁激振器工作。

应用电磁式激振器对结构施加荷载时，应注意激振器可动部分的质量和刚度对被测结构的影响；用振动台测量试验结构的自振频率时，应使试件的质量远小于振动台可动部分的质量，测得的自振频率才接近于试验结构的实际自振频率，为此，常在振动台的台面上附加重质量块，以增加振动台可动部分的质量 m。

激振器与被测结构之间用柔性细长杆连接。柔性杆在激振方向上具有足够的刚度，在别的方向刚度很小，即柔性杆的轴向刚度较大，弯曲刚度很小，这样可以减少安装误差或其他原因引起的非激振方向上的振动力。柔性杆可以采用钢材或其他材料制作。

电磁激振器的安装方式分为固定式和悬挂式。采用固定式安装时，激振器安装在地面或支撑刚架上，通过柔性杆与试验结构相连。采用悬挂式安装时，激振器用弹性绳吊挂在支撑架上，再通过柔性杆与试验结构相连。

使用电磁式激振器时，还需注意所测加速度不得过大，因激振器顶杆和试件接触靠弹簧的压力，当所测加速度过大时，激振器运动部分的质量惯性力将大于弹簧静压力，顶杆就会与试件脱离，产生撞击，所测出振动波形失真，因此电磁式激振器高频工作范围受到一定限制，但其工作频带对于一般的建筑结构试验已足够宽。

电磁激振器的主要优点为频率范围较宽，推力可达几十千牛，重量轻，控制方便，按信号发生器发出信号可产生各种波形激振力。其缺点是激振力较小，一般仅适合小型结构和模型试验。

4. 人激振动加载

在野外现场试验时须寻求更简单的动力加载方法，特别是无需复杂笨重设备的方法。人激振动加载法适合于在野外现场使用。

在试验中，人们发现可以利用自身在结构物上前后走动产生周期性的作用力，特别是当走动周期与结构自振周期相同时，结构振幅足够大，因此适合于进行结构的共振试验。对于自振频率比较低的大型结构来说，也完全有可能采用人激振动被激振到足可进行量测的程度。

国外有人试验过，一个体重约70ks的人，使其质量中心作频率为1Hz、双振幅为15cm的前后运动时，将产生大约0.2kN的惯性力。由于在1%临界阻尼的情况下共振时的动力放大系数为50，这意味着作用于建筑物上的有效作用大约为10kN。

利用这种方法曾在一座15层钢筋混凝土建筑上取得了振动记录。开始几周运动就达到最大值，这时操作人员停止运动，让结构作有阻尼自由振动，从而获得了结构的自振周期和阻尼系数。

5. 人工爆炸激振

在试验结构附近场地采用炸药进行人工爆炸，利用爆炸产生的冲击波对结构进行冲击激振，使结构产生强迫振动。可按经验公式估算人工爆炸产生场地地震时的加速度 A 和速度 V：

$$A = 21.9 \left(\frac{Q^m}{R}\right)^n \tag{2.1.7}$$

$$V = 118.6 \left(\frac{Q^m}{R}\right)^q \tag{2.1.8}$$

式中　Q——炸药量（吨）；

　　　R——实验结构距离爆炸源的距离（m）；

m、n、q——与试验场地土质有关的参数。

前面介绍的反冲激振法，采用火箭发射时产生的反冲力对结构施加冲击力，也是一种适合现场应用的激振方法，国内已进行过几幢建筑物和大型桥梁的现场试验，效果较好。

6. 环境随机振动激振

在结构动力试验中，除了利用以上各种设备和方法进行激振加载以外，环境随机振动激振法近年来发展很快，被人们广泛应用。

环境随机振动激振法也称脉动法。人们在许多试验观测中，发现建筑物经常处于微小而不规则振动之中。这种微小而不规则的振动来源于频繁发生的微小地震活动、大风等自然现象以及机器运行、车辆行驶等人类活动的因素，使地面存在着连续不断的运动，其运动的幅值极为微小，而它所包含的频谱是相当丰富的，故称为地面脉动，用高灵敏度的测振传感器可以记录到这些信号。地面脉动使建筑物也常处于微小而不规则的脉动中，通常称为建筑物脉动。可以利用这种脉动现象来分析测定结构的动力特性，它不需要任何激振设备，也不受结构形式和大小的限制。

我国很早就应用这一方法测定结构的动态参数，但数据分析方法一直采取从结构脉动反应的时程曲线记录图上按照"拍"的特征直接读取频率数值的主谐量法，所以一般只能获得基本频率这个单一参数。70年代以来，随着结构模态分析技术和数字信号分析技术的进步，使这一方法得到了迅速发展。目前已可以从记录到的结构脉动信号中识别出全部模态参数（各阶自振频率、振型、模态阻尼比），这使环境随机激振法的应用得到了扩展。

2.1.3 加载辅助设备

试验荷载支承装置是满足试验荷载设计、实现荷载图式、结构受力和边界条件要求以及保证试验加载正常进行的关键之一。

1. 支座

结构试验中的支座是支承结构、正确传递作用力和模拟实际荷载图式的设备。

支座按作用方式不同有滚动铰支座、固定铰支座、球铰支座和刀口支座（固定铰支座的一种特定形式）几种。一般都用钢制，常用的构造形式有图2.1.21所示几种。

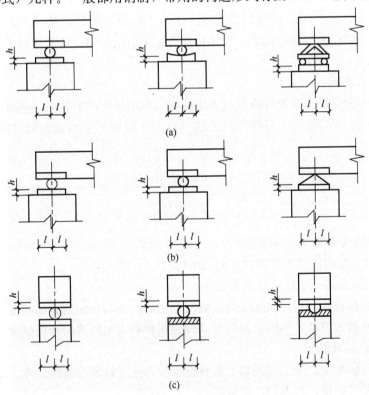

图 2.1.21 支座构造形式
(a) 活动铰支座；(b) 固定铰支座；(c) 球铰支座

(1) 简支构件和连续梁支座

这类构件一般一端为固定铰支座，其他为滚动支座。安装时各支座轴线应彼此平行并垂直于试验构件的纵轴线，各支座间的距离取为构件的计算跨度。为了减少滚动摩擦力，钢滚轴的直径宜按荷载大小根据表2.1.1选用。但在任何情况下滚轴直径不应小于50mm。

滚轴直径选用	表 2.1.1
滚轴荷载（kN/mm）	钢滚轴直径（mm）
<2.0	50
2～4	60～80
4～6	80～100

钢滚轮的上、下应设置垫板，这样不仅能防止试件和支域的局部受压破坏，并能减小滚动摩擦力。垫板的宽度一般不小于试件支承处的宽度，垫板的长度按构件挤压强度计算且不小于构件实际支承长度。垫板的厚度 h 可接受三角形分布荷载作用的悬壁梁计算且不小于 6mm，即：

$$h = \sqrt{\frac{2f_{cu}l^2}{[f_y]}}$$

式中 f_{cu}——混凝土立方体抗压强度设计值，N/mm^2；

l——滚轴轴线至垫板边缘的距离，mm；

f_y——垫板材料的计算强度设计值，N/mm^2。

当需要模拟梁的固定支座时，在试验室内，可利用试验台座用拉杆锚固，如图 2.1.22 所示。只要保证支座与拉杆间的嵌固长度，即可满足试验要求。

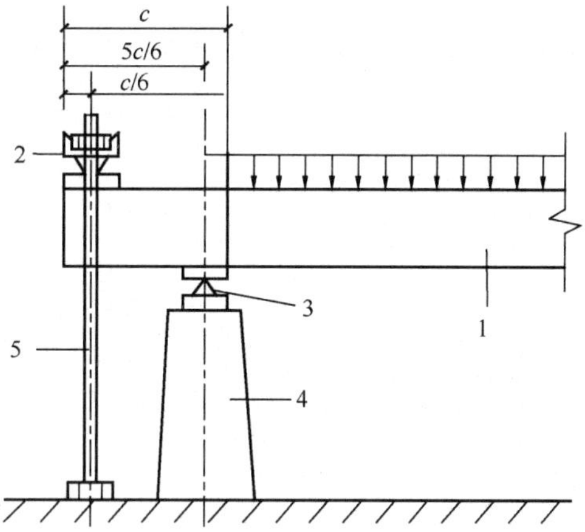

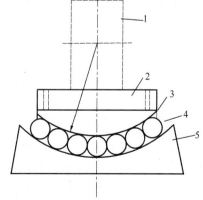

图 2.1.22 固定支座构造
1—试件；2—上支座刀口；3—下支座刀口；
4—支墩；5—杠杆

（2）四角支承板和四边支承板的支座

在配置四角支承板支座时应安放一个固定滚珠，对四边支承板，滚珠间距不宜过大，宜取板在支承处厚度的 3～5 倍。此外，对于四边简支板的支座应注意四个角部的处理，当四边支承板无边梁时，加载后四角会翘起，因此，角部应安置能受拉的支座。板、壳支座的布置方式如图 2.1.23 所示。

（3）受扭构件两端的支座

对于梁式受扭构件试验，为保证试件在受扭平面内自由转动，支座形式可如图 2.1.24 所示，试件两端架设在两个能自由转动的支座上，

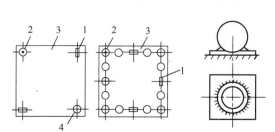

图 2.1.23 板的支座布置方式
1—滚轴；2—钢球；3—试件；4—固定球铰

图 2.1.24 受扭试验转动支座构造
1—受扭试验构件；2—垫板；3—转动支座盖板；
4—滚轴；5—弧形台座

支座转动中心应与试件转动中心重合，两支座的转动平面应相互平衡，并应与试件的扭轴相垂直。

（4）受压构件两端的支座

进行柱与压杆试验时，构件两端应分别设置球型支座或双层正交刀口支座（图2.1.25）。球铰中心应与加载点重合，双层刀口的交点应落在加载点上。目前试验柱的对中方法有两种：几何对中法和物理对中法。从理论上讲物理对中法比较好，但实际上不可能做到整个试验过程中永远处于物理对中状态。因此，较实用的办法是，以柱控制截面处（一般等截面柱为柱高度的中点）的形心线作为对中线，或计算出试验时的偏心距，按偏心线对中。进行柱或压杆偏心受压试验时，对于刀口支座，可以通过调节螺丝来调整刀口与试件几何中线的距离，以满足不同偏心距的要求。

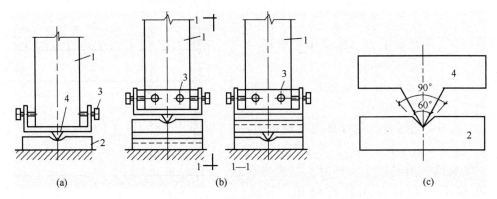

图2.1.25　柱和压杆试验的铰支座
1—试件；2—刀口座；3—调整螺丝；4—刀口

在试验机中做短柱抗压承载力试验时，由于短柱破坏时不发生纵向挠曲，短柱两端面不发生相对转动；因此，当试验机上下压板之一已有球铰时，短柱两端可不另加设刀口。这样处理是合理的，且能和混凝土棱柱强度试验方法一致。

2. 支墩

支墩常用钢或钢筋混凝土制作，现场试验也可以临时用砖砌成，高度应一致，并应方便观测和安装量测仪表。支墩上部应有足够大的平整的支承面，在制作时最好辅以钢板。

（1）为了使用灵敏度高的位移量测仪表量测试验结构的挠度，提高试验精度，要求支墩和地基有足够的刚度与强度，在试验荷载下的总压缩变形不宜超过试验构件挠度的1/10。

当试验需要使用两个以上的支墩，如对连续梁、四角支承板和四边支承板等，为了防止支墩不均匀沉降及避免试验结构产生附加应力而破坏，要求各支墩应具有相同的刚度。

（2）单向简支试验构件的两个铰支座的高差应符合结构构件的设计要求，其偏差不宜大于试验构件跨度的1/50。因为过大的高差会在结构中产生附加应力，改变结构的工作机制。双向板支墩在两个跨度方向的高差和偏差也应满足上述要求。连续梁各中间支墩应采用可调式支墩，必要时还应安装测力计，按支座反力的大小调节支墩高度，因为支墩的高度对连续梁的内力有很大影响。

3. 加载反力装置

电液伺服作动器一方面与试件连接，另一方面与反力装置连接，以便固定和施加对试件的作用。同时试件也需要固定和模拟实际边界条件,所以反力装置和传力装置都是伪静力加载实验中所必须的。目前常用的反力装置主要有反力墙、反力台座、门式刚架、反力架和相应的各种组合类型,图 2.1.26 为《建筑抗震试验方法规程》中建议的几种实验加载装置。另外,加载反力装置本身应当具有足够的刚度、承载力和整体稳定性,应当能够满足试件的受力状态和模拟试件的实际边界条件。加载反力装置应当尽可能地做到结构简单、安装方便,以便缩短整个实验过程的周期。

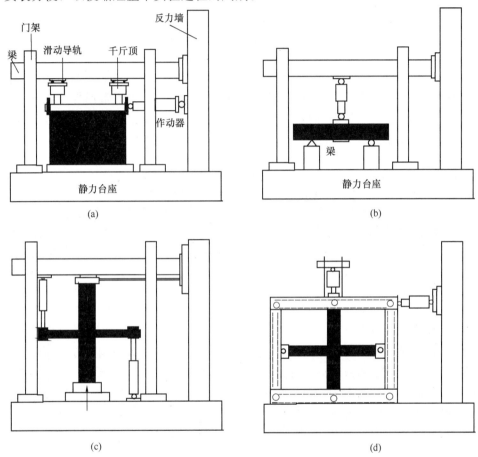

图 2.1.26 几种典型的试验加载装置
(a) 墙片实验装置;(b) 梁式构件实验装置;(c) 梁柱节点试验装置;(d) 测 P-Δ 效应的节点实验装置

4. 荷载试验台座
(1) 抗弯大梁式台座和空间桁架式台座

在预制品构件厂和小型的结构试验室中,由于缺少大型的试验台座,可以采用抗弯大梁式或空间桁架式台座来满足中小型构件试验或混凝土制品检验的要求。

抗弯大梁台座本身是一刚度极大的钢梁或钢筋混凝土大梁,其构造见图 2.1.27,当用液压加载器加载时,所产生的反作用力通过Ⅱ型加荷架传至大梁,试验结构的支座反力也由台座大梁承受,使之保持平衡。台座的荷载支承及传力机构可用上述型钢或圆钢制成的加荷架。抗弯大梁台座由于受大梁本身抗弯强度与刚度的限制,一般只能试验跨度在台座长度以下,宽度在 1.2m 以下的板和梁。

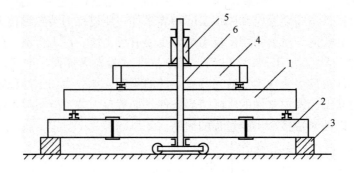

图 2.1.27　抗弯大梁台座的荷载试验装置
1—试件；2—抗弯大梁；3—支座；4—分配梁；5—液压加载器；6—荷载加荷架

空间桁架台座一般用于试验中等跨度的桁架及屋面大梁。通过液压加载器及分配梁对试件进行为数不多的集中荷载加荷使用，液压加载器的反作用力由空间桁架自身进行平衡，如图 2.1.28 所示。

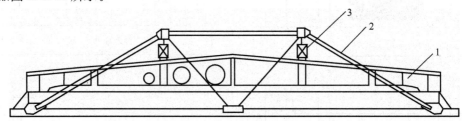

图 2.1.28　空间桁架式台座
1—试件（屋面大梁）；2—空间桁架式台座；3—液压加载器

（2）固定式试验台座

固定式试验台座是一巨型整体钢筋混凝土或预应力钢筋混凝土的厚板或箱型结构，它直接浇捣固定于试验室的地坪上，有的本身就是试验室结构的一个部分，作为试验室的基础和地下室（图 2.1.29）。台座尺寸和承载能力按试验室的规模和功能要求而定。台座刚度极大，使其受力后变形极小，台面上可同时进行几项试验而互不影响。试验台座除固定荷载支承装置外同时可用以固定横向支架，以保证试件的侧向稳定。当与固定的水平反力架或反力墙连接时，即可对试件施加水平荷载。台座按结构形式可分为板式试验台座和箱式试验台座。其中，在板式台座中以槽式台座最为普遍，预埋螺栓式台座可采用预应力混凝土结构，可用于结构疲劳试验箱式台座（亦称孔式台座，图 2.1.29）用于大型结构试验室。试验台座与反力墙连接建成的抗侧力台座广泛应用于结构抗震试验。

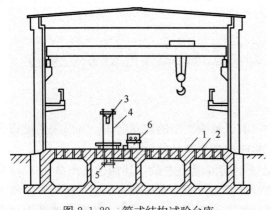

图 2.1.29　箱式结构试验台座
1—箱型台座；2—顶板上的孔洞；3—试件；4—加荷架；
5—液压加载器；6—液压操纵台

5. 现场试验的荷载装置

由于受到施工运输条件的限制，对于

一些跨度较大的屋架，吨位较重的吊车梁等构件，经常要求在施工现场解决试验问题，为此试验工作人员就必须要考虑适于现场试验的加载装置。从实践证明，现场试验装置的主要矛盾是液压加载器加载所产生的反力如何平衡的问题，也就是要设计一个能够代替静力试验台座的荷载平衡装置。

在工地现场广泛采用的是平衡重式的加载装置，其工作原理与前述固定试验设备中利用抗弯大梁或试验台座一样，即利用平衡重来承受与平衡由液压加载器加载所产生的反力（图 2.1.30）。此时在加载架安装时必须要求有预设的地脚螺丝与之连接，为此在试验现场必须开挖地槽，在预制的地脚螺丝下埋设横梁和板，也可采用钢轨或型钢，然后在上面堆放块石、钢锭或铸铁，其重量必须经过计算。地脚螺丝露出地面以便于与加载架连接，连接方式可用螺丝帽或正反扣的花篮螺丝，甚至用简单的直接焊接。

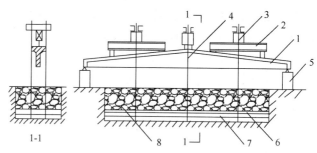

图 2.1.30　现场试验用平衡加载装置
1—试件；2—分配梁；3—液压加载器；4—荷载架；
5—支座；6—铺板；7—纵梁；8—平衡重

一种比较特殊的现场试验情况是桩基荷载试验，其试验荷载吨位比较大，一般在几百吨到上千吨，其反力装置的实现比较困难，常见的方法有两种，锚桩法和堆重法。锚桩法利用试桩周围的 4 个或 6 个桩的抗拔力作为反力，还需要一套大的钢梁系统来分配传递反力（如图 2.1.31 所示）。堆重法，不需要锚桩提供反力，但需要重量大于试验荷载的重物作为反力，重物一般采用钢锭或混凝土块，堆积在一个堆重平台上，如图 2.1.32 所示为堆重平台反力装置示意。

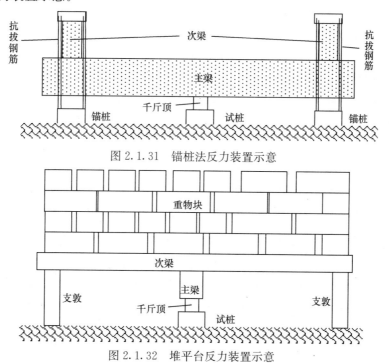

图 2.1.31　锚桩法反力装置示意

图 2.1.32　堆平台反力装置示意

2.2 试验量测技术与量测仪表

2.2.1 量测仪表的基本概念、基本组成、性能指标

土木工程试验中常见的量测内容一般有外界作用（如荷载、温度变化）和在作用下的反应（如位移、应变、曲率变化、裂缝、速度、加速度等）两个方面。这些内容的数据只有通过选择合适的仪器仪表采用正确的方法检测得到。

随着科学技术的不断发展，新的检测技术与仪器也不断涌现，同样一个量值往往可以采用多种仪器和方法来检测。试验人员除了对被测参数的性质和要求应有深刻的理解外，还必须对相关检测仪器、仪表的功能、原理及检测方法有足够的了解。然后才有可能正确地选择仪器、仪表，以及采用正确的检测方法。

检测仪器、仪表根据检测原理大致可以分为：机械式、电测式和光学式三大类。不管哪一类的仪器系统，其基本组成是相同的，即由：感受部分、放大部分和显示记录部分组成，感受部分把直接从测点感受到的被测信号传给放大部分，经放大后再传给显示记录部分，这样就完成一次检测过程。对于机械式的仪器、仪表，往往三个部分是组装在一起的，而电测式仪器系统则有三个部分分开独立的，即传感器、放大器、显示器，也有感受部分独立做成传感器、后两部分做成检测仪器的，还有前两部分做成前置放大的传感器、显示记录部分做成检测仪表的。

对一般土木工程试验用检测仪器、仪表的性能指标，常用的有：

（1）量程（量测范围），所能量测的最小至最大的量值范围；

（2）最小分度值（刻度值、分辨率），仪器、仪表所能指示或显示的被测量值最小的变化量；

（3）精确度（精度），仪器、仪表量测指示值与被测值的符合程度，常用满程相对误差表示；

（4）灵敏度，被测量发生单位变化引起仪器、仪表指示值的变化值。

可用于土木工程试验检测的仪器种类很多，型号、规格、性能就更加复杂，某些性能间往往存在矛盾，如精度高的仪器一般量程较小，而灵敏度高的往往对环境的适应性较差。所以，选用时应避繁就简，根据试验的目的和要求，综合加以考虑，防止盲目性和片面性。结构静载试验对仪器、仪表的基本要求是：

（1）性能指标必须满足试验的具体要求，如：量程和精度要足够，灵敏度要合适，并不是越高越好。精度的最低要求是最大测试误差不超过 5%，具体仪器的精度要求可参照相关试验方法标准执行，而量程一般建议采用最大被测值的 1.25~2 倍；

（2）重量轻、体积小，要求不影响试验对象的工作性能和受力情况；

（3）读数快、自动化程度高、使用方便；

（4）对环境的适应性要强，并且携带方便、可靠耐用；

（5）定期检定，并有记录；对生产鉴定性试验，使用的仪器、仪表必须由法定授权单位进行检定，并出具检定或校准报告。

除了以上基本要求外，仪表的安装必须正确，相对固定点及其夹具应有足够的刚度，保证仪表的正常工作和准确读数。

2.2.2 应变量测

应变测试是土木工程试验中非常重要的试验内容，通过测试结构有关部位的应变，可以了解其在荷载作用下的应力分布情况、内力情况，从而了解结构的性能和承载能力等，为建立结构理论提供重要依据。因此，一般情况下，结构试验都要进行应变测试。

根据定义，结构中某点的应变是该点处单位长度的位移变化，即 $\mathrm{d}u/\mathrm{d}x$。实际上，某一点的准确应变是测不到的，只能通过测量一定长度范围其长度 l 的变化增量来计算平均应变，近似作为该处的应变，即：$\varepsilon \approx \Delta l/l$，这就是应变测量的基本原理，并称 l 为标距。因此，应变量测实际上就是检测标距两端的相对位移量 Δl。由于这样测到的是标距范围的平均应变，与测点的真实应变有差距，对应力梯度大的位置，这种差距更明显，若标距越小，这个差距自然也越小。

以上的分析是基于均质材料的假定，对于工程结构中的非均质材料，如混凝土、砌体等，显然不能成立。因为混凝土中的骨料与胶凝材料的弹性模量不同，在相同的应力下，其应变却不相同，因此太小的标距测到的可能只是骨料的应变，而非整体的平均应变。因此，对混凝土材料，应取最大骨料粒径的3倍；砌体结构则应取大于4皮砌块的标距，才能正确反映真实的平均应变。

应变量测方法很多，有电测式、机械式和光学式，其中电测式中最常用的是电阻应变量测方法。

1. 电阻应变仪及量测技术

电阻应变仪量测应变是通过粘贴在试件测点的感受原件电阻应变计与试件同步变形，输出电信号进行量测和处理的。其简单流程图如下：

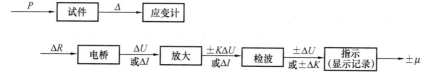

它具有感受元件重量轻、体积小，量测系统信号传递迅速、灵敏度高，可遥测、便于与计算机联用和实现自动化等优点，从而得到大量应用。

（1）电阻应变计

电阻应变计，又称应变片，是电阻应变量测系统的感受元件。以纸基丝绕式为例，在拷贝纸或胶薄膜等基底与覆盖层之间粘贴合金敏感栅（电阻栅），端部加引出线组成。基于其敏感栅的应变-电阻效应，能将被测试件的应变转换成电阻变化量。

电阻丝的电阻值随其变形而发生改变，由物理学知道，金属丝的电阻 R 与长度 L 和截面积 A 有如下关系：

$$R = \rho \frac{L}{A} \tag{2.2.1}$$

式中，R 为电阻丝的电阻值（Ω）；L 为电阻丝的长度（mm）；ρ 为电阻率（Ω·mm）；A 为电阻丝的截面积（mm²）。

设变形后其长度变化为 ΔL，即电阻变化率可由（2.2.1）式取对数微分得：

$$\frac{\mathrm{d}R}{R} = \frac{\mathrm{d}\rho}{\rho} + \frac{\mathrm{d}L}{L} - \frac{\mathrm{d}A}{A} \tag{2.2.2}$$

式中
$$\frac{dA}{A} = 2\frac{dD}{D} = -2\nu\frac{dL}{L} = -2\nu\varepsilon \quad (\nu\text{ 为金属丝泊松比}) \tag{2.2.3}$$

将（2.2.3）代入（2.2.2）式，得
$$\frac{dR}{R} = \frac{d\rho}{\rho} + (1+2\nu)\varepsilon$$

即
$$\frac{dR}{R}/\varepsilon = (1+2\nu) + \frac{d\rho}{\rho}/\varepsilon$$

令
$$(1+2\nu) + \frac{d\rho}{\rho}/\varepsilon = K_0$$

则
$$\frac{dR}{R} = K_0\varepsilon \tag{2.2.4}$$

式中 K_0 是金属丝得灵敏系数，对确定得金属或合金而言，为常数。

在应变计中，由于敏感栅几何形状得改变和粘胶、基底等得影响，灵敏系数与单丝也有所不同，一般均由产品分批抽样实际测定，通常 $K_0 = 2.0$ 左右。所以对于应变计，式（2.2.4）应表示为：

$$\frac{dR}{R} = K\varepsilon \tag{2.2.5}$$

可见，应变计得电阻变化率与应变值呈线性关系。当把应变计牢固粘贴于试件上，使与试件同步变形时，便可由式 2.2.5 中电量－非电量得转换关系测得试件的应变。

应变计的种类很多，按栅极分有丝式、箔式、半导体等；按基底材料分有纸基、胶基等；按使用极限温度分有低温、常温、高温等。箔式应变计使在薄胶膜基底上镀合金薄膜，然后通过光刻技术制成，具有绝缘度高、耐疲劳性能好、横向效应小等特点，但价格高。丝绕式多为纸基，虽有防潮但耐疲劳性稍差，横向效应较大等缺点，但价格低，且容易粘贴，一般静载试验多采用。图 2.2.1 为几种应变计的形式。

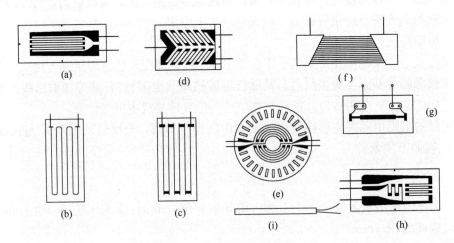

图 2.2.1 几种电阻应变计
(a)、(d)、(e)、(f)、(h) 箔式电阻应变计；(b) 丝绕式电阻应变计；
(c) 短接式电阻应变计；(g) 半导体应变计；(i) 焊接电阻应变计

应变计的选用通常应注意以下几项主要技术指标：

1）标距 l 指敏感栅在纵轴方向的有效长度，根据应变场大小和被测材料的匀质性考虑选择。

2）宽度 a 敏感栅的宽度。

3）电阻值 R 一般应变仪均按 120Ω 设计，但 60～600Ω 应变计均可使用。当用非120Ω 应变计时，测定值应按仪器的说明加以调整。

4）灵敏系数 K 电阻应变片的灵敏系数，在产品出厂前经过抽样试验确定。使用时，必须把应变仪上的灵敏系数调节至应变片的灵敏系数值，否则应对结果作修正。

5）温度使用范围它主要取决于胶合剂的性质。可溶性胶合剂的工作温度约为 $-20℃～+60℃$；经化学作用而固化的胶合剂的工作温度约为 $-60℃～+200℃$。

由于应变片的应变代表的是标距范围内的平均应变，故当均质材料或应变场的应变变化较大时，应采用小标距应变片。对于非均匀材料（如混凝土、铸铁等）应选用大标距应变片。在混凝土上使用应变片时，标距应大于混凝土粗骨料最大粒径的3倍。

（2）电阻应变仪

电阻应变仪是把电阻应变量测系统中放大与指示（记录、显示）部分组合在一起的量测仪器，主要由振荡器、测量电路、放大器、相敏检波器和电源等部分组成，把应变计输出的信号进行转换、放大、检波以至指示或记录。

应变仪的测量电路，一般均采用惠斯登电桥，把电阻变化转换为电压或电流输出，并解决温度补偿等问题。电桥由四个电阻组成，如图2.2.2（a）所示，是一种比较式电路。

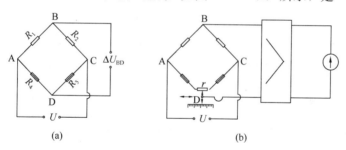

图 2.2.2

（a）惠斯登电桥示意图；（b）零位法量测桥路原理图

实际应用的桥路接法有两种：四个桥臂均外接应变计的，称为全桥接法；只 R_1 和 R_2 为外接，R_3 和 R_4 为应变仪内无感电阻的，称为半桥接法。

由电桥特性知道，其平衡（$\Delta U_{BD}=0$）条件为

$$R_1 \cdot R_3 = R_2 \cdot R_4 \tag{2.2.6}$$

若桥臂电阻发生变化，即失去平衡，产生信号输出 ΔU_{BD}。

当进行全桥测量时，假定四臂发生的电阻变化分别为 ΔR_1、ΔR_2、ΔR_3、ΔR_4，则桥路输出电压（或电流）增量为：

$$\Delta U_{BD} = \frac{R_1 R_2}{(R_1+R_2)^2}\left(\frac{\Delta R_1}{R_1} - \frac{\Delta R_2}{R_2} + \frac{\Delta R_3}{R_3} - \frac{\Delta R_4}{R_4}\right)U \tag{2.2.7}$$

若四个应变计规格相同，即 $R_1=R_2=R_3=R_4=R$，$K_1=K_2=K_3=K_4$，则：

$$\Delta U_{BD} = \frac{U}{4}\left(\frac{\Delta R_1}{R_1} - \frac{\Delta R_2}{R_2} + \frac{\Delta R_3}{R_3} - \frac{\Delta R_4}{R_4}\right)$$

$$= \frac{U}{4}K(\varepsilon_1 - \varepsilon_2 + \varepsilon_3 - \varepsilon_4) \tag{2.2.8}$$

当为半桥测量时，R_3、R_4 不产生应变，即 $\varepsilon_3 = \varepsilon_4 = 0$，式（2.2.8）即变为：

$$\Delta U_{BD} = \frac{U}{4}K(\varepsilon_1 - \varepsilon_2) \tag{2.2.9}$$

从式（2.2.8）和（2.2.9）可见，电桥的邻臂电阻变化的符号相反，即相减输出，对臂符号相同，成相加输出。

如果在桥路中接上可变电阻 r（如图 2.2.2（b）），当桥臂电阻发生变化失去平衡时，调节可变电阻，使电桥重新平衡（指针指零），这时的调节度盘位移量，即电桥输出信号的模拟量。度盘若按 $\mu\varepsilon$ 为单位刻度，即可读得 $\mu\varepsilon$ 值。这种方法每次调节指针指零后在调节盘上读数方法，称为零位读数法，有许多静态应变仪应用此法。如果不用可变电阻，而将桥路失去平衡输出的模拟量直接放大后测读，即为直读法（或偏位法）应变仪的基本工作原理。图 2.2.3 为一种直读法静态应变仪的原理框图。动态应变仪也用偏位法，并且每一槽路都有给定标定电路，见图 2.2.4，提供动态记录信号的给定标定信号，如图 2.2.5 所示。在静态试验中动态应变仪多作为数据采集系统的二次仪表。

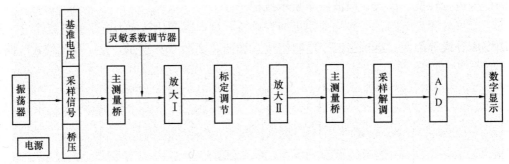

图 2.2.3　一种直读法静态应变仪的原理框图

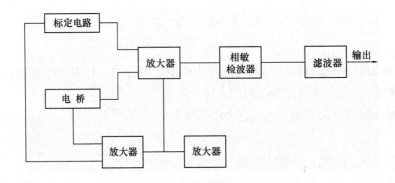

图 2.2.4　动态应变仪框图

动态应变仪型式很多，按工作特性分有静态、动态、静动态；按测量线路分有单线型、多线型；按工作原理分有指零式、偏位式；按输出特性分有电流输出、电压输出、电流和电压输出、数码输出；按指示形式分有刻度指示、数字显示；按测读形式分有逐点测

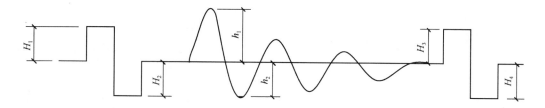

图 2.2.5　动态应变仪记录标定结果曲线

读手工记录，有与计算机连接组成快速数据采集系统等。现由于集成电路的发展，正向小型化、智能化、高分辨力、采样快、零漂小、稳定性好、容量大的方向发展。

静载试验用的电阻应变仪，不宜低于我国 ZBY 103-82 标准的 B 级要求。静态应变仪最小分度值不大于 $1\mu\varepsilon$，误差不小于 1%，零漂不大于 $\pm3\mu\varepsilon/4h$。动态应变仪，其标准量程不宜小于 $200\mu\varepsilon$；灵敏度不宜低于 $10\mu\varepsilon/mA$ 或 $10\mu\varepsilon/mV$，灵敏度变化不大于 $\pm2\%$，零漂不大于 $\pm5\%$。

（3）应变片粘贴技术

粘贴在结构表面的应变片通过与结构共同变形来传感结构应变，其粘贴的好坏直接关系到能否真实反映结构应变，因此对应变片的粘贴技术要求很高。为保证粘贴质量，要求测点基底平整、清洁、干燥；粘结剂的电绝缘性、化学稳定性及工艺性能良好，蠕变小、粘贴强度高（剪切强度不低于 3~4MPa）、温度影响小等。具体的粘贴工艺如下：

1）应变片检查分选，可采先用放大镜进行外观检查，要求应变片无气泡、霉斑、锈点，栅极平直、整齐、均匀；然后用万用表检查，应无短路或短路情况，阻值误差不应超过 0.5%。

2）测点处理，先检查测点表面状况，要求测点平整、无缺陷、无裂缝等；然后采用砂纸或磨光机进行打磨，要求表面平整、无锈、无浮浆等，光洁度达到▽5；再用棉花蘸丙酮或酒精清洗，要求棉花干擦时无痕迹；必要时（如混凝土结构）还打底，可采用环氧树脂，要求胶层厚度在 0.05~0.1mm，硬化后用 0 号砂纸磨平；最后用铅笔等给测点画十字定位，纵线与应变方向一致。

3）粘贴应变片，先用镊子加住应变片引出线，在背面上一层薄胶，测点上也敷上薄胶，对准位置放上片子；然后在应变片上盖一小片玻璃纸，用手指沿一个方向滚压，挤出多余胶水；最后用手指轻压至胶具有一定强度，松手后应变片不会产生滑动。

4）固化处理，不同的粘贴胶需要不同的固化时间，对有些胶，在气温较低、湿度较大时需要进行人工加温，可采用红外线灯或电热吹风，但加热温度不应超过 50℃，受热应均匀。

5）粘贴质量检查，先用放大镜检查外观，应变片应无气泡、粘贴牢固、方位准确；在用万用表检查是否短路或断路以及电阻值有无变化等，并检查应变片与试件的绝缘度情况等，也可以接入应变仪检查零点漂移情况，要求不大于 $2\mu\varepsilon/15Min$。

6）导线连接，在应变片引出线底下贴胶布等绝缘材料，使引出线不与试件形成短路；再用胶固定端子或用胶布固定导线，以保证轻微拉动导线时引出线不被拉断；然后用电烙铁焊接导线与引出线，要求焊点饱满、无虚焊。

7）最后进行防潮处理，要求应变片全部被防潮剂覆盖，余 5mm 左右，并采用适当

31

措施进行必要的防护，防止机械损坏。

（4）温度补偿技术

结构静载试验一般要求量测结构在试验荷载作用下的应变，然而，试验时的环境温度变化，也会引起结构的应变，因此，通过应变片测到的应变也包含了试验荷载和温度变化引起的应变，结构试验中常采用温度补偿的方法来消除温度应变。常用温度补偿方法有两种：

1）温度补偿应变片法

选用与试件材质相同的温度补偿块，用工作应变片相同的应变片，并采用相同的粘贴工艺粘贴，实验时使补偿块与试件处于相同的环境中，采用如图2.2.6所示的半桥电路，可以消除温度应变。若温度在测点与补偿点产生相同的应变，按半桥电路公式（2.2.9），温度应变被自动抵消，从而实现温度补偿。

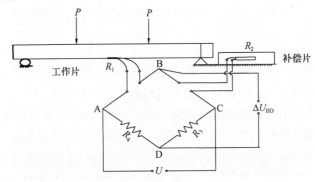

图2.2.6　温度补偿应变片法桥路连接示意图

2）工作应变片法温度补偿

某些试件在荷载作用下存在着应变数值相同或成比例关系，而符号相反的情况，此时可以采用半桥电路或全桥电路实现温度补偿，同样可以自动消除温度的影响。

在实际应用中发现，温度补偿片可以消除温度变化引起应变片阻值变化对应变测试的影响，往往无法消除结构本身温度应变的影响。

为了减小或消除这种温度应变对结构试验的影响，我们必须先了解结构温度应变的形成机理。先考虑最简单的结构形式，图2.2.7为一简支梁，跨度为L，当温度均匀升高Δt后，长度增量为ΔL，如果简支梁沿轴向安装应变计，测到的温度应变将是$\Delta L/L$，这对于所有静定结构都是适用的。图2.2.8为两端固定梁，跨度同样为L，当温度均匀升高Δt后，热胀引起的伸长量应为ΔL，但由于两端约束的存在，梁上的应变计实际上不会感受到结构的温度应变。由于补偿块可以自由伸缩，其温度应变与静定结构相同，而与超静定结构有较大的差异，因此，采用补偿片法对静定结构进行温度补偿是有效的，对超静定结构是不行的。

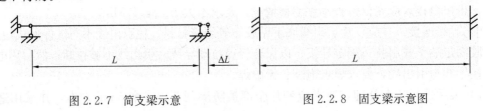

图2.2.7　简支梁示意　　　　　　图2.2.8　固支梁示意图

虽然温度变形对结构试验中应变测试的影响是非常复杂的，但也不是说结构试验中就没有办法排除或减小温度的影响，通常有两种比较有效的方法，第一种方法是选择温度变化较小的试验时间，如晚上，一天中晚上的温度变幅是最小的，一般在1～2℃，而且温差也小，温度对应变测试的影响比较小，能满足试验的要求。第二种方法适用于无法在晚上进行的结构试验，在正式试验前，可先测试不加载情况下的结构各测点应变$\varepsilon_t(t)$，认为测到的应变是由环境温度变化引起的，在一天中的不同时段记录应变测试数据，并同时记录温度，读数时段的确定应与实际加载试验的数据测读时间相对应；然后在第二天实际试验时，每次测读数据时均记录当时的温度，这样得到的应变数据由荷载效应$\varepsilon(P,Lo)$和温度应变$\varepsilon_t(t,Lo)$组成，即

$$\varepsilon'(P,t,Lo) = \varepsilon_t(t,Lo) + \varepsilon(P,Lo) \tag{2.2.10}$$

而结构由荷载引起的应变为

$$\varepsilon(P,Lo) = \varepsilon'(P,t,Lo) - \varepsilon_t(t,Lo) \tag{2.2.11}$$

因此，通过事先测定各测点温度应变与温度的关系$\varepsilon_t(t,Lo)$，可以在结构试验的应变测试数据中将温度应变除去。

(5) 关于温度应力测试

实际工程中，有时却要求测试结构的温度应变或温度应力，以了解温度变化对结构性能的影响。这里我们仍旧用图2.2.7和图2.2.8的例子来分析，很显然，对简支梁，温度的变化能使其自由地伸长或缩短，即可以用应变计测到完全的温度变形情况，但其温度应力为零；对两端固定梁，温度变化时，梁长不发生变化，应变计测不到温度应变，但其温度应力却实际存在。对于一般的超静定结构，将介于两者之间。另外，当温度升高时，结构材料膨胀伸长受压，而应变计能测到的应变却是拉应变，相反，当温度降低时，结构材料收缩受拉，而应变计能测到的应变却是压应变，这可以由下式得到解释：

$$\varepsilon_t = \varepsilon_s - \varepsilon_m \tag{2.2.12}$$

其中ε_t为理论温度应变（按其产生的温度应力取正负号）、ε_s为约束使结构产生的应变（产生温度应力的应变，按温度应力取正负号）、ε_m为实测温度视应变，在只有温度变化作用下，可以实测到的温度视应变，其方向始终与约束产生的应变相反。

因此，结构的温度应力，实际上是无法像荷载效应应力那样，简单地通过测试其应变而得到。尽管如此，结构温度应力与应变之间还是存在如下关系：

$$\sigma_t = E\varepsilon_s = E(\varepsilon_m + \varepsilon_t) \tag{2.2.13}$$

其中$\varepsilon_t = \alpha\Delta t$，$\alpha$为线胀系数、$\Delta t$为温度变化、$E$为弹性模量。这样，只要能测到结构的温度变化场，在已知材料线胀系数的情况下，也可以通过测试应变来得到温度应力。

(6) 桥路连接技术

为了达到不同的量测目的，电阻应变可以采取不同的桥路连接方式，尤其在采用应变原理的各种传感器中连接方式比较繁多，见表2.2.1。

电阻应变计的布置与桥路连接方法

表 2.2.1

序号	受力状态及贴片方式	量测项目	温度补偿方法	桥路接法	测量桥输出	量测读数 ε_r 与实际应变 ε 关系	特 点
1	轴向拉（压）	轴力应变	外设补偿片	半桥	$U_{BD} = \dfrac{U}{4} k\varepsilon$	$\varepsilon_r = \varepsilon$	用片较少，但不能消除偏心影响，不提高灵敏度
2		轴力应变	工作片互补偿	半桥	$U_{BD} = \dfrac{1}{4} k(1+\nu)\varepsilon$ ν-被测材料泊松比	$\varepsilon_r = (1+\mu)\varepsilon$	灵敏度提高至 $(1+\nu)$ 倍，用片较少但不能消除偏心影响
3		轴力应变	外设补偿片	半桥	$U_{BD} = \dfrac{U}{4} k\varepsilon$	$\varepsilon_r = \dfrac{\varepsilon_1' + \varepsilon_1''}{2} = \varepsilon$	能消除偏心影响，但不提高灵敏度，片较多
4		轴力应变	外设补偿片	全桥	$U_{BD} = \dfrac{U}{2} k\varepsilon$	$\varepsilon_r = 3\varepsilon$	灵敏度提高一倍，可消除偏心影响，但贴片较多

续表

序号	受力状态及贴片方式	量测项目	温度补偿方法	桥路接法	测量桥输出	量测读数 ε_r 与实际应变 ε 关系	特点
5	轴向拉(压)	拉(压)应变	工作片互补偿	全桥	$U_{BD} = \dfrac{U}{2}k\varepsilon(1+\nu)$	$\varepsilon_r = 2(1+\nu)\varepsilon$	灵敏度提高至 2（1+ν）倍，可消除偏心影响，但贴片较多
6	环形径向受拉(压)	拉(压)应变	工作片互补偿	全桥	$U_{BD} = Uk\varepsilon$	$\varepsilon_r = 4\varepsilon$	灵敏度提高至 4 倍
7	弯曲	弯曲应变	外设补偿片	半桥	$U_{BD} = \dfrac{U}{4}k\varepsilon$	$\varepsilon_r = \varepsilon$	只测一面弯曲应变，灵敏度不提高，贴片较少
8	弯曲	弯曲应变	工作片互补偿	半桥	$U_{BD} = \dfrac{U}{2}k\varepsilon$	$\varepsilon_r = 2\varepsilon$	可同时测两面弯曲应变，以便取平均值；消除轴力影响，能灵敏度提高一倍，只适用匀质材料，对混凝土等材料不适用，贴片较少

续表

序号	受力状态及贴片方式	量测项目	温度补偿方法		桥路接法	测量桥输出	量测读数 ε_r 与实际应变 ε 关系	特 点
9	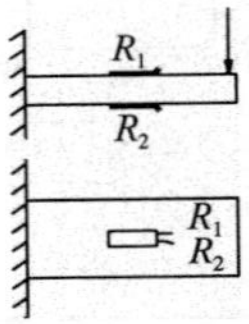	弯曲应变	工作片互补偿	半桥	同序号1	$U_{BD}=\dfrac{U}{2}k\varepsilon$	$\varepsilon_r=2\varepsilon$	可同时测两面弯曲应变,以便取平均值;灵敏度提高一倍,能消除轴力影响,只适用匀质材料,对混凝土等材料不适用,贴片较少
10		弯曲应变 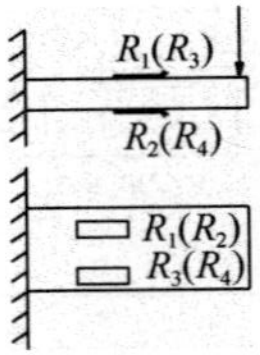	工作片互补偿	全桥	同序号4	$U_{BD}=Uk\varepsilon$	$\varepsilon_r=4\varepsilon$	可同时测两四点弯曲应变,取平均值;灵敏度提高4倍,能消除轴力影响,不适用于非匀质材料,如(混凝土等);贴片较多
11	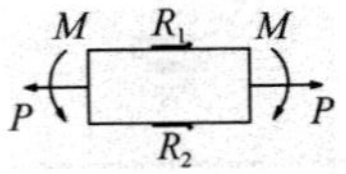	弯曲应变	工作片互补偿	半桥	同序号1	$U_{BD}=\dfrac{U}{2}k\varepsilon$	$\varepsilon_r=2\varepsilon$	可消除轴力影响,求得弯曲应变,灵敏度提高1倍,不适用于非匀质材料(如混凝土等);贴片较少
12	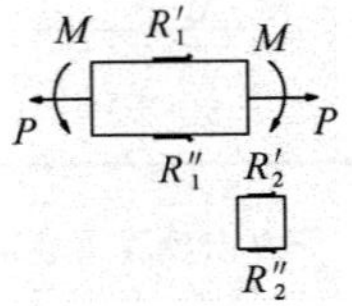	轴力应变	外设补偿片	半桥	同序号3	$U_{BD}=\dfrac{U}{4}k\varepsilon$	$\varepsilon_r=\dfrac{\varepsilon'_1+\varepsilon''_1}{2}=\varepsilon$	可消除M影响,得轴力引起的应变;灵敏度不提高,贴片较多

序号9、10为弯曲，序号11、12为拉(压)弯曲复合作用

续表

序号	受力状态及贴片方式	量测项目	温度补偿方法	桥路接法	测量桥输出	量测读数 ε_r 与实际应变 ε 关系	特 点
13	弯曲	两截面弯曲应变之差	半桥	同序号 1	$U_{BD} = \dfrac{U}{4} k$ $(\varepsilon_1 - \varepsilon_2)$	$\varepsilon_r = \varepsilon_1 - \varepsilon_2$	$\because \sigma = \dfrac{M}{W} = E\varepsilon$；$\because V = \dfrac{dM}{dx}$ $= \dfrac{M_1 - M_2}{a_1 - a_2}$ $= \dfrac{\varepsilon_1 - \varepsilon_2}{a_1 - a_2} EW$ 从而求得剪力，但此法灵敏度不提高
14	弯曲		全桥	同序号 4	$U_{BD} = \dfrac{U}{2} k$ $(\varepsilon_1 - \varepsilon_2)$	$\varepsilon_r = 2(\varepsilon_1 - \varepsilon_2)$	灵敏度提高 1 倍；可测 V 值
15	扭转	扭转应变	半桥	同序号 1	$U_{BD} = \dfrac{U}{2} k\varepsilon$	$\varepsilon_r = 2\varepsilon$	灵敏度提高 1 倍；可测剪切应力 $\gamma = \varepsilon_r$；也适用于轴力与扭矩复合作用下，求扭转应变

续表

序号	受力状态及贴片方式	量测项目	温度补偿方法	桥路接法	测量桥输出	量测读数 ε_r 与实际应变 ε 关系	特 点
16	轴力扭矩复合作用	轴力应变	半桥	同序号 3	$U_{BD} = \dfrac{U}{4}k\varepsilon$	$\varepsilon_r = \dfrac{\varepsilon_1' + \varepsilon_1''}{2} = \varepsilon$	灵敏度不提高，可求得轴力产生的应变，并可消除偏心影响
17	弯扭复合作用	弯曲应变	半桥	同序号 1	$U_{BD} = \dfrac{U}{2}k\varepsilon$	$\varepsilon_r = 2\varepsilon$	灵敏度提高 1 倍，消除偏心影响，分解弯曲复合作用，求得 ε_M
18	扭转复合作用	扭转应变	半桥	同序号 1	$U_{BD} = \dfrac{U}{2}k\varepsilon$	$\varepsilon_r = 2\varepsilon$	灵敏度提高 1 倍，分解扭弯复合作用，求得扭转应变

应变的其他量测方法　　　　　　　　　　　表 2.2.2

序号	使用仪表		工作原理	主要性能	特点	使用要求
1	机械式仪表	双杠应变仪	当滑动刀口 6 随结构位移 Δl 时，杠杆 5 绕 o 转动，推动指针（第二杠杆）3 转动，在度盘 2 上指示。仪器大倍数 $K=\dfrac{b \cdot c}{a \cdot d}$，则应变 $\varepsilon=\dfrac{\Delta l}{l}$ ＝读数差值/Kl	标距 l：20mm，把固定刀口改向装入，可改动 10mm，加上放大尺可得大于 20mm 的多种标距放大率 K：通常为 1000 左右，刻值：0.001mm	标距可调，使用方便，可重复使用，适应性强；量程有限，超过需调整，最多只能调三次，安装需一定技术	仪器误差应不大于 1.0%；非金属材料测点应贴金属薄片保护刀口并防止失灵；安装夹持力要适当；螺丝夹具固定时，可能产生第二个固定点，使标距不明确，最好采用弹簧固定
2		手持应变仪	结构变形前后分别将固定于二个刚性杆 3 上的脚尖 1 插入预定的二个粘贴测点的脚标 5 内，读数差值即 Δl；$\varepsilon=\dfrac{\Delta l}{l}$	标距 l：有 50～250mm 多种，刻度值：有 0.01mm 和 0.001mm 二种	无需固定量测，可一仪多用，标距大，精度高，使用简便，特适于大标距和测点密集处的测量。但量测要有一定的技术和经验	位移计要求不低于 1 级，量程 1mm 以上；测点上应粘贴脚标（带穴金属）；每次量测时施力和姿势应一致。每次使用前应在标准杆（附件）上校对
3		百分表应变装置	二个固定在测点上的脚标 2，一个固定位移计，一个固定刚性杆 3，结构变形即由位移计测出	标距 l：任意选择，刻度值 0.01mm 和 0.001mm 二种	精度高，标距可调至很大，特适于大标距的量测，如砌体结构等	位移计要求不低于 1 级，脚标应粘贴牢固，表面有曲率变化的不宜采用
4	电测仪器	电阻应变式引伸传感器	二个 Z 形刀片 6 粘结在测点上，结构变现时，卡在刀片上的弹簧片 4 由于弹簧支撑 5 的作用或测点的位移产生弯曲，使电阻片输出信号（全桥连接）	标距 l：10～20mm 阻值：120Ω 灵敏系数：20	体积小，重量轻，使用灵活，没有应变计粘贴的影响，可重复使用	精度要求同应变计，使用前应先率定

39

续表

序号	使用仪表		工作原理	主要性能	特点	使用要求
5	电测传感器	差动电阻式传感器	两端头随结构测点相对移动，使刚性杆2也相对移动，引起电阻丝R_1、R_2的阻值改变，接成半桥互补，即产生信号输出。可埋在混凝土中，也可把二端焊在钢筋上	混凝土应变传感器：标距：100mm，250mm二种；分度值：$6\mu\varepsilon$ 钢筋应变传感器可测直径$\phi 20\sim 40$钢筋应变	可埋在大体积钢筋混凝土内，引出导线遥测，可用电阻应变仪量测。不能重复使用	埋设时应固定牢固保证位置和方向准确
6		电感式应变传感器	两刀口随结构相对位移后，圈铁芯在线内位置改变电感发生变化；其变化与Δl成线性关系	小标距：1~10mm 大标距：20~100mm 分度值：$5\mu\varepsilon$	对温、湿度变化的适应性较好；可在高压液体中量测，量程大，精度高，但安装技术较复杂	安装固定压力要适当；仪器误差应不大于1.0%
7		弦式应变传感器	活动刀口1随试件位移Δl，使钢弦3频率改变，改变值与Δl呈线性关系	标距有：20、50、100mm 分度值：达$2\mu\varepsilon$	量测不受湿度及长导线影响；工作稳定可靠；安装较复杂；对有弯曲变形表面量测需要修正	安装要求正确；固定压力要适当，防止倾斜，误差要求不大于1.0%
8		混凝土应变计	预埋在混凝土内，水泥块1随混凝土变形，使钢片3产生应变反应到应变片2输出信号。虚线为防水处理包扎层	标距：50、100、200mm 可以自制自行调节	浇灌混凝土时预埋混凝土内，引出导线，防水性能好，应变反应灵敏，并可消除弯曲影响，但只能使用一次	预埋时应固定准确牢固，浇筑混凝土时应小心勿碰断，并注意引出导线，导线应加套管并加防水处理

2. 其他应变量测方法及仪表

现在应变测试的手段众多（表 2.2.2），下面就目前土木工程中常见的几种应变测试做简单的介绍，并对它们的优劣做一比较。

前述的电阻应变测试具有价格便宜、对试件影响小、可以自动采集等优点。但是存在易受环境影响、应变片粘贴要求高、不能进行长期应变测试（采用传感器可以）等缺点；适合时间在一两天内的室内外试验。

除电阻应变测试外，常见的应变测试仪表有千分表应变装置、振弦式应变传感器配合频率仪、光纤光栅传感器等。

(1) 千分表应变测试

千分表应变测试装置如图 2.2.9 所示，由千分表 1 只、脚柱 2 只和测杆 1 根组成。测试的应变值由千分表读数与标距计算得到：测试应变＝千分表读数/标距 L。

图 2.2.9　千分表应变测试

千分表应变装置的测试应变分辨率为：分辨率＝1/1000L（L 用毫米单位）。

用于混凝土构件试验测量裂缝出现的手持式应变仪也是一种千分表应变装置。

千分表应变测试具有不受电磁场等影响、操作简便、可重复使用、便宜的优点；但是存在分辨率低（与标距有关）、受太阳照射影响、必须在试件附近观测等缺陷；适合大型构件短期的应变测试。

(2) 振弦式应变传感器

振弦传感器（图 2.2.10）的工作原理是源于一根张紧的钢弦，其振动的谐振频率与钢弦的应变或者张力成正比，将振弦传感器连接频率仪，测读频率后就可以利用这种基本关系来测量多种物理量如应变、荷载、力、压力、温度和倾斜等。

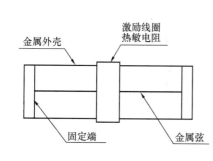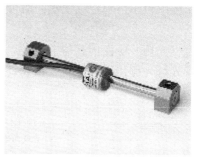

图 2.2.10　振弦式应变传感器

将一根金属丝（弦）两端固定然后张拉，金属丝内部将产生一定的张力，此时金属丝的固有振动频率与其内部张力就具有一定的定量关系，根据动力学原理可以得到金属丝振动公式为：

$$f = \frac{k}{l}\sqrt{\frac{\sigma}{\rho}} \qquad (2.2.14)$$

式中：f——金属弦的振动频率；

k——0，1，2……；

σ——金属丝内部张力；

l——金属丝长度；

ρ——金属丝密度。

由公式（2.2.14）知，金属丝振动频率与张力的平方根成正比，当金属丝内部张力变化时，其固有振动频率将随之发生变化，通过测试弦的固有振动频率的变化就可以确定其内部张力的变化，而内部张力的变化与结构应变相关联，通过测量钢丝弦固有频率的变化，就可以测出外界应变的变化，振弦式应变传感器就是根据这一原理制作而成的。

振弦式应变传感器结构见图2.2.10。一根金属钢丝弦两端被固定，外部有一金属管起支撑和保护作用，金属管的中间位置有一个激励线圈和测温电阻，用一个脉冲电压信号去激励线圈，线圈中将产生变化的磁场，钢丝弦在磁场的作用下产生衰减振动，振动的频率为钢丝弦的固有频率，见公式（2.2.14）（$k=1$）。

振弦式传感器主要有两种工作方式：一种是单线圈激励方式，另一种为双线圈激励方式。单线圈激励方式的工作原理是激励线圈既激励弦产生振动也接收弦的振动所产生的激励信号，双线圈激励方式是一个线圈激励，一个线圈接收。除了线圈外，传感器还带有一个热敏电阻，用以测试传感器周围环境温度，以便进行温度修正。

振弦传感器较一般传感器的优点就在于传感器的输出是频率而不是电压。频率可以通过长电缆（>2000m）传输，不会因为导线电阻的变化、浸水、温度波动、接触电阻或绝缘改变等而引起信号的明显衰减。缺点是价格贵、一般测读的是频率值需要换算成应变、体积相对较大容易受碰撞。并且存在测试周期比较长时振弦松弛的可能性。但通过独特工艺的设计和制造，振弦式传感器还是可以具有极好的长期稳定性，特别适于在恶劣环境中的长期监测。适用范围：适合于室外长期的应变测试。近年来，大量的振弦式应变传感器在我国大型工程项目中得到广泛使用，既可以埋设在被测物体的表面，也可以埋设在被测物体的内部。

（3）光纤（光栅）应变传感器

一般来说光纤光栅传感系统主要由光纤光栅传感器、传输信号用的光纤和光纤光栅解调设备组成（图2.2.11）。光纤光栅传感器主要用于获取温度、应变、压力、位移等物理量的值，光纤（光栅）传感器的原理是，通过拉伸和压缩光纤光栅，或者改变温度，可以改变光纤光栅的周期和有效折射率，从而达到改变光纤光栅

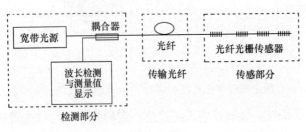

图2.2.11

的反射波长的目的，而反射波长和应变、温度、压力、压强等物理量呈线性关系（图2.2.12）。

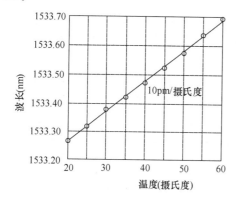 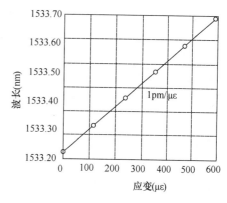

图 2.2.12

光纤（光栅）应变传感器的优点有：

1) 抗电磁干扰、电绝缘、耐腐蚀；

2) 传输损耗低，容易实现对被测信号的远距离检测，实现遥测网和光纤传感网，缺点则主要在于价格昂贵。适用范围：适合室外、大型结构（如桥梁等）的应变测试。

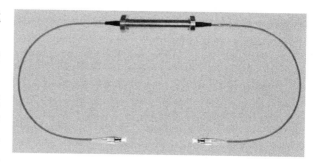

图 2.2.13 埋入式光纤光栅应变传感器

（4）分布式应变测试

分布式应变测试技术就是运用光纤作为数据采集和传输手段，近几年来在土木工程健康监测领域有较快的发展。光纤传感器自 20 世纪 70 年代问世以来，得到了广泛的关注，特别是近几年，光纤传感器的工程应用研究发展迅速。与传统的差动电阻式和振弦式传感器相比，光纤传感器具有如下优点：

1) 光纤传感器采用光信号作为载体，光纤的纤芯材料为二氧化硅，该传感器具有抗电磁干扰、防雷击、防水、防潮、耐高温、抗腐蚀等特点，适用于水下、潮湿、有电磁干扰等一些条件比较恶劣的环境，与金属传感器相比具有更强的耐久性；

2) 灵敏度和分辨率高，响应速度快；

3) 体积小，重量轻，结构简单灵活，外形可定制，安装方便；

4) 现代的大型或超大型结构通常为数公里、数十公里甚至上百公里，要通过传统的监测技术实现全方位的监测是相当困难的，而且成本较高。但是通过布设具有分布式特点的光纤传感器，光纤既作为传感器又作为传输介质，可以比较容易实现长距离、分布式监测；

5) 稳定性好、可用于长期测试。此外，将其埋入结构物中不存在匹配的问题，对埋设部位的材料性能和力学参数影响较小。

分布式布里渊光纤传感技术，除了具有以上的特点外，其最显著的优点就是可以准确地测出光纤沿线任一点上的应力、温度、振动和损伤等信息，无需构成回路。如果将光纤纵横交错铺设成网状即可构成具备一定规模的监测网，实现对监测对象的全方位监测，克服传统点式监测漏检的弊端，提高监测的成功率。分布式光纤传感器应铺设在结构易出现损伤或者结构的应变变化对外部的环境因素较敏感的部位以获得良好的健康监测结果。需要进一步研究的是：

1）提高测量系统的空间分辨率，BOTDR的空间分辨率目前可以达到1m，对于土木工程结构而言是不够的，通过采用特殊的光纤铺设方法或者对布里渊频谱进行再分析，可以得到较高空间分辨率和应变测量精度；

2）分布式光纤传感器的优化布置，由于BOTDR技术具有分布式和与结构相容性较好的特点，传感器的布设要比点式传感器容易得多，但对于结构的高变形区以及易损部位的监测，就需要考虑结构的受力特点合理布设光纤，甚至可以引入数值模拟和相关的测点选择优化算法；

3）结合结构物的特征、受荷特点以及环境因素合理地解析BOTDR的应变监测数据，在此基础上实现结构损伤的识别、定位和标定并对结构的健康状况提出合理的评估。

(5) 非接触式视频测量

采用非接触式的测量方式，利用视频图像分析的原理，可动态实时测量多个被测点的参数：挠度、位移、应变、弯曲变形、振动等等，可进行：动载或静载测量、振动测量。

测量精度与所选摄像机、镜头、测量距离有直接关系。可以测量结构的尺寸，小可以到几个厘米，大可以到上百米。采用某厂家的标准配置CCD摄像机、50mm镜头的情况下，位移分辨率：0.12mm（100m的测量距离），被测距离越近，分辨率与精度越高；测量范围：11.9m，可以通过调整被测距离、更换不同焦距的镜头来扩大测量范围、提高测量精度。

应用领域：桥梁（挠度、水平侧挠等）、钢结构（钢桁架各节点的位移）、起重机械（振动频率和幅度，挠度等）、铁轨（测量铁轨、枕木振动；间隙测量等等）、高层建筑、高耸结构（比如：烟囱、输电塔、信号发射塔等等）、风洞试验、振动台试验、航空结构（飞行器）、堤坝等等。

优势：可远距离测量（桥下有水或者障碍物也可以测量），可测量多个方向上的位移，同时测量多个被测点，无需在被测结构表面做标记点。

2.2.3 位移量测

位移是土木工程中的一个重要量值，也是土木工程地基基础、结构在荷载作用下的重要反应，它反映了地基基础、结构的整体刚度、弹性与非弹性的变化情况，即体现了总的工作性能，又反映了局部情况，与应力一样也是土木工程计算和性能评价的重要数据。

位移量测的仪器、仪表种类繁多，结构试验中最为常用的是（机械）百分表、电子百分表、电阻式位移计、差动电感式位移计等。采用这些仪表量测结构构件的位移时，往往需要表架、基准架等辅助装置，这些辅助装置用于固定仪表以及提供基准点，因此要求具有可调节功能和足够的刚度。

位移量测也可以采用光学仪表，如：用水准仪结构的测竖向挠度，适用于的大型、大跨结构，如桥梁等；用经纬仪测结构的水平位移，适用于现场的大型高耸结构，如高层等的水平位移（倾斜）观测；用全站仪则可以测结构的竖向和水平位移，全站仪是一种电脑

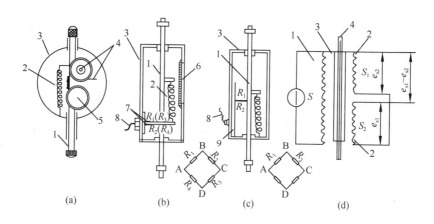

图 2.2.14 几种常用的位移计构造
(a) 百分表;(b) 电子百分表;(c) 滑阻式位移传感器;(d) 差动式位移传感器
1—测杆;2—弹簧;3—外壳;4—指针;5—齿轮;6—刻度;
7—电阻应变计;8—电缆;9—电阻丝

数字化处理的光学测量仪器,通过放置在测点棱镜的反射,可以测量测点的空间坐标,因而也可以量测测点的竖向和水平位移。

另外的位移量测仪器还有,测斜仪可以测土体水平位移、大坝水平位移;采用连通水管可以测竖向挠度,适合大跨度结构,如桥梁的挠度观测。

还有各种转角位移的测试,测试弯曲转角位移、扭转角位移等。最常见的转角测量仪器是水准管式倾测量仪,如图 2.2.16 所示。试验时,先将倾角仪上水准管内的水泡调平,试件受荷变形后,产生倾角,水泡偏离平衡位置,这时再将水泡调平,调整量就是测点处的转角。这种读数方法称为调零读数法。

图 2.2.15 位移计的固定

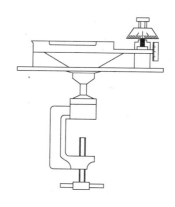

图 2.2.16 长水准管

也可以类似于滑动电阻式线位移传感器的基本原理,采用旋转形滑动电阻测量转角。图 2.2.17 为一电阻应变式倾角传感器的示意图,将倾角传感器安装在试验结构需要测量转角的部位，结构转动时，倾角传感器内的重锤使悬挂重锤的悬臂梁产生挠曲应变，利用粘贴在悬臂梁上的应变片即可测量其变化，再转换为倾角。

也可利用机械装置测量线位移，再将线位移转换为角位移，见图2.2.18的示例。

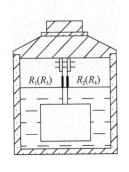 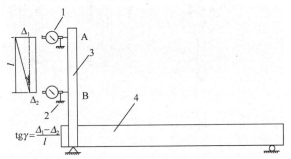

图2.2.17　电阻应变　　　　　图2.2.18　角位移间接测量
式倾角传感器　　　　　1—位移计；2—固定支座；3—机械竖杆；4—梁试件

2.2.4　力值量测

对轴心受力的弹性体，轴力可以通过应变乘弹性模量再乘截面积得到，因此，力值往往转换成应变或位移的方式来量测，通常做成力传感器，力传感器按工作原理可分为机械式、电阻应变式、振弦式、半导体、压阻式、电感式、电容式等类型。如图2.2.19为电阻应变式力传感器。

机械式力传感器往往称测力计，一般利用金属的弹性制成标有刻度用以测量力的大小。测力计有各种不同的构造形式，但它们的主要部分都是弯曲有弹性的钢片或螺旋形弹簧。当外力使弹性钢片或弹簧发生形变时，通过杠杆等传动机构带动指针转动，指针停在刻度盘上的位置，即为外力的数值，如图2.2.21。弹簧秤则是测力计的最简单的一种（图2.2.22）。

图2.2.19　电阻应变式力传感器　　　　　图2.2.20　油压表

钢弦式钢筋测力计属于振弦式传感器，工作原理是源于一根张紧的钢弦振动的谐振频率与钢弦的应变或者张力成正比，这种基本关系可以用来测量多种物理量如应变、荷载、力、压力、温度和倾斜等。振弦传感器较一般传感器的优点就在于传感器的输出是频率而不是电压。频率可以通过长电缆（>2000m）传输，不会因为导线电阻的变化、浸水、温度波动、接触电阻或绝缘改变等而引起信号的明显衰减。

测量液体、气体压强的仪表通常称为压力计，比如水压表、油压表、气压表等。通过压力计也可以测量力值，如：利用液压加载时，可以采用间接测量力的方法，将测量的工作压力乘以加载的活塞有效面积，如图2.2.20。

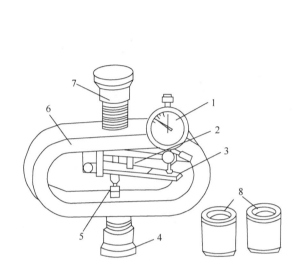 

图2.2.21 机械式力传感器　　　　图2.2.22 弹簧秤
1—位移计；2—弹簧；3—杠杆；4、7—上、下压头；
5—立柱；6—钢环；8—拉力夹头

张力测试与张力仪：通过量测索的频率来测试索力，如图2.2.23；

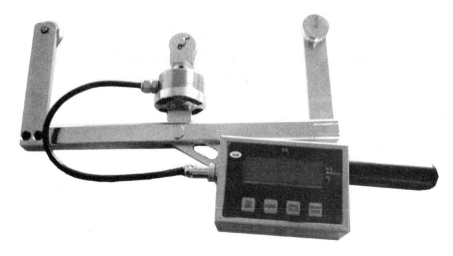

图2.2.23 张力仪

粘结力测试仪：可以测得钢筋同混凝土的粘结力；
抗拔力测试仪：一般利用液压设备来完成拉力；

扭矩测试仪：工程上经常使用数显扭矩扳手，如图 2.2.24。

图 2.2.24　数显扭矩扳手

2.2.5　裂缝量测

结构试验中裂缝的产生和发展，是反映结构性能的重要特征。例如裂缝的出现及开展情况，对确定钢筋混凝土结构构件的开裂荷载、研究破坏过程，以及对预应力结构的抗裂与变形性能研究等都十分重要。

检测裂缝出现可以采用声发射仪，结构在裂缝出现的一刹那会产生微小的振动，并发射出声波，因此，监测声波可以知道裂缝的出现，甚至裂缝出现的位置。采用应变计连续搭接安装或粘贴，常用千分表应变检测装置，裂

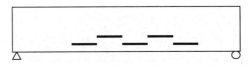

图 2.2.25　通过应变计或导电漆膜监测裂缝出现

缝出现时跨裂缝的应变计应变读数会突增加。也可以采用一定尺寸（长 100～200mm、宽 10～12mm）的导电漆膜，涂成图 2.2.25 所示的情况，经干燥后通电，裂缝扩展达 1～5μm 时发生火花或断路而被发现。

裂缝宽度的量测一般采用读数显微镜，它是采用光学透镜与游标刻度组成的复合式仪器，如图 2.2.26 所示。现在还有一种数字式裂缝宽度检测仪，如图 2.2.27

图 2.2.26　读数显微镜　　　图 2.2.27　数字式裂缝宽度检测仪

2.2.6　温度量测

温度测量仪表按测温方式可分为接触式和非接触式两大类（表 2.2.3）。

通常来说接触式测温仪表比较简单、可靠，测量精度较高；但因测温元件与被测介质需要进行充分的热交换，一般需要一定的时间才能达到热平衡，所以存在测温的延迟现象，同时受耐高温材料的限制，不能应用于很高的温度测量（表 2.2.4）。

非接触式仪表测温是通过热辐射原理来测量温度的，测温元件不需与被测介质接触，测温范围广，不受测温上限的限制，也不会破坏被测物体的温度场，反应速度一般也比较快；但受到物体的发射率、测量距离、烟尘和水汽等外界因素的影响，其测量误差较大。

表 2.2.3

	接触式	非接触式
特点	测量热容量小的物体有困难；测量移动物体有困难；可测量任何部位的温度；便于多点集中测量和自动控制	不改变被测介质温场，可测量移动物件的温度，通常测量表面温度
测量条件	测温元件要与被测对象很好接触；接触测温元件不要使被测对象的温度发生变化	由被测对象发出的辐射能充分照射到检测元件；被测对象的有效发射率要准确知道，或者具有重现的可能性
测量范围	容易测量1000℃以下的温度，测量1200℃以上的温度有困难	测量1000℃以上的温度较准确，测量1000℃以下的温度误差大
准确度	通常为0.5%～1%，依据测量条件可达0.01%	通常为20℃左右，条件好的可达5～10℃
响应	通常较慢，约1～3min	通常较快，约2～3s，即使迟缓的也在10s内

温度检测方法的分类 表 2.2.4

测温方式	类别	原理	典型仪表	测温范围/℃
接触式测温	膨胀类	利用液体气体的热膨胀及物质的蒸汽压变化	玻璃液体温度计	-100～600
			压力式温度计	-100～500
		利用两种金属的热膨胀差	双金属温度计	-80～600
	热电类	利用热电效应	热电偶	-200～1800
	电阻类	固体材料电阻随温度变化而变化	铂热电阻	-260～850
			铜热电阻	-50～150
			热敏电阻	-50～300
	其他电学类	半导体器件的温度效应	集成温度传感器	-50～150
		晶体的固有频率随温度而变化	石英晶体温度计	-50～120
	光纤类	利用光纤的温度特征或作为传光介质	光纤温度传感计	-50～400
			光纤辐射温度计	200～4000
非接触式测温	辐射类	利用普朗克定律	光电高温计	800～3200
			辐射传感器	400～2000
			比色温度计	500～3200

2.2.7 振动测试传感器

1. 惯性式传感器原理

振动测量需要找到一个静止点作为测量振动的参考点，这在实际测量中很难做到，例如要测量建筑物的振动，因为周围地基也在振动，所以地基不能作为参考点。惯性式传感器是在仪器内部构成一个参考点，由质量块和弹性元件组成的振动系统（简称为振子）可以解决这个问题，其工作原理如图 2.2.28 所示。该

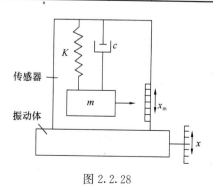

图 2.2.28

系统主要由惯性质量块 m、弹簧 k 和阻尼器 c 构成。使用时将传感器外壳固定在振动体上,并和振动体一起振动,以下我们试图建立的是振动体的运动(如位移)和振子与传感器外壳相对运动(如相对位移)之间的关系。

设被测振动体按以下规律振动:

$$x = X_0 \sin\omega t \tag{2.2.15}$$

可建立质量块 m 的振动微分方程

$$m(\ddot{x} + \ddot{x}_m) + c\dot{x}_m + kx_m = 0 \tag{2.2.16}$$

式中　x——振动体相对固定参考坐标的位移
　　　X_0——被测振动体振动幅值
　　　x_m——质量块相对于传感器外壳的位移
　　　ω——被测振动体振动圆频率
　　　m——传感器振子的质量
　　　k——传感器振子的弹簧刚度
　　　c——传感器振子的阻尼系数

(2.2.15) 式代入 (2.2.16) 式,经整理可得

$$\ddot{x}_m + 2D\omega_n \dot{x}_m + \omega_n^2 x_m = X_0 \omega^2 \sin\omega t \tag{2.2.17}$$

其中　　$\omega_n^2 = \dfrac{k}{m}$　　　$D = \dfrac{c}{2m\omega_n}$

式中　ω_n——传感器振子的固有频率
　　　D——传感器振子的阻尼比

(2.2.17) 式的稳态解为

$$x_m = X_{m0} \sin(\omega t - \varphi) \tag{2.2.18}$$

其中

$$X_{m0} = \frac{X_0 \left(\dfrac{\omega}{\omega_n}\right)^2}{\sqrt{\left[1 - \left(\dfrac{\omega}{\omega_n}\right)^2\right]^2 + \left(2D\dfrac{\omega}{\omega_n}\right)^2}} \tag{2.2.19}$$

$$\varphi = \tan^{-1} \frac{2D\dfrac{\omega}{\omega_n}}{1 - \left(\dfrac{\omega}{\omega_n}\right)^2} \tag{2.2.20}$$

将 (2.2.18) 式与 (2.2.15) 式相比较,可以看到,质量块相对于传感器外壳的动位移频率与振动体的动位移频率相同,但两者相差一个相位角 φ,质量块的相对运动振幅与振动体的运动振幅之比为:

$$\frac{X_{m0}}{X_0} = \frac{\left(\dfrac{\omega}{\omega_n}\right)^2}{\sqrt{\left[1 - \left(\dfrac{\omega}{\omega_n}\right)^2\right]^2 + \left(2D\dfrac{\omega}{\omega_n}\right)^2}} \tag{2.2.21}$$

由式 (2.2.21) 和式 (2.2.20),以 ω/ω_n 为横坐标,以 X_{m0}/X 和 φ 为纵坐标,并使用不同的阻尼比做出如图 2.2.29 和图 2.2.30 所示的曲线,分别称为振动传感器的幅频特性曲线和相频特性曲线。

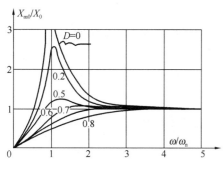

图 2.2.29 幅频特性曲线

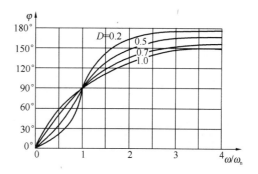

图 2.2.30 相频特性曲线

试验过程中，不同频段阻尼比 D 有变化，观察图 2.2.29 和图 2.2.30，X_{m0}/X 和 φ 保持常数的频段是有限制的。不同的频段和阻尼比，振动传感器将输出不同的振动参数。

(1) 当 $\omega/\omega_n \gg 1$，$D<1$ 时，由式（2.2.22）和式（2.2.21）可得

$$\frac{\left(\dfrac{\omega}{\omega_n}\right)^2}{\sqrt{\left[1-\left(\dfrac{\omega}{\omega_n}\right)^2\right]^2+\left(2D\dfrac{\omega}{\omega_n}\right)^2}} \to 1 \tag{2.2.22}$$

$$\varphi \to 180° \tag{2.2.23}$$

这说明此时振子的相对振幅和振动体的振幅接近相等而相位相反，此时振动传感器可用作位移计。

实际使用中，当位移测试精度要求较高时，频率比可取上限，即 $\omega/\omega_n>10$；对于精度一般要求的振幅测定，可取 $\omega/\omega_n=5\sim10$，这时仍可近似地认为 $X_{m0}/X \to 1$，但具有一定误差；幅频特性曲线平直部分的频率下限与阻尼比有关，对无阻尼或小阻尼的频率下限可取 $\omega/\omega_n=4\sim5$，当 $D=0.6\sim0.7$ 时，频率比下限可放宽到 2.5 左右，此时幅频特性曲线有最宽的平直段，也就是作为位移计频率使用范围较宽。

在有阻尼振动情况下，振动传感器对不同振动频率有不同的相位差，如图 6-12 所示。如果振动体的运动由多个频率的正弦波叠加而成，则由于振动传感器对不同频率的相位差不同，测得的位移波形将发生失真，所以应注意传感器关于波形畸变的限制。

(2) 当 $\omega/\omega_n \ll 1$，$D<1$ 时，由式（2.2.21）可得：

$$\frac{\left(\dfrac{\omega}{\omega_n}\right)^2}{\sqrt{\left[1-\left(\dfrac{\omega}{\omega_n}\right)^2\right]^2+\left(2D\dfrac{\omega}{\omega_n}\right)^2}} \to \left(\dfrac{\omega}{\omega_n}\right)^2 \tag{2.2.24}$$

$$X_{m0}=\left(\dfrac{\omega}{\omega_n}\right)^2 X_0 \quad \mathrm{tg}\varphi \approx 0 \tag{2.2.25}$$

可得

$$X_{m0}=-\dfrac{1}{\omega_n^2}\ddot{X}_0 \tag{2.2.26}$$

其中

$$\ddot{X}_0=-\omega^2 X_0$$

此时，振动传感器振子的相对位移与振动体的加速度成正比，比例系数为 $1/\omega_n^2$。这种传感器可用来测量加速度，称为加速度计。加速度计的幅频特性曲线如图 2.2.31 所示。

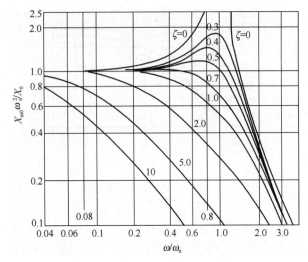

图 2.2.31 加速度计幅频特性曲线

加速度计用于频率比 $\omega/\omega_n \ll 1$ 的范围内，故相频特性曲线仍可用图 2.2.30。从图 2.2.30 可以看到，其相位超前被测频率，在 0~90°之间。当阻尼比 $D=0$ 时，没有相位差，测量复合振动不会发生波形畸变。当振子阻尼比 D 在 0.6~0.7 之间时，由于相频曲线接近于直线，相位角与频率比成正比，测量复合振动波形也不会出现畸变。若阻尼比不符合要求，将出现与频率比成非线性的相位角。

2. 传感器换能原理

在惯性式振动传感器中，质量弹簧系统（振子）将振动体振动量（位移、速度或加速度）转换成了质量块相对于仪器外壳的位移，同时还应不失真地将它们转换为电信号（大部分情况下为电压），以便传输并用各类量电器进行量测。转换的方法有多种形式，如利用磁电感应原理、压电晶体材料的压电效应原理、机电耦合伺服原理以及电容、电阻应变、光电原理等。其中磁电式速度传感器能线性地感应振动速度，适用于实际结构的振动量测。压电晶体式加速度传感器，体积较小，重量轻，自振频率高，频率范围宽，在工程中也得到了广泛的应用。

(1) 磁电式速度传感器

磁电式速度传感器的振子部分是一个位移计，即被测振动体振动频率应远远高于振子的固有频率，此时振子与仪器壳体的相对动位移振幅和振动体的动位移振幅近似相等而相位相反。

图 2.2.32 为一种典型的磁电式速度传感器，磁钢和壳体固定安装在所测振动体上，并与振动体一起振动，芯轴与线圈组成传感器的可动系统并由簧片与壳体连接，可动系统就是传感器的惯性质量块，测振时惯性质量块和仪器壳体相对移动，因而线圈和磁钢也相对移动从而产生感应电动势，根据电磁感应定律，感应电动势 E 的大小为

$$E = BLnv \tag{2.2.27}$$

式中　B——线圈在磁钢间隙的磁感应强度；

L——每匝线圈的平均长度；

n——线圈匝数；

v——线圈相对于磁钢的运动速度，即所测振动体的振动速度。

从上式可以看出对于确定的仪器系统，B、L、n 均为常量，所以感应电动势 E 也就是测振传感器的输出电压是与所测振动的速度成正比的，因此，它的实际作用是一个测量速度的换能器。

如前所述，磁电式速度传感器的振子部分是一个位移计，则它的输出量是把位移经过一次微分后输出的。若需要记录位移时，须通过积分网路。若接上一个微分电路时，那么输出电压就变成与加速度成正比了。应该注意，由于磁电式换能器的微分特性，所以其输

出量与速度信号成正比,即与频率的一次方成正比,因此,它的速度可测量程是变化的,低频时可测量程小,高频时可测量程大。这类仪器对加速度的可测范围与频率的二次方成正比,使用时应重视这个特性。

建筑工程中经常需要测 10Hz 以下甚至 1Hz 以下的低频振动,必须进一步降低传感器振子的固有频率,这时常采用摆式速度传感器,这种类型的传感器将质量弹簧系统设计成转动的形式,因而可以获得更低的固有频率。图 2.2.33 是典型的摆式测振传感器。根据所测振动是垂直方向还是水平方向,摆式测振传感器有垂直摆、倒立摆和水平摆等几种形式,摆式速度传感器也是磁电式传感器,输出电压也与振动速度成正比。

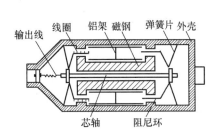
图 2.2.32 磁电式速度传感器

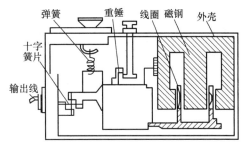
图 2.2.33 摆式传感器

磁电式速度传感器的主要特点是,灵敏度高,有时不需放大器可以直接读数或记录,但测量低频信号时,输出灵敏度不高。此外,性能稳定、输出阻抗低、频率响应线性范围有一定宽度也是其主要特点。通过对质量、阻尼、弹簧系统参数的设计,可以做出不同类型的传感器,能量测极微弱的振动,也能量测比较强的振动。磁电式速度传感器是多年来工程振动测量中最常用的测振传感器。

磁电式速度传感器的主要技术指标:

1) 传感器振子的固有频率 ω_n,是传感器的一个重要参数,它与传感器的频率响应有很大关系。固有频率决定于质量块 m 的质量大小和弹簧刚度 k。其计算公式为

$$\omega_n = \sqrt{\frac{k}{m}} \tag{2.2.28}$$

2) 灵敏度 K,即传感器感受振动的方向感受到一个单位振动速度时,传感器的输出电压。

$$K = E/v$$

K 的常用单位是 $mV/(cm \cdot s^{-1})$。

3) 频率响应,在理想的情况下,当所测振动的频率变化时,传感器的灵敏度应该不改变,但无论是传感器的机械系统还是机电转换系统都有一个频率响应问题,即灵敏度 K 随所测频率不同而有所变化,这个变化的规律就是传感器的频率响应。对于阻尼值固定的传感器,频率响应曲线只有一条,有些传感器可以由试验者选择和调整阻尼,阻尼不同,传感器的频率响应曲线也不同。

4) 阻尼系数,指的是磁电式速度传感器质量弹簧系统的阻尼比,阻尼比的大小对频率响应有很大影响,通常磁电式速度传感器的阻尼比设计为 0.5～0.7,此时,振子的幅频特性曲线有较宽的平直段。

磁电式速度传感器输出的电压信号有时比较微弱，需要经过放大才能读数或记录，一般采用电压放大器。电压放大器的输入阻抗要远大于传感器的输出阻抗，这样就可以使信号尽可能多地输入到放大器输入端。放大器应有足够的电压放大倍数，同时信噪比要高。

为了同时能够适应于不同量级振动量的测量，放大器应设多级衰减器供不同的测试场合选择。放大器的频率响应也应该能满足测试的要求，亦即应有好的低频响应和高频响应。完全满足上述要求有时是困难的，因此在选择或设计放大器时要通盘考虑各项指标。一般将微积分网络（通过积分电路获得位移，通过微分电路获得加速度）和电压放大器设计在同一个仪器里。

(2) 压电式加速度传感器

某些晶体，如石英、压电陶瓷、酒石酸钾钠、钛酸钡等材料，当沿着其电轴方向施加外力使其产生压缩或拉伸变形时，内部会产生极化现象，同时在其相应的两个表面上产生大小相等符号相反的电荷；当外力去掉后，又重新回到不带电状态；当作用力方向改变时，电荷的极性也随之改变；晶体受力变形所产生的电荷量与外力的大小成正比。这种现象叫压电效应。反之，如对晶体电轴方向施加交变电场，晶体将在相应方向上产生机械变形；当外加电场撤去后，机械变形也随之消失。这种现象称为逆压电效应，或电致伸缩效应。

利用压电晶体的压电效应，可以制成压电式加速度传感器和压电式力传感器。利用逆压电效应，可制造微小振动量的高频激振器，如发射超声波的换能器。

压电晶体受到外力产生的电荷 Q 由下式表示

$$Q = G\sigma A \tag{2.2.29}$$

式中　G——晶体的压电常数；

　　　σ——晶体的压强；

　　　A——晶体的工作面积。

在压电材料中，石英晶体是较好的一种，它具有高稳定性、高机械强度和工作温度范围宽的特点，但灵敏度较低。在计量方面使用最多的是压电陶瓷材料，如钛酸钡、锆钛酸铅等。采用特殊的陶瓷配制工艺可以得到较高的压电灵敏度和很宽的工作温度，而且易于制成各种形状。

当外力施加在压电材料极化方向使其产生轴向变形时，与极化方向垂直的表面产生与外力成正比的电荷，形成输出端的电位差。这种方式称为正压电效应或压缩效应（图 2.2.34 (a)）。当外力施加在压电材料的极化方向使其产生生剪切变形时，与极化方向平行的表面产生与外力成正比的电荷，产生输出端的电位差。这种方式为剪切压电效应（图 2.2.34 (b)）。

上述两种形式的压电效应均已经应用于加速度传感器的设计中，对应的传感器称为压缩型传感器和剪切型传感器（图 2.2.35）。

压缩型传感器一般采用中心压缩型，此类传感器构造简单，性能稳定，有较高的灵敏度/质量比，但此种传感器将压电元件-弹簧-质量系统通过圆柱安装在传感器底座上，若因环境因素、安装表面不平整或被测结构刚度较小等因素引起底座的变形都将引起传感器的电荷输出（即所谓基座应变）。因此这种形式的传感器主要用于高冲击情况和特殊用途的加速度测量。

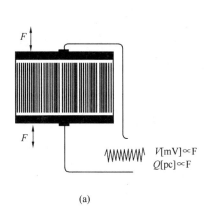 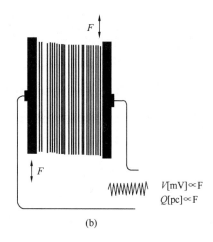

图 2.2.34 压电材料的压电效应
(a) 正压电效应;(b) 剪切压电效应

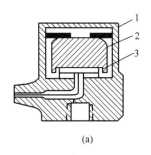 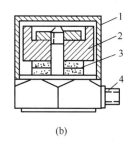 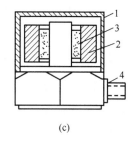

图 2.2.35 不同形式压电式加速度传感器
(a) 基座压缩型;(b) 单端中心压缩型;(c) 环型剪切型
1—外壳;2—质量块;3—压电晶体;4—输出接头

减小基座应变的有效措施是采用剪切型构造,剪切型传感器的底座变形不会使压电元件产生剪切变形,因而在与极化方向平行的极板上不会产生电荷。它对温度突变、底座变形等环境因素均不敏感,性能稳定,灵敏度/质量比高,可用来设计非常小型的传感器,是目前压电加速度传感器的主流型式。

压电式加速度传感器的工作原理如图 2.2.36 所示,压电晶体片上是质量块 m,用硬弹簧将它们夹紧在基座上。质量弹簧系统的弹簧刚度由硬弹簧刚度 K_1 和晶体刚度 K_2 组成,$K=K_1+K_2$。质量块的质量 m 较小,阻尼系数也较小,而刚度 K 很大,因而传感器振子的固有频率很高,根据需要可达若干 kH,高的甚至可达 100～200kH。

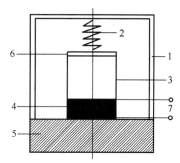

图 2.2.36 压电加速度传感器原理
1—外壳;2—弹簧;3—质量块;
4—压电晶体;5—基座;6—绝
缘垫;7—输出端

压电式加速度传感器的振子部分是一个加速度计。如前分析,当被测振动体频率 $\omega \ll$

ω_n 时，质量块相对于仪器外壳的位移就反映所测振动体的加速度值，即 $x_m = -\frac{1}{\omega_n^2}\ddot{x}$。晶体的刚度为 K_2，因而作用在晶体上的动压力

$$\sigma A = K_2 x_m \approx -\frac{K_2}{\omega_n^2}\ddot{x}$$

由（2.2.29）式可得晶体上产生的电荷量为

$$Q = -\frac{GK_2}{\omega_n^2}\ddot{x} \tag{2.2.30}$$

相应的电压为

$$U = \frac{Q}{C} = -\frac{GK_2}{C\omega_n^2}\ddot{x} \tag{2.2.31}$$

式中 C 为测试系统电容，包括传感器本身的电容 C_a、电缆电容 C_c 和前置放大器输入电容 C_i，即

$$C = C_a + C_c + C_i$$

由式（2.2.30）和（2.2.31）可以看到，压电晶体两表面所产生的电荷量（或电压）与所测振动的加速度成正比，因此可以通过测量压电晶体的电荷量（或电压）来测振动体的加速度。

式（2.2.30）中，定义

$$S_q = \frac{GK_2}{\omega_n^2} \tag{2.2.32}$$

称为压电式加速度传感器的电荷灵敏度，即传感器感受到单位加速度时压电晶体两端所产生的电荷量，单位常用 pC/g 或 $pC/m/s^2$。

式（2.2.32）中，定义

$$S_u = \frac{GK_2}{C\omega_n^2} \tag{2.2.33}$$

称为压电式加速度传感器的电压灵敏度，即传感器感受单位加速度时压电晶体两端产生的电压量，单位常用 mV/g 或 $mV/m/s^2$。

压电式加速传感器具有动态范围大（最大可达 105g），频率范围宽、重量轻、体积小等优点，被广泛用于振动测量的各个领域，尤其在宽带随机振动和瞬态冲击等场合，几乎是唯一合适的测振传感器。其缺点输出阻抗太高，噪声较大，特别是用它两次积分后测位移时，噪声和干扰很大。

其主要技术指标如下：

1) 灵敏度

传感器灵敏度的大小主要取决于压电晶体材料特性和质量块质量大小。传感器几何尺寸愈大，即质量块愈大则灵敏度愈高，但 ω_n 较低而使用频率范围愈窄。反之，传感器体积减小质量块减小则灵敏度也减小，但 ω_n 较高而使用频率范围则加宽，选择压电式加速度传感器，要根据测试对象和振动信号特征综合考虑。

2) 安装谐振频率

传感器说明书标明的安装谐振频率 f 安是指将传感器用螺栓牢固安装在一个有限质量 m（目前国际公认的标准是体积为 $1in^3$，质量为 180g）的物体上的谐振频率。传感器的安装谐振频率对传感器的频率响应有很大影响。实际测量时安装谐振频率还要受具体安

装方法的影响，例如螺栓种类、表面粗糙度等。实际工程结构测试时，传感器安装条件如果达不到标准安装条件，其安装谐振频率会降低。

3) 频率响应

压电式加速度传感器的幅频特性曲线，如图 2.2.37 所示。曲线横坐标为对数尺度的振动频率，纵坐标为 dB（分贝）表示的灵敏度衰减特性。可以看到在低频段是平坦直线，随着频率增高，灵敏度误差增大，当振动频率接近安装谐振频率时灵敏度会很大。压电式加速度传感器没有专门设置阻尼装置，阻尼比很小，一般在 0.01 以下，只有 $\frac{\omega}{\omega_n} < \frac{1}{5}$（或 $\frac{1}{10}$）时灵敏度误差才比较小，测量频率的上限 f 上取决于安装谐振频率 f 安，当 f 上 $= \frac{1}{5} f$ 安时，其灵敏度误差为 4.2%，当 f 上 $= \frac{1}{3} f$ 安时，其误差超过 12%。根据测试精度要求，一般取传感器工作频率的上限为其安装谐振频率的 $\frac{1}{5} \sim \frac{1}{10}$。由于压电式加速度传感器有很高的安装谐振频率，所以压电传感器的工作频率上限较之其他类型的测振传感器高，即工作频率范围宽。至于工作频率的下限，就传感器本身可以达到很低，但实际测量时决定于电缆和前置放大器的性能。

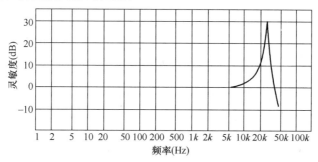

图 2.2.37 压电式加速度传感器的幅频特性曲线

图 2.2.38 是压电式加速度传感器的相频特性曲线，由于压电式加速度传感器工作在 $\omega/\omega_n \ll 1$ 范围内，而且阻尼比 D 很小，一般在 0.01 以下，从图可以看出这一段相位滞后几乎等于常数π，不随频率改变。这一性质在测量复合振动和随机振动时具有重要意义，被测振动信号不会产生相位畸变。

4) 横向灵敏度比

传感器承受垂直于主轴方向振动时的灵敏度与沿主轴方向灵敏度之比称为横向灵敏度比，

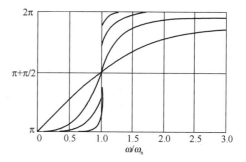

图 2.2.38 压电式加速度传感器的相频特性曲线

理想情况应当是与主轴垂直方向振动时不应有信号输出，即横向灵敏度比为零。但由于压电材料的不均匀性，零信号指标难以实现。横向灵敏度比应尽可能小，质量好的传感器应小于 5%。

5) 幅值范围（动态范围）

传感器灵敏度保持在一定误差大小（5%～10%）时的输入加速度幅值量级范围称为幅值范围，也就是传感器保持线性的最大可测范围。

压电式加速度传感器的输出信号必须用放大器放大后才能进行测量，常用的放大器有电压放大器和电荷放大器两种。

电压放大器具有结构简单、价格低廉、可靠性好等优点。但输入阻抗比较低，在作为压电式加速度传感器的二次仪表时，导线电容变化非常敏感地影响仪器系统的灵敏度。因此必须在压电式加速度传感器和电压放大器之间加一阻抗变换器，同时传感器和阻抗变换器之间的导线要有所限制，标定时和实际量测时要用同一根导线。当压电加速度传感器使用电压放大器时可测振动频率的下限较电荷放大器为高。

电荷放大器是压电式加速度传感器的专用前置放大器，由于压电加速度传感器的输出阻抗非常高，其输出电荷信号很小，因此必须采用输入阻抗极高的一种放大器与之相匹配，否则传感器产生的电荷就要经过放大器的输入电阻释放掉，采用电荷放大器能将高内阻的电荷源转换为低内阻的电压源，而且输出电压正比于输入电荷。因此，电荷放大器同样起着阻抗变换作用。电荷放大器的优点是对传输电缆电容不敏感，传输距离可达数百米，低频响应好。

此外，电荷放大器一般还具有低通、高通滤波和适调放大的功能。

2.3 数据采集系统

1. 数据采集系统的组成

通常，数据采集系统由三个部分组成：传感器部分、数据采集部分和计算机（控制和分析器）部分，见图2.3.1

传感器部分包括前面所提到的各种电测传感器，它们的作用是感受各种物理变量，如力、线位移、角位移、应变和温度等，并把这些物理量转变为电信号。一般情况下，传感器输出的电信号可以直接输入数据采集仪；如果某些传感器的输出信号不能满足数据采集仪的输入要求，则还要加上放大器等。

数据采集仪部分包括：

1) 与各种传感器相对应的接线模块和多路开关，其作用是与传感器连接，并对各个传感器进行扫描采集；数字转换器，对扫描得到的模拟量进行数字转换，转换成数字量。

2) 主机，其作用是按照事先设置的指令或计算机发给的指令来控制整个数据采集仪，进行数据采集。

储存器，可以存放指令、数据等。

其他辅助部件。

数据采集仪的作用是对所有的传感器通道进行扫描，把扫描得到的电信号进行数字转换，转换成数字量，再根据传感器特性对数据进行传感器系数换算（如把电压数换算成应变或温度等），然后将这些数据传送给计算机，或者将这些数据打印输出、存入磁盘。

计算机部分包括：主机、显示器、存储器、打印机、绘图仪和键盘等。计算机的主要作用是作为整个数据采集系统的控制器，控制整个数据采集过程。在采集过程中，通过数据采集程序的运行，计算机对数据采集仪进行控制；计算机还可以对数据进行计算处理，实时打印输出和图像显示及存入磁盘。计算机的另一个作用是在试验结束后，对数据进行处理。

数据采集系统可以对大量数据进行快速采集、处理、分析、判断、报警、直读、绘图、储存、试验控制和人机对话等，还可以进行自动化数据采集和试验控制，它的采样速度可高达每秒几万个数据或更多。目前国内外数据采集系统的种类很多，按其系统组成的模式大致可分为以下几种：

1）大型专用系统将采集、分析和处理功能融为一体，具有专门化、多功能和高档次的特点。

2）分散式系统由智能化前端机、主控计算机或微机系统、数据通信及接口等组成，其特点是前端可靠近测点，消除了长导线引起的误差，并且稳定性好、传输距离长、通道多。

3）小型专用系统以单片机为核心，小型、便携、用途单一、操作方便、价格低，试用于现场试验时的测量。

4）组合式系统这是一种以数据采集仪和微型计算机为中心，按试验要求进行配置组合成的系统，它适用性广、价格便宜，是一种比较容易普及的形式。

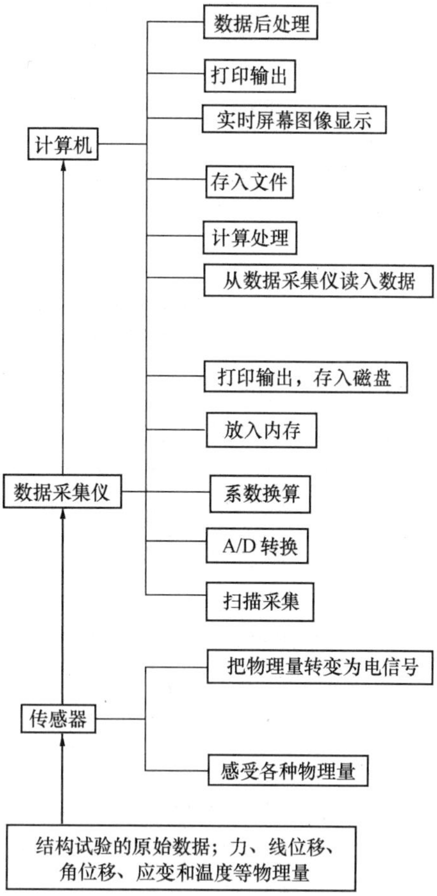

2. 数据采集的过程

图 2.3.1 数据采集系统及流程示意图

采用上述数据采集系统进行数据采集，数据的流通过程见图 2.3.1。数据采集过程的原始数据是反映试验结构或试件状态的物理量，如力、应变、线位移、角位移和温度等。这些物理量通过传感器，被转换成为电信号；通过数据采集仪的扫描采集，进入数据采集仪；再通过数字转换，变成数值量；通过系数换算，变成代表原始物理量的数值；然后，把这些数据打印输出、存入磁盘，和暂时存在数据采集仪的内存；通过连接采集仪和计算机的接口，存在数据采集仪内存的数据进入计算机；计算机再对这些数据进行计算处理，如把位移换算成挠度、把力换算成应力等；计算机把这些数据存入文件、打印输出、并可以选择其中部分数据显示在屏幕上，如位移与荷载的关系曲线等。

数据采集过程是由数据采集程序控制的。数据采集程序主要由两部分组成，第一部分的作用是数据采集的准备，第二部分的作用是正式采集。程序的运行有六个步骤，第一步为启动数据采集程序，第二步为进行数据采集的准备工作，第三步为采集初读数，第四步为采集待命，第五步为执行采集（一次采集或连续采集），第六步为终止程序运行。数据采集过程结束后，所有采集到的数据都存在磁盘文件中，数据处理时可直接从这些文件中读取数据。

各种数据采集系统所有的数据采集程序有：

生产厂商为该采集系统编制的专用程序，常用于大型专用系统。

固化的采集程序，常用于小型专用系统。

利用生产厂商提供的软件工具，用户自行编制的采集程序，主要用于组合式系统。

2.4 虚拟仪器

1986年，美国NI公司（National Instrument）提出了虚拟仪器的概念，提出了"软件即仪器"的口号，彻底打破了传统仪器性能只能由生产厂家定义，使用过程中仪器参数不易改变且传统仪器体积庞大，携带不是很方便。虚拟仪器则是用一台计算机就可以构成整套智能仪器，使用者通过图形界面对其进行操作，并能根据需要设计自己的仪器系统，还可以通过修改软件的方法来改变参数，以适应不同环境条件的需求。其成本低、技术更新决，还具有良好的可控性，可多次重复使用，安全经济，节能降污，不受外界环境限制等突出优点，适应现代测试技术发展的要求等优点。目前虚拟仪器技术主要应用在机械、能源、电子等领域有较多的应用，在土木工程领域，从已发表的论文看主要用于振动测试、桥梁监测方面。

虚拟仪器技术的三大组成部分：

1）高效的软件

软件是虚拟仪器技术中最重要的部分。使用正确的软件工具并通过设计或调用特定的程序模块，工程师和科学家们可以高效地创建自己的应用以及友好的人机交互界面。提供的行业标准图形化编程软件——LabVIEW，不仅能轻松方便地完成与各种软硬件的连接，更能提供强大的后续数据处理能力，设置数据处理、转换、存储的方式，并将结果显示给用户。此外，还提供了更多交互式的测量工具和更高层的系统管理软件工具，例如连接设计与测试的交互式软件SignalExpress、用于传统C语言的LabWindows/CVI、针对微软Visual Studio的Measurement Studio等等，均可满足客户对高性能应用的需求。

有了功能强大的软件，您就可以在仪器中创建智能性和决策功能，从而发挥虚拟仪器技术在测试应用中的强大优势。

2）模块化的I/O硬件

面对如今日益复杂的测试测量应用，已经提供了全方位的软硬件的解决方案。无论您是使用PCI，PXI，PCMCIA，USB或者是1394总线，都能提供相应的模块化的硬件产品，产品种类从数据采集、信号条理、声音和振动测量、视觉、运动、仪器控制、分布式I/O到CAN接口等工业通讯，应有尽有。高性能的硬件产品结合灵活的开发软件，可以为负责测试和设计工作的工程师们创建完全自定义的测量系统，满足各种独特的应用要求。

3）用于集成的软硬件平台

专为测试任务设计的PXI硬件平台，已经成为当今测试、测量和自动化应用的标准平台，它的开放式构架、灵活性和PC技术的成本优势为测量和自动化行业带来了一场翻天覆地的改革。

PXI作为一种专为工业数据采集与自动化应用度身定制的模块化仪器平台，内建有高端的定时和触发总线，再配以各类模块化的I/O硬件和相应的测试测量开发软件，您就可以建立完全自定义的测试测量解决方案。无论是面对简单的数据采集应用，还是高端的混合信号同步采集,借助PXI高性能的硬件平台,您都能应付自如。这就是虚拟仪器技术带给您的无可比拟的优势。

虚拟仪器技术的四大优势:

性能高

虚拟仪器技术是在PC技术的基础上发展起来的,所以完全"继承"了以现成即用的PC技术为主导的最新商业技术的优点,包括功能超卓的处理器和文件I/O,使您在数据高速导入磁盘的同时就能实时地进行复杂的分析。此外,不断发展的因特网和越来越快的计算机网络使得虚拟仪器技术展现其更强大的优势。

扩展性强

这些软硬件工具使得工程师和科学家们不再圈囿于当前的技术中。得益于软件的灵活性,只需更新您的计算机或测量硬件,就能以最少的硬件投资和极少的、甚至无需软件上的升级即可改进您的整个系统。在利用最新科技的时候,您可以把它们集成到现有的测量设备,最终以较少的成本加速产品上市的时间。

开发时间少

在驱动和应用两个层面上,NI高效的软件构架能与计算机、仪器仪表和通讯方面的最新技术结合在一起。设计这一软件构架的初衷就是为了方便用户的操作,同时还提供了灵活性和强大的功能,使您轻松地配置、创建、发布、维护和修改高性能、低成本的测量和控制解决方案。

无缝集成

虚拟仪器技术从本质上说是一个集成的软硬件概念。随着产品在功能上不断地趋于复杂,工程师们通常需要集成多个测量设备来满足完整的测试需求,而连接和集成这些不同设备总是要耗费大量的时间。虚拟仪器软件平台为所有的I/O设备提供了标准的接口,帮助用户轻松地将多个测量设备集成到单个系统,减少了任务的复杂性。

第3章 荷载试验

3.1 概述

土木工程结构在其服役期间要承受各种各样的作用，如：重力荷载、地震作用、风荷载等等，这些作用可以分为直接作用和间接作用。直接作用通常也称为荷载，主要是结构的自重和作用在结构上的外力；其他引起结构外加变形和约束变形的原因，如：地震、温度变化、地基不均匀沉降、其他环境影响以及结构内部的物理、化学作用等称为间接作用。直接作用即荷载可分为静荷载和动荷载两类，严格地说，结构受到的荷载，静是相对的，而动是绝对的。在静荷载作用下，结构的反应不随时间推移产生明显变化，结构不产生加速度反应，或产生的加速度反应很小可以忽略；而动荷载作用下，结构的反应呈现随时间推移产生明显变化的特点，使结构产生不可忽略的加速度反应。

结构的主要职能是承受荷载，因此，研究结构在荷载作用下的工作性能是结构试验与分析的主要目的。由于结构承受的荷载中静荷载占主导作用，而且，在结构设计中，为简化计算，一般将动荷载等效折算成静荷载考虑，因此，静荷载作用下的结构性能是工程人员最关心的问题。于是，静荷载试验是最为常见的结构试验，例如，对结构强度、刚度、稳定性进行的试验研究，通常采用静载试验。当然，静载试验相对动载试验，技术与设备都比较简单，容易实现，这也是静载试验经常被应用的原因。

结构静载试验，就是通过对结构构件施加静荷载，并采用各种检测方法和手段，对结构的各种反应（如：位移、应变、裂缝等）进行观测和分析，以得到对结构构件强度、刚度、稳定性的正确评估，从而了解结构的工作性能、正常使用性能和承载能力。

根据试验时间的长短，结构静载试验可以分为短期试验和长期试验。一般情况下，结构静载试验在较短时间（数天）内可以完成，这些试验称短期试验。但在需要了解结构的长期性能（如：混凝土徐变、收缩、预应力筋松弛等）时，结构静载试验需要持续很长时间（数月或更长），这些试验称长期试验，通过长期荷载试验可以获得结构变形等随时间变化的规律。

还有一种特殊的静载试验，是研究结构抗震性能的试验，包括伪静力试验和拟动力试验，虽然是研究抗震性能，所用的加载设备、加载方法基本属于静载的范畴，所以仍称其为静载试验，其试验结果可为结构抗震动力分析提供依据。因此，结构静载试验方法是结构试验的基本方法，也是结构试验的基础。

结构静载试验的项目多种多样，由于试验目的的不同，试验内容也不一样。本章主要讨论结构静载试验的原理、程序、内容和方法，包括低周反复荷载作用与拟动力荷载作用的抗震性能试验，也包括现场的结构试验检测。

地基基础要承受上部结构传来的全部荷载，是工程结构物安全的关键，由于岩土力学性能的复杂性、不确定性，常常需要通过荷载试验来确定、检验地基基础的承载能力，桩基荷载试验则是工程质量检验必要的试验项目。

各种地基基础荷载试验、各种工程结构荷载试验种类繁多，但有其共通之处，本章将以结构荷载试验为主介绍荷载试验的程序、准备工作、加载、试验观测、数据处理等内容，另外再介绍桩基荷载试验的相关要点。

3.2 结构静载试验的程序与试验准备工作

结构静载试验的程序大致可以分为三个阶段，第一阶段是试验前的准备，第二阶段是正式试验，第三阶段是数据整理与分析。试验准备阶段又可以进一步分成7个步骤：调查研究与收集资料、试验大纲或方案制定、试件设计与制作、材料力学性能测定、试验设备与试验场地的准备、试件准备与安装就位、加载设备和测量仪器仪表的安装；正式试验阶段则可分成3个步骤：试验预加载、正式试验加载与观测、卸载并观测；数据整理与分析包括：原始数据整理、计算分析和报告编写三个步骤。

3.2.1 调查研究、收集资料

要进行一项静荷载试验，首先要了解试验要求、明确试验目的和任务，确定试验的性质与规模，试验的形式、数量和种类，以便正确的规划和设计试验，要达到这一目的，进行调查研究、收集资料是必不可少的。

对科学研究性试验，调查研究主要是面向有关科研单位和情报部门以及必要的设计和施工单位，收集与本试验相关的历史，即以前是否已做过类似试验，其试验的方法、数据资料；了解有关的现状，即已有的理论、假设、设计与施工技术水平、技术状况等；还应掌握将来的发展趋势，包括生产、生活和科学技术的发展趋势与要求等。

对生产服务性试验，在接受委托后，要向有关设计、施工、监理和使用单位相关人员进行调查，收集试验对象的设计资料包括设计图纸、设计荷载、勘探资料等；施工资料包括施工日志、检测资料、监理资料、隐蔽工程验收记录等；实际使用情况包括使用环境、是否超载、损伤或灾害、试件目前的实际情况等。

3.2.2 试验大纲或方案的制定

进行一项静荷载试验往往是比较复杂的，它可能牵涉到：试件设计与制作、加载设备、加载方法、观测仪器、观测方法、安全措施等等，为了保证试验能有条不紊地进行，并能成功的取得预期的试验效果，在调查研究的基础上，制定一个试验大纲或方案是十分必要的。试验大纲一般包含以下内容：

1. 概述，主要介绍试验背景、目的、任务与要求等，并简要介绍调查研究的情况，必要时还应介绍试验所依据的有关标准、规范等。

2. 试件情况，主要介绍所收集的有关试件的技术资料以及目前试件的实际情况，包括试件尺寸、构造、相关的材料参数等。若试件是专为试验设计的，应介绍试件设计的依据及理论分析与计算，试件的规格和数量，制作施工图以及对材料、施工工艺的要求等。

3. 试件安装与就位，包括：就位形式（正位、反位、还是卧位）、支承装置、边界条件模拟、侧向稳定的措施、安装就位的方法和用具等。

4. 试验荷载与加载方案，主要介绍最大试验荷载、荷载分级、荷载布置、加载设备选取和布置等。

5. 试验观测方案，主要介绍观测项目内容、测点布置、仪器仪表的选择、标定、观测方法与顺序、相关的补偿措施等。

6. 辅助试验，一般的研究性结构试验，往往需要做一些辅助性试验，主要是材料力学性能试验、探索性小模型、小试件、节点试验等。在大纲中应列出辅助性试验的内容、种类、试验目的和要求、试件数量、尺寸、制作要求以及试验方法等。

7. 安全措施，应介绍人身、试件和仪器设备等的安全防护措施。

8. 试验计划，试验时间进度安排。

9. 人员组织管理，一个静荷载试验，尤其是大型复杂的试验，参加的人员众多，牵涉面广，需要严密组织、严格管理。主要包括技术资料、原始记录管理、人员组织与分工、任务落实、工作检查、指挥调度、必要时的技术培训等，对野外现场的试验任务，还包括交通运输、水电安排等。

10. 附录，包括所有仪器、设备、器材清单、数据记录表格、仪器仪表的标定结果报告等。

3.2.3 试件准备

试验的对象，也称试件，对生产服务性试验一般是实际工程中的结构或构件，而对科学研究性试验，也可以根据试验要求专门设计制作，因此可能是经过这样或那样的简化，当然也可以是模型，或者是结构的局部（如节点或杆件）。

试件的设计与制作应根据试验目的与有关理论，并按照试验大纲的规定进行，并应考虑试件安装、就位、加载、量测的需要，在试件上作必要的构造处理，如钢筋混凝土试件支撑点预埋钢垫板、局部截面设置加强分布筋等。还有，平面结构侧向支撑点的配件设置、倾斜加载面上设置突肩以及吊环等，都不能遗漏。

试件的制作工艺，必须严格按照相应的施工规范进行，并按要求制备材料力学性能试验的试件，并及时编号。尤其是混凝土试件，由于其水泥、砂石料差异性很大，其配比应认真设计，必要时需进行试配；另外，其养护也不能掉以轻心，力学性能试验用的试块要求与试件同条件养护。

不管是科学研究性试验还是生产服务性试验，在试验前均应对试件作详细的检查，对比设计图纸，测量各部分实际尺寸，检查构造情况、施工质量、存在的缺陷（如混凝土的蜂窝麻面、裂缝、木材的疵病、钢结构的焊缝缺陷、锈蚀等）、结构变形、安装误差等。必要时，钢筋混凝土还应检查钢筋位置、保护层厚度和钢筋锈蚀情况等。这些情况可能对试验结果产生重要影响，必须详细记录并存档。

在检查考察后，必要时对试件进行表面处理，例如除去或修补一些有碍试验观测的缺陷，钢筋混凝土表面应刷白，以便观测裂缝，并划分区格，便于荷载、测点的准确定位，并记录裂缝发生和发展过程以及描述试件的破坏形态，观测裂缝的区格根据试件的大小可取 10～30cm。

3.2.4 材料力学性能试验

结构材料的力学性能指标，直接对结构性能产生影响，是结构计算分析的重要依据，也是结构试验设计、试验数据分析重要依据，会影响到结构承载能力、工作状况的判断和评估。因此，在正式试验前进行材料力学性能试验测定是非常重要的。

需要测定的力学性能项目，通常有强度、变形性能、弹性模量、泊松比、应力—应变关系等。

测定方法有直接测定法和间接测定法两种。直接测定法是通过对制作结构构件时留有的小试件按相关规范标准进行测定。相关的材料试验检测技术规范主要有：

《普通混凝土力学性能试验方法标准》GB/T 50081，

《钢及钢制品力学性能试验取样位置及试样制备》GB/T 2975，

《金属材料室温拉伸试验方法》GB/T 228，

《金属材料弯曲试验方法》GB/T 232，

《砌体基本力学性能试验方法标准》GBJ 129，

《建筑砂浆基本性能试验方法》JGJ 70。

间接测定法，通常采用无损检测方法，采用专门仪器对试验结构构件进行检测，并推定其力学性能参数。这方面的内容将在第 4 章进行详细介绍。

3.2.5 试验设备与试验场地的准备

正式试验前，应对试验规划中应用的加载设备、检测仪器、仪表等进行检查，必要时进行修理和标定，以保证仪器设备能满足试验的要求。标定结果必须出标定报告，以便数据整理分析中使用。

试验前应整理试验场地，及时清理与试验无关的物品，以免影响试验的正常进行。对大型、复杂的试验，应作试验场地的平面设计，以使在试验过程中的场地使用能得到合理安排，确保试验的顺利进行。这里的场地安排，包括加载设备如油泵等的位置、连接油管的铺设、测试仪器及观测台的布置、测试线缆与电源线缆的布置等；另外，还要安排测试人员的交通、参观人员的位置等；对野外的试验，还应考虑防晒、防雨、防风等设施的布置。所有的布置，都以确保试验的正常进行为原则。

3.2.6 试件安装就位

按照试验大纲的规定和试件设计的要求，各项准备工作就绪后即可将试件安装就位。保证试件在试验全过程都能按计划模拟的条件工作，避免因安装错误而产生附加应力或出现安全事故，避免过大的安装误差，是安装就位的中心问题。

对简支结构，两支点应在同一水平面上，高差不宜超过 1/50 的试验跨度。试件、支座、支墩和台座之间应紧密稳固，可用砂浆坐缝处理。

对超静定结构，支座标高应特别准确，以免引起内力重分布，支座宜设置调节标高装置。若带测定支座反力的测力计，则调节该支座反力至该支座应承受的试件重量为止。

扭转试件安装应注意扭转中心与支座中心的一致，可采用钢垫板等进行调节。

嵌固支座应上紧夹具，不得有任何的松动或可能的滑移。

卧位试验，试件应平放在水平滚轴或平车上，以减轻试验时试件水平位移的摩阻力，同时也可以防止试件侧向下挠。

试件吊装弯曲时，应防止平面结构的平面外弯曲、扭曲等变形发生；细长杆件的吊点应适当加密，避免弯曲过大；钢筋混凝土构件在吊装过程中，应保证不开裂，尤其是抗裂试验构件，必要时应附加夹具，提高试件刚度。

3.2.7　加载设备和量测仪表的安装

加载设备的安装，应根据所用设备的特点按大纲要求进行，并要求设备安装的牢固可靠，保证荷载的准确模拟和试验的安全进行。这里要考虑，荷载位置的准确性，如对中问题；受荷面的平整性，是否存在局部接触引起应力集中等。

仪表安装根据观测方案的要求进行，要及时对各测点的仪表、测点号、位置、连接仪器的通道号等做好记录，若调试过程中有变更，则应做好变更记录。另外，还应做好仪表的保护措施，以免仪表在试验过程中受到损坏。

3.2.8　试验特征值的计算

根据理论模型结合材料特性参数，计算在各级试验荷载下试验结构构件特征部位的变形、应力等，作为试验控制及与测试结果的比较。尤其对生产服务鉴定性的试验，为确保试验结构本身的安全，必须事先计算出相关控制值，包括终止加载的条件。这是避免试验盲目性的一项重要工作，对试验与分析都具有重要意义。

3.3　结构试验荷载与加载方案

3.3.1　试验荷载的确定

结构静载试验的荷载应根据试验目的和要求来确定，一般有两种荷载情况：正常使用荷载和承载能力试验荷载。检验结构正常使用性能的试验采用正常使用荷载，一般为：恒载标准值＋活载标准值，也称标准荷载。检验结构承载能力时则采用承载能力试验荷载，对生产鉴定性试验，一般为：恒载标准值×分项系数＋活载标准值×分项系数，具体应按荷载规范要求计算，对研究性试验，试验荷载要求达到结构破坏为止，所以也称破坏荷载。无论是哪种荷载，在试验前已经完成的重力荷载，必须在试验荷载中予以扣除。

3.3.2　试验荷载的布置及等效荷载

荷载布置方式一般有两种情况：

1. 根据结构实际情况按设计计算理论的荷载方式布置，这种情况在生产鉴定性试验中较多采用；

2. 按等效原则进行布置，往往按照某特征截面的弯矩、剪力等内力的等效来布置试验荷载，也即采用等效荷载，这种情况在研究性试验中较多采用。

下面以简支梁为例来说明等效荷载的布置。如图 3.3.1 所示的简支梁，要测定均布荷载 q 作用下最大弯矩 M_{max} 和最大剪力 Q_{max}，可以采用等效的集中荷载。

采用两点集中荷载时，加载点位置在离支座 1/4 跨度处，荷载值每点为 $ql/2$；而采用四点集中荷载时，加载点位置在离支座 1/8 跨度处，荷载值每点为 $ql/4$。可以看到两种情况的端部剪力、跨中弯矩与均布荷载下均相同，但从剪力图与弯矩图可以看出，四点集中比两点集中更接近均布荷载。

下面再以一楼面梁的试验来说明荷载的布置问题。如图 3.3.2（a）采用第 1 种情况布置荷载，即按照设计时的最不利荷载进行布置；如图 3.3.2（b）则按照测试跨中弯矩、挠度等控制值等效进行荷载布置，即布置的荷载使控制截面的弯矩或者挠度与设计理论值等效，这样可以在满足测试要求的情况下节省加载工作量。对于桥梁静载试验，由于条件限制有时不可能找到与规范规定的相同荷载等级的试验车辆，这时也可以采用等效荷载，

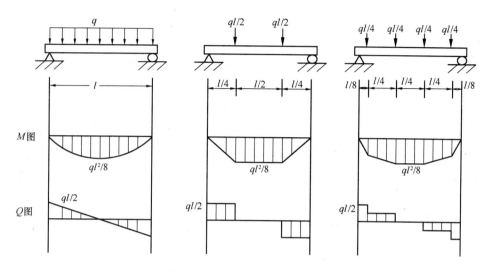

图 3.3.1 等效荷载示意图

选用其他车辆加载使跨中弯矩或者挠度达到规范或者设计要求，图 3.3.3 为采用两点集中荷载来实现桥梁板跨中弯矩等效的加载方式。

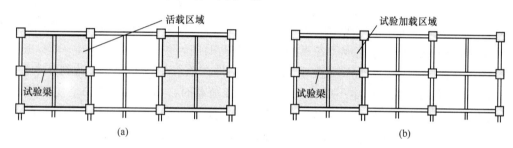

图 3.3.2
（a）设计荷载布置图；（b）等效荷载布置示意图

但是在采用等效荷载的方式时，要注意到其他截面或其他构件的内力与理论计算或实际情况有差异，因此需要验算测试结构构件其他截面或其他受影响构件的受力是否超过设计要求。

3.3.3 一般静载试验加载程序与荷载分级

结构静载试验的加载程序有两大类，一是单调加载与卸载，二是反复循环的加载与卸载，应根据具体结构静载试验的目的与要求，按照相关试验标准或规范的规定确定加载程序。

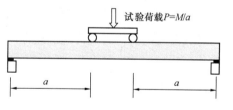

图 3.3.3 桥梁板荷载试验加载示意图

1. 预加载试验

对于一般的结构静载试验，在正式试验前都要求进行一次预加载试验。预加载试验的目的在于：

（1）使试件各部分接触良好，进入正常工作状态，荷载与变形关系趋于稳定；
（2）检验全部试验装置的可靠性；
（3）检验全部观测仪器仪表的工作状况；

(4) 检查现场的组织与人员的工作情况,并起到演习的作用。总之,通过预加载试验,可以发现试验中可能存在的问题,并在正式试验前予以解决,以保证试验工作的顺利进行。预加载试验可分为 2~3 级,每级加载值可取标准荷载的 20%,卸载可分 2 级进行,每级荷载的持载时间一般为 10min,如图 3.3.4 所示。对混凝土结构,预加载值不应大于开裂荷载计算值的 70%。

2. 标准荷载试验

标准荷载试验的最大试验荷载为正常使用荷载,试验目的在于检验试验结构构件的正常使用性能,一般采用单调的加载方式,如图 3.3.4 所示。

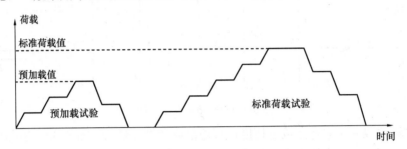

图 3.3.4　标准荷载试验加载程序

对一般建筑结构的标准荷载试验,加载分级不少于 5 级,每级加载量不大于标准荷载的 20%,卸载可分 2~3 级完成。各级加载下的持荷时间,一般情况下为 10~15min,根据具体结构构件有所不同,原则是要求试验结构构件在该级荷载下的变形达到基本稳定,即观测仪器仪表的读数已基本不变化。在达到标准荷载时,为模拟结构长期使用荷载作用,缩小试验与实际荷载作用的差异,持荷时间要求长一些,一般情况为 30min,对新型结构构件、大跨度结构构件,要求的持荷时间则更长,必要时需达到 12h。

对于需要确定初裂荷载的试验,在荷载接近初裂荷载计算值时应加密荷载分级,一般要求在 90% 初裂荷载计算值后,每级加 5% 的标准荷载值,直至出现第一条裂缝。

对于桥梁结构的荷载试验,考虑到采用汽车荷载加载时分级的难度,可以分 4 级加载,分 2 级卸载。

卸载分级的持荷时间可与加载相同,但卸至空载后要留充分的弹性变形恢复时间,一般应长于标准荷载下的持荷时间。

3. 承载能力荷载试验

承载能力荷载试验是为了检验结构构件的承载能力,对于生产鉴定性试验,其最大试验荷载是承载能力荷载设计计算值;而对科学研究性试验,往往加载直至结构构件到破坏为止。

承载能力荷载试验在荷载值达到正常使用荷载前,预加载和正式加载的分级与正常使用荷载试验相同,在荷载达到正常使用荷载后,但小于承载能力荷载设计值的 90% 前,按标准荷载值的 10% 分级加载,达到承载能力荷载设计值的 90% 后,则应按标准荷载值的 5% 分级加载,至承载能力荷载设计值,或到结构构件破坏。

承载能力荷载试验各级荷载的持荷时间与标准荷载试验相同,对生产鉴定性试验,加载未使结构构件产生破坏,也应进行分级卸载,每级卸载值可取加载值的一倍。

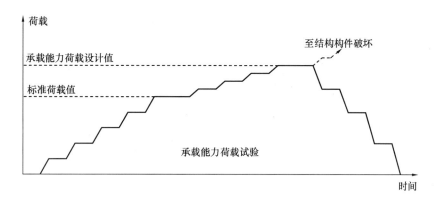

图 3.3.5　承载能力荷载试验加载程序

3.4　结构试验观测

结构静载试验的观测方案，是试验大纲的重要组成部分，也是直接关系到试验结果的关键技术要点，观测方案主要考虑解决下面的问题：
（1）根据试验目的和要求确定项目与内容，选择观测部位、布置测点位置；
（2）按照确定观测内容，选择合适的仪器、仪表；
（3）确定试验观测方法与顺序、相关的补偿措施、校准方法等。

3.4.1　确定观测项目和内容

结构静载试验的目的是通过观测在试验荷载作用下结构的反应来了解结构的工作性能，包括：结构的刚度、强度、稳定性等，其中结构刚度是通过整体变形，即整体位移、挠度等反映，而强度则通过应力、裂缝等反映，稳定性也通过整体变形和局部变形来反映。因此，静载试验的观测项目，除了荷载的观测外，不外乎整体变形、局部变形、裂缝等，具体内容有：各种位移（包括转角位移）、挠度、应变、裂缝等。

科学研究性试验的观测内容比较多，整体、局部变形都要观测，有时平面内与平面外的位移也都要观测，有时还要了解转角与曲率；裂缝观测除了裂缝宽度，还要了解裂缝位置、走向、深度以及初裂荷载等。总之，研究性试验要求能通过对结构变形情况的观测，分析和推断结构各组成部分的工作状态。

相比研究性试验，生产鉴定性试验的观测内容可以相对少一些，尤其对正常使用荷载试验，通过观测最大位移、挠度，以反映结构的刚度情况，通过观测裂缝了解其宽度是否超过正常使用要求。对承载能力荷载试验，则在观测位移、挠度、裂缝、应变的基础上，着重了解结构在试验荷载作用下是否出现达到或超过承载能力极限状态的标志。钢筋混凝土结构构件的承载能力极限状态标志有：

1. 结构构件受力情况为轴心受拉、偏心受拉、受弯、大偏心受拉时，其标志为下列之一：
（1）对有明显物理流限的热轧钢筋，其受拉主钢筋应力达到屈服强度，或受拉主钢筋应变达到 0.01；对无明显物理流限的钢筋，受拉主钢筋应变达到 0.01；
（2）受拉主钢筋拉断；

(3) 受拉主钢筋处最大垂直裂缝宽度达到 1.5mm；

(4) 挠度达到跨度的 1/50；对悬臂结构，挠度达到悬臂长的 1/25；

(5) 受压区混凝土压坏。

2. 结构构件受力情况为轴心受压或小偏心受压时，其标志是混凝土受压破坏。

3. 结构构件受力情况为受剪时，其标志为下列之一：

(1) 斜裂缝端部受压区混凝土剪压破坏；

(2) 沿斜截面混凝土斜向受压破坏；

(3) 沿斜截面撕裂形成斜拉破坏；

(4) 箍筋或弯起钢筋与斜裂缝交会处的斜裂缝宽度达到 1.5mm。

4. 结构构件受力情况为第 1、第 3 款时，对于钢筋和混凝土粘结锚固，其标志如下：钢筋末端相对于混凝土的滑移值达到 0.2mm。

因此，对承载力试验，除对结构变形、裂缝等的观测外，还应观测其他破坏标志是否出现。

3.4.2 测点的选择和布置

采用仪器、仪表对结构构件进行内力和变形等各种参数的量测时，测点的选择与布置应遵循以下原则：

(1) 在满足试验目的要求的前提下，测点宜少不宜多，以便使试验工作重点突出。

(2) 测点的位置必须有代表性，便于分析和计算。

(3) 为了保证量测数据的可靠性，应该布置一定数量的校核性测点。考虑到在试验过程中难免受到一些偶然因素的影响，使部分仪器、仪表的工作产生不正常情况或发生故障，并对量测数据的可靠性产生影响，因此，不仅在需要的量测部位布置测点，也必要在一些已知参数值的位置上布置校核性测点，以便于判断量测数据的可靠程度。

(4) 测点的布置应考虑试验工作的方便性和安全性。安装在结构上的附着式仪表在达到正常使用荷载的 1.2~1.5 倍时应该拆除，以免结构突然破坏而使仪表损坏。测点布置拟适当集中，以便于测读，减少观测人员，最好能做到一人管理多台仪器。对控制部位的测点大都处于有危险的部位，应妥善考虑安全保护措施。

1. 受弯构件试验的测点布置

板、梁、屋架等受弯构件的最大挠度由其相应的设计规范规定的最大挠度允许值控制，试验时应量测最大挠度值作为控制整体变形的依据。因此，除应在跨中或挠度最大位置部位量测外，还应同时量测支座沉降、压缩变形以及悬臂式结构构件由于试验装置、支墩变形等因素引起的固端转动，在实测数据中消除由此产生的误差和影响。

受弯构件量测挠度曲线的测点应沿构件跨度方向布置，包括量测支座沉降和变形的测点在内，测点不应少于五点；对于跨度大于 6m 的构件，测点还应适当增多。

量测结构构件应变时，受弯构件应首先在弯矩最大的截面上沿截面高度布置测点，每个截面不宜少于二个；当需要量测沿截面高度的应变分布规律时，布置测点数不宜少于五个；在同一截面的受拉区主筋上应布置应变测点。

2. 柱子试验的测点布置

柱与压杆的侧向挠度变形量测可与受弯构件相同，除量测构件中部最大侧向位移外，可按侧向五点布置法量测挠度变形曲线。当采用卧位试验时，则可以与受弯构件量测挠度的布点方法一样。

柱与压杆截面上应变测点布置：对轴心受力构件，应在构件量测截面两侧或四侧沿轴线方向相对布置测点，每个截面不应少于二个。对偏心受力构件，量测截面上测点不应少于二个。如需量测截面应变分布规律时，测点布置与受弯构件相同。

3. 屋架试验的测点布置

对屋架挠度测点应布置在下弦杆跨中或最大挠度的节点位置上，需要时亦宜在上弦杆节点处布置测点，同时量测结构在水平推力作用下沿跨度方向的水平位移。量测挠度曲线的测点应沿跨度方向各下弦节点处布置。需要量测杆件内力，量测方法同上轴心和偏心受力构件。如需量测截面应变分布规律时，测点布置与受弯构件相同。

3.4.3 仪器选择与测读原则

从观测的角度讲，选用仪器应考虑以下问题：

1. 选用的仪器仪表，必须能满足量测所需的精度与量程要求，使用简单仪器仪表的试验就不要选用精密的。精密量测仪器的使用要求有比较良好的环境和条件，选用时，既要注意条件，又要避免盲目追求精度。试验中若仪器量程不够时，中途调整必然会增大量测误差，应尽量避免。

2. 现场试验，由于仪器所处条件和环境复杂，影响因素较多，电测仪器的适应性就不如机械式仪表。但测点较多时，机械式仪表却不如电测仪器灵活、方便，选用时应作具体分析和技术比较。

3. 结构试验的变形与时间因素有关，测读时间应有一定限制，必须遵守有关试验方法标准的规定，仪器的选择应尽可能测读方便、省时，当试验结构进入弹塑性阶段时，变形增加较快，应尽可能使用自动记录装置。

4. 为了避免误差和方便工作，量测仪器的型号、规格应尽可能一致，种类愈少愈好。有时为了控制试验观测结构的准确性，常在控制测点或校核点上同时使用两种类型的仪器，以便于比较。

仪器的测读。应该按照一定的时间间隔进行，全部测点读数时间必须基本相等，只有同时测得的数据联合起来才能说明结构在某一作用状态下的实际情况。

测读仪器的时间，一般选择在试验荷载过程中的恒载间歇时间内。若荷载分级较细，某些仪表的读数变化非常小，对于这些仪表或其他一些次要仪表，可以每两级测读一次。当恒载时间较长时，按试验结构的要求，应测读恒载下变形随时间的变化。当空载时，也应测读变形随时间的恢复情况。

每次记录仪器读数时，应该同时记下周围的气象资料如温度湿度等。

对重要数据，应一边记录，一边作初步整理，标出每级试验荷载下的读数差，并与预计的理论值进行比较。

3.5 结构试验数据处理

结构试验通过仪器设备直接测试得到的荷载数值和反映结构实际工作的各种参数，以及试验过程中的情况记录，都是最重要的原始资料，是研究分析试验结果的重要依据。

试验过程中得到的大量原始数据，往往不能直接说明试验的成果或解答我们试验时所提出的问题，为此，必须将这些数据进行科学的整理分析和必要的换算，经过去粗存精、去伪存真，才能获得需要的资料。整理试验数据的目的，就是将整理后的原始数据系统化，经过计算，绘成图表和曲线，或用数学表达式形象而直观地反映出结构的性能及其工作的规律性，用以检验结构质量，验证设计计算的假定和方法或推导出新的理论。所以，试验数据的整理与分析是科学试验工作中极为重要的组成部分。

3.5.1 原始数据资料的整理

1. 原始资料的整理

原始资料的整理包括对以下资料的整理：

(1) 试验对象的实际几何尺寸（跨度、长度、截面尺寸等），混凝土构件截面，钢筋的实际位置和保护层的厚度，以及原始变形的大小和裂缝、疵病等。

(2) 有关试件制作工艺的记录，如钢筋混凝土构件的浇筑日期、混凝土的配合比；振捣方法和养护制度；预应力构件的预应力钢筋实际控制的张拉应力值和伸长值以及各阶段的预应力损失值；又如钢结构采用的焊条规格和焊接工艺等。

(3) 试件原材料的力学性能试验资料，如混凝土立方体强度和弹性模量、钢筋的屈服强度和极限强度等。

(4) 试验所用仪表和设备情况的资料，如测点的编号、仪表设备的出厂编号、仪表的精度等级和校正曲线或率定记录以及试验过程中的运转情况等。

(5) 加载程序、荷载分级及时间间隔等。

(6) 试件设计图纸及计算书。按实际试验荷载图式、试件实测截面尺寸和材料性能等数据对试件实际受力状态进行验算，以便与试验结果进行比较。

2. 试验测读数据的处理和修正

(1) 在试验加载过程中所测读记录的仪表读数，其中有一部分最主要的仪表读数应在试验时当场计算出每级加载后的递增数值，这样，有利于掌握整个试验工作的全部过程。对于其他仪表，在开始整理读数记录时，均应算出各级荷载作用下仪表读数和零载时初读数的差值，也即求出各级荷载作用下仪表读数递增的累计值。

(2) 在整理计算时，应特别注意读数和读数差值的反常情况，例如，读数差值的变化突然增大或保持不变，以及仪表指示值与理论计算值相差极大，甚至有正负号颠倒的情况。要对这些现象出现的规律性进行分析，大致判断出这种情况的出现是由于试件性能的突变（如结构开裂、节点松动或支座沉降）所致，还是由于仪表本身安装不正确而造成，在没有足够根据和理由判断出原因之前，绝不能随便轻易舍弃任何数据。因为很可能在这些"反常"的读数和现象中包含着人们事先尚未认识的因素。

(3) 试验记录的读数，按仪表设备的型号规格的不同，有的读数值经累加计算后即可得到反映试验量测参数的数值，如用百分表和挠度计量测结构挠度或变形时。而有些量测尚需按装置进行折算，如采用位移计量测应变的装置，必须按选用位移计的精度和选用标距的大小，计算标距范围内的变形，得到被测的应变值。用电阻应变计量测应变时，当应变计灵敏系数 $K_片$ 与应变仪灵敏系数 $K_仪$ 不同时，要进行读数修正。屋架试验时，按测得应变计算构件截面应力时，对于弹性材料，应将测得的应变值乘以材料的实测弹性模量。对于非弹性材料，通常是根据材料实测应力-应变曲线得到相应的应力数值。

3.5.2 测试曲线图的绘制

常用的测试曲线图有荷载—变形曲线、荷载—应变曲线、截面应变图、裂缝分布图等。

1. 荷载变形曲线绘制

图 3.5.1 所示为荷载—变形曲线。有三种基本形状：直线 1 表示结构在弹性范围内工作，钢结构在设计荷载内的荷载变形曲线就属此种形状；曲线 2 表示结构的弹塑性工作状态，如钢筋混凝土结构在出现裂缝或局部破坏时，就会在曲线上形成转折点（A 点和 B 点），由于结构内接头和节点的顺从性也会出现转折点的现象；曲线 3 一般属于异常现象，其原因可能是仪器观测上发生错误，也可能是邻近构件、支架参与了工作，分担了荷载，而到加载后期这一影响越来越严重，但整体式钢筋混凝土结构经受多次加载后，会出现这种现象，钢筋混凝土结构在卸载时的恢复过程也是这种曲线型式。

2. 荷载—应变曲线绘制

图 3.5.2 所示为钢筋混凝土梁受弯试件的荷载—应变曲线。图中：

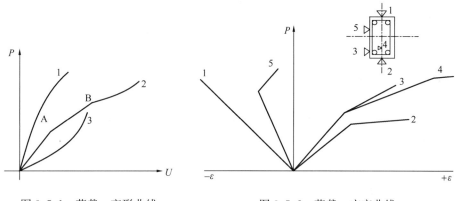

图 3.5.1 荷载—变形曲线　　　图 3.5.2 荷载—应变曲线

测点 1——位于受压区，应变增长基本上呈直线；

测点 2——位于受拉区，混凝土开裂较早，所以突变点较低；

测点 3、4——在主筋处，混凝土开裂稍后，所以突变点稍高；主筋测点"4"在钢筋应力达到流限时，其曲线发生第二次突变；

测点 5——靠近截面中部，先受压力后过渡到受拉力，混凝土受拉区开裂后，中和轴位置上移引起突变。

荷载——应变曲线可以显示荷载与应变的内在关系，以及应变随荷载增长的规律性。

3. 截面应变图绘制

图 3.5.3 所示为钢筋混凝土梁受弯试件的截面应变图。一般选取内力最大的控制截面绘制时，用一定的比例将某一级荷载下沿截面高度各测点的应变值连接起来。

根据截面应变图，可以了解应变沿截面高度方向的分布规律及变化过程，以及中和轴移动情

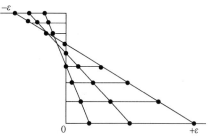

图 3.5.3 截面应变图

况等,可以在求得应力(弹性材料根据实测应变和弹性模量求应力,非弹性材料根据应力—应变曲线求应力)的条件下,算出受压区和受拉区的合力值及其作用位置,算出截面弯矩或轴力。

4. 裂缝分布图绘制

图3.5.4所示为钢筋混凝土梁受弯试件的裂缝分布图。绘制时,用坐标纸或方格纸按比例先作一个裂缝开展面的展开图,然后,在展开图上描出裂缝的长短、间距,注明"分级荷载"、"裂缝宽度",试件方位、编号等。裂缝分布图对于了解和分析结构的工作状况、破坏特征等有重要的参考价值。

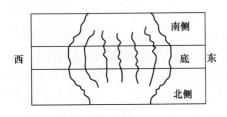

图3.5.4 裂缝展开图

3.5.3 整体变形量测数据整理

1. 简支构件的挠度

构件的挠度是指构件本身的挠曲程度。由于试验时受到支座沉降、构件自重和加荷设备、加荷图式及预应力反拱的影响,欲得到构件受荷后的真实实测挠度,应对所测挠度值进行修正。修正后的挠度计算公式为:

$$a_s^0 = (a_q^0 + a_g^0)\varphi \qquad (3.5.1)$$

式中 a_q^0 ——消除支座沉降后的跨中挠度实测值;

a_g^0 ——构件自重和加载设备重产生的跨中挠度值;

$$a_g^0 = \frac{M_g}{M_b}a_b^0 \text{ 或 } a_g^0 = \frac{P_g}{P_b}a_b^0$$

M_g ——构件自重和加载设备自重产生的跨中弯矩值;

M_b, a_b^0 ——从外加试验荷载开始至构件出现裂缝前一级荷载的加载值产生的跨中弯矩值和跨中挠度实测值;

φ ——用等效集中荷载代替均匀荷载时的加荷图式修正系数,按表3.5.1采用。

表3.5.1

名称	加载图式	修正系数 φ
均布荷载		1.0
二集中力,四分点,等效荷载		0.91
二集中力,三分点,等效荷载		0.98

续表

名称	加载图式	修正系数 φ
四集中力，八分点，等效荷载	跨度 $l/8$, $l/4$, $l/4$, $l/4$, $l/8$	0.99
八集中力，十六分点，等效荷载	跨度 $l/16$, $l/8$×7, $l/16$	1.0

由于仪表初读数是在构件和试验装置安装后进行，加载后量测的挠度值中不包括自重引起的挠度变化，因此在构件挠度值中应加上构件自重和设备自重产生的跨中挠度。a_g^0 的值可近似认为构件在开裂前是处在弹性工作阶段，弯矩—挠度为线性关系，如图 3.5.5 所示。

若等效集中荷载的加荷图式不符合表 3.5.1 所列图式时，应根据内力图形用图乘法或积分法求出挠度，并与均布荷载下的挠度比较，从而求出加荷图式修正系数 φ。

当支座处因遇障碍，在支座反力作用线上不能安装位移计时，可将仪表安装在离支座反力作用线内侧 d 距离处，在 d 处所测挠度比支座沉降为大，因而跨中实测挠度将偏小，应对（3.5.1）式中的 a_q^0 乘以系数 φ_a。φ_a 为支座测点偏移修正系数。

对预应力钢筋混凝土结构，当预应力钢筋放松后，对混凝土产生预压作用而使结构产生反拱，构件越长反拱值越大。因此实测挠度中应扣除预应力反拱值即公式（3.5.1）可写作：

$$a_{s,p}^0 = (a_q^0 + a_g^0 - a_p)\varphi \qquad (3.5.2)$$

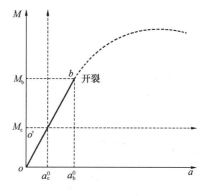

图 3.5.5 自重挠度计算

式中 a_p——预应力反拱值，对研究性试验取实测值 a_p^0，对检验性试验取计算值 a_p^c，不考虑超张拉对反拱的加大作用。

上述修正方法的基本假设认为构件刚度 EI 为常数。对于钢筋混凝土构件，裂缝出现后沿全长各截面的刚度为变量，仍按上述图式修正将有一定误差。

2. 悬臂构件的挠度

计算悬臂构件自由端在各荷载作用下的短期挠度实测值，应考虑固定端的支座转角、支座沉降、构件自重和加载设备重力的影响。在试验荷载作用下，经修正后的悬臂构件自由端短期挠度实测值可表达为：

$$a_{s,ca}^0 = (a_{q,ca}^0 + a_{g,ca}^0)\varphi_{ca} \qquad (3.5.3)$$

$$a_{q,ca}^0 = v_1^0 + v_2^0 - L \cdot \text{tg}\alpha \qquad (3.5.4)$$

$$a_{\mathrm{g,ca}}^0 = \frac{M_{\mathrm{g,ca}}}{M_{\mathrm{b,ca}}} a_{\mathrm{b,ca}}^0 \tag{3.5.5}$$

式中 $a_{\mathrm{q,ca}}^0$ ——消除支座沉降后，悬臂构件自由端短期挠度实测值；

v_1^0 ——悬臂端和固定端竖向位移；

v_2^0 ——悬臂构件自重和设备重力产生的挠度值和固端弯矩；

$a_{\mathrm{g,ca}}$ ——从外加试验荷载开始至悬臂构件出现裂缝前一级荷载为止的自由端挠度实测值和固端弯矩；

$M_{\mathrm{g,ca}}$ ——悬臂构件固定端的截面转角；

$a_{\mathrm{b,ca}}^0$ ——悬臂构件的外伸长度；

φ_{ca} ——加荷图式修正系数，当在自由端用一个集中力作等效荷载时 $\varphi_{\mathrm{ca}}=0.75$，否则应按图乘法找出修正系数 φ_{ca}

3.5.4 结构内力计算数据整理、分析

1. 弹性构件截面内力计算

受弯矩和轴力等作用的构件，按材料力学平截面假定，其某一截面上的内力和应变分布如图 3.5.6 所示。根据三个不在一条直线上的点可以唯一决定一个平面，只要测得构件截面上三个不在一条直线上的点所在的应变值，即可求得该截面的应变分布和内力值。对矩形截面的构件，常用的测点布置和由此求得的应变分布和内力计算公式见表 3.5.2。

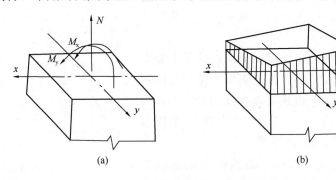

图 3.5.6 构件截面内力和应变分析
(a) 截面内力；(b) 截面内力

截面测点布置与相应的应变分布、内力计算公式表   表 3.5.2

测点布置	应变分布和曲率	内力计算公式
只有轴力 N 和弯矩 M_x 两个测点（1，2）	$\varphi_x = \dfrac{\varepsilon_2 - \varepsilon_1}{b}$	$N = \dfrac{1}{2}(\varepsilon_1 + \varepsilon_2) \cdot Ebh$ $M_x = \dfrac{1}{12}(\varepsilon_1 - \varepsilon_2) \cdot Ebh^2$

续表

测点布置	应变分布和曲率	内力计算公式
只有轴力 N 和弯矩 M_y 两个测点（1，2）	$\varphi_y = \dfrac{\varepsilon_2 - \varepsilon_1}{h}$	$N = \dfrac{1}{2}(\varepsilon_1 + \varepsilon_2) \cdot Ebh$ $M_y = \dfrac{1}{12}(\varepsilon_2 - \varepsilon_1) \cdot Ebh^2$
只有轴力 N 和弯矩 M_x，M_y 三个测点（1，2，3）	$\varphi_x = \dfrac{\varepsilon_2 - \varepsilon_3}{b_1}$ $\varphi_y = \dfrac{1}{h}\left(\dfrac{\varepsilon_2 - \varepsilon_3}{b_1} - \varepsilon_1\right)$	$N = \dfrac{1}{2}\left(\varepsilon_1 + \dfrac{\varepsilon_2 + \varepsilon_3}{2}\right) \cdot Ebh$ $M_x = \dfrac{1}{12b_1}(\varepsilon_2 - \varepsilon_3) \cdot Ebh^2$ $M_y = \dfrac{1}{12}\left(\dfrac{\varepsilon_2 + \varepsilon_3}{2} - \varepsilon_1\right)Ebh^2$
只有轴力 N 和弯矩 M_x，M_y 四个测点（1，2，3，4）	$\varphi_x = \dfrac{\varepsilon_3 - \varepsilon_4}{b}$ $\varphi_y = \dfrac{1}{h}(\varepsilon_2 - \varepsilon_1)$	$N = \dfrac{1}{4}(\varepsilon_1 + \varepsilon_2 + \varepsilon_3 + \varepsilon_4) \cdot Ebh$ 或 $N = \dfrac{1}{2}(\varepsilon_1 + \varepsilon_2) \cdot Eb$ $N = \dfrac{1}{2}(\varepsilon_3 + \varepsilon_4) \cdot Ebh$ $M_x = \dfrac{1}{12}(\varepsilon_3 - \varepsilon_4) \cdot Ebh^2$ $M_y = \dfrac{1}{12}(\varepsilon_2 - \varepsilon_1) \cdot Ebh^2$

2. 平面应力状态下的主应力和剪应力计算

对于梁的弯剪区、屋架端节点和板壳结构等在双向应力状态下工作部位的应力分析，需要计算其主应力的数值和方向以及剪应力的大小。当被测部位主应力方向已知时，则按布置相互正交的双向应变测点，即可求得主应力 σ_1 和 σ_2。当主应力方向未知时，则要由三向应变测点按不同的应变网络布置量测结果进行计算。对于线弹性匀质材料的构件，可按材料力学主应力分析有关公式（表 3.5.3）进行，计算时，弹性模量 E 和泊松比 ν 应按材料力学性能试验实际测定的数值。如无实测数据时，也可采用规范或有关资料提供的数值。

测点布置与相应的主应力，最大剪应力和 0°轴线夹角计算公式表　　表 3.5.3

受力状态	测点布置	主应力 σ_1, σ_2 最大剪应力 τ_{max} 及 σ_1 和 0°轴线的夹角 θ
单向应力		$\sigma_1 = E\varepsilon_1$ $\theta = 0$
平面应力（主方向已知）		$\sigma_1 = \dfrac{E}{1-\nu^2}(\varepsilon_1 + \nu\varepsilon_2)$ 　　$\sigma_1 = \dfrac{E}{1-\nu^2}(\varepsilon_2 + \nu\varepsilon_1)$ $\tau_{max} = \dfrac{E}{2(1+\nu)}(\varepsilon_1 + \varepsilon_2)$ $\theta = 0$
平面应力		$\sigma_2^1 = \dfrac{E}{2}\left[\dfrac{\varepsilon_1+\varepsilon_2}{1-\nu} \pm \dfrac{1}{1+\nu}\sqrt{2(\varepsilon_1-\varepsilon_2)^2 + 2(\varepsilon_2-\varepsilon_3)^2}\right]$ $\tau_{max} = \dfrac{E}{2(1+\nu)}\sqrt{2(\varepsilon_1-\varepsilon_2)^2 + 2(\varepsilon_2-\varepsilon_3)^2}$ $\sigma_1 = \dfrac{E}{(1+\nu)(1-2\nu)}[(1-\nu)\varepsilon_1 + \nu(\varepsilon_2+\varepsilon_3)]$ $\sigma_2 = \dfrac{E}{(1+\nu)(1-2\nu)}[(1-\nu)\varepsilon_2 + \nu(\varepsilon_3+\varepsilon_1)]$ $\sigma_3 = \dfrac{E}{(1+\nu)(1-2\nu)}[(1-\nu)\varepsilon_3 + \nu(\varepsilon_1+\varepsilon_2)]$ $\theta = \dfrac{1}{2}\arctan\left(\dfrac{2\varepsilon_2-\varepsilon_1-\varepsilon_3}{\varepsilon_1-\varepsilon_3}\right)$
平面应力		$\sigma_2^1 = \dfrac{E}{3}\cdot\left[\dfrac{\varepsilon_1+\varepsilon_2+\varepsilon_3}{1-\nu} \pm \dfrac{1}{1+\nu}\sqrt{2[(\varepsilon_1-\varepsilon_2)^2+(\varepsilon_2-\varepsilon_3)^2+(\varepsilon_3-\varepsilon_1)^2]}\right]$ $\tau_{max} = \dfrac{E}{3(1+\nu)}\sqrt{2[(\varepsilon_1-\varepsilon_2)^2+(\varepsilon_2-\varepsilon_3)^2+(\varepsilon_3-\varepsilon_1)^2]}$ $\theta = \dfrac{1}{2}\arctan\left[\dfrac{\sqrt{3}(\varepsilon_2-\varepsilon_3)}{2\varepsilon_1-\varepsilon_2-\varepsilon_3}\right]$
平面应力		$\sigma_2^1 = \dfrac{E}{2}\left[\dfrac{\varepsilon_1+\varepsilon_4}{1-\nu} \pm \dfrac{1}{1+\nu}\sqrt{(\varepsilon_1-\varepsilon_4)^2 + \dfrac{4}{3}(\varepsilon_2-\varepsilon_3)^2}\right]$ $\tau_{max} = \dfrac{E}{2(1+\nu)}\sqrt{(\varepsilon_1-\varepsilon_4)^2 + \dfrac{4}{3}(\varepsilon_2-\varepsilon_3)^2}$ $\theta = \dfrac{1}{2}\arctan\left(\dfrac{2(\varepsilon_2-\varepsilon_3)}{\sqrt{3}(\varepsilon_1-\varepsilon_3)}\right)$ 校核公式：$\varepsilon_1 + 3\varepsilon_4 = 2(\varepsilon_2+\varepsilon_3)$
平面应力		$\sigma_2^1 = \dfrac{E}{2}\cdot\left[\dfrac{\varepsilon_1+\varepsilon_2+\varepsilon_3+\varepsilon_4}{2(1-\nu)} \pm \dfrac{1}{1+\nu}\sqrt{(\varepsilon_1-\varepsilon_3)^2+(\varepsilon_4-\varepsilon_2)^2}\right]$ $\tau_{max} = \dfrac{E}{2(1+\nu)}\sqrt{(\varepsilon_1-\varepsilon_3)^2+(\varepsilon_4-\varepsilon_2)^2}$ $\theta = \dfrac{1}{2}\arctan\left(\dfrac{\varepsilon_2-\varepsilon_4}{\varepsilon_1-\varepsilon_3}\right)$ 校核公式：$\varepsilon_1 + \varepsilon_3 = \varepsilon_2 + \varepsilon_4$

续表

受力状态	测点布置	主应力 σ_1, σ_2 最大剪应力 τ_{max} 及 σ_1 和 0°轴线的夹角 θ
三向应力		$\sigma_1 = \dfrac{E}{(1+\nu)(1-2\nu)}[(1-\nu)\varepsilon_1 + \nu(\varepsilon_2+\varepsilon_3)]$ $\sigma_2 = \dfrac{E}{(1+\nu)(1-2\nu)}[(1-\nu)\varepsilon_2 + \nu(\varepsilon_3+\varepsilon_1)]$ $\sigma_3 = \dfrac{E}{(1+\nu)(1-2\nu)}[(1-\nu)\varepsilon_3 + \nu(\varepsilon_1+\varepsilon_2)]$

3.5.5 应力的计算数据分析

1. 测点处的主应力方向已知分析

属于这种情况的有：柱子各横截面上的各个测点；局部荷载作用下简支梁未与荷载接触的上、下边缘；均布荷载作用下简支梁跨中截面上的各点；等等。如图 3.5.7 所示，这种单向应力状态的应力按下式计算

$$\sigma = E\varepsilon \quad (3.5.6)$$

式中　E——构件材料的弹性模量；
　　　ε——沿主应力方向布置的应变片的实测应变。

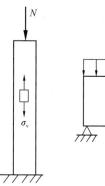
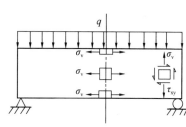

图 3.5.7　单向应力状态

对于仅有 σ_x、σ_y 的情形，如图 3.5.8 所示的简支梁的集中荷载接触处，可将沿 x、y 轴方向布置的应变片测值 ε_x 及 ε_y 代入下式求解应力：

$$\begin{aligned}\sigma_x &= \dfrac{E}{1-\nu^2}(\varepsilon_x + \nu\varepsilon_y)\\ \sigma_y &= \dfrac{E}{1-\nu^2}(\varepsilon_y + \nu\varepsilon_x)\end{aligned} \quad (3.5.7)$$

也可用图解法，如图 3.5.9 所示。作法是：

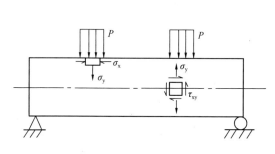

图 3.5.8　双向应力状态

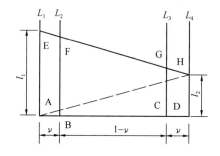

图 3.5.9　双向应力图解法

（1）做四条竖直线 L_1、L_2、L_3、L_4 其间距为 ν、$(1-\nu)$ 和 ν；

（2）做水平基线与四条竖线分别交于 A、B、C、D 四点，在 L_1 上取 $AE = \varepsilon_1$，在 L_4 上取 $DH = \varepsilon_2$；

(3) 连 EH 与 L_2、L_3 线交于 F、G，量出 BF 及 CG 后，按下式计算 σ_x、σ_y：

$$\sigma_x = BF \frac{E}{1-\nu}, \quad \sigma_y = CG \frac{E}{1-\nu}$$

由于图形既简便又可以重复使用，故计算数据愈多，愈能显示其优点。

2. 测点处的主应力方向未知分析

对于邻近支座处、梁中和层上各单元体的二向受力状态（如图 3.5.7、图 3.5.8），σ_x 甚小，单元体上主要有 σ_y、τ_{xy} 存在。将沿与 x 轴成 45°及 135°角的方向布置的应变片测值 ε_1 及 ε_2 代入下式，便可求得该测点处的主应力 $\sigma_{1,2}$ 及其方向 θ。

$$\sigma_{1,2} = \frac{E}{2(1-\nu)}\left[\varepsilon_1 + \varepsilon_2 \pm \frac{\sqrt{2}}{1+\nu}\sqrt{(\varepsilon_1+\nu\varepsilon_2)^2 + (\varepsilon_2+\nu\varepsilon_1)^2}\right]$$

$$\theta = \frac{1}{2}\arctan\left[-\frac{(1-\nu)(\varepsilon_1-\varepsilon_2)}{(1+\nu)(\varepsilon_1+\varepsilon_2)}\right]$$

(3.5.8)

在主应力方向不清楚的测点处，也可布置 45°直角形应变花或 60°等边三角形应变花，主应力的大小及方向按表 3.5.4 所列公式计算。

应变花的主应力和主方向角的计算公式　　　　表 3.5.4

应变花名称	应变花形式	主应力计算公式	最大主应力方向
45°直角形应变花	（图示：1、2、3 方向，45°）	$\sigma_{1,2} = \frac{E}{2}\left[\frac{\varepsilon_1+\varepsilon_2}{1-\nu} \pm \frac{1}{1+\nu}\sqrt{2(\varepsilon_1-\varepsilon_2)^2 + 2(\varepsilon_2-\varepsilon_3)^2}\right]$	$\theta = \frac{1}{2}\mathrm{tg}^{-1}\frac{2\varepsilon_2-(\varepsilon_1+\varepsilon_3)}{\varepsilon_1-\varepsilon_3}$
60°等边三角形应变花	（图示：60°）	$\sigma_{1,2} = E\left[\frac{\varepsilon_1+\varepsilon_2+\varepsilon_3}{3(1-\nu)} \pm \frac{1}{1+\nu}\sqrt{\left(\frac{2\varepsilon_1-\varepsilon_2-\varepsilon_3}{3}\right)^2 + \frac{1}{3}(\varepsilon_3-\varepsilon_2)^2}\right]$	$\theta = \frac{1}{2}\mathrm{tg}^{-1}\frac{\sqrt{3}(\varepsilon_3-\varepsilon_2)}{2\varepsilon_1-\varepsilon_2-\varepsilon_3}$

注：ν 为泊松比，混凝土可取 $\nu=0.17$，钢材可取 $\nu=0.3$。

为了减小贴片位置不准造成的误差，采用直角形应变花时，应使其两直角边尽可能靠近主轴。采用等角形应变花时，则可沿任意方向布置。

在计算应力时，弹性模量应采用实测值，在无法实测的情况下，可采用规范的规定值。对于弹塑性工作状况的构件，弹性模量是一个变量，此时的应力计算可以根据材性测试的应力—应变曲线求得。

3.6 桥梁荷载试验

桥梁荷载试验是鉴定桥梁结构工作状态和承载能力的最直接、最有效的手段。一般情况下，大型桥梁竣工后应进行质量鉴定荷载试验，通过现场加载试验以及对试验观测数据和试验现象的综合分析，检验桥梁设计与施工质量，确定工程的可靠性，为竣工验收提供技术依据；对于采用新理论、新材料或新工艺的新型桥梁，通过荷载试验可以验证设计理论、计算方法的正确性与合理性，为今后同类桥梁设计、施工提供经验和积累科学资料；对于老旧桥梁，通过荷载试验，可以了解桥梁承载能力现状，为制定加固处理方案提供依据。

3.6.1 静载试验

1. 试验荷载

桥梁静载试验荷载的大小及布置方式根据控制截面最不利内力的等效来确定，并用试验效率系数来衡量：

$$\eta_q = S_s/S$$

η_q 为静载试验效率系数，S_s 为静载试验荷载作用下控制截面效应计算值，S 为检验状态（可以是正常使用状态，可以是承载能力状态）下控制截面效应设计计算值，静载试验效率系数可在 0.8~1.05 范围取值，一般不宜小于 0.95。

桥梁静载试验的加载设备常用大型货车、拖挂车、翻斗车、水车和施工机械等各种普通装载车；也有专用的单轴或多轴加载挂车和测定结构影响线的自行式单点荷载设备；有时也可用重物堆载方式。

桥梁静载试验与一般结构试验一样采用分级加载方式，可以单调分级，也可以分级循环。采用车辆加载时，一般分四级，采用重物加载时建议至少分五级。车辆加载的分级可以通过施加车辆的数量以及施加的位置来实现，力求能达到控制截面荷载效应分级的目的。

2. 试验观测于分析

桥梁静载试验观测内容包括：整体变形（挠度、位移、沉降等）、局部变形（应变、裂缝）、吊杆、索力，测点布置要求建议如下：

（1）简支梁桥：跨中挠度，支座沉降，跨中截面应变；
（2）连续梁桥：跨中挠度，支座沉降，跨中和支座截面应变；
（3）悬臂梁桥：端部挠度，支座沉降，支座变截面应变；
（4）拱桥：跨中、1/4 处挠度，拱顶、1/4、拱脚截面应变；
（5）斜拉桥：加劲梁跨中挠度，悬浮式梁端部挠度及水平位移，跨中、支座截面应变，斜拉索力，塔下端截面应变；
（6）悬索桥：加劲梁中、1/4 截面应变，吊杆、主索拉力，塔下端截面应变。

在试验过程中应在所有可能的位置观测裂缝，关注裂缝的出现、开展。

根据试验观测数据，可以计算静载试验检验系数 η（试验观测值与理论计算值之比），检验系数应选择各种工况下对应的控制参数来计算，一般应在合理的范围之内，过大或过小均应分析原因。

试验数据分析还应关注试验卸载后桥梁结构的残余变形（挠度或应变），计算相对参与变形量，应采用试验工况下对应控制截面变形值来计算，一般不应超过 20%，超过时应分析、找寻原因。

3.6.2 动载试验

桥梁通过动载试验则可以测定其结构动力特性、冲击系数，评估实际结构的动载性能。

1. 动力特性测试

桥梁动力特性测试一般可以采用两种激励方式：环境激励和跳车产生自由振动的激励方式，对大跨度、比较柔的桥梁可以采用环境激励的方式，而小跨径、比较刚的桥梁建议采用跳车激励方式。

采用环境激励时，应注意调查、记录当时"周边"环境振动源情况，包括风速、风向等。记录足够长的桥梁典型位置的环境振动，可以分析桥梁结构的动力特性。

采用跳车激励时，在桥面横向放置楔形木板条，长度与试验车辆宽度相当，将试验车辆倒车使后轮碾过木板条，后轮下落桥面产生的冲击能使桥梁结构产生竖向自由振动，记录桥梁典型位置的自由振动，可以计算分析其动力特性。

2. 冲击系数测试

移动荷载作用于结构上所产生的动挠度，常常比静荷载产生的挠度大。动挠度和静挠度的比值称为动力系数。结构动力系数可以采用试验方法实测确定。桥梁的冲击系数为其动力系数减1，因此可以通过测定动力系数来得到冲击系数。试验时，让试验车辆以不同速度（正常行驶速度）驶过桥梁，测得桥梁效应（挠度或应变）时程曲线，如图3.6.1(b)为位移（挠度）时程曲线，从图上可以量得最大静挠度和最大动挠度，从而求得动力（或冲击）系数：

$$1 + \mu = \frac{S_d}{S_j} \tag{3.6.1}$$

μ为冲击系数，S_d为最大动力效应（挠度或应变），S_j为最大静力效应（挠度或应变）。

对于小跨径桥梁，冲击系数检测往往难以获得上述典型曲线，静动荷载效应宜分别通过静动载试验获得，静动载试验应采用相同车辆进行。

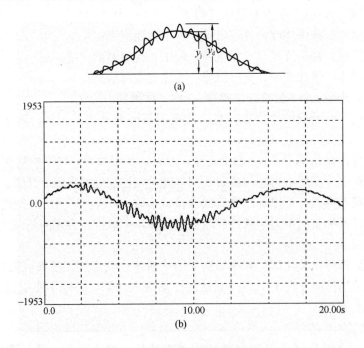

图 3.6.1　冲击系数检测曲线

(a) 梁桥冲击系数检测典型挠度曲线；(b) 拱桥冲击系数检测实测挠度曲线

3.7 桩基荷载试验

桩基荷载试验：在桩顶部逐级施加竖向压力、竖向上拔力或水平推力，观测桩顶部随时间产生的沉降、上拔位移或水平位移，以确定相应的单桩竖向抗压承载力、单桩竖向抗拔承载力或单桩水平承载力的试验方法。下面介绍最常见的单桩竖向抗压静载试验。

3.7.1 试验加载

试验加载宜采用油压千斤顶。当采用两台及两台以上千斤顶加载时，要求并联同步工作，采用的千斤顶型号、规格应相同，并尽量使千斤顶的合力中心与桩轴线重合。加载反力装置可根据现场条件选择锚桩横梁反力装置、压重平台反力装置、锚桩压重联合反力装置、地锚反力装置，并要求做到：

1. 加载反力装置能提供的反力不得小于最大加载量的 1.2 倍。
2. 应对加载反力装置的全部构件进行强度和变形验算。
3. 应对锚桩抗拔力（地基土、抗拔钢筋、桩的接头）进行验算；采用工程桩作锚桩时，锚桩数量不应少于 4 根，并应监测锚桩上拔量。
4. 压重宜在检测前一次加足，并均匀稳固地放置于平台上。
5. 压重施加于地基的压应力不宜大于地基承载力特征值的 1.5 倍，有条件时宜利用工程桩作为堆载支点。

荷载测量可用放置在千斤顶上的荷重传感器直接测定；或采用并联于千斤顶油路的压力表或压力传感器测定油压，根据千斤顶率定曲线换算荷载。传感器的测量误差不应大于 1%，压力表精度应优于或等于 0.4 级。试验用压力表、油泵、油管在最大加载时的压力不应超过规定工作压力的 80%。

试验采用分级加载，并应逐级等量加载，分级荷载宜为最大加载量或预估极限承载力的 1/10，其中第一级可取分级荷载的 2 倍；卸载也应分级进行，每级卸载量取加载时分级荷载的 2 倍，逐级等量卸载；加、卸载时应使荷载传递均匀、连续、无冲击，每级荷载在维持过程中的变化幅度不得超过分级荷载的 ±10%。

3.7.2 试验观测

桩基静载试验分慢速维持荷载法和快速维持荷载法两种，慢速维持荷载法试验步骤：

（1）每级荷载施加后按第 5、15、30、45、60min 测读桩顶沉降量，以后每隔 30min 测读一次。

（2）试桩沉降相对稳定标准：每一小时内的桩顶沉降量不超过 0.1mm，并连续出现两次（从分级荷载施加后第 30min 开始，按 1.5h 连续三次每 30min 的沉降观测值计算）。

（3）当桩顶沉降速率达到相对稳定标准时，再施加下一级荷载。

（4）卸载时，每级荷载维持 1h，按第 15、30、60min 测读桩顶沉降量后，即可卸下一级荷载。卸载至零后，应测读桩顶残余沉降量，维持时间为 3h，测读时间为第 15，30min，以后每隔 30min 测读一次。

施工后的工程桩验收检测宜采用慢速维持荷载法。当有成熟的地区经验时，也可采用快速维持荷载法。快速维持荷载法的每级荷载维持时间至少为 1h，是否延长维持荷载时间应根据桩顶沉降收敛情况确定。

当出现下列情况之一时，可终止加载：

（1）某级荷载作用下，桩顶沉降量大于前一级荷载作用下沉降量的 5 倍。注：当桩顶沉降能相对稳定且总沉降量小于 40mm 时，宜加载至桩顶总沉降量超过 40mm。

（2）某级荷载作用下，桩顶沉降量大于前一级荷载作用下沉降量的 2 倍，且经 24h 尚未达到相对稳定标准。

（3）已达到设计要求的最大加载量。

（4）当工程桩作锚桩时，锚桩上拔量已达到允许值。

（5）当荷载．沉降曲线呈缓变型时，可加载至桩顶总沉降量 60～80mm；在特殊情况下，可根据具体要求加载至桩顶累计沉降量超过 80mm。

沉降测量宜采用位移传感器或大量程百分表，并要求：

（1）测量误差不大于 0.1%FS，分辨力优于或等于 0.01mm；

（2）直径或边宽大于 500mm 的桩，应在其两个方向对称安置 4 个位移测试仪表，直径或边宽小于等于 500mm 的桩可对称安置 2 个位移测试仪表；

（3）沉降测定平面宜在桩顶 200mm 以下位置，测点应牢固地固定于桩身；

（4）基准梁应具有一定的刚度，梁的一端应固定在基准桩上，另一端应简支于基准桩上；

（5）固定和支撑位移计（百分表）的夹具及基准梁应避免气温、振动及其他外界因素的影响。

试桩、锚桩（压重平台支墩边）和基准桩之间的中心距离应符合表 3.7.1 要求。

试桩、锚桩（或压重平台支墩边）和基准桩之间的中心距离　　表 3.7.1

反力装置 \ 距离	试桩中心与锚桩中心（或压重平台支墩边）	试桩中心与基准桩中心	基准桩中心与锚桩中心（或压重平台支墩边）
锚桩横梁	≥4(3)D 且 >2.0m	≥4(3)D 且 >2.0m	≥4(3)D 且 >2.0m
压重平台	≥4D 且 >2.0m	≥4(3)D 且 >2.0m	≥4D 且 >2.0m
地锚装置	≥4D 且 >2.0m	≥4(3)D 且 >2.0m	≥4D 且 >2.0m

注：1　D 为试桩、锚桩或地锚的设计直径或边宽，取其较大者。
　　2　如试桩或帽状位扩滴状或多支盘装饰，试桩与锚桩的中心距上不应小于 2 倍扩大端直径。
　　3　括号内数值可用于工程桩验收检测时多排桩设计桩中心距小于 4D 的情况。
　　4　软土场地堆在重量加大时，宜增加支墩边与基准桩中心和试桩中心之间的距离，并在实验过程中观测基准桩的竖向位移。

3.7.3　检测数据的分析与判定

检测数据的整理按以下原则进行：

（1）确定单桩竖向抗压承载力时，应绘制竖向荷载-沉降（Q-s）、沉降-时间对数（s-lg$t$）曲线，需要时也可绘制其他辅助分析所需曲线。

（2）当进行桩身应力、应变和桩底反力测定时，应整理出有关数据的记录表，并按本规范附录 A 绘制桩身轴力分布图，计算不同土层的分层侧摩阻力和端阻力值。

单桩竖向抗压极限承载力 q_c。可按下列方法综合分析确定：

（1）根据沉降随荷载变化的特征确定：对于陡降型 Q-s 曲线，取其发生明显陡降的起始点对应的荷载值。

（2）根据沉降随时间变化的特征确定：取 s-$\lg t$ 曲线尾部出现明显向下弯曲的前一级荷载值。

（3）出现终止加载条件第 2 种情况时，取前一级荷载值。

（4）对于缓变型 Q-s 曲线可根据沉降量确定，宜取 $S=40\mathrm{mm}$ 对应的荷载值；当桩长大于 40m 时，宜考虑桩身弹性压缩量；对直径大于或等于 8mm 的桩，可取 $S=0.05D$（D 为桩端直径）对应的荷载值。

当按上述四款判定桩的竖向抗压承载力未达到极限时，桩的竖向抗压极限承载力应取最大试验荷载值。

单桩竖向抗压极限承载力统计值的确定应符合下列规定：

（1）参加统计的试桩结果，当满足其极差不超过平均值的 30% 时，取其平均值为单桩竖向抗压极限承载力。

（2）当极差超过平均值的 30% 时，应分析极差过大的原因，结合工程具体情况综合确定，必要时可增加试桩数量。

（3）对桩数为 3 根或 3 根以下的柱下承台，或工程桩抽检数量少于 3 根时，应取低值。

第 4 章 结 构 模 型 试 验

确定结构物的工作性能，往往是在结构分析的同时进行结构试验。严格地讲，结构试验除了个别在原型结构上所进行的试验以外，一般的结构试验都是模型试验。进行结构模型试验，除了必须遵循试件设计的原则与要求外，结构模型还应严格按照相似理论进行设计，要求模型和原型结构的几何相似并保持一定的比例；要求模型和原型的材料相似或具有某种相似关系；要求施加于模型的荷载按原型荷载的某一比例缩小或放大；要求确定模型结构试验过程中各物理量的相似常数，并由此求得反映相似模型整个物理过程的相似条件。最终按相似条件由模型试验推算出原型结构的相应数据和试验结果。

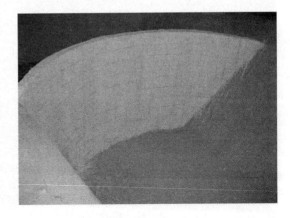

结构的模型试验与原形结构的试验相比较，具有下述特点：

(1) 经济性好

由于结构模型的几何尺寸一般比原型小很多，因此模型的制作容易，装拆方便，节省材料、劳力和时间，并且同一个模型可进行多个不同目的的试验。

(2) 针对性强

结构模型试验可以根据试验的目的，突出主要因素，简略次要因素。这对于结构性能的研究，新型结构的设计，结构理论的验证和推动新的计算理论的发展都具有一定的意义。

(3) 数据准确

由于试验模型较小，一般可在试验环境条件较好的室内进行试验，因此可以严格控制其主要参数，避免许多外界因素的干扰，保证了试验结果的准确度。

总之，结构模型试验的意义不仅可以确定结构的工作性能和验证有限的结构理论，而且可以使人们从结构性能有限的理论知识中解放出来，将其应用于大量实际结构有待探索的领域中去。但模型试验的不足之处在于它必须建立在合理的相似条件基础上，因此，它的发展必须依赖相似理论的不断完善与进步。

4.1 模型试验理论基础——模型相似理论

模型试验理论是以相似原理和量纲分析为基础，以确定模型设计中必须遵循的相似准则为目标。

4.1.1 模型的相似要求和相似常数

这里所讲的相似是指模型和原型相对应的物理量的相似，它比通常所讲的几何相似概念更广泛些。所谓物理现象相似，是指除了几何相似之外，在进行物理过程的整个系统中，在相应的时刻第一过程和第二过程相应的物理量之间的比例应保持常数。下面简要介绍几个主要物理量的相似。

1. 几何相似

结构模型和原型满足几何相似，即要求模型和原型结构之间所有对应部分尺寸成比例。模型比例即为长度相似常数，即

$$\frac{h_m}{h_p} = \frac{b_m}{b_p} = \frac{l_m}{l_p} = S_l \tag{4.1.1}$$

式中，下标 m 与 p 分别表示模型和原型。模型和原型结构的面积比、截面模量比和惯性矩比分别如下：

$$S_A = S_l^2$$

$$S_W = S_l^3$$

$$S_I = S_l^4$$

根据变形体系的位移、长度和应变之间的关系，位移的相似常数为

$$S_x = \frac{x_m}{x_p} = \frac{\varepsilon_m \cdot l_m}{\varepsilon_p \cdot l_p} = S_\varepsilon \cdot S_l \tag{4.1.2}$$

2. 质量相似

在结构的动力问题中，要求结构的质量分布相似，即模型与原型结构对应部分的质量成比例。质量相似常数为

$$S_m = \frac{m_m}{m_p} \tag{4.1.3}$$

对于具有分布质量的部分，用质量密度（单位体积的质量）ρ 表示更为合适，质量密度的相似常数为

$$S_\rho = \frac{\rho_m}{\rho_p} \tag{4.1.4}$$

由于模型与原型对应部分质量之比为 S_m，体积之比为 $S_v = S_l^3$，所以单位体积质量之比（即质量密度相似常数）为

$$S_\rho = \frac{S_m}{S_l^3} \tag{4.1.5}$$

3. 荷载相似

荷载相似要求模型和原型在各对应点所受的荷载方向一致，荷载大小成比例。

集中荷载相似常数 $\qquad S_P = \dfrac{P_m}{P_p} = \dfrac{A_m \cdot \sigma_m}{A_p \cdot \sigma_p} = S_\sigma \cdot S_l^2 \qquad (4.1.6)$

线荷载相似常数 $\qquad S_w = S_\sigma \cdot S_l \qquad (4.1.7)$

面荷载相似常数 $\qquad S_q = S_\sigma \qquad (4.1.8)$

弯矩或扭矩相似常数 $\qquad S_M = S_\sigma \cdot S_l^3 \qquad (4.1.9)$

当需要考虑结构自重的影响时，还需要考虑重量分布的相似：

$$S_{mg} = \frac{m_m \cdot g_m}{m_p \cdot g_p} = S_m \cdot S_g \tag{4.1.10}$$

式中，S_g 为重力加速度的相似常数，通常，$S_g = 1$。

4. 物理相似

物理相似要求模型与原型的各相应点的应力和应变、刚度和变形间的关系相似：

$$S_\sigma = \frac{\sigma_m}{\sigma_p} = \frac{E_m \cdot \varepsilon_m}{E_p \cdot \varepsilon_p} = S_E \cdot S_\varepsilon \tag{4.1.11}$$

$$S_\tau = \frac{\tau_m}{\tau_p} = \frac{G_m \cdot \gamma_m}{G_p \cdot \gamma_p} = S_G \cdot S_\gamma \tag{4.1.12}$$

$$S_\nu = \frac{\nu_m}{\nu_p} \tag{4.1.13}$$

式中，S_σ，S_E，S_ε，S_τ，S_G，S_λ，S_ν 分别为法向应力、弹性模量、法向应变、剪应力、剪切模量、剪应变和泊松比的相似常数。

由刚度和变形关系可知刚度相似常数为

$$S_K = \frac{S_P}{S_x} = \frac{S_\sigma \cdot S_l^2}{S_l} = S_\sigma \cdot S_l \tag{4.1.14}$$

5. 时间相似

对于结构动力问题，在随时间变化的过程中，要求结构模型和原型在对应的时刻进行比较，要求相对应的时间成比例，时间相似常数为

$$S_t = \frac{t_m}{t_p} \tag{4.1.15}$$

由于振动周期是振动重复的时间，周期的相似常数与时间相似常数是相同的，而振动频率是振动周期的倒数，因此，频率的相似常数为

$$S_f = \frac{f_m}{f_p} = \frac{1}{S_t} \tag{4.1.16}$$

6. 边界条件相似

边界条件相似要求模型和原型在与外界接触的区域内的各种条件保持相似，也即要求支承条件相似、约束情况相似以及边界上受力情况相似。模型的支承和约束条件可以由与原型结构构造相同的条件来满足与保证。

7. 初始条件相似

对于结构动力问题，为了保证模型与原型的动力反应相似，要求初始时刻运动的参数相似。运动的初始条件包括初始状态下的初始几何位置、质点的位移、速度和加速度。

4.1.2 相似原理

相似原理是研究自然界相似现象的性质，鉴别相似现象的基本原理，它由三个相似定理组成。这三个相似定理从理论上阐明了相似现象有什么性质，满足什么条件才能实现现象的相似。下面分别予以介绍：

1. 第一相似定理：彼此相似的现象，单值条件相同，其相似准数的数值也相同。

单值条件是指决定于一个现象的特性并使它从一群现象中区分出来的那些条件。它在一定试验条件下，只有唯一的试验结果。属于单值条件的因素有：系统的几何特性、介质或系统中对所研究现象有重大影响的物理参数、系统的初始状态、边界条件等。第一定理是揭示相似现象的性质，说明两个相似现象在数量上和空间中的相互关系。

第一相似定理是牛顿于 1786 年首先发现的，它确定了相似现象的性质。下面就以牛顿第二定律为例说明这些性质。

对于实际的质量运动物理系统，则有：

$$F_p = m_p a_p \tag{4.1.17}$$

而模拟的质量运动系统，有：

$$F_m = m_m a_m \tag{4.1.18}$$

因为这两个系统运动现象相似，故他们各个对应的物理量成比例：

$$F_m = S_F F_p \quad m_m = S_m m_p \quad a_m = S_a a_p \tag{4.1.19}$$

式中 S_F，S_m 和 S_a 分别为两个运动系统中对应的物理量（即力、质量、加速度）的相似常数。

将（4.1.19）的关系式代入式（4.1.18）得：

$$\frac{S_F}{S_m S_a} \cdot F_p = m_p a_p$$

在此方程中，显然只有当

$$\frac{S_F}{S_m S_a} = 1 \tag{4.1.20}$$

时，才能与（4.1.17）式一致。式中 $\frac{S_F}{S_m S_a}$ 称为"相似指标"。（4.1.20）式则是相似现象的判别条件。它表明若两个物理系统现象相似,则它们的相似指标为1,各物理量的相似常数不是都能任意选择,它们的相互关系受(4.1.20)式的约束。

将(4.1.18)式诸关系代入式(4.1.17),又可写成另一种形式:

$$\frac{F_p}{m_p a_p} = \frac{F_m}{m_m a_m} = \frac{F}{ma} \tag{4.1.21}$$

上式是一个无量纲比值,对于所有的力学相似现象,这个比值都是相同的,故称它为相似准数。通常用 π 表示,即

$$\pi = \frac{F}{ma} = 常量 \tag{4.1.22}$$

相似准数 π 把相似系统中各物理量联系起来,说明它们之间的关系,故又称"模型律"。利用这个模型律可将模型试验中得到的结果推广应用到相似的原型结构中去。

注意相似常数和相似准数的概念是不同的。相似常数是指在两个相似现象中,两个相对应的物理量始终保持的常数,但对于在与此两个现象互相相似的第三个相似现象中,它可具有不同的常数值。相似准数则在所有互相相似的现象中是一个不变量,它表示相似现象中各物理量应保持的关系。

2. 第二相似定理:某一现象各物理量之间的关系方程式,都可等效地表示为相似准数之间的函数关系方程式,即:

$$f(x_1, x_2, x_3, \cdots\cdots) = 0 \Leftrightarrow g(\pi_1, \pi_2, \pi_3, \cdots\cdots) = 0 \tag{4.1.23}$$

相似准数的记号通常用 π 表示,因此第二相似定理也称 π 定理。π 定理是量纲分析的普遍定理,它是由美国学者 J. 白肯汉提出的。第二相似定理为模型设计提供了可靠的理论基础。

第二相似定理通俗讲是指在彼此相似的现象中,其相似准数不管用什么方法得到,描述物理现象的方程均可转化为相似准数方程的形式。它告诉人们如何处理模型试验的结果,即应当以相似准数间关系所给定的形式处理试验数据,并将试验结果推广到其他相似现象上去。

下面以简支梁在均布荷载作用下的情况来说明(图4.1.1)。由材料力学可知梁跨中处的应力和挠度为:

$$\sigma = \frac{ql^2}{8W} \tag{4.1.24a}$$

$$f = \frac{5ql^4}{384EI} \tag{4.1.24b}$$

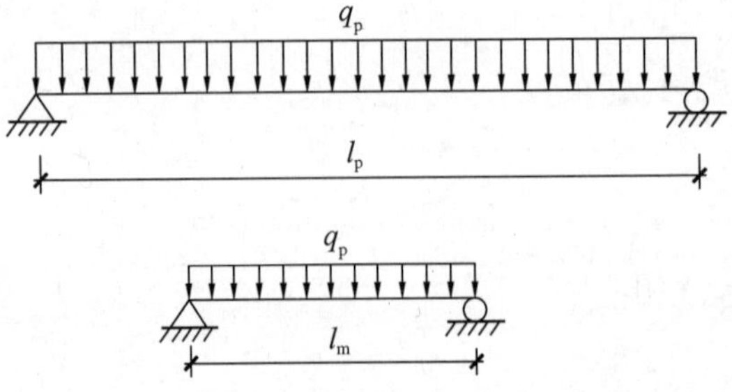

式中,W 为抗弯截面模量,E 为弹性模量,I 为截面抗弯惯性矩,l 为梁的跨径。

将(4.1.24a)式两边同除以 σ,(4.1.24b)式两边同除以 f,并整理后得到:

$$\frac{ql^2}{\sigma W} = \frac{1}{8} \qquad \frac{ql^4}{EIf} = \frac{384}{5}$$

图 4.1.1 简支梁受均布荷载相似

由此可写出原型与模型相似的两个

准数方程式：

$$\pi_1 = \frac{ql^2}{\sigma W} = \frac{q_m l_m^2}{\sigma_m W_m} = \frac{q_p l_p^2}{\sigma_p W_p} \tag{4.1.25a}$$

$$\pi_2 = \frac{ql^4}{EIf} = \frac{q_m l_m^4}{E_m I_m f_m} = \frac{q_p l_p^4}{E_p I_p f_p} \tag{4.1.25b}$$

3. 第三相似定理：现象的单值条件相似，并且由单值条件导出来的相似准数的数值相等，是现象彼此相似的充分和必要条件。

第一、第二相似定理是以现象相似为前提的情况下，确定了相似现象的性质，给出了相似现象的必要条件。第三相似定理补充了前面两个定理，明确了只要满足现象单值条件相似和由此导出的相似准数相等这两个条件，则现象必然相似。

根据第三相似定理，当考虑一个新现象时，只要它的单值条件与曾经研究过的现象单值条件相同，并且存在相等的相似准数，就可以肯定它们的现象相似。从而可以将已研究过的现象结果应用到新现象上去。第三相似定理终于使相似原理构成一套完整的理论，同时也成为组织试验和进行模拟的科学方法。

在模型试验中，为了使模型与原型保持相似，必需按相似原理推导出相似准数的方程。模型设计则应在保证这些相似准数方程成立的基础下确定出适当的相似常数。最后将试验所得数据整理成准数间的函数关系来描述所研究的现象。

4.1.3 量纲分析法确定相似准数

量纲分析法是根据描述物理过程的物理量的量纲和谐原理，寻求物理过程中各物理量间的关系而建立相似准数的方法。被测量的种类称为这个量的量纲。量纲的概念是在研究物理量的数量关系时产生的，它是区别量的种类而不区别量的不同度量单位。如测量距离用米、厘米、英尺等不同的单位，但它们都属于长度这一种类，因此把长度称为一种量纲，以$[L]$表示。时间种类用时、分、秒、微秒等单位表示，它是有别于其他种类的另一种量纲，以$[T]$表示。通常每一种物理量都应有一种量纲。例如表示重量的物理量G，它对应的量纲是属力的种类，用$[F]$量纲表示。

在一切自然现象中，各物理量之间存在着一定的联系。在分析一个现象时，可用参与该现象的各物理量之间的关系方程来描述，因此各物理量的量纲之间也存在着一定的联系。如果选定一组彼此独立的量纲作为基本量纲，而其他物理量的量纲可由基本量纲组成，则这些量纲称为导出量纲。在量纲分析中有二个基本量纲系统；即绝对系统和质量系统。绝对系统的基本量纲为长度、时间和力，而质量系统的基本量纲是长度、时间和质量。

常用的物理量的量纲表示法见表4.1.1。

常用的物理量的量纲　　　　　　　　　　表4.1.1

物理量	质量系统	绝对系统	物理量	质量系统	绝对系统
长度	$[L]$	$[L]$	力	$[MLT^{-2}]$	$[F]$
时间	$[T]$	$[T]$	温度	$[\theta]$	$[\theta]$
质量	$[M]$	$[FL^{-1}T^2]$	速度	$[LT^{-1}]$	$[LT^{-1}]$

续表

物理量	质量系统	绝对系统	物理量	质量系统	绝对系统
加速度	$[LT^{-2}]$	$[LT^{-2}]$	应变	$[1]$	$[1]$
角度	$[1]$	$[1]$	比重	$[ML^{-2}T^{-2}]$	$[FL^{-3}]$
角速度	$[T^{-1}]$	$[T^{-1}]$	密度	$[ML^{-3}]$	$[FL^{-4}T^2]$
角加速度	$[T^{-2}]$	$[T^{-2}]$	弹性模量	$[ML^{-1}T^{-2}]$	$[FL^{-2}]$
压强、应力	$[ML^{-1}T^{-2}]$	$[FL^{-2}]$	泊桑比	$[1]$	$[1]$
力矩	$[ML^2T^{-2}]$	$[FL]$	动力黏度	$[ML^{-1}T^{-1}]$	$[FL^{-2}T]$
能量、热	$[ML^2T^{-2}]$	$[FL]$	运动黏度	$[L^2T^{-1}]$	$[L^2T^{-1}]$
冲力	$[MLT^{-1}]$	$[FT]$	线热胀系数	$[\theta^{-1}]$	$[\theta^{-1}]$
功率	$[ML^2T^{-3}]$	$[FLT^{-1}]$	导热率	$[MLT^{-3}\theta^{-1}]$	$[FT^{-1}\theta^{-1}]$
面积二次矩	$[L^4]$	$[L^4]$	比热	$[L^2T^{-2}\theta^{-1}]$	$[L^2T^{-2}\theta^{-1}]$
质量惯性矩	$[ML^2]$	$[FLT^2]$	热容量	$[ML^{-1}T^{-1}\theta^{-1}]$	$[FL^{-2}\theta^{-1}]$
表面张力	$[MT^{-2}]$	$[FL^{-1}]$	导热系数	$[MT^{-3}\theta^{-1}]$	$[FL^{-1}T^{-1}\theta^{-1}]$

量纲间的相互关系可简要归结如下：

(1) 两个物理量相等，是指不仅数值相等，而且量纲也要相同。

(2) 两个同量纲参数的比值是无量纲参数，其值不随所取单位的大小而变。

(3) 一个完整的物理方程式中，各项的量纲必须相同，因此方程才能用加、减并用等号联系起来。这一性质称为量纲和谐。

(4) 导出量纲可和基本量纲组成无量纲组合，但基本量纲之间不能组成无量纲组合。

(5) 若在一个物理方程中共有 n 个物理参数 $x_1, x_2, \cdots\cdots x_n$ 和 k 个基本量纲，则可组成 $(n-k)$ 个独立的无量纲组合。无量纲参数组合简称"π 数"。用公式的形式可表示为：

$$f(x_1, x_2, \cdots\cdots x_n) = 0$$

改写成：$\phi(\pi_1, \pi_2, \cdots\cdots \pi_{(n-k)}) = 0$

这一性质称为 π 定理。

根据量纲的关系，可以证明两个相似物理过程的相对应的 π 数必然相等，仅仅是相应各物理量间数值大小不同。这就是用量纲分析法求相似条件的依据。

在试验过程中，用量纲分析法确定无量纲 π 数时（即相似准数），只要弄清物理现象所包含的物理量所具有的量纲，而无需知道描述该物理现象的具体方程和公式。因此，寻求较复杂现象的相似准数，用量纲分析法是很方便的。量纲分析法虽能确定出一组独立的 π 数，但 π 数的取法有着一定的任意性，而且当参与物理现象的物理量愈多时，则其任意性愈大。所以量纲分析法中选择物理参数是具有决定性意义的，物理参数的正确选择取决于模型设计者的专业知识以及对所研究的问题初步分析的正确程度。

下面以动力平衡方程式为例来说明量纲分析法。

$$ma + cv + kx = p, \quad a = \frac{\mathrm{d}^2 x}{\mathrm{d}t^2}, \quad v = \frac{\mathrm{d}x}{\mathrm{d}t} \tag{4.1.26}$$

上式动力平衡方程可以用隐式表示为

$$f(m, c, k, a, v, x, p, t) = 0 \tag{4.1.27}$$

物理量个数为8，采用绝对系统，基本量纲为3个，则用π表示的方程式为

$$g(\pi_1, \pi_2, \pi_3, \pi_4, \pi_5) = 0 \tag{4.1.28}$$

所有物理参数组成的无量纲数π的一般形式为：

$$\pi = m^{a_1} c^{a_2} k^{a_3} a^{a_4} v^{a_5} x^{a_6} p^{a_7} t^{a_8} \tag{4.1.29}$$

根据量纲和谐原则，并将各物理量的量纲代入，可以得到

$$[1] = [FL^{-1}T^2]^{a_1} [FL^{-1}T]^{a_2} [FL^{-1}]^{a_3} [LT^{-2}]^{a_4} [LT^{-1}]^{a_5} [L]^{a_6} [F]^{a_7} [T]^{a_8}$$

并可得到下列方程

对$[F]$: $\quad a_1 + a_2 + a_3 + a_7 = 0$

对$[L]$: $\quad -a_1 - a_2 - a_3 + a_4 + a_5 + a_6 = 0$

对$[T]$: $\quad 2a_1 + a_2 - 2a_4 - a_5 + a_8 = 0$

上式3个方程式中包含8个未知量，有无穷多组解，也即有无穷多种构造π的物理量组合，但独立的实际上只有5个，可先给定其中的5个未知量。例如先给定a_1、a_2、a_3、a_4、a_5，则：

$$a_6 = a_1 + a_2 + a_3 - a_4 - a_5$$
$$a_7 = -(a_1 + a_2 + a_3)$$
$$a_8 = -2a_1 - a_2 + 2a_4 + a_5$$

为了得到独立的5个π数，分别

取$a_1 = 1, a_2 = 0, a_3 = 0, a_4 = 0, a_5 = 0$，得到$a_6 = 1, a_7 = -1, a_8 = -2$；

取$a_1 = 0, a_2 = 1, a_3 = 0, a_4 = 0, a_5 = 0$，得到$a_6 = 1, a_7 = -1, a_8 = -1$；

取$a_1 = 0, a_2 = 0, a_3 = 1, a_4 = 0, a_5 = 0$，得到$a_6 = 1, a_7 = -1, a_8 = 0$；

取$a_1 = 0, a_2 = 0, a_3 = 0, a_4 = 1, a_5 = 0$，得到$a_6 = -1, a_7 = 0, a_8 = 2$；

取$a_1 = 0, a_2 = 0, a_3 = 0, a_4 = 0, a_5 = 1$，得到$a_6 = -1, a_7 = 0, a_8 = 1$。

这样可以得到5个独立的π数

$$\pi_1 = \frac{mx}{pt^2}, \pi_2 = \frac{cx}{pt}, \pi_3 = \frac{kx}{p}, \pi_4 = \frac{at^2}{x}, \pi_5 = \frac{vt}{x} \tag{4.1.30}$$

4.1.4 方程式法确定相似准数

对于具有显式方程式的物理现象，其相似准数可直接从方程式推导而得。下面仍以动力平衡方程式为例来说明。分别用（4.1.26）各等式右边除等式左边，可以得到

$$\frac{ma}{p} + \frac{cv}{p} + \frac{kx}{p} = 1, \quad \frac{a}{\mathrm{d}^2 x / \mathrm{d}t^2} = 1, \quad \frac{v}{\mathrm{d}x/\mathrm{d}t} = 1$$

根据量纲和谐的性质，就可以得到5个相似准数：

$$\pi_1 = \frac{ma}{p}, \pi_2 = \frac{cv}{p}, \pi_3 = \frac{kx}{p}, \pi_4 = \frac{at^2}{x}, \pi_5 = \frac{vt}{x} \tag{4.1.31}$$

比较（4.1.31）和（4.1.30）式，除π_1、π_2两种方法有所不同，其余的π两种方法所得结果是相同的，将（4.1.30）式的π_1、π_2分别乘π_4、π_5就得到（4.1.31）式的π_1、π_2，所以实际上两种方法得到的相似准数是完全等效的。

相比量纲分析法，方程式法比较简单，但前提是必须有显式的方程式。

4.2 结构模型的分类

为了便于进行模型试验规划与模型设计,可按试验目的的不同将结构模型分为以下几类。

4.2.1 弹性模型

弹性模型试验的目的是从中获得原结构在弹性阶段的资料,研究范围仅局限于结构的弹性阶段。

由于结构的设计分析大部分是弹性的,所以弹性模型试验常用于混凝土结构的设计过程中,用以验证新结构的设计计算方法是否正确或为设计计算提供某些参数。目前,结构动力试验模型常常采用弹性模型。

弹性模型的制作材料不必与原结构的材料完全相似,只需模型材料在试验过程中具有完全的弹性性质。

弹性模型试验无法预测实际结构物在荷载下产生的非弹性性能,如混凝土开裂后的结构性能,钢材达到流限后的结构性能。

4.2.2 强度模型

强度模型的试验目的是预测原型结构的极限强度以及原型结构在各级荷载包括破坏荷载下甚至极限变形时的工作性能。

近年来,由于钢筋混凝土结构非弹性性能的研究较多,钢筋混凝土强度模型试验技术得到很大的发展。钢筋混凝土强度模型试验的成功与否,很大程度上取决于模型混凝土及钢筋的材料性能与原型结构的材料性能的相似程度。目前,钢筋混凝土结构的小比例强度模型还只能做到不完全相似的程度,主要的困难是材料的完全相似难以满足。

4.2.3 间接模型

间接模型试验的目的是要得到关于结构整体性的反应如内力在各构件的分布情况、影响线等。因此,间接模型并不要求和原型结构直接的相似。例如框架结构的内力分布主要取决于梁、柱等构件之间的刚度比,因此,构件的截面形状、材料等不必要求直接与原型相似,为便于制作,可采用圆形截面或型钢截面代替原型结构构件的实际截面。随着计算技术的发展,许多情况下间接模型试验完全可由计算机分析所代替,所以目前很少使用。

4.3 模型设计

模型设计是模型试验是否成功的关键。在模型设计中不能简单地确定模型的相似准数,而应综合考虑各种因素,如模型的类型、模型材料、试验条件以及模型的制作等,才能得到合适的相似条件,并确定各物理量的相似常数。模型设计一般按照下列程序进行:

(1) 根据任务明确试验的具体目的和要求,确定模型类型,选择合适的模型制作材料;

(2) 针对任务所研究的对象,根据模型试验理论和方法,并结合具体情况确定相似条件;

(3) 根据实验室的试验条件,确定出模型的几何尺寸,即几何相似常数;

（4）根据相似条件确定其他相似常数；

（5）绘制模型施工图。

结构模型试验的过程客观地反映出参与该模型工作的各有关物理量之间的相互关系。只有通过相似常数之间的关系——相似条件，才能将模型的试验结果应用到原型结构中，因此，确定相似条件是模型设计的核心内容。

4.3.1 结构静力试验模型的相似条件

先通过一简单例子来说明采用方程式法确定相似条件的过程。图 4.3.1 所示为一悬臂梁结构，在梁端作用一集中荷载 p

在 a 截面处的弯矩为 $\qquad M_p = p_p(l_p - a_p)$ (4.3.1a)

截面上的正应力为 $\qquad \sigma_p = \dfrac{M_p}{W_p} = \dfrac{P_p}{W_p}(l_p - a_p)$ (4.3.1b)

截面处的挠度为 $\qquad f_p = \dfrac{P_p a_p^2}{6 E_p I_p} = (3l_p - a_p)$ (4.3.1c)

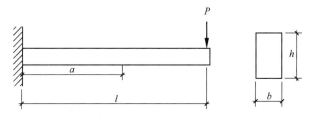

图 4.3.1

当要求模型与原型相似时，则首先要求满足几何相似

$$\frac{l_m}{l_p} = \frac{a_m}{a_p} = \frac{h_m}{h_p} = \frac{b_m}{b_p} = S_l$$

$$\frac{W_m}{W_p} = S_l^3; \frac{I_m}{I_p} = S_l^4$$

同时要求材料的弹性模量 E 相似，即 $S_E = \dfrac{E_m}{E_p}$

要求作用于结构的荷载相似，即 $S_p = \dfrac{P_m}{P_p}$

当要求模型梁上 a_m 处的弯矩、应力和挠度和原型结构相似时，则弯矩、应力和挠度的相似常数分别为

$$S_M = \frac{M_m}{M_p}; \ S_\sigma = \frac{\sigma_m}{\sigma_p}; \ S_f = \frac{f_m}{f_p}$$

将以上各物理量的相似关系代入（4.3.1）式，可得到

$$M_m = \frac{S_M}{S_p \cdot S_l} P_m (l_m - a_m) \qquad (4.3.2a)$$

$$\sigma_m = \frac{S_\sigma S_l^2}{S_p} \cdot \frac{P_m}{W_m}(l_m - a_m) \qquad (4.3.2b)$$

$$f_m = \frac{S_f \cdot S_E \cdot S_l}{S_p} \cdot \frac{P_m a_m^2}{6 E_m I_m}(3l_m - a_m) \qquad (4.3.2c)$$

因此,仅当

$$\frac{S_M}{S_P \cdot S_l} = 1 \tag{4.3.3a}$$

$$\frac{S_\sigma \cdot S_l^2}{S_P} = 1 \tag{4.3.3b}$$

$$\frac{S_f \cdot S_E \cdot S_l}{S_P} = 1 \tag{4.3.3c}$$

才满足

$$M_m = P_m(l_m - a_m)$$

$$\sigma_m = \frac{P_m}{W_m}(l_m - a_m)$$

$$f_m = \frac{P_m a_m^2}{6E_m I_m}(3l_m - a_m)$$

这说明只有当（4.3.3）式成立,模型才能和原型结构相似。因此（4.3.3）式是模型和原型应该满足的相似条件。

这时可以由模型试验获得的数据按相似条件推算得到原型结构的数据。

即

$$M_P = \frac{M_m}{S_M} = \frac{M_m}{S_P \cdot S_l}$$

$$\sigma_P = \frac{\sigma_m}{S_\sigma} = \sigma_m \cdot \frac{S_l^2}{S_P}$$

$$f_p = \frac{f_m}{S_f} = f_m \cdot \frac{S_E S_l}{S_P}$$

从上例可见,模型的相似常数的个数是多于相似条件的数目,模型设计时往往是首先确定几何比例,即几何相似常数 S_l。此外,还可以设计确定几个物理量的相似常数。一般情况下,经常是先定模型材料,并由此确定 S_E。再根据模型与原型的相似条件推导出其他物理量的相似常数的数值。表 4.3.1 列出了一般静力试验弹性模型的相似常数。当模型设计首先确定 S_l 及 S_E 时,则其他物理量的相似常数就都是 S_l 或 S_E 的函数或是等于1,例如应变、泊松比、角变位等均为无量纲数,它们的相似常数 S_ε、S_ν 和 S_θ 等均等于1。

一般静力试验弹性模型的完全相似条件　　　表 4.3.1

类型	物理量	量纲	相似条件
材料特性	应力 σ	FL^{-2}	$S_\sigma = S_E$
	应变 ε	—	1
	弹性模量 E	FL^{-2}	S_E
	泊松比 ν	—	1
	质量密度 ρ	$FL^{-4}T^2$	$S_\rho = S_E/S_l$
几何特性	长度 l	L	S_l
	线位移 x	L	$S_x = S_l$
	角位移 θ	—	1
	面积 A	L^2	$S_A = S_l^2$
	惯性矩 I	L^4	$S_I = S_l^4$

续表

类型	物理量	量纲	相似条件
荷载	集中荷载 P	F	$S_P = S_E S_l^2$
	线荷载 ω	FL^{-1}	$S_\omega = S_E S_l$
	面荷载 q	FL^{-2}	$S_q = S_E$
	力矩 M	FL	$S_M = S_E S_l^3$

在上例中如果考虑结构自重对梁的影响，则由自重产生的弯矩、应力和挠度如下式表示：

在 a 截面处的弯矩
$$M_P = \frac{\gamma_P A_P}{2}(l_P - a_P)^2$$

截面上的正应力
$$\sigma_P = \frac{M_P}{W_P} = \frac{\gamma_P A_P}{2W_P}(l_P - a_P)^2$$

截面处的挠度
$$f_P = \frac{\gamma_P A_P a_P^2}{24 E_P I_P}(6l_P^2 - 4l_P a_P + a_P^2)$$

式中 A_P 为梁的截面积、γ_P 为梁的材料的容重。

同样可以得到如下相似关系

$$\frac{S_M}{S_\gamma \cdot S_l^4} = 1 \tag{4.3.4a}$$

$$\frac{S_\sigma}{S_\gamma \cdot S_l} = 1 \tag{4.3.4b}$$

$$\frac{S_f \cdot S_E}{S_\gamma \cdot S_l^2} = 1 \tag{4.3.4c}$$

以上公式中 S_r 为材料容重的相似常数。

在模型设计与试验时，如果我们假设模型与原型结构的应力相等，则 $\sigma_m = \sigma_P$，即 $S_\sigma = 1$，由（4.3.4b）式可知，这时

$$S_\sigma = S_\gamma S_l = 1$$
$$S_\gamma = \frac{1}{S_l}$$

如果 $S_l = \frac{1}{4}$，则 $S_\gamma = 4$，即要求 $\gamma_m = 4\gamma_P$，当原型结构材料是钢材，则要求模型材料的容重是钢材的四倍，这是很难实现的。即使原型结构材料是钢筋混凝土，也存在着相当的困难。在实际工作中，人们采用人工质量模拟的方法，即在模型结构上用增加荷载的方法，来弥补材料容重不足所产生的影响。但附加的人工质量必须不改变结构的强度和刚度的特性。

如果不要求 $\sigma_m = \sigma_P$，而是采用与原型结构同样的材料制作模型，满足 $\gamma_m = \gamma_P$ 和 $E_m = E_P$，这时 $S_\gamma = S_E = 1$，就不能满足完全相似条件，则

$$\sigma_m = S_l \cdot \sigma_P$$
$$f_m = S_l^2 \cdot f_P$$

当模型比例很小时，则模型试验得到的应力和挠度比原型的应力和挠度要小得多，这样对试验量测提出更高的要求，必须提高模型试验的量测精度。

4.3.2 结构动力试验模型的相似条件

单自由度质点受地震作用强迫振动的微分方程为

$$m\frac{d^2x}{dt^2} + c\frac{dx}{dt} + kx = -m\frac{d^2x_g}{dt^2}$$

结构动力试验模型要求质点动力平衡方程式相似。按照结构静力试验模型的方法，同样可求得动力模型的相似条件

$$\frac{S_c \cdot S_t}{S_m} = 1$$

$$\frac{S_k \cdot S_t^2}{S_m} = 1$$

上式中 S_m, S_k, S_c, S_t 分别为质量、刚度、阻尼和时间的相似常数。同样可求得固有周期的相似常数

$$S_T = \sqrt{\frac{S_m}{S_k}}$$

对于动力模型，为了保证与原型结构的动力反应相似，除了两者运动方程和边界条件相似外，还要求运动的初始条件相似，由此保证模型和原型的动力方程式的解满足相似要求。运动的初始条件包括质点的位移、速度和加速度的相似，即

$$S_x = S_l; \quad S_{\dot{x}} = \frac{S_x}{S_t} = \frac{S_l}{S_t}; \quad S_{\ddot{x}} = \frac{S_x}{S_t^2} = \frac{S_l}{S_t^2}$$

式中 $S_x, S_{\dot{x}}$ 和 $S_{\ddot{x}}$ 分别为位移、速度和加速度的相似常数。反映了模型和原型运动状态在时间和空间上的相似关系。

在进行动力模型设计时，除了将长度 $[l]$ 和力 $[F]$ 作为基本物理量以外，还要考虑时间 $[T]$ 的因素。表 4.3.2 为结构动力模型的相似条件。

结构动力模型试验的相似条件　　　　　　　　　　　表 4.3.2

类型	物理量	量纲	相似条件
动力性能	质量 m	$FL^{-1}T^2$	$S_m = S_\rho S_l^3$
	刚度 k	FL^{-1}	$S_k = S_E S_l$
	阻尼 c	$FL^{-1}T$	$S_c = S_m/S_t$
	时间、固有周期 T	T	$S_t = (S_m/S_k)^{1/2}$
	速度 $\dot{x}$	LT^{-1}	$S_{\dot{x}} = S_x/S_t$
	加速度 $\ddot{x}$	LT^{-2}	$S_{\ddot{x}} = S_x/S_t^2$

注：几何、材料、荷载类相似条件与静力部分相同。

在结构抗震试验中，惯性力是作用在结构上的主要荷载，但结构动力模型和原型一般是在同样的重力加速度情况下进行试验的，即 $g_m = g_P$，所以 $S_g = 1$，这样在动力试验时要模拟惯性力、恢复力和重力等就产生了困难。

模型试验时，材料弹性模量、密度、几何尺寸和重力加速度等物理量之间的相似关系为

$$\frac{S_E}{S_g \cdot S_\rho} = S_l$$

由于 $S_g=1$，则 $S_E/S_\rho=S_l$，当 $S_l<1$ 的情况下，要求材料的弹性模量 $E_m<E_P$，而密度 $\rho_m>\rho_P$，这在模型设计选择材料时很难满足。如果模型采用原型结构同样的材料 $S_E=S_\rho=1$ 这时要满足 $S_g=1/S_l$，则要求 $g_m>g_P$，即 $S_g>1$，对模型施加非常大的重力加速度，这在结构动力试验中很难实现。为满足 $S_\rho=S_E/S_l$ 的相似关系，实用上与静力模型试验一样，就是在模型上附加适当的分布质量，即采用高密度材料来增加结构上有效的模型材料的密度。

4.3.3 不同材料结构的模型相似条件

对钢筋混凝土结构的强度模型，要求能正确反映原型结构的弹塑性性质，包括具有和原型结构相似的破坏形态、极限变形能力以及极限承载能力。理想的模型混凝土和钢筋应和原结构的混凝土和钢筋具有相似的应力应变关系，如表4.3.3所示，实际上只有模型在选用与原型结构相同强度和变形时才有可能满足这种相似条件，即表中"实用模型"一栏的要求。

钢筋混凝土结构静力模型试验的相似常数　　表 4.3.3

类型	物理量	量纲	一般模型	实用模型
材料性能	混凝土应力 σ	FL^{-2}	S_σ	1
	混凝土应变 ε	—	1	1
	混凝土弹性模量 E	FL^{-2}	S_σ	1
	泊松比 ν	—	1	1
	比重 ρ	FL^{-3}	S_σ/S_l	$1/S_l$
	钢筋应力 σ	FL^{-2}	S_σ	1
	钢筋应变 ε	—	1	1
	钢筋弹性模量 E	FL^{-2}	S_σ	1
	粘结应力 σ	FL^{-2}	S_σ	1
几何特性	长度 l	L	S_l	S_l
	线位移 x	L	S_l	S_l
	角位移 θ	—	1	1
	钢筋面积 A	L^2	S_l^2	S_l^2
荷载	集中荷载 P	F	$S_\sigma S_l^2$	S_l^2
	线荷载 w	FL^{-1}	$S_\sigma S_l$	S_l
	面荷载 q	FL^{-2}	S_σ	1
	力矩 M	FL	$S_\sigma S_l^3$	S_l^3

对于砌体结构，由于它也是由块材（砖、砌块）和砂浆两种材料复合组成，除了在几何比例上缩小要对块材作专门加工并给砌筑带来一定困难外，同样要求模型和原型有相似的应力应变曲线，实用上就采用与原型结构相同的材料。砌体结构模型的相似常数见表4.3.4。

砌体结构模型试验的相似常数　　　　　　　　表4.3.4

类型	物理量	量纲	一般模型	实用模型
材料性能	砌体应力 σ	FL^{-2}	S_σ	1
	砌体应变 ε	—	1	1
	砌体弹性模量 E	FL^{-2}	S_σ	1
	砌体泊松比 ν	—	1	1
	砌体比重 ρ	FL^{-3}	S_σ/S_l	$1/S_l$
几何特性	长度 l	L	S_l	S_l
	线位移 x	L	S_l	S_l
	角位移 θ	—	1	1
	面积 A	L^2	S_l^2	S_l^2
荷载	集中荷载 P	F	$S_\sigma S_l^2$	S_l^2
	线荷载 w	FL^{-1}	$S_\sigma S_l$	S_l
	面荷载 q	FL^{-2}	S_σ	1
	力矩 M	FL	$S_\sigma S_l^3$	S_l^3

4.4 模型试验材料及制作要求

相似设计要求模型与原型能描述同一物理现象，因此，要求模型材料与原型材料的物理性能、力学性能和工艺性能相似。适用于制作模型的材料很多，但没有绝对理想的材料。因此正确地了解材料的性质及其对试验结果的影响，对于顺利完成模型试验往往有决定性的意义。

4.4.1 模型试验材料要求

1. 保证相似要求

即要求模型设计满足相似条件，以致模型试验结果可按相似准数及相似条件推算到原型结构上去。

2. 保证量测要求

即要求模型材料在试验时能产生较大的变形，以便量测仪表能够精确地予以读数。因此，应选择弹性模量较低的模型材料，但也不宜过低以致影响试验结果；

3. 保证材料性能稳定

即要求模型材料不受温度、湿度的变化而变化。一般模型结构尺寸较小，对环境变化很敏感，以致其产生的影响远大于它对原型结构的影响，因此材料性能稳定是很重要的。应保证材料徐变小，由于徐变是时间、温度和应力的函数，故徐变对试验的结果影响很大，而真正的弹性变形不应该包括徐变。

4. 保证加工制作方便

选用的模型材料应易于加工和制作，这对于降低模型试验费用是极重要的。一般讲来，对于研究弹性阶段应力状态的模型试验，模型材料应尽可能与一般弹性理论的基本假定一致，即材料是匀质，各向同性，应力与应变呈线性变化，且有不变的泊桑系数。对于研究结构的全部特性（即弹性和非弹性以及破坏时的特性）的模型试验，通常要求模型材料与原型材料的特性较相似，最好是模型材料与原型材料一致。

4.4.2 模型材料的分类与性能

1. 金属材料

金属的力学性能大都符合弹性理论的基本假定。常用的有钢材、铜、铝合金等，泊松比接近混凝土的泊松比。钢和铜可焊接，易于加工，而铝合金一般采用铆接，连接特性很难满足原型的要求。另外，金属材料的弹性模量比混凝土高，所以，模型的试验荷载大，动力试验时，时间缩比大，加速度大，这时，可用等强度的方法，通过减小模型的断面来减小模型的刚度，从而减小试验荷载或加速度。当进行等强度设计时，应验算构件的局部稳定性能，使失稳时的荷载与原型相似。

2. 塑料

制作模型的塑料种类很多，热固性的有环氧树脂、聚酯树脂，热塑性的有聚氯乙烯、有机玻璃等。塑料作为模型材料的优点是强度高而弹性模量低，容易加工。缺点是徐变较大，弹性模量受温度变化的影响较大。

有机玻璃是各向同性的匀质材料，模型中用得较多。由于徐变较大，试验中应控制材料的应力。另外，模型的接头强度比较低，模型设计时，应考虑这一问题。

环氧树脂可在半流体状态下浇注成型，然后固化。在环氧树脂中掺入铝粉、水泥、砂等填充料，可改善材料的力学性能。一般情况下，填料增加，可提高材料的弹性模量，但抗拉强度下降。另外，环氧树脂的抗拉强度比抗压强度低，当应力较高时，应力－应变曲线呈现非线性，所以，在弹性模型中，应控制模型应力。

3. 石膏

用石膏制作模型，其优点是容易加工，成本较低，泊松比与混凝土接近，弹性模量可以改变。其缺点是抗拉强度低，要获得均匀和正确的弹性模量较困难。

石膏模型可用石膏浆注入尺寸准确的模具来制作，也可将石膏浇注成整块后进行机械加工。石膏也可用以大致地模拟混凝土的塑性性能，配筋的石膏模型可用来模拟钢筋混凝土的破坏形态。

4. 水泥砂浆

水泥砂浆曾被用于制作钢筋混凝土板壳等薄壁结构的模型，其力学性能接近混凝土，但由于缺乏级配，应力～应变曲线较难与混凝土相似，所以目前用得较少。

5. 微粒混凝土

微粒混凝土是在砂浆的基础上，对按相似比缩小粒径的骨料进行级配，使模型材料的应力－应变曲线与原型相似。为了满足弹性模量相似，有时可用掺入石灰浆的方法来降低模型材料的弹性模量。微粒混凝土的不足之处是它的抗拉强度一般情况下比要求值高，这一缺点在强度模型中延缓了模型的开裂，而在不考虑重力效应的模型中，有时能弥补重力失真的不足，使模型开裂荷载接近实际情况。

6. 环氧微粒混凝土

当模型很小时，用微粒混凝土制作不易浇捣密实，强度不均匀，易破碎，这时，可采用环氧微粒混凝土制作。环氧微粒混凝土是由环氧树脂和按一定级配的骨料拌合而成。骨料可采用水泥、砂等，但必须干燥。环氧微粒混凝土的应力～应变曲线与普通混凝土相似，但抗拉强度偏高。

7. 钢材

模型中采用的钢材特点是尺寸小，一般采用同种材性的钢材。由于许多小尺寸的型材采用冷拉技术制作，所以在用作模型材料时，应进行退火处理。

8. 模型钢筋

模型钢筋一般采用盘状细钢筋、镀锌铁丝，使用前，先要拉直，而拉直过程是一次冷加工过程，会改变材料的力学性能，所以，使用前应进行退火处理。另外，目前使用的模型钢筋一般没有螺纹等表面压痕，不能很好地模拟原型结构中钢筋与混凝土的粘结。

9. 模型砌块

对于砌体结构模型，一般采用按长度相似比缩小的模型砌块。对于混凝土小砌块和粉煤灰砌块，可采用与原型相同的材料，在模型模子中浇注而成。对于黏土砖，可制成模型砖坯烧结而成，也可用原型砖切割而成。

4.4.3 模型制作

1. 水泥砂浆、微粒混凝土、环氧微粒混凝土模型

水泥砂浆、微粒混凝土和环氧微粒混凝土模型一般都是小比例模型，构件的尺寸很小，所以要求模板的尺寸误差小，表面平整，易于观察浇筑过程，易于拆模。一般采用有机玻璃做外模，泡沫塑料做内模。由于有机玻璃是透明的，可观察模型的浇注质量，另外，有机玻璃表面平整，易于加工成各种形状，特别适用于制作圆柱和曲面模板。泡沫塑料容易切割，可加工成各种形状，而且强度和刚度低，易于拆模，即使局部模板拆不掉（如电梯井等），也不影响模型的强度和刚度，所以，现已广泛用于高层建筑模型制作中。

水泥砂浆、微粒混凝土和环氧微粒混凝土模型一般采用置模浇注的方法制作，当无法浇注时，也可用抹灰的方法制作，但抹灰施工的质量比浇注的差，其强度一般只有浇注的50%，且强度不稳定，所以，当有条件浇注时，尽量采用浇注的方法施工。为改善环氧微粒混凝土的脱模性能，应在模板表面涂一层蜡。

2. 砌体结构模型

砌体结构模型的制作关键是灰缝的砌筑质量。砌体的强度受砂浆的强度、灰缝的厚度和饱满程度影响很大。由于模型缩小后，灰缝的厚度很难按比例缩小，所以，一般要求模型灰缝的厚度在5mm左右，砌筑后模型的砌体强度与原型相似。灰缝的饱满度是模型试验产生较大误差的主要原因之一。有些研究者片面强调模型的制作质量，灰缝砌得很饱满，使模型的抗震能力很高，与实际震害不符。从大量实际房屋的施工质量中，我们发现灰缝并不很饱满，其砌筑质量远不及模型质量。所以，为了使模型试验结构能真正反映实际震害，模型灰缝的饱满程度应与原型一致。

3. 钢结构及其他金属模型

钢结构和其他金属模型的制作关键是材料的选取和节点的连接。由于模型缩小后，许多钢结构型材已无法找到合适的模型型材，只能用薄铁皮或铜皮加工焊接成模型型材。由于铁皮很薄，很难焊接，很容易将铁皮烧穿，也很容易使构件变形。所以，应认真研究模型制作方案，避免上述问题的发生。

铝合金材料很难焊接，所以，一般采用铆钉连接，不宜模拟钢结构的焊接性能，另外，铆钉连接结构的阻尼比焊接结构大，所以，在动力模型中不宜采用。

4. 有机玻璃模型

有机玻璃模型可采用标准有机玻璃型材切割粘结而成。当要求的构件尺寸与型材尺寸

有差距时，尽量采用相近的型材。有机玻璃接口处的强度一般要比有机玻璃的强度低，为了保证接口的强度，宜采用榫接，尽量减小连接间隙。

4.5 模型试验实例

以木拱廊桥主拱结构模型试验研究为例。

闽浙木拱廊桥在我国闽东北、浙南山区留存着百余座。它以独特的桥梁结构形式解决了木结构大尺度无柱跨越的问题，成为中国木结构桥梁中最具有创造性和技术性的桥梁形式，代表着中国历史上木拱桥营造技术的先进和精湛；同时，它蕴含着丰富的精神内涵和乡土文化，是中国山地人居文化的典型范例。随着国内对于木拱廊桥保护意识的逐渐加深，人们对木拱廊桥的保护提出了更高的要求。因此，开展对木拱廊桥的研究，从而建立起一套科学合理的木拱廊桥设计、施工、维修加固规范，将为我国科学合理的保护木拱廊桥及木拱廊桥的维修、建造、开发应用、对外工作、申遗工作提供重要参考和借鉴。

通过木拱廊桥模型试验可以研究木拱廊桥主拱结构（图4.5.1）在荷载作用下的传力机理，揭示其结构受力与变形特点，为木拱廊桥结构承载能力确定以及修缮加固提供科学的理论依据。

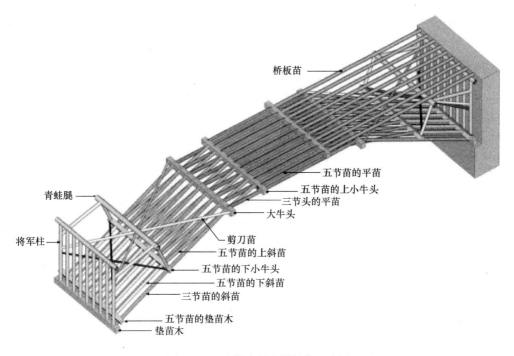

图 4.5.1 木拱廊桥主拱结构示意图

4.5.1 原型结构

原型结构为一座清康熙年间建造的木拱廊桥，全长21.4m，桥端宽5.4m，桥高4.1m，由两端向中间缩进，呈两端宽中间窄的造型。木拱结构由两层系统相间组成：下层为7组"三节苗"；上层6组"五节苗"。两端各有一组"剪力苗"两端有"将军柱"，竖向排架以及"端平苗"，如图4.5.2、图4.5.3。

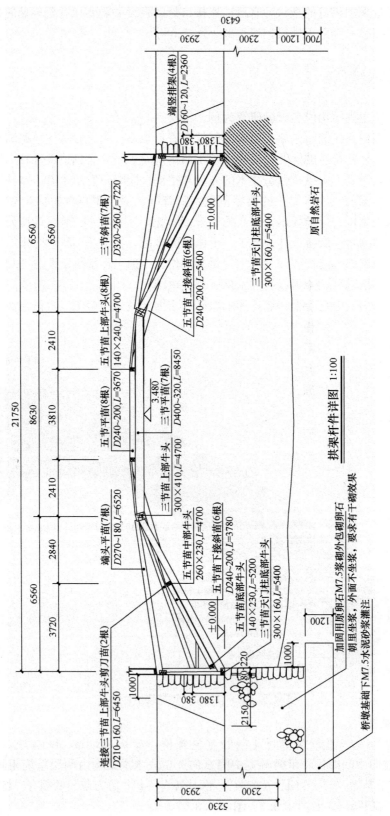

图 4.5.2

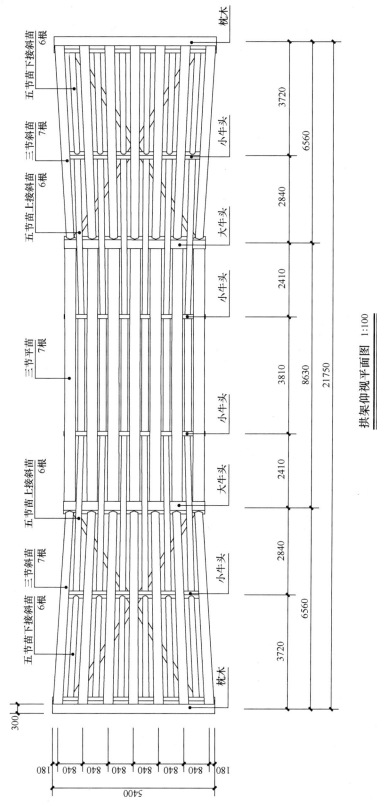

拱架仰视平面图 1:100

图 4.5.3

廊桥构件特性　　　　　　　表 4.5.1

构　件		密度（kg/m³）	弹性模量（N/mm²）	截面尺寸（mm）
三节苗	上牛头	650	12000	300×410
	底牛头	650	12000	300×160
	平苗	550	10000	360
	斜苗	550	10000	280
五节苗	上牛头	650	12000	140×240
	中牛头	650	12000	260×230
	底牛头	650	12000	140×230
	平苗	550	10000	220
	上斜苗	550	10000	220
	下斜苗	550	10000	220
端平苗		550	10000	225
端竖排架		550	10000	140
剪刀苗		550	10000	185
将军柱		550	10000	300
端横木		650	12000	300×400

廊桥主拱的原木材料相关参数见表 4.5.1，其中弹性模量采用维修更换时换下的实际构件切取试件实验所得，由于实际木材大小有差异，一根木材两端也有粗细，截面尺寸为典型的代表值。

4.5.2　模型设计

模型设计是模型试验能否成功的关键。模型的设计不仅仅是确定模型的相似比，而应综合考虑各种因素，如模型的类型、材料、制作条件以及试验条件，确定出适当的物理量的相似常数，并由此求得反映相似模型整个物理过程的相似条件。

1. 根据研究目的要求，选择模型类型。本试验目地主要是为了研究木拱廊桥的受力机理，可以采用弹性模型，但要了解其承载能力应采用强度模型，除采用与原型桥相同的木结构拱桥形式，所用模型材料应保持与原型桥相似。

2. 根据原型规模及试验条件和经济等各种因素确定几何相似常数 S_L，定出模型的几何尺寸。考虑到模型制作条件，实验室条件，相似性条件以及需做多种不同类型试验等的要求，经过比较，决定采用 1:5 比例的模型，即 $S_L = L_M/L_P = 1/5$。

3. 根据相似条件定出各相似常数。廊桥主拱结构所包含的物理量有：

(1) 结构几何尺寸 L；

(2) 结构上静荷载，包括集中荷载 P 和面荷载 q；

(3) 结构反应，包括挠度 δ、应力 σ 和应变 ε；

(4) 材料性能，包括弹性模量 E 和泊松比 ν。

根据模型材料（与有原型结构同种木材），按照相似理论确定的各相似常数如下：

$$S_L = 1/5,\ S_E = S_\sigma = S_q = 1/1,\ S_\varepsilon = 1/1。$$

4.5.3　模型制作

模型材料采用与原型一致的材种，并保持基本一致的规格（两头粗细不一，各杆件也不尽相同），但总体上截面尺寸满足相似比例要求。模型制作聘请廊桥文化遗产传承人精心加工制作，完全采用实际廊桥的施工工艺，包括：相同的连接方式（榫卯连接）和细节处理等。

经试验获得模型材料的相关参数见表 4.5.2，虽然不是完全的 1∶1 的相似比例，但可以说基本满足 1∶1 的相似比例要求，对于达到研究廊桥主拱结构传力机理的目的是可行的。图 4.5.4 为模型照片，以及模型试验加载与观测照片。

实桥与模型桥材料的相关参数表　　　　　　　　　　　　表 4.5.2

	实桥	模型桥	比值
弹性模量 E（N/mm²）	7620.2	8820.9	1.16
抗弯强度 f_m（N/mm²）	38.0	43.7	1.15
轴心抗压强度 f（N/mm²）	23.7	22.1	0.93

图 4.5.4

第5章 结构检测技术

结构检测主要是为评价工程结构的质量，了解已有结构的可靠性能，发展而来的。常常用于验证和鉴定结构的设计与施工质量；为处理质量事故和受灾结构提供技术依据；为使用已久的旧建筑物的普查与鉴定提供数据；为制定加固或改建的合理方案提供技术支撑；为现场预制构件产品质量的检验与评定提供依据。

大量的结构检测技术是在现场运用的，当然也有部分检测在实验室内完成。现场的结构在经过检测后均要求能继续使用，所以这类试验检测一般都是非破坏性的，大都采用无损检测技术，只有少数检测方法是微破损的。无损检测与微破损检测是在不破坏结构或构件整体使用性能的条件下进行的，检测结构或构件的材料力学性能、缺陷损伤和耐久性等参数，以对结构及构件的性能和质量状况做出定量的评定。

无损检测和微破损检测的一个重要特点是对比性和相关性，即必须预先对具有被测结构同条件的试样进行破坏试验，建立无损或微破损检测结果与破坏试验结果的对比或相关关系，才有可能对检测结果作出较为正确的判断。尽管这样，无损检测毕竟是间接测定，受诸多不确定因素影响，所测结果仍未必十分可靠。因此，采用多种方法检测和综合比较，以提高检测结果的可靠性，是行之有效的办法。

5.1 钢筋混凝土结构检测

5.1.1 结构混凝土强度检测

虽然混凝土强度还不能代表混凝土质量的全部信息，但其抗压强度确实是混凝土质量的一个关键技术指标，因为它是直接影响混凝土结构安全度的主要因素。当混凝土试块没有或缺乏代表性时，要反映结构混凝土的真实情况，往往要采取非破损检测方法或半破损方法钻芯取样来检测混凝土的强度。主要的方法有回弹法、取芯法、超声回弹综合法等。

1. 回弹法检测混凝土强度

（1）回弹法的基本概念

人们通过试验发现，混凝土的强度与其表面硬度存在一定关系，通过测量混凝土的表面硬度，可以推定其抗压强度。1948年瑞士科学家史密特（E. Schmidt）发明了回弹仪，图5.1.1为其构造原理，其工作原理如图5.1.2所示，一个标准质量的重锤，在标准弹簧弹力带动下，冲击一个与混凝土表面接触的弹击杆，由于回弹力的作用，重锤又回跳一定距离，并带动滑动指针在刻度上指出回弹值 N。N 是重锤回弹距离与起跳点原始位置距离的百分比值，即

$$N = x/L \times 100 \tag{5.1.1}$$

混凝土强度越高，表面硬度也越大，N 值就越大。通过事先建立的混凝土强度与回弹值的关系曲线 $f_{cu}-N$ 可以根据 N 求的 f_{cu} 值。

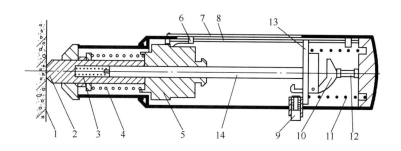

图 5.1.1 回弹仪构造

1—试件；2—弹击杆；3—缓冲弹簧；4—弹击拉簧；5—弹击锤；6—指针；7—刻度尺；8—指针导杆；
9—按钮；10—挂钩；11—压力弹簧；12—顶杆；13—导向法兰；14—导向杆

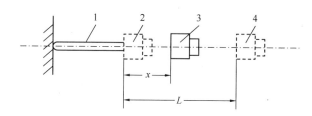

图 5.1.2 回弹仪工作原理

1—弹击杆；2—重锤弹击时的位置；3—重锤回跳最终位置；4—重锤发射前位置

回弹时，先让弹击杆伸出套筒，然后垂直于测点表面，再把它徐徐压缩回套管内，当后盖螺栓触动挂钩后，重锤即发射冲击弹击杆，接着被回弹并带动指针指示出回弹值。

（2）回弹法的适用范围

回弹法一般不适用于表层与内部质量有明显差异或内部存在缺陷的混凝土构件的检测，当混凝土表面遭受了火灾、冻伤、受化学物质侵蚀时，也不能直接采用回弹法检测。回弹法检测混凝土强度应按建设部标准《回弹法检测混凝土抗压强度技术规程》JGJ/T 23 进行，现行规范（2001 版）中全国统一测强曲线的使用条件有：

1）材料和拌和用水符合国家有关现行标准的普通混凝土；
2）不掺外加剂或仅掺非引起型外加剂；
3）采用普通成型工艺；
4）采用符合现行国家标准的模板；
5）自然养护或蒸汽养护出池后经自然养护 7d 以上，且混凝土表面为干燥状态；
6）龄期为 14～1000d；
7）抗压强度为 10～60MPa。

（3）回弹法检测混凝土强度对回弹仪的要求

目前国内常用的检测混凝土强度的回弹仪，其标准状态下的冲击能量为 2.207J，示值系统为指针直读式。具体要求：

1）回弹仪必须通过检定合格；
2）在检测前，需在 5℃～30℃ 的室温条件下对回弹仪按标准方法在洛氏硬度 HRC 为 60±2 的钢砧上进行率定，其率定值应符合 80±2 的要求；
3）回弹仪使用时的环境温度为 -4℃～+40℃。

(4) 检测技术

回弹法检测结构或构件混凝土强度可采用下列两种方式,其适用范围及构件数量应符合下列规定:

1) 单个检测适用于单独的结构或构件的检测;

2) 批量检测适用于在相同的生产工艺条件下,混凝土强度等级相同,原材料、配合比、成型工艺、养护条件基本一致且龄期相近的同类构件,按批进行检测的构件、抽检数量不得少于同批构件总数的30%且测区数量不得少于100个。抽检构件时,有关方面应协商一致,使所选构件具有一定的代表性;

3) 对每个检测构件,长度不小于4.5m的,其测区不少于10个,对长度小于4.5m、且另一方向尺寸小于0.3m的构件,其测区数量可适当减少,但不应少于5个;

4) 需钻取混凝土芯样对回弹结果进行修正时,芯样试件数量不少于6个。

回弹法对测区及测点的要求如下:

1) 检测前应检查混凝土表面是否清洁、平整,不应有疏松、浮浆、油垢以及蜂窝、麻面,必要时可用砂轮清除疏松层和杂物,且不应有残留的粉末或粉屑;

2) 回弹测区宜在构件范围内均匀分布,测区间距不应大于2m,离构件边缘不宜大于50cm、小于20cm;

3) 测区应避开外露钢筋、预埋件的位置;

4) 测点不应在气孔或外露石子上。

检测时,每一测区弹击16个测点,同一测点只允许弹击一次,共记取16个回弹值,每一测点的回弹值读数精确至1。

(5) 回弹值计算

每一测区16个回弹值,剔除3个最大值和3个最小值,取剩余10个回弹值的平均值作为该测区的回弹值,即

$$R_{m\alpha} = \sum_{i=1}^{10} R_i / 10 \tag{5.1.2}$$

其中 $R_{m\alpha}$——测试角度为α时的测区平均回弹值,计算至0.1,R_i——第i个测点的回弹值。

考虑到重力对回弹值的影响,对回弹仪测试位置非水平方向的情况,应对回弹值做如下修正:

$$R_m = R_{m\alpha} + R_\alpha \tag{5.1.3}$$

其中 R_α——测试角度为α时回弹修正值,按表5.1.1采用。

不同测试角度的回弹修正值 R_α 表5.1.1

$R_{m\alpha}$	向上 α				向下 α			
	+90°	+60°	+45°	+30°	−30°	−45°	−60°	−90°
20	−6.0	−5.0	−4.0	−3.0	+2.5	+3.0	+3.5	+4.0
30	−5.0	−4.0	−3.5	−2.5	+2.0	+2.5	+3.0	+3.5
40	−4.0	−3.5	−3.0	−2.0	+1.5	+2.0	+2.5	+3.0
50	−3.5	−3.0	−2.5	−1.5	+1.0	+1.5	+2.0	+2.5

注:详见现行回弹法规范。

考虑到结构构件不同浇筑面的表面硬度的差异,当测试表面为非结构构件侧面时,测得的回弹值还应进行浇筑面修正,即:

$$R_m = R_m^t + R_a^t \quad (5.1.4)$$

$$R_m = R_m^b + R_a^b \quad (5.1.5)$$

其中 R_m^t、R_m^b 分别为测试面为顶面、底面时经测试角度修正后的测区平均回弹值,R_a^t、R_a^b 分别为测试面为顶面、底面时的回弹修正值,按表5.1.2采用。

不同浇筑面的回弹修正值 R_a 表 5.1.2

R_m^t 或 R_m^b	表面修正 R_a^t	底面修正 R_a^b	R_m^t 或 R_m^b	表面修正 R_a^t	底面修正 R_a^b
20	+2.5	−3.0	40	+0.5	−1.0
25	+2.0	−2.5	45	+0.0	−0.5
30	+1.5	−2.0	50	+0.0	−0.0
35	+1.0	−1.5			

注:详见现行回弹法规范。

(6) 测区混凝土强度换算

根据测区回弹平均值,通过测强曲线可以得到测区混凝土强度换算值。

对于长龄期混凝土,由于受到大气中二氧化碳的作用,使表面混凝土中碱性的氢氧化钙逐步形成中性的碳酸钙,而使表面硬度增加,使回弹值偏高,因此应予以修正。修正前必须了解混凝土碳化的深度,碳化深度的检测方法是:先用电锤或其他工具在测区表面形成一定直径(15mm)的孔洞,深度应大于碳化深度;吹去粉末,立即用1%浓度的酚酞酒精液滴在孔洞内壁边缘处,未碳化部分变为紫红色,已碳化部分则不变色;然后用钢尺测量混凝土表面至变与不变色的交界处的距离,即碳化深度,要求精确至0.25mm,碳化深度的修正直接通过测强曲线进行,详见现行的回弹法规范。

对于采用泵送混凝土制作的结构构件,检测时测区应选在混凝土浇筑侧面。泵送混凝土采用专门测强曲线,详见现行回弹法规范。

对检测条件与测强曲线适用条件有较大差异时,可采用同条件试块或钻取混凝土芯样进行修正,试件或芯样数量不应少于6个。

计算时,测区混凝土强度换算值乘以修正系数进行修正,修正系数按下式计算

$$\eta = \frac{1}{n}\sum_{i=1}^{n} \frac{f_{cu,i}}{f_{cu,i}^c} \quad (5.1.6)$$

其中 η——修正系数,精确至0.01;

$f_{cu,i}$——第 i 个混凝土试件(150mm 边长立方体)或芯样的抗压强度值,精确到 0.1MPa;

$f_{cu,i}^c$——对应于第 i 个混凝土试件或芯样部位的回弹法混凝土强度换算值,精确到 0.1MPa。

修正也可以采用修正量法,即计算各个试件抗压试验强度值和回弹法混凝土强度换算值之差的平均值作为修正量。

(7) 结构或构件混凝土强度的计算

当按单个构件检测时，若测区数不到10个，以最小值作为该构件的混凝土强度推定值 $f_{cu,e}$，即：

$$f_{cu,e} = f_{cu,min}^c \tag{5.1.7}$$

当测区数达到10个或进行批评定时，按95%保证率计算混凝土强度推定值 $f_{cu,e}$，即按下式计算

$$f_{cu,e} = mf_{cu}^c - 1.645 s_{f_{cu}^c} \tag{5.1.8}$$

其中 mf_{cu}^c——结构或构件测区混凝土强度换算值的平均值，精确至0.1MPa；

        $s_{f_{cu}^c}$——结构或构件测区混凝土强度换算值的标准差，精确至0.01MPa；

当标准差太大、满足下列条件时，说明所检测的测区混凝土强度换算值太离散，以至不能代表检测批的整体混凝土强度，该批结构或构件的混凝土强度应按单个构件进行检测：

1) 当该批构件混凝土强度平均值小于25MPa时：$s_{f_{cu}^c} > 4.5$MPa；

2) 当该批构件混凝土强度平均值不小于25MPa时：$s_{f_{cu}^c} > 5.5$MPa。

2．超声回弹综合法检测混凝土强度

（1）超声回弹综合法的基本原理

回弹法由于只能反映结构表面的混凝土情况，对结构内部的混凝土质量情况不能得到反映，而超声波法却能克服这一缺点。超声波在介质中的传播速度反映了介质材料的力学性质（弹性模量、密度等），对混凝土材料，这些力学性质与其强度有一定程度的相关关系，而且通过超声波还可以反映混凝土的内部质量情况。因此，将超声波法与回弹法相结合，可以取长补短。采用超声回弹综合法，既能反映混凝土的表层状态，也能反映混凝土的内部构造情况，能够比较确切地反映结构混凝土的强度状况。

（2）超声回弹综合法的适用范围

超声回弹综合法检测混凝土强度，实质上是超声法和回弹法两种单一方法的综合测试，应按照现行的《超声回弹综合法检测混凝土强度技术规程》CECS 02 执行，目前现行的规程为2005版。该版中全国统一测强曲线的适用条件如下：

1) 混凝土用水泥符合现行国家标准的要求；

2) 混凝土用砂、石骨料应符合现行国家标准的要求；

3) 可掺或不掺矿物掺合料、外加剂、粉煤灰、泵送剂；

4) 人工或机械搅拌的混凝土或泵送混凝土；

5) 自然养护；

6) 龄期为7～2000d；

7) 抗压强度为10～70MPa。

（3）超声回弹综合法的检测技术

超声回弹综合法的对检测构件数量、测区数量、测区要求与前述的回弹法基本相同，回弹法的检测技术也基本相同，但超声回弹综合法中不用进行碳化深度的修正，只要计算出经角度、浇筑面修正后的测区回弹平均值 R_m。

超声波检测时，每个测区检测3个测点的超声波声速，计算其平均值 v，以 km/s 为单位，精确到0.01km/s。

全国的统一测强曲线,根据混凝土粗骨料的不同分别按下列式子计算测区混凝土强度换算值:

卵石: $f_{cu}^c = 0.0056 v^{1.439} R_m^{1.769}$ 碎石: $f_{cu}^c = 0.0162 v^{1.656} R_m^{1.410}$ (5.1.9)

超声回弹综合法的结构混凝土强度推定值的计算与回弹法的相同,也是要求达到95%的保证率,并可按(5.1.7)、(5.1.8)式计算。

当标准差太大、满足下列条件时,说明所检测的测区混凝土强度换算值太离散,以至不能代表检测批的整体混凝土强度,该批结构或构件的混凝土强度应按单个构件进行检测:

1) 当该批构件混凝土强度平均值小于25MPa时: $s_{f_{cu}^c} > 4.5$ MPa;
2) 当该批构件混凝土强度平均值在25~50MPa时: $s_{f_{cu}^c} > 5.5$ MPa;
3) 当该批构件混凝土强度平均值大于50MPa时: $s_{f_{cu}^c} > 6.5$ MPa。

超声回弹综合法也可采用钻芯法进行修正,以扩大检测应用范围,修正方法与回弹法中的相同。

3. 钻芯法检测混凝土强度

(1) 钻芯法的基本概念

钻芯法检测混凝土强度,是直接在结构上钻取混凝土试件,进行抗压试验来确定混凝土强度的一种微破损方法。这种方法由于是直接在结构上取样,能确切反映结构混凝土的真实强度,但有一定的破损,所以不宜大量采用。

钻芯法检测混凝土强度主要用于:

1) 对试块抗压强度的测试结构有怀疑时;
2) 因材料、施工或养护不良而发生混凝土质量问题时;
3) 混凝土遭受冻害、火灾、化学侵蚀或其他损害时;
4) 需检测经过多年使用建筑结构或构筑物中混凝土强度时。

考虑到钻芯过程对低强度混凝土的扰动,钻芯法不宜用于低于C10的混凝土强度检测。

钻芯法检测混凝土强度可按执行中国工程建设标准化委员会标准《钻芯法检测混凝土强度技术规程》CECS 03,目前的现行标准为2007年版。

(2) 芯样的钻取与加工

钻取的芯样数量应符合下列规定:

1) 按单个构件检测时,每个构件的钻芯数量不应少于3个,对于较小构件,钻芯数量可取2个;
2) 对构件的局部区域进行检测时,应由要求检测的单位提出钻芯位置及芯样数量;
3) 检测批混凝土强度时,最小抽样量不宜小于15个。

钻取芯样的直径一般不宜小于骨料最大粒径的3倍,在任何情况下也不得小于骨料最大粒径的2倍。采用内径为100mm、150mm的钻头,可以满足一般工程要求,也可采用小直径芯样试件,公称直径不应小于70mm。

芯样要求不含钢筋,不能避开时,最多只能允许含有二根直径小于10mm的直径,并且钢筋应与芯样轴线基本垂直,也不露出端面。加工的芯样高径比应在0.95~1.05范围内,端面应垂直于芯样轴线,并保持平整。不能满足平整度等要求时,可采用水泥砂浆或硫磺胶泥补平,但水泥砂浆厚度不能超过 5mm,硫磺胶泥厚度不能超过 1.5mm,详见现行规范。

(3) 芯样抗压试验与混凝土强度的推定

芯样试件的抗压试验宜在与被测结构混凝土湿度基本一致的条件下进行,对处于干燥条件下工作的结构构件,抗压试验前芯样试件应自然干燥 3d;对处于潮湿条件或水下工作的结构构件,抗压试验前芯样试件应在 15～20℃ 的清水中浸泡 40～48h,并在取出后立即进行抗压试验。

每个芯样按下式计算芯样试件混凝土强度换算值

$$f_{cu}^c = 4F/\pi d^2 \qquad (5.1.10)$$

其中　f_{cu}^c——芯样试件混凝土强度换算值(MPa),精确至 0.1 MPa;
　　　　F——芯样试件抗压试验的最大压力(N);
　　　　d——芯样试件的平均直径(mm);

单个构件或单个构件的局部区域,可取芯样试件混凝土强度换算值中的最小值作为其代表值。

批检测时,应计算芯样强度平均值 $f_{cu,cor,m}$、标准差 S_{cor},并给出推定区间的上下限值 $f_{cu,1}$、$f_{cu,2}$,一般以上限值 $f_{cu,1}$ 作为批混凝土强度推定值。推定区间的上下限值 $f_{cu,1}$ 按下式计算:

$$f_{cu,1} = f_{cu,cor,m} - k_1 S_{cor}, \quad f_{cu,2} = f_{cu,cor,m} - k_2 S_{cor} \qquad (5.1.11)$$

系数 k_1、k_2 与置信度有关,在置信度 0.85 条件下的取值参见表 5.1.3,详见现行规范。

表 5.1.3

芯样数	k_1	k_2	芯样数	k_1	k_2
15	1.222	2.566	23	1.293	2.328
16	1.234	2.524	24	1.300	2.309
17	1.244	2.486	25	1.306	2.292
18	1.254	2.453	26	1.311	2.275
19	1.263	2.423	27	1.317	2.260
20	1.271	2.396	28	1.322	2.246
21	1.279	2.371	29	1.327	2.232
22	1.286	2.349	30	1.332	2.220

4. 后装拔出法检测混凝土强度

后装拔出法检测混凝土强度,是在已硬化的混凝土表面钻孔、磨槽、嵌入锚固件并安装拔出仪进行拔出试验,测定极限拔出力,根据预先建立的拔出力与混凝土强度之间的相关关系检测结构混凝土的强度。要求被测混凝土抗压强度不低于 10.0MPa,检测部位的混凝土表层与内部质量一致。

后装拔出法检测混凝土强度,应按照中国工程建设标准化协会标准《后装拔出法检测混凝土强度技术规程》CECS 69 的要求进行,目前的现行规程为 1994 版。

检测前须建立拔出力与强度间的线性回归公式,必要时也可用钻芯法进行修正,以扩大检测应用范围,修正方法与回弹法中的相同。进行混凝土强度批评定时,采用的方法与回弹法、超声回弹综合法基本相同。

5. 结构混凝土强度检测值的意义及运用

根据《钻芯法检测混凝土强度技术规程》CECS 03：88、《回弹法检测混凝土抗压强度技术规程》JGJ/T 23—2001、《超声回弹综合法检测混凝土强度技术规程》CECS 02：2005，所检测得到的混凝土强度代表值（或推定值）均为混凝土的（150×150×150）立方体抗压强度，它反映了被检测结构的实际强度情况，除了较少测点的情况（少于10个），该强度是具有95%保证率的。

根据国家标准《混凝土结构设计规范》GB 50010—2002中，结构承载力计算中用到的混凝土强度是指轴心抗压、抗拉强度，设计时是按照混凝土强度等级，可以在规范中查到相应的强度设计值。若根据实测结构混凝土强度来计算，一种做法是，先根据混凝土强度检测结果确定混凝土强度等级，例如实测结构抗压强度推定值为31.2MPa，确定其混凝土强度等级为C30，查混凝土结构设计规范可以知道，抗压强度设计值为14.3MPa，抗压强度设计值为1.43MPa。这是许多人员采用的方法，但不是十分妥当。首先，没有依据可以由结构混凝土实测强度来确定混凝土强度等级，前述结构混凝土强度检测的三种规范中均指出，规范方法是用于检测结构混凝土的实际强度，而没有提到可以确定强度等级；其次，混凝土强度等级是按150×150×150立方体抗压强度标准值确定，即按标准养护28d龄期具有95%保证率的抗压强度确定，这一强度值显然与结构实际强度有较大的差异。

根据混凝土结构设计规范中第4.1.3～4.1.4条的条文说明，轴心抗压强度设计值由轴心抗压强度标准值除以材料分项系数得到，即

$$f_c = f_{ck}/\gamma_c = f_{ck}/1.4 \tag{5.1.12}$$

而轴心抗压强度标准值则由150×150×150立方体抗压强度标准值按下式计算

$$f_{ck} = \alpha_{c1}\alpha_{c2}\beta f_{ck,u} \tag{5.1.13}$$

其中：α_{c1}为棱柱体强度与立方体强度的比值，对普通混凝土（C50及以下）取0.76，对C80取0.82，对C50～C80间按线性插值；α_{c2}为脆性折减系数，对C40取1，对C80取0.87，C40～C80间线插值；β为反映试块强度与结构混凝土实际强度间差异的修正系数，根据经验、结合试验对比数据，并参考其他国家的规定，β取0.88。

由于结构安全鉴定中混凝土强度检测结果反映的是结构混凝土的实际强度情况，可以理解为检测到的混凝土强度代表值或推定值$f_{cu,e}$相当于（5.1.13）式中$\beta f_{ck,u}$，因此，可以由检测到的混凝土强度代表值或推定值按下式计算轴心抗压强度设计值：

$$f_c = \alpha_{c1}\alpha_{c2} f_{cu,e}/1.4 \tag{5.1.14}$$

按照（5.1.14）式，实测结构抗压强度推定值为31.2MPa时，抗压强度设计值为16.9MPa，与前面计算的14.3MPa有较大的差异。

因此，建议按（5.1.14）式根据实测结构混凝土强度计算轴心抗压强度设计值比较合理。

5.1.2 混凝土缺陷检测

混凝土缺陷包括：

（1）因施工管理不善，在结构施工过程中浇捣不密实造成的内部疏松、蜂窝、空洞等；

(2) 因混凝土收缩、环境温度变化、结构受力等产生的裂缝；

(3) 由于化学侵蚀、冻融以及火灾等引起的损伤。这些混凝土的损伤或缺陷对构件的承载能力与耐久性产生不同程度的影响，因此在工程验收、事故处理及既有结构的可靠性鉴定中属于不可或缺的检测项目。

除了一些表面缺陷或损伤可以通过目测、敲击、卡尺、放大镜等简单工具进行检测外，大部分损伤或缺陷需要采用专门的无损检测仪器进行检测。超声波检测方法是最常见的无损检测方法，主要是采用低频超声仪，测量超声脉冲纵波或面波在混凝土中的传播速度、首波幅值或接收信号频率等声学参数，来了解混凝土的缺陷情况。当混凝土中存在缺陷或损伤时，混凝土的密度、弹性模量等会降低，或在空洞、缺陷、损伤处产生绕射、反射等，使得这些声学参数也会发生变化，一般声时增长、波速下降、波幅和频率明显降低等，因此，对比完整混凝土上的测试数据，可以评定或判定混凝土的损伤或缺陷状况。超声波法检测混凝土缺陷检测，可依据中国工程建设标准化委员会标准《超声法检测混凝土缺陷技术规程》CECS 21 的要求进行，目前现行的是 2000 版。

1. 混凝土裂缝深度检测

混凝土裂缝分为垂直于测试表面或与试件表面成一定角度两种情况。检测时可视构件形状及裂缝位置的不同以及裂缝深度的不同，采用穿透法和平测法。

(1) 穿透法

如图 5.1.3 所示，如果试件断面不大，可在平行于裂缝的两侧上布设探头用穿透法进行探测。并沿构件侧面逐步向一个方向（比如向下）移动。测前先在没有裂缝处测出相应声时 t_0，有裂缝处声时 t_1 明显拉长，即 $t_1 > t_0$。直至 $t_1 = t_0$ 时，即为裂缝端头部位。

也可以在裂缝两测钻两孔，采用跨孔进行穿透法检测。采用穿透法检测裂缝深度，也可以通过绘制检测深度与波幅的关系曲线来得到，如图 5.1.4 所示。波幅值随检测深度的增加逐渐增加，当波幅达到最大并基本稳定时，曲线转折点的检测深度，即为裂缝深度。

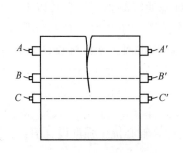 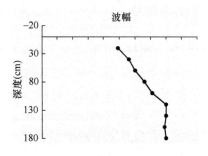

图 5.1.3 裂缝穿透测法　　图 5.1.4 检测深度与波幅关系曲线

(2) 平测法

当构件断面尺寸很大，无法在侧面用穿透法测试时，可用如图 5.1.5 所示的平测法。先在裂缝附近未裂处测出声波在混凝土中的声速 V_c，

$$V_c = L/t_1 \qquad (5.1.15)$$

式中 t_1 为超声波在无裂混凝土中的声时，可从仪器上直接读出。

图 5.1.5 裂缝平测示意图

然后将探头等距离地置于裂缝两侧。读出声波绕过裂缝时的声时 t_2，此时超声波所通过的距离 S 可由公式（5.1.16）计算出来。

$$S = V_c t_2 \tag{5.1.16}$$

由几何关系可计算出裂缝深度

$$h = \sqrt{S^2 - L^2} = \sqrt{(V_c t_2)^2 - L^2} \tag{5.1.17}$$

注意：检测时，探头应尽量避免开钢筋，因为声波在钢筋中传播速度远高于混凝土，探头太靠近钢筋会影响检测结果。

若遇斜裂缝还需测出其走向时，一般可采用三角形定位法和双椭圆定位法。

如图 5.1.6 所示即为三角形定位法。测试时首先在裂缝附近测出混凝土中的声速 V_c，然后将一个探头固定于裂缝一边 A 处，另一探头移至 C 和 D 处，分别测出声波经 $AB+BC$ 和 $AB+BD$ 时的声时 t_1 和 t_2，即可得出如下方程：

$$AB + BC = V_c t_1$$
$$AB + BD = V_c t_2$$
$$BC^2 = AB^2 + L_2^2 - 2AB L_2 \cos\alpha$$
$$BD^2 = AB^2 + L_1^2 - 2AB L_1 \cos\alpha \tag{5.1.18}$$

将实测的 V_c、t_1、t_2、L_1、L_2 等代入上式，解出未知项即可求出裂缝的深度和走向。

双椭圆定位法

如图 5.1.7 所示，将探头分别置于 A、B 及 A'、B' 位置，取 $AB = A'B' = 2J$。若测出声波沿 AD、DB 传播的声时 t_1 及沿 $A'D$、DB' 传播的声时 t_2，令

$$AD + BD = V_c t_1 = 2a_1$$
$$A'D + B'D = V_c t_2 = 2a_2$$
$$b_1^2 = a_1^2 - J^2$$
$$b_2^2 = a_2^2 - J^2 \tag{5.1.19}$$

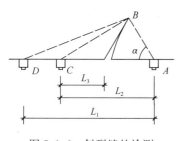

图 5.1.6 斜裂缝的检测

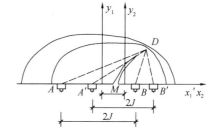

图 5.1.7 双椭圆确定裂缝法

因此，分别以 A、B 及 A'、B' 为焦点，以 a_1、b_1 及 a_2、b_2 为长、短轴，即可得到两个椭圆方程式：

$$\begin{cases} \dfrac{X_1^2}{a_1^2} + \dfrac{Y_1^2}{b_1^2} = 1 \\ \dfrac{X_2^2}{a_2^2} + \dfrac{Y_2^2}{b_2^2} = 1 \end{cases} \tag{5.1.20}$$

若取同一坐标系则可得：

$$\left\{\begin{array}{l}\dfrac{X_1^2}{a_1^2}+\dfrac{Y_1^2}{b_1^2}=1\\ \dfrac{(X_1+M)^2}{a_2^2}+\dfrac{Y_2^2}{b_2^2}=1\end{array}\right\} \quad (5.1.21)$$

显然裂缝的末端必在这两个椭圆的交点上,所以解（5.21）式即可求出裂缝末梢的坐标位置,为简化计算也可用作图法定位。

2. 混凝土不密实区与空洞检测

混凝土不密实区与空洞检测的方法有超声波法和工程雷达技术,目前超声波法的应用更多、更成熟,这里主要介绍超声波法。

超声波法检测混凝土不密实区与空洞是根据各测点的声时（波速）、波幅或频率值的相对变化,确定异常点的位置,从而判定缺陷范围。检测时构件被测部位应满足以下要求:

1) 被测部位至少应具有一对相互平行的测试面;

2) 测试范围除应大于有怀疑的区域外,还应有同条件的正常混凝土进行对比,且对比测点数不应少于 20。

当具有两对平行测试面时,可采用对测法,如图 5.1.8（a）所示,分别在两平行测试面上对应位置画出等间距的网格（网格间距：一般构件为 100~300mm,大型构件可适当放宽）,并按对应位置进行编号。当只有一对平行测试面时,可采用对测和斜测相结合的方法,如图 5.1.8（a）,（b）所示。必要时,也可以采用钻孔或预埋管进行检测,如图 5.1.8（c）所示。

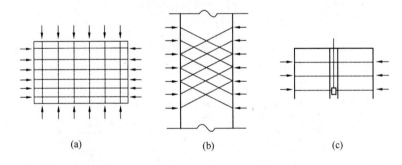

图 5.1.8 超声波法检测混凝土不密实区与空洞
(a) 对测法；(b) 斜测法；(c) 钻孔法

异常点的判定,通过与正常混凝土的对比并根据检测数据的统计分析来确定,详细见《超声法检测混凝土缺陷技术规程》CECS 21。

5.1.3 钢筋混凝土结构裂缝检测与分析

在判断裂缝对钢筋混凝土结构安全性、耐久性等的影响,分析其危害性时,检测裂缝的宽度、深度固然重要,但分析裂缝的成因更为重要。使钢筋混凝土结构产生裂缝的原因很多,主要有:荷载作用、钢筋锈蚀、混凝土收缩、温度变化、地基不均匀沉降等。

荷载作用下结构混凝土的拉应力超过其抗拉强度时会产生裂缝,称为结构裂缝,主要有这几种情况:

1) 受弯构件在弯矩较大区域产生的与受拉主筋垂直的裂缝;

2）受弯构件在剪力较大区域产生的接近 45°角的斜裂缝；
3）受拉构件产生与受拉主筋垂直的裂缝；
4）受压构件产生的接近 45°角的斜裂缝。

钢筋锈蚀膨胀会引起沿锈蚀钢筋方向的混凝土保护层开裂，严重时会掉落，这种裂缝，特征比较明显，容易辨别。

混凝土在浇筑完成后的 1～2 年内会产生一定的收缩，如结构构件端部受到较强的约束而不能自由伸缩时，可能会产生裂缝，这种裂缝一般垂直于构件纵轴线，并沿纵轴线比较均匀地分布；一般出现在钢筋较稀的部位，因受主筋的约束，接近主筋的位置裂缝很细，或者不会出现，如在梁中，一般出现在截面中部，到板底和受拉主筋附近裂缝变得很细，以至没有。

温度的变化也可能引起裂缝，一种情况是混凝土浇筑初期，由于水化热的作用，混凝土内外温度存在明显差异，可能引起混凝土表面开裂，一般裂缝较细并无规则，通常称为龟裂。混凝土养护不好，表面失水引起干缩产生也会产生龟裂。另一种情况是常年的气温下降，在有较强约束情况下，也可能引起结构构件的开裂，其规律、形态与收缩裂缝类似。

过大的地基不均匀沉降会引起上部结构构件的开裂，一般梁端两柱有较大沉降差异时，沉降小的梁端附近可能出现斜裂缝，有时，柱子也会因沉降引起的附加弯矩而产生与主筋垂直的裂缝。

以上裂缝可以分为四类：
1）结构裂缝；
2）变形裂缝，包括沉降裂缝、常年温度变化引起的裂缝和收缩裂缝；
3）钢筋锈蚀裂缝；
4）龟裂裂缝。

结构裂缝与结构的安全直接相关，必须检测其裂缝宽度、位置、走向等；变形裂缝主要对耐久性产生影响，但裂缝本身的存在对结构安全性能的影响也需要评估，同样要求检测裂缝宽度、位置、走向等；钢筋锈蚀裂缝则通过检测其裂缝宽度来了解钢筋锈蚀的严重程度；龟裂裂缝主要检测其影响深度、龟裂范围，以确定是否影响内部钢筋的保护，为制定处理方案提供依据。

5.1.4 混凝土结构耐久性检测

混凝土是各类建筑工程中使用量最多、最广的材料，它的质量好坏直接关系到建筑工程项目质量的安全性、经久耐用性。混凝土的耐久性是指混凝土在使用过程中经受各种破坏作用而能保持其使用性能的能力。混凝土耐久性检测是对结构进行耐久性评定和剩余寿命评估的重要前提。影响混凝土耐久性的主要因素有：
1）冻融作用；
2）钢筋锈蚀；
3）碱集料反应；
4）硫酸盐侵蚀。

混凝土耐久性检测的主要参数有混凝土强度、抗渗性、碱-集料、混凝土碳化深度、氯离子侵蚀、混凝土裂缝宽度等。混凝土强度和混凝土裂缝宽度等参数的检测参见其他章节。

1. 混凝土抗渗性检测

混凝土的抗渗性是指混凝土抵抗水、油等液体在压力作用下渗透的性能。大幅度提高混凝土的抗渗性,是改善混凝土耐久性的一项关键措施。混凝土各种劣化过程如钢筋锈蚀和冻融破坏等,都是由于有水分和其他有害物质的侵入而导致,因此混凝土的抗渗性是衡量混凝土耐久性的主要指标。

对服役混凝土结构做混凝土抗渗性检测可参照标准《普通混凝土长期性能和耐久性能试验方法》GBJ 82—85,一般从混凝土构件上钻取芯样制备成175mm×185mm×150mm抗渗试件,6个芯样一组,测定混凝土试样的抗渗性。在芯样侧面滚涂一层密封材料,然后在螺旋加压器上压入经过预热过的试模中,使芯样与模底齐平。等试模变冷后,装至渗透仪上进行试验。试验时水压从0.1 MPa开始。每隔8h增加水压0.1MPa,并随时注意观察试件端部,当6个芯样中有3个端部渗水时,记录此时水压,即可停止试验。混凝土抗渗等级,以每组6个芯样中4个未发现有渗水现象时的最大水压表示。抗渗等级可按下式计算:

$$W = 10H - 1 \tag{5.1.22}$$

式中,W为混凝土抗渗等级,H为发现第3个芯样顶面开始渗水时的水压力数值。

2. 混凝土化学成分检测

受腐蚀的混凝土化学成分会发生相应的变化。分析混凝土的化学成分不仅可以分析腐蚀的程度,而且还可以分析腐蚀的原因。常用的分析方法有x射线衍射分析、电子显微镜扫描分析、荧光法分析等。

x射线衍射分析是利用x射线可被晶体衍射的原理,对混凝土进行衍射分析,取得混凝土的衍射图,然后与标准的衍射图谱比较,分析混凝土固相物质的含量,进而分析混凝土中有害成分、腐蚀程度和碳化情况。

电子显微镜扫描分析就是利用电子显微镜观察混凝土的矿物组成和显微结构,分析混凝土的损伤情况。

碱骨料反应物除了利用x射线衍射法分析外,还可以用荧光法分析。该检测方法是将酸离子沾染到混凝土上,在紫外线短波辐射下若骨料发出黄绿色的荧光,则此骨料为碱骨料。

3. 混凝土碳化深度的检测

空气、土壤或地下水中的酸性物质如CO_2、SO_2等扩散、渗透进入混凝土中,与混凝土中的碱性物质发生反应导致混凝土的碱度降低的过程称为混凝土的中性化。在一般大气环境中致使混凝土中性化的主要物质是二氧化碳,故又将这一过程称之为碳化。混凝土的碳化过程可以简单表示为:

$$Ca(OH)_2 + CO_2 \longrightarrow CaCO_3 + H_2O$$

碳化能增加混凝土的表面硬度,在某些条件下还能增加混凝土的密实性,提高混凝土的抗化学腐蚀能力。但是混凝土碳化后,碱性降低。混凝土保护层的碳化深度直接影响混凝土中钢筋钝化膜的碱性环境,一旦混凝土碳化层达到钢筋表面,钢筋表面钝化膜就会破坏,并开始锈蚀。因此,混凝土的碳化深度检测是混凝土结构耐久性检测的重要参数。另外,碳化后混凝土硬度会有所提高,因此碳化深度对回弹法的测试结果影响很大,也需要测试混凝土碳化深度来修正回弹法和超声——回弹综合法的测试结果。

测试碳化深度一般采用专门设备钻出一定规则的检测孔（直径约15mm），其深度应大于混凝土的碳化深度，清除孔洞中的粉末和碎屑，但不得用水擦洗，然后用1%酚酞溶液滴于凹槽中，测试碳化深度。未碳化的混凝土将变为红色，已碳化的混凝土则不变色。用游标卡尺或专用的碳化深度测定仪测量分界线至混凝土表面的垂直距离，即是碳化深度。每个测孔应在不同位置至少测量3次，取其平均值作为该测孔的碳化深度值，精确至0.5mm。

4. 混凝土含湿量检测

检测混凝土含湿量时可采用微波法、电阻法和中子散射法，也可以在混凝土构件上取一混凝土试样，用烘干法测定。

（1）微波法

微波法是利用水具有吸收微波的特性，检测微波穿过混凝土后的衰减量而确定混凝土的含湿量。

（2）电阻法

混凝土含水量越高。其电阻就越低，所以测量混凝土的电阻值也可以确定混凝土的含湿量。

（3）中子散射法

中子散射法是利用中子含湿量测定仪测量混凝土含湿量。氢是快中子的减速剂，当快中子通过混凝土时，记录快中子衰减成慢中子的数量可确定混凝土中的含湿量。

5. 混凝土氯离子含量检测

在氯离子侵蚀环境下，结构周围环境中氯离子的含量一般较高，对结构混凝土中钢筋易造成严重的腐蚀损伤。氯离子侵蚀使钢筋表面的钝化层遭到破坏，并能导致钢筋的腐蚀、混凝土的开裂，在严重的情况下，还能导致混凝土保护层的脱落。裂缝的形式一般是沿主受力钢筋的直线方向。因此，混凝土中氯离子含量是氯盐环境下混凝土结构锈裂损伤评估的重要参数。腐蚀过程的主要反应式如下：

$$Fe \longrightarrow Fe^2 + 2e$$

$$Fe^2 + 2Cl^- + 4H_2O \longrightarrow FeCl_2 \cdot 4H_2O$$

$$FeCl_2 \cdot 4H_2O \longrightarrow Fe(OH)_2 \downarrow + 2Cl^- + 2H^+ + 2H_2O$$

$$4Fe(OH)_2 + O_2 + 2H_2O \longrightarrow 4Fe(OH)_3 \downarrow$$

从以上反应可以看出，氯离子本身虽然并不构成腐蚀产物，在腐蚀中也不消耗，但为整个腐蚀过程的进行起到了加速催化的作用。应该注意的是，在混凝土结构中常见的由氯离子所引起的钢筋腐蚀主要是局部的坑蚀，这主要是由于氯离子一般首先在较小区域的钢筋表面破坏钝化膜，形成小阳极，与大部分表面钝化膜完好的钢筋区域即大阴极间形成腐蚀电偶，使坑蚀的发展较为迅速。

为分析混凝土结构中钢筋的腐蚀情况，往往要分析混凝土中氯离子的含量与侵入深度。对在服役混凝土结构取样时，首先要清除混凝土表面污垢和粉刷层等，用取芯机或冲击钻在混凝土构件具有代表性的部位取混凝土试样，然后将混凝土试样研磨至全部通过0.08mm筛子后，用105℃烘箱烘干，取出放入干燥器皿中冷却至室温备用。混凝土中氯离子含量可用硝酸银滴定法或硫氰酸钾溶液滴定法测定。

(1) 硝酸银滴定法

称取 20g 试样放入三角烧瓶内,并加入 200mL 蒸馏水,剧烈摇晃 1～2min,然后浸泡 24h 或在 90℃的水浴锅中浸泡 3h,用定性滤纸过滤,将提取液的 pH 值调整到 7～8。调整 pH 值时用硝酸银溶液调酸度,用碳酸氢钠调碱度。然后加 5‰铬酸钾指示剂 10～12 滴,用 0.02N 硝酸银溶液滴定,边滴边摇,直到溶液出现不消失的橙红色为止。氯离子含量按下式表示:

$$P_{Cl} = \frac{0.03545(C_{AgNO_3} \cdot V)}{m\left(\frac{V_1}{V_2}\right)} \quad (5.1.23)$$

式中 P_{Cl}——单位质量混凝土中氯离子含量,%
C_{AgNO_3}——硝酸银标准溶液的浓度,mol/mL
V——滴定时消耗的硝酸银溶液量,mL
V_1——浸泡试样的水量,mL
V_2——每次滴定时提取的滤液量,mL
m——试验液的质量,g

(2) 硫氰酸钾滴定法

称取 5g 试样放入三角烧瓶内,缓缓加入 200mL0.5N 硝酸溶液。盖上瓶塞防止蒸发。在电炉上加热至微微沸腾,待冷却后,用定性滤纸过滤,提取滤液 20mL,加入 20mL 左右 0.02N 硝酸银溶液,加入铁矾指示剂 20mL,再用硫氰酸钾溶液测定。滴定时摇动溶液,当滴至红色能维持 5～10s 时为终点。氯离子含量按下式表示:

$$P_{Cl} = \frac{0.03545(C_{AgNO_3} \cdot V - C_{KSCN} \cdot V_1)}{m\left(\frac{V_2}{V_3}\right)} \quad (5.1.24)$$

式中 P_{Cl}——单位质量混凝土中氯离子含量,%
C_{AgNO_3}——硝酸银标准溶液的浓度,mol/mL
V——加入滤液中的硝酸银标准溶液量,mL
V_1——滴定时消耗的硫氰酸钾标准溶液量,mL
V_2——每次滴定时提取的滤液量,mL
V_3——浸泡试样的硝酸溶液量,mL
C_{KSCN}——硫氰酸钾标准溶液的浓度,mol/mL
m——试验液的质量,g。

6. 混凝土氯离子扩散系数检测

氯盐环境下的混凝土抗侵入性一般用氯离子扩散系数表示,扩散系数值越大,表示氯离子侵入混凝土越容易。目前,确定氯离子扩散系数通常有三类方法:一类是自然扩散法,将试件长期浸泡在盐溶液中,或直接从现场混凝土中取样,通过测定氯离子侵入混凝土内部不同深度上的浓度分布,用 Fick 第二定律拟合求出氯离子扩散系数。二是加速扩散法,通过施加电场,加速氯离子在混凝土中的迁移,然后结合化学分析,通过测定氯离子浓度——距离—时间曲线,利用理论公式计算氯离子扩散系数。另外,根据工程调查和长期试验,可以拟合出一些经验公式来估算氯离子扩散系数值。

(1) 自然扩散法

自然扩散法分为试验室浸泡与现场取样两种。试验室浸泡测定氯离子扩散系数时,通常使用 350×250×75mm 的试模,制作后移至标准养护室养护。试验前 7d 加工成标准测试试件(直径为Φ100±3mm,高度为 50±2mm),浸没于饱和 Ca(OH)$_2$ 溶液养护至试验龄期。为了避免出现双向扩散及压力渗透现象,除了测试面,其余面均用环氧树脂密封。测试时,将试件放入一个 2.5L 的塑料容器,容器中装有 1.5 升 1mol/L 的 NaCl 溶液,如图 5.1.9 所示。保持溶液温度恒定(波动幅度±3℃),持续浸泡至预定时间。由于氯离子扩散进入混凝土是一个缓慢的过程,所以通常浸泡时间要持续 3 个月以上。完成上述步骤后,将试件取出,立即用塑料薄膜覆盖并放入冰箱冷藏(−18℃),以阻止进一步的扩散。研究氯离子沿混凝土深度分布时,首先用小锤和凿子去除表面的环氧树脂层,以免将混凝土研粉时混入其中。将试件固定在研磨机上分层研磨,每次研磨厚度为 1.0±0.1mm,各层粉末分别存放,但研磨的第一层应该被抛弃,这是因为表层的缺陷容易使得氯离子集中。将混凝土粉末放入三角瓶中,缓缓加入 0.5mol/L 的硝酸溶液,盖上瓶盖,在电炉上加热至微沸,以充分释放氯离子到溶液中。待冷却至室温后,采用 0.01mol/L 的 AgNO$_3$ 溶液,用电子滴定仪进行电化学滴定,根据获得的电压与滴定体积的关系曲线图的拐点来计算氯离子的浓度,如图 5.1.10(a)、5.1.10(b) 所示。为了得到一个好的分布截面,在氯离子侵入深度内至少要有 5 个代表点,侵入深度外至少需 1 个代表点,一般采用 10 个点来描绘氯离子沿混凝土深度的浓度分布,表层应适当密集一些,如图

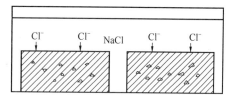

图 5.1.9 试验室浸泡示意图

5.1.10(c)。需注意的是,所量测到的最低氯离子浓度应视为背景氯离子浓度,这是在制备混凝土时混入的,而不是扩散进入的,应从获得的氯离子浓度梯度中扣除。

根据做出的氯离子浓度与侵入深度的关系曲线,利用 Fick 第二定律(式),基于最小二乘法,拟合出氯离子在混凝土中的扩散系数,这一扩散系数称为有效扩散系数或表观扩散系数 D_{ap}(mm^2/s)。

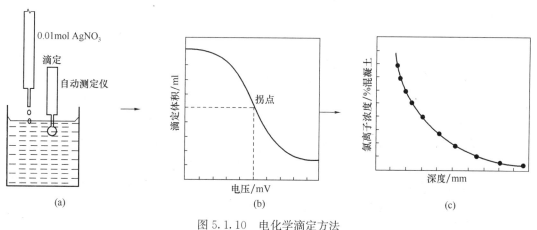

图 5.1.10 电化学滴定方法

$$c(x,t) = c_s\left[1 - erf\left(\frac{x}{2\sqrt{D_{ap} \cdot t}}\right)\right] \qquad (5.1.25)$$

式中：c_s 为混凝土暴露表面的氯离子浓度，以占混凝土重量百分比表示；x 为距混凝土表面的距离（mm）；t 为浸泡时间（s）；erf 为误差函数。

D_{ap} 既与开始浸泡时的龄期有关，又随浸泡时间 t 的增长而降低，其与时间的函数为：

$$D_{ap} = D_{t0}\left(\frac{t_0}{t}\right)^n \qquad (5.1.26)$$

式中：t 为混凝土龄期，n 为扩散系数的衰减指数，D_{t0} 为龄期 $t=t_0$ 时的表观扩散系数。当 $t \geqslant 30$ 时，D_{ap} 就取为定值而不再降低。

进行试验时，通常将同一批试件在 NaCl 溶液分别浸泡不同的时间（如 90d，200d，1a），以获得 D_{ap} 随 t 变化曲线，按上式拟合出衰减指数 n。此外，表观扩散系数随试验温度的提高而增加，还与试件的养护与环境有关，因此用实验室测定的扩散系数来预测实际工程的寿命时，还须进行适当修正。

现场取样法与试验室浸泡法基本相同，取样时，应清除混凝土表面的污垢、粉刷层。选择混凝土均质且无钢筋处，用取芯机在构件有代表性部位钻取芯样，芯样直径宜为 70~100mm。用切割机将钻取芯样分层。每层厚度在 5~7mm 左右，研磨至全部通过 0.08mm 筛子，冷却至室温后使用。现场取样拟合出的表观扩散系数可信度较高，进行龄期修正后，就可用于实际寿命预测。自然浸泡法原理简单，容易令人接受，且表观扩散系数比较接近实际情况，可信度高，经修正后可用于实际寿命预测。其缺点在于试验周期漫长，要进行切片、研粉、浸取、电化学滴定、数学拟合等多个步骤，试验过程繁琐，而且无法真正知道混凝土表面的氯离子浓度，检测结果有一定误差。对于氯盐环境下的重要工程，通常要用自然扩散法进行耐久性评估。

（2）加速扩散法

加速试验法操作简便，试验时间短，在实践中得到了广泛的应用。常用的加速扩散法有两种：一种是 RCM 法，欧洲 Dura Crete 的建议标准，德国的 ibac-test 及瑞士标准 SIA262-1 都采用了这种试验模式。另一种是清华大学提出的 NEL 法，在国内应用较多。

1）RCM 法

制作试件时，通常使用Φ100mm×300mm 或 150mm×150mm×150mm 的试模，制作后立即用塑料薄膜覆盖移至标准养护室，24h 后拆模并浸于标准养护池的水池中。试验前 7d 加工成标准测试试件（Φ100±1mm，高度为 50±2mm），继续浸没于水中养护至试验龄期。试件安装前表面应干净，无油污、灰砂和水珠，其直径与高度用游标卡尺测量。实验室温度控制在 20±5℃。RCM 测定仪构造如图 5.1.11 所示。将试件装入橡胶筒内，用两个环箍施加扭矩固定，使试件的侧面处于密封状态。将装有试件的橡胶筒装到试验槽中。安好阳极板，在橡胶筒中注入约 300ml 的 0.2mol/L 的 KOH 溶液，使阳性板和试件表面均浸没于溶液中。在试验槽中注入含 5%NaCl 的 0.2mol/L 的 KOH 溶液，直至与橡胶筒中溶液平齐。接通 30V 的直流电源，记录时间，同步测量并联电压，串联电流和电解液温度。试验时间由表 5.1.4 确定，溶液温度应精确到 0.2℃。试验结束时，关闭电源，取出试件，立即在压力实验机上劈成两半。在劈开的试件表面喷涂显色指示剂（荧光黄溶液），混凝土表面一般变黄，含氯离子部分明显较亮。表面稍干后喷 0.1mol/L 的

$AgNO_3$ 溶液，不久在含氯与无氯区便呈现不同颜色，沿分界线即可量得氯离子的扩散深度。按图 5.1.12 所示方法测定深度（精确到 mm），计算各点平均值即为扩散深度。

初始电流与试验时间关系 表 5.1.4

初始电流（mA）	$I_0<5$	$5 \leqslant I_0<10$	$10 \leqslant I_0<30$	$30 \leqslant I_0<60$	$60 \leqslant I_0<120$	$120 \leqslant I_0$
通电时间（h）	168	96	48	24	8	4

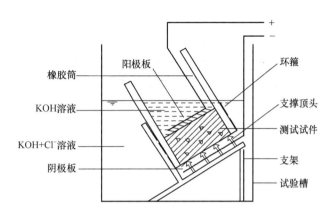

图 5.1.11 RCM 测试仪示意图

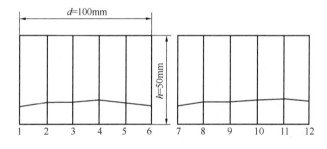

图 5.1.12 绘制显色分界线

氯离子在混凝土中的扩散系数按下式计算：

$$D_{RCM} = 2.872 \times 10^{-6} \frac{Th(x_d - \alpha \sqrt{x_d})}{t}$$

$$\alpha = 3.338 \times 10^{-3} \sqrt{Th}$$

(5.1.27)

式中：D_{RCM} 为 RCM 法测定的混凝土氯离子扩散系数（m^2/s）；T 为阳极电解液初始和最终温度的平均值（K）；h 为试件高度（m），x_d 为氯离子扩散深度（m）；t 为通电试验时间（s）。氯离子扩散系数为 3 个试样的平均值。当试件从实体混凝土结构中钻取时。应先切割成标准尺寸，再在标准养护水池中浸泡 4d。然后才可以进行试验。

RCM 法适用于骨料最大粒径不大于 25mm（一般≤20mm）的构件。对于孔隙率大的混凝土（如强度小于 C40）计算氯离子扩散系数时，将会产生高估现象，对于孔隙率小的混凝土（如强度大于 C70）会产生低估现象，故该法对 C50～C70 的混凝土较为合适，特别是掺硅灰的混凝土。D_{RCM} 值也与测试时的龄期有关，但随龄期增长而降低的速率不同于 D_{ap}。

2) NEL 法

清华大学建立的 NEL 法。实际是饱盐混凝土电导率法。它是将混凝土进行饱盐，使之成为线性元件。然后用 Nernst．Einstein 方程确定混凝土中的氯离子扩散系数。试验步骤如下。

用纯 NaCl 和蒸馏水搅拌配制 4mol/L 的 NaCl 盐溶液，静停 8h 以上备用；将待测混凝土试件（指定龄期的试件或钻取的芯样），切去表面层 2cm 以避免浮浆层的影响，然后切成 100mm×100mm×50mm 或 Φ100×50mm 的试样。上下表面应平整；取其中三块，用千分尺量取试样中心厚度。将试样用配备好的溶液进行真空饱盐，擦去试样侧面盐水，置于夹具中两 Φ50mm 紫铜电极间，用 NEL 型混凝土渗透性电测仪进行量测。混凝土渗透性电测仪可自动调节电压，直接给出该混凝土试样中氯离子扩散系数 D_{NEL} 值，最终定值为三块试样的平均值。

NEL 法测量时间很短，它可在混凝土饱盐后 5min 内完成测量，是现有电测方法中最快的。同时，该法施加电压低，无高压带来的不良影响，所以应用较多。但 NEL 法得到的扩散系数是自由氯离子的扩散系数，由于现阶段对混凝土中自由氯离子与被结合氯离子之间定量关系研究还不是很透彻．所以 DNEL 尚不能用于 Fick 定律，对使用寿命进行评估。D_{NEL} 值一般用于对混凝土渗透性进行快速评价，为混凝土耐久性设计及检验提供依据。

5.1.5 钢筋检测

1. 钢筋位置检测

对已建混凝土结构作可靠性评价以及对新建混凝土结构施工质量鉴定时，要求确定钢筋位置、布筋情况，正确测量混凝土保护层厚度和钢筋的直径。当采用钻芯法检测混凝土强度时，为在取芯部位避开钢筋，也须检测钢筋的位置。

钢筋位置的检测可以使用钢筋位置测试仪进行，它利用了电磁感应原理。混凝土是带弱磁性的材料，而结构中的钢筋是带有强磁性的。混凝土中原来是均匀磁场，当配置钢筋后，就会使磁力线集中于沿钢筋的方向。检测时，当钢筋测试仪的探头接触混凝土结构表面时，给探头中的线圈施加交流电，在线圈周围产生交流磁场。由于该磁场中钢筋产生的感应电流会引起线圈中产生相应的感应电流，其相位与原来线圈中交流电的相位不同，因此线圈电压和感应电流强度发生变化，该变化值是钢筋与探头的距离和钢筋直径的函数。钢筋越接近探头，感应强度越大。

电磁感应法检测钢筋位置，比较适合于配筋稀疏以及钢筋与混凝土表面距离较近的情况，当钢筋布置在同一平面或在不同平面内距离较大时，才可取得比较满意的结果。

2. 钢筋锈蚀检测

已建结构的钢筋锈蚀是导致混凝土保护层胀裂、剥落，钢筋有效截面削弱等结构破坏现象，直接影响结构承载力和使用寿命。当对已建结构进行结构鉴定和可靠度诊断时，必须进行钢筋锈蚀检测。

混凝土是碱性材料，在混凝土中的钢筋四周形成一层保护性氧化膜，为钢筋提供了良好的保护。如果混凝土质量差，或工作环境恶劣等原因，使结构产生各种裂缝，以致氧气、水或有害物质侵入，发生电化学腐蚀现象，造成钢筋的锈蚀。另外，混凝土受碳化影响，pH 值降低，破坏了混凝土对钢筋的保护而使之发生锈蚀。

混凝土中钢筋的锈蚀是一个电化学的过程。钢筋因锈蚀而在表面有腐蚀电流存在，使其电位发生变化。检测时采用有铜-硫酸铜作为参考电极的半电池探头的钢筋锈蚀测量仪，用半电池电位法测量钢筋表面与探头之间的电位差，利用钢筋锈蚀程度与测量电位间建立的一定关系，根据电位高低变化的规律判断钢筋锈蚀的可能性及其锈蚀程度。表5.1.5为钢筋锈蚀状况的判别标准。

筋锈蚀状况判别标准　　　　　表5.1.5

电位水平（Mv）	钢筋状态
0～－100	未锈蚀
－100～－200	发生锈蚀的可能性<10%，可能有锈斑
－200～－300	锈蚀不确定，可能有坑蚀
－300～－400	发生锈蚀的概率>90%，全面锈蚀
－400以上	肯定锈蚀，锈蚀严重

如果某处相邻两测点差值大于150Mv，则电位绝对值大的测点处判为有锈蚀

5.1.6 预应力钢筋混凝土结构的试验检测

预应力混凝土已广泛地应用于桥梁、建筑结构、海洋平台、水工结构等土木工程之中，它们在社会经济生活和社会发展中发挥着越来越重要的作用。工程中预应力混凝土结构的形式很多，其中，梁式预应力混凝土结构是桥梁、建筑等基本建设中应用最为广泛的预应力混凝土结构形式之一。预应力混凝土与普通钢筋混凝土相比，具有其特殊性。它是依靠张拉预应力筋建立具有内应力的混凝土结构，预应力筋成为结构中的关键受力部件，它的有效或失效直接关系到预应力混凝土结构的安全、适用与耐久，工程实践表明，由于预应力筋及其与锚具等部件之间配合的严重损坏而引起的预应力混凝土结构的破坏是不可挽救的，因此预应力筋、锚具、夹片等预应力结构部件的母材性能以及配合性能的检测十分重要。实际工程中引起预应力损失的因素很多，精确地确定预应力混凝土构件内的应力损失是一个复杂的问题。

1. 预应力筋用锚具的静载锚固性能试验

预应力筋用锚具的静载锚固性能试验是预应力混凝土结构检测的一个主要内容，试验项目包括预应力筋锚具组装件达到实测极限拉力时的总应变 ε_{apu}、预应力筋锚具组装件静载试验测得的锚具效率系数 η_a，依据《预应力筋用锚具、夹具和连接器》GB/T 14370—2000以及《预应力筋用锚具、夹具和连接器应用技术规程》JGJ 85—2002。对于Ⅰ类锚具，要求 $\varepsilon_{apu} \geq 2.0\%$，$\eta_a \geq 0.95$。试验所用试样以组为单位，每组由3个试件组成。每个试件包括两个锚具以及相应数量的夹片和预应力钢材，按实际工作状态装配，如图5.1.13所示。预应力钢材的长度不低于5.5m（试验时要保证预应力钢材的受力长度不低于3m）。不同型号、规格及生产厂家的锚具、夹片和预应力钢材组成的试件应属于不同的组。试验要求提供单根预应力钢材的抗拉极限的试验值，若没有则需进行预应力钢材的母材性能试验来得到。

试验前应对锚具、夹片和钢绞线等进行擦洗，不得在锚固零件上留有影响锚固性能的物质。将各锚固零件按工程实际情况进行组装，要保证各根预应力钢材等长平行而且受力均匀，并且千斤顶和垫圈等设备的安装要对中良好，满足试验要求。测量预应力筋的自由

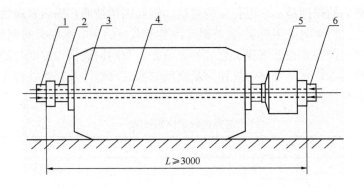

图 5.1.13 预应力筋—锚具组装件静载锚固性能试
1—试验锚具；2—荷载传感器；3—承力台座；
4—预应力筋；5—加载千斤顶；6—试验锚具

段长度 L、千斤顶活塞的初始行程 A_0 以及固定端和张拉端预应力筋伸出锚具端部的长度 B 和 C 并做记录。用试验加载设备按预应力钢材抗拉强度标准值的 20%、40%、60%、80%分 4 级等速加载，加载速度每分钟宜为 100MPa，达到 80%后，持荷 1h 再逐步加载至破坏。试验过程中观察、记录的项目应包括：

a. 各根预应力筋与锚具（或连接器）之间的相对位移（即 ΔB 和 ΔC）；

b. 千斤顶活塞的行程；

c. 锚具（或连接器）各零件之间的相对位移；

d. 在达到预应力钢材抗拉强度标准值的 80%后，持荷 1h 时间内的锚具（或连接器）的变形；

e. 试件的实测极限拉力 F_{apu}；

f. 达到实测极限拉力时的总应变 ε_{apu}；

g. 试件的破坏部位与形式。

锚具效率系数 η_a 按下列公式计算：

$$\eta_a = F_{apu}/F_{apu}^c \quad (5.1.28)$$

式中 F_{apu}^c 是锚具组装件中各根预应力筋计算极限拉力之和，即单根预应力钢材抗拉极限的试验值的 n 倍，n 为每个试件中预应力钢材的根数。

试件达到实测极限拉力时的总应变 ε_{apu} 按下列公式计算：

$$\varepsilon_{apu} = \frac{A_1 - A_0 - \Delta B - \Delta C}{L} \quad (5.1.29)$$

式中 A_1 是试件破坏时千斤顶活塞的终了行程，A_0 是试验开始时千斤顶活塞的初始行程，ΔB 和 ΔC 是各根预应力筋与锚具（或连接器）之间的相对位移，L 是预应力筋的自由段长度。若 3 个试件的锚具效率系数和试件达到实测极限拉力时的总应变均符合要求，应判为合格。如有 1 个试件不符合上述要求，则另取双倍数量重做试验；如仍有 1 个试件不合格，则该批为不合格品。在检测过程中应注意操作安全，包括用电的安全和预防试验过程中预应力筋断裂时可能发生的预应力筋或夹片的飞出造成的对人员和设备的损伤。

2. 预应力值检测

造成预应力损失的因素有很多，如混凝土的压缩和弯曲、收缩和徐变、钢筋的应力松弛、锚固端的压缩、预应力筋的滑移及预应力筋与周边的摩擦等。预应力筋的拉应力是一个随时间而发生变化的量值，例如力筋松弛所引起的损失率是在不停地被其他因素（如混凝土的徐变）所引起的应力变化改变着，而徐变率本身又被力筋内应力的变化所改变，很难划分在不同的应力、环境、加载及其他不定因素等条件下每个因素所引起的净损失量；另外，物理条件，如按照同一规定强度制成的混凝土在实际性能上的变异性，也能改变预应力总损失，加上施工条件、结构的具体使用条件和环境的影响，使得实际构件预应力值的确定成为一个十分复杂的技术难题。

在现场检测预应力损失的问题上，可以用局部破损技术进行预应力混凝土结构中预应力筋的剩余应力检测，如截面法测试钢筋的预应力、打孔法测试构件的残余应力，应力释放法测试预应力损失等，这些方法的思路均是采用将局部破损技术与理论分析计算相结合，从而确定预应力筋的预应力损失或残余的预应力，在实验室或现场试验的条件下，配合理论计算，都取得了比较理想的测试结果。然而，如将这些方法应用于实际工程尤其是大型的预应力桥梁结构的现场实测，不仅工作量大、投资费用高，加上实际工程结构受外界因素的影响大，能否得到理想的检测结论还有待于工程实践检验。

除了局部破损检测技术，对已完成张拉锚固的预应力结构进行锚固力的检测，还可以采用对预应力筋整体分级张拉的方法。已张拉的预应力筋经锚具夹片自动锁定后，预应力筋有一与张拉力大小相同方向相反的力即锚固力存在。因此，对已张拉锚固的预应力筋进行检测时，当张拉力等于或小于锚固力时，受张拉的预应力筋长度实际上是锚具与千斤顶夹具之间的长度，该长度预应力筋的伸长值符合虎克定律，即随着张拉力的增大，钢绞线的伸长值呈直线增加。当张拉力大于锚固力时，锚具夹片松动，此时受张拉的预应力筋长度突然增大为锚具与千斤顶夹具之间的长度加上自由段预应力筋的长度。在张拉力的作用下，预应力筋的伸长值会突然变化。通过对预应力筋伸长值的观测，求取预应力筋伸长值的突变点，其对应的张拉力即为预应力值的大小。

为了解预应力的变化情况，可以在张拉前安装测力计对其进行监测，如振弦式测力计，通过测定钢弦的振动频率，再从预先标定的压力—频率关系曲线上找到该频率对应的压力值就可以计算出该状态下的预应力值。另外，在张拉前可以在预应力筋上粘贴应变片等传感器，张拉施工时就可以通过测量预应力筋的应变值及其应力—应变的关系曲线得到预应力值的大小。

5.1.7 混凝土工作应力检测

由于混凝土材料本身的特性，如何准确测量出混凝土的工作应力一直是实际工程中很难解决的问题，虽然有很多学者在做这方面的研究，构件应力状态的测试基本虽已有了一个轮廓，但还是一个全新的研究领域。

1. 环孔法

目前测试混凝土的工作应力一般建议采用环孔法测定，如图 5.1.14 所示。环孔法，也可以叫刻槽法，其工作原理是依据局部应力解除法的力学原理。为了测试结构构件中某一点的工作应力，将构件完全

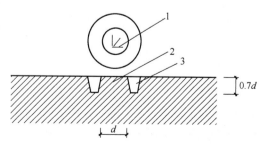

图 5.1.14 环孔法测试混凝土工作应力
1—电阻应变片；2—混凝土测区；3—环形槽

截断是没有必要的，实际上只需要在测试点周围开一定深度的槽，解除测试点周围的约束使之产生弹性恢复变形，从而导致构件的应力重新分布，当槽深达到一定深度时，即可使测点处局部工作应力完全释放，通过对测点应变释放的量测，我就可以求出该点的工作应力。

a. 对于单向工作应力状态，只需在测点沿工作应力方向贴一片电阻应变计，然后在应变计周围开槽，当槽达到一定深度时，即可完全解除测点处的工作应力，测量应变释放值 ε，由下式计算出测点处的工作应力：

$$\sigma = -E\varepsilon \tag{5.1.30}$$

b. 对于平面工作应力状态，可以用电阻应变花取代单向应变计贴在测点处，然后在应变花四周开一个圆形环槽，当槽深达到一定深度式，即可完全解除测点处的工作应力，测量应变释放值 ε_1，ε_2，ε_3，根据弹性力学理论计算出测点处的主应力大小和方向。

设在直角坐标系中，构件测点处的主应力为 σ_1 和 σ_2，开槽后沿与 σ_1 成夹角 α 方向的释放应变 $\varepsilon(\alpha)$ 可用下式表示：

$$\varepsilon(\alpha) = K(\alpha)\sigma_1 + K(90°-\alpha)\sigma_2 \tag{5.1.31}$$

式中，系数 $K(\alpha)$，$K(90°-\alpha)$ 为随 α 呈周期性变化的参变量，可用三角级数描述，即：

$$K(\alpha) = \sum_{n=0}^{\infty} A_n \cos 2n\alpha \tag{5.1.32}$$

取前两项近似，有：

$$K(\alpha) = A + B\cos 2\alpha \tag{5.1.33}$$

将式（5.1.33）代入（5.1.31），得任意方向上 $\varepsilon(\alpha)$ 释放应变与主应力 σ_1 和 σ_2 的关系式：

$$\varepsilon(\alpha) = [A + B\cos 2\alpha]\sigma_1 + [A + B\cos(90°-\alpha)]\sigma_2 \tag{5.1.34}$$

若采用45°应变花（$\theta_1=0$，$\theta_2=45°$，$\theta_3=90°$），分别得到 ε_1，ε_2，ε_3 个释放应变值：

$$\begin{cases} \varepsilon_1 = [A + B\cos 2\beta]\sigma_1 + [A - B\cos(90°-\beta)]\sigma_2 \\ \varepsilon_2 = [A + B\sin 2\beta]\sigma_1 + [A - B\sin(90°-\beta)]\sigma_2 \\ \varepsilon_3 = [A - B\cos 2\beta]\sigma_1 + [A - B\sin(90°-\beta)]\sigma_2 \end{cases} \tag{5.1.35}$$

求解式（5.35）得：

$$\begin{cases} \sigma_1 = \dfrac{\varepsilon_1 + \varepsilon_3}{4A} - \dfrac{1}{4B}\sqrt{(\varepsilon_1-\varepsilon_3)^2 + (2\varepsilon_2-\varepsilon_1-\varepsilon_3)^2} \\ \sigma_2 = \dfrac{\varepsilon_1 + \varepsilon_3}{4A} + \dfrac{1}{4B}\sqrt{(\varepsilon_1-\varepsilon_3)^2 + (2\varepsilon_2-\varepsilon_1-\varepsilon_3)^2} \\ \tan 2\beta = \dfrac{2\varepsilon_1 - \varepsilon_2 - \varepsilon_3}{\varepsilon_1 + \varepsilon_3} \end{cases} \tag{5.1.36}$$

当圆环槽达到足够深度时，测点处应力完全释放，系数 A，B 可按下式计算：

$$A = -\frac{1}{2E}(1-\mu), \qquad B = -\frac{1}{2E}(1+\mu) \tag{5.1.37}$$

将式（5.1.37）代入（5.1.36）式，得：

$$\begin{cases} \sigma_1 = -\dfrac{E}{2}\left[\dfrac{\varepsilon_1+\varepsilon_3}{1-\mu}-\dfrac{1}{1+\mu}\sqrt{(\varepsilon_1-\varepsilon_3)^2+(2\varepsilon_2-\varepsilon_1-\varepsilon_3)^2}\right] \\ \sigma_2 = -\dfrac{E}{2}\left[\dfrac{\varepsilon_1+\varepsilon_3}{1-\mu}+\dfrac{1}{1+\mu}\sqrt{(\varepsilon_1-\varepsilon_3)^2+(2\varepsilon_2-\varepsilon_1-\varepsilon_3)^2}\right] \\ \tan2\beta = \dfrac{2\varepsilon_1-\varepsilon_2-\varepsilon_3}{\varepsilon_1+\varepsilon_3} \end{cases} \quad (5.1.38)$$

此式与常规应变花计算公式一致，仅差一负号，若采用其他角度的应变花，应力计算公式可采用常规应变花计算公式，前面只需加一负号。

环孔法测试混凝土工作应力，原理比较简单。其最主要的问题在于，确定环孔的深度。一般认为，钻孔深度为 $0.7d$ 时，此时测区的应力降为零，测读电阻应变片的数值变化，并估计材料的弹性模量和泊松比，可计算出测区原先主应力的数值及方向，但是，由于测试混凝土应力的电阻应变片的标距都比较大，因此，环孔的孔径 d 也就比较大，钻孔深度就变得比较深，在这个情况下，这种方法一般只适用体积较大的混凝土构件的测定。通过有限元程序数值模拟计算可以得出，当钻孔深度为 33mm 时（环孔的内径为 100mm），测区的应力可以降为零，考虑到由于实际混凝土不均匀分布导致应力未能完全释放，实际测试可能误差约在 10% 左右。该方法的实际应用，还存在许多问题有待解决，如钻孔时冷却水的影响，钻孔对混凝土扰动的影响等，许多学者正在努力研究中。

2. 盲孔法

盲孔法是量测残余应力的一种方法。盲孔法作为量测残余应力的一种方法发展较成熟，近年来科学工作者对其作了大量工作，从测量原理、到实际操作中的各种工艺因素、误差来源等进行了深入的研究，使其日趋完善，目前已成为工程上最通用的残余应力测量方法，美国 ASTM 协会已将其纳入标准。由于该方法在钢结构上发展比较成熟，国内外学者开始研究把这种方法运用到混凝土结构中。

盲孔法的基本原理：

若构件内存在残余应力场和弹性应变场，在应力场内任意处钻一盲孔（直径为 d，深度为 h），该处的应力即被释放，原应力场失去平衡，这时盲孔周围将产生一定量的释放应变（其大小与释放应力是相对应的），并使原应力场达到新的平衡，形成新的应力场和应变场，测出释放应变 $\Delta\varepsilon$，即可利用相应公式计算出初始测试点的应力。

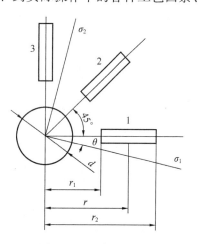

图 5.1.15 盲孔法的应变计粘贴方式

盲孔法是由钻孔法发展而来的，因此盲孔法残余应力释放的分析，大致是在套用通孔分析方法的基础上做些修正，对于由图 5.15 所示应变计测得的释放应变，其应力计算公式为：

$$\begin{cases} \sigma_1 = \dfrac{\varepsilon_1 + \varepsilon_3}{4A} - \dfrac{1}{4B}\sqrt{(\varepsilon_1 - \varepsilon_3)^2 + (2\varepsilon_2 - \varepsilon_1 - \varepsilon_3)^2} \\ \sigma_2 = \dfrac{\varepsilon_1 + \varepsilon_3}{4A} + \dfrac{1}{4B}\sqrt{(\varepsilon_1 - \varepsilon_3)^2 + (2\varepsilon_2 - \varepsilon_1 - \varepsilon_3)^2} \\ \tan 2\theta = \dfrac{2\varepsilon_1 - \varepsilon_2 - \varepsilon_3}{\varepsilon_1 + \varepsilon_3} \end{cases} \quad (5.1.39)$$

式中 ε_1、ε_2 和 ε_3 分别为相应各应变计钻孔后测得的释放应变；A、B 为应变释放系数；σ_1、σ_2 为主应力。

通孔应变释放系数可由 Kirsch 理论解得到：

$$\begin{cases} A = -\dfrac{1+\nu}{2E}\left[\dfrac{d^2}{4r_1 r_2}\right] \\ B = \dfrac{d^2}{2E r_1 r_2}\left[-1 + \dfrac{1+\nu}{4}\dfrac{d^2(r_1^2 + r_1 r_2 + r_2^2)}{4r_1^2 r_2^2}\right] \end{cases} \quad (5.1.40)$$

式中 E、ν 分别为被测材料的弹性模量和泊松比，d、r_1、r_2 分别为孔径和盲孔中心到应变计近孔端、远孔端距离。

研究表明盲孔法测量残余应力套用 Kirsh 公式进行计算是可行的，但是 A、B 系数需由实验标定。这就使得盲孔法测试工作应力这种方法变得比较烦杂，并且标定时的材料和实验条件也不能完全与现场测试的一致，这也给测试工作带来误差。

5.2 钢结构现场检测

5.2.1 钢结构焊缝质量检测

焊接是钢结构中应用最广泛的连接方法，焊缝质量是关系到钢结构安全可靠的重要因素。焊缝缺陷是指焊接过程中产生于焊缝金属或附近热影响区钢材表面或内部的缺陷。常见的缺陷有裂纹、烧穿、气孔、夹渣、未熔合，以及焊缝尺寸不符合要求、焊缝形成不良等。

《建筑钢结构焊接技术规程》JGJ 81 将钢结构焊缝质量等级分为一级、二级、三级，共三个等级。焊缝质量检测包括内部缺陷检测和外观检测两方面，三级焊缝只要求进行外观检测（包括外观质量检测和焊缝尺寸检测），并应符合规程要求；一级、二级除了外观检测外，还必须进行一定量的内部缺陷检测。规程还规定，抽样检测的焊缝如果不合格率小于 2% 时，该批验收应定为合格；不合格率大于 5% 时，该批验收应定为不合格；不合格率为 2%~5% 时，应加倍抽检，且必须在原不合格部位两侧的焊缝延长线上各增加一处，如果在所有抽检焊缝中不合格率小于 3% 时，该批验收定为合格，大于 3% 时，该批验收定为不合格。当批量验收定为不合格时，应对该批余下的焊缝全数进行检测。

焊缝外观缺陷通过观察检测或使用放大镜、焊缝量规和钢尺检测。焊缝内部缺陷一般通过超声波检测和射线检测来进行检测。射线检测具有直观性、一致性好等特点，但射线检测成本高、操作程序复杂、检测周期长，尤其是对钢结构中常见的 T 形接头和角接接头效果较差，且对裂纹、未熔合等危害性缺陷的检出率低。超声波检测则正好相反，操作程序简单、快速，对各种接头形式的适应性好，对裂纹、未熔合的检测灵敏度高。因此，目前大多数检测均采用超声波检测，一般已不采用射线检测，但当超声波检测不能对缺陷做出判断时，应采用射线检测。

1. 超声波检测

超声波是指频率大于 20kHz 的声波，金属探伤使用的超声波的频率一般在 1～5MHz。超声波脉冲经探头发射进入被测材料传播时，当其通过材料不同介面（构件材料表面、内部缺陷及构件底面）时，会产生部分反射，在超声波检测仪的屏幕上分别显示出各界面的反射波及其相对的位置。进行焊缝内部缺陷检测时，经常采用斜向探头，如图 5.2.1 所示，根据事先测定的折射角以及探头至缺陷的超声波的传播距离，就可按几何原理计算出缺陷的位置。

2. 射线检测

射线检测一般采用 X 射线、γ 射线和中子射线，它们在穿过物质时由于散射、吸收作用而衰减，其程度取决于材料、射线的种类和穿透的距离。如果将强度均匀的射线照到物体的一侧，在另一侧检测射线的强度，即可以发现物体表面或内部的缺陷，包括缺陷的种类、大小和分布状况。由于存在辐射和高压危险，检测时需注意安全。

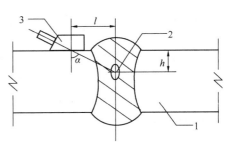

图 5.2.1 斜向探头检测缺陷位置
1—试件；2—缺陷；3—探头

检测射线强度的方法有直接照相法、间接照相法和透视法等。对于微小缺陷的检测以 X 射线和 γ 射线的直接照相法最为理想，将射线发生装置安置在距被检测物体 0.5～1.0m 的地方，将胶片盒紧贴在它的背后，让射线照射适当的时间，使胶片充分曝光，经过进一步处理后制成底片，即可判断缺陷的种类、大小和数量，确定缺陷等级。

3. 磁粉检测

焊缝的敷熔金属或钢材属于强磁性材料，可以采用人工方法磁化。磁化后的材料可以看成是许多小磁铁的集合。在无缺陷的部位，由于各个小磁铁的 N、S 磁极相互抵消不会呈现磁极，但在有缺陷的部位，由于磁性不连续，则会呈现磁极，即缺陷附近的磁力线会绕出材料表面，形成磁场，磁场强度取决于缺陷的尺寸、位置以及材料的磁化强度等。如果将磁粉散落在磁化后的材料表面，有缺陷的部位就会吸附磁粉，从而显示缺陷的部位。磁粉检测特别适用于检测焊缝和钢材的表面裂纹，对于深度较浅的内部裂纹也可以检测出来，但只能判定缺陷的位置和表面长度，不能判定缺陷的深度。

4. 渗透检测

渗透检测是用红色的着色渗透液或黄色荧光渗透液显示、放大材料的表面缺陷，包括渗透、清洗、显示、观察四个基本步骤。检测的效果主要与各种试剂的性能、被测材料的表面光洁度、缺陷的种类、检测温度及检测人员的操作水平有关。

检测时先用砂轮和砂纸将检测部位的表面及其周围 20mm 范围打磨光滑，不得有氧化皮、焊渣、污垢等，再用清洗剂清洗干净，待干燥后喷涂渗透剂，渗透时间不应少于 10min，然后清除表面多余的渗透剂并涂上显示剂，停留 10～30min 后，观察是否有裂纹显示。

5.2.2 钢结构螺栓连接的试验检测

对于螺栓连接，可用目测、锤敲相结合的方法检查是否有松动或脱落，并用扭矩扳手对螺栓的紧固性进行复查，尤其是高强螺栓的连接。对螺栓的直径、数量、排列方式要一一检查，一般还要进行下述检验：普通螺栓最小拉力载荷检验、扭剪型高强度螺栓连接副预拉力复验、高强度螺栓连接摩擦面的抗滑移系数检验、高强度螺栓连接副扭矩系数检测等。

1. 普通螺栓最小拉力载荷检测

普通螺栓按用途一般划分为永久螺栓和安装螺栓，检测中主要检测永久螺栓的连接。永久螺栓的连接应牢固可靠，无锈蚀、松动、脱落等现象，外露丝扣不应少于2扣。检测中可以通过观察和用小锤敲击检查，还可以通过螺栓最小拉力荷载试验，测定其抗拉强度是否满足现行国家标准《紧固件机械性能螺栓、螺钉和螺柱》GB 3098的要求。

螺栓最小拉力荷载试验应在拉力试验机上进行，螺栓受拉的螺纹长度应为6倍以上螺距，为避免试件承受横向荷载，试验机的夹具应能自动调整中心，试验时夹头张拉的移动速度不超过25mm/min。当试验拉力达到GB 3098规定的最小拉力载荷时，螺栓不得断裂；当超过最小拉力载荷直至拉断时，断裂应发生在杆部或螺纹部分，而不应发生在螺头与杆部的交接处。

2. 扭剪型高强度螺栓连接副预拉力复验

预拉力是高强度螺栓正常工作的保证，对于扭剪型高强度螺栓连接副，必须进行预拉力复验。复验用的螺栓应在施工现场待安装的螺栓中随机抽取，连接副预拉力可采用经计量检定合格的各类轴力计进行检测。

采用轴力计方法复验连接副预拉力时，应将螺栓直接插入轴力计，紧固螺栓分初拧、终拧两次进行，初拧应采用手动扭矩扳手或专用定扭电动扳手，初拧值应为预拉力标准值的50%左右，终拧至螺栓尾部梅花头拧掉，读出预拉力值。每套连接副只应做一次试验，不得重复使用。复验扭剪型高强度螺栓连接副的预拉力平均值和标准偏差应符合表5.2.1的规定。

扭剪型高强度螺栓连接副的预拉力平均值和标准偏差（kN）　　　表5.2.1

螺栓直径（mm）	16	20	22	24
紧固预拉力平均值 P	99~120	154~186	191~231	222~270
标准偏差 σ_P	10.1	15.7	19.5	22.7

3. 高强度螺栓连接副扭矩系数检测

扭矩系数是高强度螺栓连接的一项重要指标，它表示加于螺母上的紧固扭矩与螺栓的轴向拉力之间的关系。在高强度螺栓施工过程中，标准轴力是紧固的目标值，要求实际螺栓轴力不大于标准轴力的±10%，所以要求扭矩系数离散性要小，这是保证高强度螺栓施工质量的关键。复验用的螺栓应在施工现场待安装的螺栓中随机抽取，连接副扭矩系数检测使用的器具应经计量检定合格后方可使用。

检测时先将高强度螺栓连接副装入轴力计装置，施拧用扭矩扳手，拧至测力仪显示器读数（螺栓预拉力 P）符合表5.2.2的规定范围时，读取扭矩扳手上的扭矩值 T，并按下式计算扭矩系数 K。

$$K = \frac{T}{P \cdot d} \qquad (5.2.1)$$

式中　T——施拧扭矩（N·m）；
　　　d——高强度螺栓的公称直径（mm）；
　　　P——螺栓预拉力（kN）。

每组 8 套连接副扭矩系数的平均值应为 0.11～0.15，标准偏差小于或等于 0.010。扭剪型高强度螺栓连接副采用扭矩法施工时，其扭矩系数亦按上述规定确定。

螺栓预拉力值范围（kN）　　　　　　　　　　　　　表 5.2.2

螺栓规格 d (mm)		M16	M20	M22	M24	M27	M30
预拉力值 P	10.9s	93～113	142～177	175～215	206～250	265～324	325～390
	8.8s	62～78	100～120	125～150	140～170	185～225	230～275

4. 高强度螺栓连接摩擦面的抗滑移系数检验

一般钢结构工程中的高强度螺栓连接都是指摩擦型连接，其基本原理是靠高强度螺栓紧固产生的强大夹紧力来夹紧被连接板件，依靠板件间接触面产生的摩擦力传递与螺杆轴垂直方向的内力。因此其极限承载能力与板件间的摩擦系数成正比，板件表面处理方法不同，摩擦系数也不同。高强度螺栓摩擦面的常用处理方式有喷砂（丸）、酸洗、砂轮打磨和钢丝刷人工除锈等几种方法。

钢结构制造厂和安装单位分别以制造批为单位进行抗滑移系数试验，制造批可按分部（子分部）工程划分规定的工程量每 2000t 为一批，不足 2000t 的可视为一批，每批三组试件，随样应附带的高强度螺栓连接副至少 12 套。选用两种以上表面处理工艺时，每种处理工艺应单独检验。试件由制造厂加工，与所代表的钢结构为同一材质、同批制作、采用同一摩擦面处理工艺并具有相同的表面状态，且应用同批同一性能的高强度螺栓连接副，在同一环境条件下存放。抗滑移系数试验应采用双摩擦面二栓拼接的拉力试件（如图 5.2.2 示）。

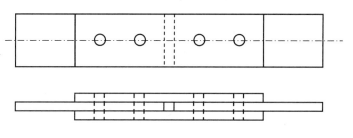

图 5.2.2　抗滑移系数试件

试件钢板的厚度应根据钢结构中有代表性的板材厚度来确定，同时应考虑在摩擦面滑移之前，试件钢板的净截面始终处于弹性状态。宽度 b 可参考表 5.2.3 规定取值。中间钢板地伸出长度根据试验机夹具的要求确定，通常可取为 150mm。

试件板的宽度 b（mm）　　　　　　　　　　　　表 5.2.3

螺栓直径 d	16	20	22	24	27	30
板宽 b	100	100	105	110	120	120

每组试件将四套高强度螺栓连接副穿入各孔中，该四套高强度螺栓连接副为经预拉力复验的同批扭剪型高强度螺栓连接副，或为经扭矩系数复验的同批高强度螺栓连接副。施

拧用扭矩扳手，分初拧和终拧两次进行。初拧值（T_0）应为预拉力标准值（P_c）的50%左右，T_0可按下式计算，式中P_c按表5.2.4与螺栓公称直径d相对应的值取用。

$$T_0 = 0.065 P_c \cdot d \tag{5.2.2}$$

终拧后，螺栓预拉力应符合设计预拉力值的$0.95P \sim 1.05P$之间（P为高强度螺栓设计预拉力值，按表5.2.5取用）。不进行实测时，扭剪型高强度螺栓连接副的预拉力可按同批复验预拉力的平均值取用；大六角头螺栓连接副可按同批复验扭矩系数的平均值经换算取用。

高强度螺栓连接副施工预拉力标准值（kN）　　　　　　　　　表5.2.4

螺栓的性能等级	螺栓公称直径d（mm）					
	M16	M20	M22	M24	M27	M30
8.8S	75	120	150	170	225	275
10.9S	110	170	210	250	320	390

单个高强度螺栓连接副的预拉力设计值（kN）　　　　　　　　表5.2.5

螺栓的性能等级	螺栓公称直径d（mm）					
	M16	M20	M22	M24	M27	M30
8.8s	70	110	135	155	205	250
10.9s	100	155	190	225	290	355

试件组装好以后，应在其侧面画观察滑移的直线。然后将试件置于拉力试验机上，试件的轴线应与试验机夹具的轴线严格对中。试验时先加荷至10%的抗滑移设计荷载值，停留1min后，再按$3 \sim 5$kN/s的加荷速度平稳加荷，直至滑移破坏，测读滑移荷载N_v。

试验过程中发生以下情况之一，所对应的荷载可认定为试件的滑移荷载：（1）试验机发生回针现象；（2）试件侧面画线发生错动；（3）试件突然发生"蹦"的响声。试件的滑移通常会在两端各发生一次，当两次滑移所对应的滑移荷载相差不大时，可取其平均值作为计算用滑移荷载N_v；当两次滑移所对应的滑移荷载相差较大时，可取其最小值作为计算用滑移荷载N_v。

根据测得的滑移荷载N_v和螺栓预拉力P的取用值，按下式计算抗滑移系数。

$$\mu = \frac{N_v}{n_f \cdot \sum_{i=1}^{m} P_i} \tag{5.2.3}$$

式中　　N_v——由试验测得的滑移荷载（kN）；

　　　　n_f——摩擦面数，取$n_f = 2$；

　　　　m——试件一侧螺栓数量；

　　　　$\sum_{i=1}^{m} P_i$——试验滑移一侧螺栓预拉力取用值（或同批复验螺栓连接副预拉力的平均值）之和（取三位有效数字）（kN）；

　　　　μ——抗滑移系数（宜取小数点后二位有效数字）。

测得的抗滑移系数应符合标准、规范或设计的要求。《钢结构设计规范》GBJ 17—

2003中规定的抗滑移系数 μ 值见下表5.2.6。若不符合规范中的规定,构件摩擦面应重新处理,处理后再重新进行检测。

摩擦面的抗滑移系数 μ 值　　　　表 5.2.6

连接处构件接触面处理方法	构件的钢号		
	3号钢	16Mn钢或16Mnq钢	15MnV钢或15MnVq钢
喷砂	0.45	0.55	0.55
喷砂后涂无机富锌漆	0.35	0.40	0.40
喷砂后生赤锈	0.45	0.55	0.55
钢丝刷清除浮锈或未经处理的干净轧制表面	0.30	0.35	0.35

5.2.3 钢结构变形检测

钢结构变形检测主要包括钢梁、桁架、吊车梁、钢架、檩条、天窗架等构件的平面内垂直变形(挠度)和平面外侧向变形,钢柱柱身倾斜与挠曲,板件凹凸局部变形、整个结构的整体垂直度(建筑物倾斜)和整体平面弯曲以及基础不均匀沉降等。

钢结构构件的挠度,可以用拉线、激光测距仪、水准仪和钢尺等方法检测。钢构件或结构的倾斜,可采用经纬仪、激光定位仪、三轴定位仪、全站仪或吊锤的方法检测,宜区分施工偏差造成的倾斜、变形造成的倾斜、灾害造成的倾斜等。钢结构主体结构的整体垂直度和整体平面弯曲可采用经纬仪、全站仪等测量。

1. 水准仪检测构件跨中挠度

采用水准仪检测构件的跨中挠度,其精度较高,具体做法如下:

(1)将标杆分别垂直立于构件两端和跨中,通过水准仪测出同一水准高度时标杆上的读数;

(2)将水准仪测得的两端和跨中的读数相比较即可求得构件的挠度值:

$$f = f_0 - \frac{f_1 + f_2}{2} \tag{5.2.4}$$

式中 f_0、f_1、f_2 分别为构件跨中和两端水准仪的读数。

用水准仪量标杆读数时,至少测读3次,并以3次读数的平均值进行计算。

2. 经纬仪检测构件倾斜度

检测钢柱和整幢建筑物的倾斜一般采用经纬仪测定,其主要步骤有:

(1)经纬仪位置的确定

测量钢柱以及整幢建筑物的倾斜时,要求经纬仪至钢柱及建筑物之间的距离大于钢柱及建筑物的宽度。

(2)数据测读

如图5.2.3所示,C 为结构顶部基准点(一般为结构边角的最高点),C' 为未倾斜前结构顶部基准点位置,B 为结构边角上与经纬仪同高度的对应测点,B' 为与经纬仪同高度并和从 C' 向下垂直的交点,H_1 为经纬仪的高度,H_2 为结构顶部基准点至 B' 点的高度,α 为用经纬仪测量的 C 点垂

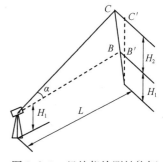

图 5.2.3　经纬仪检测结构倾

直角，L 为经纬仪至结构底部的距离，l 为 B 点和 B' 点间的水平距离。

(3) 数据整理

结构的倾斜度 β 为：

$$\beta = l/H_1 \tag{5.2.5}$$

根据垂直角 α，可计算出测点高度 H_2：

$$H_2 = L \cdot \tan\alpha \tag{5.2.6}$$

结构的倾斜量 Δ 为：

$$\Delta = \beta(H_1 + H_2) \tag{5.2.7}$$

根据以上计算结果，综合分析结构四角的倾斜度及倾斜量，即可了解结构的倾斜情况。

3. 水准仪检测结构沉降

结构沉降观测采用水准仪测定，其主要步骤如下：

(1) 水准点位置的确定

水准基点可设置在基岩上，也可设置在压缩性低的土层上，但须在地基变形的影响范围之内。

(2) 观测点位置的确定

结构上的沉降观测点应选择在能反映地基变形特征及结构特点的位置，测点数不宜少于 6 点，测点标志可用铆钉或圆钢锚固在墙、柱或墩台上，标志点的立尺部位应加工成半球或有明显的突出点。

(3) 数据测读及整理

沉降观测的周期和观测时间应根据具体情况来确定。在结构施工阶段的观测，应随施工进度及时进行。对于一般的结构，可以在基础完工后或地下室墙体砌完后开始观测。观测次数和时间间隔应视地基与加荷情况而定，民用建筑可每加高 1～5 层观测一次，工业建筑可按不同施工阶段（如回填基坑、安装柱子和屋砌筑墙设备安装等）分别进行观测，如建筑物均匀增高，应至少在增加荷载的 25%、50%、75% 和 100% 时各测一次，停工期间，可每隔 2～3 个月观测一次。

测读数据就是用水准仪和水准仪尺测读出各观测点的高程。水准仪与水准仪尺的距离宜为 20～30m。水准仪与前、后水准仪尺的距离要相等，观测应在成像清晰、稳定时进行，测完各观测点后，要回测后视点，同一后视点的两次读数差应小于 ±1mm，记录观测结果，计算各测点的沉降量、沉降速度以及不同测点之间的沉降差。

沉降是否稳定由沉降与时间关系曲线判断，一般当沉降速度小于 0.1mm/月时，即可认为沉降已稳定。沉降差的计算可以判断结构不均匀沉降的情况。如果结构存在不均匀沉降，为进一步测量，可调整或增加观测点，新的观测点应布置在结构的阳角和沉降最大处。

5.2.4 钢网架结构试验检测

钢网架的检测可分为节点的承载力、焊缝、尺寸与偏差、杆件的不平直度、钢网架的挠度和网架支座等项目。

钢网架中焊缝的外观质量和内部缺陷可以按前述方法检测。焊接球、螺栓球、高强度螺栓和杆件偏差的检测，检测方法和偏差允许值应按《网架结构工程质量检验评定标准》

JGJ 78 的规定执行。钢网架钢管杆件的壁厚，可采用超声测厚仪检测，检测前应清除饰面层。

钢网架中杆件轴线的不平直度，可用拉线的方法检测，其不平直度不得超过杆件长度的千分之一。钢网架的挠度可采用激光测距仪或水准仪检测，每半跨范围内测点数不宜小于 3 个，且跨中应有 1 个测点，端部测点距端支座不应大于 1m 且所测的挠度值不应超过相应设计值的 1.15 倍。

网架支座可采用观察或用钢尺进行检测支座应平稳、牢靠；支座底部垫块（或垫板）应无缺陷、损伤及不平稳现象。

对建筑结构安全等级为一级，跨度 40m 及以上的公共建筑钢网架结构，且设计有要求时，应对焊接球节点和螺栓球节点进行节点承载力试验。对既有的螺栓球节点网架，可以从结构中取出节点来进行节点的极限承载力检验。在截取螺栓球节点时，应采取措施确保结构安全。每项试验做 3 个试件。

焊接球节点检验时，应按设计指定规定规格的球及其匹配钢管焊接成试件，可用拉力或压力试验机等加载装置进行单向轴心受拉和受压的承载力试验，试验时如出现下列情况之一者，即可判为球已达到极限承载力而破坏：

（1）当继续加荷而仪表的荷载读数却不上升时，在荷载-变形曲线上取荷载的峰值为极限破坏值；

（2）螺栓球节点检验时，用拉力试验机检验按设计指定规格的球最大螺栓孔螺纹的抗拉强度，检验时螺栓拧入深度为 $1d$（d 为螺栓的公称直径），以螺栓孔的螺纹被剪断时的荷载作为该螺栓球的极限承载力。试验结果应符合以下规定：焊接球节点试验破坏荷载值大于或等于 1.6 倍设计承载力为合格；对于螺栓球节点，当达到螺栓的设计承载力时，螺孔、螺纹及封板仍完好无损为合格。

5.3 砌体结构现场检测技术

砌体结构强度的现场原位检测方法很多，以往常用的方法是在实际墙体中挖取砌体试件在实验室进行受压试验。取样时，需选择既反映主要受力性能又便于挖取的部位，通常每层墙体挖取 3 个试件，试件尺寸接近 $240 \times 370 \times 720$。这种取样法检测砌体强度的方法，取样、加工和运输均较麻烦，且实际建筑受到较大损伤，因此，并非理想的方法。

目前，国内外提出的许多砌体结构的现场原位非破损或微破损检测方法，主要是用于检测砌体抗压强度、砌体抗剪强度、砌筑砂浆强度。我国已于 2000 年颁布了国家标准《砌体工程现场检测技术标准》GB/T 50315—2000，纳入的方法主要有：用于砌体强度检测的原位轴压法、扁顶法、原位单剪法、原位单砖双剪法，用于砂浆强度检测的推出法、筒压法、砂浆片剪切法、回弹法、点荷法、射钉法，这些方法在实际应用中应视具体情况加以综合运用。

下面主要介绍常用的几种方法。

5.3.1 砌体抗压强度检测

1. 原位轴压法

本方法适用于推定普通砖砌体的抗压强度。检测时，在墙体上开凿两条水平槽孔，安放原位压力机。原位压力机由手动油泵、扁式千斤顶、反力平衡架等组成,其工作状况如图5.3.1所示。

测试部位宜选在墙体中部距楼、地面1m左右的高度处;槽间砌体每侧的墙体宽度不应小于1.5m;同一墙体上,测点不宜多于1个,且宜选在沿墙体长度的中间部位,多于1个时,其水平净距不得小于2m;测试部位不得选在挑梁下、应力集中部位以及墙梁的墙体计算高度范围内。

试验步骤:

(1) 在测点凿开上、下两个水平槽,尺寸分别为250mm长×70mm高、250mm长×70～140mm高,要求上下两槽对齐,两槽间相距为7皮砖,开槽时,应避免扰动四周的砌体,槽间砌体的承压面应修平整;

(2) 在槽孔间安放原位压力机,在上槽内的下表面和扁式千斤顶的顶面,分别均匀铺设湿细砂或石膏等材料,将反力板置于上槽孔,扁式千斤顶置于下槽孔,安放四根钢拉杆,使两个承压板上下对齐后,拧紧螺母并调整其平行度;四根钢拉杆的上下螺母间的净距误差不应大于2mm;

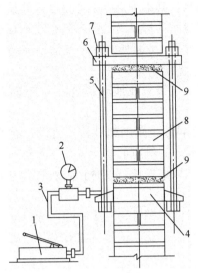

图5.3.1 原位压力机测试工作状况
1—手动油泵;2—压力表;3—高压油管;
4—扁式千斤顶;5—拉杆(共4根);
6—反力板;7—螺母;8—槽间砌体;
9—砂垫层

(3) 正式加载试验前按10%预估破坏荷载进行试加荷载试验,以确定测试系统的可靠性,正式试验时,按10%预估破坏荷载分级加载,一级荷载在1~1.5分钟内均匀加完,并持荷2分钟,加到80%预估破坏荷载后,按同样速度均匀加载至破坏。

试验过程中应仔细观察试验砌体初裂裂缝与开展情况,记录裂缝随荷载增加的变化情况图等。

按下式可以将槽间砌体的抗压强度换算成标准砌体的抗压强度:

$$f_{mij} = f_{uij}/\xi_{1ij}$$
$$\xi_{1ij} = 1.36 + 0.54\sigma_{0ij} \tag{5.3.1}$$

其中 f_{mij} 为第 i 测区第 j 个测点的标准砌体抗压强度换算值(MPa);

f_{uij} 为槽间砌体抗压强度;

ξ_{1ij} 为强度换算系数;

σ_{0ij} 为测点上部墙体的工作压应力,按墙体实际所受的荷载标准值计算。

2. 扁顶法

扁顶法也称扁式液压顶法,可它用于检测推定普通砌体的受压工作应力、弹性模量和抗压强度。检测时,在砌体的水平灰缝处,按扁式千斤顶尺寸挖除砂浆形成一条水平槽,这时,砌体的变形改变,垂直于槽面的应力释放,然后在槽内安装扁式千斤顶,加压后使砌体复原,可测得受压工作应力。当上下设两水平槽口时,通过扁式千斤顶,使两槽间砌体受力,开裂至破坏,可测得砌体的弹性模量、产生第一批裂缝时的荷载及砌体的抗压强度。图5.3.2为试验装置、工作状态图。

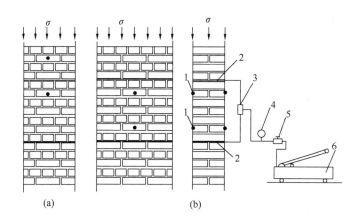

图 5.3.2 扁顶法测试装置与变形测点布置
(a) 测试受压工作应力；(b) 测试弹性模量、抗压强度
1—变形测量脚标（两对）；2—扁式液压千斤顶；3—三通接头；4—压力表；5—溢流阀；6—手动油泵

砖墙中砌体的抗压强度可按下式计算：

$$f_m = \sigma_u / \xi_1 \tag{5.3.2}$$

$$\xi_1 = 1.18 + 4\sigma_0/\sigma_u - 4.18(\sigma_0/\sigma_u)^2 \tag{5.3.3}$$

式中 σ_u——两槽间砌体破坏时千斤顶中的压应力；

ξ_1——强度影响系数；

σ_0——所测部位墙体由上部荷载产生的垂直压应力，可由计算或实测确定。

该法比取样法节省工时 90%，节省经费 70% 以上；结构又基本无损伤；较其他间接法，显得直观、准确、可靠性好。故可广泛应用于混合结构房屋中墙体的质量鉴定、加层、加固、修复以及工程事故的分析处理。

扁式千斤顶的尺寸有 370mm×240mm×5mm 和 240mm×240mm×5mm 两种，由 1mm 厚优质合金钢片焊成的扁形密封油腔制成。

扁顶法检测步骤要点是：选择 6 个测试部位，清理墙面；用手持应变仪或千分表量测砌体的初始变形值；开两条相距 7~8 皮砖高的略大于扁式千斤顶尺寸的槽口，安装千斤顶；读取变形值；加载，每隔 3~5min，记录每级荷载和砌体变形值及开裂情况；卸除千斤顶；修补墙体；最后分析测试结果，确定砌体抗压强度。

5.3.2 砌体抗强剪度检测的原位单砖双剪法

本方法适用于推定烧结普通砖砌体的抗剪强度。检测时，将原位剪切仪的主机安放在墙体的槽孔内，其工作状况如图 5.3.3 所示。

试验时应释放受剪面上部压应力 σ_0 的作用；当能准确计算上部压应力 σ_0 时，也可选用在上部压应力 σ_0 作用下的试验方案。

(1) 每个测区随机布置的 n_1 个测点，在墙体两面的数量宜接近或相等。以一块完整的顺砖及其上下两条水平灰缝作为一个测点（试件）。

(2) 两个受剪面的水平灰缝厚度应为 8~12mm。

(3) 下列部位不应布设测点：门、窗洞口侧边 120mm 范围内；后补的施工洞口和经修补的砌体；独立砖柱和窗间墙。

(4) 同一墙体的各测点之间，水平方向净距不应小于0.62m，垂直方向净距不应小于0.5m。

原位剪切仪的主机为一个附有活动承压钢板的小型千斤顶。其成套设备如图5.3.4所示。

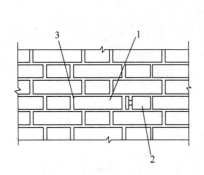

图5.3.3 原位单砖双剪试验示意图
1—剪切试件；2—剪切仪主机；
3—掏空的竖缝

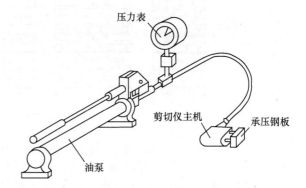

图5.3.4 原位剪切仪示意图

试验步骤

(1) 当采用带有上部压应力σ_0作用的试验方案时，应按图5.3.3的要求，将剪切试件相邻一端的一块砖掏出，清除四周的灰缝，制备出安放主机的孔洞，其截面尺寸不得小于115mm×65mm，掏空、清除剪切试件另一端的竖缝。

(2) 当采用释放试件上部压应力σ_0的试验方案时，尚应按图5.3.5所示，掏空水平灰缝，掏空范围由剪切试件的两端向上按45°角扩散至灰缝4，掏空长度应大于620mm，深度应大于240mm。

(3) 试件两端的灰缝应清理干净。开凿清理过程中，严禁扰动试件；如发现被推砖块有明显缺棱掉角或上、下灰缝有明显松动现象时，应舍去该试件。被推砖的承压面应平整，如不平时应用扁砂轮等工具磨平。

(4) 将剪切仪主机（图5.3.5）放入开凿好的孔洞中，使仪器的承压板与试件的砖块顶面重合，仪器轴线与砖块轴线吻合。若开凿孔洞过长，在仪器尾部应另加垫块。

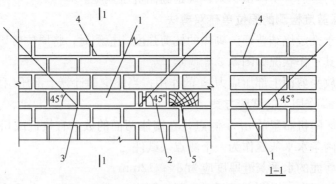

图5.3.5 释放σ_0方案示意图
1—试件；2—剪切仪主机；3—掏空竖缝；4—掏空水平缝；5—垫块

(5) 操作剪切仪，匀速施加水平荷载，直至试件和砌体之间相对位移，试件达到破坏状态。加荷的全过程宜为 1～3min。

(6) 记录试件破坏时剪切仪测力计的最大读数，精确至 0.1 个分度值。采用无量纲指示仪表的剪切仪时，尚应按剪切仪的校验结果换算成以 N 为单位的破坏荷载。

试件沿通缝截面的抗剪强度，应按下式计算：

$$f_{vij} = \frac{0.64 N_{vij}}{2 A_{vij}} - 0.7 \sigma_{0ij} \tag{5.3.4}$$

式中　A_{vij} ——第 i 个测区第 j 个测点单个受剪载面的面积（mm²）。

5.3.3 回弹法检测砂浆强度

本方法适用于推定烧结普通砖砌体中的砌筑砂浆强度，不适用于推定高温、长期浸水、化学侵蚀、火灾等情况下的砂浆抗压强度。检测时，应用回弹仪测试砂浆表面硬度，用酚酞试剂测试砂浆碳化深度，以此两项指标换算为砂浆强度。

测位宜选在承重墙的可测面上，并避开门窗洞口及预埋件等附近的墙体。墙面上每个测位的面积宜大于 0.3m²。

砂浆回弹仪的主要技术性能指标应符合表 5.3.1 的要求，每半年需校验一次，在工程检测前后，均应对回弹仪在钢砧上做率定试验。

砂浆回弹仪技术性能指标　　　　　表 5.3.1

项目指标	指标
冲击功能（J）	0.196
弹击锤冲程（mm）	75
指针滑块的静摩擦力（N）	0.5±0.1
弹击球面曲率半径（mm）	25
在钢砧上率定平均回弹值（R）	74±2
外形尺寸（mm）	$\phi 60 \times 280$

试验步骤

(1) 测位处的粉刷层、勾缝砂浆、污物等应清除干净；弹击点处的砂浆表面，应仔细打磨平整，并除去浮灰。

(2) 每个测位内均匀布置 12 个弹击点。选定弹击点应避开砖的边缘、气孔或松动的砂浆。相邻两弹击点的间距不应小于 20mm。

(3) 在每个弹击点上，使用回弹仪连续弹击 3 次，第 1、2 次不读数，仅记读第 3 次回弹值，精确至 1 个刻度。测试过程中，回弹仪应始终处于水平状态，其轴线应垂直于砂浆表面，且不得移位。

(4) 在每一测位内，选择 1～3 处灰缝，用游标尺和 1‰的酚酞试剂测量砂浆碳化深度，读数应精确至 0.5mm。

数据分析

从每个测位的 12 个回弹值中，分别剔除最大值、最小值，将余下的 10 个回弹值计算算术平均值，以 R 表示；每个测位的平均碳化深度，应取该测位各次测量值的算术平均值，以 d 表示，精确至 0.5mm，平均碳化深度大于 3mm 时，取 3.0mm；第 i 个测区第 j

个测位的砂浆强度换算值,应根据该测位的平均回弹值和平均碳化深度值,分别按下列公式计算:

（1）$d \leqslant 1.0$mm 时:

$$f_{2ij} = 13.97 \times 10^{-4} R^{2.57} \quad (5.3.5)$$

（2）1.0mm$<d<3.0$mm 时:

$$f_{2ij} = 4.85 \times 10^{-4} R^{3.04} \quad (5.3.6)$$

（3）$d \geqslant 3.0$mm 时:

$$f_{2ij} = 6.34 \times 10^{-5} R^{3.60} \quad (5.3.7)$$

式中　f_{2ij}——第 i 个测区第 j 个测位的砂浆强度值（MPa）；

　　　d——第 i 个测区第 j 个测位的平均碳化深度（mm）；

　　　R——第 i 个测区第 j 个测位的平均回弹值。

5.3.4　墙体变形观测

砖墙砌体的变形可分五种：不均匀沉降,向外倾斜,向内倾斜,拱凸,凹陷。

（1）砖砌体不均匀沉降

砖砌体不均匀沉降主要由于地基不均匀沉降引起,观测方法同房屋不均匀观测方法。外墙可测勒脚或窗台,内墙以外墙为基准,做好标记测得相对沉降。

（2）砖墙的倾斜和拱凸

临时观测时可用吊线锤固定于墙上,测量线锤与墙面的距离。若作定期观测,则用经纬仪为好。

5.3.5　砌体房屋裂缝的观测

砌体房屋裂缝开展的观测是房屋质量检测的重要内容。

裂缝宽度可用 10～20 倍裂纹放大镜和刻度放大镜进行观测,可从放大镜中直接读数。裂缝是否发展,常用石膏板,宽 50～80mm,厚 10mm 的规格,将石膏板固定在裂缝两侧,若裂缝继续发展,石膏板将被拉裂。一般混凝土构件缝宽 1mm,砖砌体构件 20mm以上,即使荷载不增加,裂缝将继续发展。

裂缝深度的量测,一般常用极薄的薄片插入裂缝中,粗略地测量深度。精确量法可用超声波法。在裂缝两侧钻孔充水作为耦合解质,通过转换器对测,振幅突变处即为裂缝末端深度。

砌体房屋裂缝的判别。房屋裂缝检测后,绘出裂缝分布图,并注明宽度和深度。应分析判断裂缝的类型和成因。一般墙柱裂缝主要由砌体强度、地基基础、温度及材料干缩等引起。

1. 砖砌体的荷载裂缝

常见的砖砌体荷载裂缝有：

受压裂缝。通常顺压力方向开裂,当有多处单砖断裂时,说明承载力不足,裂缝伸过 4 皮砖时已接近破坏。

受弯或大偏心受压裂缝。一般在远离荷载一侧产生水平裂缝。

稳定性裂缝。长细比过大,砖砌体发生弯曲区段中部的水平裂缝。

局部受压裂缝。大梁底部局部压力过大,发生局部范围的竖向受压裂缝。

受拉裂缝。受拉构件,当拉力过大常发生与拉力方向垂直的直缝或齿缝。

受剪裂缝。在水平推力的作用下，砖砌体出现的水平通缝或阶梯形受剪裂缝。

砌体强度不足引起的裂缝，是一种性质严重的砌体质量事故，需复校原设计资料和施工情况，查明裂缝产生的原因，迅速采取加固措施。

2. 砖砌体的沉降裂缝地基不均匀沉降时，房屋发生弯曲和剪切变形，在墙体内产生应力，当超过砌体强度时，墙体开裂。

剪切裂缝。房屋剪切变形引起主拉应力阶梯形斜裂缝。有洞口时，斜裂缝发生在洞口的角部或窗间墙处。剪切裂缝发生在沉降曲线率变化较大部位。当曲线呈向下凹形时，裂缝集中在房屋的下部，往上逐渐减轻，当曲线呈向上凸形时，裂缝集中在房屋上层，向下逐渐减轻。斜裂缝呈45°，并向沉降量较大处倾斜。

房屋的弯曲裂缝由房屋弯曲变形引起的垂直裂缝。

房屋各部分高差较大或荷载相差悬殊，在高度较低或荷载较轻部分沉降有较大变化，引起墙体开裂，空间刚度较弱部分，裂缝密集。横墙刚度大，一般不会开裂。

此外，纵横墙交接处如有沉降差，会剪裂；季节冻土上的房屋，膨胀土上的房屋，地基复杂的差异变形，会引起各种裂缝。

3. 砖砌体的温度、收缩变形裂缝

钢筋混凝土的线膨胀系数较砖石大一倍以上，混凝土的收缩与砌体也不同，混合结构房屋的屋盖、墙体和楼梯等各部材料因温度变化或收缩引起变形量不同，并互相约束而产生温度、收缩应力。当主拉应力超过墙体的抗拉强度时，就产生裂缝。

正八字缝。升温时，混凝土屋盖变形大，墙体变形小，屋盖受压，墙体受剪、受拉，两端受力最大，会产生正八字形裂缝。

倒八字形裂缝。降温时。屋盖混凝土缩短较砖墙大，受到砖墙约束，产生两端倒八字形裂缝。

包角裂缝。由温度变化在圈梁下皮产生包角或水平裂缝。

温度裂缝。一般为对称分布，多发生在顶层，一年后趋于稳定。

砖墙开裂、屋面渗漏和基础下沉构成了混合结构的三大难题。砖墙开裂更具普遍性。

究其原因可归结为两类：其一为由荷载引起的裂缝，它反映了砌体的承载力不足或稳定性不够；其二是由于温度变化或地基的不均匀沉降所产生，占90%以上，该种墙体开裂会影响结构的受力和整体稳定，甚至结构的破坏。故应慎重分析判别，制定正确的加固处理方案。

5.4 木结构检测

木结构的检测可分为木材性能、木材缺陷、尺寸与偏差、连接与构造、变形与损伤和防护措施等项工作。

木材性能的检测可分为木材的力学性能、含水率、密度和干缩率等项目。当木材的材质或外观与同类木材有显著差异时或树种和产地判别不清时，可取样检测木材的力学性能，确定木材的强度等级。

木结构工程质量检测涉及的木材力学性能可分为抗弯强度、抗弯弹性模量、顺纹抗剪强度、顺纹抗压强度等检测项目。

5.4.1 木梁弯曲试验

梁的受弯试验应采用对称的四点受力和匀速加荷的方法，用以观测荷载和挠度之间的关系，获得所需的各种数据和信息。

测定梁的纯弯曲弹性模量，应采用在规定的标距内测定在纯弯矩作用下的挠度的方法，据此测定的最大挠度值来计算纯弯曲弹性模量；测定梁的表观弹性模量应采用全跨度内最大的挠度来计算。

测定梁的抗弯强度，应使梁的测定截面位于规定的标距内承受纯弯矩作用直至破坏时所测得的最终破坏荷载来确定。

制作梁的弯曲试验试件的最小长度应为试件截面高度的19倍，梁的截面尺寸应在规定的标距内用游标卡尺测量，应读到1/10mm。

梁试件在支座处的支承装置应符合下列条件：

（1）梁试件的下表面应采用钢垫板传递支座反力。钢垫板的宽度不得小于梁的宽度，其长度和厚度应根据木材横纹承压强度和钢材抗弯强度来确定。

（2）梁两端的支座反力均应采用滚轴支承，此滚动轴应设置在支承钢垫板的下面并垂直于梁的长度方向，应保证梁端的自由转动或移动，而两端滚轴之间的距离即梁的跨度应保持不变。

（3）当梁的截面高度和宽度的比值等于或大于3时，在反力支座与荷载点之间应安装侧向支撑，并不应少于一处。此侧向支撑应保证试验的梁仅产生上下移动而不产生侧向移动和摩擦作用。

测量梁在荷载作用下产生的挠度，可采用U形挠度测量装置，此U形装置应满足自重轻而又具有足够的刚度的要求，可采用轻金属（例如铝）制作。在U形装置的两端应钉在梁的中性轴上，在此装置的中央安设百分表用来测量梁中央中性轴的挠度。当梁的跨度很大时，亦可采用挠度计直接测量梁两端及跨度中央的位移值而求得梁的挠度。

试件宜采用三分点加荷并且对称装置；最内的两个加荷点之间的距离宜等于梁截面高度的6倍（图5.4.2）。当测定纯弯区挠度时，尚要求最内的两个钢垫板之间的净距不应小于梁截面高度的5倍（图5.4.1），且不应小于400mm。如果受试验设备的限制，不能正好满足这些条件时，最内的两个加荷点之间允许增加的距离不应大于截面高度的1.5倍；或试件的两个支座反力之间允许增加的距离不应大于截面高度的3倍。

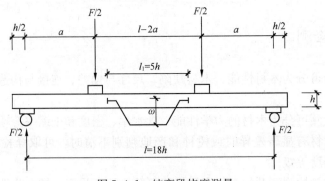

图 5.4.1 纯弯段挠度测量

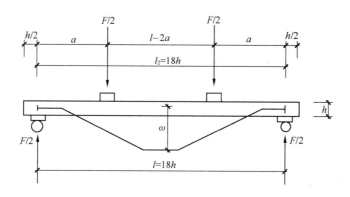

图 5.4.2 全跨挠度测量

梁的弯曲弹性模量试验应注意：

（1）加荷装置、支承装置和测量挠度的装置应安装牢固，在梁的跨度方向应保证对称受力，特别应防止出平面的扭曲。

（2）安装在梁的上表面以上的各种装置的重量应计入加荷数值内。

（3）应预先估计荷载 F_1 值（小于比例极限的力）和 F_0 值（大于为把试件和装置压密实的力——即不产生松弛变形的力）。荷载从增加到时记录相应的挠度值，再卸荷到，反复进行 5 次而无明显差异时，取相近三次的挠度差读数的平均值作为测定值 ω_0，相应的荷载值为 $\Delta F = F_1 - F_0$。的弯曲弹性模量试验可以采用缓慢连续加荷的方式加荷，也可采用无冲击影响的逐级加荷方式。梁的抗弯强度试验可以采用无冲击影响的逐级加荷方式，其加荷速度应使荷载从零开始约经 8min 即可达到最大荷载，但不得少于 6min，也不超过 14min。

梁在纯弯矩区段内的纯弯弹性模量可按荷载弯矩与挠度关系进行计算。弯曲强度可根据最后破坏时的弯矩以及截面尺寸计算。

5.4.2 木材缺陷

木材缺陷，对于圆木和方木结构可分为木节、斜纹、扭纹、裂缝和髓心等项目；对胶合木结构，尚有翘曲、顺弯、扭曲和脱胶等检测项目；对于轻型木结构尚有扭曲、横弯和顺弯等检测项目。

对承重用的木材或结构构件的缺陷应逐根进行检测。

木材木节的尺寸，可用精度为 1mm 的卷尺量测，对于不同木材木节尺寸的量测应符合下列规定：

（1）方木、板材、规格材的木节尺寸，按垂直于构件长度方向量测。木节表现为条状时，可量测较长方向的尺寸，直径小于 10mm 的活节可不量测。

（2）原木的木节尺寸，按垂直于构件长度方向量测，直径小于 10mm 的活节可不量测。

木节的评定，应按《木结构工程施工质量验收规范》GB 50206 的规定执行。

斜纹的检测，在方木和板材两端各选 1m 材长量测三次，计算其平均倾斜高度，以最大的平均倾斜高度作为其木材的斜纹的检测值。

对原木扭纹的检测，在原木小头 1m 材上量测三次，以其平均倾斜高度作为扭纹检测值。

胶合木结构和轻型木结构的翘曲、扭曲、横弯和顺弯，可采用拉线与尺量的方法或用靠尺与尺量的方法检测；检测结果的评定可按《木结构工程施工质量验收规范》GB 50206的相关规定进行。

结构的裂缝和胶合木结构的脱胶，可用探针检测裂缝的深度，用裂缝塞尺检测裂缝的宽度，用钢尺量测裂缝的长度。

5.4.3 尺寸与偏差

木结构的尺寸与偏差可分为构件制作尺寸与偏差和构件的安装偏差等。木结构构件尺寸与偏差的检测数量，当为木结构工程质量检测时，应按《木结构工程施工质量验收规范》GB 50206的规定执行；当为既有木结构性能检测时，应根据实际情况确定，抽样检测时，抽样数量可按《建筑结构检测技术标准》GB/T 50344确定。

木结构构件尺寸与偏差，包括桁架、梁（含檩条）及柱的制作尺寸，屋面木基层的尺寸，桁架、梁、柱等的安装的偏差等，可按《木结构工程施工质量验收规范》GB 50206建议的方法进行检测。

木构件的尺寸应以设计图纸要求为准，偏差应为实际尺寸与设计尺寸的偏差，尺寸偏差的评定标准，可按《木结构工程施工质量验收规范》GB 50206的规定执行。

5.4.4 连接

木结构的连接可分为胶合、齿连接、螺栓连接和钉连接等检测项目。

当对胶合木结构的胶合能力有疑义时，应对胶合能力进行检测；胶合能力可通过对试样木材胶缝顺纹抗剪强度确定。

齿连接的检测项目和检测方法，可按下列规定执行：

（1）压杆端面和齿槽承压面加工平整程度，用直尺检测；压杆轴线与齿槽承压面垂直度，用直角尺量测；

（2）齿槽深度，用尺量测，允许偏差±2mm；偏差为实测深度与设计图纸要求深度的差值；

（3）支座节点齿的受剪面长度和受剪面裂缝，对照设计图纸用尺量，长度负偏差不应超过10mm；当受剪面存在裂缝时，应对其承载力进行核算；

（4）抵承面缝隙，用尺量或裂缝塞尺量测，抵承面局部缝隙的宽度不应大于1mm且不应有穿透构件截面宽度的缝隙；当局部缝隙不满足要求时，应核查齿槽承压面和压杆端部是否存在局部破损现象；当齿槽承压面与压杆端部完全脱开（全截面存在缝隙），应进行结构杆件受力状态的检测与分析；

（5）保险螺栓或其他措施的设置，螺栓孔等附近是否存在裂缝；

（6）压杆轴线与承压构件轴线的偏差，用尺量。

螺栓连接或钉连接的检测项目和检测方法，可按下列规定执行：

（1）螺栓和钉的数量与直径；直径可用游标卡尺量测；

（2）被连接构件的厚度，用尺量测；

（3）螺栓或钉的间距，用尺量测；

（4）螺栓孔处木材的裂缝、虫蛀和腐朽情况，裂缝用塞尺、裂缝探针和尺量测；

（5）螺栓、变形、松动、锈蚀情况，观察或用卡尺量测。

第6章 动态测试与分析

土木工程结构服役期间会遭受各种动力作用（如：地震、大风、移动的交通车辆、动力机器设备等等）而产生振动，因此，振动是许多土木工程结构在设计和使用阶段都无法回避的问题。本章主要介绍工程振动测试和分析的基本概念、基础理论及方法。

6.1 振动过程及其描述

6.1.1 振动过程的分类

所谓振动过程，是指振动的位移、速度、加速度、力和应变等随时间变化的历程。其最直观的描述是以其瞬时值为纵坐标，以时间为横坐标，得到振动时程记录。

对振动过程的频率成分进行分析有重要的工程意义。以振动过程各频率分量的幅值和相位为纵坐标，以频率为横坐标，得到的图形称为它的频谱，频谱主要表征各种振动过程的频域性质。

表 6.1.1 为工程中一些常见振动过程的时程和频谱。

常见振动过程的波形和频谱   表 6.1.1

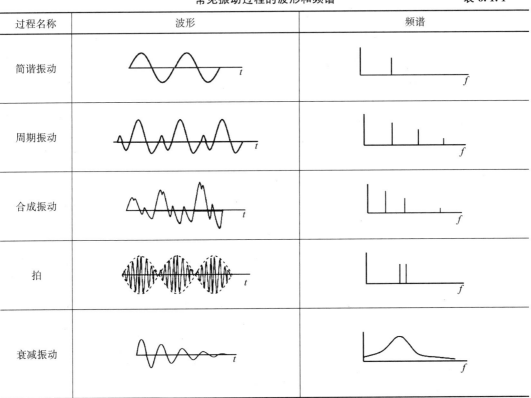

续表

过程名称	波形	频谱
合成衰减振动		
冲击过程		
正弦扫描		
窄带随机		
宽带随机		

简谐振动具有单一的频率。周期振动和各种合成振动具有离散型频谱，即把它们视为若干不同频率的简谐振动的合成振动。各种瞬态过程和随机振动一般具有连续型频谱，即它们包含无限多连续分布的频率分量。

对振动过程，有多种不同的分类方法。图 6.1.1 给出三种分类方法，其差别在于对过程主要性质考虑顺序不同。

6.1.2 简谐振动过程及复振动

当某一机械量 x 随时间 t 按正弦或余弦规律变化时，称之为简谐振动过程，其一般表达式为

$$x = A\sin(\omega t + \varphi) \tag{6.1.1}$$

式中 A, φ, ω 分别被称为振幅、初相位和角频率，它们是表征简谐振动过程的三个基本参量。

一次振动循环所需要的时间 T 称为周期，单位时间内振动循环的次数 f 称为频率，它们与角频率 ω 的关系为

$$T = \frac{1}{f} = \frac{2\pi}{\omega}, \quad f = \frac{1}{T} = \frac{\omega}{2\pi} \tag{6.1.2}$$

其中，周期 T 单位为秒（s），频率 f 的单位为赫兹（Hz），角频率 ω 的单位为弧度/秒（rad/s）。

简谐振动过程还可以用复平面上的旋转矢量（称之为旋转复矢量）来描述。根据复数的含义，一复常数

$$z = a + \mathrm{j}b \quad \mathrm{j} = \sqrt{-1}$$

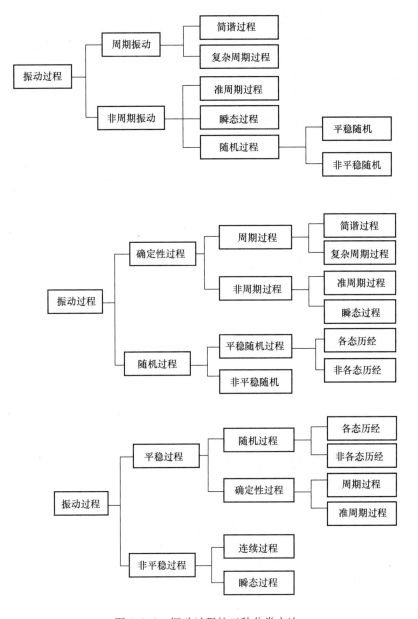

图 6.1.1 振动过程的三种分类方法

对应于复平面上一个模为 A、幅角为 θ 的矢量,其中
$$A = \sqrt{a^2 + b^2}, \theta = \text{arctg}\,\frac{b}{a}$$

该复数还可以表示为三角函数或复指数形式:
$$z = A\cos\theta + jA\sin\theta = Ae^{j\theta}$$

我们把复平面上描述复数的矢量称为复矢量。当一个模为 A,初始幅角为 φ 的复矢量以等角速度 ω 做逆时针旋转时,它在 t 时刻的幅角为 $\theta = \omega t + \varphi$(图 6.1.2),因而有
$$z = A\cos(\omega t + \varphi) + jA\sin(\omega t + \varphi) = Ae^{j(\omega t + \varphi)} \tag{6.1.3}$$

式(6.1.3)表明,一个旋转复矢量包含了简谐振动的角频率 ω,振幅 A 和初相位 φ

三个基本参量。因此，我们称旋转复矢量 $Ae^{j(\omega t+\varphi)}$ 为复振动，并进而写成以下的形式：
$$z = Ae^{j(\omega t+\varphi)} = \overline{A}e^{j\omega t} \tag{6.1.4}$$
其中，$\overline{A} = e^{j\varphi}$ 称为复振幅。它包含简谐振动的振幅和初相位两个信息。

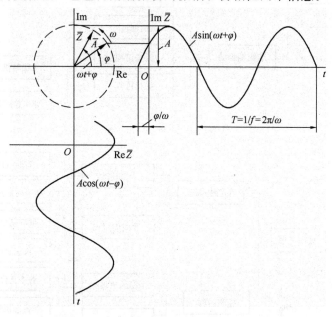

图 6.1.2　旋转复矢量与简谐振动的关系

与实振动不同，复振动的频率可以取正和取负。正频率表示复矢量做逆时针旋转，负频率表示复矢量做顺时针旋转。一个复振动不等于一个实振动，但是一个实振动可以由一对频率符号相反的复振动合成得到。图 6.1.3（a）表示幅值为 $A/2$，初相位为零、频率分别为 ω 和 $-\omega$ 的一对复振动合成实振动，即

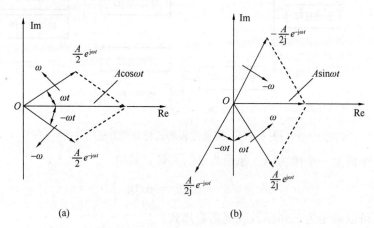

图 6.1.3　一对频率符号相反的复振动合成实振动
(a) $A\cos\omega t = \dfrac{A}{2}(e^{j\omega t} + e^{-j\omega t})$；(b) $A\sin\omega t = \dfrac{A}{2j}(e^{j\omega t} - e^{-j\omega t})$

$$A\cos\omega t = \frac{A}{2}e^{j\omega t} + \frac{A}{2}e^{-j\omega t} = \frac{A}{2}(e^{j\omega t} + e^{-j\omega t}) \tag{6.1.5}$$

图 6.1.3(b) 则表示初相位为 $-\pi/2$ 的一对复振动合成实振动，即

$$A\sin\omega t = \frac{A}{2}e^{-j\frac{\pi}{2}} \cdot e^{j\omega t} - \frac{A}{2}e^{-j\frac{\pi}{2}}e^{-j\omega t} = \frac{A}{2j}(e^{j\omega t} - e^{-j\omega t}) \qquad (6.1.6)$$

显然，这两个关系式就是数学上的欧拉公式。

依据上述复振动与实振动的关系式，一个简谐振动的频谱即可以表示成图 6.1.4(a) 只有正频率域的单边谱，也可以表示成图 6.1.4(b)、(c) 所示的具有正负频率域的双边谱。

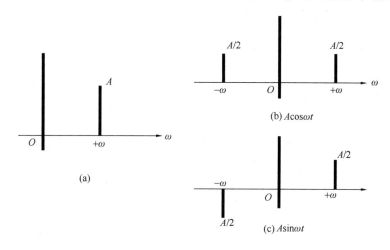

图 6.1.4 简谐振动的单边谱和双边谱

用复振动表示简谐过程，使许多振动问题的分析或运算得到简化，这可以在阅读本书后文中不断体会到。譬如，我们可以用复振动的形式表示简谐振动位移 $x(t)$、速度 $v(t)$ 及加速度 $a(t)$ 之间的微分关系，即

$$x(t) = \overline{X}e^{j\omega t} \qquad (6.1.7)$$

$$\left.\begin{array}{l} v(t) = \dfrac{\mathrm{d}x}{\mathrm{d}t} = j\omega\overline{X}e^{j\omega t} \doteq \overline{V}e^{j\omega t} \\ \overline{V} = j\omega\overline{X} = \omega\overline{X}e^{j\frac{\pi}{2}} \end{array}\right\} \qquad (6.1.8)$$

$$\left.\begin{array}{l} a(t) = \dfrac{\mathrm{d}v}{\mathrm{d}t} = -\omega^2\overline{X}e^{j\omega t} = \overline{A}e^{j\omega t} \\ \overline{A} = -\omega^2\overline{X} = \omega^2\overline{X}e^{j\pi} \end{array}\right\} \qquad (6.1.9)$$

其中 $\overline{X}$、$\overline{V}$ 和 $\overline{A}$ 分别为 $x(t)$、$v(t)$ 和 $a(t)$ 的复振幅。这些关系式表明复振动的速度 $v(t)$ 比位移 $x(t)$ 在相位上超前 $\dfrac{\pi}{2}$；加速度 $a(t)$ 又比速度 $v(t)$ 超前 $\dfrac{\pi}{2}$。图 6.1.5 表示出在复平面上复振幅 $\overline{X}$、$\overline{V}$ 和 $\overline{A}$ 三者间的关系。显然，这与实振动的位移、速度和加速度的相位关系完全一致。

在工程振动测量中，位移的常用单位为微米（μm）或毫米（mm），速度单位为毫米/秒（mm/s）或米/秒（m/s），加速度单位为米/秒²

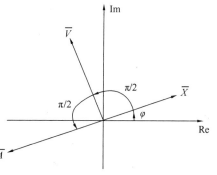

图 6.1.5 复振动的位移、速度和加速度的相位关系

（m/s²）或 g（重力加速度，$g=9.806$m/s²）。

由于加速度的幅值与频率的平方成正比，对于很低频率的振动，即使其位移幅值很大，加速度幅值仍可能很小；反之，对于高频率的振动，虽然位移幅值通常很小，但是加速度幅值可能并不小。因此，在振动测量中，为了提高测量信噪比，对低频率振动常选取位移或者速度作为测量参量，对高频率振动常选用加速度作为测量参量。

6.1.3 周期振动过程

1. 周期振动的时域特征参数

周期振动过程可以表示为

$$x(t) = x(t+kT) \tag{6.1.10}$$

其中 k 为整数，T 是它的周期。

周期振动时域波形的特征一般由下面所列参量予以描述：

(1) 峰值 x_p 是指波形上相对于零线的最大偏离值，对于简谐振动，它就是振幅。当波形的正负半波不对称的时候，需要区分正峰值和负峰值，有时要求测量峰-峰值。

(2) 平均绝对值 x_{av} 定义为

$$x_{av} = \frac{1}{T}\int_0^T |x|\,dt \tag{6.1.11}$$

即一个周期内波形与零线包围面积的绝对值对时间的平均值。

(3) 均值 μ_x

$$\mu_x = \frac{1}{T}\int_0^T x\,dt \tag{6.1.12}$$

等于一个周期内正半波与零线包围的面积（取正值）与负半波与零线包围的面积（取负值）之代数和对时间的平均值。也称为波形的直流分量。

(4) 有效值 x_{rms} 也称为均方根值，表示为

$$x_{rms} = \sqrt{\frac{1}{T}\int_0^T x^2\,dt} \tag{6.1.13}$$

它反映信号能量或功率大小。

(5) 波形系数 F_f 和波峰系数 F_c，定义为

$$F_f = \frac{x_{rms}}{x_{av}} \tag{6.1.14}$$

$$F_c = \frac{x_p}{x_{rms}} \tag{6.1.15}$$

几种典型周期过程的上述特征参数见表 6.1.2。

典型周期过程的波形参数　　　　　　　表 6.1.2

名称	时间波形	x_p	x_{av}	x_{rms}	F_f	F_c
正弦波		A	$0.637A$	$0.707A$	1.111	1.414

续表

名称	时间波形	x_p	x_{av}	x_{rms}	F_f	F_c
方波		A	A	A	1	1
三角波		A	$0.5A$	$0.577A$	1.155	1.732

2. 周期振动的傅里叶频谱

在数学上，周期函数可展开为傅里叶三角级数。设
$$x(t) = x(t+kT) \quad (k \text{ 为整数})$$

令 $\omega_1 = 2\pi/T$，则有

$$x(t) = a_0 + \sum_{n=1}^{\infty}(a_n\cos n\omega_1 t + b_n\sin n\omega_1 t) \tag{6.1.16}$$

$$\left.\begin{aligned} a_0 &= \frac{1}{T}\int_{-T/2}^{T/2} x\,dt \\ a_n &= \frac{2}{T}\int_{-T/2}^{T/2} x\cos n\omega_1 t\,dt \\ b_n &= \frac{2}{T}\int_{-T/2}^{T/2} x\sin n\omega_1 t\,dt \end{aligned}\right\} \tag{6.1.17}$$

$$(n=1, 2, 3, \cdots)$$

式（6.1.16）也可以写成

$$x(t) = a_0 + \sum_{n=1}^{\infty} c_n\sin(n\omega_1 t + \varphi_n) \tag{6.1.18}$$

其中

$$\left.\begin{aligned} c_0 &= a_0 \\ c_n &= \sqrt{a_n^2 + b_n^2} \\ \varphi_n &= \operatorname{arctg}\frac{b_n}{a_n} \\ &(n=1,2,3,\cdots) \end{aligned}\right\} \tag{6.1.19}$$

可见，一个周期振动过程可以视为频率顺次为基频 ω_1 及其整倍数的若干或无数简谐振动分量的合成振动过程。这些分量依据 $n=1, 2, 3, \cdots$ 分别称为基频分量、二倍频分量、三倍频分量等等。c_n、φ_n 是 n 倍频分量的幅值和初相位，c_0 是 $x(t)$ 的均值或直流分量。基频分量有时称为基波，n 倍频分量则称为 n 次谐波。

以 f（或 ω）为横坐标，c_n 和 φ_n 为纵坐标，得到的 c_n-f 和 φ_n-f 图分别称为幅值谱和相位谱，统称为傅里叶频谱。周期函数的频谱总是由若干沿 f 轴离散分布的谱线组成

（故称之为离散谱），谱线长度分别代表频率分量的幅值和初相位。

例图 6.1.6 所示周期矩形波，为一系列幅值为 A，宽度为 τ、周期为 T 的矩形脉冲，在一个周期内 $\left(-\dfrac{T}{2}\leqslant t\leqslant \dfrac{T}{2}\right)$，其表示式为

$$x(t)=\begin{cases}A,\ |t|\leqslant\dfrac{\tau}{2}\\ 0,\ |t|>\dfrac{\tau}{2}\end{cases}$$

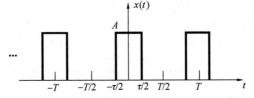

图 6.1.6 周期矩形波

根据式（6.1.17）不难求出其傅里叶三角级数的各项系数：

$$a_0=\dfrac{1}{T}\int_{-T/2}^{T/2}x\mathrm{d}t$$

$$=\dfrac{1}{T}\int_{-\tau/2}^{\tau/2}A\mathrm{d}t$$

$$=\dfrac{A\tau}{T}$$

$$a_n=\dfrac{2}{T}\int_{-T/2}^{T/2}x\cos n\omega_1 t\mathrm{d}t$$

$$=\dfrac{2}{T}\int_{-\tau/2}^{\tau/2}A\cos\dfrac{2n\pi}{T}t\mathrm{d}t$$

$$=\dfrac{2A}{n\pi}\sin\dfrac{n\pi\tau}{T}(n=1,2,3\cdots)$$

$$b_n=0$$

由式（6.1.19）可以求得其平均值 c_0、各谐波分量的幅值 c_n 和初相位 φ_n 为：

$$c_0=a_0=\dfrac{A\tau}{T}$$

$$c_n=\sqrt{a_n^2+b_n^2}$$

$$=\dfrac{2A}{n\pi}\left|\sin\dfrac{n\pi\tau}{T}\right|$$

$$(n=1,2,3,\cdots)$$

$$\varphi_n=\mathrm{arctg}\dfrac{b_n}{a_n}$$

$$=\begin{cases}0,\ \dfrac{2m}{\tau}<f<\dfrac{2m+1}{\tau}\\ \pi,\ \dfrac{2m+1}{\tau}\leqslant f\leqslant\dfrac{2m+2}{\tau}\end{cases}$$

式中 m 为非负整数，$f = \dfrac{n\omega_1}{2\pi}$。

图 6.1.7（a）、(b) 分别给出矩形波的幅值谱和相位谱，图 (c) 则是将幅值谱和相位谱合并在一幅图上。注意，仅当 φ_n 的值都是 0 和 π 时才能进行类似的合并。

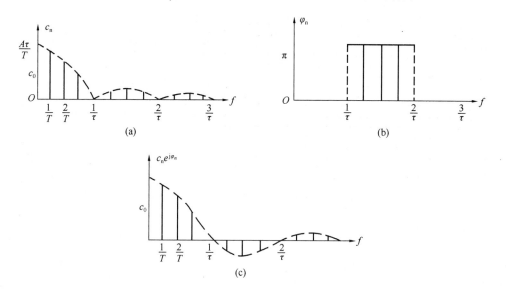

图 6.1.7　周期矩形波的频谱

表 6.1.3 给出一些典型周期过程的傅里叶三角级数的系数 a_0、a_n、b_n 的公式。

一个实际周期振动过程常包含丰富的谐波分量，当对这些过程进行测量时，如果测量仪器不能充分接收这些谐波分量，则将引起波形的失真。例如表 6.1.3 第一栏所示矩形波，当 $\tau = T/2$ 时。将其展开为傅里叶三角级数，得

$$x(t) = \frac{A}{2} + \frac{2A}{\pi}\left(\cos\omega_1 t - \frac{1}{3}\cos 3\omega_1 t + \frac{1}{5}\cos 5\omega_1 t - \cdots\right)$$

图 6.1.8 表示取不同项数谐波分量逼近矩形波情况。可以看出，取的项数愈多，愈逼近真实波形。

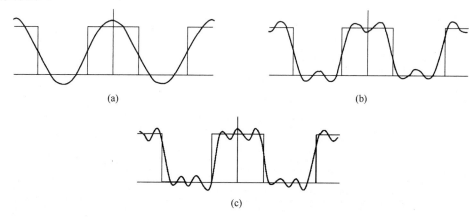

图 6.1.8　取不同项数谐波分量逼近矩形波情况：
（a）取一项，(b) 取二项，(c) 取三项

3. 傅里叶级数的复指数形式

正如简谐振动可以用复振动表示，周期振动也可以视为不同频率复振动分量合成，这时，傅里叶级数采用复指数形式。

根据欧拉公式可知

$$a_n \cos n\omega_1 t = \frac{a_n}{2}(e^{jn\omega_1 t} + e^{-jn\omega_1 t})$$

$$b_n \sin n\omega_1 t = \frac{b_n}{2j}(e^{jn\omega_1 t} + e^{-jn\omega_1 t})$$

典型周期过程的傅里叶级数　　　　　　表 6.1.3

名称	波形	a_0	a_n	b_n
矩形波	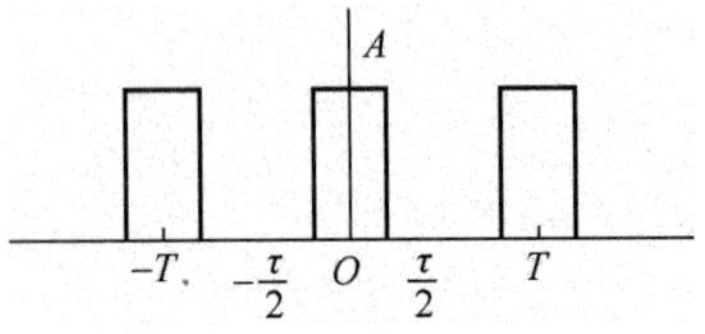	$\dfrac{A\tau}{T}$	$\dfrac{2A}{n\pi}\sin\dfrac{n\pi\tau}{T}$	0
方波	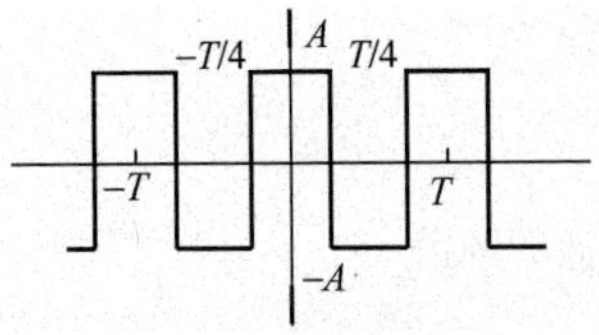	0	$\dfrac{2A}{n\pi}\sin\dfrac{n\pi}{2}$	0
三角波	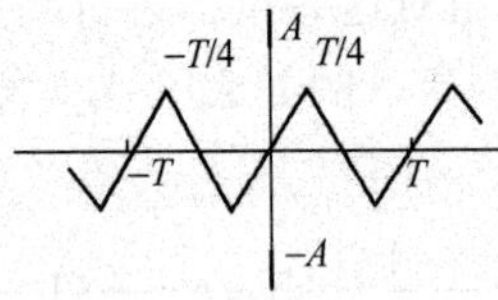	0	0	$\dfrac{4A}{(n\pi)^2}\sin\dfrac{n\pi}{2}$
锯齿波	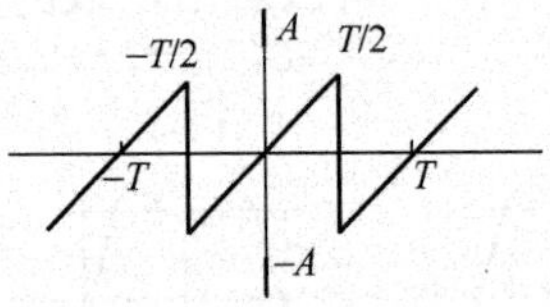	0	0	$(-1)^{n+1}\dfrac{A}{n\pi}$
余弦半波	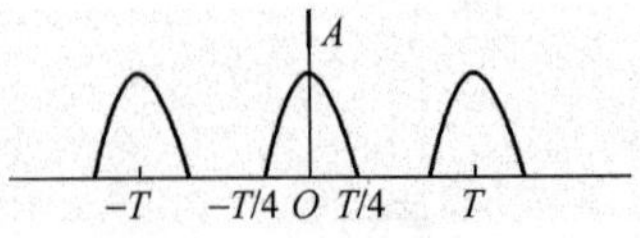	$\dfrac{A}{\pi}$	$\dfrac{2A}{(1-n^2)\pi}\cos\dfrac{n\pi}{2}$	0
余弦全波	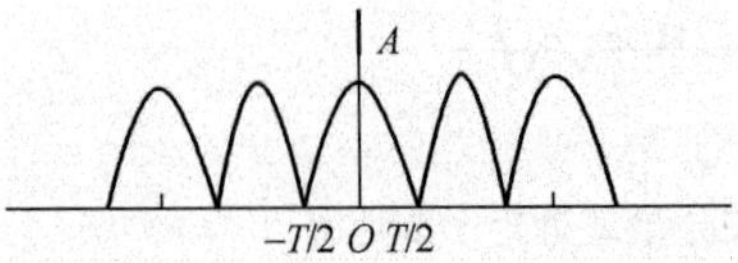	$\dfrac{2A}{\pi}$	$(-1)^{n+1}\dfrac{4A}{(4n^2-1)\pi}$	0

将其代入三角函数形式的傅里叶级数，得到

$$x(t) = a_0 + \sum_{n=1}^{\infty}(a_n\cos n\omega_1 t + b_n\sin n\omega_1 t)$$

$$= a_0 + \sum_{n=1}^{\infty}\left[\frac{1}{2}(a_n - \mathrm{j}b_n)e^{\mathrm{j}n\omega_1 t} + \frac{1}{2}(a_n + \mathrm{j}b_n)e^{-\mathrm{j}n\omega_1 t}\right] \tag{6.1.20}$$

如令

$$\left.\begin{array}{l}\overline{X}_0 = a_0 \\ \overline{X}_n = \dfrac{1}{2}(a_n - \mathrm{j}b_n) \\ \overline{X}_{-n} = \overline{X}_n^* = \dfrac{1}{2}(a_n + \mathrm{j}b_n)\end{array}\right\} \tag{6.1.21}$$

则式（6.1.20）可以写成

$$x(t) = \overline{X}_0 + \sum_{n=1}^{\infty}(\overline{X}_n e^{\mathrm{j}n\omega_1 t} + \overline{X}_{-n}e^{-\mathrm{j}n\omega_1 t}) \tag{6.1.22}$$

或

$$x(t) = \sum_{n=-\infty}^{\infty}\overline{X}_n e^{\mathrm{j}n\omega_1 t} \tag{6.1.23}$$

式中，对应 $n=0$、$n>0$ 及 $n<0$，$\overline{X}_n$ 分别取式（6.1.21）中的 $\overline{X}_0$、$\overline{X}_n$ 和 $\overline{X}_{-n}$。

另外，由式（6.1.17）和（6.1.21）可得

$$\overline{X}_n = \frac{1}{2}(a_n - \mathrm{j}b_n)$$

$$= \frac{1}{T}\int_{-T/2}^{T/2}x(t)[\cos n\omega_1 t - \mathrm{j}\sin n\omega_1 t]\mathrm{d}t$$

亦即

$$\overline{X}_n = \frac{1}{T}\int_{-T/2}^{T/2}x(t)e^{-\mathrm{j}n\omega_1 t}\mathrm{d}t \tag{6.1.24}$$

不难证明，式（6.1.24）不仅适合 $n>0$，且适合 $n=0$ 及 $n<0$ 的情况。

式（6.1.23）和（6.1.24）即为傅里叶级数的复指数形式。其中，$\overline{X}_n e^{\mathrm{j}n\omega_1 t}$ 代表一角频率为 $n\omega_1$ 的复振动，复振幅 $\overline{X}_n$ 的模 X_n 和幅角 φ_n 即是该频率分量的幅值和初相位，它们与傅里叶三角级数的系数有如下的关系：

$$\left.\begin{array}{l}X_n = X_{-n} = \dfrac{1}{2}\sqrt{a_n^2 + b_n^2} = \dfrac{1}{2}c_n \\ \varphi_n = \varphi_{-n} = \mathrm{arctg}\dfrac{b_n}{a_n} \\ X_0 = a_0 = c_0,\ \varphi_0 = 0\end{array}\right\} \tag{6.1.25}$$

图 6.1.9 为 $\overline{X}_n$ 沿频率轴分布的三维图，即复振动形式的傅里叶频谱。式（6.1.25）和图 6.1.9 表明，周期振动分解为复振动时，其基频和倍频分量总是正、负频率成双成对存在，每一对分量的复振幅互为共轭复数，模（幅值）等于相应实振动谐波分量（只有正频率）幅值的二分之一。

4. 周期振动的功率谱

电学中，电流 i 流经电阻 R 消耗的功率为 $i^2 R$；力学中线性阻尼 $R = \alpha$ 消耗的功率为

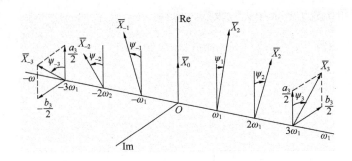

图 6.1.9 周期振动分解为复振动的三维傅里叶频谱

cv^2（c 为阻力系数）；在信号分析中，忽略信号具体的物理意义，将信号瞬时值的平方视为信号的即时功率。即时功率对时间的积分除以积分间隔，称为信号在该时间间隔内的平均功率。周期信号 $x(t)$ 在一个周期内的平均功率为

$$P = \frac{1}{T}\int_0^T x^2(t)\,\mathrm{d}t \tag{6.1.26}$$

依据有效值 x_{rms} 的定义，显然有

$$P = x_{\mathrm{rms}}^2 \tag{6.1.27}$$

利用傅里叶级数，可以将周期信号分解为直流分量和若干或无数简谐分量。无疑，信号的平均功率应等于其所有频率的简谐分量和直流分量的平均功率之和，此即所谓帕斯瓦尔（Perseval）定理。$x(t)$ 表示为三角级数时，有

$$P = c_0^2 + \sum_{n=1}^{\infty}\left(\frac{c_n}{\sqrt{2}}\right)^2 \tag{6.1.28}$$

$x(t)$ 表示为复指数级数时，则有

$$P = \sum_{n=-\infty}^{\infty} X_n^2 = \sum_{n=-\infty}^{\infty} \overline{X}_n \cdot \overline{X}_n^* = \sum_{n=-\infty}^{\infty} S_n \tag{6.1.29}$$

式中

$$S_n = \overline{X}_n \cdot \overline{X}_n^* = X_n^2 \tag{6.1.30}$$

是频率为 $n\omega_1$ 的复振动分量的平均功率。S_n 的值在频域的分布图，称为周期信号的功率谱，它也是离散谱。显然 $\overline{X}_n$ 是复数，S_n 却是实数。由于 S_n 包含了负频率、正频率和零频率（直流）分量，故称为双边功率谱。考虑到负频率本身没有物理意义，实用上常采用不含负频率的单边功率谱 G_n，它与双边功率谱的关系为

$$G_n = \begin{cases} S_n = c_0^2 & n = 0 \\ 2S_n = \dfrac{c_n^2}{2} & n > 0 \end{cases} \tag{6.1.31}$$

对于单边功率谱的分量各取其平方根，得到均方根功率谱 ψ_n，即

$$\psi_n = \sqrt{G_n} \quad (n = 0,1,2\cdots) \tag{6.1.32}$$

均方根功率谱也称为有效值谱，因为其每一谱线的值等于相应频率分量的有效值。

图 6.1.10（a）、（b）、（c）、（d）分别表示同一周期信号的双边幅值谱、双边功率谱、单边功率谱和有效值谱。根据前面的定义和推导可知，双边幅值谱和双边功率谱在正、负频率域有完全对称的图形。

6.1.4 瞬态过程

瞬态过程是一种包罗万象的非周期确定性过程，以过程的突发性和持续时间较短为其

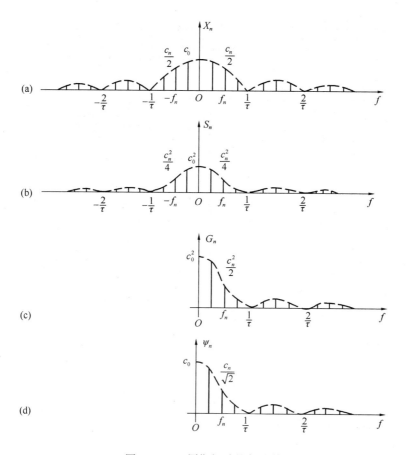

图 6.1.10 周期振动的各种谱
(a) 双边幅值谱；(b) 双边功率谱；(c) 单边功率谱；(d) 有效值谱

基本特征。像飞机着陆，火炮发射，地震，爆炸，车辆之间或船舶之间的碰撞，落锤打桩等过程产生的力和振动响应都属于瞬态过程。各种机电产品在试制阶段或批量生产过程中，经常需要按照有关规范，抽样进行冲击或瞬态振动试验，以检验产品的可靠性。

1. 几种典型瞬态过程的时域特征

(1) 冲击过程

其时间记录通常表现为单个或少数几个脉冲，脉冲作用时间 τ 一般在几百毫秒以内，脉冲峰值 x_p 较大。图 6.1.11 (a)、(b)、(c) 表示国际电工委员会 (IEC) 推荐的冲击试验三种标准波形，即矩形脉冲、三角形脉冲和半正弦脉冲；图 6.1.12 为一个跳远运动员踏跳力三个分量的现场实测波形。

在冲击过程的测量中，具有影响意义的参量除了脉冲作用时间 τ（也称为脉冲宽度）和脉冲峰值 x_p，还有脉冲上升时间（脉冲前沿宽度），脉冲冲量、脉冲能量，冲击响应谱等。其中，脉冲冲量为

$$I = \int_0^\tau x(t)\mathrm{d}t \tag{6.1.33}$$

脉冲能量为

$$E = \int_0^\tau x^2(t)\mathrm{d}t \tag{6.1.34}$$

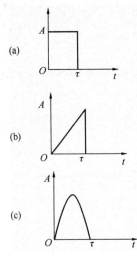
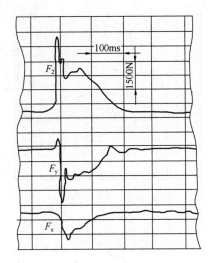

图 6.1.11 标准冲击波形　　图 6.1.12 跳远运动员踏跳力实测波形

（2）衰减振动过程

当结构受到冲击激励时其振动响应为一衰减振动过程。小阻尼单自由度振动系统的衰减振动波形如图 6.1.13 所示，其数学表示式为

$$x(t) = Ae^{-\sigma t}\sin(2\pi f_d t + \varphi) \tag{6.1.35}$$

其中，σ 称为振幅衰减指数，f_d 为振动系统的阻尼固有频率。乍看起来，衰减振动似乎具有单一频率，然而由于振幅随着时间按指数规律衰减，它并非周期过程。频率分析表明，此过程具有复杂的连续频谱。

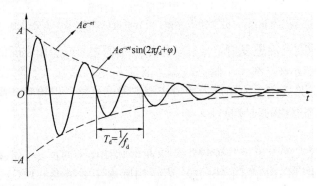

图 6.1.13 衰减振动波形

（3）指数衰减及上升过程

大阻尼振动系统受冲击时的运动可能出现这种过程，如图 6.1.14 所示。其中，指数衰减函数式为

$$x(t) = Ae^{-\sigma t} = Ae^{-\frac{t}{\tau}} \tag{6.1.36}$$

指数上升函数式为

$$x(t) = A(1 - e^{-\sigma t}) = A(1 - e^{-\frac{t}{\tau}}) \tag{6.1.37}$$

式中，$\tau = 1/\sigma$ 称为时间常数。在工程中，时间常数具有重要意义，当过程经历时间为 τ、

2τ、3τ 时，对衰减过程，信号衰减到初始值的 36.8%、13.5%、5%；对上升过程，信号上升至终了值的 63.2%、86.5%、95%。

2. 傅里叶变换，瞬态过程的频谱

利用复指数形式的傅里叶级数，很容易将周期过程的频谱分析推广到非周期过程。

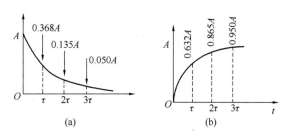

图 6.1.14
(a) 指数型衰减过程；(b) 指数上升过程

对周期过程

$$x(t) = x(t+kT) \quad (k \text{ 为整数})$$

有

$$x(t) = \sum_{n=-\infty}^{\infty} \overline{X}_n e^{jn\omega_1 t} \tag{6.1.23}$$

$$\overline{X}_n = \frac{1}{T} \int_{-T/2}^{T/2} x(t) e^{-jn\omega_1 t} dt \tag{6.1.24}$$

对非周期过程，可以设想有无限大的周期，即 $T \to \infty$。相应的，基频及各倍频分量的频率间隔趋于无限小量，即 $\omega_1 = \frac{2\pi}{T} \to d\omega$。于是，离散频谱变成连续谱，离散值 $n\omega_1$ 转换为连续变量 ω，和式转换为积分式。即式（6.1.23）与（6.1.24）一同转换为

$$\begin{aligned} x(t) &= \int_{-\infty}^{\infty} \left[\frac{d\omega}{2\pi} \int_{-\infty}^{\infty} x(t) e^{-j\omega t} \right] dt \, e^{j\omega t} \\ &= \int_{-\infty}^{\infty} \left[\frac{1}{2\pi} \int_{-\infty}^{\infty} x(t) e^{-j\omega t} \right] dt \, e^{j\omega t} d\omega \end{aligned} \tag{6.1.38}$$

由于时间 t 是积分变量，上式方括号中的积分式仅是角频率 ω 的复函数，记作 $X(\omega)$，即

$$X(\omega) = \frac{1}{2\pi} \int_{-\infty}^{\infty} x(t) e^{-j\omega t} dt \tag{6.1.39}$$

而

$$x(t) = \int_{-\infty}^{\infty} X(\omega) e^{j\omega t} d\omega \tag{6.1.40}$$

式（6.1.39）和（6.1.40）称为非周期函数 $x(t)$ 的傅里叶积分。由于他们建立了时域函数 $x(t)$ 和频域函数 $X(\omega)$ 之间的一一对应关系，也称之为傅里叶变换对。其中，式（6.1.39）为傅里叶正变换，记作 $\mathcal{F}$ 或者 FT；式（6.1.40）为傅里叶逆变换，记作 $\mathcal{F}^{-1}$ 或 IFT。

将 $\omega = 2\pi f$ 代入式（6.1.38），则式（6.1.39）和（6.1.40）变为

$$X(f) = \mathcal{F}[x(t)] = \int_{-\infty}^{\infty} x(t) e^{-j2\pi ft} dt \tag{6.1.41}$$

$$x(t) = \mathcal{F}^{-1}[X(f)] = \int_{-\infty}^{\infty} X(f) e^{j2\pi ft} dt \tag{6.1.42}$$

在后文中，这两个关系式常缩写为

$$x(t) \xrightleftharpoons[IFT]{FT} X(f) \tag{6.1.43}$$

式（6.1.41）与式（6.1.39）相比较，省去了常数因子 $1/2\pi$，这样，FT 与 IFT 的表示具有更为对称的形式。

$X(f)$ 或 $X(\omega)$ 的函数图像称为非周期函数 $x(t)$ 的傅里叶频谱。由于 $X(f)$ 是变量 f 的复函数，可写为

$$X(f) = |X(f)| e^{j\varphi(f)} \tag{6.1.44}$$

$|X(f)|$ 的图像为幅值谱，$\varphi(f)$ 的图像为相位谱，与周期过程具有离散谱不同，非周期过程一般具有连续谱。离散型幅值谱的单位为信号本身的单位，而连续型幅值谱的单位为信号的单位除以频率的单位（Hz）。

例图 6.1.15 所示矩形脉冲波形的数学表示式为

$$x(t) = \begin{cases} A & |t| \leqslant \dfrac{\tau}{2} \\ 0 & |t| > \dfrac{\tau}{2} \end{cases}$$

A 为脉冲幅值，τ 为脉冲宽度。

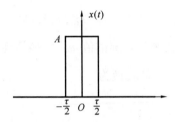

图 6.1.15 矩形脉冲波形

由式（6.1.41）求得该过程的傅里叶积分：

$$\begin{aligned} X(f) &= \mathcal{F}[x(t)] = \int_{-\infty}^{\infty} x(t) e^{-j2\pi ft} \mathrm{d}t \\ &= \int_{-\tau/2}^{\tau/2} A e^{-j2\pi ft} \mathrm{d}t \\ &= A\tau \frac{\sin(\pi \tau f)}{\pi \tau f} \end{aligned}$$

其幅值谱和相位谱分别为

$$X(f) = A\tau \left| \frac{\sin(\pi \tau f)}{\pi \tau f} \right|$$

$$\varphi(f) = \begin{cases} 0, & \dfrac{2n}{\tau} \leqslant |f| \leqslant \dfrac{2n+1}{\tau} \\ \pi, & \dfrac{2n+1}{\tau} < |f| < \dfrac{2(n+1)}{\tau} \end{cases} \quad (n \text{ 为整数})$$

其图像如图 6.1.16 所示，其中，(a) 为幅值谱，(b) 为相位谱，(c) 则是二者的合并，即 $X(f)$ 的图像。当 $\varphi(f)$ 的值取 0 和 π 两个常值时，$X(f)$ 有平面图像，在一般的情况下，$X(f)$ 可表示为三维图像。

表 6.1.4 列举了一些典型的瞬态过程的幅值谱。可看出，无论是矩形脉冲、三角形脉冲还是半正弦脉冲，其能量均主要集中在 $0 \sim 1/\tau$（Hz）的频率范围内。脉冲宽度愈窄，频率范围愈宽。测量脉冲过程时，大致要求测量仪器的工作频率上限高于十倍 $1/\tau$。衰减振动过程并非具有单一的频率 f_d，其频谱是从 $0 \to \infty$ 呈连续分布的，仅当阻尼很小时（$\sigma \ll 2\pi f_d$），信号能量才集中在 f_d 的邻近。

原理上，$X(f)$ 是双边谱，且有 $X(-f) = X^*(f)$，$X^*(f)$ 为 $X(f)$ 的共轭复数。因 $|X(-f)| = |X(f)|$，故双边谱幅值在正负频域有对称图形。实用上，常将双边谱折合为不含负频率的单边谱。单边谱的幅值等于双边谱对应幅值的二倍。

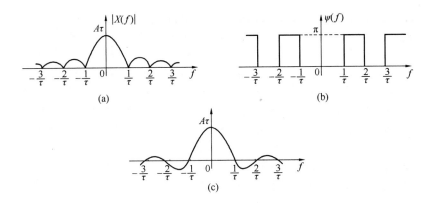

图 6.1.16 矩形脉冲波的频谱

典型瞬态过程的频谱 表 6.1.4

过程名称	时间函数 $x(t)$	时间波形	傅里叶变换 $X(f)$	幅值谱 $\|X(f)\|$
矩形脉冲	$\begin{cases} A & \|t\| < \dfrac{\tau}{2} \\ 0 & \|t\| \geqslant \dfrac{\tau}{2} \end{cases}$		$A\tau \cdot \dfrac{\sin \pi f \tau}{\pi f \tau}$	
余弦脉冲	$\begin{cases} A\cos\dfrac{\pi t}{\tau} & \|t\| < \dfrac{\tau}{2} \\ 0 & \|t\| \geqslant \dfrac{\tau}{2} \end{cases}$		$\dfrac{2A\tau}{\pi} \cdot \dfrac{\cos \pi f \tau}{1-(\pi f \tau)^2}$	
升余弦脉冲	$\begin{cases} A\left(1+\cos\dfrac{2\pi t}{\tau}\right) & \|t\| < \dfrac{\tau}{2} \\ 0 & \|t\| \geqslant \dfrac{\tau}{2} \end{cases}$		$\dfrac{A\tau}{2(1-f^2\tau^2)} \cdot \dfrac{\sin f \tau}{\pi f \tau}$	
三角脉冲	$\begin{cases} A\left(1-\dfrac{2\|t\|}{\tau}\right) & \|t\| < \dfrac{\tau}{2} \\ 0 & \|t\| \geqslant \dfrac{\tau}{2} \end{cases}$		$\dfrac{A\tau}{2} \cdot \dfrac{\sin^2\left(\dfrac{1}{2}\pi f \tau\right)}{\left(\dfrac{1}{2}\pi f \tau\right)^2}$	
锯齿脉冲	$\begin{cases} \dfrac{A}{\tau}t & 0 < t < \tau \\ 0 & \text{其他} \end{cases}$		$\dfrac{A\tau}{(2\pi f \tau)^2}[(1+\mathrm{j}2\pi f \tau)e^{-2\mathrm{j}\pi f \tau}-1]$	
指数衰减	$\begin{cases} Ae^{-\sigma t} & t > 0 \\ 0 & t \leqslant 0 \end{cases}$		$\dfrac{A}{\sigma+\mathrm{j}2\pi f}$	

续表

过程名称	时间函数 $x(t)$	时间波形	傅里叶变换 $X(f)$	幅值谱 $\|X(f)\|$
衰减正弦	$\begin{cases} Ae^{-\sigma t}\sin 2\pi f_d t & t>0 \\ 0 & t\leqslant 0 \end{cases}$		$\dfrac{2\pi f_d A}{(\sigma+\mathrm{j}2\pi f)^2+(2\pi f_d)^2}$	
衰减余弦	$\begin{cases} Ae^{-\sigma t}\cos 2\pi f_d t & t>0 \\ 0 & t\leqslant 0 \end{cases}$		$\dfrac{A(\sigma+\mathrm{j}2\pi f)}{(\sigma+\mathrm{j}2\pi f)^2+(2\pi f_d)^2}$	

6.1.5 随机振动过程的基本特性

在工程中，存在许多复杂的，看起来毫无规律的振动过程，其时间历程通常不可能精确重复或预测，这种过程称为随机振动过程。例如，车辆在凹凸不平的路面上行驶时发生的振动，车刀和刀架在切削过程中产生的振动，大气湍流引起的机翼振动，海浪使船舶或海洋结构发生的振动等等，都是随机振动的实例。

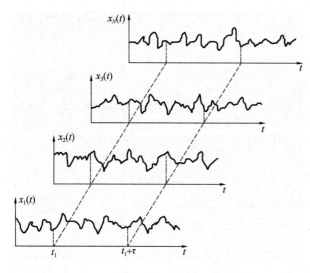

图 6.1.17 用"横切法"求随机过程的系集平均

随机过程并非毫无规律，实际上，只要获得足够多、足够长的样本函数（即时间历程记录），就可以求得其概率意义上的统计特征参数，即统计规律。如均值、均方值、方差、概率密度函数、概率分布函数、相关函数和功率谱密度函数等等。

一般说，随机过程的特征参数由无限多个样本函数（称为系集）通过"横切法"来确定。图 6.1.17 表示同一过程的 N 个样本函数 $x_1(t)$、$x_2(t)$、$x_3(t)\cdots x_N(t)$，各自起点是任意选定的。"横切法"用下列定义计算任意时刻 t_1 的均值 $\mu_x(t_1)$ 和均方值 $\psi_x^2(t_1)$：

$$\mu_x(t_1) = \lim_{N\to\infty}\frac{1}{N}\sum_{i=1}^{N}x_i(t) \tag{6.1.45}$$

$$\psi_x^2(t_1) = \lim_{\substack{N\to\infty \\ xN(t)}}\frac{1}{N}\sum_{i=1}^{N}x_i^2(t) \tag{6.1.46}$$

此外，在 t_1 时刻和 $t_1+\tau$ 时刻各样本函数值乘积的系集平均，称为时延 τ 的自相关值。定义如下：

$$R_x(t_1,\tau) = \lim_{N\to\infty}\frac{1}{N}\sum_{i=1}^{N}x_i(t_1)\cdot x_i(t_1+\tau) \tag{6.1.47}$$

按类似方式，还可以计算更高阶次的其他平均值。对于一般情况，所研究的系集的一个或几个平均值随时间 t_1 的取值而变化，这样的过程称为非平稳过程。所有的平均值均不随 t_1 的取值而变化的特殊过程，称为平稳过程。对于平稳过程来说，所有时刻的平均值可由任一时刻的系集平均求得。

在平稳随机过程中，如果任何单个样本的时间平均值都等于全体样本的系集平均，则该过程称为各态历经过程。在工程振动测试中，一般都把被测随机过程当做各态历经过程来处理，即只取其中一个或几个有限长度记录样本的时间平均来估计其系集平均值。

下面介绍描述各态历经随机过程的主要参数。

1. 均值、均方值和方差

对各态历经过程 $x(t)$，用下列时间平均值计算其均值 μ_x、均方值 ψ_x^2 和方差 σ_x^2：

$$\mu_x = E[x] = \lim_{T\to\infty} \frac{1}{T}\int_0^T x(t)\mathrm{d}t \tag{6.1.48}$$

$$\psi_x^2 = E[x^2] = \lim_{T\to\infty} \frac{1}{T}\int_0^T x^2(t)\mathrm{d}t \tag{6.1.49}$$

$$\sigma_x^2 = \lim_{T\to\infty} \frac{1}{T}\int_0^T [x(t)-\mu_x]^2 \mathrm{d}t \tag{6.1.50}$$

符号 $E[x]$ 表示变量 x 的数学期望值；同理 $E[x^2]$ 为 x^2 的数学期望值。这些参数中，均方值描述信号的能量，均值描述信号的静态（常值）分量，方差描述信号的动态（波动）分量，其相互关系为：

$$\sigma_x^2 = \psi_x^2 - \mu_x^2 \tag{6.1.51}$$

均方值的平方根称为均方根值或者有效值，用 x_{rms} 表示。方差的平方根称为标准偏差，用 σ_x 表示。当随机过程的均值 $\mu_x = 0$ 时，有

$$\sigma_x^2 = \psi_x^2$$

$$\sigma_x = x_{\mathrm{rms}}$$

2. 概率密度函数和概率分布函数

概率密度函数 $p(x)$ 表示信号瞬时值落在指定区间 $(x, x+\Delta x)$ 内的概率对 Δx 比值的极限。对图 6.1.18 所示的样本，在观察时间长度 T 范围内，信号 $x(t)$ 的瞬时值落在 $(x, x+\Delta x)$ 区间内的总时间为

$$T_x = \Delta t_1 + \Delta t_2 + \cdots + \Delta t_N = \sum_{i=1}^{N}\Delta t_i \tag{6.1.52}$$

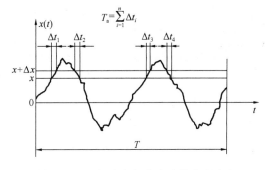

图 6.1.18 概率与概率密度的物理意义

当 $T\to\infty$ 时，比值 T_x/T 的极限称为该信号在 $(x, x+\Delta x)$ 区间的概率，记作

$$\mathrm{Prob}[x < x(t) \leqslant x+\Delta x] = \lim_{T\to\infty}\frac{T_x}{T} \tag{6.1.53}$$

该概率与 Δx 的比值在 $\Delta x\to 0$ 时的极限，就是概率密度函数，即

$$p(x) = \lim_{\Delta x\to 0}\frac{\mathrm{Prob}[x < x(t) \leqslant x+\Delta x]}{\Delta x} = \lim_{\substack{\Delta x\to 0 \\ T\to\infty}}\frac{T_x/T}{\Delta x} \tag{6.1.54}$$

概率分布函数 $P(x)$ 表示信号瞬时值低于某一给定值 x 的概率，即

$$P(x) = \text{Prob}[x(t) \leqslant x] = \lim_{T \to \infty} \frac{T'_x}{T} \tag{6.1.55}$$

式中，T'_x 为 $x(t)$ 的值小于或等于 x 的总时间。显然，概率密度函数与概率分布函数之间具有如下的微分—积分关系：

$$p(x) = \lim_{\Delta x \to 0} \frac{P(x + \Delta x) - P(x)}{\Delta x} = \frac{\mathrm{d}P(x)}{\mathrm{d}x} \tag{6.1.56}$$

$$p(x) = \int_{-\infty}^{x} p(x) \mathrm{d}x \tag{6.1.57}$$

$x(t)$ 值落在 (x_1, x_2) 区间的概率为

$$\text{Prob}[x_1 < x(t) \leqslant x_2] = \int_{x_1}^{x_2} p(x) \mathrm{d}x = P(x_2) - P(x_1) \tag{6.1.58}$$

显然，$x(t)$ 落在 $(-\infty, \infty)$ 的区间概率应该等于 1，即

$$\text{Prob}[-\infty < x(t) \leqslant \infty] = \int_{-\infty}^{\infty} p(x) \mathrm{d}x = 1 \tag{6.1.59}$$

其理由是 $x(t)$ 的值必定是正、负无限大之间的某一值。

3. 高斯过程

如果随机过程变量 x 的概率密度函数具有如下经典高斯形式

$$p(x) = \frac{1}{\sigma_x \sqrt{2\pi}} \exp\left[-\frac{(x - \mu_x)^2}{2\sigma_x^2}\right] \tag{6.1.60}$$

就称之为高斯过程或正态过程。实测表明，很多工程振动过程非常接近高斯过程。高斯过程的概率密度函数以及概率分布函数的图像如图 6.1.19 (a)、(b) 所示。

对于均值 $\mu_x = 0$ 的高斯过程，信号瞬时值落在 $(-3\sigma_x, 3\sigma_x)$ 区间的概率为 99.7%。在振动测量中，有的以 $3\sigma_x$ 作为零均值随机变量的峰值。

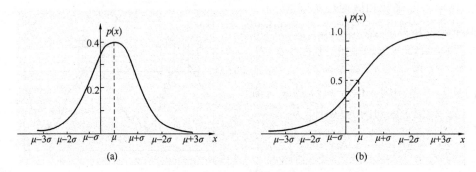

图 6.1.19
(a) 高斯概率密度曲线；(b) 高斯概率分布曲线

6.1.6 随机振动的相关函数

1. 相关的经典概念

设一次实验中，测得某两个变量 x 和 y 的若干成对的测量数据 x_i 和 y_i ($i=1, 2, 3 \cdots N$)。在 xOy 直角坐标图上描出这些数据，可能得到图 6.1.20 (a)、(b)、(c)、(d) 所示情况之一。图 (a) 是精确线性相关的理想情况，说明变量 x 和 y 有严格的线性关系，且

测量的信噪比很高；图（b）是接近线性相关情况，其偏差常由于测量误差引起；图（c）为非线性相关情况，可能产生于变量本身的非线性关系或测量系统的非线性因素；图（d）为不相关情况，说明变量 x 和 y 之间不存在确定性关系。

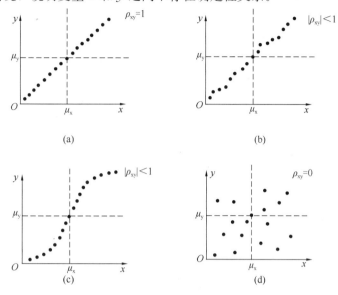

图 6.1.20　变量 x 和 y 相关程度的几种情况
(a) 精确线性相关；(b) 中等程度的线性相关；(c) 非线性相关；(d) 不相关

评价变量 x 和 y 之间线性相关程度的经典方法，是计算两个变量的协方差 σ_{xy} 和相关系数 ρ_{xy}。其中协方差的定义为

$$\sigma_{xy} = E[(x-\mu_x)(y-\mu_y)] = \lim_{N\to\infty} \frac{1}{N}\sum_{i=1}^{N}(x_i-\mu_x)(y_i-\mu_y) \quad (6.1.61)$$

对于图（d）的不相关情况，$(x_i-\mu_x)$ 与 $(y_i-\mu_y)$ 的正积之和等于其负积之和，因而其平均积 $\sigma_{xy}\to 0$。对图（a）的精确相关情况，当 $(x_i-\mu_x)$ 为正时，$(y_i-\mu_y)$ 也是正的，当 $(x_i-\mu_x)$ 为负时，$(y_i-\mu_y)$ 也是负值，可以证明，在该情况下，有

$$\sigma_{xy} = \sigma_x \sigma_y \quad (6.1.62)$$

而在一般情况下，有

$$|\sigma_{xy}| \leqslant \sigma_x \sigma_y \quad (6.1.63)$$

将 σ_{xy} 与 $\sigma_x\sigma_y$ 积的比值，定义为相关系数，即

$$\rho_{xy} = \frac{\sigma_{xy}}{\sigma_x \sigma_y} \qquad -1 \leqslant \rho_{xy} \leqslant 1 \quad (6.1.64)$$

$\rho_{xy}=1$ 意味着 x 和 y 精确线性相关，$\rho_{xy}=0$ 表明 x 和 y 不相关，$\rho_{xy}=-1$ 时，x 和 y 并不是线性相关。

2. 互相关函数与自相关函数

对于各态历经过程，可定义时间变量 $x(t)$ 和 $y(t)$ 的互协方差函数为

$$c_{xy}(\tau) = E[\{x(t)-\mu_x\}\{y(t+\tau)-\mu_y\}]$$

$$= \lim_{T\to\infty}\frac{1}{T}\int_0^T \{x(t)-\mu_x\}\{y(t+\tau)-\mu_y\}\mathrm{d}t = R_{xy}(\tau) - \mu_x\mu_y \quad (6.1.65)$$

其中
$$R_{xy}(\tau) = \lim_{T \to \infty} \frac{1}{T} \int_0^T x(t)y(t+\tau)dt \tag{6.1.66}$$
称为 $x(t)$ 和 $y(t)$ 的互相关函数。自变量 τ 称为时延，其常用单位为 ms。

当 $y(t) \equiv x(t)$ 时，得到自协方差函数
$$c_x(t) = \lim_{T \to \infty} \frac{1}{T} \int_0^T \{x(t) - \mu_x\}\{x(t+\tau) - \mu_x\}dt = R_x(\tau) - \mu_x^2 \tag{6.1.67}$$
其中
$$R_x(\tau) = \lim_{T \to \infty} \frac{1}{T} \int_0^T x(t)x(t+\tau)dt \tag{6.1.68}$$
称为 $x(t)$ 的自相关函数。

自相关函数和互相关函数有下面一些性质：

(1) 根据定义，自相关函数总是 τ 的偶函数，即
$$R_x(-\tau) = R_x(\tau) \tag{6.1.69}$$
而互相关函数则通常既不是 τ 的偶函数，也不是 τ 的奇函数，而且 $R_{xy}(-\tau) \neq R_{xy}(\tau)$，但有
$$R_{xy}(-\tau) = R_{yx}(\tau) \tag{6.1.70}$$

(2) 自相关函数总是在 $\tau=0$ 处有极大值，且等于信号的均方值，即
$$R_x(0) = R_x(\tau)|_{\max} = \psi_x^2 = \sigma_x^2 + \mu_x^2 \tag{6.1.71}$$
而互相关函数的极大值一般不在 $\tau=0$ 处。

(3) 在整个时延域 $(-\infty < \tau < \infty)$ 内，$R_x(\tau)$ 的取值范围为
$$\mu_x^2 - \sigma_x^2 \leqslant R_x(\tau) \leqslant \sigma_x^2 + \mu_x^2 \tag{6.1.72}$$
$R_{xy}(\tau)$ 的取值范围是
$$\mu_x\mu_y - \sigma_x\sigma_y \leqslant R_{xy}(\tau) \leqslant \mu_x\mu_y + \sigma_x\sigma_y \tag{6.1.73}$$

(4)
$$R_x(\tau \to \infty) \to \mu_x^2 \tag{6.1.74}$$
$$R_{xy}(\tau \to \infty) \to \mu_x\mu_y \tag{6.1.75}$$

(5) 不难证明下面的互相关不等式成立：
$$|R_{xy}(\tau)| \leqslant \sqrt{R_x(0)R_y(0)} \tag{6.1.76}$$
式 (6.1.64) 定义的相关系数可扩展为相关系数函数：
$$\rho_{xy}(\tau) = \frac{c_{xy}(\tau)}{\sqrt{c_x(0)c_y(0)}}$$
$$= \frac{R_{xy}(\tau) - \mu_x\mu_y}{\sqrt{[R_x(0) - \mu_x^2][R_y(0) - \mu_y^2]}} \tag{6.1.77}$$
且 $|\rho_{xy}(\tau)| \leqslant 1$ 对所有的 τ 均成立。

典型的自相关函数曲线和互相关函数曲线分别如图 6.1.21 (a)、(b) 所示。

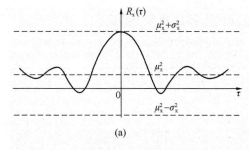

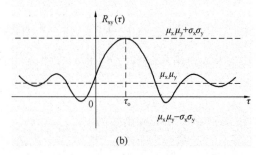

图 6.1.21
(a) 自相关函数曲线；(b) 互相关函数曲线

3. 相关函数的工程意义

自相关函数可用来检测淹没在随机信号中的周期分量。这是因为随机分量的自相关函数总是随 $\tau \to \infty$ 而趋于零或某一常值 (μ_x^2),而周期分量的自相关函数则可以保持原有的周期性质。例如,设周期分量为一简谐信号

$$x(t) = A\sin(\omega t + \varphi)$$

其自相关函数为

$$\begin{aligned}R_x(\tau) &= \frac{1}{T}\int_0^T x(t)x(t+\tau)\mathrm{d}t \\ &= \frac{\omega}{2\pi}\int_0^{2\pi/\omega} A^2 \sin(\omega t + \varphi)\sin[\omega(t+\tau)+\varphi]\mathrm{d}t \\ &= \frac{1}{2}A^2\cos\omega\tau\end{aligned}$$

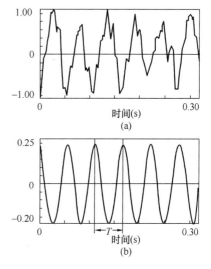

可见,它保持了原信号的频率和幅值信息,不过失去了相位信息而已。图 6.1.22 (a)、(b) 分别表示一混合有随机噪声的简谐信号波形及其相关函数曲线。由时间波形 (a) 显然难以准确测定简谐分量的频率和振幅,而从它的自相关函数图形 (b) 中却可以精确识别出来。

互相关函数常用于识别信号的传播途径、传播距离、传播速度等等。例如,图 6.1.23 (a) 表示在 A 处有一声源,其记录信号为 $x(t)$;在 B 处有一声接收器,其记录信号为 $y(t)$。设信号 $y(t)$ 中,一部分来源于直接传播的声波,其传播距离为 d;另一部分来源于反射的声波,其传播距离为 $a+b$。实测的互相关函数 $R_{xy}(\tau)$ 可出现两个峰:第一个峰出现在 $\tau_1 = d/v$ 处,v 为声速;第二个峰出现在 $\tau_2 = (a+b)/v$ 处,如图 6.1.23 (b) 所示。因此,在已知声速情况下,

图 6.1.22 混合有随机噪声的简谐信号波形 (a) 及其相关函数 (b)

可确定 A、B 的距离,或识别出反射面位置;而在已知传播距离的情况下,则可测定声的传播速度。用类似的方法,可识别振动源或振动传播途径。又如测定汽车前后轮轴头振动的互相关函数,可根据前后轮轴距准确求得车辆的行驶速度。

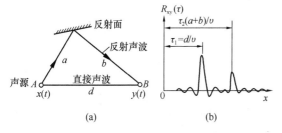

图 6.1.23 声音的传播、接收和它的互相关函数

6.1.7 随机振动的功率谱密度函数

1. 自功率谱密度函数

在 §6.1.3 中,我们讨论了周期过程的功率谱,现将其扩展到非周期过程的研究。

对无限长的周期过程 $x(t)$,截取其 $|t| \leqslant T/2$ 的一段,得到一截短函数 $x_T(t)$,

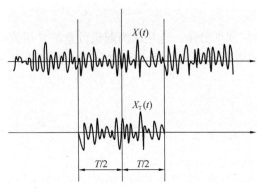

图 6.1.24 无限长非周期过程 $x(t)$ 及其截短函数 $x_T(t)$

$$x_T(t) = \begin{cases} x(t) & |t| \leqslant T/2 \\ 0 & |t| > T/2 \end{cases}$$
(6.1.78)

如图 6.1.24 所示。当 $T \to \infty$ 时, $x_T(t)$ 就是 $x(t)$。

设 $x_T(t)$ 的傅里叶变换为 $X_T(f)$, 有

$$X_T(f) = \mathscr{F}[x_T(t)] = \int_{-\infty}^{\infty} x_T(t) e^{-j2\pi ft} dt$$
(6.1.79)

$$x_T(t) = \mathscr{F}^{-1}[X_T(f)] = \int_{-\infty}^{\infty} X_T(f) e^{j2\pi ft} df$$
(6.1.80)

相应地, $x(t)$ 的平均功率可表为

$$\begin{aligned}P &= \lim_{T\to\infty}\frac{1}{T}\int_{-T/2}^{T/2} x_T^2(t)dt = \lim_{T\to\infty}\frac{1}{T}\int_{-\infty}^{\infty} x_T^2(t)dt \\ &= \lim_{T\to\infty}\frac{1}{T}\int_{-\infty}^{\infty} x_T(t)\left[\int_{-\infty}^{\infty} X_T(f)e^{j2\pi ft}df\right]dt \\ &= \lim_{T\to\infty}\frac{1}{T}\int_{-\infty}^{\infty} X_T(f)df\int_{-\infty}^{\infty} x_T(t)e^{j2\pi ft}dt \\ &= \lim_{T\to\infty}\frac{1}{T}\int_{-\infty}^{\infty} X_T(f)X_T^*(f)df\end{aligned}$$

其中, $X_T^*(f)$ 为 $X_T(f)$ 的共轭复数, 即

$$X_T^*(f) = \int_{-\infty}^{\infty} x_T(t)e^{j2\pi ft}dt$$
(6.1.81)

考虑到

$$X_T(f)X_T^*(f) = |X_T(f)|^2$$

因而有

$$P = \lim_{T\to\infty}\frac{1}{T}\int_{-\infty}^{\infty} x_T^2(t)dt = \int_{-\infty}^{\infty}\lim_{T\to\infty}\frac{1}{T}|X_T(f)|^2 df$$
(6.1.82)

或

$$P = \lim_{T\to\infty}\frac{1}{T}\int_{-T/2}^{T/2} x^2(t)dt = \int_{-\infty}^{\infty} S_x(f)df$$
(6.1.83)

其中

$$S_x(f) = \lim_{T\to\infty}\frac{1}{T}X_T(f)X_T^*(f) = \lim_{T\to\infty}\frac{1}{T}|X_T(f)|^2$$
(6.1.84)

式 (6.1.82) 或 (6.1.83) 就是著名的帕斯瓦尔定理, 即信号按时域计算的平均功率, 等于按频域计算的平均功率。

由于 $S_x(f)$ 表示了信号的平均功率 (或能量) 在频域上的分布, 即单位频带的功率随频率变化的情况, 故称之为信号 $x(t)$ 的自功率谱密度函数, 简称自功率谱或自谱。式 (6.1.83) 表明, $S_x(f)$ 曲线与 f 轴包围的面积等于信号 $x(t)$ 的平均功率, 即均方值。

根据维纳—辛钦 (Wiener-Khintchine) 关系, 自谱与自相关函数为一傅里叶变换对, 即

$$R_x(\tau) \underset{IFT}{\overset{FT}{\rightleftharpoons}} S_x(f)$$

也即

$$S_x(f) = \mathscr{F}[R_x(\tau)] = \int_{-\infty}^{\infty} R_x(\tau) e^{-j2\pi f\tau} d\tau \tag{6.1.85}$$

$$R_x(\tau) = \mathscr{F}^{-1}[S_x(f)] = \int_{-\infty}^{\infty} S_x(f) e^{j2\pi f\tau} df \tag{6.1.86}$$

$S_x(f)$ 是包含正、负频率的双边功率谱，可证明，它是 f 的实偶函数，即

$$S_x(-f) = S_x(f) \tag{6.1.87}$$

实际测量分析中，常采用不含负频率的单边功率谱，用 $G_x(f)$ 表示。$G_x(f)$ 也应该满足帕斯瓦尔定理，即它与 f 轴包围的面积应该等于信号的平均功率，故有

$$P = \int_{-\infty}^{\infty} S_x(f) df = \int_{0}^{\infty} G_x(f) df \tag{6.1.88}$$

由此规定

$$G_x(f) = 2S_x(f) \quad f \geqslant 0 \tag{6.1.89}$$

如图 6.1.25 所示。

实用中，有时采用均方根谱，即有效值谱，用 $\psi_x(f)$ 表示，规定

$$\psi_x(f) = \sqrt{G_x(f)} \quad f \geqslant 0 \tag{6.1.90}$$

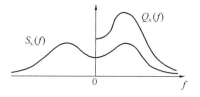

图 6.1.25 双边功率谱与单边功率谱

在 §6.1.3 中曾讨论周期信号的双边功率谱、单边功率谱，和有效值谱，并分别以符号 S_n、G_n 和 ψ_n 表示。今后我们将一律改用 $S_x(f)$、$G_x(f)$ 和 $\psi_x(f)$ 表示。但需要记住：周期信号和准周期信号的谱是离散谱，不含谱密度概念，设 $x(t)$ 为位移信号，单位为 mm，则其 $S_x(f)$ 或 $G_x(f)$ 的单位为 mm^2，$\psi_x(f)$ 的单位为 mm。随机信号的谱都是连续谱，是谱密度函数，位移信号 $x(t)$ 的 $S_x(f)$ 或 $G_x(f)$ 的单位为 mm^2/Hz，$\psi_x(f)$ 的单位则为 $mm/\sqrt{Hz}$。

根据信号的功率（或能量）在频域中的分布状况，将随机过程区分为窄带随机，宽带随机和白噪声等几种类型。窄带过程的功率（或能量）集中在某一中心频率的附近，宽带过程的能量分布在较宽的频带，白噪声过程的能量在所分析的频域内呈均匀分布。

2. 互功率谱密度函数

在更多的工程问题中，功率取决于两个变量的乘积。例如：电功率取决于电流与电压的乘积，机械功率取决于力和速度的向量积，等等。我们忽略信号的具体物理意义，定义信号 $x(t)$ 和 $y(t)$ 的互功率为

$$P = \lim_{T \to \infty} \frac{1}{T} \int_{-T/2}^{T/2} x(t) y(t) dt = \lim_{T \to \infty} \frac{1}{T} \int_{-\infty}^{\infty} x_T(t) y_T(t) dt \tag{6.1.91}$$

其中 $x_T(t)$、$y_T(t)$ 为 $x(t)$ 和 $y(t)$ 的截短函数。如设

$$x_T(t) \underset{IFT}{\overset{FT}{\rightleftharpoons}} X_T(f)$$

$$y_T(t) \underset{IFT}{\overset{FT}{\rightleftharpoons}} Y_T(f)$$

则有

$$P = \lim_{T\to\infty} \frac{1}{T} \int_{-\infty}^{\infty} x_T(t) \left[\int_{-\infty}^{\infty} Y_T(f) e^{j2\pi ft} df \right] df$$

$$= \lim_{T\to\infty} \frac{1}{T} \int_{-\infty}^{\infty} Y_T(f) \left[\int_{-\infty}^{\infty} x_T(t) e^{j2\pi ft} df \right] df$$

$$= \int_{-\infty}^{\infty} \left[\lim_{T\to\infty} \frac{1}{T} Y_T(f) X_T^*(f) \right] df \tag{6.1.92}$$

将上式写成以下形式：

$$P = \int_{-\infty}^{\infty} S_{xy}(f) df \tag{6.1.93}$$

其中，被积函数

$$S_{xy}(f) = \lim_{T\to\infty} \frac{1}{T} \cdot Y_T(f) \cdot X_T^*(f) \tag{6.1.94}$$

称为 $x(t)$ 和 $y(t)$ 的互功率谱密度函数，简称互功率谱或互谱。显然，当 $y(t) \equiv x(t)$ 时，互谱就转换为自谱。

根据维纳-辛钦关系，互谱和互相关函数也是一对傅里叶变换对，即

$$R_{xy}(\tau) \xrightleftharpoons[IFT]{FT} S_{xy}(f)$$

也即

$$S_{xy}(f) = \mathscr{F}[R_{xy}(\tau)] = \int_{-\infty}^{\infty} R_{xy}(\tau) e^{-j2\pi f\tau} d\tau \tag{6.1.95}$$

$$R_{xy}(\tau) = \mathscr{F}^{-1}[S_{xy}(f)] = \int_{-\infty}^{\infty} S_{xy}(f) e^{j2\pi f\tau} df \tag{6.1.96}$$

当 x 和 y 顺序调换时，正如 $R_{yx}(\tau) \neq R_{xy}(\tau)$ 一样，也有 $S_{yx}(f) \neq S_{xy}(f)$。单根据 $R_{xy}(-\tau) = R_{yx}(\tau)$ 及维纳-辛钦关系，不难证明下面关系式成立：

$$S_{xy}(-f) = S_{xy}^*(f) = S_{yx}(f) \tag{6.1.97}$$

其中，

$$S_{yx}(f) = \lim_{T\to\infty} \frac{1}{T} \cdot X_T(f) Y_T^*(f) \tag{6.1.98}$$

$S_{xy}^*(f)$ 和 $Y_T^*(f)$ 分别为 $S_{xy}(f)$ 和 $Y_T(f)$ 的共轭复数。

$S_{xy}(f)$ 是含正、负频率的双边功率谱，实用中，也常取含非负频率的单边互谱，并以 $G_{xy}(f)$ 表示，二者的关系规定为

$$G_{xy}(f) = 2S_{xy}(f) \quad f \geq 0 \tag{6.1.99}$$

自谱是 f 的实函数；互谱一般为 f 的复函数，其实部称为共谱，用 $C_{xy}(f)$ 表示，虚部称为重谱，用 $Q_{xy}(f)$ 表示，即

$$G_{xy}(f) = C_{xy}(f) - jQ_{xy}(f) \tag{6.1.100}$$

或记作

$$\left. \begin{aligned} G_{xy}(f) &= |G_{xy}(f)| e^{-j\theta_{xy}(f)} \\ |G_{xy}(f)| &= \sqrt{C_{xy}^2(f) + Q_{xy}^2(f)} \\ \theta_{xy}(f) &= \text{arctg} \frac{Q_{xy}(f)}{C_{xy}(f)} \end{aligned} \right\} \tag{6.1.101}$$

与协方差不等式（6.1.63）和互相关不等式（6.1.76）相类似，下面的互谱不等式成立：

$$|G_{xy}(f)|^2 \leqslant G_x(f) \cdot G_y(f) \tag{6.1.102}$$

实际上，互谱的意义就是从频域角度反映信号之间的相关关系。

根据不等式（6.1.102），引进一无量纲的系数

$$\gamma_{xy}^2(f) = \frac{|G_x(f)|^2}{G_x(f) \cdot G_y(f)} \tag{6.1.103}$$

$$0 \leqslant \gamma_{xy}^2(f) \leqslant 1$$

我们称之为 $x(t)$ 和 $y(t)$ 的相干函数。如果有 $\gamma_{xy}^2(f_1) = 0$，则称信号 $x(t)$ 和 $y(t)$ 在频率 f_1 完全不相干；如果 $\gamma_{xy}^2(f_1) = 1$，则两个信号在频率 f_1 完全相干。相干函数常用于检验信号之间的因果关系。

3. 能量谱

对各种瞬态过程，由于时间历程很短，通常不用功率谱密度（PSD），而用能量谱密度（ESD）。能量谱密度同样区分为自谱和互谱，一般仍沿用功率谱密度符号 $S_x(f)$ 和 $S_{xy}(f)$。然而，在能量谱密度的意义上，有

$$E = \int_{-\infty}^{\infty} x^2(t) dt = \int_{-\infty}^{\infty} S_x(f) df \tag{6.1.104}$$

$$S_x(f) = X(f) \cdot X^*(f) \tag{6.1.105}$$

$$S_{xy}(f) = Y(f) \cdot X^*(f) \tag{6.1.106}$$

其中 E 为信号的总能量，$X(f)$、$Y(f)$ 为 $x(t)$ 和 $y(t)$ 的傅里叶变换，$X^*(f)$ 是 $X(f)$ 的共轭复数。

若式（6.1.104）的积分存在，则该信号称为能量有限信号，能量密度谱的概念只适合于能量有限信号。

6.2 振动系统对激励的响应

各种工程振动问题的研究对象是振动系统，振动理论的中心问题是研究振动系统、它受到的各种激励、所产生的响应，及三者之间的关系。

本节先简要叙述振动系统的简化过程、描述方法及主要特性，然后重点讨论振动系统在受到简谐激励、任意激励、冲击以及随机激励时所产生的各种响应。

6.2.1 振动系统及其描述

1. 振动系统

实际系统通常是由若干个部分组成，彼此协同作用的一个集合体，诸如机械设备、运输工具、仪器仪表、建筑结构等等。为了研究实际系统，我们要用一个较为简化的力学模型来表征它们，然后利用各种力学原理和定理建立数学表达式。如果求解这些表达式得到的振动特性在一定程度上与从实际振动系统观测得到的相符合，那么这个模型就认为是可靠的，否则就需要对它进行修正，直到满足一定要求为止。研究实际系统的振动特性所采用的这类力学模型，称为振动系统。

作为实际系统的抽象化模型，振动系统都具有一定的质量（或惯性）和弹性（或刚

性）。因为有质量，它在发生运动时就具有动能，因为有弹性，它在发生变形时就具有势能。两种能量之间不断地变换使系统的振动得以继续下去。

实际的系统一般还存在一定的内部或外部的阻力，称为内、外阻尼，阻尼通常消耗能量使振动逐渐衰减。有时为了说明问题方便，需要一种理想化情况，这时才把系统抽象化为无阻尼系统。

通常系统还受到外力的作用，如持续的交变力或瞬态的冲击等等，这是系统发生振动的外部条件，称为激励，系统所发生的振动称为系统对激励的响应。

系统能否线性化是建立模型过程中的一个重要问题。我们知道：线性振动系统可用线性微分方程来描述；而非线性振动系统必须用非线性方程来描述。对于线性系统，叠加原理成立，因而可以把一个复杂的问题分解为几个较简单的问题来求解。线性振动理论发展得比较完善。有许多现成的数学工具和解析结果可供利用，而非线性振动理论发展较晚，目前只有很少的问题能求得解析解。对于大多数非线性问题，往往仅能做定性分析或者基于非线性是微小量的假定，求得级数形式的近似解；对于另一些非线性问题常设法避免求解微分方程本身，仅讨论其运动的性质。

虽然，实际的系统或多或少都包含有非线性因素，然而，在微幅振动的假设下，绝大多数系统都可近似地简化为线性系统来处理。这里只讨论线性振动系统。

2. 离散系统、连续系统

振动系统按决定其位形所需独立坐标的数目分为单自由度系统（需一个独立坐标），多自由度系统（需多个独立坐标）及连续体系统（需无限多个坐标或几个函数），前两者统称为离散化系统。

离散化的振动系统它的力学参量，如质量、刚度、阻尼等具有集总的性质，它的运动可用常微分方程来描述。

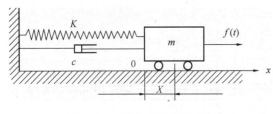

图 6.2.1 单自由度振动系统

图 6.2.1 所示的简谐振子是单自由度振动系统最简单的例子。

选取图示坐标系，系统的位置由一个独立坐标 x 所决定，时间 t 是唯一的自变量。系统的质量、弹性和阻尼分别集中于质量块、弹簧和阻尼器。

利用牛顿第二定律，得到质量块的运动微分方程式，它是一个二阶常微分方程：

$$m\ddot{x} + c\dot{x} + kx = f(t) \tag{6.2.1}$$

其中，m 为质量块的质量（kg）；

k 为弹簧的刚度系数（N/m）；

c 为阻尼器的阻力系数（N·s/m）；

$f(t)$ 为作用在质量块上的外力（N）。

许多实际系统的振动在一定程度上可以用单自由度系统的模型来描述，图 6.2.2 是一些常见的例子。

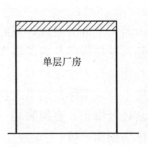

图 6.2.2 单自由度振动系统的常见例子

离散化振动系统中较复杂的是多自由度振动系统。图 6.2.3 为一两自由度振动系统模型，描述其运动需两个独立的坐标 x_1、x_2，它的运动微分方程是一个二阶常微分方程组，用矩阵形式表示为：

$$\begin{bmatrix} m_1 & 0 \\ o & m_2 \end{bmatrix} \begin{Bmatrix} \ddot{x}_1 \\ \ddot{x}_2 \end{Bmatrix} + \begin{bmatrix} c_1+c_2 & -c_2 \\ -c_2 & c_2+c_3 \end{bmatrix} \begin{Bmatrix} \dot{x}_1 \\ \dot{x}_2 \end{Bmatrix} + \begin{bmatrix} k_1+k_2 & -k_2 \\ -k_2 & k_2+k_3 \end{bmatrix} \begin{Bmatrix} x_1 \\ x_2 \end{Bmatrix} = \begin{Bmatrix} f_1(t) \\ f_2(t) \end{Bmatrix}$$

其中 m_1、m_2 为质量块的质量（kg）；

k_1、k_2、k_3 为各连接弹簧的刚度系数（N/m）；

c_1、c_2、c_3 为各阻尼器的阻力系数（N·s/m）；

$f_1(t)$、$f_2(t)$ 为作用在质量块上的外力（N）。

或者简写成：

$$[m]\{\ddot{x}\} + [c]\{\dot{x}\} + [k]\{x\} = \{f(t)\} \tag{6.2.2}$$

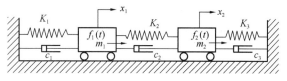

图 6.2.3　两自由度振动系统

对于一个 N 自由度的振动系统，$[m]$、$[c]$、$[k]$ 都是 $N \times N$ 的实数矩阵，分别称为系统的质量矩阵，阻尼矩阵和刚度矩阵。$\{\ddot{x}\}$、$\{\dot{x}\}$、$\{x\}$ 都是 $N \times 1$ 列矩阵，分别称为系统的加速度矢量、速度矢量和位移矢量。$\{f(t)\}$ 也是 $N \times 1$ 列矩阵，称为激励力矢量。

如果质量矩阵 $[m]$ 是一对角阵，这表明确定系统位形的各坐标之间没有惯性耦合（如图 6.2.3 中 x_1、x_2 即是）。如果刚度矩阵 $[k]$ 是对角阵，则表明各坐标之间没有弹性耦合。在很多情况下，我们可以选取适当的坐标，使得微分方程式（6.2.2）没有惯性耦合，或没有弹性耦合，或惯性、弹性均不耦合，这样求解微分方程（6.2.2）就比较容易。

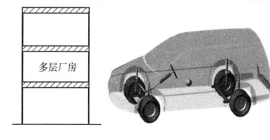

图 6.2.4　多自由度振动系统的常见例子

图 6.2.4 为一些多自由度振动系统的常见例子。

连续体振动系统，这种系统的力学参数（如质量、刚度、阻尼等）在空间是连续分布的，它的运动需要偏微分方程来描述。

图 6.2.5 所示一根沿轴向作振动的杆是连续体振动系统的简单例子。质量 $m(s)$ 和刚度 $EA(s)$ 都是位置 s 的函数，位移 $x(s,t)$ 和单位杆长上作用的激励力 $f(s,t)$ 是位置 s 和时间 t 的函数，描述运动的偏微分方程为：

$$m(s)\frac{\partial^2 x(s,t)}{\partial t^2} = \frac{\partial}{\partial s}\left[EA(s)\frac{\partial x(s,t)}{\partial s}\right] + f(s,t) \tag{6.2.3}$$

求解偏微分方程比常微分方程困难得多，只有少数简单的连续体振动系统，才有可能通过解式（6.2.3）那样的偏微分方程求得运动的解析表达式。对大多数系统，只能从数学上采用各种近似方法来求得数值解，比如把偏微分方程化为差分方程等等。

一个实际的系统，什么情况下可抽象化为

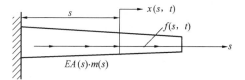

图 6.2.5　连续体振动系统的例子

离散系统，什么情况下应采用连续体振动系统，取多少个自由度，都要根据下列这些因素具体地灵活地决定，即机械系统的具体结构、求解问题的性质、精度要求、解题的时间要求和所花的费用、解题者个人的经验和习惯以及所掌握的计算方法和计算工具等等。

6.2.2 单自由度振动系统的响应

1. 自由振动

在不受外界激励的条件下，振动系统仅由于初始位移或初始速度（或两者兼有）而发生的运动，称为自由响应，或自由振动。

研究自由响应的目的有两方面：一方面在某些问题中，我们所感兴趣的就是自由响应本身；更重要的另一方面是，在研究自由响应中获得的系统的各种模态参数，是对系统作进一步动力分析的基础，后一点我们将在§6.2.3中看到。

求解系统的自由响应在数学上是解一个齐次微分方程式（或方程组），即求解一个特征值问题。

单自由度系统的自由响应与多自由度系统的自由响应，不论在运动的特点，还是求解的方法上都有很大不同，所以下面分开成两节加以讨论，先讨论单自由度系统。

我们取图 6.2.1 所示的单自由系统来研究其自由响应。令 $f(t)=0$，则由式（6.2.1）得运动微分方程式为

$$m\ddot{x} + c\dot{x} + kx = 0 \tag{6.2.4}$$

或化为标准形式

$$\ddot{x} + 2\sigma\dot{x} + \omega_n^2 x = 0 \tag{6.2.5}$$

其中 $\sigma = \dfrac{c}{2m}$ (1/s) 称为系统的衰减指数； $\qquad(6.2.6)$

$\omega_n = \sqrt{\dfrac{k}{m}}$ (1/s) 称为系统的固有（角）频率。 $\qquad(6.2.7)$

由微分方程理论知式（6.2.5）的解为

$$x = e^{-\sigma t}(C_1 e^{\sqrt{\sigma^2 - \omega_n^2}\, t} + C_2 e^{-\sqrt{\sigma^2 - \omega_n^2}\, t}) \tag{6.2.8}$$

其中 C_1、C_2 为决定于初始条件的积分常数。

引入表示系统阻尼相对大小的无量纲量

$\xi = \dfrac{\sigma}{\omega_n}$ 称为系统的阻尼比，显然有

$$\xi = \frac{\sigma}{\omega_n} = \frac{c}{2m\omega_n} = \frac{c}{2\sqrt{mk}} \tag{6.2.9}$$

下面根据 ξ 的大小分别讨论解（6.2.8）的性质。

（1）无阻尼情形：$\xi = 0 (c = 0, \sigma = 0)$

此时微分方程式（6.2.4）简化为

$$\ddot{x} + \omega_n^2 x = 0$$

解（6.2.8）亦可改定为

$$x = A_0 \sin(\omega_n t + \theta_0) \tag{6.2.10}$$

可知在无阻尼情况下，自由振动响应是等幅简谐振动（图 6.2.6 曲线 a），振动的角频率 ω_n（式 6.2.7）仅决定于系统本身的惯性和弹性，而与外界因素和初始条件无关，故称 ω_n

为系统的固有（角）频率，单位为（rad/s）。系统每秒振动的次数，称为系统的固有频率 f_n，它与 ω_n 的关系为

$$f_n = \frac{\omega_n}{2\pi} = \frac{1}{2\pi}\sqrt{\frac{k}{m}} \quad (6.2.11)$$

系统的固有周期 T_n 是 f_n 的倒数，它是系统每振动一次所需的时间，即

$$T_n = \frac{1}{f_n} = 2\pi\sqrt{\frac{m}{k}} \quad (s)(6.2.12)$$

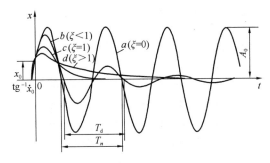

图 6.2.6　单自由度系统的自由响应

自由响应的振幅 A_0 和初相位 θ_0（相当于式（6.2.8）中的积分常数 C_1、C_2）决定于初始条件，亦即决定于 $t=0$ 时刻质量块具有的初位移 x_0 和初速度 $\dot{x}_0$，关系式为

$$A_0 = \sqrt{x_0^2 + \left(\frac{\dot{x}_0}{\omega_n}\right)^2}$$

$$\theta_0 = \arctan\frac{\omega_n x_0}{\dot{x}_0} \quad (6.2.13)$$

（2）小阻尼情形 $0 < \xi < 1(\sigma < \omega_n)$

此时式（6.2.8）解中两个根式均为虚数，利用欧拉公式可求得

$$x = A_1 e^{-\sigma t}\sin(\sqrt{\omega_n^2 + \sigma^2}\, t + \theta_1) \quad (6.2.14)$$

式中决定于初始条件的积分常数为

$$A_1 = \sqrt{\frac{(\dot{x}_0 + \sigma x_0)^2}{\omega_n^2 - \sigma^2} + x_0^2}$$

$$\theta_1 = \arctan\frac{x_0\sqrt{\omega_n^2 - \sigma^2}}{\dot{x}_0 + \sigma x_0} \quad (6.2.15)$$

可见在小阻尼情况下，自由响应是一个振幅随时间按指数规律衰减的振动，即衰减振动，典型的波形如图 6.2.6 曲线 b。

衰减振动的频率为阻尼固有角频率 ω_d 或阻尼固有频率 f_d，它们分别为：

阻尼固有角频率

$$\omega_n = \sqrt{\omega_n^2 - \sigma^2} = \omega_n\sqrt{1 - \xi^2} \quad (6.2.16)$$

阻尼固有角频率

$$f_d = \frac{\omega_d}{2\pi} = f_n\sqrt{1 - \xi^2} \quad (Hz) \quad (6.2.17)$$

显然，它们低于无阻尼时的角频率 ω_n 和频率 f_n。

阻尼固有周期

$$T_d = \frac{2\pi}{\omega_d} = \frac{2\pi}{\omega_n\sqrt{1-\xi^2}} = \frac{T_n}{\sqrt{1-\xi^2}}(s) \quad (6.2.18)$$

它比固有周期 T_n 长，对于通常的机械结构，ξ 为 $10^{-2} \sim 10^{-4}$ 数量级，阻尼对频率和周期的影响很小，可忽略不计。例如，$\xi = 0.05$ 时，$f_d = 0.9987 f_n$，$T_d = 1.0013 T_n$。

衰减振动的振幅是按几何级数衰减的，相邻两个振幅之比是一个常数（图 6.2.7），称为减幅系数，记作 η，

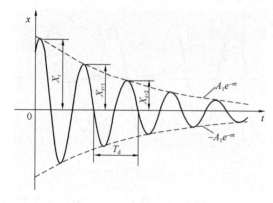

图 6.2.7 衰减振动的波形

$$\eta = \frac{X_i}{X_{i+1}} = \frac{X_{i+1}}{X_{i+2}} = \cdots\cdots e^{\sigma T_d} \tag{6.2.19}$$

σ 越大，η 越大，即振动衰减越快。阻尼使振动衰减是十分显著的，如 $\xi = 0.05$ 时，$\eta = 1.37$，或 $X_{i+1} = \dfrac{X_i}{1.37} = 0.73 X_i$，亦即振动一周后，振幅衰减了 27%。

η 的自然对数称为对数减幅系数，记作 δ

$$\delta = \ln \frac{X_i}{X_{i+1}} = \sigma T_d$$

或者 $\quad \delta = \dfrac{1}{n} \ln \dfrac{X_i}{X_{i+n}} = \sigma T_d \quad n$ 为正整数 $\tag{6.2.20}$

将（6.2.18）代入，得

$$\delta = \frac{2\pi\xi}{\sqrt{1-\xi^2}} \quad \text{或} \quad \xi = \frac{\delta}{\sqrt{4\pi^2 + \delta^2}} \tag{6.2.21}$$

当 $\xi \ll 1$ 时，近似地可取

$$\delta \approx 2\pi\xi \quad \text{或} \quad \xi \approx \frac{\delta}{2\pi} \tag{6.2.22}$$

如果我们能用试验办法得到某系统的衰减振动的波形记录，就可与时基信号对比，求得阻尼固有频率 f_d（或 ω_d），再根据振幅衰减的快慢由（6.2.20）求得 δ，由（6.2.21）求得阻尼比 ξ。

（3）临界阻尼情形 $\xi = 1 (\sigma = \omega_n)$

此时微分方程式（6.2.5）的解为

$$x = e^{-\sigma t}(C_1 + C_2 t) \tag{6.2.23}$$

积分常数 C_1、C_2 由初始条件决定，关系式为

$$C_1 = x_0, \quad C_2 = \dot{x}_0 + \sigma x_0 \tag{6.2.24}$$

系统的运动已没有往复性。

（4）大阻尼情形 $\xi > 1 (\sigma > \omega_n)$

此时，解（6.2.8）可改写为

$$x = A_2 e^{-\sigma t} \operatorname{sh}(\sqrt{\sigma^2 - \omega_n^2}\, t + \theta_2) \tag{6.2.25}$$

积分常数为

$$A_2 = \sqrt{\frac{(\dot{x}_0 + \sigma x_0)^2}{\sigma^2 - \omega_n^2} - x_0^2} \tag{6.2.26}$$

$$\theta_2 = \arctan \frac{x_0 \sqrt{\sigma^2 - \omega_n^2}}{\dot{x}_0 + \sigma x_0}$$

系统的运动亦已没有往复性。

临界阻尼和过阻尼情况在实际系统中较少碰到，它们的波形随初始条件而略有不同，图 6.2.6 中曲线 c、d 为其典型的波形。

2. 简谐激励下的响应

振动系统在外界激励下产生的振动称为响应，或称强迫振动。工程中许多振动问题的解决都涉及求取系统对各种激励的响应，响应不但取决于激励，显然也决定于系统本身。建立激励、响应和系统特性三者的关系是振动理论的核心问题。

下面先研究系统对简谐激励的响应，因为这种激励是最基本的，得到的结果具有普遍意义。在此基础上，下面再分析系统对周期激励以及任意形式激励的响应。

振动系统实际上多少有些阻尼，因此在讨论对简谐激励的响应时，我们认为激励一开始引起的瞬态振动，或早或晚地会消失，而把研究的重点放在稳态振动上。对于任意非周期激励，系统没有稳态振动，也就没有这一假定。

求解强迫振动问题在数学上是解一个非齐次微分方程式（或方程组）。根据方程右端激励形式的不同，有许多不同的解法。我们可看到：前面求解自由响应得到的结果（各种模态参数）在这里有十分重要的作用。

(1) 单自由度振动系统的频响函数

取图 6.2.1 所示的单自由度振动系统，已知其运动微分方程为
$$m\ddot{x} + c\dot{x} + kx = f(t) \tag{6.2.1}$$

$f(t)$ 为一简谐激励力，采用复矢量表示为
$$f(t) = \overline{F}e^{j\omega t} \tag{6.2.27}$$

并设稳态响应为
$$x(t) = \overline{X}e^{j\omega t} \tag{6.2.28}$$

$\overline{F}$ 与 $\overline{X}$ 分别为激励与响应的复振幅，代入式 (6.2.1) 得
$$(-m\omega^2 + jc\omega + k)\overline{X} = \overline{F}$$

于是
$$\overline{X} = \frac{\overline{F}}{k - m\omega^2 + jc\omega} \tag{6.2.29}$$

定义：系统的频率响应函数（简称频响函数）是系统的响应与激励的复振幅之比，它是激励频率 ω（或 f）的复函数，即
$$H(\omega) = \frac{\overline{X}}{\overline{F}} \quad \text{或} \quad \overline{X} = H(\omega)\overline{F} \tag{6.2.30}$$

因此，对于上述单自由度振动系统，由 (6.2.29) 式得
$$H(\omega) = \frac{1}{k - m\omega^2 + jc\omega} = |H(\omega)|e^{-j\theta} \tag{6.2.31}$$

频响函数的模 $|H(\omega)|$ 称为幅频特性。由式 (6.2.31) 得
$$|H(\omega)| = \frac{1}{m\sqrt{(\omega_n^2 - \omega^2)^2 + 4\sigma^2\omega^2}} = \frac{1}{k\sqrt{(1-\lambda^2)^2 + 4\lambda^2\xi^2}} \tag{6.2.32}$$

频响函数的幅角 θ 称为相频特性。由式 (6.2.31) 得
$$\theta = \arctan\frac{2\sigma\omega}{\omega_n^2 - \omega^2} = \arctan\frac{2\lambda\xi}{1-\lambda^2} \tag{6.2.33}$$

其中利用了 $\omega_n^2 = \frac{k}{m}, 2\sigma = \frac{c}{m}, \xi = \frac{\sigma}{\omega_n}$ 等关系，并引入了激励频率 ω 与系统固有频率 ω_n 之比，简称频率比
$$\lambda = \frac{\omega}{\omega_n} = \frac{f}{f_n} \tag{6.2.34}$$

幅频特性$|H(\omega)|$是响应与激励幅值大小之比；相频特性$\theta(\omega)$反映简谐的响应滞后于简谐激励的相位角。

频响函数$H(\omega)$是反映振动系统的动力特性的最重要的函数之一，它在振动理论中占有很重要的地位。

如果已知一个系统的频响函数$H(\omega)$，那么我们不需要解方程（6.2.1）式，就能很容易地求得它对任何简谐激励的响应，例如简谐激励为

$$f(t) = F_0 \sin\omega t \quad (6.2.35)$$

则复力幅$\overline{F}=F_0$，故由（6.2.30）式知响应为

$$\overline{X} = H(\omega)\overline{F} = F_0 H(\omega)$$

利用（6.2.32）（6.2.33）式，响应可写成

$$x(t) = \frac{F_0}{k}\frac{1}{\sqrt{(1-\lambda^2)^2+4\lambda^2\xi^2}}\sin(\omega t-\theta) \quad (6.2.36)$$

特别，当$\overline{F}=1$时，有$\overline{X}=H(\omega)$，即系统受到单位的简谐激励时，其响应（的幅值和相位）就等于频响函数（的模及幅角）。

（2）幅频特性曲线与相频特性曲线

在直角坐标中，根据式（6.2.32）、（6.2.33）分别画出$H-\omega$（或$H-f$）和$\theta-\omega$（或$\theta-f$）的变化曲线，称为幅频特性曲线及相频特性曲线（图6.2.8）。

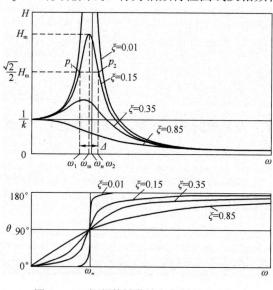

图6.2.8 幅频特性曲线与相频特性曲线

从幅频特性曲线可以看出随着激励频率ω变化，稳态响应幅值的变化规律：

1）当激励频率很低时（$\omega \ll \omega_n$），振幅约为$\frac{1}{k}$，此时激励力几乎是静态作用的。

2）随着激励频率的升高，振幅逐渐加大。当激励频率在固有频率附近（$\omega \approx \omega_n$）时，振幅最大，此时为共振。共振频率为

$$\omega_m = \omega_n\sqrt{1-2\xi^2}$$

或 $\quad f_m = f_n\sqrt{1-2\xi^2} \quad (6.2.37)$

此时，振幅最大的共振振幅，为

$$H_m = \frac{1}{2k\xi\sqrt{1-\xi^2}} \quad (6.2.38)$$

对于小阻尼系统（如$\xi<0.1$），通常可以认为

$$\omega_m \approx \omega_n \quad (f_m \approx f_n), \quad H_m \approx \frac{1}{2k\xi} \quad (6.2.39)$$

与激励力在很低频时的静态作用相比，共振的放大倍数为$\frac{1}{2\xi}$。阻尼较大时，ω_m明显低于ω_n，共振振幅也显著减小。当$\xi>0.707$以上，系统不出现共振。

3) 当激励频率很高时 ($\omega_m \geqslant \omega_n$),振幅按 $\dfrac{1}{\omega^2}$ 的趋势减小。

从相频特性曲线可看出相位的变化:低频区,$\theta \approx 0°$,即响应与激励力同相。随着频率升高,相位角慢慢增大,至固有频率处为 $90°$,即响应滞后激励力 $90°$。高频时趋于 $180°$,即响应与激励力反相。

小阻尼时,相位随激励频率的变化在共振区十分剧烈,阻尼增大时,这种变化就趋于平缓。

在幅频特性曲线的共振峰两侧,可各找到一幅值为 $\dfrac{H_m}{\sqrt{2}}$ 的点 P_1 和 P_2(图 6.2.8),称为半功率点。这是因为在这两点时,系统的振动能量是共振时能量的一半。在小阻尼时,P_1、P_2 对应的频率由式 (6.2.32)、(6.2.38) 求得为

$$\left.\begin{array}{l}\omega_1 \approx \sqrt{1-2\xi}\omega_n \approx (1-\xi)\omega_n \\ \omega_2 \approx \sqrt{1+2\xi}\omega_n \approx (1+\xi)\omega_n\end{array}\right\} \quad (6.2.40)$$

令半功率带宽为

$$\Delta = \omega_2 - \omega_1 = 2\xi\omega_n \quad (6.2.41)$$

故得

$$\xi \approx \frac{1}{2}\frac{\Delta}{\omega_n} = \frac{1}{2}\frac{\omega_2 - \omega_1}{\omega_n} \quad (6.2.42)$$

系统的阻尼越小,共振峰越尖锐,半功率带越窄,反之亦然。通常用式 (6.2.42) 由半功率带宽来估计系统的阻尼值。

为了使用方便,有时把幅频、相频特性曲线化成无量纲形式。为此引入动力放大系数

$$D_0 = \frac{|H|}{\dfrac{1}{k}} \quad (6.2.43)$$

它表示一个单位简谐激励的响应 H 比静态响应 $\dfrac{1}{k}$ 所放大的倍数。于是无量纲幅频特性的曲线为

$$D_0 = \frac{1}{\sqrt{(1-\lambda^2)^2 + 4\lambda^2\xi^2}} \quad (6.2.44)$$

相频特性曲线仍为

$$\theta = \arctan\frac{2\lambda\xi}{1-\lambda^2}$$

(3) 关于频响函数的进一步讨论

由于频响函数的重要性,我们现再地它作进一步的研究。

前面已说过,当系统受简谐激励时,频响函数是响应与激励的复振幅之比。由此推广,当激励 $f(t)$ 为非简谐时,频响函数为响应与激励的傅里叶变换之比。

根据傅里叶变换,有

$$F(f) = \mathscr{F}[f(t)] = \int_{-\infty}^{\infty} f(t) e^{-j2\pi ft} dt$$

$$X(f) = \mathscr{F}[x(t)] = \int_{-\infty}^{\infty} x(t) e^{-j2\pi ft} dt \quad (6.2.45)$$

及
$$f(t) = \mathscr{F}^{-1}[F(f)] = \int_{-\infty}^{\infty} F(f) e^{j2\pi ft} df$$
$$x(t) = \mathscr{F}^{-1}[X(f)] = \int_{-\infty}^{\infty} X(f) e^{j2\pi ft} df \tag{6.2.46}$$

这样，把一个非周期过程看作是由许多简谐分量所组成。

系统受到频率为 f 的简谐激励后，本节中已说明其响应亦是同频的简谐过程。设系统受到频率为 f 到 $f+df$ 的微小带宽的简谐激励

$$f^*(t) = [F(f)df] e^{j2\pi ft} \tag{6.2.47}$$

可以推论其响应为

$$x^*(t) = [X(f)df] e^{j2\pi ft} \tag{6.2.48}$$

但是，根据频响函数定义及（6.2.30）式，对应（6.2.47）式激励的响应应为

$$x^*(t) = H(f)[F(f)df] e^{j2\pi ft} \tag{6.2.49}$$

比较（6.2.48）与（6.2.49）得

$$X(f) = H(f) \cdot F(f)$$

或写成

$$X(\omega) = H(\omega) \cdot F(\omega) \tag{6.2.50}$$

这表明频响函数是系统的输出与输入的傅里叶变换之比，这是联系系统输入、输出和频响函数的重要关系式。

3. 任意激励下的响应

如果作用在系统上的激励力不是简谐的，那么求解响应的方法就有所不同。

（1）周期性激励力

设周期性激励力 $f(t)$ 的周期 $T = \dfrac{2\pi}{\omega}$，根据 §6.1.3，将其展开为傅里叶级数形式，于是系统的微分方程式为：

$$m\ddot{x} + c\dot{x} + kx = f(t) = a_0 + \sum_{n=1}^{\infty}(a_n \cos n\omega t + b_n \sin n\omega t) \tag{6.2.51}$$

对于线性系统可以运用叠加原理，先根据式（6.2.36）求出激励力每一个简谐分量引起的响应，然后再叠加起来，得到总的响应。式（6.2.51）的稳态解由式（6.2.32）、（6.2.36）得

$$x(t) = \frac{a_0}{k} + \sum_{n=1}^{\infty} \frac{a_n \cos(n\omega t - \theta_n) + b_n \sin(n\omega t - \theta_n)}{\sqrt{(k - n^2\omega^2 m)^2 + (n\omega c)^2}} \quad (n=1,2\cdots\infty) \tag{6.2.52}$$

其中

$$\theta_n = \arctan \frac{n\omega c}{k - n^2\omega^2 m}$$

在许多实际问题中，和式中仅取前若干项或主要的若干项就足够了。

（2）单位脉冲激励

单位脉冲是一个抽象化的脉冲，它集中反映了脉冲的特点。它的持续时间趋于零，幅值趋于无限，而力的冲量等于1。数学上单位脉冲用 δ 函数表示，在 $t=\tau$ 瞬时的一个单位脉冲记作 $\delta(t-\tau)$，其特性为：

$$\left.\begin{array}{l}\delta(t-\tau)=0,\text{当}\ t\neq\tau\ \text{时}\\ \delta(t-\tau)\to\infty,\text{当}\ t=\tau\ \text{时}\\ \text{冲量}\ I=\int_{-\infty}^{\infty}\delta(t-\tau)\mathrm{d}t=1\end{array}\right\} \qquad (6.2.53)$$

显然，对于任意连续函数 $f(t)$，还有

$$\int_{-\infty}^{\infty}f(t)\delta(t-\tau)\mathrm{d}t=f(\tau) \qquad (6.2.54)$$

当单位脉冲作用于系统的质量块上，由于作用时间极短，可认为质量 m 仅发生速度突变 $\dfrac{1}{m}$（因脉冲的力冲量为1），而还来不及产生位移。设质量块起始时是静止的，则以初始条件 $x_0=0, \dot{x}_0=\dfrac{1}{m}$ 代入 (6.2.15) 式，由 (6.2.14) 式得到单自由度系统对单位脉冲的响应为

$$h(t)=\frac{1}{m\omega_n\sqrt{1-\xi^2}}e^{-\xi\omega_n t}\sin\omega_n\sqrt{1-\xi^2}\,t \qquad (6.2.55)$$

对无阻尼系统 $\xi=0$，上式为

$$h(t)=\frac{1}{m\omega_n}\sin\omega_n t \qquad (6.2.56)$$

$h(t)$ 称为系统的冲激响应函数，它也是描述系统动力特性的一个重要函数。

如果某一脉冲持续时间较系统的固有周期短得多，脉冲的冲量为 I，那么工程上常近似地将其响应表为 $Ih(t)$。至于系统对任意冲击力的响应，将在下一小节中论述。

(3) 任意力激励

把任意力看作是一系列脉冲的组合图 6.2.9。先考虑在 $t=\tau$ 时宽度为 $\Delta\tau$ 的一个脉冲，其冲量为 $f(\tau)\Delta\tau$。根据 $h(t)$ 的含义，此脉冲引起的响应在 t 瞬时为

$$\Delta x(t,\tau)=f(\tau)\Delta\tau\cdot h(t-\tau) \qquad (6.2.57)$$

任意力 $f(t)$ 的激励是一种列脉冲的顺序作用，故其响应近似为 (6.2.57) 式的叠加，即

$$x(t)\approx\sum_{\tau}\Delta x(t,\tau)=\sum_{\tau}f(\tau)\Delta\tau\cdot h(t-\tau)$$

令 $\Delta\tau\to 0$，就得到系统对 $f(t)$ 激励的真实响应为

$$x(t)=\int_0^t f(\tau)h(t-\tau)\mathrm{d}\tau \qquad (6.2.58)$$

此式称为杜哈美（Duhamel）积分，也称为 $f(t)$ 与 $h(t)$ 的卷积积分，或记作

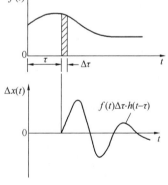

图 6.2.9 任意力分解为脉冲系列

$$x(t)=h(t)*f(t) \qquad (6.2.59)$$

从理论上讲，如果我们认为 $f(t)$ 在 $t<0$ 时也有定义，则 (6.2.58) 式的积分下限可扩至 $-\infty$，此外由于当 $\tau>t$ 时，$h(t-\tau)=0$，故积分上限可扩至 ∞ 亦不影响卷积积分的计算结果，故有

$$x(t)=\int_{-\infty}^{\infty}f(\tau)h(t-\tau)\mathrm{d}\tau \qquad (6.2.60)$$

利用变量置换方法，可将（6.2.60）式变成另一种形式

$$x(t) = \int_{-\infty}^{\infty} f(t-\tau)h(\tau)\mathrm{d}\tau \tag{6.2.61}$$

（6.2.60）（6.2.61）两式说明卷积积分中两个被积函数是对等的，即通常有

$$\begin{aligned}x(t) &= h(t) * f(t) \\ &= f(t) * h(t)\end{aligned} \tag{6.2.62}$$

（4）激励、响应及系统特性三者之间的关系

卷积积分（6.2.62）式说明系统输出和输入的关系，其中 $h(t)$ 也代表系统的动力特性。综合（6.2.50）式中频响函数的意义，现在我们可用图 6.2.11 来表示激励、响应及系统特性三者之间的关系。

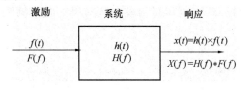

图 6.2.10 激励、响应及系统特性的初步关系

卷积积分（6.2.62）式说明系统输出和输入的关系，其中 $h(t)$ 也代表系统的动力特性。综合（6.2.50）式中频响函数的意义，现在我们可用图 6.2.10 来表示激励、响应和系统特性之间的关系。

冲激响应函数 $h(t)$ 与频响函数 $H(f)$ 都反映一个系统的动力特性，它们两者有一定的内在关系，现推导如下：设系统上作用有单位脉冲激励，即 $f(t) = \delta(t)$，根据冲激响应函数定义，此时的响应为

$$x(t) = h(\tau) \tag{a}$$

$f(t)$ 的傅里叶变换此时为

$$F(f) = \mathscr{F}[\delta(t)] = \int_{-\infty}^{\infty} \delta(t)e^{-\mathrm{j}2\pi ft}\mathrm{d}t = e^0 = 1 \tag{b}$$

根据（6.2.62）知，响应的傅里叶变换为

$$X(f) = H(f) \tag{c}$$

对比（a）与（c）知

$$H(f) \underset{FT}{\overset{IFT}{\rightleftharpoons}} h(t) \tag{6.2.63}$$

即

$$H(f) = \mathscr{F}[h(t)] = \int_{-\infty}^{\infty} h(t)e^{-\mathrm{j}2\pi ft}\mathrm{d}t$$

$$h(t) = \mathscr{F}^{-1}[H(f)] = \int_{-\infty}^{\infty} H(f)e^{\mathrm{j}2\pi ft}\mathrm{d}f \tag{6.2.64}$$

也就是说：$h(t)$ 和 $H(f)$ 是一傅里叶变换对，它们分别从时域和频域两个不同的角度来描述系统的动力特性。对图 6.2.10 作些补充，得到如图 6.2.11 所示的关于激励、响应及系统特性三者关系的示意图。

（5）卷积定理

式（6.2.50）和（6.2.62）表明函数 $h(t)$ 和 $f(t)$ 在时域的卷积积分关系，转换到域后，则为相乘的关系。这种关系推广到一般情况，称为时域卷积定理和频域卷积定理。

时域卷积定理，设频域函数 $G_1(f)$ 和 $G_2(f)$ 分别为时域函数 $g_1(t)$ 和 $g_2(t)$ 的傅里叶变换，则有

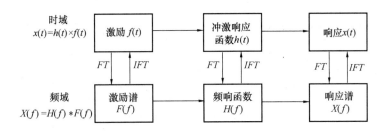

图 6.2.11 激励、响应及系统特性的关系

$$\mathscr{F}[g_1(t) * g_2(t)] = G_1(f) \cdot G_2(f) \tag{6.2.65}$$

同样存在频域卷积定理,即

$$\mathscr{F}[g_1(t) \cdot g_2(t)] = G_1(f) * G_2(f) \tag{6.2.66}$$

式(6.2.65)和(6.2.66)是傅里叶变换的重要性质之一。

6.2.3 多自由度振动系统的响应

1. 无阻尼的多自由度振动系统的自由振动响应

我们先来分析一个 N 自由度无阻尼系统的自由响应,由(6.2.2)式,令 $\{f(t)\} = \{0\}$,并取 $[c] = [0]$,得运动微分方程式为

$$[m]\{\ddot{x}\} + [k]\{x\} = [0] \tag{6.2.67}$$

假定(6.2.67)式的特解为

$$\{x\} = \{X\}\sin(\omega t + \theta) \tag{6.2.68}$$

代入(6.2.67)式,得到

$$([k] - \omega^2[m])\{X\} = \{0\} \tag{6.2.69}$$

式中的 $\{X\}$ 有非零解的条件是行列式

$$|[k] - \omega^2[m]| = 0 \tag{6.2.70}$$

此即系统的特征方程式。方程式有 N 个根,设它们各不相同,一般由小到大排列,记作 $\omega_r(r=1,2\cdots N)$,并称之为系统的第 r 个特征根。将求得的 ω_r 代入式(6.2.69),可得 N 组比例解 $\{X\}_r = \{X_{1r}, X_{2r}, \cdots X_{Nr}\}^T (r=1,2\cdots N)$,称之为系统的特征矢量。每一 ω_r 和与其对应的 $\{X\}_r$,称为一个特征对。

关于特征值问题有许多专著讨论,根据矩阵 $[k]$、$[m]$ 性质的不同,相应的有许多求解特征值的方法和计算机程序可供选用。

我们这里所讨论的系统是保守系统,故质量矩阵 $[m]$ 和刚度矩阵 $[k]$ 都是实数对称阵,N 个特征值 ω_r 都是正实数,$\{X\}_r$ 亦都是实矢量。故特解(6.2.68)式为

$$\{x\} = \{X\}_r \sin(\omega_r t + \theta_r) \quad (r=1,2,\cdots N) \tag{6.2.71}$$

对于第 r 个特征对,特解(6.2.71)式表示系统在作角频率为 ω_r 的简谐振动。振动的特点是各坐标在振动过程中频率相同,相位相同(或相反),位移大小始终保持着一定的比例关系 $\{X\}_r$,这种振动称为系统的第 r 阶模态(或第 r 阶主振动),ω_r 为系统的第 r 阶无阻尼模态频率(或第 r 阶(主)频率),$\{X\}_r$ 为对应于 ω_r 的模态矢量(或振型矢量、模态振型、(主)振型)。由于其频率及振型都是实数,故这种模态称为实模态。

图 6.2.12 为两个系统的各阶频率和振型举例。

微分方程组(6.2.67)的一般解应是 N 个特解(6.2.71)的线性阻合,即可写成

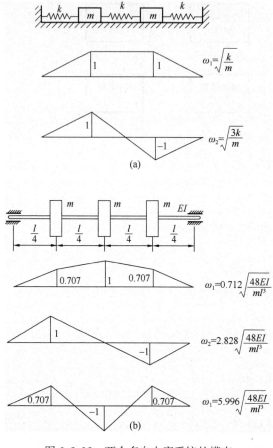

图 6.2.12 两个多自由度系统的模态

$$\{x\} = \sum_{r=1}^{N} A_r \{X\}_r \sin(\omega_r t + \theta_r)$$
(6.2.72)

其中 $2N$ 个积分常数 A_r、$\theta_r (r=1,2\cdots N)$ 决定于初始位移 $\{x_0\}$ 和初始速度 $\{\dot{x}_0\}$。

从式 (6.2.72) 可知:多自由度系统的无阻尼自由响应是 N 个(不同频率的)模态的叠加,各阶模态在其中占多大比例以及各阶模态的初始相位由初始条件决定。一般说这样的振动不再是简谐的,甚至不是周期的。

系统的模态向量 $\{X\}_r$ 有一重要的特性——正交性,即对于任意两个不同阶次的振动 $\{X\}_r$ 和 $\{X\}_s$ 有:

$$\begin{cases} \{X\}_r^T [m] \{X\}_s = 0 \\ \{X\}_r^T [k] \{X\}_s = 0 \end{cases} \quad (r \neq s)$$
(6.2.73)

当 $r=s$ 时,有

$$\begin{cases} \{X\}_r^T [m] \{X\}_r = M_r \\ \{X\}_r^T [k] \{X\}_r = K_r \end{cases}$$
(6.2.74)

常数 M_r、K_r 分别称为系统第 r 阶模态质量(或主质量)和模态刚度(或主刚度),且有

$$\omega_r^2 = \frac{K_r}{M_r} \quad (r=1,2\cdots N)$$
(6.2.75)

N 个模态矢量 $\{X\}_r (r=1,2\cdots N)$ 构成一个 N 维矢量空间,式 (6.2.73) 表明它们在此空间内是(对 $[m]$ 和 $[k]$ 加权)互相正交的。这 N 个矢量还是完备的,即系统任意的一个位移矢量 $\{Y\}$ 均可表示为这个 N 个模态矢量的线性组合,即

$$\{Y\} = \sum_{r=1}^{N} \alpha_r \{X\}_r$$
(6.2.76)

其中各常系数 α_r 可由下式求得,

$$\alpha_r = \frac{1}{M_r} \{X\}_r^T [m] \{Y\} = \frac{1}{K_r} \{X\}_r^T [k] \{Y\}$$
(6.2.77)

这种关系称为展开定理。(6.2.76) 式犹如把一个空间矢量 $\{Y\}$ 向 N 个坐标轴上投影。下面将看到展开定理在振动分析中十分重要,它是模态分析的基础。

前面已提到,模态向量 $\{X\}_r = \{X_{1r}, X_{2r} \cdots X_{Nr}\}^T$ 是方程式 (6.2.69) 的比例解,因此重要的是各个元素之间的比例关系,而不是每个元素的绝对大小。在保持各元素比例关系不变的前提下,我们可以用下面许多种正则化的方法来任意改变它们的绝对值,在一些场合(如模态试验分析中)甚至连它们的量纲也舍弃不管,代之以一种"无量纲的模态矢

量" $\{\phi\}_r = \{\phi_{1r}, \phi_{2r} \cdots \phi_{Nr}\}^T (r = 1, 2 \cdots N)$。在许多著作中都不区分 $\{X\}_r$ 和 $\{\phi\}_r$，好在两者只是量值不同，它们的特性是一致的，因而这样做不会引起任何误解。

常用的正则化方法有下列几种：

(1) 各阶模态矢量均向某一指定的坐标（设为第 l 个坐标）归一，即令第 l 个元素

$$\phi_{lr} = 1 \quad (r = 1, 2 \cdots N) \tag{6.2.78}$$

(2) 对各阶模态矢量，令其最大元素为 1，即

$$\phi_{\max, r} = 1 \quad (r = 1, 2 \cdots N) \tag{6.2.79}$$

各阶振型向不同的坐标归一，这种方法常用以绘制振型图（如图 6.2.12）

(3) 令各阶模态矢量的模（相当于"当量长度"）为 1，即

$$\sqrt{\phi_{1r}^2 + \phi_{2r}^2 + \cdots + \phi_{Nr}^2} = 1 \quad (r = 1, 2 \cdots N) \tag{6.2.80}$$

(4) 令各阶模态质量为 1，即令

$$M_r = \{\phi\}_r^T [m] \{\phi\}_r = 1 (r = 1, 2 \cdots N) \tag{6.2.81}$$

这种正则化方法常用于理论推演。如把正则化前的振型记作 ϕ'_{lr}，则正则化后的振型

$$\phi_{lr} = \frac{1}{\sqrt{M_r}} \phi'_{lr} \quad (l = 1, 2 \cdots N) \tag{6.2.82}$$

此时，根据式 (6.2.74) 和 (6.2.75)，模态刚度

$$K_r = \{\phi\}_r^T [k] \{\phi\}_r = \omega_r^2 \quad (r = 1, 2 \cdots N) \tag{6.2.83}$$

将 N 个模态矢量组成一个方阵，称为系统的模态矩阵，或振型矩阵

$$[\Phi] = [\{\phi\}_1 \{\phi\}_2 \cdots \{\phi\}_N] = \begin{bmatrix} \phi_{11} \phi_{12} \phi_{13} \cdots \phi_{1N} \\ \phi_{11} \phi_{22} \phi_{23} \cdots \phi_{2N} \\ \cdots \\ \phi_{N1} \phi_{N2} \phi_{N3} \cdots \phi_{NN} \end{bmatrix} \tag{6.2.84}$$

这样，特征值问题 (6.2.69) 式就写成

$$[k][\Phi] = [m][\Phi][\omega^2] \tag{6.2.85}$$

正交关系就综合写成

$$\begin{aligned} [\Phi]^T [m] [\Phi] &= [M] = [I] \\ [\Phi]^T [k] [\Phi] &= [K] = [\omega^2] \end{aligned} \tag{6.2.86}$$

式中 $[M]$、$[K]$ 分别称为模态质量矩阵（或主质量矩阵）和模态刚度矩阵（或主刚度矩阵）。

利用正交关系 (6.2.86) 式，我们可以从另一个角度来看待求解 (6.2.67) 式的过程为此引入一组新坐标变量 $q_i(i = 1, 2 \cdots N)$，它与原坐标 $x_i(i = 1, 2, \cdots N)$ 之间有以下变换关系：

$$\{x\} = [\Phi]\{q\} \tag{6.2.87}$$

代入式 (6.2.67)，得

$$[m][\Phi]\{\ddot{q}\} + [k][\Phi]\{q\} = \{0\}$$

左乘以 $[\Phi]^T$，利用正交关系 (6.2.86) 式，得：$[M]\{\ddot{q}\} + [K]\{q\} = \{0\}$，亦即

$$M_r \ddot{q}_r + K_r q_r = 0 (r = 1, 2 \cdots N) \tag{6.2.88}$$

这样，我们把方程组 (6.2.67) 式解耦成为 N 个独立的方程式 (6.2.88)。新变量 $\{q\}$ 称

为系统的模态坐标,或主坐标。式(6.2.88)的每一式的解为 $q_r = A_r \sin(\omega_r t + \theta_r)$ 是系统的第 r 阶模态,将各解代入式(6.2.87),最后有

$$\{x\} = [\Phi]\{q\} = \sum_{r=1}^{N} A_r \{\phi\}_r \sin(\omega_r t + \theta_r) \tag{6.2.89}$$

这一结果与式(6.2.72)完全相同。

这种利用系统模态矩阵正交性进行解耦的方法称为模态分析。在物理上,它把一个 N 自由度系统的振动问题分解为 N 个单自由度系统来解决。这是一种十分有用的方法。

2. 有阻尼的多自由度振动系统的自由响应

当考虑阻尼时,系统自由振动的微分方程式为

$$[m]\{\ddot{x}\} + [c]\{\dot{x}\} + [k]\{x\} = \{0\} \tag{6.2.90}$$

利用模态分析方法求解,即引入 $\{x\} = [\Phi]\{q\}$ 后,得到

$$[M]\{\ddot{q}\} + [\Phi]^T[c][\Phi]\{\dot{q}\} + [K]\{q\} = \{0\} \tag{6.2.91}$$

如果模态矩阵 $[\Phi]$ 能将阻尼阵 $[c]$ 对角化,即

$$[\Phi]^T[c][\Phi] = [C]$$

那么,方程组(6.2.90)就可解耦成为 N 个方程式

$$M_r \ddot{q}_r + C_r \dot{q}_r + K_r q_r = 0 \quad (r = 1, 2 \cdots N) \tag{6.2.92}$$

每一个方程式都可用上节对待单自由度系统自由响应的方法求解,一般小阻尼时的解为

$$q_r = A_r e^{-\sigma_r t} \sin(\sqrt{\omega_r^2 - \sigma_r^2} t + \theta_r) (r = 1, 2, \cdots, N) \tag{6.2.93}$$

式中 A_r、θ_r 为积分常数,这表示坐标 q_r 为衰减振动。

仿效单自由度系统,引入下列几个术语:

$C_r = 2M_r \xi_r \omega_r$ ——系统第 r 阶模态阻力系数;

$\sigma_r = \dfrac{C_r}{2M_r}$ ——系统第 r 阶模态衰减指数;

$\xi_r = \dfrac{\sigma_r}{\omega_r}$ ——系统第 r 阶模阻尼比;

$\omega_{dr} = \sqrt{\omega_r^2 - \sigma_r^2}$ ——系统 r 阶阻尼模态固有频率;或称模态频率。

阻尼阵 $[c]$ 的对角化可写成

$$[\Phi]^T[c][\Phi] = [C] = [2M\xi\omega] \tag{6.2.94}$$

由式(6.2.87)和(6.2.93)得有阻尼时自由响应的通解为

$$\{x\} = \sum_{r=1}^{N} A_r \{\phi\}_r e^{-\sigma_r t} \sin(\sqrt{\omega_r^2 - \sigma_r^2} t + \theta_r) \tag{6.2.95}$$

这是非常复杂的振动,但从式中看出它有下列特点:

1) 自由响应由 N 个衰减振动组成,各衰减振动的圆频率为 ω_{dr},衰减指数为 σ_r,ω_{dr} 和 σ_r 决定于振动系统本身的特性,一般说,各阶的 ω_{dr} 和 σ_r 值并不相同。

2) 各个衰减振动在总的自由响应中所占的比重的大小 A_r 及各自的初相位 θ_r 决定于初始条件——初始位移 $\{x_0\}$ 和初始速度 $\{\dot{x}_0\}$。

3) 在每一个衰减振动过程中,系统的各坐标始终保持着对应有无阻尼系统的该阶模态振型 $\{\phi\}_r$。前面已经说过,在振动过程中各坐标的相位相同(或相反),节点位置保持不变,故这仍是实模态。

那么，怎样的阻尼阵 $[c]$ 才能被对角化呢？不少学者作了许多工作，得到了 $[c]$ 能被 $[\Phi]$ 对角化的一般条件，下面仅举出最简单的一类情形——比例阻尼。

在这类情形中，阻尼阵可表为质量阵和刚度阵的线性组合，即

$$[c] = \alpha[m] + \beta[k] \qquad (6.2.96)$$

其中 $\alpha(1/s)$ 是与系统外部阻尼有关的常数；$\beta(s)$ 是与系统内部阻尼有关的常数。此时，由式（6.2.86）及（6.2.94）得模态阻力系数为

$$C_r = \alpha + \beta \omega_r^2 \qquad (6.2.97)$$

但是，大多数实际振动系统的阻尼阵都不满足上述解耦条件，求解具有不能解耦阻尼阵的微分方程是十分麻烦的。在工程中通常是这样处理这一矛盾的，即对于小阻尼系统，只要不是十分必要，就人为地把系统的阻尼用等效的比例阻尼来代替。等效的原则是在完成一个周期的振动过程中，等效阻尼所消耗的能量与实际阻尼所消耗的能量相等。虽然这样处理问题并不能精确地反映实际情况，但在数学上简便多了。

对于少数用比例阻尼来代替不能满足要求的场合，在本章后面的内容中介绍了求解具有不能对角化阻尼阵的微分方程的方法，那时得到的频率和振型都是复数，这属于复模态问题。

最后，关于实模态问题总结如下。一个 N 自由度的振动系统有 N 个模态。每一模态的特性由下列各参数加以描述，这些参数称为模态参数。当系统是无阻尼或具有比例阻尼时，模态参数全是实数。

1) 模态频率 ω_{dr}，或无阻尼模态频率 ω_r
2) 模态质量 M_r
3) 横态刚度 K_r
4) 模态阻力系数 C_r，或模态阻尼比 ξ_r、模态衰减指数 σ_r
5) 模态矢量 $\{\phi\}_r$ 前四个参数之间有下列关系

$$\omega_{dr} = \sqrt{\omega_r^2 - \sigma_r^2},$$

$$\omega_r^2 = \frac{K_r}{M_r}, \quad \xi_r = \frac{\sigma_r}{\omega_r}, \quad \sigma_r = \frac{C_r}{2M_r} \qquad (6.2.98)$$

3. 多自由度振动系统对激励的响应

一个 N 自由度系统受到激励时，其运动微分方程式为

$$[m]\{\ddot{x}\} + [c]\{\dot{x}\} + [k]\{x\} = \{f(t)\} \qquad (6.2.2)$$

通常可用下列两种方法求解其稳态响应。

（1）特征矩阵求逆法

设激励力是频率为 ω 的简谐力，即

$$\{f(t)\} = \{\overline{F}\}e^{j\omega t} \qquad (6.2.99)$$

则系统稳态响应有如下形式

$$\{x(t)\} = \{\overline{X}\}e^{j\omega t} \qquad (6.2.100)$$

代入 (6.2.2) 式后，得

$$[Z(\omega)]\{\overline{X}\} = \{\overline{F}\} \qquad (6.2.101)$$

其中，$[Z(\omega)] = ([k] - \omega^2[m] + j\omega[c])$ 称为系统的特征矩阵或阻抗矩阵。

阻抗矩阵的逆矩阵称为导纳矩阵 $[Y(\omega)]$ 或称频响函数矩阵 $[H(\omega)]$，即

$$[Y(\omega)] = [H(\omega)] = [Z(\omega)]^{-1} \tag{6.2.102}$$

如果已知一个系统的阻抗矩阵，或导纳矩阵，则它对于激励 $\{\overline{F}\}$ 的响应就直接由式(6.2.101) 知为

$$\{\overline{X}\} = [Y(\omega)]\{\overline{F}\} \tag{6.2.103}$$

如果作用在各坐标上的激励力是同相的，则 $\{\overline{F}\}$ 可化为实矢量，如各力有相位差，则 $\{\overline{F}\}$ 为复矢量。对于有阻尼系统，响应 $\{\overline{X}\}$ 多数是复矢量。

特征矩阵求逆法实用上仅能处理自由度数很少的系统。与单自由度系统作一对比，我们不难发现：导纳矩阵 $[Y(\omega)]$（或频响函数矩阵 $[H(\omega)]$）是频响函数 $H(\omega)$ 的推广。$[Y(\omega)]$ 是一 $N \times N$ 方阵，其中第 l 行 p 列元素 $Y_{lp}(\omega)$ 的物理意义是：系统在坐标 p 上受到频率为 ω 的单位简谐激励时，坐标 l 的响应，且根据广义卡氏定理，有

$$Y_{lp}(\omega) = Y_{pl}(\omega) \quad (l、p = 1,2,\cdots N) \tag{6.2.104}$$

亦即 $[Y(\omega)]$（或）$[H(\omega)]$ 和 $[Z(\omega)]$ 都是对称阵。

与单自由度系统相仿，我们也可定义多自由度系统对单位脉冲的响应，不同的是现在要指明力作用的坐标和测取响应的坐标。冲激响应函数 $h_{lp}(t)$ 表示在坐标 p 上作用单位脉冲时，坐标 l 的响应。与单自由度系统类似，可以证明 $h_{lp}(t)$ 与 $H_{lp}(f)$ 是一傅里叶变换对，即

$$H_{lp}(f) = \mathscr{F}[h_{lp}(t)] = \int_{-\infty}^{\infty} h_{lp}(t) e^{-j2\pi ft} dt$$

$$h_{lp}(t) = \mathscr{F}^{-1}[H_{lp}(f)] = \int_{-\infty}^{\infty} H_{lp}(f) e^{j2\pi ft} df \tag{6.2.105}$$

或简写成

$$h_{lp}(t) \xrightleftharpoons[IFT]{FT} H_{lp}(f) \tag{6.2.106}$$

冲激响应函数有 $N \times N$ 个，它们组成一个冲激响应函数矩阵 $[h(t)]$。$[h(t)]$ 和 $H(f)$ 都表示一个多自由度振动系统的动力特性。

(2) 模态响应叠加法（振型叠加法）

前面讨论过用模态坐标可以把多自由度系统的微分方程组解耦成为 N 个独立方程式，从而可以按照处理单自由度系统的办法求解。用这种方法解决强迫振动问题时它的优点更为突出，它称为模态响应叠加法，或振型叠加法。

设对于微分方程组 (6.2.2)，通过求解特征值问题已经求得系统无阻尼固有频率 $\omega_r(r = 1,2\cdots N)$ 及相应的振型 $[\Phi]$。并设阻尼阵 $[c]$ 亦能被系统的模态矩阵所对角化，则利用模态坐标 $\{q\} = [\Phi]^{-1}\{x\}$ 可将微分方程组 (6.2.2) 式变成

$$[M]\{\ddot{q}\} + [C]\{\dot{q}\} + [k]\{q\} = [\Phi]^T\{f(t)\} = \{p(t)\} \tag{6.2.107}$$

这实际上是 N 个不耦合的独立方程式，即

$$M_r \ddot{q}_r + C_r \dot{q}_r + K_r q_r = p_r \quad (r = 1,2\cdots N) \tag{6.2.108}$$

等式右边 $p_r(t) = \sum_{i=1}^{N} \phi_{ri} f_i(t)$ 称为对应于模态坐标 q_r 的广义力，$\{p(t)\} = \{p_1(t), p_2(t)\cdots p_N(t)\}^T$ 称为广义力矢量。

对于给定的激励力 $\{f(t)\}$，我们先求得广义力矢量 $\{p(t)\}$，然后根据 $\{p(t)\}$ 的性质采用求解单自由度系统强迫振动的某种办法，求得各模态坐标的响应 $q_r(t)(r = 1,2\cdots N)$，

最后，再用如下关系复原成物理坐标 x 的响应：

$$\{x(t)\} = [\Phi]\{q(t)\} = \sum_{r=1}^{N}\{\phi\}_r q_r(t) \tag{6.2.109}$$

由上述分析过程可以看出，多自由度系统的强迫响应有如下特点：

1) 强迫响应随时间的变化规律取决于外加激励 $\{f(t)\}$ 的变化规律。例如 $\{f(t)\}$ 是频率为 ω 的简谐力，则响应亦是频率为 ω 的简谐振动；$\{f(t)\}$ 为频率为 ω_i 的 n 个简谐力的叠加，则响应亦是频率为 ω_i 的 n 个简谐振动的叠加；$\{f(t)\}$ 为任意力，响应亦为任意振动等等。

2) 当 $\{f(t)\}$ 为单一频率的简谐力时，响应是同频的简谐振动，其振幅 $\{X\}$ 是由 N 个模态矢量 $\{\phi\}_r (r=1,2\cdots N)$ 叠加而成，其中某一模态振型所占比重的大小决定于该阶模态坐标 q_r 的大小，即决定于对应的广义力 $p_r(t)$ 及该阶的各模态参数。作为一个特例，若有 $p_r(t) = 0$（例如 $\{f(t)\}$ 由作用在 r 阶振型节点上的 n 个力组成），则此时振幅 $\{X\}$ 中就不会包含 r 阶模态矢量 $\{\phi\}_r$。

3) 如激励是频率为 ω 的简谐激励，且有 $\omega \approx \omega_r$，设此时 $p_r(t) \neq 0, C_r$ 为小阻尼，那么在总的振幅 $\{X\}$ 中，$\{\phi\}_r$ 就占主导地位，其他阶振型成分均可忽略不计，这是第 r 阶共振情形。可以推论：N 个自由度系统会有 N 阶共振，在某一阶共振时，相应该阶的振型就突出出来，振动实验中常用激发 r 阶共振的办法来近似地获得 r 阶模态。

模态响应叠加法是处理多自由度系统强迫响应的常用方法，在理论分析和实际应用方面都占有重要的地位。

6.2.4 冲击响应与冲击响应谱

1. 冲击激励与冲击响应

冲击是一种能量传递过程，在日常生活和生产活动中有各种爆炸、跌落、敲击、碰撞等现象，其中都有冲击发生。由于冲击现象很复杂，我们很难给它下一个确切的定义，但冲击的共同特点是过程发生比较突然，持续时间比较短暂，能量比较集中。δ 函数 (6.2.53) 能集中反映冲击过程的这些特点，所以用来代表一种抽象化的冲击过程。实际的冲击过程持续的时间不会是无限短，与受冲击作用的振动系统的周期相比，它可能要占一个周期的几十分之一，或几个周期，持续时间较长的冲击称为瞬态过程。

作用在系统上的冲击（力或运动）称为冲击激励，系统因此而产生的随时间变化的运动（位移、速度或加速度）称为冲击响应。冲击激励有两种作用形式，即系统直接受到冲击力，或是通过基础的冲击运动作用到系统上。图 6.2.13 为两个无阻尼单自由度系统受冲击激励的物理模型，它们的运动微分方式分别为：

(a) 冲击力 $f(t)$ 直接作用于系统

$$m\ddot{x} + kx = f(t)$$

(b) 系统的基础受冲击运动 $u(t)$

$$\begin{cases} m\ddot{x}_1 + kx_1 = -m\ddot{u}(t) & x_1 \text{ 为相对运动} \\ m\ddot{x} + kx = ku(t) & x \text{ 为绝对运动} \end{cases}$$

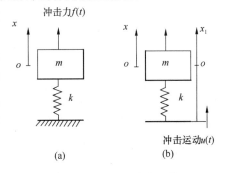

图 6.2.13 系统受冲击的模型

把 (b) 的第二式两边对 t 微分一次、两次，并将各式除以 k，就有

$$(a)\ \frac{m}{k}\frac{\mathrm{d}^2}{\mathrm{d}t^2}x + x = \frac{1}{k}f(t)$$

$$(b)\begin{cases} \dfrac{m}{k}\dfrac{\mathrm{d}^2}{\mathrm{d}t^2}x_1 + x_1 = -\dfrac{1}{\omega_n^2}\ddot{u}(t) \\ \dfrac{m}{k}\dfrac{\mathrm{d}^2}{\mathrm{d}t^2}x + x = u(t) \\ \dfrac{m}{k}\dfrac{\mathrm{d}^2}{\mathrm{d}t^2}\dot{x} + \dot{x} = \dot{u}(t) \\ \dfrac{m}{k}\dfrac{\mathrm{d}^2}{\mathrm{d}t^2}\ddot{x} + \ddot{x} = \ddot{u}(t) \end{cases} \quad (6.2.110)$$

我们看到这些式子在数学上是完全相当的。等式右边理解为冲击的激励，左边 $\frac{\mathrm{d}^2}{\mathrm{d}t^2}$ 号下的变量理解为冲击响应，这样，在上述各种情况下，求解响应的过程和响应的表达式是完全类似的，我们仅需根据具体问题中受的激励性质和求解要求加以选择即可。我们把冲击激励记作 $\xi(t)$，响应记作 $v(t)$，式（6.2.110）可统一表达如下

$$\frac{m}{k}\frac{\mathrm{d}^2}{\mathrm{d}t^2}v + v = \xi(t) \quad (6.2.111)$$

在已知冲击激励的条件下，可以采用上面讲过的适当方法求解（6.2.111）式，得到冲击响应。例如可用杜哈美积分，或者先求得冲击的频谱，再利用（6.2.50）求出响应。很显然，冲击响应不但取决于冲击激励函数的形式，而且取决于系统本身的特性。同一系统受到不同的冲击激励，或者几个不同的系统受到同一冲击的激励，它们的冲击响应都是各不相同的。图 6.2.15 是具有不同固有频率的几个单自由度系统在受到典型的矩形、半正弦形及锯齿形冲击激励 $\xi(t)$ 时，产生的响应 $v(t)$。图中 τ 为冲击激励的持续时间，T_n 为单自由度系统的固有周期，纵坐标 $v(t)/\xi_0$ 为冲击响应与激励的最大值 ξ_0 的比值，横坐标 t/τ 为响应时间 t 与冲击激励持续时间 τ 的比值。从这些曲线可以看出：在同一冲击激励下，单自由度的冲击响应是由系统固有频率与冲击持续时间等确定的。对于不同的冲击波形，这些关系也不相同。由此引出下面要提到的冲击响应谱的概念。

2. 冲击响应谱

研究系统冲击响应最通用的方法是两种谱分析方法——傅里叶谱和冲击响应谱。

傅里叶谱是一个时间历程的傅里叶变换，这可用于冲击激励的时间历程，也可用于冲击响应的时间历程。在实际工作现场，系统的冲击响应较冲击激励更难以获得，因而往往利用冲击激励的傅里叶谱和系统的频向函数来求得冲击响应的傅里叶谱，然后在必要时再用逆傅里叶变换得到冲击响应的时间历程。

一系列固有频率不同的单自由度系统，在所研究的冲击的激励下，它们响应的最大值 v_m 与系统固有频率 f 之间的关系，称为该冲击过程的冲击响应谱（简称冲击谱）。图 6.2.15 形象地说明冲击响应谱的上述定义。

比起傅里叶谱来说，冲击响应谱能更直接地估计出所讨论的冲击对一个结构的影响，因之它的应用日益广泛。有时也用冲击谱来规定一个冲击实验。求取冲击响应谱的方法称为冲击（响应）谱分析。

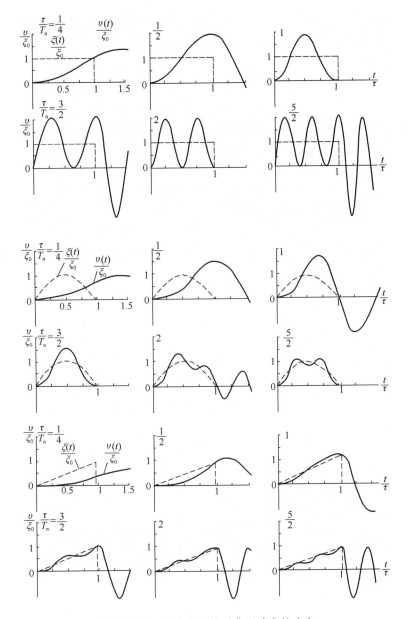

图 6.2.14 单自由系统对典型冲击的响应

根据应用场合的不同,冲击响应谱分为几种:

1)冲击初始(响应)谱 S_P ——在冲击激励作用下,单自由度系统的响应时间历程,在冲击激励持续时间内出现的最大值 v_P 与系统固有频率之间的关系。

2)冲击剩余(响应)谱 S_R ——在冲击激励作用之后,单自由度系统的响应时间历程出现的最大值 v_R 与系统固有频率之间的关系。

3)冲击最大(响应)谱 S_M ——在冲击激励作用下,单自由度系统的响应时间历程中的最大值 v_M 与系统固有频率之间的关系,亦即它是取冲击初始谱与冲击剩余谱两者之中的大者组合而成。

图 6.2.16 为几种典型冲击过程的冲击初始谱 S_P、剩余谱 S_R 和最大谱 S_M。这些结果可

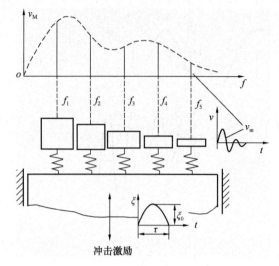

图 6.2.15 冲击响应谱定义的示意

以利用杜哈美积分（6.2.58）式求得。

例如：一无阻尼的单自由度系统的固有频率为 ω_n，固有周期 T_n，它受到牵连冲击加速度 $\ddot{u}(t)$ 的激励，求其加速度响应 $\ddot{x}(t)$。

根据图 6.2.14 及（6.2.110）的最后一式，有微分方程

$$\frac{m}{k}\frac{d^2}{dt^2}\ddot{x}+\ddot{x}=\ddot{u}(t)$$

利用式（6.2.56）的 $h(t)$ 以及杜哈美积分，得加速度响应

$$\ddot{x}(t)=\int_0^t k\ddot{u}(\tau')h(t-\tau')d\tau'$$
$$=\omega_n\int_0^t \ddot{u}(\tau')\sin\omega_n(t-\tau')d\tau'$$

(6.2.112)

若冲击激励为一矩形波

$$\ddot{u}(t)=\begin{cases}\ddot{u}_0,0\leqslant t\leqslant\tau\\0,t<0,t>\tau\end{cases} \qquad (6.2.113)$$

且设系统初始是静止的，故分别取（6.2.112）式的积分上限为 t 和 τ，得到

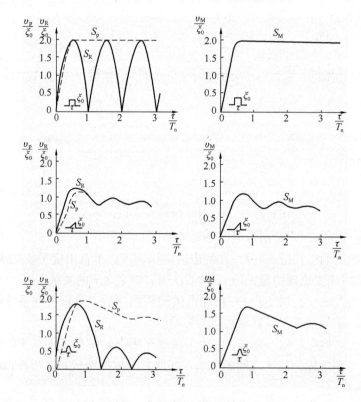

图 6.2.16 典型冲击过程的冲击响应谱

$$\ddot{x}(t) = \begin{cases} 2\ddot{u}_0 \sin^2\left(\dfrac{\pi}{T_n}t\right), 0 \leqslant t \leqslant \tau \\ 2\ddot{u}_0 \sin^2 \dfrac{\pi\tau}{T_n} \sin \dfrac{2\pi}{T_n}\left(t - \dfrac{\tau}{2}\right), t > \tau \end{cases} \quad (6.2.114)$$

求取（6.2.114）中第一式的最大值，得矩形激励的冲击初始谱 S_P 为

$$S_p = \begin{cases} 2\ddot{u}_0 \sin^2\left(\dfrac{\pi}{T_n}\tau\right), &\text{当 } \tau \leqslant \dfrac{T_n}{2} \\ 2\ddot{u}_0, &\text{当 } \tau > \dfrac{T_n}{2} \end{cases} \quad (6.2.115)$$

求取（6.2.114）中第二式的最大值，得矩形激励机制的冲击剩余谱 S_R 为

$$S_R = 2\ddot{u}_0 \left| \sin \dfrac{\pi}{T_n}\tau \right| \quad (6.2.116)$$

综合 S_P 和 S_R 得矩形激励的冲击最大谱 S_M 为

$$S_M = \begin{cases} 2\ddot{u}_0 \left| \sin \dfrac{\pi}{T_n}\tau \right|, &\text{当 } \tau \leqslant \dfrac{T_n}{2} \\ 2\ddot{u}_0, &\text{当 } \tau > \dfrac{T_n}{2} \end{cases} \quad (6.2.117)$$

此即图 6.2.17 中上图，其余情况可用类似方法求得。

实际上系统总是有阻尼的，显然有阻尼的单自由度系统的冲击响应与图 6.2.15 中的结果会有一些差别，但当阻尼不是很大时，响应前几周的振动大致是相同的，所以对于冲击响应谱来说，阻尼的影响不是很大的。图 6.2.17 为不同阻尼比 ξ 对半正弦激励的冲击最大谱的影响，可以看出在这里阻尼的影响远不如在稳态简谐激励的共振时的影响大。

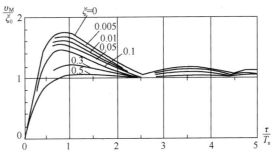

图 6.2.17 系统阻尼对半正弦的冲击最大谱的影响

冲击响应谱与冲击响应的傅里叶谱是完全不同的概念，不应把它们混淆起来，一般它们之间也没有物理上的联系。但是在数值上冲击激励的傅里叶谱与无阻尼的冲击剩余谱有特殊的关系。根据简单的推导，这一关系如下

$$S_R(f) = 2\pi f |E(f)|$$

其中 $E(f) = \mathscr{F}[\xi(t)]$

亦即：冲击剩余谱在数值上等于冲击激励本身的傅里叶谱的速度值。我们可以利用这一关系由冲击的傅里叶谱 $E(f)$ 来求冲击剩余谱 $S_R(f)$。

3. 描述冲击的三种方法

至此，我们共有三种描述冲击运动的方法：

1）冲击波形（或称时间历程）——即在时间域内描述冲击过程，主要的参数有持续时间，峰值和冲击能量等。

2）冲击激励与冲击响应的傅里叶谱——这是在频域内描述冲击过程，它们分别是冲

击激励与冲击响应时间历程的傅里叶变换，经过逆傅里变换又可以变回到相应的时间历程。时间域和频率域的变换对应关系是唯一的。激励的傅里叶谱、系统的频响函数及响应的傅里叶谱三者之间有（6.2.50）式的关系。

3）冲击响应谱——这是从响应角度来描述冲击激励。冲击响应谱可用以直接估计某一冲击引起的最大响应水平，评定它对结构或设备造成的影响，因此它可为冲击隔离的设计与冲击环境的模拟提供基本数据。由于冲击响应谱中已经抛弃了相位信息，所以冲击响应用谱不能逆变成唯一的冲击激励，不同的冲击激励可以有相同的冲击响应谱。

6.2.5　稳态随机激励下振动系统的响应

在随机的激励下，系统会产生相应的响应，下面主要讨论两个问题：一是响应具有怎样的特性，再是响应与激励以及系统本身的动力特性之间有什么关系。考虑单个激励的情况。

激励力是随机的，可以推测系统的响应亦是随机的。把激励的一个样本记作 $f(t)$，根据卷积积分式（6.2.92）得系统响应的一个样本为

$$x(t) = \int_{-\infty}^{\infty} f(\tau) h(t-\tau) d\tau \tag{6.2.118}$$

假定激励 $f(t)$ 是平稳且各态历经的，其均值 $\mu_f = E[f]$ 与时间无关，故响应的均值，利用式（6.2.96）为

$$\mu_x = E[x] = E[f] \int_{-\infty}^{\infty} h(\tau) d\tau = \mu_f H(0) \tag{6.2.119}$$

可见响应的均值亦是与 t 无关，是一常数。同理可证明响应的其他阶均值都与 t 无关，即响应亦是平稳且各态历经的。特别，当激励的均值 $\mu_f = 0$ 时，响应均值 $\mu_x = 0$。

响应的自相关函数为

$$R_x(\tau) = E[x(t)x(t+\tau)]$$

利用（6.2.90）式得到

$$R_x(\tau) = E\left[\int_{-\infty}^{\infty} h(\tau_1) f(t-\tau_1) d\tau_1 \int_{-\infty}^{\infty} h(\tau_2) f(t+\tau-\tau_2) d\tau_2\right]$$

$$= \int_{-\infty}^{\infty}\int_{-\infty}^{\infty} h(\tau_1) h(\tau_2) E[f(t-\tau_1) f(t+\tau-\tau_2)] d\tau_1 d\tau_2 \tag{6.2.120}$$

对于平稳的激励，有

$$E[f(t-\tau_1)f(t+\tau-\tau_2)] \xrightarrow{\text{变量置换}} E[f(t)f(t+\tau+\tau_1-\tau_2)] = R_f(\tau+\tau_1-\tau_2)$$

这是激励的自相关函数，代入（6.2.12）后，得响应的自相关函数为

$$R_x(\tau) = \int_{-\infty}^{\infty}\int_{-\infty}^{\infty} h(\tau_1) h(\tau_2) R_f(\tau+\tau_1-\tau_2) d\tau_1 d\tau_2 \tag{6.2.121}$$

（6.2.121）式不便用于计算，故下面再从另一途径寻求更为方便的表达式

响应的自功率谱函数为

$$S_x(f) = \int_{-\infty}^{\infty} R_x(\tau) e^{-j2\pi f\tau} d\tau$$

将（6.2.121）式代入，得

$$S_x(f) = \int_{-\infty}^{\infty} e^{-j2\pi f\tau} \left\{\int_{-\infty}^{\infty} h(\tau_1) \left[\int_{-\infty}^{\infty} h(\tau_2) R_f(\tau+\tau_1-\tau_2) d\tau_2\right] d\tau_1\right\} d\tau$$

$$= \int_{-\infty}^{\infty} h(\tau_1) e^{j2\pi f\tau_1} d\tau_1 \int_{-\infty}^{\infty} h(\tau_2) e^{-j2\pi f\tau_2} d\tau_2 \left[\int_{-\infty}^{\infty} R_f(\tau+\tau_1-\tau_2) e^{-j2\pi f(\tau+\tau_1-\tau_2)} d(\tau+\tau_1-\tau_2)\right]$$

$$= H^*(f)H(f)S_f(f)$$

即有

$$S_x(f) = |H(f)|^2 S_f(f) \qquad (6.2.122)$$

这是一个联系响应的自谱、激励的自谱以及系统动力特性的重要关系式。

从响应的互功率谱 $S_{fx}(f)$ 及互相关函数 $R_{fx}(\tau)$ 出发，经过完全类似的推导，可得到另一个联系响应、激励及系统动力特性的关系式，即

$$S_{fx}(f) = H(f)S_f(f) \qquad (6.2.123)$$

采用单边功率谱时，这两式可写成

$$G_x(f) = |H(f)|^2 G_f(f) \qquad (6.2.124)$$

$$G_{fx}(f) = |H(f)|G_f(f) \qquad (6.2.125)$$

如已求得响应的自谱 $S_x(f)$，再经过傅里叶变换可得自相关函数 $R_x(\tau)$，即

$$R_x(\tau) = \int_{-\infty}^{\infty} S_x(f) e^{j2\pi ft} df = \int_{-\infty}^{\infty} |H(f)|^2 S_f(f) e^{j2\pi ft} df \qquad (6.2.126)$$

此式比（6.2.121）式更实用。

此式中令 $\tau = 0$，得响应的均方值

$$\psi_x^2 = R_x(0) = \int_{-\infty}^{\infty} |H(f)|^2 S_f(f) df \qquad (6.2.127)$$

从上面可看出，为了求得关于响应的许多统计特性，首要是先求得激励的自谱 $S_f(f)$。

6.3 频率分析及数字信号处理技术

6.3.1 频率分析的工程意义

频率分析，也称为频谱分析，是指通过振动测试仪器获得振动信号，进而得到其傅里叶频谱、自功率谱、互功率谱等与频域有关的信息。

频率分析在工程振动问题中，主要应用在以下一些方面：

（1）传感器和测量仪器的失真度检测。给传感器和测量仪器输入低失真正弦信号，对其输出信号作频率分析，由谐波分量的总有效值与基频分量的有效值之比，确定仪器的谐波失真度。

（2）结构损伤诊断。通过对损伤结构的振动信号进行频率分析，判断损伤位置和损伤程度，从而确定维修的对策，并进一步分析得到结构的可靠性及预期寿命。

（3）结构动力特性分析。通过对激振信号和响应信号的频率分析，求得结构各测量点间的传递函数，以便进一步估计结构的模态参数。

（4）在频率分析的基础上，求得信号的相干函数或自相关函数、互相关函数，了解信号的因果性或相关性，常用于寻找振动源或噪声源，以及源的传播途径和传播速率等。

（5）振动试验的控制。在环境模拟试验或可靠性试验中，要求对试件按规定的频谱或波形做随机振动或冲击试验，频率分析是控制环节中的重要组成部分。

除此以外，频率分析还广泛应用于声学、光学、机械工程、电讯工程、生物医学工程等许多物理学和工程学领域。虽然其研究对象、研究目的、信号来源等各不相同，但所用

的频率分析仪器和频率分析技术则是基本相同的。

6.3.2 带通滤波器

模拟式频率分析仪主要由带通滤波器、检测器、记录仪或指示器等组成。带通滤波器的作用是只让输入信号中一定频率范围（频带）内的分量通过，使其他频率分量完全衰减或基本衰减。检测电路对滤波器的输出信号进行峰值或有效值检波和平均，产生与之成比例的直流电平，然后输入至电平记录仪、CRT 显示器或表头指示器。连续改变滤波器的通频带，就可以在记录仪或显示器上获得被分析信号的频谱。下面我们着重阐述带通滤波器的基本特性和主要技术指标，关于滤波器电路的设计，可参阅专门的著作。

1. 带通滤波器的基本参数

理想滤波器的频响特性曲线为矩形，即通带内的频率分量无衰减地通过，通带外的频率分量被完全抑制。实际滤波器的频响特性总会有一些偏差，通带以内的频率分量会稍有不规则的衰减，形成小的峰谷；通带以外的频率分量不会被完全抑制，有一个逐渐衰减的过渡带，如图 6.3.1。带通滤波器的基本参数有：中心频率、高低端截止频率、带宽、品质因子和波形因子等。

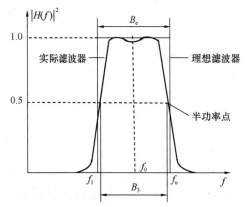

图 6.3.1 理想带通滤波器与实际带通滤波器的频响特性

滤波器的截止频率，定义为频响幅值（也称为增益因子）$|H(f)|$ 衰减 3dB 的频率。带通滤波器有两个截止频率，上截止频率 f_u 和下截止频率 f_l。

带通滤波器的中心频率 f_0 依滤波器组的性质，分别定义为上、下截止频率 f_u 和 f_l 的算术平均值或几何平均值。对于恒带宽滤波器，取算术平均值，即

$$f_0 = \frac{1}{2}(f_u + f_l)$$

对恒百分比带宽滤波器，取几何平均值，即

$$f_0 = \sqrt{f_u \cdot f_l}$$

滤波器的带宽有两种定义。一种是 3dB 带宽，记作 B_3，它等于上、下截止频率之差，即

$$B_3 = f_u - f_l$$

3dB 带宽也称为半功率带宽，因为对应 f_u 和 f_l 处的 $|H(f)|^2$ 值下降二分之一，而滤波器传输信号的总功率与 $|H(f)|^2$ 曲线和 f 轴包围的面积成比例。另一种是等效噪声带宽，记作 B_e，是以一白噪声信号通过一个带宽为 B_e 的理想滤波器的能量与通过实际滤波器的能量相等为其定义。B_e 的值通常稍大于 B_3 的值。后文中，如无特别说明，均指 3dB 带宽，记作 B，或 BW。

3dB 带宽与中心频率的比值称为相对带宽，或百分比带宽，记作 b，即

$$b = \frac{B}{f_0} = \frac{f_u - f_l}{f_0} \times 100\%$$

相对带宽的倒数，称为滤波器的品质因子，也称为 Q 因子，

$$Q = \frac{1}{b} = \frac{f_0}{f_u - f_l}$$

Q 值大，表明相对带宽窄，滤波器的带内选择性好。

滤波器的频响特性在 3dB 带宽以外衰减的快慢，常用衰减 60dB 的带宽 B_{60} 与 B_3 的比值来衡量，称之为形状因子，记作 S_F，即

$$S_F = \frac{B_{60}}{B_3}$$

S_F 值小，表明滤波器的带外选择性好。对于理想带通滤波器有 $S_F = 1$，实际带通滤波器约为 $S_F < 5 \sim 7$。

2. 恒带宽滤波器及恒百分比带宽滤波器

实现某一频带的频率分析，需要用一组中心频率逐级变化的带通滤波器，其带宽相互衔接，以完成整个频带的频率分析。当中心频率改变时，各个带通滤波器的带宽有两种方式取值：一种是恒带宽滤波器，取绝对带宽等于常数，即

$$B = f_u - f_l = 常数$$

另一种是恒百分比带宽滤波器，取相对带宽等于常数，即

$$b = \frac{B}{f_0} = \frac{f_u - f_l}{f_0} \times 100\% = 常数$$

对于恒带宽滤波器，不论其中心频率 f_0 取何值，均有不变的带宽，而恒百分比带宽滤波器的带宽则随 f_0 的升高而增加。在对数频率刻度的坐标系中，恒百分比带宽滤波器的带宽为常数，恒带宽滤波器的带宽则随 f_0 的升高而缩减。此外，中心频率 f_0 与上、下截止频率 f_u 和 f_l 的关系也不相同，恒带宽滤波器的频响特性曲线在线性频率刻度上是以 f_0 为中心成对称分布，故有

$$f_u - f_0 = f_0 - f_l$$

而恒百分比带宽滤波器的频响特性曲线则在对数频率刻度上，表现为以 f_0 为中心成对称分布，因而有

$$\lg f_u - \lg f_0 = \lg f_0 - \lg f_l$$

恒带宽滤波器具有均匀的频率分辨率，适宜分析包含多个离散型简谐分量的信号（例如周期振动信号），但缺点是分析频带不可能很宽，一般为 10～100 倍。而使用恒百分比带宽滤波器则可实现很宽的分析频带，可以达到 100～1000 倍；在分析频带内，它能得到相同的百分比频率分辨率。恒百分比带宽滤波器常应用于随机振动信号分析、结构响应分析、声学测试分析等方面。

3. $\frac{1}{N}$ 倍频程（Octave）滤波器

$\frac{1}{N}$ 倍频程滤波器也是一种恒百分比带宽滤波器，它的定义如下：

$$\frac{f_u}{f_l} = 2^{\frac{1}{N}}$$

对于恒百分比带宽滤波器有 $f_0 = \sqrt{f_u \cdot f_l}$，则

$$\frac{f_u}{f_0} = 2^{\frac{1}{2N}}, \frac{f_0}{f_l} = 2^{\frac{1}{2N}}$$

相应的百分比带宽为

$$b = \frac{B}{f_0} = \frac{f_u - f_l}{f_0} = \frac{2^{\frac{1}{N}} - 1}{2^{\frac{1}{2N}}}$$

由此我们得到以下的对应关系：

$$\frac{1}{N} = 1 \qquad \frac{1}{3} \qquad \frac{1}{6} \qquad \frac{1}{12}$$
$$b = 70.7\% \quad 23.16\% \quad 11.56\% \quad 5.78\%$$

无论用哪一种滤波器分析某一频带的信号时，都要求相邻滤波器带宽相衔接，并且覆盖整个分析频带。由 $\frac{1}{N}$ 倍频程滤波器的定义可以看出，当滤波器的中心频率每增加一个倍频程（即频率升高一倍）时，需设置 N 个滤波器。例如，对于 1/3 倍频程滤波器，分析的频率范围从 16Hz 至 16kHz 时，共需设置 31 个 1/3 倍频程滤波器。

4. 带通滤波器的响应时间

一个定常信号加在滤波器的输入端，需经过一定的时间滞后，滤波器的输出端才能达到稳态响应。这一滞后时间，称为滤波器的响应时间，以 T_R 表示。

为了估计响应时间，通常将一个频率在滤波器通带之内的正弦信号突加在输入端，然后计算最后达到稳定输出幅值所需的时间。可以证明，这一时间近似为

$$T_R \approx \frac{1}{B} \quad \text{或} \quad T_R \cdot B \approx 1$$

即响应时间与带宽成反比。对于恒带宽滤波器，不论中心频率取何值，滤波器的响应时间不变。而对于恒百分比带宽滤波器，则有

$$T_R \cdot B = T_R \cdot bf_0 \approx 1$$

即
$$bT_R f_0 = bn_R \approx 1$$

其中，$n_R = T_R f_0$ 为响应时间 T_R 内，信号的振动次数。在恒百分比带宽 b 的情况下，这一振动次数 n_R 约等于常数 1/b。例如 1/3 倍频程滤波器的 b=23.16%，$n_R \approx 4.3$ 次。

应该指出，上述对响应时间或响应振动次数的估计都是偏短的估计。如果对"稳定的幅值输出"要求更高一些，n_R 取值应为相应增加。

6.3.3 模拟式频率分析仪

下面介绍几种常见的频率分析仪，这些分析仪虽然不具有实时分析能力，但在平稳信号的分析中仍被广泛采用。

1. 逐级式频率分析仪

这种分析仪的框图如图 6.3.2 所示。它是由多个带通滤波器并联组成。为了使各带通滤波器的带宽覆盖整个分析频带，它们的中心频率的选择，应使得相邻滤波器的带宽恰好相互衔接。为了在足够宽的分析频带内不至于设置过多的带通滤波器，一般都采用恒百分比带宽方式，而不取恒带宽方式。如 B&K 公司的 1616 型分析仪就是逐级式频率分析仪，它的带宽为 $\frac{1}{3}$ 倍频程，分析频率从 20Hz 至 40kHz，共设置 34 个带通滤波器。

2. 扫描式频率分析仪

扫描式频率分析仪采用一个中心频率可调的带通滤波器，调节方式可以是手动调节，也可以是外信号调节，如图 6.3.3 所示。

扫描式频率分析仪一般也是采用恒百分比带宽方式，如 B&K 公司的 1621 型可调滤

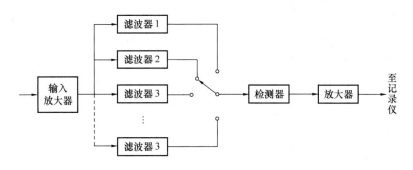

图 6.3.2 逐级式频率分析仪框图

波器,总的分析频带从 0.2Hz 至 20kHz,分成四段,即 0.2Hz 至 2Hz,2Hz 至 20Hz,20Hz 至 2kHz,2kHz 至 20kHz,每一段连续可调,带宽可选 3% 或 23%。

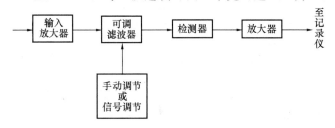

图 6.3.3 扫描式频率分析仪框图

3. 外差式频率分析仪

利用类似于收音机中的外差技术,可以实现较窄的恒带宽频率分析。例如,B&K 公司的 2010 型外差分析仪就属于这一类型仪器。

外差式频率分析仪的原理如图 6.3.4 所示。它是由载波信号发生器、混频器及具有固定中心频率的带通滤波器所组成。

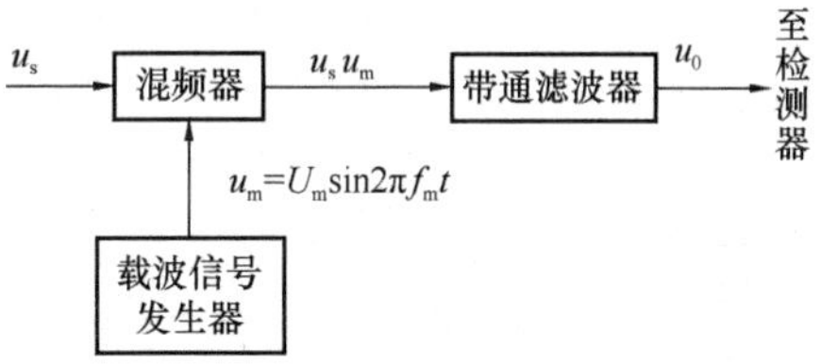

设输入信号具有以下形式:
$$u_s = U_s \sin(2\pi f_s t + \varphi_s)$$

载波信号发生器给出一个频率为 f_m 的正弦信号。

图 6.3.4 外差多频率分析仪框图

$$u_m = U_m \sin 2\pi f_m t$$

混频器实质上是一个乘法器,当 u_m 与 u_s 分量混频时,输出的信号为

$$\begin{aligned} u_s u_m &= U_s U_m \sin(2\pi f_s t + \varphi_s) \cdot \sin 2\pi f_m t \\ &= \frac{1}{2} U_s U_m \cos[2\pi(f_m - f_s)t - \varphi_s] \\ &\quad - \frac{1}{2} U_s U_m \cos[2\pi(f_m + f_s)t + \varphi_s] \end{aligned}$$

所以混频后的信号由两个频率分量组成:一个是频率为 $f_m + f_s$ 的"和频信号";另一个是频率为 $f_m - f_s$ 的"差频信号"。两个分量同时输入中心频率为 f_0、带宽为 B 的滤波器,如果调谐载波信号发生器的频率 f_m 使得

$$f_m + f_s = f_0$$

也即

$$f_m = f_0 - f_s$$

则只有"和频信号"
$$u_0 = \frac{1}{2}U_s U_m \cos[2\pi(f_m + f_s)t + \varphi_s]$$
$$= U_0 \cos[2\pi f_0 t + \varphi_s]$$

能通过该滤波器。由于载波信号的幅值 U_m 是不变的，因此输出信号 u_0 中保留了输入信号 u_s 的幅值 U_s 和初相位 φ_s 信息，但原来的信号频率 f_s 被置换成滤波器的中心频率 f_0。输出的 u_0 被送入检测器进行幅值检测和显示。这就是外差式滤波的基本原理。

注意到带通滤波器的带宽为 B，因此，只有在下述频率范围之内的信号分量
$$f_s - \frac{B}{2} \leqslant f \leqslant f_s + \frac{B}{2}$$

混频之后落在滤波器的通带 $f_0 \pm \frac{B}{2}$ 之内。由于 f_0 远高于信号 u_s 中的最高频率，因此，在带宽以外的频率分量均可被抑制。

在进行频率分析时，需连续改变载波发生器的频率 f_m，设被分析的频带为 $f_L \sim f_H$，则 f_m 的调节范围应为 $f_0 - f_L \sim f_0 + f_H$。

以 B&K 公司的 2010 型外差分析仪为例，该仪器是一种多功能仪器，其频率分析部分的技术指标为：

分析频率范围：2Hz→200kHz

带宽：恒带宽，分为六档可选

  3.16Hz，10Hz，31.6Hz，100Hz，316Hz，1000Hz

动态范围：85dB（3.16→100Hz 带宽）

   75dB（316，1000Hz 带宽）

滤波原理：分三级混频和滤波。带通滤波器采用双二阶巴特沃兹滤波网络。

2010 型分析仪由于分析频率范围很宽，从 2Hz 至 200kHz，滤波器带宽有多挡可选，最窄的只有 3.16Hz，故采用了三级混频和滤波。第一级的载波频率 f_m 从 1200kHz 至 1000kHz 间调节，以与输入信号中 0 至 200kHz 间的任一频率分量混频，得到 $f_m + f_s = 1200$kHz 的"和频"信号。经第一级带通滤波器后输出的信号，其中心频率固定在 1200kHz。第二级的载波频率 f_m 固定在 1230kHz，它与 1200kHz 的输入信号混频后得到 30kHz 的"差频信号"。第二级带通滤波器的中心频率按"差频"30kHz 设置，而不按"和频"设置，其带宽分为 1000Hz 和 316Hz 两挡。如果分析带宽选用 1000Hz 或 316Hz，则第二级的输出即可输入检测器进行幅值检测。如果选用 100Hz 以下各级带宽，则还需第三级滤波，其原理与第二级相同。

 4. 跟踪滤波器式频率分析仪

跟踪滤波器是在外差式滤波原理上变化而来的，它在结构频响函数测试中曾占有重要地位。当对结构进行频率为 f_s 的正弦激励时，结构上各测量点的响应信号中除了频率为 f_s 的成分外，还可能有其他频率成分和随机噪声，这些频率成分会影响频响函数幅值与相位的准确测量。跟踪滤波器的功用是从响应信号中提与激励同频率的信号。跟踪滤波器的原理如图 6.3.5 所示。它与外差式滤波器不同之处在于它用调制器代替载波信号发生器。调制器能在频率为 f_s 的激励信号控制下，产生一载波信号 $u_m = U_m \sin 2\pi f_m t$，其频率

f_m 等于带通滤波器的中心频率 f_0 与控制频率 f_s 之和，即

$$f_m = f_0 + f_s$$

所以，调制器是构成跟踪滤波器的关键环节。其他分析与外差式滤波就完全相同了。

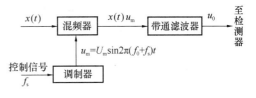

图 6.3.5 跟踪滤波器

我们设输入信号为

$$x(t) = U_s \sin(2\pi f_s t + \varphi_s) + \sum_i U_i \sin(2\pi f_i t + \varphi_i) + n(t)$$

将混频后的信号输入中心频率为 f_0 的带通滤波器，则其他成分均被衰减掉，只有分量

$$u_0 = \frac{1}{2} U_s U_m \cos(2\pi f_0 t - \varphi_s)$$

被送往检测器。u_0 中保留了被跟踪的频率分量的幅值 U_s 和初相位 φ_s 信息，但频率 f_s 被置换为 f_0，这是无关紧要的，因为 f_s 就是控制信号的频率。所以，跟踪滤波器总是自动跟踪控制频率 f_s 进行带通滤波。

6.3.4 离散傅里叶变换（DFT）

模拟式频率分析仪一般只适用于平稳信号的分析，且存在分析速度慢、频率分辨率不高、精度低等缺点。建立在快速傅里叶变换和数字滤波技术基础上的数字式信号分析仪的问世，使得信号分析的速度和精度提高，并能进行非平稳信号的频率分析，因而得到迅速的发展和广泛的应用。

所谓快速傅里叶变换（FFT），全称应为"有限离散序列傅里叶变换（DFT）的快速算法"。该方法是由库列（J. W. Cooley）和图基（J. W. Tukey）于 1965 年首次提出的，后人陆续做了一些改进。

由非周期连续时间信号 $x(t)$ 的傅里叶变换可以得到连续的傅里叶频谱 $X(f)$：

FT $$X(f) = \int_{-\infty}^{\infty} x(t) e^{-j2\pi ft} dt \tag{6.3.1}$$

IFT $$x(t) = \int_{-\infty}^{\infty} X(f) e^{j2\pi ft} df \tag{6.3.2}$$

式（6.3.1）和（6.3.2）不宜直接用于计算机运算，因为计算机只可能对有限长度的离散序列进行运算和存贮。因此，必须对连续的时域信号和连续的频谱进行采样（离散化）和截断，这也就是离散傅里叶变换的由来。

为了说明无限连续信号的傅里叶变换和有限离散傅里叶变换之间的相互联系，让我们来逐一考察以下四种信号的傅里叶变换。

(1) 非周期连续信号 $x(t)$ 及其傅里叶频谱 $X(f)$。傅里叶变换表达式见前述式（6.3.1）和（6.3.2），通常 $x(t)$ 覆盖 $-\infty$ 至 $+\infty$ 整个时域，$X(f)$ 覆盖 $-\infty$ 至 $+\infty$ 整个频域。

(2) $x(t)$ 为一周期连续信号。这时，傅里叶变换转化为傅里叶级数，是离散型频谱。

FT $$X(f_k) = \frac{1}{T} \int_{-T/2}^{T/2} x(t) e^{-j2\pi f_k t} dt \tag{6.3.3}$$

IFT $$x(t) = \sum_{k=-\infty}^{\infty} X(f_k) e^{j2\pi f_k t} \tag{6.3.4}$$

其中 $f_k = k\Delta f (k = 0, \pm 1, \pm 2 \cdots)$

$$\Delta f = \frac{1}{T}$$

Δf 为相邻谱线的频率间隔，也称频谱分辨率，等于基波频率。周期 T 越长，频率间隔 Δf 越小，谱线越密。

(3) $x(t)$ 为非周期离散时域信号。这时时域信号是离散的脉冲序列，这种时间序列可以看作是连续信号经过波形采样而得到。可以证明，无限长度的离散时间序列的傅里叶变换，得到周期性的连续频谱：

FT $$X(f) = \sum_{n=-\infty}^{\infty} x(t_n) e^{j2\pi f t_n} \qquad (6.3.5)$$

IFT $$x(t_n) = \frac{1}{f_s} \int_{-f_s/2}^{f_s/2} X(f) e^{-j2\pi f t_n} \, df \qquad (6.3.6)$$

其中
$$t_n = n\Delta t \, (n = 0, \pm 1, \pm 2 \cdots)$$
$$\Delta t = \frac{1}{f_s}$$

Δt 为脉冲序列的时间间隔，也即时域波形的采样间隔。f_s 为时域波形的采样频率，它等于该时间序列的频谱的周期。时域采样间隔越小，频域周期 f_s 越长。可以看出，周期、连续的时域信号对应非周期、离散的频谱；非周期、离散的时间序列则对应周期、连续的频谱。从正、逆傅里叶变换关系式（6.3.1）和（6.3.2）的对称性，不难理解上述结论的正确性。

(4) $x(t)$ 为周期、离散的时间序列。可以证明，它的频谱也是周期、离散的频率序列。设时间序列的时间间隔 Δt，周期为 T，一个周期内有 N 个时域采样，即
$$T = N\Delta t$$

则它的频谱具有周期
$$f_s = \frac{1}{\Delta t}$$

及频率间隔
$$\Delta f = \frac{1}{T}$$

并且在一个周期内，也有 N 条离散谱线，即
$$f_s = N\Delta f$$

因此，这种信号的傅里叶变换，只需取时域一个周期的 N 个采样和频域一个周期的 N 个采样，便可了解其全貌。这种对有限长度的离散时域或频域序列，通过傅里叶变换或其逆变换，获得同是有限长度的离散频域或时间序列的方法，就称为离散傅里叶变换（DFT）或其逆变换（IDFT），其变换关系式为

DFT $$X(f_k) = X(k\Delta f) = \sum_{n=0}^{N-1} x_n e^{-j2\pi nk/N} \qquad (6.3.7)$$
$$(k = 0, 1, 2, \cdots N-1)$$

IDFT $$x(t_n) = x(n\Delta t) = \frac{1}{N} \sum_{k=0}^{N-1} X_k e^{j2\pi nk/N} \qquad (6.3.8)$$

$$(n = 0, 1, 2, \cdots N-1)$$

离散傅里叶变换的真正意义在于，可以对任意连续的时域信号进行采样和截断，然后做 DFT 运算，得到一段离散型频谱。该频谱的包络线，即是原来连续信号真实频谱的估计。当然，也可对给定的连续频谱，在采样和截断后做 IDFT 运算，求得相应时间函数的估计。

从连续信号的傅里叶变换到离散傅里叶变换的转化过程可分为以下几步：

(1) 时域采样

采样函数 $s_1(t)$ 为等时间间隔 Δt 的单位脉冲序列，其频谱 $S_1(f)$ 是等频率间隔 $f_1 = 1/\Delta t$ 的等值离散谱。$x(t)$ 的采样就是乘积 $x(t) \cdot s_1(t)$，由频域卷积定理

$$x(t) \cdot s_1(t) \underset{IFT}{\overset{FT}{\rightleftharpoons}} X(f) * S_1(f)$$

可得该采样信号的频谱。

(2) 时域截断

取 N 个时域采样数据做 DFT 运算，意味着对采样波形的截断。该过程相当于信号乘以一个单位矩形函数

$$w(t) = \begin{cases} 1 & |t| \leqslant \dfrac{T}{2} \\ 0 & |t| > \dfrac{T}{2} \end{cases}$$

$w(t)$ 也称为窗函数。矩形窗函数的频谱 $W(f)$ 的函数表达式为

$$W(f) = T \cdot \frac{\sin \pi fT}{\pi fT} \tag{6.3.9}$$

$x(t) \cdot s_1(t) \cdot w(t)$ 即是经截断的时域波形采样，再一次应用频域卷积定理

$$x(t) \cdot s_1(t) \cdot w(t) \underset{IFT}{\overset{FT}{\rightleftharpoons}} [X(f) * S_1(f)] * W(f)$$

可以得到它的频谱。与未截断波形的频谱相比较，该频谱出现由于截断引起的"皱波效应"。

(3) 频率采样

频域采样函数 $S_2(f)$ 是一个等频率间隔 $\Delta f = 1/T$ 的单位幅值离散谱线序列。$S_2(f)$ 的傅里叶逆变换是时间 $T = 1/\Delta f$ 的单位脉冲时间序列 $s_2(t)$。

截断采样波形的频谱（连续谱）与 $S_2(f)$ 的乘积就是它的频域采样（离散谱），由时域卷积定理可知，其相对应的时间函数为截断采样波形与 $s_2(t)$ 的卷积，它是一个具有周期 T 的时间序列，它在一个周期内的波形与截断采样波形是相同的。

经过以上三个步骤的处理，时域信号一个周期 T 内的 N 个数据（$T = N\Delta t$）就是原始信号 $x(t)$ 的采样数据；而其频谱一个周期 f_s 内的 N 条离散谱线（$f_s = N\Delta f = 1/\Delta t$）的值，就是原始信号 $x(t)$ 的频谱 $X(f)$ 的采样值估计。

用式（6.3.7）和（6.3.8）计算 DFT 及 IDFT 时，需做 N^2 次复数相乘和 $N(N-1)$ 次复数相加运算。如果 N 值较大，比如 $N = 1024$，则需 $N^2 \approx 10^6$ 次的复数相乘运算，

这样的运算需占用计算机大量的内存和机时，难于实现实时分析。正因为如此，虽然 DFT 的主要性质早已为人们所了解，却未能在实际工程中得到有效的应用。在 1965 年由库列和图基提出了一种适合计算机用的 DFT 的快速算法，即后来为人们称道的 FFT 之后，数字信号分析技术才得到迅速的发展和广泛的应用，FFT 的出现，使科学分析的许多领域都面貌一新。

关于 FFT 的详细论述，可参阅数字信号处理方面的专门著作。这里只打算简要说明一下 FFT 的基本思路。令 $W = e^{-j2\pi/N}$，以 $N = 4$ 的 DFT 为例，按其定义用矩阵表示，有

$$\begin{bmatrix} X(0) \\ X(1) \\ X(2) \\ X(3) \end{bmatrix} = \begin{bmatrix} W^0 & W^0 & W^0 & W^0 \\ W^0 & W^1 & W^2 & W^3 \\ W^0 & W^2 & W^4 & W^6 \\ W^0 & W^3 & W^6 & W^9 \end{bmatrix} \begin{bmatrix} x(0) \\ x(1) \\ x(2) \\ x(3) \end{bmatrix}$$

显然，要计算 $X(k)$ 的 4 个值，需做 16 次复数乘法和 12 次复数加法。然而仔细观察矩阵 W 可发现，它的矩阵元素 W^{nk} 具有周期和对称的特性，因此 W 的许多元素都是相同的，从而为简化 DFT 计算提供了条件。

(1) W^{nk} 的周期性

$$\left. \begin{matrix} W^{nk} = W^{n(k+N)} \\ W^{nk} = W^{k(n+N)} \end{matrix} \right\} \tag{6.3.10}$$

若 $N = 4$，则 $W^6 = W^2$，$W^9 = W^1$。

(2) W^{nk} 的对称性

因为 $W^{\frac{N}{2}} = e^{-j\frac{2\pi}{N}\frac{N}{2}} = -1$

故有

$$W^{(nk+\frac{N}{2})} = W^{nk} W^{\frac{N}{2}} = -W^{nk} \tag{6.3.11}$$

若 $N = 4$，则 $W^3 = -W^1$，$W^2 = -W^0$。

利用 W^{nk} 的周期性与对称性，矩阵 W 可简化为

$$\begin{bmatrix} W^0 & W^0 & W^0 & W^0 \\ W^0 & W^1 & W^2 & W^3 \\ W^0 & W^2 & W^4 & W^6 \\ W^0 & W^3 & W^6 & W^9 \end{bmatrix} = \begin{bmatrix} W^0 & W^0 & W^0 & W^0 \\ W^0 & W^1 & -W^0 & -W^1 \\ W^0 & -W^0 & W^0 & -W^0 \\ W^0 & -W^1 & -W^0 & W^1 \end{bmatrix}$$

可见矩阵中有许多元素是相同的。W 矩阵中 N^2 个元素，实际上只含有 N 个不同值，而且其中 $N/2$ 个数是由其余 $N/2$ 个数取反号得到。FFT 算法的关键就在于避免 W 矩阵与序列 x 的相乘运算中的重复运算，基本途径是通过奇、偶分组方法将长序列的 DFT 逐步分解为最短序列的 DFT。

FFT 算法的具体推导可参阅有关书籍。在一般情况下，当 $N = 2^{10} = 1024$ 时，FFT 的运算可分解为 M 级 ($M = \log_2 N$)，每一级都包含 $N/2$ 次乘和 N 次加运算，总的运算量为 $\frac{N}{2} \times M = \frac{N}{2} \log_2 N$ 次复数乘和 $N \times M = N \log_2 N$ 次复数加。与原始 DFT 运算相比，N 值越大，FFT 运算速度提高的倍数越高。

6.3.5 数字信号分析处理技术

1. 数字信号分析中的抗混滤波和加窗

有限离散傅里叶变换要求对连续信号进行采样和截断。不恰当的采样和截断会导致频率混淆和功率泄漏误差。解决的办法是恰当选择采样频率，使用抗混滤波器，采用特殊形式的窗函数。

（1）频率混淆和抗混滤波

波形采样一般通过模数转换电路（A/D）来完成。普通的模数转换电路通常只有一个固定的采样率，而数字式频率分析仪有与分析带宽相适应的不同采样率供操作者选择。采样率高，采样时间间隔小，意味着相同时间长度的样本能记录较多的离散数据，要求计算机有较大的内存容量及较长的处理机时；如果缩短记录的时间长度，则可能产生较大的分析误差。采样率过低，即采样间隔过大，则离散的时间序列可能不足以反映原来信号的波形特征，频率分析会出现频率混淆现象。

数字频率分析要求采样频率 f_s 必须高于信号成分中最高频率 f_m 的两倍，即

$$f_s = \frac{1}{\Delta t} > 2 f_m \qquad (6.3.12)$$

Δt 为采样间隔。这就是所谓采样定理。

图 6.3.6 表示对两个不同频率的简谐信号 $x_1(t)$ 和 $x_2(t)$，采用相同采样间隔采样的情况。由于该采样频率对 $x_2(t)$ 来说太低了，结果两个不同信号的采样得到相同的时间序列，就是说两个不同频率的信号被混淆了。

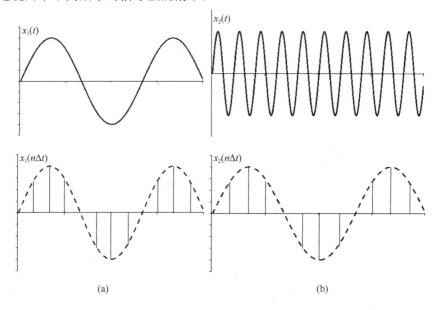

图 6.3.6 频率混淆实例

根据傅里叶变换的卷积定理，由连续信号 $x(t)$ 的频谱 $X(f)$ 与采样函数 $s(t)$ 的频谱 $S(f)$ 的卷积，得到 $x(t)$ 的采样序列的频谱。该频谱是频率 f 的周期函数，且周期等于采样频率 f_s。如果信号 $x(t)$ 的上限频率 f_m 与采样频率 f_s 之间满足采样定理，即 $f_m < f_s/2$，其采样时间序列的频谱在 0 至 $f_s/2$ 范围内能代表 $x(t)$ 的真实频谱。如果 $f_m > f_s/2$，不满

足采样定理，采样时间序列的频谱将在 $f = f_s/2$ 的邻近发生混叠现象。f_m 比 $f_s/2$ 大得越多，混叠范围就越宽，当 $f_m \geq f_s$ 时，混叠扩展到整个频域，混叠区域的频谱不是原来信号的真实频谱。

在给定采样频率 f_s 或采样间隔 Δt 时，我们称

$$f_N = \frac{f_s}{2} = \frac{1}{2\Delta t} \tag{6.3.13}$$

为混叠频率或奈奎斯特（Nyquist）频率。为了避免频率混淆，必须使被分析信号的最高频率 f_m 低于奈奎斯特频率。实际分析时，不可能无限制地提高采样频率。因此，在信号进入 A/D 之前，先通过一个模拟式低通滤波器，或者在信号进入 A/D 之后，通过一个数字式低通滤波器，滤除信号中不必考虑的高频成分。这种用途的滤波器称为抗混滤波器。抗混滤波器的截止频率通常取为选定的最高分析频率。无论是模拟式还是数字式滤波器都不可能有理想的滤波特性，在其截止频率以外，总存在一段逐渐衰减的过渡带。因此，一般数字信号分析仪取采样频率 f_s 为抗混滤波器截止频率的 2.5 至 4 倍。

（2）泄漏（Leakage）和加窗（Windowing）

数字信号分析仪只能对有限长度的离散时间序列进行 DFT 运算，这意味着对时域信号的截断。这种截断是导致谱分析出现偏差的另一原因，其效果是使得本来集中于某一频率的信号功率（或能量），部分被分散到该频率的邻近频域，这种现象称为"泄漏"效应。

图 6.3.7 表示一余弦信号 $x(t) = A\cos 2\pi f_0 t$ 被截断前后的频谱变化。无限长度的余弦

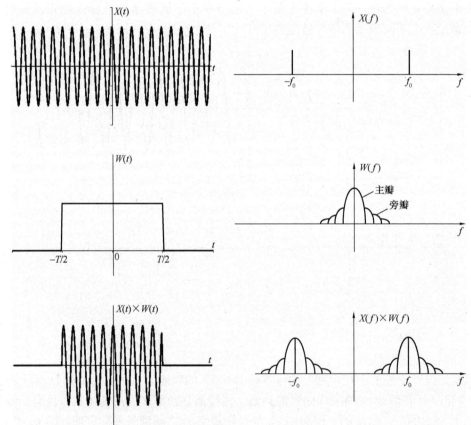

图 6.3.7 余弦信号被矩形窗截断形成的泄漏

信号具有单一的频率,其双边谱是在 $-f_0$ 和 f_0 处的两根对称分布的离散谱线。当信号被矩形窗函数截断后,截断信号的频谱等于原信号的频谱与窗函数频谱的卷积。由于矩形窗函数的频谱是包含一个主瓣和许多旁瓣的连续谱,卷积的结果,截断信号的频谱由原来信号的离散谱变为在 $\pm f_0$ 处各有一主瓣,两旁各有许多旁瓣的连续谱。也就是说,原来集中在频率 f_0 处的功率,泄漏到 f_0 邻近很宽的频带上。

如果原来信号就具有连续频谱,则由于窗函数频谱旁瓣的影响,截断信号的频谱包络线会出现所谓"皱波"效应。

为了抑制"泄漏",需采用特种窗函数来替换矩形窗,也即对截断的时间序列进行特定的不等加权。这一过程,称为窗处理,或加窗。加窗的目的,是在时域上平滑截断信号两端的波形突变,在频域上尽量压低旁瓣的高度。虽然压低旁瓣通常伴随主瓣的变宽,不过在一般情况下,旁瓣的泄漏是主要的,主瓣变宽的泄漏是第二位的。

数字信号分析仪常用的窗函数有

1) 矩形(Rectangular)窗

$$w(t) = 1 \quad 0 \leqslant t \leqslant T \tag{6.3.14}$$

2) 汉宁(Hanning)窗

$$w(t) = 1 - \cos\frac{2\pi}{T}t \quad 0 \leqslant t \leqslant T \tag{6.3.15}$$

3) 凯塞-贝塞尔(Kaiser-Bessel)窗

$$w(t) = 1 - 1.24\cos\frac{2\pi}{T}t + 0.244\cos\frac{4\pi}{T}t - 0.00305\cos\frac{6\pi}{T}t \quad 0 \leqslant t \leqslant T \tag{6.3.16}$$

4) 平顶(Flat Top)窗

$$w(t) = 1 - 1.93\cos\frac{2\pi}{T}t + 1.29\cos\frac{4\pi}{T}t - 0.388\cos\frac{6\pi}{T}t + 0.0322\cos\frac{8\pi}{T}t \quad 0 \leqslant t \leqslant T \tag{6.3.17}$$

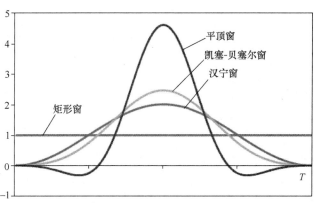

图 6.3.8 常用窗函数的时域图像

图 6.3.8 给出上述四种窗函数的时域图像,四种窗函数的频谱的主要参数比较见表 6.3.1。为了保持加窗后的信号能量不变,要求窗函数曲线与时间坐标轴所包围的面积相等。对于矩形窗,该面积为 $T \times 1$。因此,对于任意窗函数 $w(t)$,必需满足积分关系式

$$\int_0^T w(t)\mathrm{d}t = T \tag{6.3.18}$$

数字频率分析中要求对不同类型的时间信号，选用适宜的窗函数。随机过程的测量，通常选用汉宁窗。因为它可以在不太加宽主瓣的情况下，较大地压低旁瓣的高度，从而有较地减少了功率泄漏。图 6.3.9 表示一个宽带随机信号用汉宁窗加权后的波形。

常用窗函数的频谱参数 表 6.3.1

窗函数	主瓣有效噪声带宽 $(1/T)$ 或 (Δf)	主瓣带宽 $(1/T)$ 或 (Δf)	旁瓣最大值 (dB)	旁瓣滚降率 (dB/Decade)
矩形窗	1	0.89	−13.3	20
汉宁窗	1.50	1.44	−31.5	60
凯塞窗	1.80	1.71	−66.6	20
平顶窗	3.77	3.72	−93.6	0

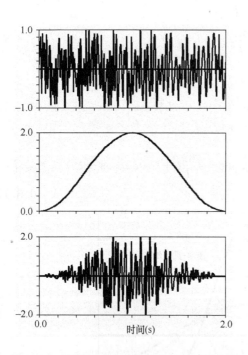

图 6.3.9　宽带随机信号加汉宁窗前后的波形　　图 6.3.10　简谐信号加平顶窗前后的波形

对于本来就具有离散频谱的信号，例如周期信号或准周期信号，分析时最好是选用旁瓣极低的凯塞-贝塞尔窗或平顶窗。图 6.3.10 表示一简谐信号被平顶窗加权后的波形。加窗后的波形似乎发生了很大的变化，但其频谱却能较准确地给出原来信号的真实谱值，因为这两种窗的频谱主瓣较宽，对下文所述"栅栏效应"导致的测量偏差较小。

冲击过程和瞬态过程的测量，一般选用矩形窗而不宜用汉宁窗、凯塞窗或平顶窗，因为这些窗起始端很小的权会使瞬态信号加权后失去其基本特性。有时为了平滑冲击过程或瞬态过程终结后有随机干扰噪声，采用一种截短了的矩形窗（适用于冲击过程）和指数衰减窗（适用于衰减振动过程），这种方式主要用于冲击激励情况下的频响函数测量。

(3) 栅栏效应（Picket Fence Effect）

从频域看，窗函数的作用就像是模拟式分析仪的带通滤波器，窗函数的傅里叶频谱就相当于带通滤波器的滤波特性。N 条谱线就相当于 N 个并联的逐级恒带宽滤波器，它们的中心频率各等于相应的频率采样 $k\Delta f(k=0,1,2\cdots N-1)$。如果信号中某频率分量的频率 f_i 恰好等于 $k\Delta f$，即 f_i 恰好与显示或输出的频率采样完全重合，那么该谱线可给出精确的谱值；反之，若 f_i 与频率采样不重合，就会得出偏小的谱值。这种测量误差，属于谱估计的偏度误差，这种现象则称为"栅栏效应"。最大偏度误差出现在被分析的频率恰好等于 $\left(k+\frac{1}{2}\Delta f\right)$ 的情况下。虽然平顶窗的偏度误差很小，但它的主瓣带宽很宽，等于 $3.77\Delta f$。选用平顶窗时要求被测信号的所有频率分量之间的间隔不小于 $5\Delta f$，否则难于分辨，应予注意。

2. 数字信号分析中的选带分析技术

根据 DFT 的关系式，对长度为 N 的时间序列，可获得同样长度的频率序列。但由于正、负频率域上谱的对称性，只有正频率域上 $N/2$ 个频域数据是独立的。这 $N/2$ 个频域数据均匀分布在 0 到 $f_s/2$ 的频率范围内，因此谱的频率分辨率，即谱线的间隔为

$$\Delta f = \frac{f_s}{N} = \frac{1}{N\Delta t} = \frac{1}{T}$$

其中 f_s 为采样频率，Δt 为采样间隔，T 为一个测量窗的时间记录长度。

一般信号分析仪输出或显示的谱线数 N_d 比 $N/2$ 还要少，通常取

$$N_d = (0.25 \sim 0.4)N$$

这是因为考虑到抗混滤波器的滤波特性，在截止频率之外还存在衰减过渡带，舍弃一部分频域数据，正是为了避免仍有频率混淆。舍弃多少，与抗混滤波器的滤波特性有关。衰减过渡带的信号衰减程度高，可以少舍弃一些；如衰减程度低，就要多舍弃一些。

一般数字频率分析输出或显示频谱的起始频率为 0，上限频率为

$$f_H = N_d \Delta f = (0.25 \sim 0.4)N\Delta f = (0.25 \sim 0.4)f_s$$

或者，在给定 f_H 的情况下，取采样频率

$$f_s = (2.5 \sim 4)f_H$$

以上分析方式称为基带分析。在基带分析情况下，频率分辨率与分析的上限频率总是成正比关系。比如用 Hp3582A 谱分析仪做单通道分析时，频域的显示谱线数 $N_d=256$，若分析的上限频率为 100Hz，则频率分辨率为 0.4Hz；若上限频率为 10kHz，则频率分辨率为 40Hz。

常有一些工程问题，要求在较高的某一频率邻近，能有足够高的频率分辨率。例如，为了识别结构的高频模态参数，要求频响函数的估计在模态频率邻近有足够高的频率分辨率。虽然基带分析可通过增加 FFT 运算的时间序列长度 N 来提高频率分辨率，但要求扩大信号分析仪的内存储器容量和增加 CPU 机时，且能提高的倍数有限。使用一种称为 Zoom FFT 的数字处理技术，可以在不增加 N 值的前提下，大大提高频率分辨率。

Zoom FFT 的基本出发点是设法使 FFT 给出的频谱不是以零频率为起点，而是以选定的某一频率 f_1 开始，即在选定的频带 f_1 至 f_2 间给出 N_d 条谱线，而不是从 0 至 f_m 间给出 N_d 条谱线。这种方式也称为选带分析。

$x(n\Delta t)$ → 数字移频 → 数字低通滤 → 采样率缩减 → FFT

图 6.3.11　ZOOM FFT 的数据流

Zoom FFT 的数据流程如图 6.3.11 所示。它包含数字移频、数字低通滤波和采样率缩减等基本运算处理：

(1) 数字移频

所谓数字移频，就是利用 DFT 的移频定理，将感兴趣的一段频带的中心频率移至零频率。

设有

$$\mathscr{F}[x(t)] = X(f)$$

不难证明

$$\mathscr{F}[x(t)e^{j2\pi f_0 t}] = X(f - f_0)$$

这就是 FT 的移频定理，它同样适合于 DFT。将时间序列 $\{x(n\Delta t)\}$ 依次乘以权函数 $\cos 2\pi f_0 n\Delta t$ 和 $\sin 2\pi f_0 n\Delta t$ 的对应权值，可得到 $x(n\Delta t)e^{j2\pi f_0 n\Delta t}$ 的实部和虚部两个时间序列。用这种经过加权的时间序列做 FFT，新的频谱相当于原来整个频谱沿频率轴向左移动 f_0 距离，即 f_0 被移频至频率轴的原点。如果将移频后的两个时间序列，各自通过一个通频带为 $-B \leqslant f \leqslant B$ 的数字低通滤波器后，再做 FFT，就得到覆盖频率为 $f_0 - B$ 至 $f_0 + B$，即中心频率为 f_0，带宽为 2B 的选带频谱。

(2) 数字低通滤波

数字低通滤波部分除作为选带分析即 Zoom FFT 的重要环节外。通常也兼用于基带分析的抗混滤波。

一个理想低通滤波器的频响函数为

$$H(f) = \begin{cases} 1 & |f| \leqslant B \\ 0 & |f| > B \end{cases}$$

其 IFT 得到时间函数

$$h(t) = \mathscr{F}^{-1}[H(f)] = \int_{-\infty}^{\infty} H(f)e^{2\pi ft}\mathrm{d}f = \int_{-B}^{B} e^{2\pi ft}\mathrm{d}f = 2B\frac{\sin(2\pi Bt)}{2\pi Bt}$$

将它离散化为

$$h(n\Delta t) = 2B\frac{\sin(2\pi Bn\Delta t)}{2\pi Bn\Delta t}$$

根据 FT 的卷积定理，可通过输入信号 $x(t)$ 和上述函数 $h(t)$ 的卷积 $x(t) * h(t)$ 获得理想的滤波特性。然而，由于实际处理时，只能对有限长度的 $x(t)$ 和 $h(t)$ 离散数据进行运算。其结果使实际的滤波特性会在通带和过渡带出现波纹。这种现象称为吉卜斯（Gibbs）效应。数字滤波器的通带 B 越窄，函数 $h(t)$ 衰减就越缓慢，在给定记录长度 T 的条件下，吉卜斯现象越严重。

上述滤波器属于一种非循环滤波器，由于卷积运算很费时，较少采用。实用上常采用某一种循环滤波器，或称之为递归滤波器，其数据处理过程可用差分方程表示为

$$y_n = \sum_{r=0}^{M} b_r x_{n-r} - \sum_{k=0}^{N} a_k y_{n-k}$$

项数 M、N 和系数 b_r、a_k 可取不同值。一种简单的递归滤波器采用的运算式为

$$y_n = a y_{n-1} + (1-a) x_n, (n=1,2,\cdots,N) \tag{6.3.19}$$

其中，x_n 为滤波器的输入数据，y_n 为输出数据，n 为数据的序号。由于式（6.3.19）的右边包含 y_{n-1}，即前一个输出数据，故称之为递归滤波器或循环滤波器。

式（6.3.19）代表的滤波器的频率特性为

$$H(f) = \frac{1-a}{1-a e^{-j2\pi f \Delta t}} \tag{6.3.20}$$

即

$$|H(f)|^2 = \frac{(1-a)^2}{(1+a)^2 - 2a\cos 2\pi f \Delta t} \tag{6.3.21}$$

如果令 $a = e^{-\Delta t/RC}$，则当 $RC \gg \Delta t$ 及 $2\pi f \Delta t \ll 1$ 时，有

$$e^{-j2\pi f \Delta t} \approx 1 - j2\pi f \Delta t$$

及

$$a \approx 1 - \frac{\Delta t}{RC}$$

将其代入式（20）和（21），可得

$$H(f) \approx \frac{1}{1 + j2\pi f RC}$$

$$|H(f)|^2 \approx \frac{1}{1 + (2\pi f RC)^2}$$

实际上，这也就是通常的 RC 低通滤波器的频率特性，其截止频率为 $f_c = 1/2\pi RC$。

(3) 采样率缩减

时间序列经数字移频和数字低通滤波后，再根据采样定理确定的采样间隔进行重采样，这一过程也称为采样率缩减。如果取一段记录进行 FFT 分析时，对基带分析，取 $N = 1024$ 点实型时域数据（不经过移频处理）；对选带分析，取 512 点复型时域数据（含实部和虚部两组）。由于复型时域数据的频谱在正、负频域上不再是对称的，故它的 DFT 可获得 512 点独立的复型频域数据。考虑到数字低通滤波器的特性同样有非理想的过渡带，为避免可能发生的频率混淆，显示和输出也只取 256 条谱线。

在选带分析情况下，缩减后的采样率不取决于中心频率 f_0，而取决于分析带宽 B，一般信号分析仪取

215

$$f_s = (1.25 \sim 2)B$$

如 HP3582A 谱分析仪，取 $f_s=2B$，在单通道选带分析情况下，单个记录的长度为 $T=512\Delta t=512/f_s=256/B$，频率分辨率 $\Delta f=1/T=B/256$。

3. 数字信号分析中的平均技术

一般信号分析仪常具有多种平均处理功能，它们各自有不同的用途，使用者需根据研究目的和被分析信号的特点，选择适当的平均类型和平均次数。

（1）谱的线性平均

这是一种最基本的平均类型。采用这一平均类型时，对每个给定长度的记录逐一做谱分析运算，然后对每一频率点的频谱值分别进行等权线性平均，即

$$\overline{A}=(k\Delta f)=\frac{1}{n_d}\sum_{i=1}^{n_d}A_i(k\Delta f)(k=0,1,\cdots N)$$

$A(f)$ 可代表自谱、互谱、有效值谱、频响函数、相干函数等频域函数，i 为被分析记录的序号，n_d 为平均次数。

对于平稳随机过程的测量分析，增加平均次数可减小相对标准偏差。对于平稳的确定性过程，例如周期过程和准周期过程，其相对标准偏差应该为零，平均没有实质上的意义。实际的确定性信号总是或多或少混杂有随机的干扰噪声，采用线性谱平均能减小干扰噪声谱分量的偏差，但并不降低该谱分量的均值，不能增强确定性过程谱分析的信噪比。

（2）时间记录的线性平均

增强确定性过程谱分析信噪比的有效途径是采用时间记录的线性平均，或称为时域平均。与谱平均不同，时间记录平均对 n_d 个时间记录的数据，按相同序号样点进行线性平均，即

$$\overline{x}(n\Delta t)=\frac{1}{n_d}\sum_{i=1}^{n_d}x_i(n\Delta t)(n=0,1,2,\cdots N-1)$$

然后对平均后的时间序列再做频谱分析。

为了避免起始时刻的相位随机性产生的平滑现象，时域平均必须有一个同步触发信号，可使每一段时间记录都在振动波形的同一相位开始采样。对混杂有随机噪声的确定性瞬态信号，例如结构受到随机载荷和冲击激励时某一测点的自由响应信号，可以在设定触发电平和触发斜率的条件下，采用自信号同步触发采样，虽然各段记录的起始相位会稍有偏差，但平均的结果不会丧失确定性过程的基本特征，如衰减振动的周期和振幅衰减系数等。

时间记录平均可以在时域上抑制随机噪声，提高确定性过程谱分析的信噪比。由于数字信号分析中，占有机时较多的是 FFT 运算，采用时域平均只需最后做一次 FFT，与多次 FFT 的谱平均相比，可以节省机时，提高分析速度。但是对于随机过程的测量，一般不能采用时域平均。

（3）指数平均（动态平均）

上述功率谱平均或时间记录平均通常都采用线性平均，其参与平均的所有 n_d 个频域子集或时域子集有相等的权，即 $1/n_d$。指数平均则与线性平均不同，它对新的子集赋予较大的权，越是旧的子集赋予越小的权。

一般连续进行的线性平均可用公式表示为

$$A_m = A_{m-1} + \frac{Z_m - A_{m-1}}{m} = \frac{(m-1)A_{m-1} + Z_m}{m}$$

其中 Z_m 为第 m 个子样的值，A_m 为前 m 个子样的线性平均值。而指数平均则可表示为

$$A_m = A_{m-1} + \frac{Z_m - A_{m-1}}{K} = \frac{(K-1)A_{m-1} + Z_m}{K}$$

其中 Z_m 为第 m 个子样的值；A_m 为 m 个子样的指数平均值，K 为衰减系数，由仪器或操作者设定。

指数平均常用于非平稳过程的分析。因为采用这种平均方式，既可考察"最新"测量信号的基本特征，又可通过与"旧有"测量值的平均（频域或时域）来减小测量的偏差或提高信噪比。

（4）峰值保持平均

峰值保持平均实际上不能说是平均，而是在频谱分析的各频率点上，保留历次测量的最大值。这种平均方式常用于监测信号的频率漂移，例如监测环境振动模拟试验过程的频率漂移，电网的频率漂移，信号发生器的频率稳定性等。结构模态试验，采用正弦扫描激励的方式进行频响函数测量时，如果一个测量窗的信号频率范围窄于给定的分析频带，但可以采用峰值保持平均来获得扫描频带内完整的频响函数。

（5）无重叠平均和重叠平均

设一个测量窗的长度为 T，一次 FFT 及其他运算的时间为 P。那么，在信号的采样、存储及运算处理过程中，相邻两个测量窗内记录的数据可能出现有重叠和无重叠两种情况。

当 $T>P$ 时，完成一次运算后，等待下一个记录采满 N 个数据后，才进行下一次的运算处理；

当 $T<P$ 时，由于受到仪器的内存储器容量的限制，舍弃两个相邻记录之间的部分数据。这两种情况下的平均都是无重叠平均。如果 $T>P$，为充分利用 CPU 的效率，可以让相邻两个记录的部分数据重复使用，这样得到的平均称为重叠平均。

重叠长度（约等于 T 与 P 的差）与记录长度 T 的百分比称为重叠率。在使用矩形窗做无重叠功率谱平均时，测量的相对标准偏差为 $\varepsilon_r = \frac{1}{\sqrt{B_e T_A}} = \frac{1}{\sqrt{n_d}}$，即平均次数 n_d 等效于模拟滤波器的 $B_e T_A$ 积。可以证明，这一关系同样适用于采用其他窗函数的无重叠平均，但不适用于重叠平均。

6.4 结构模态试验分析技术

6.4.1 概述

结构在动力载荷作用下会产生一定的振动响应。而结构的振动，常常能导致结构损坏、环境恶化，设备的精度或可靠性降低等等。因此，研究结构的动力特性和动力强度，已日益成为结构设计中的重要课题。

结构的动力特性主要取决于它的各阶固有频率、主振型和阻尼比等等。这些参数也就

是所谓的模态参数。

对于结构的实物或已经有了结构的设计图纸，并掌握所用材料的力学性能数据，那么原则上可以用有限元分析等数值计算方法求出结构的模态参数。然而，由于非线性因素，材料的不均匀性，阻尼机理的复杂性，以及构件与构件、结构与基础的联结刚度难以确定等等诸方面的原因，使有限元计算的准确性受到限制。

20 世纪的 60、70 年代发展起来的现代模态试验分析技术弥补了有限元分析技术的某些不足。模态试验分析与有限元分析的相互结合及相互补充，在结构优化设计和设备故障诊断等许多方面，都取得了良好的成效。它们已经在机械系统、土建结构、桥梁等领域得到极为广泛的应用。

目前基于模态试验分析技术的各种模态参数识别方法，大体上可分为时域法和频域法两类。时域法是一种从时域响应数据中直接识别模态参数的方法，频域法则是在测量频响函数基础上，利用最小二乘估计等方法提取模态参数的方法。本节将着重讨论频域法，它是目前公认的比较成熟和有效的方法。其他方法可参阅有关的专门著作。

6.4.2 机械导纳、传递函数及频响函数

1. 机械导纳

在模态试验分析技术中，阻抗定义为振动系统受到简谐激励时激振力的复数力幅与响应的复数振幅之比，并将阻抗的倒数定义为导纳。由于振动系统的响应可以是位移、速度或加速度，因而阻抗（导纳）有六种形式：

位移阻抗（动刚度）　　　　　$Z_d = \overline{F}/\overline{X}$

位移导纳（动柔度）　　　　　$Y_d = \overline{X}/\overline{F}$

速度阻抗　　　　　　　　　　$Z_v = \overline{F}/\overline{V}$

速度导纳　　　　　　　　　　$Y_v = \overline{V}/\overline{F}$

加速度阻抗（动质量）　　　　$Z_a = \overline{F}/\overline{A}$

加速度导纳（惯性率）　　　　$Y_a = \overline{A}/\overline{F}$

其中，$\overline{F}$ 为复数力幅，$\overline{X}$、$\overline{V}$、$\overline{A}$ 分别为位移、速度、加速度的复数振幅。

单自由度系统的运动微分方程的一般形式为

$$m\ddot{x} + c\dot{x} + kx = f(t) \tag{6.4.1}$$

设激振力 $f(t)$ 是简谐力，其复数式为

$$f(t) = \overline{F}e^{j\omega t} \tag{6.4.2}$$

则系统的稳态响应为同频率简谐过程，其位移 x、速度 $\dot{x}$、加速度 $\ddot{x}$ 可表示为：

$$\left.\begin{array}{l} x = \overline{X}e^{j\omega t} \\ \dot{x} = \overline{V}e^{j\omega t} = j\omega \overline{X}e^{j\omega t} \\ \ddot{x} = \overline{A}e^{j\omega t} = -\omega^2 \overline{X}e^{j\omega t} \end{array}\right\} \tag{6.4.3}$$

将式（6.4.2）和（6.4.3）代入运动微分方程（6.4.1）后，可得到单自由度系统阻抗（导纳）的六种形式为：

$$\left.\begin{aligned}Z_\mathrm{d} &= \frac{\overline{F}}{\overline{X}} = k - \omega^2 m + j\omega c \\ Y_\mathrm{d} &= \frac{\overline{X}}{\overline{F}} = \frac{1}{k - \omega^2 m + j\omega c} \\ Z_\mathrm{v} &= \frac{\overline{F}}{\overline{V}} = c + j\left(\omega m - \frac{k}{\omega}\right) \\ Y_\mathrm{v} &= \frac{\overline{V}}{\overline{F}} = \frac{j\omega}{k - \omega^2 m + j\omega c} = j\omega Y_\mathrm{d} \\ Z_\mathrm{v} &= \frac{\overline{F}}{\overline{V}} = \left(m - \frac{k}{\omega^2}\right) - j\frac{c}{\omega} \\ Y_\mathrm{a} &= \frac{\overline{A}}{\overline{F}} = \frac{-\omega^2}{k - \omega^2 m + j\omega c} = -\omega^2 Y_\mathrm{d}\end{aligned}\right\} \quad (6.4.4)$$

可见，阻抗（或导纳）的值取决于系统的物理参数（质量、阻尼、刚度），并且是振动频率 ω 的函数。同一系统的六种阻抗（导纳）函数是相互联系的，知道其中的任一种可推算出其他五种。

2. 传递函数和频响函数

系统的传递函数可以定义为输出量的拉普拉斯变换与输入量的拉普拉斯变换之比。如果把振动系统的激振力 $f(t)$ 看作输入量，把振动的位移响应 $x(t)$ 看作输出量，则振动系统的传递函数定义为

$$H(s) = \frac{X(s)}{F(s)} \quad (6.4.5)$$

其中，s 为复变量，也称为复频率，其实部和虚部常用符号 β 和 ω 表示，即 $s = \beta + j\omega$。拉普拉斯变换的定义为

$$\left.\begin{aligned}F(s) &= \int_0^\infty f(t) e^{-st} \mathrm{d}t \\ X(s) &= \int_0^\infty x(t) e^{-st} \mathrm{d}t\end{aligned}\right\} \quad (6.4.6)$$

拉普拉斯变换的主要性质有

线性：若 $x(t) = ax_1(t) + bx_2(t)$，则 $X(s) = aX_1(s) + bX_2(s)$

微分：若 $x(t) = \dot{x}_1(t)$，则 $X(s) = sX_1(s) - x_1(0)$

积分：若 $x(t) = \int_0^t x_1(t) \mathrm{d}t$，则 $X(s) = \frac{1}{s} X_1(s)$

根据以上性质，对单自由度振动系统的运动微分方程 (6.4.1) 进行拉普拉斯变换，可得

$$m[s^2 X(s) - sx(0) - \dot{x}(0)] + c[sX(s) - x(0)] + kX(s) = F(s)$$

设初始位移 $x(0)$ 和初始速度 $\dot{x}(0)$ 均为零，则有

$$(ms^2 + cs + k)X(s) = F(s) \quad (6.4.7)$$

由此可以得出单自由度系统的传递函数为

$$H(s) = \frac{X(s)}{F(s)} = \frac{1}{ms^2 + cs + k} \quad (6.4.8)$$

令方程 (6.4.7) 的特征多项式等于零，即
$$ms^2 + cs + k = 0 \tag{6.4.9}$$
在小阻尼情况下，由式 (6.4.9) 求得 s 的一对共轭复根为
$$\left. \begin{array}{l} p = -\sigma + j\omega_d \\ p^* = -\sigma - j\omega_d \end{array} \right\} \tag{6.4.10}$$

p 和 p^* 称为该系统的复频率，其实部 $\sigma = c/2m$ 即是系统的衰减指数，虚部 $\omega_d = \sqrt{\dfrac{k}{m} - \left(\dfrac{c}{2m}\right)^2} = \sqrt{\omega_n^2 - \sigma^2}$ 为系统的有阻尼固有频率。

传递函数式 (6.4.8) 可表为
$$H(s) = \frac{1}{m(s-p)(s-p^*)} = \frac{r}{2j(s-p)} - \frac{r}{2j(s-p^*)} \tag{6.4.11}$$

式中 $r = 1/m\omega_d$ 称为留数。由式 (6.4.11) 可知，当 $s = p$ 或 p^* 时，$H(s)$ 趋于无限大，故也称复频率 p 和 p^* 为极点。

线性系统的输出 $x(t)$ 与输入 $f(t)$ 的傅里叶变换之比，就是系统的频响函数，即
$$H(\omega) = \frac{X(\omega)}{F(\omega)} \tag{6.4.12}$$

在一定的前提条件下，也可以从信号的拉普拉斯变换式中，以 $j\omega$ 置换 s 而求得它的傅里叶变换，因而有
$$H(\omega) = H(s)|_{s=j\omega} \tag{6.4.13}$$

例如，对单自由度振动系统，将其传递函数式 (6.4.8) 的变量 s 用 $j\omega$ 置换，得到它的频响函数为
$$H(\omega) = \frac{1}{k - \omega^2 m + j\omega c} \tag{6.4.14}$$

这与前面用简谐激励导出的位移导纳完全相同。$\beta = 0$ 的纵截面与传递函数曲面的交线，就是频响函数曲线。

由于频响函数和传递函数不仅适用于简谐激励，而且适用于任意激励，可将其理解为广义上的导纳。

3. 传递函数矩阵和频响函数矩阵

多自由度系统在任意激励下的运动方程为
$$[m]\{\ddot{x}\} + [c]\{\dot{x}\} + [k]\{x\} = \{f(t)\} \tag{6.4.15}$$

对方程作拉普拉斯变换，并设所有坐标的初始位移和初始速度均为零，则有
$$(s^2[m] + s[c] + [k])\{X(s)\} = \{F(s)\} \tag{6.4.16}$$

其中，$X(s)$ 和 $F(s)$ 分别为 $x(t)$ 和 $f(t)$ 的拉普拉斯变换。令
$$[Z(s)] = s^2[m] + s[c] + [k] \tag{6.4.17}$$
$$[H(s)] = [Z(s)]^{-1} = \frac{adj[Z(s)]}{|Z(s)|} \tag{6.4.18}$$

则方程 (6.4.16) 可缩简为
$$[Z(s)]\{X(s)\} = \{F(s)\} \tag{6.4.19}$$
或
$$\{X(s)\} = [H(s)]\{F(s)\} \tag{6.4.20}$$

$[Z(s)]$ 称为系统的阻抗矩阵或特征矩阵，$[H(s)]$ 称为系统的传递函数矩阵，对于 N 自由度系统，均为 $N \times N$ 方阵。$[H(s)]$ 的第 l 行第 p 列元素 $H_{lp}(s)$ 等于系统在 p 坐标单独激励时，l 坐标的响应函数 $x_l(t)$ 与 p 坐标激励函数 $f_p(t)$ 的拉普拉斯变换之比，即

$$H_{lp}(s) = \frac{X_l(s)}{F_p(s)} \tag{6.4.21}$$

如取 $s = j\omega$，则拉普拉斯变换转化为傅里叶变换，传递函数矩阵 $[H(s)]$ 转化为频响函数矩阵 $[H(\omega)]$，这时可得到下列定义式及关系式：

$$[Z(\omega)] = [k] - \omega^2 [m] + j\omega [c] \tag{6.4.22}$$

$$[H(\omega)] = [Z(\omega)]^{-1} = \frac{adj[Z(\omega)]}{|Z(\omega)|} \tag{6.4.23}$$

$$\{X(\omega)\} = [H(\omega)]\{F(\omega)\} \tag{6.4.24}$$

$$H_{lp}(\omega) = \frac{X_l(\omega)}{F_p(\omega)} \tag{6.4.25}$$

如前述，由傅里叶变换给出的频响函数与根据简谐激励得到的导纳函数是完全一致的。因此，频响函数矩阵也称为导纳函数矩阵。频响函数矩阵 $[H(\omega)]$ 中的对角线元素 H_{11}、H_{22}、$\cdots H_{NN}$ 为原点导纳或驱动点导纳；$[H(\omega)]$ 的非对角线元素 $H_{lp}(l \neq p)$，为跨点导纳或传递导纳。

6.4.3 实模态的频响函数和模态参数

1. 实模态的模态参数

一个 N 自由度的线性系统，有 N 个无阻尼固有频率 $\omega_r (r = 1, 2, \cdots N)$，和相应的 N 个模态振型 $\{\phi\}_r = \{\phi_{1r} \quad \phi_{2r} \quad \cdots \quad \phi_{Nr}\}^T (r = 1, 2, \cdots N)$。$N$ 个模态振型可综合为一个模态振型矩阵

$$[\Phi] = [\{\phi\}_1 \{\phi\}_2 \cdots \{\phi\}_N] = \begin{bmatrix} \phi_{11} & \phi_{12} & \cdots & \phi_{1N} \\ \phi_{21} & \phi_{22} & \cdots & \phi_{2N} \\ \vdots & & & \vdots \\ \phi_{N1} & \phi_{N2} & \cdots & \phi_{NN} \end{bmatrix}$$

模态振型对质量矩阵 $[m]$ 和刚度矩阵 $[k]$ 满足下面形式的加权正交关系：

$$\{\phi\}_s^T [m] \{\phi\}_r = \begin{cases} 0 & s \neq r \\ M_r & s = r \end{cases} \tag{6.4.26}$$

$$\{\phi\}_s^T [k] \{\phi\}_r = \begin{cases} 0 & s \neq r \\ K_r & s = r \end{cases} \tag{6.4.27}$$

并且有

$$\omega_r^2 = \frac{K_r}{M_r} \tag{6.4.28}$$

M_r 和 K_r 分别称为模态质量和模态刚度。

在比例黏性阻尼情况下，阻尼矩阵 $[c] = \alpha [m] + \beta [K]$（$\alpha$、$\beta$ 为常数），这时还有下面的正交关系：

$$\{\phi\}_s^T [c] \{\phi\}_r = \begin{cases} 0 & s \neq r \\ C_r & s = r \end{cases} \tag{6.4.29}$$

C_r 称为模态阻力系数。

有时用模态衰减指数 σ_r 或模态阻尼比 ξ_r 表征系统模态的阻尼特性，有

$$\sigma_r = \frac{C_r}{2M_r} = \xi_r \omega_r \tag{6.4.30}$$

$$\xi_r = \frac{\sigma_r}{\omega_r} = \frac{C_r}{2M_r \omega_r} \tag{6.4.31}$$

系统第 r 阶有阻尼固有频率 ω_{dr} 与无阻尼固有频率 ω_r 的关系为

$$\omega_{dr} = \sqrt{\omega_r^2 - \sigma_r^2} = \omega_r \sqrt{1 - \xi_r^2} \tag{6.4.32}$$

通常称 ω_{dr} 为系统的模态频率。

ω_{dr}、$\{\phi\}_r$、M_r、K_r、C_r（或 σ_r、ξ_r）统称为系统的模态参数。对于一个 N 自由度的振动系统来说，有 N 个模态，就是指它有 N 组模态参数。下标 r 表示模态的阶次。上述分析中，这些模态参数全都是实数，故称为实模态。

2. 实模态情况下的频响函数

N 自由度系统的频响函数可由其运动方程

$$[m]\{\ddot{x}\} + [c]\{\dot{x}\} + [k]\{x\} = \{f(t)\} \tag{6.4.33}$$

按简谐激励或任意激励的傅里叶变换式导出，取

$$\{f(t)\} = \{\overline{F}\} e^{j\omega t}$$

$$\{x(t)\} = \{\overline{X}\} e^{j\omega t}$$

代入上式，可得

$$([k] - \omega^2 [m] + j\omega [c])\{\overline{X}\} = \{\overline{F}\} \tag{6.4.34}$$

引入模态坐标向量

$$\{q\} = [\Phi]^{-1} \{x\}, \{x\} = [\Phi]\{q\} \tag{6.4.35}$$

显然有

$$\{q(t)\} = \{\overline{Q}\} e^{j\omega t}$$

且

$$\{\overline{Q}\} = [\Phi]^{-1} \{\overline{X}\}, \{\overline{X}\} = [\Phi]\{\overline{Q}\} \tag{6.4.36}$$

将式 (6.4.36) 代入式 (6.4.34)，并左乘 $[\Phi]^T$，根据正交关系式 (6.4.26)、(6.4.27) 和 (6.4.29)，可得到 N 个解耦的方程

$$(K_r - \omega^2 M_r + j\omega C_r)\overline{Q}_r = \overline{P}_r (r = 1, 2, \cdots N) \tag{6.4.37}$$

其中

$$\overline{P}_r = \{\phi\}_r^T \{\overline{F}\} \tag{6.4.38}$$

这里，$\overline{Q}_r$ 为模态坐标 q_r 处响应的复数振幅，$\overline{P}_r$ 为对应第 r 阶模态频率的激振力分量的复数力幅。

$\overline{Q}_r$ 与 $\overline{P}_r$ 的比值，称为系统的第 r 阶模态导纳，或第 r 阶模态频响函数，用 $H_r(\omega)$ 表示，即

$$H_r(\omega) = \frac{\overline{Q}_r}{\overline{P}_r} = \frac{1}{K_r - \omega^2 M_r + j\omega C_r} (r = 1, 2, \cdots N) \tag{6.4.39}$$

以模态导纳为对角线元素的对角矩阵 $[H_q(\omega)]$ 称为模态导纳矩阵，即

$$[H_q(\omega)] = \begin{bmatrix} H_1(\omega) & & & \\ & H_2(\omega) & & 0 \\ & & \ddots & \\ & 0 & & H_N(\omega) \end{bmatrix} \qquad (6.4.40)$$

由式（6.4.37）可知：

$$\{\overline{Q}\} = [H_q(\omega)]\{\overline{P}\} = [H_q(\omega)][\Phi]^T\{\overline{F}\} \qquad (6.4.41)$$

因此

$$\{\overline{X}\} = [\Phi]\{\overline{Q}\} = [\Phi][H_q(\omega)][\Phi]^T\{\overline{F}\} \qquad (6.4.42)$$

而对于频响函数矩阵 $[H(\omega)]$

$$\{\overline{X}\} = [H(\omega)]\{\overline{F}\} \qquad (6.4.43)$$

可见，导纳函数矩阵，即频响函数矩阵 $[H(\omega)]$，与模态导纳矩阵 $[H_q(\omega)]$ 之间满足以下关系：

$$[H(\omega)] = [\Phi][H_q(\omega)][\Phi]^T \qquad (6.4.44)$$

即

$$[H(\omega)] = \sum_{r=1}^{N} \frac{\{\phi\}_r\{\phi\}_r^T}{K_r - \omega^2 M_r + j\omega C_r} \qquad (6.4.45)$$

$$H_{lp}(\omega) = \sum_{r=1}^{N} \frac{\varphi_{lr}\varphi_{pr}}{K_r - \omega^2 M_r + j\omega C_r} = \sum_{r=1}^{N} \frac{\phi_{lr}\phi_{pr}}{M_r(\omega_r^2 - \omega^2 + j\xi_r\omega_r\omega)} \qquad (6.4.46)$$

或

$$H_{lp}(\omega) = \sum_{r=1}^{N} \phi_{lr}\phi_{pr}H_r(\omega) \qquad (6.4.47)$$

可见，系统的任一频响函数均可表为其各阶模态导纳的线性和。

6.4.4 复模态的频响函数和模态参数

前面讨论的实模态，适用于无阻尼系统或比例黏性阻尼系统。对于更一般的非比例黏性阻尼系统，宜采用复模态理论进行分析研究。

1. 复频率、复振型和复留数

N 自由度系统运动方程的拉普拉斯变换式为

$$[Z(s)]\{X(s)\} = \{F(s)\} \qquad (6.4.48)$$

对于自由振动情况，有

$$[Z(s)]\{X(s)\} = \{0\} \qquad (6.4.49)$$

其特征行列式 $|Z(s)|$ 的展开式是复变量 s 的 $2N$ 次多项式。令 $|Z(s)| = 0$，可求得方程（6.4.49）的 $2N$ 个特征根。在小阻尼情况下，它们是 N 对共轭复数根，即

$$\left.\begin{array}{l} p_r = -\sigma_r + j\omega_{dr} \\ p_r^* = -\sigma_r - j\omega_{dr} \end{array}\right\} (r = 1, 2, \cdots N) \qquad (6.4.50)$$

将 p_r、p_r^* 代入方程（6.4.50），可求得相应的 $2N$ 个特征向量 $\{\phi\}_r$、$\{\phi^*\}_r$，它们满足方程

$$\left.\begin{array}{l} [Z(p_r)]\{\phi\}_r = \{0\} \\ [Z(p_r^*)]\{\phi^*\}_r = \{0\} \end{array}\right\} (r = 1, 2, \cdots N) \qquad (6.4.51)$$

$\{\phi\}_r$ 与 $\{\phi^*\}_r$ 的对应元素均为共轭复数。

p_r 和 p_r^* 称为系统的复频率。实际上它包含了有关阻尼的参数 σ_r（第 r 阶模态衰减指数）和频率参数 ω_{dr}（第 r 阶模态频率）。

$\{\phi\}_r$、$\{\phi^*\}_r$ 称为系统的复振型向量或复模态向量。实模态与复模态的差别在于：前者意味着系统的所有质点在振动过程中保持同向或反向；后者表明各质点在振运过程中呈复杂的相位关系。反应在系统相应模态频率的节点或节线上，实模态的节点或节线位置是固定不变的，而复模态的节点或节线的位置则是随时在变化的。

系统传递函数 $[H(s)]$ 的任一元素，均可表示为 s 的多项式有理分式，其分母是 s 的 $2N$ 次多项式，分子为 s 的 $2N$-2 次多项式，即

$$H_{lp}(s) = \frac{A(s)}{B(s)} = \frac{\alpha_0 + \alpha_1 s + \cdots + \alpha_{2N-2}s^{2N-2}}{\beta_0 + \beta_1 s + \cdots + \beta_{2N}s^{2N}} \tag{6.4.52}$$

其分母多项式 $B(s)$ 的根，就是前面指出的复频率 p_r 和 p_r^*。由于 $s=p_r$ 或 p_r^* 时，$H_{lp}(s)$ 趋于无限，因此复频率也称为传递函数的极点。一个 N 自由度系统有 $2N$ 个极点。分子多项式 $A(s)$ 的根 z_i 称为传递函数的零点，因为 $s=z_i$ 时，$H_{lp}(s)=0$。一个 N 自由度系统的传递函数，有 $2N$-2 个零点。式（6.4.52）可按极点和零点改写成

$$H_{lp}(s) = a \frac{\prod\limits_{i=1}^{2N-2}(s-z_i)}{\prod\limits_{r=1}^{2N}(s-p_r)} \tag{6.4.53}$$

对于 $[H(s)]$ 中的不同元素，极点完全一致，零点则不尽相同。

传递函数矩阵可按极点展开为

$$[H(s)] = \sum_{r=1}^{N}\left(\frac{[A]_r}{s-p_r} + \frac{[A^*]_r}{s-p_r^*}\right) \tag{6.4.54}$$

其中 $[A]_r$、$[A^*]_r$ 分别为极点 p_r 和 p_r^* 的留数矩阵，并有

$$\left.\begin{array}{l}[A]_r = \lim\limits_{s\to p_r}(s-p_r)[H(s)] \\ [A^*]_r = \lim\limits_{s\to p_r^*}(s-p_r^*)[H(s)]\end{array}\right\} \tag{6.4.55}$$

这时，$[H(s)]$ 的元素可表为

$$H_{lp}(s) = \sum_{r=1}^{N}\left(\frac{A_{lpr}}{s-p_r} + \frac{A_{lpr}^*}{s-p_r^*}\right) \tag{6.4.56}$$

其中

$$\left.\begin{array}{l}A_{lpr} = \lim\limits_{s\to p_r}(s-p_r)H_{lp}(s) \\ A_{lpr}^* = \lim\limits_{s\to p_r^*}(s-p_r^*)H_{lp}(s)\end{array}\right\} \tag{6.4.57}$$

式（77）为传递函数的极点、留数形式。留数 A_{lpr} 和 A_{lpr}^* 是一对共轭复数。

参照单自由度系统传递函数表示式可将式（6.4.56）改写为

$$H_{lp}(s) = \sum_{r=1}^{N}\left(\frac{r_{lpr}}{2j(s-p_r)} - \frac{r_{lpr}^*}{2j(s-p_r^*)}\right) \tag{6.7.58}$$

其中

$$\left.\begin{array}{l}r_{\mathrm{lpr}} = 2jA_{\mathrm{lpr}} \\ r_{\mathrm{lpr}}^* = -2jA_{\mathrm{lpr}}^*\end{array}\right\} \tag{6.7.59}$$

r_{lpr} 与 r_{lpr}^* 也是一对共轭复数，即

$$\left.\begin{array}{l}r_{\mathrm{lpr}} = u_{\mathrm{lpr}} + jv_{\mathrm{lpr}} \\ r_{\mathrm{lpr}}^* = u_{\mathrm{lpr}} - jv_{\mathrm{lpr}}\end{array}\right\} \tag{6.7.60}$$

r_{lpr}（或 r_{lpr}^*）与 A_{lpr}（或 A_{lpr}^*）仅相差一个复常数，我们均称之为复留数。

采用式（6.7.60）这种传递函数表示式，好处是它的拉普拉斯逆变换，即冲激响应函数，易于表示为各阶模态衰减振动的线性和。即

$$h_{\mathrm{lp}}(t) = \sum_{r=1}^{N}\left(\frac{r_{\mathrm{lpr}}}{2j}e^{p_r t} - \frac{r_{\mathrm{lpr}}^*}{2j}e^{p_r^* t}\right) = \sum_{r=1}^{N}|r_{\mathrm{lpr}}|e^{-\sigma_r t}\sin(\omega_{\mathrm{dr}} t + \theta_{\mathrm{lpr}}) \tag{6.4.61}$$

其中

$$|r_{\mathrm{lpr}}| = \sqrt{u_{\mathrm{lpr}}^2 + v_{\mathrm{lpr}}^2}$$

$$\theta_{\mathrm{lpr}} = \operatorname{arctg}\frac{v_{\mathrm{lpr}}}{u_{\mathrm{lpr}}}$$

式（6.4.61）表明，复留数 $r_{\mathrm{lpr}} = |r_{\mathrm{lpr}}|e^{j\theta_{\mathrm{lpr}}}$ 等于脉冲响应函数 $h_{\mathrm{lp}}(t)$ 的第 r 阶模态分量（衰减振动）的复数振幅系数。

上述复频率、复振型和复留数即是复模态的基本参数。不过，复频率和复留数的值是确定值，而复振型向量中各元素的取值还决定于正则化方式。

复留数与复振型并非是完全独立的两组参数，可以证明，它们之间有下面的关系：

$$\left.\begin{array}{l}[A]_r = \dfrac{\{\phi\}_r\{\phi\}_r^{\mathrm{T}}}{a_r} \\ [A^*]_r = \dfrac{\{\phi^*\}_r\{\phi^*\}_r^{\mathrm{T}}}{a_r^*}\end{array}\right\} \tag{6.4.62}$$

其中，a_r 和 a_r^* 为一对共轭复常数。将这两个式子代入式（6.4.54）得

$$[H(s)] = \sum_{r=1}^{N}\left(\frac{\{\phi\}_r\{\phi\}_r^{\mathrm{T}}}{a_r(s-p_r)} + \frac{\{\phi^*\}_r\{\phi^*\}_r^{\mathrm{T}}}{a_r^*(s-p_r^*)}\right) \tag{6.4.63}$$

$$H_{\mathrm{lp}}(s) = \sum_{r=1}^{N}\left(\frac{\phi_{lr}\phi_{pr}}{a_r(s-p_r)} + \frac{\phi_{lr}^*\phi_{pr}^*}{a_r^*(s-p_r^*)}\right) \tag{6.4.64}$$

2. 复模态情况下的模态质量、模态刚度和模态阻力系数

在复模态情况下，不可以简单地套用实模态的正交关系式（6.4.26）、（6.4.27）和（6.4.29）求得系统的模态质量、模态刚度和模态阻力系数。实际上，复振型之间的正交关系与实振型之间的正交关系并不相同。当 $p_r \neq p_s$ 时，有

$$(p_r + p_s)\{\phi\}_s^{\mathrm{T}}[m]\{\phi\}_r + \{\phi\}_s^{\mathrm{T}}[c]\{\phi\}_r = 0 \tag{6.4.65}$$

$$p_r p_s\{\phi\}_s^{\mathrm{T}}[m]\{\phi\}_r - \{\phi\}_s^{\mathrm{T}}[k]\{\phi\}_r = 0 \tag{6.4.66}$$

式中 $\{\phi\}_r$ 和 $\{\phi\}_s$ 为系统复频率 p_r 和 p_s 对应的复振型。

在复模态情况下我们可以按下面的关系式定义模态质量 M_r、模态刚度 K_r 和模态阻力系数 C_r：

$$M_r = \{\phi^*\}_r^{\mathrm{T}}[m]\{\phi\}_r \tag{6.4.67}$$

$$K_r = \{\phi^*\}_r^{\mathrm{T}}[k]\{\phi\}_r \tag{6.4.68}$$

$$C_r = \{\phi^*\}_r^T [c] \{\phi\}_r \tag{6.4.69}$$

这样得到的 M_r、K_r、C_r 都是实数，并且符合下面关系：

$$\frac{K_r}{M_r} = \omega_r^2 = \sigma_r^2 + \omega_{dr}^2 \tag{6.4.70}$$

$$\frac{C_r}{M_r} = 2\xi_r \omega_r = 2\sigma_r \tag{6.4.71}$$

6.4.5 复模态与实模态的关系与结构阻尼

1. 复模态情况下的频响函数

对于小阻尼的振动系统，令 $s=j\omega$，拉普拉斯变换式就转化为傅里叶变换式，传递函数转化为频响函数。因此，用复模态参数表示的频响函数为

$$H_{lp}(\omega) = \sum_{r=1}^{N}\left(\frac{\phi_{lr}\phi_{pr}}{a_r(j\omega-p_r)} + \frac{\phi_{lr}^*\phi_{pr}^*}{a_r^*(j\omega-p_r^*)}\right) \tag{6.4.72}$$

或

$$H_{lp}(\omega) = \sum_{r=1}^{N}\left(\frac{A_{lpr}}{j\omega-p_r} + \frac{A_{lpr}^*}{j\omega-p_r^*}\right) \tag{6.4.73}$$

或

$$H_{lp}(\omega) = \sum_{r=1}^{N}\left(\frac{r_{lpr}}{2j(j\omega-p_r)} - \frac{r_{lpr}^*}{2j(j\omega-p_r^*)}\right) \tag{6.4.74}$$

较常用的是后一种形式，其中

$$\left.\begin{array}{l}r_{lpr} = 2jA_{lpr} = 2j\dfrac{\phi_{lr}\phi_{pr}}{a_r} \\[2mm] r_{lpr}^* = -2jA_{lpr}^* = -2j\dfrac{\phi_{lr}^*\phi_{pr}^*}{a_r^*}\end{array}\right\} \tag{6.4.75}$$

由于 $p_r = -\sigma + j\omega_{dr}$，$p_r^* = -\sigma - j\omega_{dr}$，式（6.4.74）也可写成

$$H_{lp}(\omega) = \frac{1}{2}\sum_{r=1}^{N}\left(\frac{r_{lpr}}{(\omega_{dr}-\omega)+j\sigma_r} + \frac{r_{lpr}^*}{(\omega_{dr}+\omega)-j\sigma_r}\right) \tag{6.4.76}$$

又因为 $r_{lpr}=u_{lpr}+jv_{lpr}$，$r_{lpr}^*=u_{lpr}-jv_{lpr}$，上式可写成

$$H_{lp}(\omega) = \sum_{r=1}^{N}\frac{u_{lpr}\omega_{dr}+v_{lpr}(\sigma_r+j\omega)}{\sigma_r^2+\omega_{dr}^2-\omega^2+2j\sigma_r\omega} \tag{6.4.77}$$

2. 实留数情况

当留数矩阵为实数矩阵时，有 $r_{lpr}=r_{lpr}^*=u_{lpr}$，$v_{lpr}=0$，于是式（6.4.77）变为

$$H_{lp}(\omega) = \sum_{r=1}^{N}\frac{\omega_{dr}r_{lpr}}{\sigma_r^2+\omega_{dr}^2-\omega^2+2j\sigma_r\omega} = \sum_{r=1}^{N}\frac{\omega_{dr}r_{lpr}}{\omega_r^2-\omega^2+2j\xi_r\omega_r\omega} \tag{6.4.78}$$

比较式（6.4.46）和式（6.4.78）可以得到，如果给定

$$\frac{\phi_{lr}\phi_{pr}}{M_r} = \omega_{dr}r_{lpr}$$

即

$$[r]_r = \frac{1}{M\omega_{dr}}\{\phi\}_r\{\phi\}_r^T$$

则式（6.4.46）和式（6.4.78）是一样的。对许多小阻尼结构的实际测量表明，其留数都很接近于实数，因此可以按实模态来处理。这时可以得到以下模态参数计算公式

$$\begin{Bmatrix} r_{1pr} \\ r_{2pr} \\ \vdots \\ r_{Npr} \end{Bmatrix} = \frac{1}{\omega_{dr}M_r} \begin{Bmatrix} \phi_{1r}\phi_{pr} \\ \phi_{2r}\phi_{pr} \\ \vdots \\ \phi_{Nr}\phi_{pr} \end{Bmatrix} = \frac{\phi_{pr}}{\omega_{dr}M_r} \begin{Bmatrix} \phi_{1r} \\ \phi_{2r} \\ \vdots \\ \phi_{Nr} \end{Bmatrix} \tag{6.4.79}$$

或

$$\begin{Bmatrix} \phi_{1r} \\ \phi_{2r} \\ \vdots \\ \phi_{Nr} \end{Bmatrix} = \frac{\omega_{dr}M_r}{\phi_{pr}} \begin{Bmatrix} r_{1pr} \\ r_{2pr} \\ \vdots \\ r_{Npr} \end{Bmatrix} = \frac{\phi_{pr}}{r_{ppr}} \begin{Bmatrix} r_{1pr} \\ r_{2pr} \\ \vdots \\ r_{Npr} \end{Bmatrix} \tag{6.4.80}$$

记

$$a_r = \frac{1}{\omega_{dr}M_r} = \frac{r_{1pr}}{\phi_{1r}\phi_{pr}} \tag{6.4.81}$$

则有

$$M_r = \frac{1}{a_r\omega_{dr}} \tag{6.4.82}$$

$$K_r = \frac{\sigma_r^2 + \omega_{dr}^2}{a_r\omega_{dr}} \tag{6.4.83}$$

$$C_r = \frac{2\sigma_r}{a_r\omega_{dr}} \tag{6.4.84}$$

由此可以认为，实模态是复模态中留数为实数的特殊情况。

3. 结构阻尼

结构阻尼也称为滞后阻尼，其阻力的大小与振动位移成正比，方向则与速度相反。结构阻尼通常与刚度合并在一起称为复刚度：

$$k^* = k + jg = k(1+j\eta) \tag{6.4.85}$$

其中 k^* 为复刚度，它的虚部与实部的比值 $\eta = g/k$ 称为损耗因子，或结构阻尼系数。

具有结构阻尼的单自由度系统的运动方程为：

$$m\ddot{x} + kx + jgx = f(t) \tag{6.4.86}$$

其频响函数为：

$$H(\omega) = \frac{1}{k - \omega^2 m + jg} = \frac{1}{k - \omega^2 m + j\eta k} \tag{6.4.87}$$

具有结构阻尼的 N 自由度系统的运动方程为：

$$[m]\{\ddot{x}\} + [k]\{x\} + j[g]\{x\} = \{f(t)\} \tag{6.4.88}$$

其复振型之间的正交关系为：

$$\{\phi\}_s^T[m]\{\phi\}_r = \begin{cases} 0 & s \neq r \\ M_r & s = r \end{cases} \tag{6.4.89}$$

$$\{\phi\}_s^T([k]+j[g])\{\phi\}_r = \begin{cases} 0 & s \neq r \\ K_r(1+j\eta_r) & s = r \end{cases} \tag{6.4.90}$$

系统的固有频率 ω_r 与复频率 p_r、模态质量 M_r、模态刚度 K_r 之间的关系为：

$$p_r^2 = \omega_r^2(1+j\eta_r) \tag{6.4.91}$$

$$\omega_r^2 = \frac{K_r}{M_r} \tag{6.4.92}$$

η_r 称为模态损耗因子或模态结构阻尼系数。这时系统的模态导纳为：

$$H_r(\omega) = \frac{1}{K_r - \omega^2 M_r + j\eta_r K_r}(r = 1,2,\cdots,N) \tag{6.4.93}$$

频响函数为：

$$H_{\mathrm{lp}}(\omega) = \sum_{r=1}^{N} \frac{\phi_{\mathrm{l}r}\phi_{\mathrm{p}r}}{K_r - \omega^2 M_r + j\eta_r K_r} \tag{6.4.94}$$

其留数通常为复留数。当结构阻尼矩阵 $[g]$ 可表达为质量矩阵 $[m]$ 和刚度矩阵 $[k]$ 的线性和，即

$$[g] = \alpha[m] + \beta[k]$$

复留数才变为实留数，复振型也就变为实振型。

6.4.6 频响函数估计的三种形式与噪声的影响

当信号 $f(t)$ 和 $x(t)$ 分别为系统的输入（激励）信号和输出（响应）信号时，数字信号分析仪通常从下面的基本关系式来求得系统的频响函数估计 $H(f)$。

$$X(f) = H(f)F(f) \tag{6.4.95}$$

用双通道 FFT 和功率谱平均求频响函数估计时，除采样频率选择、抗混滤波、泄漏、加窗、栅栏效应等问题外，频响函数估计的不同计算形式以及噪声的敏感性问题，对频响函数估计的精度也有影响。

从频响函数的基本关系式可得到频响函数估计与功率谱估计关系的三种不同形式：

式（6.4.95）两边分别乘以 $F(f)$ 的共轭复数 $F^*(f)$，得

$$X(f) \cdot F^*(f) = H(f)F(f)F^*(f)$$

由此我们得出第一种频响函数估计，称之为 $H_1(f)$，

$$H_1(f) = \frac{\overline{X(f) \cdot F^*(f)}}{\overline{F(f) \cdot F^*(f)}} = \frac{G_{\mathrm{fx}}(f)}{G_{\mathrm{f}}(f)} \tag{6.4.96}$$

其中，横线表示系集平均。

式（6.4.95）两边分别乘以 $X(f)$ 的共轭复数 $X^*(f)$，得

$$X(f) \cdot X^*(f) = H(f)F(f)X^*(f)$$

得到第二种频响函数估计，称之为 $H_2(f)$，

$$H_2(f) = \frac{\overline{X(f) \cdot X^*(f)}}{\overline{F(f) \cdot X^*(f)}} = \frac{G_{\mathrm{x}}(f)}{G_{\mathrm{xf}}(f)} \tag{6.4.97}$$

设 $H^*(f)$ 为 $H(f)$ 的共轭复数，有

$$X^*(f) = H^*(f)F^*(f)$$

及

$$X(f) \cdot X^*(f) = H(f)H^*(f)F(f)F^*(f)$$

由此得到一种频响函数的幅值估计，用 $|H_{\mathrm{a}}(f)|$ 表示，

$$|H_{\mathrm{a}}(f)|^2 = H(f) \cdot H^*(f) = \frac{\overline{X(f) \cdot X^*(f)}}{\overline{F(f) \cdot F^*(f)}} = \frac{G_{\mathrm{x}}(f)}{G_{\mathrm{f}}(f)} \tag{6.4.98}$$

在理想情况下，应该有

$$H_1(f) = H_2(f) = H(f), |H_{\mathrm{a}}(f)| = |H(f)|$$

而实际上，由于信号噪声、系统非线性、测量平均次数有限等原因，这三种形式的频响函数估计不会完全相同。

可以证明，$H_1(f)$ 与 $H_2(f)$ 的比值，恰等于相干函数 $\gamma^2(f)$：

$$\frac{H_1(f)}{H_2(f)} = \frac{G_{fx}(f) \cdot G_{xf}(f)}{G_f(f) \cdot G_x(f)}$$

注意到

$$G_{xf}(f) = G_{fx}^*(f)$$

则有

$$\frac{H_1(f)}{H_2(f)} = \frac{|G_{fx}(f)|^2}{G_f(f) \cdot G_x(f)} = \gamma^2(f) \tag{6.4.99}$$

由于 $0 \leqslant \gamma^2(f) \leqslant 1$，可知 $H_1(f) \leqslant H_2(f)$。

图 6.4.1 表示响应信号 $x(t)$ 受到噪声 $n(t)$ 的"污染"，从而测量到的响应谱是 $B(f)$ 而非 $x(f)$ 的情况。

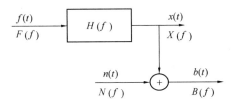

图 6.4.1 响应信号受到噪声污染

$$B(f) = X(f) + N(f)$$

则有

$$H_1(f) = \frac{G_{bf}(f)}{G_f(f)} = \frac{\overline{B(f) \cdot F^*(f)}}{\overline{F(f) \cdot F^*(f)}}$$

$$= \frac{\overline{X(f) \cdot F^*(f)} + \overline{N(f) \cdot F^*(f)}}{\overline{F(f) \cdot F^*(f)}} = \frac{G_{fx}(f)}{G_f(f)} + \frac{G_{fn}(f)}{G_f(f)}$$

设 $n(t)$ 与 $f(t)$ 不相关，且具有零均值，则随着平均次数增加，$G_{fn}(f)$ 的值趋于零，则有

$$H_1(f) = \frac{G_{fx}(f)}{G_f(f)} = H(f) \tag{6.4.100}$$

即响应信号噪声对 $H_1(f)$ 的影响可以通过功率谱平均来抑制。对于 $H_2(f)$：

$$H_2(f) = \frac{G_b(f)}{G_{bf}(f)} = \frac{|H(f)|^2 G_f(f) + G_n(f)}{H^*(f) G_f(f)} = H(f)\left(1 + \frac{G_n(f)}{G_x(f)}\right) \tag{6.4.101}$$

平均次数增加，$G_n(f)$ 的值不会趋于零，因此 $H_2(f)$ 是 $H(f)$ 的过估计，即 $H_2(f) \geqslant H(f)$。另外，

$$|H_a(f)|^2 = \frac{G_x(f)}{G_f(f)} = \frac{G_x(f) + G_n(f)}{G_f(f)} = |H(f)|^2\left(1 + \frac{G_n(f)}{G_x(f)}\right) \tag{6.4.102}$$

也是过估计。

图 6.4.2 表示激励信号 $f(t)$ 受到噪声 $m(t)$ 的"污染"，测量到的激励谱是 $A(f)$，而不是 $f(t)$ 的情况：

$$A(f) = F(f) + M(f)$$

这时

$$H_1(f) = \frac{G_{ax}(f)}{G_a(f)} = \frac{H(f)G_f(f)}{G_f(f)+G_m(f)} = \frac{H(f)}{1+\dfrac{G_m(f)}{G_f(f)}} \qquad (6.4.103)$$

是欠估计，即 $H_1(f) \leqslant H(f)$，而且

$$|H_a(f)|^2 = \frac{G_x(f)}{G_a(f)} = |H(f)|^2 \frac{G_f(f)}{G_f(f)+G_m(f)} = |H(f)|^2 \frac{1}{1+\dfrac{G_m(f)}{G_f(f)}} \qquad (6.4.104)$$

也是欠估计。而

$$H_2(f) = \frac{G_x(f)}{G_{xa}(f)} = \frac{|H(f)|^2 G_f(f)}{H^*(f)G_f(f)} = H(f) \qquad (6.4.105)$$

可以得到精确的估计。

图 6.4.3 表示响应信号和激励信号都混有噪声时的情况。可以得到：

$$H_1(f) = \frac{H(f)}{1+\dfrac{G_m(f)}{G_f(f)}} \qquad (6.4.106)$$

$$H_2(f) = H(f)\left(1+\frac{G_n(f)}{G_x(f)}\right) \qquad (6.4.107)$$

$$|H_a(f)|^2 = |H(f)|^2 \frac{1+\dfrac{G_n(f)}{G_x(f)}}{1+\dfrac{G_m(f)}{G_f(f)}} \qquad (6.4.108)$$

这时有 $H_1(f) \leqslant H(f) \leqslant H_2(f)$

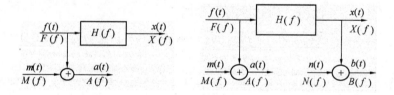

图 6.4.2　激励信号受到噪声污染　　图 6.4.3　激励信号受到噪声污染

通过以上分析，可得出下面几点：

(1) 如果分析仪能同时给出 $H_1(f)$、$H_2(f)$ 和 $|H_a(f)|$，则它们可以相互校核。由于 $H_1(f) \leqslant H(f) \leqslant H_2(f)$ 在任何情况下均成立，因而 $H_1(f)$ 和 $H_2(f)$ 给出了 $H(f)$ 的真值范围。

(2) 在共振频率附近，响应信号强，激励信号弱，而弱信号的信噪比总是偏低，所以 $H_2(f)$ 比 $H_1(f)$ 更接近真值；而在反共振频率附近，响应信号较弱，激励信号较强，$H_1(f)$ 比 $H_2(f)$ 更接近真值。

(3) 多数分析仪一般只能给出 $H_1(f)$，为了提高测量精度，应同时测量相干函数。无论输入信号还是输出信号受到噪声污染时，相干函数值均小于1。如果发现 $\gamma^2(f)$ 的值偏小，应分析噪声的来源，设法消除或抑制。

6.4.7 频响函数测试技术

频域法模态试验的核心是频响函数的测量及测量结果的曲线拟合。下面先介绍频响函数测量的常用设备及测试系统的组成。

1. 简单的测试系统

图 6.4.4 所示为一种简单的频响函数测试系统。其激励系统包括信号发生器、功率放大器和激振器；测量系统则包括力传感器、加速度传感器、放大器、数字信号分析仪等。测试时，改变激振频率，用传感器测量激振力和加速度响应信号的幅值和相位，由数字信号分析仪获得导纳函数或频响函数的幅频和相频数据。数字信号分析仪通常采用 FFT 分析和功率谱平均求频响函数，测量结果可直接打印、存盘，也可通过数字 I/O 接口输入计算机进行模态分析等后处理。有的信号分析仪本身就具备模态分析功能，可通过对实测频响函数的曲线拟合，获得被测试结构的模态参数估计，并显示活动的振型图像。

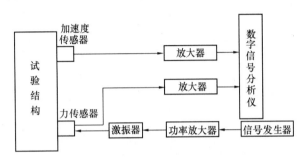

图 6.4.4 频响函数测试框图

2. 频响函数测试的几种激励方式的比较

在进行模态试验时，可自由选择各种激振信号源及激振方式。常用的激振信号源及激励方式有随机激励、正弦扫描激励、冲击激励等。

（1）随机激励

随机激励的信号源分为纯随机、伪随机和猝发随机等几种类型。

纯随机信号一般由模拟式电子噪声发生器产生，经低通滤波成为限带白噪声，在给定带宽内具有均匀连续的频谱，可以同时激励该频带内所有的振动模态。计算信号的 FFT 时，一般选用汉宁窗来减少数据截断引起的功率泄漏。

由于纯随机信号的获得较困难，因此常用伪随机信号来代替。所谓伪随机信号，是由数字信号分析仪给出的零方差数字随机数据，经数模转换器（D/A）成为一种周期性的模拟式随机信号，其周期恰等于 FFT 的分析周期 T，因而具有离散型频谱，谱线的间隔 Δf =1/T 与频响函数测量的分辨率相一致。对伪随机信号做 FFT 分析，可直接用矩形窗而不致产生泄漏。

用连续的随机信号作为激励源时，一个测量窗内的响应信号可能有一部分是由于上一个测量窗的激励信号所引起的，这将导致相干函数值的降低。为保证一个测量窗内的响应信号完全由相应测量窗内的激励信号引起，可采用一种称为猝发随机的信号源。这种信号源只在测量周期的初始一段时间输出信号，其占用时间可任意调节，以适应不同阻尼的结构。猝发随机信号的 FFT 仍可用矩形窗。

（2）正弦扫描激励

在缺少随机信号源的情况下，可考虑采用正弦扫描激励。如果在一个测量窗内，使正弦信号的频率按线性或对数规律从给定的最低频率连续调节到给定的最高频率，则这一扫描信号将具有该扫描频带的连续频谱，能激励该频带内的所有振动模态。为了避免响应滞后引起幅频特性的峰值后移,可反复进行频率从低到高和从高到低的扫描激励,取多次测量的平均。也可减缓扫描速度,这时每个测量窗内信号频谱的带宽可能窄于给定的分析带宽,为了获得整个分析带宽的频响函数,要求信号分析仪具有频域峰值保持功能,即对应每一频率点,保留历次测量中谱的最大值。

(3) 冲击激励

随机激励和正弦扫描激励除要求相应的信号源外,还需有功率放大器和激振器等设备,激振器与试件的联接及支承也有特殊的要求。模态试验最简单的激励方式是采用装有力传感器的冲击力锤进行冲击激励,其冲击力接近于半正弦脉冲,脉冲宽度依赖于锤头材料、锤头质量、敲击对象材料等因素,通常在几百微秒至一、二十毫秒内变化。锤头越硬,力脉冲的作用时间 τ 就越短,其频谱主瓣的带宽(约等于 $1/\tau$)就越宽。由于一次敲击能输入的激振能量有限,所以测量低频模态时宜采用软锤头,如橡皮锤头或尼龙锤头;测量高频模态,需采用钢锤头,并尽可能减小锤体的质量。

由于冲击激励的作用时间短,输入能量少,激励信号和响应信号的信噪比一般都比较低。为了尽可能提高频响函数测量的信噪比,可对力信号和响应信号分别加截短的矩形窗(也称力窗)和指数衰减窗。同时,为了能捕捉到完整的冲击力波形,宜采用负延时触发采样。

随机激励及正弦扫描激励可通过选带分析来提高频率分辨率。而冲击激励的频域细化却受到脉冲宽度窄的制约,细化倍数不宜太高。因此,虽然冲击激励具有设备简单,施力方便,测试速度快等优点,但由于测量信噪比较差,通过细化提高频率分辨率受到限制等原因,测量结果有时不很满意。这种激励方式比较适合于中小型弱阻尼结构的模态试验,尤其适合于现场试验。

3. 频响函数测试的其他技术问题

除了以上所述激振方式选择、测量系统选择、信号处理技术等问题外,在实施模态试验的频响函数测试中尚需考虑下面一些技术问题:

(1) 测试结构的支承方式

常用的支承方式有三种:(a) 采用自由悬挂;(b) 固紧在刚性良好的基础上;(c) 按实际工作状态支承。

所谓自由悬挂,就是将试件用软橡皮绳、橡胶垫、金属弹簧或空气弹簧等弹性元件悬吊或支承起来,使试件悬挂系统的振动模态频率能低于被分析模态频率的五分之一。采用自由悬挂,目的是为了隔离环境振动干扰和排除基础的振动模态对试件模态的影响,以提高频响函数测量的信噪比和模态参数估计的精度或可靠性。自由悬挂无疑是一种比较理想的支承方式。

有些试验,如某结构(实物或模型)的整体试验,只能将试件固定在刚性好的基础上,或者必须在现场按其实际安装状态进行试验。由于环境的干扰及结构与基础连接条件的随机变化,会使测量结果的重复性较差。为此,应尽可能选择良好的试验环境(例如在夜间环境安静时做试验),并通过多次试验然后对测量结果进行统计平均。

(2) 激振器的安装和支承

图 6.4.5 表示激振器相对试件的几种安装和支承情况。图(a)表示激振器固紧在刚性基础上,试件则采用自由悬挂。这是一种良好的支承方式。图(b)表示激振器采用弹

性悬挂，试件可自由悬挂或固紧在刚性基础上，这也是较佳的支承方式；但在低频激振时，激振力的反作用力有可能使激振器本身产生大的振动位移，使得激振力幅值变小，如出现这一情况，可在激振器上再附加一个大的质量块，使其悬挂振动频率进一步降低。图（c）是一种不良的支承安装方式。因为结构上任意点响应不仅由作用于 A 点的激振力（被测量）所引起，而且由作用在 B 点的反作用力（未被测量）所引起，然而，在只要求识别模态频率、模态振型和模态阻尼比，而不要求识别模态质量、模态刚度和模态阻尼系数的一些特殊场合，这一支承方式仍被采取。

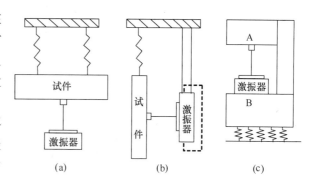

图 6.4.5 激振器和试件的支承方式

（3）测点布置及激振坐标的选择

测点的数目及布置情况依具体结构和测试目标而定。高阶模态的振型比较复杂，需要有足够多的测点才能清楚地识别出来。只有少数简单结构的模态可视为具有一维振型，模态试验只需测量一个方向的振动响应；多数情况下，模态振型是三维的空间振型，必须在每一测点同时测量三个互相正交方向的振动响应，才能准确地识别模态振型。

当激振点靠近某一阶模态的节线时，在频响函数测量中可能会遗漏这一阶模态，或因该模态的数据信噪比过低而不准确，应该预先估计待测模态的节线（振幅为零）和反节线（振幅最大）位置，避免在节线附近激振。如果在反节线处激振，虽然可以用较小的激振力获得较大的响应，但激振器的附加质量和附加刚度对测量的影响也较大。在自由悬挂情况下，可以选择在结构的端部激振，对于较低阶的模态，该部位一般不会靠近节点。在测试过程中，变换几次激振部位，可以避免遗漏模态。

当采用随机激励或正弦扫描激励时，由于变换激振部位比较麻烦，一般是固定激振点，逐点测量响应。采用锤击激励，既可固定测量点，顺序改变激振点；也可固定激振点，逐点测量响应。原理上，只需测量频响函数矩阵的一行或一列元素，便可识别所有的模态参数。

（4）激振力的控制

激振力的大小视实际结构而定，一般希望有较强的力信号和响应信号，以提高信噪比，但应注意避免测量设备过载或损坏试件。由于实际结构的模态阻尼比一般都很小，在共振频率附近常常只需很小的激振力即可获得较大的响应信号。如果所用的信号分析仪只能测量 $H_1(f)$，那么宁可采用灵敏度低一些的振动传感器，而施加较大的激振力，以提高频响函数测量的信噪比。对于非线性特征明显的结构，则可以通过改变激振力幅值来检验非线性。

（5）对测量系统频率特性的要求

测量系统中每一台仪器，甚至仪器的每一个环节，都有其自己的频率特性。在模态试验中，频响函数的相位信息很重要，为避免测量系统的相移导致较大的测量误差，所采用的传感器及各测量、分析仪器截止频率的上、下限最好能优于分析频带上、下限一个数量级。比如，假定分析频带为10Hz至1kHz，那么传感器和测量仪器的工作频率的上限最好能达到10kHz，下限最好能达到1Hz以下。

6.4.8 结构模态参数的估计

频域模态参数识别，可大致区分为单模态分析法和多模态分析法两类。当试件的阻尼很小，模态频率不很密集时，认为在某一阶模态频率的附近，主要是这一阶的模态导纳对频响函数做出贡献，在估计模态参数时，用理想的单自由度频响函数去拟合实测的频响函数（图6.4.6（a）），称为单模态分析法，或单自由度拟合法。当阻尼较大，模态频率又比较密集时，对一段包含几个峰谷的实测频响函数，用理想的多自由度频响函数去拟合，就称为多模态分析法，或多自由度拟合法（图6.4.6（b））。

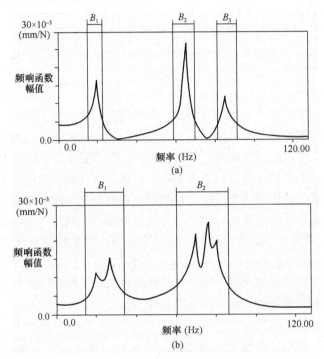

图6.4.6　（a）单模态拟合；（b）多模态拟合

1. 幅频峰值法

结构阻尼是比例黏性阻尼的情况下，在 p 坐标激振，l 坐标测振，得到的频响函数，按实模态来考虑，为

$$H_{lp}(\omega) = \sum_{r=1}^{N} \phi_{lr}\phi_{pr}H_r(\omega) \tag{6.4.109}$$

其中

$$H_r(\omega) = \frac{1}{K_r - \omega^2 M_r + j\omega C_r}(r=1,2\cdots N) \tag{6.4.110}$$

为第 r 阶模态导纳。如果被分析的是原点导纳，即 $l=p$，可令 $\phi_{lr}=\phi_{pr}=1$，且认为在 $\omega\approx\omega_r$ 的一定频带内，只有第 r 阶模态导纳对频响函数做出贡献，因而有

$$H_{lp}(\omega) = |H_{lp}(\omega)|e^{j\varphi(\omega)} \approx H_r(\omega) \tag{6.4.111}$$

$$|H_{\text{lp}}(\omega)| \approx \frac{1}{K_r} \cdot \frac{1}{\sqrt{\left(1-\frac{\omega^2}{\omega_r^2}\right)^2 + \left(2\xi_r \frac{\omega}{\omega_r}\right)^2}} \tag{6.4.112}$$

$$\varphi(\omega) \approx \arctan \frac{-2\xi_r \frac{\omega}{\omega_r}}{1-\frac{\omega^2}{\omega_r^2}} \tag{6.4.113}$$

因此，对实测原点导纳的幅相频性曲线（图 6.4.7），可按下面步骤粗略估计模态参数：

(1) 模态频率 ω_{dr}　幅频特性曲线中，序号为 r 的峰值对应的频率，认为就是第 r 阶模态无阻尼固有频率 ω_r，并认为小阻尼情况下，$\omega_{dr} \approx \omega_r$。

(2) 模态阻尼比 ξ_r　在 ω_r 附近，总可找到两个频率 ω_1 和 ω_2（$\omega_1 < \omega_r < \omega_2$），有 $|H_{\text{lp}}(\omega_1)| = |H_{\text{lp}}(\omega_2)| = \frac{1}{\sqrt{2}}|H_{\text{lp}}(\omega_r)|$。$|H_{\text{lp}}(\omega)|$ 曲线上这两点称为半功率点，ω_2 与 ω_1 之差称为半功率带宽。可以证明

$$\omega_1 - \omega_2 \approx 2\xi_r \omega_r$$

因此，可由半功率带宽和模态频率求出模态阻尼比

$$\xi_r \approx \frac{\omega_2 - \omega_1}{2\omega_r} \tag{6.4.114}$$

(3) 模态刚度 K_r、模态质量 M_1 和模态阻力系数 C_r　由式 (6.4.122) 可知。

$$|H_{\text{lp}}(\omega_r)| \approx \frac{1}{2\xi_r K_r}$$

因而有

$$K_r = \frac{1}{2\xi_r |H_{\text{lp}}(\omega_r)|} \tag{6.4.115}$$

由此可进一步求得

$$M_r = \frac{K_r}{\omega_r^2}$$

$$C_r = 2\xi_r \omega_r M_r$$

(4) 模态振型 $\{\phi\}_r$　由各个测点的位移导纳在 $\omega = \omega_r$ 的幅值和相位，即可决定模态振型 $\{\phi\}_r$。应注意的是，上面求 K_r、M_r、C_r 的式子，是以模态振型 $\{\phi\}_r$ 向激振坐标 p 归一的，即取 $\phi_{pl} = 1$。如果 $\{\phi\}_r$ 取别的正则化方式，则 K_r、M_r 和 C_r 的值相应发生变化。

2. 实频、虚频峰值法

模态导纳 $H_r(\omega)$ 的实部和虚部分别为

$$\text{Re}[H_r(\omega)] = \frac{K_r - \omega^2 M_r}{(K_r - \omega^2 M_r)^2 + (\omega C_r)^2} = \frac{1}{K_r} \cdot \frac{1 - \frac{\omega^2}{\omega_r^2}}{\left(1 - \frac{\omega^2}{\omega_r^2}\right)^2 + \left(2\xi_r \frac{\omega}{\omega_r}\right)^2}$$

$$\tag{6.4.116}$$

$$\text{Im}[H_r(\omega)] = \frac{\omega C_r}{(K_r - \omega^2 M_r)^2 + (\omega C_r)^2} = \frac{1}{K_r} \cdot \frac{-2\xi_r \frac{\omega}{\omega_r}}{\left(1 - \frac{\omega^2}{\omega_r^2}\right)^2 + \left(2\xi_r \frac{\omega}{\omega_r}\right)^2}$$

$$\tag{6.4.117}$$

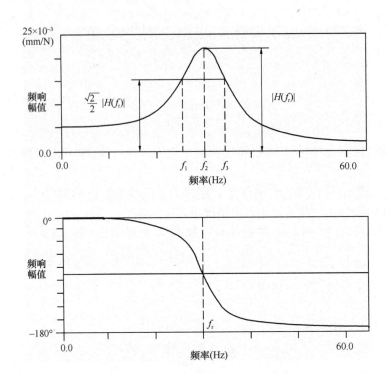

图 6.4.7 模态导纳的幅频特性和相频特性

其特性曲线如图 6.4.8 所示。

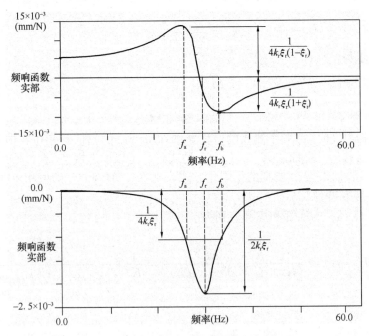

图 6.4.8 模态导纳的实频特性和虚频特性

当 $\omega = \omega_a = \omega_r\sqrt{1-2\xi_r}$ 时，$\mathrm{Re}[H_r(\omega)]$ 有极大值 $1/4K_r\xi_r(1-\xi_r)$；当 $\omega = \omega_b = \omega_r\sqrt{1+2\xi_r}$ 时，$\mathrm{Re}[H_r(\omega)]$ 有极小值 $1/4K_r\xi_r(1+\xi_r)$；极大值与极小值之差为 $1/2K_r\xi_r(1-$

ξ_r^2），当阻尼比 $\xi_r \ll 1$ 时，此差值近似为 $1/2K_r\xi_r$。

当 $\omega = \omega_r\sqrt{1-\dfrac{2}{3}\xi_r^2}$ 时，$\text{Im}[H_r(\omega)]$ 有极小值 $1/2K_r\xi_r\sqrt{1-\dfrac{2}{3}\xi_r^2}$；当阻尼比 $\xi_r \ll 1$ 时，可以认为在 $\omega = \omega_r$ 时有极小值 $-1/2K_r\xi_r$。

因此，在阻尼比较小时，可由虚频极值确定无阻尼模态频率 ω_r；由实频极值频率 ω_a 和 ω_b 按下式估算模态阻尼比，

$$\xi_r = \frac{1}{2} \cdot \frac{\omega_b^2 - \omega_a^2}{\omega_b^2 + \omega_a^2} \approx \frac{1}{2} \cdot \frac{\omega_b - \omega_a}{\omega_r} \tag{6.4.118}$$

由虚频的极值或实频的极大值与极小值的差（约等于 $1/2K_r\xi_r$）估算模态刚度；并由各测点的虚频极值估计模态振型。

与幅频特性相比，模态导纳的虚频特性在 ω 大于和小于 ω_r 的两侧均较快趋近于零。因此，邻近模态对被分析模态的影响，虚频比幅频要小得多，亦即用实频、虚频峰值法求得的模态参数通常更准确些。

3. 圆拟合法

如果在复平面上表示导纳函数随频率变化的规律，取横坐标表示导纳的实部，纵坐标表示导纳的虚部，便可得到导纳函数的极坐标图形，该图形称为导纳向量端图，或乃奎斯特（Nyquist）图。

可以证明，单自由度系统位移导纳的向量端图为一段大圆弧（结构阻尼情况），或接近于一段圆弧（黏性阻尼情况）。对于阻尼较小，模态频率不很密集的多自由度系统，相应每一个模态，各存在一个称为模态圆的整圆（或圆弧）。所谓圆拟合法，是用最小二乘法，用理想的模态圆去拟合实测的导纳向量端图，从而得到相应的模态参数。圆拟合法可以较好地消除邻近模态对被分析模态的影响，能获得较为准确的模态参数估计。

对于结构阻尼情况，模态导纳为

$$H_r(\omega) = \frac{1}{K_r - \omega^2 M_r + j\eta_r K_r} = \frac{1}{K_r - \omega^2 M_r + j g_r} \tag{6.4.119}$$

其实部和虚部分别为

$$\text{Re}[H_r(\omega)] = \frac{K_r - \omega^2 M_r}{(K_r - \omega^2 M_r)^2 + g_r^2} \tag{6.4.120}$$

$$\text{Im}[H_r(\omega)] = \frac{-g_r}{(K_r - \omega^2 M_r)^2 + g_r^2} \tag{6.4.121}$$

由此可得

$$\{\text{Re}[H_r(\omega)]\}^2 + \left\{\text{Im}[H_r(\omega)] + \frac{1}{2g_r}\right\}^2 = \left(\frac{1}{2g_r}\right)^2 \tag{6.4.122}$$

可见，$H_r(\omega)$ 在复平面上的轨迹是一个圆，其半径等于 $1/2g_r$，圆心在 $(0, -1/2g_r)$ 处。该模态圆有以下特点：

1) $\omega = 0$ 时，向径端点的坐标为 $(K_r/(K_r^2 + g_r^2), -g_r/(K_r^2 + g_r^2))$；$\omega \to \infty$ 时，向径端点的坐标趋向原点，故实际的模态圆不是一个整圆，而只是一段大圆弧。

2) $\omega = \omega_r$ 时，$\text{Re}[H_r(\omega)] = 0$，$\text{Im}[H_r(\omega)] = -1/g_r$ 为其极小值，可见，模态圆与虚轴的交点即为 $\omega = \omega_r$ 的导纳向量端点。

3) 如果在模态圆与虚轴的交点附近任意找两点 A 和 B，设其相应的频率为 ω_a 和 ω_b。

过 A、B 两点分别作模态圆的半径，设它们与虚轴的夹角为 α_A、α_B。而这两点的导纳向径与虚轴的夹角则为 $\alpha_A/2$、$\alpha_B/2$；与实轴的夹角，即导纳函数的相位角为 φ_A、φ_B，则有：

$$\varphi_A = -\left(90° - \frac{1}{2}\alpha_A\right)$$

$$\varphi_B = -\left(90° + \frac{1}{2}\alpha_B\right)$$

因为

$$\mathrm{tg}\varphi_A = \frac{\mathrm{Im}[H_r(\omega_a)]}{\mathrm{Re}[H_r(\omega_a)]} = -\frac{g_r}{K_r - \omega_a^2 M_r}$$

$$\mathrm{tg}\varphi_B = \frac{\mathrm{Im}[H_r(\omega_b)]}{\mathrm{Re}[H_r(\omega_b)]} = -\frac{g_r}{K_r - \omega_b^2 M_r}$$

则有

$$\mathrm{tg}\frac{\alpha_A}{2} = \mathrm{ctg}\varphi_A = -\frac{K_r - \omega_a^2 M_r}{g_r}$$

$$\mathrm{tg}\frac{\alpha_B}{2} = -\mathrm{ctg}\varphi_B = \frac{K_r - \omega_b^2 M_r}{g_r}$$

即

$$\mathrm{tg}\frac{\alpha_A}{2} + \mathrm{tg}\frac{\alpha_B}{2} = \frac{M_r}{g_r}(\omega_a^2 - \omega_b^2)$$

考虑到 $g_r = \eta_r K_r$ 及 $K_r/M_r = \omega_r^2$，可得第 r 阶模态的损耗因子

$$\eta_r = \frac{\omega_b^2 - \omega_a^2}{\omega_r^2} \cdot \frac{1}{\mathrm{tg}\frac{\alpha_A}{2} + \mathrm{tg}\frac{\alpha_B}{2}} \tag{6.4.123}$$

若 $\alpha_A = \alpha_B = 90°$，即 A、B 两点位于模态圆的水平直径两端，则有 $\mathrm{tg}\frac{\alpha_A}{2} = \mathrm{tg}\frac{\alpha_B}{2} = 1$。当阻尼较小时，可认为 $\omega_a + \omega_b \approx 2\omega_r$，由此可得

$$\eta_r = \frac{\omega_b^2 - \omega_a^2}{2\omega_r^2} \approx \frac{\omega_b - \omega_a}{\omega_r} \tag{6.4.124}$$

显然，A、B 两点即为半功率点，$\omega_b - \omega_a$ 就是半功率带宽。

模态振型可由各测点模态圆的半径按比例求出。

欲求 M_r、K_r、g_r 等模态参数，最好利用模态导纳的倒数，即所谓模态阻抗

$$Z_r(\omega) = \frac{1}{H_r(\omega)} = K_r - \omega^2 M_r + jg_r \tag{6.4.125}$$

$$\mathrm{Re}[Z_r(\omega)] = K_r - \omega^2 M_r \tag{6.4.126}$$

$$\mathrm{Im}[Z_r(\omega)] = g_r \tag{6.4.127}$$

对 $\omega = \omega_r$ 附近的实测阻抗数据 $Z_{lp}(\omega) = \overline{F}_p/\overline{X}_l$，由其虚部 $\mathrm{Im}(\overline{F}_p/\overline{X}_l)$ 数据的平均值确定 g_r；再由其实部 $\mathrm{Re}(\overline{F}_p/\overline{X}_l)$ 数据用最小二乘法求 M_r 和 K_r，即取方差

$$\sum_{i=1}^{n} E_i^2 = \sum_{i=1}^{n} \left\{ K_r - \omega_i^2 M_r - \mathrm{Re}\left(\frac{\overline{F}_p}{\overline{X}_l}\right)_i \right\}^2 \tag{6.4.128}$$

令

$$\frac{\partial (\sum_{i=1}^{n} E_i^2)}{\partial M_r} = 0, \frac{\partial (\sum_{i=1}^{n} E_i^2)}{\partial K_r} = 0$$

可得

$$\begin{Bmatrix} M_r \\ K_r \end{Bmatrix} = \begin{bmatrix} \sum_{i=1}^{n} \omega_i^4 & -\sum_{i=1}^{n} \omega_i^2 \\ -\sum_{i=1}^{n} \omega_i^2 & n \end{bmatrix}^{-1} \begin{Bmatrix} -\sum_{i=1}^{n} \omega_i^2 \mathrm{Re}\left(\dfrac{\overline{F}_\mathrm{p}}{\overline{X}_\mathrm{l}}\right)_i \\ \sum_{i=1}^{n} \mathrm{Re}\left(\dfrac{\overline{F}_\mathrm{p}}{\overline{X}_\mathrm{l}}\right)_i \end{Bmatrix} \quad (6.4.129)$$

对于比例黏性阻尼情况，模态导纳为

$$H_r(\omega) = \frac{1}{K_r - \omega^2 M_r + jC_r}$$

$$\mathrm{Re}[H_r(\omega)] = \frac{K_r - \omega^2 M_r}{(K_r - \omega^2 M_r)^2 + (\omega C_r)^2}$$

$$\mathrm{Im}[H_r(\omega)] = \frac{-\omega C_r}{(K_r - \omega^2 M_r)^2 + (\omega C_r)^2}$$

可导出

$$\{\mathrm{Re}[H_r(\omega)]\}^2 + \left\{\mathrm{Im}[H_r(\omega)] + \frac{1}{2\omega C_r}\right\}^2 = \left(\frac{1}{2\omega C_r}\right)^2 \quad (6.4.130)$$

向径端点轨迹似乎仍是圆，但圆心坐标 $(0, -1/2\omega C_r)$ 和圆半径 $(1/2\omega C_r)$ 却随 ω 在变化，故严格说来不是圆。当阻尼较小时，半功率带很窄，在该带宽内，ω 与 ω_r 的差值甚小，向径端点的曲率经中心和曲率半径的变化也很小，因而向径端点轨迹将非常接近圆弧。$\mathrm{Re}[H_r(\omega)]$ 的极大值为 $1/4K_r\xi_r(1+\xi_r) = 1/2\omega_r C_r(1+\xi_r)$；极小值为 $-1/2\omega_r C_r(1-\xi_r)$。因此，作出半功率带宽内导纳向量端图的拟合圆，便可采用分析结构阻尼情况相似的方法估计模态参数。只是模态阻尼比 ξ_r 的计算式为

$$\xi_r = \frac{\omega_\mathrm{b}^2 - \omega_\mathrm{a}^2}{2\omega_r^2} \cdot \frac{1}{\mathrm{tg}\dfrac{\alpha_\mathrm{A}}{2} + \mathrm{tg}\dfrac{\alpha_\mathrm{B}}{2}} \quad (6.4.131)$$

当 A、B 为半功率点时，有

$$\xi_r = \frac{\omega_\mathrm{b}^2 - \omega_\mathrm{a}^2}{4\omega_r^2} \approx \frac{\omega_\mathrm{b} - \omega_\mathrm{a}}{2\omega_r} \quad (6.4.132)$$

即 ξ_r 相当于损耗因子 η_r 的二分之一。

4. 非线性加权最小二乘法

单模态分析法适用于阻尼小，模态频率不是很密集的情况，识别精度不高。对于阻尼较大，模态频率又较密集的情况，宜采用多模态分析法进行模态参数估计。下面我们介绍一种常用的多模态分析法——非线性加权最小二乘法。

非线性加权最小二乘法是对某一频带的实测频响函数，根据阻尼的特征选择不同的拟合函数。

（1）比例黏性阻尼

假定在选定的分析带宽 B 内，系统有 n 个模态，序号为 $r=b_1, b_2, \cdots, b_n$。因为模态导纳 $H_r(\omega) = 1/(K_r - \omega^2 M_r + jC_r)$ 当 $\omega \gg \omega_r$ 时趋于 $-1/(\omega^2 M_r)$，当 $\omega \ll \omega_r$ 时趋于

$1/K_r$,因此在拟合函数中可以用 $-1/M_c\omega^2$ 或 $-Y_{lp}/\omega^2$ 表示低频带外模态在分析带宽内的残余导纳,用 $1/K_c$ 或 Z_{lp} 表示高频带外模态在分析带宽内的残余导纳。则取拟合函数为

$$H_{lp}(\omega) = -\frac{1}{M_c\omega^2} + \sum_{r=b_1}^{b_n} \frac{r_{lpr}}{\omega_r^2 - \omega^2 + 2j\xi_r\omega_r\omega} + \frac{1}{K_c} \tag{6.4.133}$$

或

$$H_{lp}(\omega) = -\frac{Y_{lp}}{\omega^2} + \sum_{r=b_1}^{b_n} \frac{r_{lpr}}{\omega_r^2 - \omega^2 + 2j\xi_r\omega_r\omega} + Z_{lp} \tag{6.4.134}$$

式中假定各阶留数 r_{lpr} 都是实数,相应的模态振型也都是实振型。

(2) 非比例黏性阻尼

类上,可取拟合函数为

$$H_{lp}(\omega) = -\frac{Y_{lp}}{\omega^2} + \frac{1}{2}\sum_{r=b_1}^{b_n}\left[\frac{r_{lpr}}{(\omega_{dr}-\omega)+j\sigma_r} + \frac{r_{lpr}^*}{(\omega_{dr}+\omega)-j\sigma_r}\right] + Z_{lp} \tag{6.4.135}$$

这时,式中的各阶留数都是复数,相应的模态振型也都是复振型。

(3) 结构阻尼

可取拟合函数为

$$H_{lp}(\omega) = -\frac{Y_{lp}}{\omega^2} + \sum_{r=b_1}^{b_n} \frac{r_{lpr}}{\omega_r^2 - \omega^2 + j\eta_r\omega_r^2} + Z_{lp} \tag{6.4.136}$$

其中留数视为复数,相应的模态振型也都是复振型。

下面采用式 (6.4.136) 进行曲线拟合,估计得到的参数为 ω_r、ξ_r、$r_{lpr}(r=b_1,b_2,\cdots,b_n)$、$Y_{lp}$ 和 Z_{lp}。

取 m 个实测频响函数的采样数据,对应采样点的频率为 ω_i,$i=1, 2, \cdots, m$。根据拟合函数,这些数据应满足以下关系:

$$\begin{Bmatrix} H_{lp}(\omega_1) \\ H_{lp}(\omega_2) \\ \vdots \\ H_{lp}(\omega_m) \end{Bmatrix} = \begin{bmatrix} -\frac{1}{\omega_1^2} & \frac{1}{\omega_{b1}^2-\omega_1^2+2j\xi_{b1}\omega_{b1}\omega_1} & \cdots & \frac{1}{\omega_{bn}^2-\omega_1^2+2j\xi_{bn}\omega_{bn}\omega_1} \\ -\frac{1}{\omega_2^2} & \frac{1}{\omega_{b1}^2-\omega_2^2+2j\xi_{b1}\omega_{b1}\omega_2} & \cdots & \frac{1}{\omega_{bn}^2-\omega_2^2+2j\xi_{bn}\omega_{bn}\omega_2} \\ & & \vdots & \\ -\frac{1}{\omega_m^2} & \frac{1}{\omega_{b1}^2-\omega_m^2+2j\xi_{b1}\omega_{b1}\omega_m} & \cdots & \frac{1}{\omega_{bn}^2-\omega_m^2+2j\xi_{bn}\omega_{bn}\omega_m} \end{bmatrix} \begin{Bmatrix} Y_{lp} \\ r_{lpb1} \\ \vdots \\ Z_{lp} \end{Bmatrix}$$

$$\tag{6.4.137}$$

可简写为

$$\{Q\}_{m\times 1} = [T]_{m\times(n+2)}\{A\}_{(n+2)\times 1} \tag{6.4.138}$$

通常测量数据向量 $\{Q\}$ 的维数远大于待求参数向量 $\{A\}$ 的维数,即 $m \gg n+2$。因此式 (6.4.138) 可用最小二乘法求解。

设测量值与理论值的误差为

$$\{E\} = \{Q\} - [T]\{A\} \tag{6.4.139}$$

则其方差为

$$\varepsilon = \{E\}^T\{E\} = \{\{Q\}-[T]\{A\}\}^T\{\{Q\}-[T]\{A\}\} \tag{6.4.140}$$

考虑到在共振频率附近测量信号的信噪比高，可靠性好；而在反共振频率附近测量信号的信噪比低，可靠性差，因此引入一个权矩阵 $[W]$，则修改为

$$\varepsilon = \{E\}^{\mathrm{T}}[W]\{E\} = \{\{Q\}-[T]\{A\}\}^{\mathrm{T}}[W]\{\{Q\}-[T]\{A\}\} \quad (6.4.141)$$

将方差对 $\{A\}$ 取偏微分，令其等于零，可求出

$$\{A\} = [[T]^{\mathrm{T}}[W][T]]^{-1}\{[T]^{\mathrm{T}}[W]\{Q\}\} \quad (6.4.142)$$

用上式求 $\{A\}$ 中的参数，需先给定 ω_r、ξ_r、$(r=b_1，b_2，\cdots，b_n)$ 的值，通常是通过单模态分析法确定 ω_r、ξ_r 的初始值，然后经过反复迭代求出最佳的 ω_r、ξ_r 值，再求出其他的模态参数。

第 7 章 岩土工程试验

7.1 土工试验原理

7.1.1 固结试验

1. 基本原理

土在外荷载作用下，其孔隙间的水和空气逐渐被挤出，土的骨架颗粒之间相互挤紧，封闭气泡的体积也将缩小，从而引起土层的压缩变形，土在外力作用下体积缩小的这种特性称为土的压缩性。

土的压缩性主要有两个特点：

1) 土的压缩主要是由于孔隙体积减小而引起的。对于饱和土，土是由固体颗粒和水组成的，在工程上一般的压力作用下，固体颗粒和水本身的体积压缩量都非常微小，可不予考虑，但由于土中水具有流动性，在外力作用下会沿着土中孔隙排出，从而引起土体积减小而发生压缩；

2) 由于孔隙水的排出而引起的压缩对于饱和黏性土来说是需要时间的，土的压缩随时间增长的过程称为土的固结。

2. 试验方法

根据工程需要，固结试验可以进行如下方法的试验：

1) 标准固结试验；

2) 快速固结试验；

3) 应变控制连续加荷固结试验。

通过固结试验，可以测定试样在侧限与轴向排水条件下的变形与压力的关系、孔隙比与压力的关系及变形与时间的关系，并可确定土的压缩系数 a_v、压缩模量 E_s、体积压缩系数 m_v、压缩指数 C_c、回弹指数 C_s、竖向固结系数 c_v 以及先期固结压力 p_c。

标准固结试验：标准固结试验就是将天然状态下的原状土或人工制备的扰动土，制备成一定规格的土样，然后在侧限与轴向排水条件下测定土在不同荷载下的压缩变形，且试样在每级压力下的固结稳定时间为 24h。

(1) 仪器设备

1) 固结容器。由环刀、护环、透水板、加压上盖等组成，土样面积 30cm² 或 50cm²，高度 2cm，如图 7.1.1 所示。

2) 加荷设备。可采用量程为 5～10kN 的杠杆式、磅秤式或气压式等加荷设备。

3) 变形量测设备。可采用最大量程 10mm、最小分度值 0.01mm 的百分表，也可采用准确度为全量程 0.2% 的位移传感器及数字显示仪表或计算机。

4) 毛玻璃板、圆玻璃片、滤纸、切土刀、钢丝锯和凡士林或硅油等。

（2）试验步骤

1）按工程需要选择面积为 $30cm^2$ 或 $50cm^2$ 的切土环刀，环刀内侧涂上一层薄薄的凡士林或硅油，刀口应向下放在原状土或人工制备的扰动土上，切取原状土样时应按天然状态时垂直方向一致。

2）小心地边压边削，注意避免环刀偏心入土，应使整个土样进入环刀并凸出环刀为止，然后用钢丝锯（软土）或用修土刀（较硬的土或硬土），将环刀两端余土修平，擦净环刀外壁。

3）测定土样密度，并在余土中取代表性土样测定其含水率，然后用圆玻璃片将环刀两端盖上，防止水分蒸发。

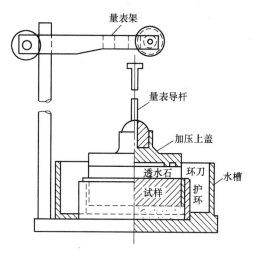

图 7.1.1　固结容器

4）在固结仪的固结容器内装上带有试样的切土环刀（刀口向下），在土样两端应贴上洁净而湿润的滤纸，再用提环螺丝将导环置于固结容器，然后放上透水石和传压活塞以及定向钢球。

5）将装有土样的固结容器，准确地放在加荷横梁的中心，如杠杆式固结仪，应调整杠杆平衡，为保证试样与容器上下各部件之间接触良好，应施加 1kPa 预压荷载；如采用气压式压缩仪，可按规定调节气压力，使之平衡，同时使各部件之间密合。

6）调整百分表或位移传感器至"0"读数，并按工程需要确定加压等级、测定项目以及试验方法。

7）加压等级可采用 12.5kPa，25kPa，50kPa，100kPa，200kPa，400kPa，800kPa，1600kPa，3200kPa。第一级压力的大小视土的软硬程度分别采用 12.5kPa，25kPa 或 50kPa；最后一级压力应大于土层的自重应力与附加应力之和，或大于上覆土层的计算压力 100～200kPa，但最大压力不应小于 400kPa。

8）当需要确定原状土的先期固结压力时，初始段的荷重率应小于 1，可采用 0.5 或 0.25. 最后一级压力应使测得的 $e\text{-}\lg p$ 曲线下段出现直线段。对于超固结土，应采用卸压、再加压方法来评价其再压缩特性。

9）当需要做回弹试验时，回弹荷重可由超过自重应力或超过先期固结压力的下一级荷重一次卸压至 25kPa，然后再一次加荷，一直加至最后一级荷重为止。卸压后的回弹稳定标准与加压相同，即每次卸压后 24h 测定试样的回弹量。但对于再加荷时间，因考虑到固结已完成，稳定较快，因此可采用 12h 或更短的时间。

10）对于饱和试样，在试样受第一级荷重后，应立即向固结容器的水槽中注水浸没试样，而对于非饱和土样，须用湿棉纱或湿海绵覆盖于加压盖板四周，避免水分蒸发。

11）当需要预估建筑物对于时间与沉降的关系，需要测定竖向固结系数 c_V，或对于层理构造明显的软土需测定水平固结系数 c_H 时，应在某一级荷重下测定时间与试样高度变化的关系。读数时间为 6s，15s，1min，2.25min，4min，6.25min，9min，12.25min，16min，20.25min，25min，30.25min，36min，42.25min，49min，64min，100min，

200min，400min，23h，24h，直到稳定为止。当测定 c_H 时，需具备水平向固结的径向多孔环，环的内壁与土样之间应贴有滤纸。

12）当不需要测定沉降速率时，则施加每级压力后24h测定试样高度变化作为稳定标准；只需测定压缩系数的试样，施加每级压力后，每小时变形大 0.01mm 时，测定试样高度变化作为稳定标准。

13）当试验结束时，应先排出固结容器内水分，然后拆除容器内各部件，取出带环刀的土样，必要时，揩干试样两端和环刀外壁上的水分，测定试样后的密度和含水率。

(3) 成果整理

1）按式 (7.1.1) 计算试样的初始孔隙比 e_0：

$$e_0 = \frac{G_s(1+\omega_0)\rho_w}{\rho_0} - 1 \tag{7.1.1}$$

式中　e_0——试样初始孔隙比；
　　　G_s——土粒比重；
　　　ω_0——试样初始含水率；
　　　ρ_0——试样初始密度（g/cm³）；
　　　ρ_w——水的密度（g/cm³）。

2）按式 (7.1.2) 计算试样的颗粒（骨架）净高 h_S：

$$h_S = \frac{h_0}{1+e_0} \tag{7.1.2}$$

式中　h_S——试样颗粒（骨架）净高（cm）；
　　　h_0——试样初始高度。

3）按式 (7.1.3) 计算某级压力下固结稳定后土的孔隙比 e_i：

$$e_i = e_0 - \frac{\sum \Delta h_i}{h_S} \tag{7.1.3}$$

式中　e_i——某级压力下的孔隙比；
　　　$\sum \Delta h_i$——某级压力下试样高度的累计变形量（cm）。

4）绘制 $e\text{-}p$ 曲线或 $e\text{-}\lg p$ 曲线

以孔隙比 e 为纵坐标，压力 p 为横坐标，绘制 $e\text{-}p$ 曲线或 $e\text{-}\lg p$ 曲线。

5）按式 (7.1.4)～(7.1.6) 计算某一压力范围内压缩系数 a_V、压缩模量 E_S 和体积压缩系数 m_V：

$$a_V = \frac{e_i - e_{i+1}}{p_{i+1} - p_i} \tag{7.1.4}$$

$$E_S = \frac{1+e_i}{a_V} \tag{7.1.5}$$

$$m_V = \frac{1}{E_S} = \frac{a_V}{1+e_i} \tag{7.1.6}$$

式中　a_V——压缩系数（MPa⁻¹）；
　　　p_i——某级压力值（MPa）；
　　　E_S——压缩模量（MPa）；
　　　m_V——体积压缩系数（MPa⁻¹）；

其余符号意义见式（7.1.3）。

6）按式（7.1.7）和式（7.1.8）计算土的压缩指数C_c和回弹指数C_S:

$$C_c = \frac{e_i - e_{i+1}}{\lg p_{i+1} - \lg p_i}（压缩曲线的直线斜率段） \quad (7.1.7)$$

$$C_S = \frac{e_i - e_{i+1}}{\lg p_{i+1} - \lg p_i}（压缩曲线回弹滞回圈端点连线的斜率） \quad (7.1.8)$$

式中 C_c——压缩指数；

C_S——回弹指数；

其余符号意义见式（7.1.3）和（7.1.4）。

7）垂直向固结系数c_V和水平固结系数c_H计算

a. 时间平方根法

对于某一级压力，以试样变形的量表读数d为纵坐标，时间平方根$\sqrt{t}$为横坐标，绘制$d-\sqrt{t}$曲线（见图7.1.2），延长$d-\sqrt{t}$曲线开始段的直线，交纵坐标于d_S（d_S称为理论零点），过d_S做另一直线，并令其另一端的横坐标为前一直线横坐标的1.15倍，则后一直线与$d-\sqrt{t}$曲线交点所对应的时间（交点横坐标的平方）即为试样固结度达90%所需的时间t_{90}，该级压力下的垂直向固结系数c_V按式（7.1.9）计算：

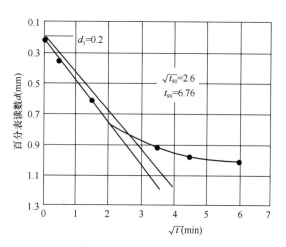

图7.1.2 平方根法

$$c_V = \frac{0.848 \bar{h}^2}{t_{90}} \quad (7.1.9)$$

式中 c_V——垂直向固结系数（cm^2/s）；

$\bar{h}$——最大排水距离，等于某等级压力下试样的初始高度与终了高度的平均值之半（cm）；

t_{90}——固结度达90%所需的时间（s）。

如果试件在垂直方向加压，而排水方向是水平向外径向，则水平向固结系数c_H按式（7.1.10）计算：

$$c_H = \frac{0.335 R^2}{t_{90}} \quad (7.1.10)$$

式中 c_H——水平向固结系数（cm^2/s）；

R——径向渗透距离（环刀的半径）（cm）；

其余符号意义见式（7.1.9）。

b. 时间对数法

对于某一级压力，以试样变形的量d为纵坐标，时间的对数$\lg t$为横坐标，在半对纸上绘制$d-\lg t$曲线（见图7.1.3），该曲线的首段部分接近为抛物线，中部一段为直线，末端部分随着固结时间的增加而趋于一直线。

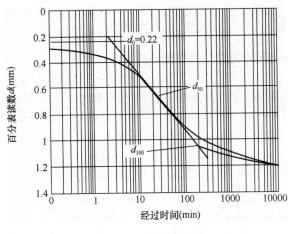

图 7.1.3 时间对数法

在 d-$\lg t$ 曲线的开始段抛物线上，任选一时间 t_a，相对应的量表读数为 d_a，再取时间 $t_b=4t_a$，相对应的量表读数为 d_b，从时间 t_a 相对应的量表读数 d_a，向上取时间 t_a 相对应的量表读数 d_a 与时间 t_b 相对应的量表读数 d_b 的差值 d_a-d_b，并作一水平线，水平线的纵坐标 $2d_a$-d_b 即为固结度 $U=0\%$ 的理论零点 d_{01}；另取时间按同样方法可求得 d_{02}，d_{03}，d_{04} 等，取其平均值作为平均理论零点 d_0，延长曲线中部的直线段和通过曲线尾部切线的交点即为固结度 $U=100\%$ 的理论终点 d_{100}。

根据 d_0 和 d_{100} 即可定出相应于固结度 $U=50\%$ 的纵坐标，$d_{50}=(d_0+d_{100})/2$，对应于 d_{50} 的时间即为试样固结度 $U=50\%$ 所需的时间 t_{50}，对应的时间因数为 $T_V=0.197$，于是，某级压力下的垂直向固结系数可按式（7.1.11）计算：

$$c_V = \frac{0.197\overline{h}^2}{t_{50}} \tag{7.1.11}$$

式中 t_{50}——固结度达 50% 所需的时间；

其余符号意义见式（7.1.9）。

8) 先期固结压力确定

先期固结压力 p_c 的确定，最常用的方法是卡萨格兰德（Cassagrande）1936 年提出的经验作图法来确定（见图 7.1.4），具体步骤如下：

a. 在 e-$\lg p$ 曲线拐弯处找出曲率半径最小的点 O，过点 O 作水平线 OA 和切线 OB；

b. 作 ∠AOB 的平分线 OD，与 e-$\lg p$ 曲线直线段的延长线交于 E 点；

c. E 点所对应的有效应力即为原状土试样的先期固结压力 p_c。

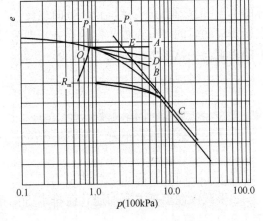

图 7.1.4 先期固结压力 p_c 确定方法

必须指出采用这种简易的经验作图法，要求取土质量较高，绘制 e-$\lg p$ 曲线时还应注意选用合适的比例，否则，很难找到曲率半径最小的点 O。

7.1.2 击实试验

1. 概述

在工程建设中，经常会遇到填土或松软地基，为了改善这些土的工程性质，常采用压实的方法使土变得密实。击实试验就是模拟施工现场压实条件，采用锤击方法使土体密度增大、强度提高、沉降变小的一种试验方法。土在一定的击实效应下，如果含水率不同，则所得的密度也不相同，击实试验的目的就是测定试样在一定击实次数下或某种压实功能下的含水率与干密度之间的关系,从而确定土的最大干密度和最优含水率,为施工控制填土密度提供设计依据。

击实试验分轻型击实试验和重型击实试验两种方法。轻型击实试验适用于粒径小于5mm的黏性土,其单位体积击实功约为592.2kJ/m³;重型击实试验适用于粒径不大于20mm的土,其单位体积计时功约为2684.9 kJ/m³。

2. 压实原理

土的压实程度与含水率、压实功能和压实方法有着密切的关系,当压实功能和压实方法不变时,土的干密度显示随着含水率的增加而增加,但当干密度达到某一最大值后,含水率的增加反而使干密度减小。能使土达到最大密度的含水率,称为最优含水率 ω_{op}(或称最佳含水率),其相应的干密度成为最大干密度 ρ_{dmax}。

土的压实特性与土的组成结构、土粒的表面现象、毛细管压力、孔隙水和孔隙气压力等均有关系,所以因素是复杂的。压实作用使土块变形和结构调整并密实,在松散湿土的含水量处于偏干状态时,由于粒间引力使土保持比较疏松的凝聚结构,土中孔隙大都相互连通,水少而气多。因此,在一定的外部压实功能作用下,虽然土孔隙中气体易被排出,密实可以增大,但由于较薄的强结合水水膜润滑作用不明显,以及外部功能不足以克服粒间引力,土粒相对移动便不显著,所以压实效果就比较差。当含水率逐渐加大时,水膜变厚、土块变软,粒间引力减弱,施以外部压实功能则土粒移动,加上水膜的润滑作用,压实效果渐佳。在最佳含水率附近时,土中所含的水量最有利于土粒受击时发生相对移动,以致能达到最大干密度;当含水率再增加到偏湿状态时,孔隙中出现了自由水,击实时不可能使土中的水和气体排出,而孔隙压力升高却更为显著,抵消了部分击实功,击实功效反而下降。在排水不畅的情况下,经过多次的反复击实,甚至会导致土体密度不加大而土体结构被破坏的结果,出现工程上所谓的"橡皮土"现象。

3. 试验方法

(1) 仪器设备

1) 击实仪,有轻型击实仪和重型击实仪两类,如图7.1.5和图7.1.6所示,其击实筒、击锤和导筒等主要部件的尺寸应符合表7.1.1的规定。
2) 称重200g的天平,感量0.01g;
3) 称重10kg的台秤,感量0g;
4) 孔径为20mm、40mm和5mm的标准筛;
5) 试样推土器;
6) 其他,如喷雾、盛土容器、修土刀及碎土设备等。

击实筒参数　　　　　　表7.1.1

试验方法	锤底直径(mm)	锤质量(kg)	落高(mm)	击实筒 内径(mm)	击实筒 筒高(mm)	击实筒 容积(mm)	导筒高度(mm)
轻型	51	2.5	305	102	116	947.4	50
重型	51	4.5	457	152	116	2103.9	50

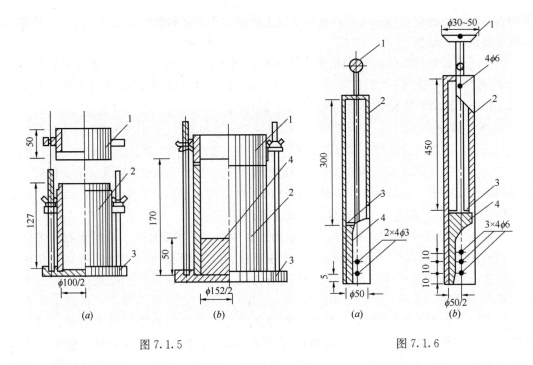

图 7.1.5　　　　　　　　　　图 7.1.6

（2）操作步骤

1）取一定量的代表性风干土样，对于轻型击实试验为 20kg，对于重型击实试验为 50kg。

2）将风干土样碾碎后过 5mm 的筛（轻型击实试验）或过 20mm 的筛（重型击实试验），将筛下的土样拌匀，并测定土样的风干含水率。

3）根据土的塑限预估最优含水率，加水湿润制备不少于五个含水率的试样，含水率一次相差为 2%，且其中有两个含水率大于塑限，两个含水率小于塑限，一个含水率接近塑限。

按式（7.1.12）计算制备试样所需的加水量：

$$m_w = \frac{m_0}{1+0.01\omega_0} \times 0.01(\omega - \omega_0) \tag{7.1.12}$$

式中　m_w——所需的加水量（g）；

　　　ω_0——风干含水率（%）；

　　　m_0——风干含水率 ω_0 时土样的质量（g）；

　　　ω——要求达到的含水率（%）。

4）将试样 25kg（轻型击实试验）或 50kg（重型击实试验）平铺于不吸水的平板上，按预定含水率用喷雾器喷洒所需的加水量，充分搅合并分别装入塑料袋中静置 24h。

5）将击实筒固定在底座上，装好护筒，并在击实筒内壁涂一薄层润滑油，将搅和的试样 2~5kg 分层装入击实筒内。对于轻型击实试验，分三层，每层 25 击；对于重型击实试验，分五层，每层 56 击，两层接触土面应刨毛，击实完成后，超出击实筒顶的试样高度应小于 6mm。

6）取下导筒，用刀修平超出击实筒顶部和底部的试样，擦净击实筒外壁，称击实筒与试样的总质量，准确至1g，并计算试样的湿密度。

7）用推土器将试样从击实筒中推出，从试样中心处取两份一定量土料（轻型击实试验为15～30g，重型击实试验为50～100g）测定土的含水率，两份土样的含水率的差值应不大于1%。

（3）成果整理

1）按式（7.1.13）计算干密度：

$$\rho_d = \frac{\rho}{1+0.01\omega} \tag{7.1.13}$$

式中　ρ_d——干密度（g/cm³），准确至0.01g/cm³；
　　　ρ——密度（g/cm³）；
　　　ω——含水率（%）。

2）按式（7.1.14）计算饱和含水率：

$$\omega_{sat} = \left(\frac{1}{\rho_d} - \frac{1}{G_s}\right) \times 100\% \tag{7.1.14}$$

式中　ω_{sat}——饱和含水率（%）；
　　其余符号同前。

3）以干密度为纵坐标，含水率为横坐标，绘制干密度与含水率的关系曲线及饱和曲线，干密度与含水率的关系曲线上峰点的坐标分别为土的最大密度与最优含水率，如不连成完整的曲线时，应进行补点试验。

4）轻型击实试验中，当试样中粒径大于5mm的土质量小于或等于试样总质量的30%时，应对最大干密度和最优含水率进行校正。

a. 按式（7.1.15）计算校正后的最大干密度：

$$\rho'_{dmax} = \frac{1}{\frac{1-P_5}{\rho_{dmax}} + \frac{P_5}{\rho_w G_{s2}}} \tag{7.1.15}$$

式中　ρ'_{dmax}——校正后试样的最大干密度（g/cm³）；
　　　P_5——粒径大于5mm土粒的质量百分数（%）；
　　　G_{s2}——粒径大于5mm土粒的饱和面干比重，饱和面干比重是指当土粒呈饱和面干状态时的土粒总质量与相当于土粒总体积的纯水4℃时质量的比值。

b. 按式（7.1.16）计算校正后试样的最优含水率（%）：

$$\omega'_{op} = \omega_{op}(1-P_5) + P_5 \omega_{ab} \tag{7.1.16}$$

式中　ω'_{op}——校正后试样的最优含水率（%）；
　　　ω_{op}——击实试样的最优含水率（%）；
　　　ω_{ab}——粒径大于5mm土粒的吸着含水率（%）；
　　其余符号同前。

7.1.3　三轴压缩试验

1. 概述

三轴压缩试验（亦称三轴剪切试验）是试样在某一固定周围压力下，逐渐增大轴向压力，直至试样破坏的一种抗剪强度试验，是以摩尔—库仑强度理论为依据而设计的三轴向加压的剪力试验。

三轴压缩试验是测定土体抗剪强度的一种比较完善的室内试验方法,通常采用3~4个圆柱形试样,分别在不同的周围压力下测定土的抗剪强度,再利用摩尔—库仑破坏准则确定土的抗剪强度参数。

三轴压缩试验可以严格控制排水条件,可以测量土体内的孔隙水压力,另外,试样中的应力状态也比较明确,试样破坏时的破裂面是在最薄弱处,而不像直剪试验那样限定在上下盒之间,同时三轴压缩试验还可以模拟建筑物和建筑物地基的特点以及根据设计施工的不同要求确定试验方法,因此对于特殊建筑物(构筑物)、高层建筑、重型厂房、深层地基、海洋工程、道路桥梁和交通航务等工程有着特别重要的意义。

2. 试验方法

根据土样土样固结排水条件和剪切时的排水条件,三轴试验可分为不固结不排水剪试验(UU)、固结不排水剪试验(CU)、固结排水剪试验(CD)以及K_0固结三轴试验等。

(1) 不固结不排水剪试验(UU)

试样在施加周围压力和随后施加偏应力直至剪坏的整个试验过程中都不允许排水,这样从开始加压直至试样剪坏,土中的含水量始终保持不变,孔隙水压力也不可能消散,可以测得总应力抗剪强度指标c_u,φ_u。

(2) 固结不排水试验(CU)

试样在施加周围压力时,允许试样充分排水,待固结稳定后,再在不排水的条件下施加轴向压力,直至试样剪切破坏,同时在受剪过程中测定土体的孔隙水压力,可以测得总应力抗剪强度指标c_{cu},φ_{cu}和有效应力抗剪强度指标c',φ'。

(3) 固结排水剪试验(CD)

试样先在周围压力下排水固结,然后允许试样在充分排水的条件下增加轴向压力直至破坏,同时在试验过程中测读排水量以计算试样体积变化,可以测得有效应力抗剪强度指标c_d,φ_d。

(4) K_0固结三轴压缩试验

常规三轴试验是在等向固结压力($\sigma_1=\sigma_2=\sigma_3$)条件下排水固结,而$K_0$固结三轴试验是按$\sigma_3=\sigma_2=K_0\sigma_1$施加周围压力。使试样在不等向压力下固结排水,然后再进行不排水剪或排水剪试验。

3. 仪器设备

(1) 三轴仪

三轴仪依据施加轴向荷载方式的不同,可以分为应变控制式和应力控制式两种,目前室内三轴试验基本上采用的是应变控制式三轴仪。

应变控制式三轴仪由以下几个组成部分(图7.1.7):

1) 三轴压力室。压力室是三轴仪的主要组成部分,它是一个由金属上盖、底座以及透明有机玻璃圆筒组成的密闭容器,压力室底座通常有3个小孔分别与稳压系统以及体积变形和孔隙水压力量测系统相连。

2) 轴向加荷系统。采用电动机带动多级变速的齿轮箱,或者采用可控硅无极调速,并通过传动系统使压力室自下而上的移动,从而使试样承受轴向压力,其加荷速率可根据土样性质及试验方法确定。

3) 轴向压力量测系统。施加于试样上的轴向压力由测力计量测,测力计由线性和重

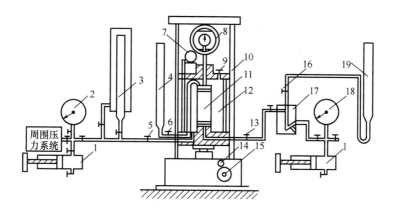

图 7.1.7 应变控制式三轴剪切仪

1—调压箱；2—周围压力表；3—体变管；4—排水管；5—周围压力阀；6—排水阀；7—变形量表；
8—量力环；9—排气孔；10—轴向加压设备；11—试样；12—压力室；13—孔隙压力阀；
14—离合器；15—手轮；16—量管阀；17—零位指示器；18—孔隙压力表；19—量管

复性较好的金属弹性体组成，测力计的受压变形由百分表或位移传感器测读，轴向压力也可由荷重传感器来测得。

4) 周围压力稳压系统。采用调压阀控制，调压阀控制到某一固定压力后，它将压力室的压力进行自动补偿而达到稳定的周围压力。

5) 孔隙水压力量测系统。孔隙水压力由孔隙传感器测得。

6) 轴向变形量测系统。轴向变形由长距离百分表（0~30mm 百分表）或位移传感器测得。

7) 反压力体变系统。由体变管和反压力稳压控制系统组成，以模拟土体的实际应力状态或提高试件的饱和度以及测量试件的体积变化。

4. 试验前的检查和准备

(1) 仪器性能检查

1) 周围压力和反压力控制系统的压力源；

2) 空气压缩机的压力控制器；

3) 调压阀的灵敏度及稳定性；

4) 精密压力表的精度和误差；

5) 稳压系统是否存在漏气现象；

6) 管路系统的周围压力、孔隙水压力、反压力和体积变化装置以及试样上下端通道接头处是否存在漏气漏水或阻塞现象；

7) 孔压及体变的管道系统内是否存在封闭气泡，若有封闭气泡可用无气水进行循环排气；

8) 土样两端放置的透水石是否畅通和浸水饱和；

9) 乳胶薄膜套的漏水漏气检查等。

(2) 试验前的准备工作

除了对仪器性能进行检查外，还应根据试验要求做如下的准备工作：

1) 根据工程特点和土的性质确定试验方法和需测定的参数；

2）根据土样的制备方法和土样特性选择饱和方法；
3）根据试样方法和土的性质，选择剪切速率；
4）根据取土深度、土的应力历史以及试验方法，确定周围压力的大小；
5）根据土样的多少和均匀程度确定单个试样多级加荷还是多个试样分级加荷。

5. 试样制备与饱和
（1）试样制备

试样应切成圆柱形形状，试样直径为 $\phi 39.1mm$、$\phi 61.8mm$ 或 $\phi 101mm$，相应的试样高度分别为 80mm，150mm 或 200mm，试样高度与试样直径的关系一般为 2～2.5 倍，试样的允许最大粒径与试样直径之间的关系见表 7.1.2。

试样的允许最大粒径与试样直径的关系表　　　　表 7.1.2

试样直径（mm）	允许最大粒径 d（mm）
39.1	$d < \frac{1}{10}D$
61.8	$d < \frac{1}{10}D$
101.0	$d < \frac{1}{5}D$

1）原状土试样制备

a. 对于较软的土样，先用钢丝锯或切土刀切取一稍大于规定尺寸的土柱，放在切土盘的上下圆盘之间，然后用钢丝锯紧靠侧板，由下往上细心切削，边切削边转动圆盘，直至土样被削成规定的直径为止。

b. 对于较硬的土样，先用切土刀切取一稍大于规定尺寸的土柱，放在切土架上，用切土器切削土样，边削边压切土器，直至切削到超出试样高度约 2cm 为止。

c. 取出试样，并用对开摸套上，然后将两端削平，称量，并取余土测定试样的含水率。

2）扰动土和砂土试样制备

对于扰动土，按预定的干密度和含水率将扰动土拌匀，然后分层装入击实筒内击实，粉质土分 3～5 层，黏质土分 5～8 层，并在各层面上用切土刀刨毛以利于两层面之间结合。

对于砂土，先在压力室底座上依次放上透水石、滤纸、乳胶薄膜和对开圆模筒，然后根据一定的密度要求，分三层装入圆筒内击实。如果制备饱和砂样，可在圆模筒内通入纯水至 1/3 高，将预先煮沸的砂料填入，重复此步骤，使砂样达到预定高度，放上滤纸、透水石、顶帽，扎紧乳胶膜。为使试样能直立，可对试样内部施加 5kPa 的负压力或用量水管降低 50cm 水头即可，然后拆除对开模筒。

（2）试样饱和

1）真空抽气饱和法。将制备好的土样放入饱和器内置于真空饱和缸，为提高真空度可在盖缝中涂上一层凡士林以防漏气。将真空抽气机与真空饱和缸接通，开动抽气机，当真空压力达到一个大气压时，微微开启管夹，使清水徐徐注入真空饱和缸的试样中，待水面超过土样饱和器后，使真空压力保持一个大气压不变即可停止抽气。然后静置大约 10h

左右，使试样充分吸水饱和。也可将试样装入饱和器后，先浸没在带有清水注入的真空饱和缸内，连续真空抽气 2~4h，然后停止抽气，静置 12h 左右即可。

2）水头饱和法。将试样装入压力室内，施加 20kPa 周围压力，使无气水从试样底座进入，待上部溢出，水头高差一般在 1m 左右，直至流入水量与溢出水量相等为止。

3）反压力饱和法。试件在不固结不排水条件下，在土样顶部施加反压力，但同时应在试样周围施加侧压力，反压力应低于侧压力 5kPa，当试样底部孔隙压力达到稳定后关闭反压力阀，再施加侧压力，当增加的侧压力与增加的孔隙压力其比值 $\Delta u/\Delta \sigma_3>0.98$ 时被认为是饱和的，否则再增加反压力和侧压力使土体内气泡继续缩小，直至满足 $\Delta u/\Delta \sigma_3>0.98$ 的条件。

6. 不固结不排水剪（UU）试验

不固结不排水剪（UU）试验可分为不测孔隙水压力和侧孔隙水压力两种。前者试样两端放置不透水板，后者试样两端放置透水石并与测定孔隙水压力装置连通。

(1) 操作步骤

1）试样安装。先把乳胶薄膜装在承模筒内，用吸气球从气嘴中吸气，使乳胶薄膜贴近筒壁，套在制备好的试样外面，将压力室底座的透水石与管路系统以及孔隙水测定装置充水并放上一张滤纸，然后再将套上乳胶膜的试样放在压力室的底座上，翻下乳胶膜的下端与底座用橡皮筋扎紧，翻开乳胶膜的上端与土样帽用橡皮筋扎紧，最后装上压力筒，并拧紧密封螺帽，同时使传压活塞与土样帽接触。

2）施加周围压力 σ_3。周围压力的大小根据土样埋深或应力历史来决定，若土样为正常压密状态，则 3~4 个土样的周围压力，应在自重应力附近选择，不宜过大以免扰动土的结构。

3）在不排水条件下测定试样的孔隙水压力 u。

4）调整量测轴向变形的位移计和轴向压力测力计的初始"零点"读数。

5）施加轴向压力。启动电动机，剪切应变速率取每分钟 0.5%~1.0%，当试样每产生轴向应变为 0.3%~0.4%时，测记一次测力计、孔隙水压力和轴向变形读数，直至轴向应变为 20%时为止。

6）试验结束即停机，卸除周围压力并拆除试样，描述试样破坏时形状。

(2) 成果整理

1）按式（7.1.17）计算孔隙水压力系数：

$$B = \frac{u_0}{\sigma_3} \tag{7.1.17}$$

$$A = \frac{u_f - u_0}{B(\sigma_1 - \sigma_3)} \tag{7.1.18}$$

式中　B——在周围压力 σ_3 作用下的孔隙水压力系数；

A——土体破坏时的孔隙水压力系数；

u_0——在周围压力 σ_3 作用下土体孔隙水压力（kPa）；

σ_3——周围压力（kPa）；

u_f——土体破坏时孔隙水压力（kPa）；

σ_1——土体破坏时大主应力。

2) 按式（7.1.19）和式（7.1.20）计算轴向应变和剪切过程中平均断面积：

$$\varepsilon_1 = \frac{\sum \Delta h}{h_0} \times 100\% \quad (7.1.19)$$

$$A_a = \frac{A_0}{1-\varepsilon_1} \quad (7.1.20)$$

式中　ε_1——轴向应变（%）；

$\sum \Delta h$——轴向变形（mm）；

h_0——土样初始高度（mm）；

A_a——剪切过程中平均断面积（cm²）；

A_0——土样初始断面积（cm²）。

3) 按式（7.1.21）计算主应力差：

$$\sigma_1 - \sigma_3 = \frac{CR}{A_a} \times 10 = \frac{CR(1-\varepsilon_1)}{A_0} \times 10 \quad (7.1.21)$$

式中　$\sigma_1 - \sigma_3$——主应力差（kPa）；

σ_1——大主应力（kPa）；

σ_3——小主应力（kPa）；

C——测力计率定系数（N/0.01mm）；

R——测力计读数（0.01mm）；

10——单位换算系数。

4) 绘制主应力差与轴向应变关系曲线

以主应力差（$\sigma_1 - \sigma_3$）为纵坐标，轴向应变ε_1为横坐标，绘制主应力差与轴向应变关系曲线（图7.1.8）。若有峰值时，取曲线上主应力差的峰值作为破坏点；若无峰值时，则取15%轴向应变时的主应力差值作为破坏点。

5) 绘制强度包线

以剪应力τ为纵坐标，法向应力σ为横坐标，在横坐标轴以破坏时的$\dfrac{\sigma_{1f}+\sigma_{3f}}{2}$为圆心，以$\dfrac{\sigma_{1f}-\sigma_{3f}}{2}$为半径，在$\tau$-$\sigma$坐标系上绘制破坏总应力圆，并绘制不同周围压力下诸破坏总应力圆的包线（图7.1.9），包线的倾角为内摩擦角φ_u，包线在纵轴上的截距为粘聚力c_u。

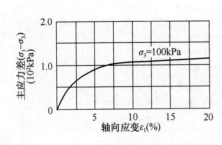
图7.1.8　主应力差与轴向应变关系曲线

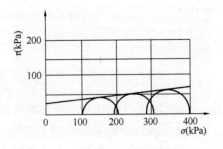
图7.1.9　不固结不排水剪强度包线

(3) 试验记录

不固结不排水剪三轴试验记录见表7.1.3。

7. 固结不排水剪（CU）试验

（1）操作步骤

1）试样安装

a. 打开试样底座的阀门，使量管里的水缓缓地流向底座，并以此放上透水石和滤纸，待气泡排出后，关闭底座阀门，再放上试样，并在试样周围贴上7～9条滤纸条。

b. 把已检查过的橡皮薄膜套在承模筒上，两端翻起，用吸水球（洗耳球）从气嘴中不断吸气，使橡皮膜紧贴于筒壁，小心将它套在试样外面，然后让气嘴放气，使橡皮膜紧贴试样周围，翻起橡皮膜两端，用橡皮紧圈将橡皮膜下端扎紧在底座上。

c. 打开试样底座阀门，让量管中的水从底座流入试样与橡皮膜之间，用刷子在试样周围自下而上轻刷，以排除试样周围的气泡，并不时用手在橡皮膜的上口轻拉一下，以利气泡的排出，待气泡排尽后，关闭阀门。如果气泡不明显，就不必进行此步骤。

d. 打开与试样帽连通的阀门，让量水管中的水流入试样帽，并连同透水石、滤纸放在试样的上端，排尽试样上端及量管系统的气泡后关闭阀门，将橡皮膜上端翻贴在试样帽上并用橡皮紧圈扎紧。

e. 装上压力室罩，此时活塞应放在最高位置，以免和试样碰撞，拧紧压力室罩密封螺帽，并将传压活塞与土样帽接触。

2）试样固结

a. 向压力室内施加试样的周围压力（水压力或气压力），周围压力的大小根据试样的覆盖压力而定，一般应等于和大于覆盖压力。但由于受仪器本身限制，最大周围压力一般不宜超过0.6MPa（低压三轴仪）或2.0MPa（高压三轴仪）。

不固结不排水剪三轴试验记录表　　　　　　　　　　　表7.1.3

工程名称：_____　　试验者：_____
工程编号：_____　　计算者：_____
试验日期：_____　　校核者：_____

试样直径d_0_____ cm　试样高度h_0_____ cm　试样面积A_0_____ cm^2　试样体积V_0_____ cm^3
试样质量m_0_____ g　试样密度ρ_0_____ g/cm^3　钢环系数C_____ N/0.01mm　剪切速率_____ mm/min

周围压力（kPa）	量力环读数（0.01mm）	轴向荷重（N）	轴向变形（0.01mm）	轴向应变（%）	应变减量	校正后试样面积（cm^2）	主应力差（kPa）	轴向应力（kPa）
σ_3	R	$P=CR$	$\sum \Delta h$	$\varepsilon_1 = \dfrac{\sum \Delta h}{h_0}$	$1-\varepsilon_1$	$A_a = \dfrac{A_0}{1-\varepsilon_1}$	$\sigma_1 - \sigma_3 = \dfrac{P}{A_a}$	σ_1
（1）	（2）	（3）	（4）	（5）	（6）	（7）	（8）	（9）

b. 同时测定土体内与周围压力相应的起始孔隙水压力,施加周围压力后,在不排水条件下静置约 15~30min,记下起始孔隙水压力读数。

c. 如果测得的孔隙水压力 u_0 与周围压力 σ_3 的比值 $u_0/\sigma_3 < 0.95$ 时,需施加反压力对试样进行饱和;当 $u_0/\sigma_3 > 0.95$ 时,则打开上下排水阀门,使试样在周围压力 σ_3 下达到固结稳定,一般需 16h 以上,然后测读试样排水量,同时关闭排水阀门。

3) 试样剪切

a. 转动细挡手轮,使活塞与土样帽接触,调整量测轴向变形的位移计的初读数和轴向压力测力计的初读数,按剪切速率黏土每分钟应变 0.05%~0.1%,粉土每分钟应变 0.1%~0.5%,对试样施加轴向压力,并取试样每产生轴向应变 0.3%~0.4%,测读测力计读数和孔隙水压力值,直至试样达到 20% 应变值为止。

b. 若属于脆性破坏的试样将会出现峰值,则以峰值作为破坏点,如果试样为塑性破坏,则按应变量 15% 为破坏点。

c. 试验结束,关闭电动机,卸除周围压力并取出试样,描绘试样破坏时的形状并称试样质量。

(2) 成果整理

1) 按式 (7.1.22) 和式 (7.1.23) 计算孔隙水压力系数:

$$B = \frac{u_0}{\sigma_3} \tag{7.1.22}$$

$$A = \frac{u_f}{B(\sigma_1 - \sigma_3)} \tag{7.1.23}$$

式中 B——孔隙压力系数;

u_0——在周围压力下所产生的孔隙水压力 (kPa);

σ_3——周围压力 (kPa);

A——孔隙水压力系数;

u_f——剪损时的孔隙水压力 (kPa);

σ_1——剪损时的大主应力 (kPa)。

2) 按式 (7.1.24) 和式 (7.1.25) 计算试样固结后的高度和面积:

$$h_c = h_0(1-\varepsilon_0) = h_0\left(1-\frac{\Delta V}{V_0}\right)^{1/3} \approx h_0\left(1-\frac{\Delta V}{3V_0}\right) \tag{7.1.24}$$

$$A_c = \frac{\pi}{4}d_0^2(1-\varepsilon_0)^2 = \frac{\pi}{4}d_0^2\left(1-\frac{\Delta V}{V_0}\right)^{2/3} \approx A_0\left(1-\frac{2\Delta V}{3V_0}\right) \tag{7.1.25}$$

式中 V_0、h_0、d_0——试样固结前的体积、高度和直径;

ΔV——试样固节后的体积改变量;

A_c、h_c——试样固结后的平均断面积和高度。

3) 按式 (7.1.26) 和式 (7.1.27) 计算试样剪切过程中的平均断面积和应变值:

$$\varepsilon_1 = \frac{\sum \Delta h}{h_c} \tag{7.1.26}$$

$$A_a = \frac{A_c}{1-\varepsilon_1} \tag{7.1.27}$$

式中 ε_1——试样剪切过程中的轴向应变 (%);

∑Δh——试样剪切时的轴向应变（mm）；

A_a——试样剪切过程中的平均断面积（cm²）。

4）按式（7.1.28）计算主应力差：

$$\sigma_1 - \sigma_3 = \frac{CR}{A_a} \times 10 = \frac{CR(1-\varepsilon_1)}{A_c} \times 10 \tag{7.1.28}$$

式中 C——测力计率定系数（N/0.01mm）；

R——测力计读数（0.01mm）；

10——单位换算系数。

5）按式（7.1.29）～（7.1.31）计算试样有效主应力：

a. 有效大主应力：

$$\sigma'_1 = \sigma_1 - u \tag{7.1.29}$$

式中 σ'_1——有效大主应力（kPa）；

u——孔隙水压力（kPa）。

b. 有效小主应力：

$$\sigma'_3 = \sigma_3 - u \tag{7.1.30}$$

式中，σ'_3 为有效小主应力（kPa）。

c. 有效主应力比：

$$\frac{\sigma'_1}{\sigma'_3} = 1 + \frac{\sigma'_1 - \sigma'_3}{\sigma'_3} \tag{7.1.31}$$

6）以主应力差（$\sigma_1-\sigma_3$）为纵坐标，轴向应变ε_1为横坐标，绘制主应力差与轴向应变关系曲线（图7.1.6）。若有峰值时，取曲线上主应力差的峰值作为破坏点；若无峰值时，则取15%轴向应变时的主应力差值作为破坏点。

7）以有效应力比 $\dfrac{\sigma'_1}{\sigma'_3}$ 为纵坐标，轴向应变ε_1为横坐标，绘制有效应力与轴向应变曲线（图7.1.10）。

8）以孔隙水压力 u 为纵坐标，轴向应变ε_1为横坐标，绘制孔隙水压力与轴向应变关系曲线（图7.1.11）。

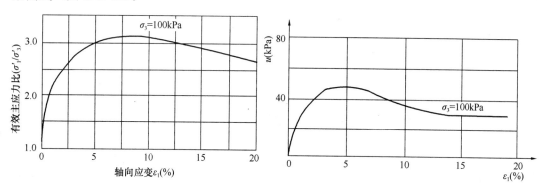

图 7.1.10 有效主应力比与轴向应变关系曲线　　图 7.1.11 孔隙压力与轴向应变关系曲线

9）以剪应力τ为纵坐标，法向应力σ为横坐标，在横坐标轴以破坏时的 $\dfrac{\sigma_{1f}+\sigma_{3f}}{2}$ 为圆心，以 $\frac{\sigma_{1f}-\sigma_{3f}}{2}$ 为半径，绘制破坏总应力圆，并绘制不同周围压力下诸破坏总应力圆的包线，包线的倾角为内摩擦角 φ_{cu}，包线在纵轴上的截距为粘聚力 c_{cu}。对于有效内摩擦角 φ' 和有效粘聚力 c'，应以 $\frac{\sigma'_{1f}+\sigma'_{3f}}{2}$ 为圆心，$\frac{\sigma'_{1f}-\sigma'_{3f}}{2}$ 为半径绘制有效破坏应力圆并作诸圆包线后确定（图 7.1.12）。

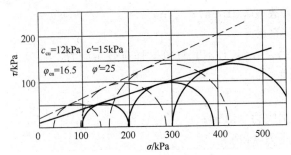

图 7.1.12 固结不排水剪强度包线

10）若个应力圆无规律，难以绘制个应力圆的强度包线，可按应力路径取值，即以 $\frac{\sigma'_1-\sigma'_3}{2}$ 为纵坐标，$\frac{\sigma'_1+\sigma'_3}{2}$ 为横坐标，绘制有效应力路径曲线（图 7.1.13），并按式（7.1.32）和式（7.1.33）计算有效内摩擦角和有效黏聚力。

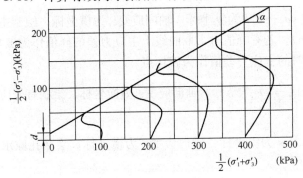

图 7.1.13 应力路径图

有效内摩擦角：
$$\varphi' = \arcsin(\tan\alpha) \tag{7.1.32}$$

式中 φ'——有效内摩擦角（°）；
α——应力路径图上破坏点连线的倾角（°）。

有效黏聚力：
$$c' = \frac{d}{\cos\varphi'} \tag{7.1.33}$$

式中 c'——有效粘聚力（kPa）；
d——应力路径上破坏点连线在纵轴上的截距（kPa）。

（3）试验记录

固结不排水剪三轴试验记录见表 7.1.4。

三轴压缩试验记录表（适用 UU、CU、CD 试验）　　　表 7.1.4

工程名称：_____ 试验者：_____
工程编号：_____ 计算者：_____
试验日期：_____ 校核者：_____

试样直径d_0_____ cm　　试样高度h_0_____ cm　　试样面积A_0_____ cm^2　　试样体积V_0_____ cm^3
试样质量m_0_____ g　　试样密度ρ_0_____ g/cm　　钢环系数C_____ N/0.01mm
剪切速率_____ mm/mim

周围压力 (KPa)	量力环读数 (0.01mm)	轴向荷重 (N)	轴向应变读数 (0.01mm)	量水管读数 (cm^3)	试样体积变化 (cm^3)	体积变化百分比 (%)	轴向应变 (%)	应变减量	校正后试样面积 (cm^2)	应力差 (KPa)	孔隙水压力读数 (KPa)	孔隙水压力 (KPa)	孔隙水压力系数	
σ_3	R	$P=CR$	$\sum \Delta h$	Q	ΔV	$\dfrac{\Delta V}{V_c}$	$\varepsilon=\dfrac{\sum \Delta h}{h_c}$	$1-\varepsilon_1$	$A_a=\dfrac{A_c}{1-\varepsilon_1}$	$\sigma_1-\sigma_3$ $=\dfrac{P}{A_a}$	u_i	$u=u_i-u_0$	B	A
(1)	(2)	(3)	(4)	(5)	(6)	(7)	(8)	(9)	(10)	(11)	(12)	(13)	(14)	(15)

8. 固结排水剪（CD）试验

固结排水剪，土体在固结和剪切过程中不存在孔隙水压力的变化，或者说试件在有效应力条件下达到破坏。

固结排水剪试验对于砂性土或粉质土，由于渗透性较大，故可采用土样上端排水下端检测孔隙水压力是否在增长，从而调整剪切速率，对于渗透性较小的黏性土类土则采用土样两端排水，剪切速率可采用每分钟应变 0.003％～0.012％，或按式（7.1.34）和式（7.1.35）估算剪切速率。

$$t_f = \frac{20\,h^2}{\eta C_V} \tag{7.1.34}$$

$$\varepsilon = \frac{\varepsilon_{\max}}{t_f} \tag{7.1.35}$$

式中　t_f——试样破坏历时（min）；
　　　h——排水距离，即试样高度的一半（两端排水）（cm）；

C_V——固结系数（cm²/s）；

η——与排水条件有关的系数，一端排水时，$\eta=0.75$；两端排水时，$\eta=3.0$；

ε——轴向应变速率（%/min）；

ε_{max}——估计最大轴向应变（%）。

(1) 操作步骤

1) 试样的安装与 CU 试验相同。

2) 周围压力的施加应大于土体先期固结压力，正常压密土可大于自重应力。

3) 施加周围压力σ_3后应在不排水条件下测定孔隙水压力，如果测得的孔隙水压力u_0与周围压力σ_3的比值$u_0/\sigma_3 < 0.95$时，需施加反压力对试样进行饱和；当$u_0/\sigma_3 > 0.95$时，则打开上下排水阀门，使试样在周围压力σ_3下达到固结稳定，可按排水量与时间关系来确定主固结完成的时间，也可以 24h 为排水固结稳定时间。

4) 当排水固结完成后应测记排水量以修正土体固结后的面积和高度。

5) 将测力环读数与轴向位移计均调至"零"位初读数。

6) 按排水剪的剪切速率，施加轴向压力并按试样每产生轴向应变 0.3%～0.4%，量测轴向压力和排水管读数，直至试样达到 20%应变值为止。

(2) 成果整理

1) 按式 (7.1.22) 计算孔隙水压力系数 B。

2) 按式 (7.1.24) 和式 (7.1.25) 计算试样固结后的高度和面积。

3) 按式 (7.1.26) 计算试样剪切过程中的应变值。

4) 按式 (7.1.36) 计算试样剪切过程中的平均断面积：

$$A_a = \frac{V_c - \Delta V_i}{h_c - \Delta h_i} \tag{7.1.36}$$

式中　ΔV_i——剪切过程中试样的体积变化（cm³）；

Δh_i——剪切过程中试样的高度变化（cm）。

5) 按式 (7-1-37) 计算剪切过程中主应力差：

$$\sigma_1 - \sigma_3 = \frac{CR}{A_a} \times 10 = \frac{CR(1-\varepsilon_1)}{A_c - \frac{\Delta V}{h_c}} \times 10 \tag{7.1.37}$$

式中　ΔV——剪应力作用下的排水量即剪切开始时的量水管初读数与某剪应力下量水管读数之差（取绝对值）（cm³）；

其余符号与 CU 试验相同。

6) 按式 (7.1.30) 计算有效主应力比。

7) 以剪应力 τ 为纵坐标，法向应力 σ' 为横坐标，在横坐标轴以破坏时的 $\dfrac{\sigma'_{1f}+\sigma'_{3f}}{2}$ 为圆心，以 $\dfrac{\sigma'_{1f}-\sigma'_{3f}}{2}$ 为半径，绘制有效破坏总应力圆，并绘制不同周围压力下诸破坏总应力圆的包线，包线的倾角为内摩擦角φ_d，包线在纵轴上的截距为黏聚力c_d（图 7.1.14）。

8) 若个应力圆无规律，难以绘制个应力圆的强度包线，可按应力路径，即以 $\dfrac{\sigma'_1-\sigma'_3}{2}$

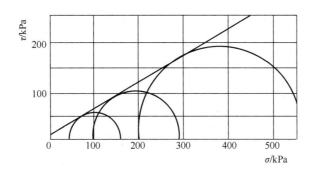

图 7.1.14 固结排水剪强度包线

为纵坐标，$\dfrac{\sigma_1' + \sigma_3'}{2}$ 为横坐标，绘制有效应力路径曲线（图 7.1.13），并按式（7.1.32）和式（7.1.33）计算有效内摩擦角和有效黏聚力。

（3）试验记录

固结排水剪三轴试验记录见表 7.1.4。

7.2 先进土工试验

7.2.1 概述

随着高铁、公路、城市轨道交通及海洋工程的发展，交通、波浪荷载下土体性状的研究是当前岩土工程界十分关心的课题。由于在此类荷载下土体所受复杂应力路径包含主应力轴旋转，而传统的土工试验中，三轴仪只能通过施加偏应力来模拟 45°平面上的剪应力，扭剪仪只能通过施加扭矩来模拟纯剪的应力状态，这两种实验方法都只能使土体单元上主应力发生 90°的突然旋转，而不能模拟主应力的连续旋转，无法满足现代工程的需要。目前能够较为理想地模拟土体主应力轴旋转应力路径的试验仪器主要是空心圆柱扭剪仪。空心圆柱仪因试样为薄壁空心圆柱形而得名。空心圆柱仪能够对试样施加设定的轴力、扭矩以及内外围压，从而实现试样主应力轴方向的旋转。就目前的仪器能力而言，这种旋转方式可以保证试样径向主应力为中主应力，大小主应力以径向为轴进行平面主应力轴旋转，其所具备的应力坐标系包含大、中、小主应力以及大（小）主应力旋转角度四个独立变量恰与上述空心圆柱仪所能提供的轴力等四个加载参数相对应，从而达到完全模拟平面主应力轴旋转应力路径的要求。因此空心圆柱仪是研究土体在主应力轴旋转条件下性状的理想仪器。

7.2.2 试验工作原理和仪器

空心圆柱扭剪仪的基本工作原理是在试验设备中安置空心圆柱状薄壁试样，对其施加轴力 F、扭矩 M_T 以及内、外围压 P_i、P_o（如图 7.2.1（a）所示）。上述 4 个加载参数在试样薄壁单元体上产生如图 7.2.1（b）所示应力参数：单元体轴向正应力 σ_z、环向正应力 σ_θ、径向正应力 σ_r 以及垂直于径向平面的扭剪应力 $\tau_{z\theta}$，恰与研究平面主应力轴旋转所需具备的应力坐标系中的大、中、小主应力 σ_1、σ_2、σ_3 以及大（小）主应力旋转角 α 这 4 个独立变量形成映射关系（如图 7.2.1（c）所示），从而达到完全模拟主应力轴平面旋转应力路径的要求。

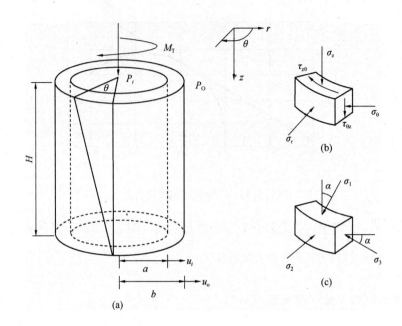

图 7.2.1 空心圆柱试样及试样单元应力状态

空心圆柱扭剪仪主要由压力室及伺服主机系统、水压伺服控制加载系统、模拟信号与数字信号控制及转换系统和计算机控制系统组成，如图 7.2.2 所示。

(1) 压力室及伺服主机系统

压力室及伺服主机系统包含一体化的压力室和平衡锤（压力室顶盖采用大的矩形连接杆，从而获得较高的旋转刚度）、与压力室顶盖连接的内置水下轴力/扭矩传感器（负责轴力和扭矩值的读取）、轴向和旋转双驱动基座（负责轴力和扭矩的施加以及轴向、扭剪应变的量测）、16 通道 16 位高速数据采集和信号调节器，以及 2 个内置编码控制器。双驱动基座的传力机理是：试验时将试样顶部通过试样帽与固定在压力室顶部的荷载感应室（内嵌轴力/扭矩传感器 1 套）刚接，而试样底部则通过试样底座与基座转盘刚接。荷载通过主机系统中 2 个独立控制马达施加（分别提供轴力与扭矩），再由实现轴力和扭矩耦合的传力杆将荷载传递到基座转盘上，进而传递给试样。轴力杆上下运动（传递轴力）可能产生附加摩阻力，其与扭矩的组合将使实际的扭矩平面不与试样横截面重合，若摩阻力较大，则将影响试样所受纯扭的状态以及扭剪应变的精确测定。由于本仪器有 2 套轴力/扭矩传感器（马达传输处 1 套，用以加载输出控制；压力室顶盖处 1 套，用以接收实际加载值），因此当传力杆发生轴扭共同运转时通过对比输出与输入扭矩值可以评价传力杆的上下移动。

(2) 水压伺服控制加载系统

空心圆柱试样中的外压、内压和反压均通过 GDS 高级压力/体变控制器（2MPa/200cc）来控制。反压控制器用来测量试样的体变，内压控制器用来量测试样内腔的体积变化。精确控制这些压力和体积变化对于施加 (p, q, b, a) 应力平面上应力路径这种低速试验非常关键。

(3) 孔压

孔压一般通过连接到试样底座的外部孔压传感器量测，另外还可以用安装在试样中部

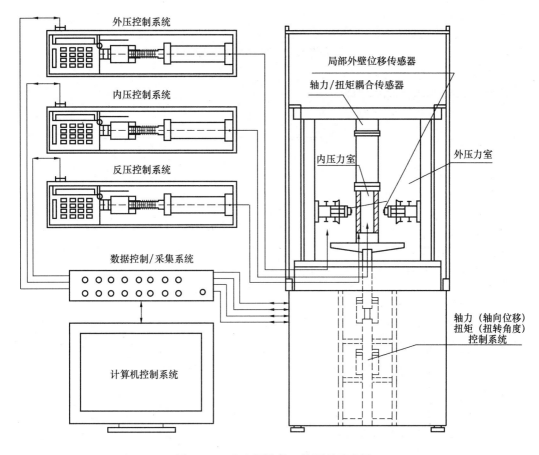

图 7.2.2 空心圆柱仪工作原理示意图

的中平面压力传感器来量测孔压。内压、外压、反压通过外接的 GDS 数字压力/体积传感器来测量。

（4）模拟信号与数字信号控制及转换系统

信号控制及转换系统功能强大，运行速率快，且鉴于以往计算机主机中 CPU 的传输速率无法满足试验中（特别是在高频下）庞大数据的输出和采集要求，本设备在计算机主板上加配了与 Windows 操作系统兼容的硬件设备 IEEE 卡，用以缓存数据和部分替代 CPU 在试验中控制数据输入、输出的作用。

（5）计算机控制系统

计算机控制系统采用 GDS 专用模块化软件，包含了数据采集的 Kernel 模块、标准静态和低频循环控制模块、主应力轴旋转应力路径模块、动态控制模块等，试验的所有操作都通过计算机控制实现．

（6）附属设备

1）空心圆柱重塑样击实器

空心圆柱样击实器如图 7.2.3 所示，其中大样尺寸：内径×外径×高为 160mm×200mm×400mm，小样尺寸：内径×外径×高为 60mm×100mm×200mm。

2）空心圆柱原状样

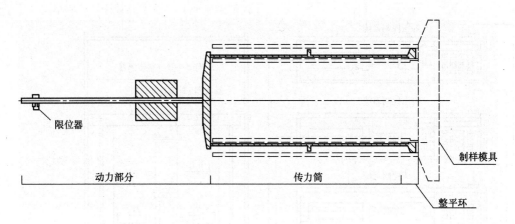

图 7.2.3　空心圆柱样击实器示意图

空心圆柱样击实器如图 7.2.4 所示，其中大样尺寸：内径×外径×高为 160mm×200mm×400mm，小样尺寸：内径×外径×高为 60mm×100mm×200mm。

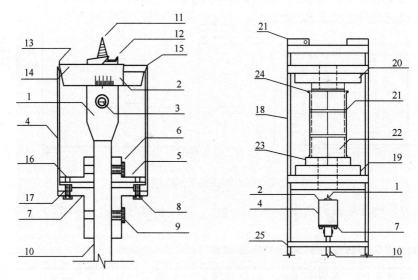

图 7.2.4　空心圆柱原状样切土器示意图

1—主钻头；2—拆卸式刀锋片；3—刀锋定位螺丝；4—护筒；5—拆卸式盛土托；6—盛土托-钻杆定位螺丝；7—拆卸式护筒底托；8—护筒底托-护筒定位螺丝；9—护筒底托-钻杆定位螺丝；10—钻杆；11—螺旋钻头；12—内缘刀锋；13—外缘刀锋；14—水平刀锋；15—刃口；16—释压孔；17—护筒-护筒底托连接螺孔；18—支撑定位杆；19—主动转盘；20—从动转盘；21—不锈钢软箍；22—两瓣式钢膜；23—两瓣式卡位护环；24—原状试样；25—内芯切取器定位板

7.2.3　试验方法

本文以空心圆柱小样（外径 100mm，内径 60mm，高为 200mm）的粉土重塑样制样和四种动力试验为例，阐述试验过程及试验数据处理。试验过程具体分为：制样，反压饱和和固结，振动试验，卸样等四个步骤。

（1）制样

1）橡皮膜检漏

可用橡皮筋缠牢橡皮膜一端，往膜内加水，继而缠牢另一端。将膜表面擦拭干净，观察是否有水渗出。

2）内外膜固定

将内膜固定到基座后，将两对内模具先后置于内膜并用中心定位杆固定，注意保持模具的形状。外膜用两道紧邻的橡皮筋缠牢，由于外膜通常有对称的折痕，该折痕会容易引起漏气，因此须将折痕凸出的一面作为内层，并在折痕处涂真空硅脂。外膜具为三瓣膜，固定时应注意三瓣膜的贴合平整。

3）装样

在底座的透水石上放上滤纸，将所称土样依次装入圆柱空腔内。砂雨法时，须借助漏斗均匀地筛入土样，捣湿法则更容易出现土样高度不均，更需要注意。然后用塑料棍棒捣平并稍加击实，最后用击实器击实到所需的高度。每层（除最上层外）捣平击实后，均需要刮毛，以避免出现分层现象。最后一层土样击实时，确保土样高度略高出膜具，如果低于膜具，再加上试样盖后容易引起橡皮膜的挤破。随后，在土样上放置滤纸，并安上试样盖，并保持试样盖上的反压接口与折痕错开，最好是垂直。然后，将外膜翻起贴到试样盖上，用橡皮筋将内膜与试样盖套紧。

本试验利用试样盖上的两个反压口接通真空泵，进行抽气，而进水端则为下端的孔压接口。将试样管线连接完毕后，先用30kPa左右的负压下抽气一段时间，如试样不漏气，则进入抽气进水阶段。抽气时，将孔压接口关闭；抽气进水时，则将其中之一的孔压接口打开即可。在开始进水后，可将内膜具卸下，往内腔填充无气水，并固定好顶帽，安上内压接口。

4）合轴

将试样安置到压力室内并固定之后，等室内温度稳定之后即可进行合轴步骤。

5）测量

测量试样的周长和高度。周长可用长纸条环绕试样一圈来测量，取上中下三个周长，折算为三个直径，再取其均值，即为外径。内径默认为60mm。

6）闭合压力室

闭合压力室，往其内充水。充水前须确保压力室上端排气管的阀门打开。待到水将要充满时，降低进水速度，使其缓慢进水，直至水从排气管缓慢且持续流出时，停止进水。

（2）反压饱和和固结

固结分为如下几个步骤：排气，围压加载，反压加载，测B值，固结。

1）排气

由于内外腔及试样上下处均有残留气体，所以必须进行反压、孔压、内压、外压的排气过程。四个过程原理相同，步骤相似：各压力接口均有一对，所以可以一接口进水，另一接口排气。将控制器与各压力接口接上之后，控制器通过empty而进水，水进则气出，等出气端气体排尽，呈水柱贯出时，同时关闭两接口。继而控制器function，此时控制器内会有压力存在，需要将压力释放。

2）反压饱和

为保障试样充分饱和，采取施加反压溶解试样内残余气体的方法。在施加反压前，为避免压力施加的不稳定，导致反压超过围压，造成试样胀坏，因此先施加一定数值的围压，一般为20kPa。围压的加载为内外压同时施加，采取施加内外压的水管连通，两者均由外压控制器控制，而内压控制器保持 hold volume。施加反压的同时，围压也应等值增长。B 值先等其稳定才可大抵确定。如 B 值在缓慢上升，则说明试样可能有漏；如果 B 值不断下降，则说明饱和度不够。B 值稳定后，如大于 0.95，则视为饱和度合格。可以进行固结。如果饱和度不够，则应继续加大反压，使其达到合格。重复上述步骤即可。

3）固结

本试验固结阶段中，内外压为单独施加，因此须将内外压管道间的阀门关闭。对于粉土试样，通常需要 12h 以上，可观察体积曲线变化，如曲线趋于直线且稳定，则表明固结完成。

（3）动力试验

固结完成后，应根据试样固结后的尺寸，输入动力试验文件中进行四种循环应力路径下的动力试验，即循环三轴试验，循环扭剪试验，主应力轴连续旋转的循环圆扭剪试验及主应力轴连续旋转的循环椭圆扭剪试验。其中，循环三轴试验（T（0.1））：控制扭矩为零，输入正弦波形竖向力 W；循环扭剪试验（S）：控制竖向力 W 为零，输入正弦波形扭矩 M_T；主应力轴连续旋转的循环圆扭剪试验（C）：同时施加余弦竖向力 W 和正弦扭矩 M_T，和 M_T 的大小关系需满足计算得到的 $(\sigma_z - \sigma_\theta)/2$ 与 $\tau_{\theta z}$ 相等；主应力轴连续旋转的循环椭圆扭剪试验（E）：同时施加余弦竖向力 W 和正弦扭矩 M_T，控制 W 和 M_T 的大小需使计算得到的 $\tau_{\theta z}$ 和 $(\sigma_z - \sigma_\theta)/2$ 比例为 5。其中 C 系列用来模拟波浪荷载的应力路径，T（0.1）系列、S 系列模拟地震荷载的应力路径，E 系列为介于 S 和 C 之间的一种过渡类型。每种加载方式选择 3～4 个动剪应力比，比较不同的加载形式对粉土动强度、粉土孔压累积和应变发展规律的影响。

试样濒于破坏时，孔压将骤升，轴向应变急剧变大，所显示轴力则很快减小，此时加载仪器会出现噪音，此时再让其加载一两个循环后，即可停止振动。试验结束。

（4）卸样

卸样之前，应将 A.D. 与 T.D. 清零，使其回到振动前的位置。然后，将压力室的进水阀稍稍开启，使外压按一定的速度下降，直至为零。此时，将排水阀开至最大，压力室顶部排气阀也打开，进行压力室排水。为加快排水速度，可在排气端施加约 300kPa 的正压。

排净水后，打开压力室，依次将试样各部分螺丝拧开，并拧开基座处连接内腔的接口，使内腔排水。卸样过程中，应注意保护橡皮膜，以免使其破漏。卸下的土样则可以回收，如果土样的粒径组成相差不多，则可以二次使用

7.2.4 试验数据处理

试样的受力分析如图 7.2.1 所示。试样的内径为 a，外径为 b，高为 H；θ 为转角变形，u_i 为内壁变形，u_o 为外壁变形。竖向力 W 及内外侧向压力 P_i、P_o 共同产生的轴向应力 σ_z，它与材料的本构关系无关，通过平衡方程便可以得到：

$$\sigma_z = \frac{W}{\pi(b^2 - a^2)} + \frac{P_o b^2 - P_i a^2}{b^2 - a^2} \tag{7.2.1}$$

扭矩 M_T 产生的剪应力 $\tau_{\theta z}$，内侧压力 P_i 和外侧压力 P_o 所产生的径向应力 σ_r 和环向应力 σ_θ

$$\tau_{\theta z} = \frac{3M_t}{2\pi(b^3 - a^3)} \tag{7.2.2}$$

$$\sigma_r = \frac{P_o b + P_i a}{b + a} \tag{7.2.3}$$

$$\sigma_\theta = \frac{P_o b - P_i a}{b - a} \tag{7.2.4}$$

一般地情况下，如不需要控制中主应力独立变化，可令内侧压力 P_i 和外侧压力 P_i 相等，这种情况下径向应力 $\sigma_r = \sigma_2$，且与 σ_θ 相等。在这个平面内，σ_1、σ_3、α 只与 σ_z、σ_r 和 $\tau_{\theta z}$ 有关，可通过应力平面上的莫尔圆计算等到：

$$\sigma_1 = \frac{\sigma_z + \sigma_\theta}{2} + \sqrt{\left(\frac{\sigma_z - \sigma_\theta}{2}\right)^2 + \tau_{\theta z}^2} \tag{7.2.5}$$

$$\sigma_3 = \frac{\sigma_z + \sigma_\theta}{2} - \sqrt{\left(\frac{\sigma_z - \sigma_\theta}{2}\right)^2 + \tau_{\theta z}^2} \tag{7.2.6}$$

$$a = \frac{1}{2} \arctan\left(\frac{2\tau_{\theta z}}{\sigma_z - \sigma_\theta}\right) \tag{7.2.7}$$

与 σ_z、σ_r、σ_θ、$\tau_{\theta z}$ 相对应的应变值可以通过变形协调条件和变形沿试样壁线性变化的假设得到：

$$\varepsilon_z = -\frac{\Delta H}{H} \tag{7.2.8}$$

$$\varepsilon_r = -\frac{(u_o - u_i)}{(b - a)} \tag{7.2.9}$$

$$\varepsilon_\theta = -\frac{(u_o + u_i)}{(b + a)} \tag{7.2.10}$$

$$\gamma_{\theta z} = \frac{2\theta(b^3 - a^3)}{3H(b^2 - a^2)} \tag{7.2.11}$$

与应力的规律相同，中主应变方向恒处于径向 $\varepsilon_r = \varepsilon_2$，$\varepsilon_1$ 和 ε_3 只在垂直于径向的平面内发生旋转，三维问题简化为二维问题。在这个平面内，ε_1 和 ε_3 只与 ε_z、ε_θ 和 $\gamma_{z\theta}$ 有关，可通过应变平面上的莫尔圆计算得到：

$$\varepsilon_1 = \frac{\varepsilon_z + \varepsilon_\theta}{2} + \frac{1}{2}\sqrt{(\varepsilon_z - \varepsilon_\theta)^2 + \gamma_{\theta z}^2} \tag{7.2.12}$$

$$\varepsilon_3 = \frac{\varepsilon_z + \varepsilon_\theta}{2} - \frac{1}{2}\sqrt{(\varepsilon_z - \varepsilon_\theta)^2 + \gamma_{\theta z}^2} \tag{7.2.13}$$

特别地，无论对于循环扭剪试验还是对于竖向拉压和扭转耦合循环剪切试验，试样既产生轴向应变，也产生剪应变，需要综合考虑两者共同作用效果，引入广义剪应变来研究不同加载形式下的应变发展规律。各种试验情况下的广义剪应变的变化模式也有较大的差别，统一采用下式计算广义剪应变。

$$\gamma_g = \frac{\sqrt{2}}{3}\left(\frac{9}{2}\varepsilon_z^2 + \frac{3}{2}\gamma_{\theta z}^2\right)^{1/2} \tag{7.2.14}$$

不同动应力路径下的大剪应力计算式如下：

循环三轴试验： $$q_T = \frac{\sigma_d}{2} \tag{7.2.15}$$

循环扭剪： $$q_S = \tau_d \tag{7.2.16}$$

循环圆扭剪： $$q_C = \sqrt{(\sigma_d/2)^2 + \tau_d^2} \tag{7.2.17}$$

循环椭圆扭剪： $$q_E = \sqrt{(\sigma_d/2)^2 + \tau_d^2} \tag{7.2.18}$$

(1) 孔压累积曲线

通常情况下，对于各向均等固结的饱和砂土，常用孔压达到有效围压作为破坏准则，与其相对应的振次为破坏振次。将每个试样的孔压除以有效围压（u/σ_c'），振次除以孔压达到有效围压时的振次（N/N_f），可得到每个系列下的振次孔压归一化曲线，如图7.2.5。

进一步地，可将试样刚度软化、荷载衰减的振次定义为临界破坏点，临界破坏点出现后孔压和应变发展速度同时加快，临界破坏点处的振次定义为破坏振次，与其对应的孔压作为破坏孔压。将试样每一循环振次对应的残余孔压除以该试样的临界孔压（u/u_{cr}），振次除以临界破坏点的振次（N/N_{cr}），以 N/N_{cr} 为横坐标 u/u_{cr} 为纵坐标，可基本消除孔压曲线对动剪应力比的依赖性，归一化程度非常理想，如图7.2.6所示。

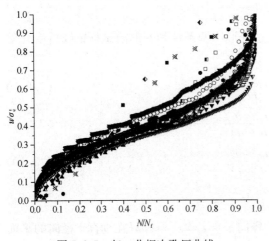

图7.2.5 归一化振次孔压曲线

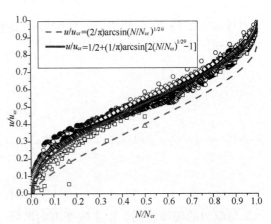

图7.2.6 归一化振次孔压曲线及孔压曲线拟合

(2) 应变

临界破坏点处的广义剪应变为临界广义剪应变。三个系列的对数振次-广义剪应变曲线如图7.2.7～图7.2.9所示，图中的实心圆点为临界广义剪应变。

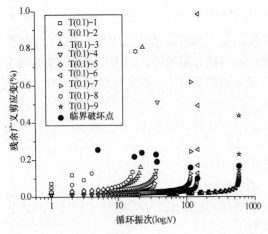

图7.2.7 循环三轴振次应变曲线及临界应变分布

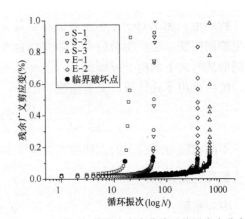

图7.2.8 循环扭剪振次应变曲线及临界应变分布

(3) 动强度

由于采用的是各向均等固结，孔压均可以达到有效围压，因此将达到临界孔压作为破坏标准。将四种不同加载形式下的所有数据点绘在对数振次－动剪应力比坐标上，如图7.2.10所示。T（0.1）、S 和 C 系列分别选取最适合的曲线拟合。

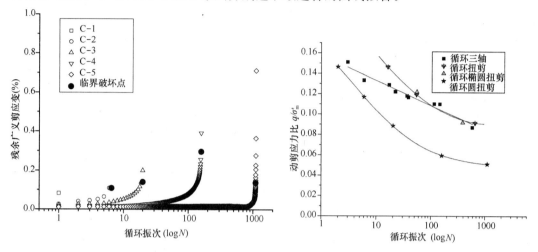

图 7.2.9　循环圆扭剪振次应变曲线及临界应变分布　　图 7.2.10　五种循环应力条件下的动强度曲线对比

7.3 地基与边坡工程模型试验

7.3.1 概述

我国是一个山地、丘陵广泛分布的国家，在土木工程建设时往往会遇到各种边坡，包括天然边坡、挖方边坡和填筑边坡。这些边坡在各种自然或人为灾害条件下（如暴雨、水位上升、开挖、堆载等）可能会发生失稳滑动，造成人员伤亡和财产损失。由于边坡的致灾因素复杂多样，其失稳模式、灾变机理非常复杂。为深入认识复杂环境条件下边坡灾变机理，正确评价边坡的稳定性和提出经济、有效的防（减）灾工程措施，需要针对不同地质条件开展大比尺滑坡灾害模拟试验研究，揭示边坡失稳模式和灾变机理，进行危险边坡加固方案的比较，并验证岩土工程数值分析理论与软件。

另外，在基础工程实践中也经常遭遇不良地质条件，如软黏土地基。软弱地基处理方法和技术是当前软土地区重要的岩土工程课题之一。大比尺的地基模型试验既可以进行地基变形及失稳机理的研究，也可以进行软弱地基加固方案的比选。本试验装置可以对软弱地基的堆载预压法、真空预压法、柔性桩复合地基、刚性桩基础等进行大比尺模型试验研究。

目前国内外常用的土工模型试验手段包括离心模型试验和1g模型试验。离心模型试验优点在于可以用较小的模型重现原型的应力场，其不足之处在于土颗粒尺寸效应，另外由于模型尺寸较小，测量仪器的选型、布置和埋设比较困难。目前有关文献报道的1g土工模型试验系统的尺寸比较小，功能比较单一（即一个试验系统只能用于单因素灾变模拟试验）。浙江大学在克服现有土工模型试验技术不足的基础上，研发了一种地基与边坡工程模型试验平台（发明专利号：200710069866.8），使其能够模拟多种致灾条件（如水位升降、降雨、加载等）、多种加固方式的边坡（或地基）失稳过程，揭示失稳模式和灾变机理，为选择经济、合理的防（减）灾工程措施提供依据。

由于本试验装置功能多样，每个试验均针对各自的研究内容展开，差别较大，本文仅以本装置第一个开展的"水位骤降对边坡稳定性影响的模型试验"为例介绍试验方法、试验方案及试验结果整理。

7.3.2 试验装置

（1）模型箱（图7.3.1）

主体钢结构梁柱和主体结构侧面钢板组成的长方形钢结构模型槽，主体结构侧面钢板的长边一侧面上垂直并列设有多排、每排有多个仪器埋设孔和数据引出线孔，主体结构侧面钢板的长边另一侧面上垂直设有多排、每排有多个侧面可视窗口。

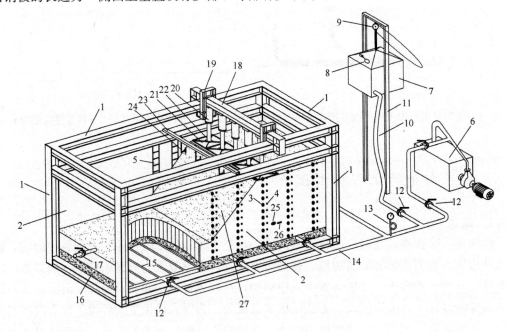

图7.3.1 地基与边坡工程模型试验平台

1—主体钢结构梁柱；2—主体结构侧面钢板；3—仪器埋设孔；4—数据线引出孔；5—侧面可视窗口；6—真空抽水装置；7—水箱；8—常水头浮球阀；9—手拉葫芦；10—软管；11—提升支架；12—控制阀门；13—正负压力表；14—硬质水管；15—带出水孔的支路水管管网；16—碎石和砂垫层；17—水位控制孔；18—反力梁；19—卡扣；20—液压千斤顶；21—承压板；22—球形铰接；23—位移传感器可移动支架；24—位移传感器；25—土压力传感器；26—孔隙水压力；27—边坡模型

（2）供水系统

在长方形钢结构模型槽底部的碎石和砂垫层内设有多排带出水孔的支路水管管网，带出水孔的支路水管管网相互连通后，经数个分别带第一控制阀门的水管与硬质水管连通后分成两路，一路经第二控制阀门后接水箱，水箱悬挂于带手拉葫芦的提升支架的滑动轨道上，水箱内设有保持水位恒定的常水头浮球阀。另一路经第三控制阀门和第四控制阀门后接真空抽水装置；主体结构侧面钢板的短边一侧面上设有水位控制孔。

（3）加载系统

在主体钢结构梁柱上面长边两侧跨接反力梁，反力梁两端分别有卡扣，反力梁能沿长边滑动后用卡扣拉紧固定，反力梁下端面设有由液压控制系统控制的数个等分布置的液压千斤顶，数个千斤顶滑动端分别用球形铰接与承压板连接组成的伺服加载系统；在主体钢结构梁柱上面长边两侧跨接位移传感器可移动支架，位移传感器可移动支架下方设有数个等分布置的位移传感器，位移传感器可移动支架、位移传感器、土压力传感器和孔隙水压力传感器连接组成监测系统。

7.3.3 水位骤降对边坡稳定性影响的模型试验研究

自然界中存在着大量的临水边坡，比如河岸、海堤、土石坝、水库库岸以及湖岸等。洪水过后河道水位的快速下降、海水潮汐产生的水位回落、水库的开闸放水等等通常会引起临水边坡坡外水位的骤降。本大型模型试验再现临水边坡在水位骤降条件下的失稳过程，通过数码摄像、高精度传感器、侧面示踪点来记录水位骤降过程中边坡表面裂缝的形成发展过程、滑动面的形态、典型位置处土水总压力和孔隙水压力的变化，揭示临水边坡在水位骤降条件下的失稳原因及失稳模式，有助于深入认识水位骤降引起滑坡的机理，为治理此类滑坡提供科学依据。

（1）试验用土性质

边坡模型制作的用土为取自钱塘江边的砂质粉土，该粉土的颗粒级配情况如图7.3.2所示，砂、粉土、黏土的含量分别约为12%，80%和5%。在边坡填筑完成后，钻孔取得边坡体内原状粉土试样，由变水头法测得的粉土饱和渗透系数为5.3×10^{-6}m/s。该粉土的有效黏聚力和内摩擦角分别为1kPa和30°。

（2）模型边坡制作及测试仪器布置

本次试验填筑的边坡为15m长、5m宽、6m高，其中边坡部分的高度为4m，坡度为1∶1，坡顶和坡底部分的长度分别为5m和6m（如图7.3.3所示）。因本边坡的用土量大（大约300m³），采用"砂雨法"填筑边坡，使抓斗内初始含水量约为18%的粉土从填筑面以上2m高度处落下，保持边坡制样的均匀性。机械填筑完成后，由人工修理得到所需要模型边坡的几何尺寸。

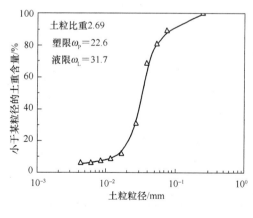

图7.3.2 试验用土土性

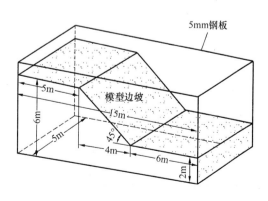

图7.3.3 模型槽及模型边坡几何尺寸图

在边坡模型内埋设了21个传感器和40个示踪点，用于监测各物理量的变化过程，其中包括4个土压力盒，6个孔隙水压力计（P1-P6）、5个张力计（T1-T5），4个LVDT（位移传感器）（L1-L4），2个倾斜仪（TI1-TI2）。测试仪器的布置如图7.3.4所示。4个土压力盒埋设于与边坡坡脚在同一高程的2m高处，分为2组，每组均可量测水平土压力和竖向土压力。土压力盒选用薄饼状的振弦式土压力盒（宽厚比为38），可以有效降低土和土压力盒之间的拱效应，减小测试误差。孔隙水压力计（包括张力计）被用来监测水位骤降过程中，边坡内部的孔隙水压力变化，以掌握内部的渗流状况。LVDT布置于坡顶，用来监测坡顶的位移。边坡内部的测试仪器均是在边坡填筑过程中埋设，使之与土体良好接触。除张力计和侧面示踪点之外，其余测试仪器均连接到数据采集仪上，动态监测试验过程。

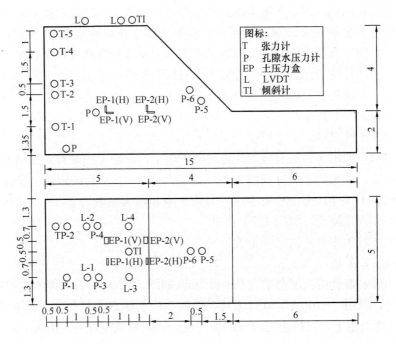

图7.3.4 测试仪器布置图（单位：m）

（3）试验过程及结果分析

1）试验中的水位变化过程

模型边坡填筑完成后，通过提升水箱使边坡内外的水位同时缓慢上升至5.6m。在水位的上升过程中，填土边坡坡面逐渐发生了局部崩塌，随着水位的上升坍塌的范围逐渐扩大，最终边坡坡肩退到原位置后方1m左右，这种破坏是由于坡表面含水量升高导致非饱和土基质吸力的降低引起的。当水位上升至5.6m高程时，填筑边坡的坡度由初始状态的1∶1（45°）逐步变为约1∶1.5（约33°）。当模型边坡达到饱和并且处于稳定状态后，开启模型槽前端排水阀门进行坡外水位骤降试验。排水孔的流量在35～70m³/h，随排水孔上方水头减小，流量也逐渐减小。骤降过程中实时记录的坡外水位如图7.3.7所示，可见下降的速度均匀，约为1m/h，经过156min，坡外的水位从5.6m降至3.0m。

2）滑坡过程及失稳模式

坡外水位开始迅速下降后15min，在坡肩以内0.4m处即出现第1条平行于坡肩的张拉裂缝，随着水位的下降，张拉裂缝的深度和宽度越来越大。当试验开始40min，水位下降约0.7m时，滑块1开始启动，滑坡现象产生。该滑块的滑面深度在坡面以下0.5～1.0m左右，类似于平动，其最快滑动速度在0.015m/min左右。此时，滑块1背后的坡体仍处于较为稳定的状态，但已有多条张拉裂缝处于萌芽状态。随着水位的下降，裂缝继续扩大。

当坡外水位下降1m时，滑块1的顶面位移了大约0.5m，原边坡顶部未滑动区域的横向张拉裂缝的最大宽度达到2cm左右。同时靠近第1滑块的区域产生从后缘向前缘逐渐增大的沉降，随着水位的下降，沉降越来越大。当试验进行至100min，水位下降1.7m时，滑块2形成。滑块2是典型的旋转滑坡。滑面的深度在坡面以下0.7～1.5m，相比滑面1要深，滑块2顶面位移的距离约为1.5m。滑块3稍后于第2滑块产生，由于模型槽长度的限制，滑坡体在坡脚处堆积，对于滑坡起到了反压的作用，限制了滑坡的继续发展，滑块3并未得到充分发展，但滑面的位置可通过可视窗口清楚地观察到。滑坡稳定后的坡脚约为11°（1∶5），远低于初始坡角。三滑块均具有较好的二维形状，证明模型槽内壁较为光滑，试验很好地模拟了滑坡的平面应变问题。

从可视窗口观测到的滑面表明3块滑体共享底部的圆弧滑面；试验过程中坡顶出现大量与滑动方向垂直的张拉裂缝（如图7.3.5、图7.3.6所示），这些都表明滑坡的形式为多重滑面的牵引式滑坡。牵引式滑坡的本质是部分滑体的失稳引致整个边坡一系列的滑块失稳，在本次试验中，滑块1的滑动速度明显大于滑块2和滑块3，使得滑块1对它们的约束作用大大减小，滑块2和3在自重和指向坡外的渗流的双重作用下失稳。

3）孔隙水压力变化特征

图7.3.5　水位骤降引致滑坡的过程
（a）水位下降0.7m；（b）水位下降1.5m；（c）水位下降1.9m；（d）滑坡的最终形态

图 7.3.7 给出了标高 2m 处孔隙水压力计的实测孔压与坡外水位的比较（坡外水位下降 2.6m，坡内孔隙水压力仅下降 10kPa），可见坡外水位的下降速率明显大于坡内，即坡内的水位下降显著滞后于坡外，产生由坡内指向坡外的渗流。试验过程中，在边坡表面也发现了明显的渗流出逸点，当水位下降 3.5m 时，出逸点位于坡外水面以上 1m 左右。以上结果均表明有明显的坡内指向坡外的渗流，这是引致滑坡产生的最重要原因，另外一个原因是坡外水位下降，使它对滑坡体的推力作用迅速减小。

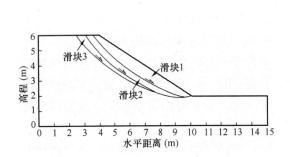

图 7.3.6 通过侧面示踪点分析得到的滑面

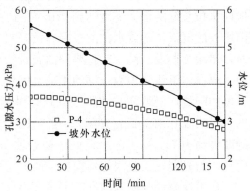

图 7.3.7 坡外水位和典型位置处孔隙水压力随时间变化过程

4) 土水总压力变化特征

在水位骤降过程中，在竖向土水总压力方面（如图 7.3.8 所示），靠近坡内的 EP-1（V）由 69kPa 下降至 54kPa（下降 15kPa），靠近坡外的 EP-2（V）由 56kPa 下降至 38kPa（下降 18kPa）；在水平土水总压力方面，靠近坡内的 EP-1（H）由 38kPa 下降至 25kPa（下降 13kPa）；靠近坡外的 EP-2（H）由 38kPa 下降至 22kPa（下降 16kPa）。孔隙水压力 P-4 则由 38kPa 下降至 28kPa（下降 10kPa）。根据以上的测试结果可见，竖向土压力下

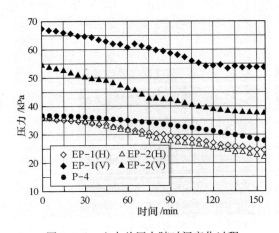

图 7.3.8 土水总压力随时间变化过程

降 15～18kPa，水平向土压力下降 13～16kPa，而孔隙水压力的下降达到 10kPa，因此孔隙水压力的下降在土水总压力的下降中占据主导地位。滑坡过程中，土水总压力的下降主要有两个原因：

a. 坡内水位下降使孔隙水压力减小；

b. 滑坡使土压力盒上覆土层厚度减小，第 2 组较第 1 组覆土厚度减小更多，因而土水总压力值下降较大。

试验结果表明，填土边坡在水位骤降时的失稳模式为有多重滑面的牵引式滑坡，且发现边坡外水位骤降时坡内水位下降速度显著滞后于坡外，产生指向坡外的渗流，是滑坡产生的重要原因。该试验发现为此类滑坡机理和采取合理的工程措施提供了科学依据。

第8章 桩基动测技术

一般情况下桩基检测项目中，除了静载荷试验，还有高应变和低应变检测，统称为基桩动测试验。静载荷试验是为了检查桩基的承载力，低应变动测试验是为了检查桩身完整性（桩身长度、有无断桩、缩颈等）。而高应变的检测目的既可以检测桩的承载力也可以检测桩身完整性。

低应变检测桩身结构完整性的基本原理是通过在桩顶施加激振信号产生应力波，该应力波在沿桩身传播过程中，如遇到阻抗不连续界面（如缩颈、蜂窝、夹泥、断裂、孔洞等缺陷）和桩底界面时，将产生反射波，检测分析反射波的传播时间、幅值和波形特征，就能判断桩的完整性。高应变检测的基本原理是用重锤冲击桩顶，使桩-土产生足够的相对位移，以充分激发桩周土阻力和桩端土支承力，通过安装在桩顶以下桩身两侧的加速度传感器和应变传感器测试桩身的速度响应及应力波信号，然后应用应力波理论分析力波和速度波时程曲线，从而判定桩的竖向抗压承载力及桩身质量完整性。无论是低应变动测还是高应变动测，其理论基础都是桩的一维波动理论。

8.1 一维波动理论

8.1.1 方程的建立

首先，在不考虑桩侧土影响情况下，当桩长 L 远大于桩径时，桩顶受到纵向激励产生的应力波近似以一维方式传播，桩身波动情况可用一维波动方程描述如下：

$$\frac{\partial^2 u}{\partial t^2} - c^2 \frac{\partial^2 u}{\partial x^2} = 0 \tag{8.1.1}$$

式中：u 表示桩身质点的振动位移。

x、t 分别为空间和时间坐标。

$c = \sqrt{E/\rho}$ 为一维弹性纵波在桩身中的传播速度，其中 E、ρ 分别表示桩身材料的弹性模量和质量密度。

8.1.2 方程的解答和应用

将上述波动方程的初始条件给出，该方程即可求解

$$\begin{cases} \dfrac{\partial^2 u}{\partial t^2} = c^2 \dfrac{\partial^2 u}{\partial x^2}, t>0, x \in R \\ u(x,t)\big|_{t=0} = \phi(x) \\ \dfrac{\partial u}{\partial t}(x,t)\big|_{t=0} = \psi(x) \end{cases} \tag{8.1.2}$$

式中 $\phi(x)$ 代表桩身各点的初始位移，$\psi(x)$ 代表初速度。

先求得上述波动方程的特征方程为：

$$\left(\frac{\mathrm{d}x}{\mathrm{d}t}\right)^2 - c^2 = 0 \tag{8.1.3}$$

由此得到两条特征线方程如下：

$$x - ct = k_1 \tag{8.1.4}$$
$$x + ct = k_2 \tag{8.1.5}$$

根据特征线方程，引入两个新变量：

$$\xi = x - ct, \tag{8.1.6}$$
$$\eta = x + ct \tag{8.1.7}$$

将这两个新变量带入到波动方程中，并利用复合函数求导法则可得：

$$\frac{\partial u}{\partial x} = \frac{\partial u}{\partial \xi} + \frac{\partial u}{\partial \eta} \tag{8.1.8}$$

$$\frac{\partial^2 u}{\partial x^2} = \frac{\partial^2 u}{\partial \xi^2} + 2\frac{\partial^2 u}{\partial \xi \partial \eta} + \frac{\partial^2 u}{\partial \eta^2} \tag{8.1.9}$$

$$\frac{\partial u}{\partial t} = c\left(-\frac{\partial u}{\partial \xi} + \frac{\partial u}{\partial \eta}\right) \tag{8.1.10}$$

$$\frac{\partial^2 u}{\partial t^2} = c^2\left(\frac{\partial^2 u}{\partial \xi^2} - 2\frac{\partial^2 u}{\partial \xi \partial \eta} + \frac{\partial^2 u}{\partial \eta^2}\right) \tag{8.1.11}$$

将上述公式带入一维波动方程，可以得到另一种形式的方程如下：

$$\frac{\partial^2 u}{\partial \xi \partial \eta} = 0 \tag{8.1.12}$$

由此可知：

$$\frac{\partial u}{\partial \xi} = F^*(\xi) \tag{8.1.13}$$

$$u(\xi, \eta) = \int F^*(\xi)\mathrm{d}\xi + G(\eta) = F(\xi) + G(\eta) \tag{8.1.14}$$

$$u(x, t) = F(x - ct) + G(x + ct) \tag{8.1.15}$$

该式即为原方程的通解。

函数 $F(x), G(x)$ 的具体形式，由初值条件确定：

由于初位移：
$$F(x) + G(x) = \phi(x) \tag{8.1.16}$$

初速度：
$$-c[F'(x) + G'(x)] = \psi(x) \tag{8.1.17}$$

$$c[-F(x) + G(x)] + k = \int_{x_0}^{x} \psi(\alpha)\mathrm{d}\alpha \tag{8.1.18}$$

其中，x_0 为任意一点，而 k 为积分常数，

$$-F(x) + G(x) = \frac{1}{c}\int_{x_0}^{x} \psi(\alpha)\mathrm{d}\alpha - \frac{K}{c} \tag{8.1.19}$$

$$F(x) = \frac{1}{2}\phi(x) - \frac{1}{2c}\int_{x_0}^{x} \psi(\alpha)\mathrm{d}\alpha + \frac{K}{2c} \tag{8.1.20}$$

$$G(x) = \frac{1}{2}\phi(x) + \frac{1}{2c}\int_{x_0}^{x} \psi(\alpha)\mathrm{d}\alpha - \frac{K}{2c} \tag{8.1.21}$$

$$u(x, t) = \frac{\phi(x - at) + \phi(x + at)}{2} + \frac{1}{2a}\int_{x-at}^{x+at} \psi(\alpha)\mathrm{d}\alpha \tag{8.1.22}$$

上式成为一维波动方程的达朗贝尔解答。

8.1.3 一维杆件的行波特征

首先来看一维波动方程解答的前半部分：

$$y = F(x - c \cdot t) \quad (8.1.23)$$

假设实线为 $t = 0$ 时的曲线图，则在 $t = \Delta t$ 时，该函数的图形为虚线所示：

从图中可以看出在 $t = 0$ 时刻和 $t = \Delta t$ 时刻，函数 $y = F(x - c \cdot t)$ 所表示的波形曲线在形状上是完全相同的，所不同的只是它们在横坐标轴上的位置有所不同，两者相差 $c \cdot \Delta t$，或者说，在经历了时间 Δt

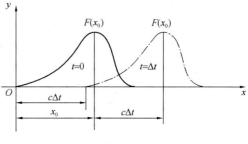

图 8.1.1

后，函数波形向右行走了 $c \cdot \Delta t$ 的距离。因此我们说函数 $y = F(x - c \cdot t)$ 所表示的波是一种可以"行走"的波，简称为"行波"，这也是行波名称的由来。

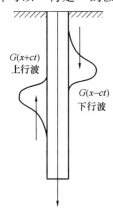

图 8.1.2

而对桩而言，我们习惯于建立如图 8.1.2 所示的坐标系（以桩顶为坐标原点，向下方向为 x 轴的正方向），因此 $y = F(x - c \cdot t)$ 所表示的行波行走方向就是向下的，因此称为"下行波"。相应的 $y = G(x + c \cdot t)$ 所表示的行波就成为"上行波"。上行波和下行波独立传播，当它们相遇时会相互叠加，而当他们分开时又恢复到各自原来的形状继续向前传播。

从一维波动方程的解答可以看出，杆件（桩）中的一维波动（振动）一定可以分解为两个传播方向相反，但传播速度相同的两列独立的"行波"，波形由初始条件决定。

8.1.4 各种类型波之间的关系

就一维杆件而言，波的类型主要有：位移波、速度波、应变波、力波等，在桩基动测领域常用来分析判断的波形式主要为速度波和力波，下面首先看一下下行的速度波和力波之间的关系：

用 $u = F(x - c \cdot t)$ 函数表示下行位移波，简记为：$u\downarrow$；

则下行的速度波：$v\downarrow = \dfrac{\partial u\downarrow}{\partial t} = \dfrac{\partial F(x - ct)}{\partial t} = -c \cdot F'$ \quad (8.1.24)

下行的力波：$p\downarrow = -EA \dfrac{\partial u\downarrow}{\partial x} = -EA \dfrac{\partial F(x - ct)}{\partial x} = -EA \cdot F'$ \quad (8.1.25)

比较上面的关系式，不难得到：

$$p\downarrow = \dfrac{EA}{c} \cdot v\downarrow = \rho AC \cdot v\downarrow = Z \cdot v\downarrow \quad (8.1.26)$$

式中，$Z = \rho \cdot A \cdot C$ 是桩身材料密度、截面积和桩身一维弹性纵波速的乘积，称为桩身截面阻抗。类似地，对于上行波有下列关系：

上行速度波：$v\uparrow = \dfrac{\partial u\uparrow}{\partial t} = \dfrac{\partial G(x + ct)}{\partial t} = c \cdot G'$ \quad (8.1.27)

上行力波：$p\uparrow = -EA \dfrac{\partial u\uparrow}{\partial x} = -EA \dfrac{\partial G(x + ct)}{\partial x} = -EA \cdot G'$ \quad (8.1.28)

上行力波和上行速度波之间的关系为：

$$p\uparrow = \frac{-EA}{c} \cdot v\uparrow = -\rho AC \cdot v\uparrow = -Z \cdot v\uparrow \tag{8.1.29}$$

8.1.5 波在杆件（桩）端部的反射情况

1. 固定端的反射

(1) 速度波：由于杆件固定端不能有位移，因此界面处总速度也必须为零，所以有：

$$v\uparrow + v\downarrow = 0 \tag{8.1.30}$$

因此有：$v\uparrow$（反射）$= -v\downarrow$（入射）。

即固定端对速度波会产生一个大小相等，符号相反的反射。

(2) 力波：利用固定端总速度为零及速度波与力波关系可得界面处力波反射与入射关系，即将关系式 $p\uparrow = -Z \cdot v\uparrow$ 和 $p\downarrow = Z \cdot v\downarrow$ 代入 $v\uparrow + v\downarrow = 0$ 可以得到下列方程：

$$-\frac{p\uparrow}{Z} + \frac{p\downarrow}{Z} = 0 \tag{8.1.31}$$

整理得到：$p\uparrow$（反射）$= p\downarrow$（入射）

即固定端对力波产生一个大小相等，符号相同的反射。

2. 自由端的反射

(1) 力波：由于杆件自由端不受力，因此总力波为零，所以有：

$$p\uparrow + p\downarrow = 0 \tag{8.1.32}$$

因此：$p\uparrow$（反射）$= -p\downarrow$（入射）。

即自由端会对力波产生一个大小相等，符号相反的反射。

(2) 速度波：利用自由端总力波为零及速度波与力波关系，即将关系式 $p\uparrow = -Z \cdot v\uparrow$，和 $p\downarrow = Z \cdot v\downarrow$ 代入上式 $p\uparrow + p\downarrow = 0$ 可得：

$$-zv\uparrow + zv\downarrow = 0 \tag{8.1.33}$$

整理得：$v\uparrow$（反射）$= v\downarrow$（入射）。

即自由端对速度波产生一个大小相等，符号相同的反射

上述四种情况下的入射波与反射波之间的关系，是分析判断桩端反射的依据，在工程中对于判断桩底岩土的好坏（特别是判断嵌岩桩的嵌岩效果）有着非常重要的作用。

8.1.6 波在杆件阻抗变化界面处的反射、透射情况

对于桩而言，桩身常由于各种缺陷的影响，导致桩身的截面积变化或者桩的材料密度变化以及桩身波速的变化，这些变化都可以归结为一个参数的变化—即桩身截面阻抗（Z）的变化，假设波从桩身阻抗为 Z_1 段垂直入射到阻抗为 Z_2 段，则根据界面两侧速度波连续和力波平衡条件可得：

$$\begin{cases} V_{反射} + V_{入射} = V_{透射} \\ P_{反射} + P_{入射} = P_{透射} \end{cases} \tag{8.1.34}$$

结合力波和速度波关系：

$$\begin{aligned} P_{下行} &= Z \cdot V_{下行} \\ P_{上行} &= -Z \cdot V_{上行} \end{aligned} \tag{8.1.35}$$

可得下列方程组：

$$\begin{cases} V_{反射} + V_{入射} = V_{透射} \\ -Z_1 V_{反射} + Z_1 V_{入射} = Z_2 V_{透射} \end{cases} \tag{8.1.36}$$

联解得：

$$\begin{cases} V_{反射} = \dfrac{Z_1 - Z_2}{Z_1 + Z_2} V_{入射} \\ V_{透射} = \dfrac{2Z_1}{Z_1 + Z_2} V_{入射} \end{cases} \tag{8.1.37}$$

$$\begin{cases} P_{反射} = \dfrac{Z_2 - Z_1}{Z_1 + Z_2} P_{入射} \\ P_{透射} = \dfrac{2Z_2}{Z_1 + Z_2} P_{入射} \end{cases} \tag{8.1.38}$$

对于桩基动测而言，通常是在桩顶激振，同时在桩顶测得加速度或速度相应，然后利用速度响应曲线进行分析，因此关系式：$V_{反射} = \dfrac{Z_1 - Z_2}{Z_1 + Z_2} V_{入射}$ 是非常重要的，工程中就是利用该公式来判断桩身是否存在缩颈或扩颈的。

当缩径时（$Z_2 \leqslant Z_1$），$V_{反射}$ 与 $V_{入射}$ 同向。

当扩径时（$Z_2 \geqslant Z_1$），$V_{反射}$ 与 $V_{入射}$ 反向。

需要补充说明一点，速度波的正负表示桩身质点的运动方向，在前述坐标系中，以向下方向为正。而力波的正负表示力波是压应力（正）还是拉应力（负）。

8.2 桩基低应变动测原理与技术

8.2.1 低应变测试法

桩的低应变动测法有两种，即反射波法和机械阻抗法，反射波法是目前工程中采用的检测桩身结构完整性的最常用方法，而机械阻抗法（包括瞬态、稳态激振法）也是检测桩身结构完整性的一种方法，该方法通过桩土系统的振动固有频率的变化及其相互关系来判断桩身结构的完整性以及桩身长度，目前该方法在工程中应用很少。

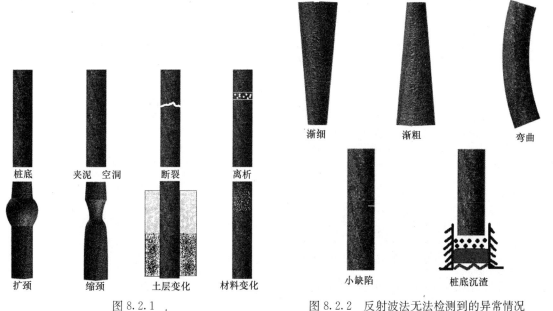

图 8.2.1

图 8.2.2 反射波法无法检测到的异常情况

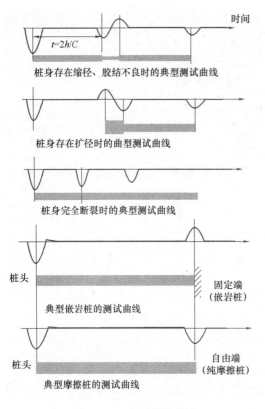

图 8.2.3 典型测试曲线

低应变反射波检测是通过在桩顶施加激振力产生应力波,该应力波沿桩身传播过程中,遇到阻抗不连续界面(如缩颈、蜂窝、夹泥、断裂、孔洞等缺陷)和桩端界面时,将产生反射波,检测分析反射波的传播时间、幅值和波形特征,就能判断桩的完整性和桩长信息。

1. 反射波法的适用范围:

1)检查桩身结构完整性,判定桩身缺陷程度及位置;

2)对超长桩,有效检测长度未明确,一般以能检测到桩尖反射为依据;

3)对大直径薄壁管桩、钢管桩、H型桩等异形桩都是不适用的。

低应变所能检测到的现象:

反射波法不能检测到的桩身异常现象(在有利条件下,对桩底沉渣可定性检测其有无,但目前一般无法确定其准确厚度);

8.2.2 反射波法的判断依据

反射波法判断依据就是公式:$V_{反射} = \frac{Z_1 - Z_2}{Z_1 + Z_2} V_{入射}$,显然当缩径时($Z_2 \leqslant Z_1$),$V_{反射}$与$V_{入射}$同向,当扩径时($Z_2 \geqslant Z_1$),$V_{反射}$与$V_{入射}$反向。下列几种曲线就是桩身存在缩颈或扩颈情况下的典型的反射波法桩顶速度响应曲线以及桩底嵌岩情况良好和嵌岩不良的桩顶速度响应曲线:

8.2.3 反射波法测试的仪器设备

反射波法检测时,采用手锤或力棒敲击桩顶,同时利用基桩动测仪测量桩顶的速度响应或加速度响应曲线。然后利用桩顶速度响应曲线即可判断桩身质量和桩长情况,手锤敲

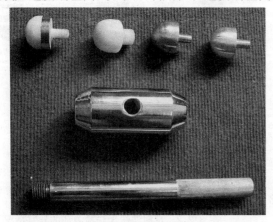

图 8.2.4 反射波法采用的锤子及不同锤头材料

图 8.2.5 反射波法检测用的加速度传感器

击时可根据需要采用不同的锤头材料,如需要测试桩身浅部缺陷时,应采用较硬的锤头材料如不锈钢、铜或铝合金锤头,而如果需要测试较深的缺陷时,则应采用尼龙、橡胶等较软的锤头材料。

通常情况下,应当采用不同硬度的锤头材料以做到兼顾深浅不同的缺陷检测要求。

反射波法检测时,对实心桩,其敲击点应选在桩中心点附近,传感器位置距离桩中心2/3半径处为宜。空心桩,敲击点和测试点之间宜成90度角,见图8.2.7。

图 8.2.6 反射波法检测现场(传感器安装)

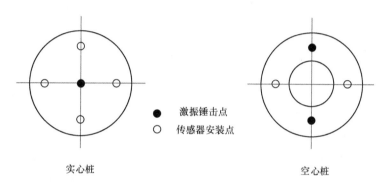

图 8.2.7 反射波法传感器安装位置示意图

8.2.4 反射波法测试曲线及判断

对桩身无缺陷的完整桩,其反射波法测试的典型曲线如下图,此时除敲击脉冲和桩底反射脉冲外,无其他异常反射,如桩身波速能准确确定,则可利用公式计算出该桩的长度。

$$L = \frac{C \cdot \Delta t}{2} \quad (8.2.1)$$

式中 C 表示桩身波速,Δt 表示桩底反射与敲击脉冲之间的时间差。

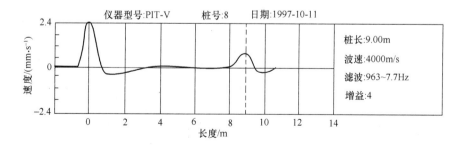

图 8.2.8 完整桩的反射波法测试曲线

而当桩身存在严重缺陷时,会在缺陷深度处及其2倍甚至3倍深度处出现幅度较大的同向反射（如图 8.2.9）。如出现强烈的多次反射则表明桩在该深度处缺陷严重甚至完全断裂（如图 8.2.10）。

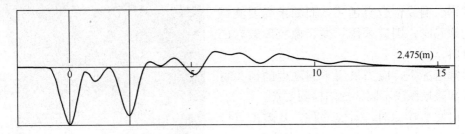

图 8.2.9 严重缺陷桩的测试曲线

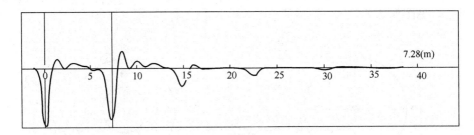

图 8.2.10 断桩的测试曲线

另外，桩底岩土的情况也可以在测试曲线上得到反映，如图 8.2.11，该桩长 19m 左右，桩底反射与入射脉冲反向且幅度很大，说明该桩嵌岩良好。而图 8.2.12 所示的桩本该是 12m 左右嵌岩桩，但测试信号上桩底反射与入射脉冲同向且幅度较大，表明该桩桩底嵌岩不良或有较厚的沉渣。

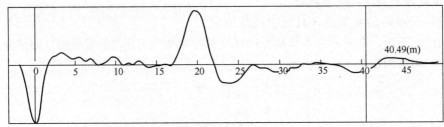

图 8.2.11 嵌岩良好桩的动测曲线

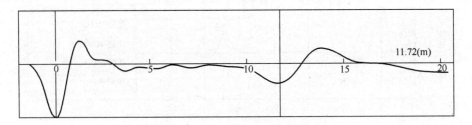

图 8.2.12 嵌岩不良桩的动测曲线

一般情况下，根据现有技术水平，目前对桩身缺陷主要还是定性的判断，当然也可以根据数学力学模型通过桩顶的测试曲线，对桩身缺陷进行定量反演，从而对缺陷进行定量的分析（见图8.2.13）。但是其分析结果的准确性还取决于桩周土参数选取是否符合实际情况，目前工程中定量分析结果还只能是作为一种参考。

8.2.5 完整性等级判定

低应变反射波法的测试结果，可根据缺陷的严重程度按下表所列的情况判断其完整性等级。

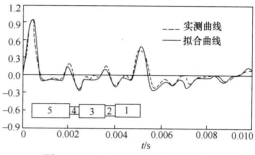

图8.2.13 拟合曲线和实测曲线

低应变检测桩类型的判定依据　　　　　　　表8.2.1

类别	时域信号特征	幅频信号特征
Ⅰ	$2L/c$时刻前无缺陷反射波，有桩底反射波	桩底谐振峰排列基本等间距，其相邻频差小于$2L/c$
Ⅱ	$2L/c$时刻前出现轻微缺陷反射波，有桩底反射波	桩底谐振峰排列基本等间距，其相邻频差约等于$2L/c$，轻微缺陷产生的谐振峰与桩底谐振峰之间的频差$>c/2L$
Ⅲ	有明显缺陷反射波，其他特征介于Ⅱ类和Ⅳ类之间	
Ⅳ	$2L/c$时刻前出现严重缺陷反射波或周期性反射波，无桩底反射波；或因桩身浅部严重缺陷使波形呈现低频大振幅衰减振动，无桩底反射波	缺陷谐振峰排列基本等间距，相邻频差$>c/2L$，无桩底谐振峰；或因桩身浅部严重缺陷只出现单一谐振峰，无桩底谐振峰

注：对同一场地、地质条件相近、桩型和成桩工艺相同的基桩，因桩端部分桩身阻抗与持力层阻抗相匹配导致实测信号无桩底反射波时，可按本场地同条件下有桩底反射波的其他桩实测信号判定桩身完整性类别。

对于Ⅰ、Ⅱ类桩，工程中是作为合格桩的，对于Ⅳ类桩，规范规定必须进行加固处理，而对于Ⅲ类桩，规范未明确要求加固处理，但工程实践中都会对其进行适当加固处理。

8.3 桩基高应变动测原理与技术

高应变动力测桩法是目前国内外广泛应用的桩基检测技术。如果条件适宜，它能比较准确地测定单桩极限承载力和判断桩身结构的完整性。然而，高应变动力测试分析结果的准确性受到桩身性质、测试仪器、测试条件、测试人员业务素质等许多因素的影响。

高应变检测目的：

1) 监测预制桩或钢桩的打桩应力，为选择合适的沉桩工艺和确定桩型、桩长提供参考；

2) 判断桩身完整性；

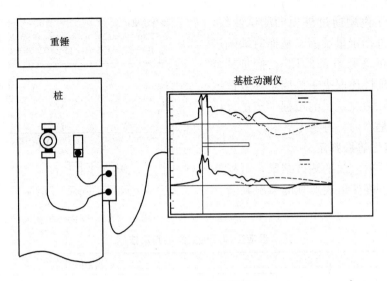

图 8.3.1 高应变检测设备

3）分析估算桩的单桩竖向极限承载力。

8.3.1 高应变动力试桩概况

高应变测试时需用重锤冲击桩顶，使桩—土体系产生足够的相对位移，以充分激发桩周土侧摩阻力和桩端支承力，通过安装在桩顶以下一定距离桩身两侧的力和加速度传感器接收桩身的应力波信号和速度波响应信号，然后应用应力波理论分析力和速度时程曲线，从而判定桩的竖向极限抗压承载力和评价桩身质量完整性。

1. 现场测试技术

高应变动力测试的现场信号采集质量直接关系到分析结果的准确性和可靠性。正确采集信号是获得良好结果的必要前提条件。影响采集信号的因素很多，如桩头处理的好坏、锤击位置及能量大小、传感器安装、外界干扰、仪器本身性能等。其中特别应注意下列几方面的影响：

（1）桩头处理对测试曲线的影响

测试时一般用重锤锤击桩头产生一冲击压力波，此压力波沿桩身向下传播，通过传感器测得应力波和速度波在桩侧、桩尖阻力作用下传播及反射的时程特性，由此计算单桩极限承载力。由于桩头质量好坏直接影响波的传播效果，所以高应变测试时，桩头一般必须经过处理：对于灌注桩，应在桩头浮浆彻底清除后，用高标号混凝土接好桩头，桩头主筋应直通至桩顶保护层之下，筋顶处于同一高度，主筋外设置间距不大于 150mm 的箍筋，在桩顶设置钢筋网片，间距为（60～100）mm。桩头整平后必须严格按规范养护。如桩头浮浆清除不到位，锤击时桩头可能损坏，应力波不能有效下传，桩的极限承载力可能得不到充分发挥。如果采用提高落锤高度测试的方法增大能量，可能会因为桩头强度不够而断裂或碎裂，轻则测试失败，重则损坏传感器，造成不必要的损失。此外，灌注桩的桩头如不进行处理，则很难安装好传感器，特别是应变传感器安装时要求安装面处非常平整，稍有凹凸不平，传感器与桩身就不可能做到良好贴合，此时传感器就不会与桩身产生同步变形，应变传感器测试数据就不能准确反映桩身的动应变情况，测试结果必然是不准确的。未损坏的预制桩头可不处理。

（2）锤击能量对高应变测试的影响

高应变测试要求锤击能量足以将桩周及桩尖土的阻力充分激发出来。实践表明，每次锤击后桩顶产生（2.0~6.0）mm的永久塑性位移时，桩的极限承载力就能基本得到充分发挥。而实际操作时一般无法测试这个位移，只能根据经验进行判断。一般地说，如果测试曲线有明显的桩底反射，CASE法计算的位移在（3~10）mm之间，或同一根桩在不同锤击能量（即不同的落锤高度）下的承载力基本相同时，可认为桩的极限承载力已得到了充分的发挥。然而，并非提高重锤落距总能提高极限承载力。实践经验证明，"重锤低落"可以得到比较准确的单桩极限承载力。如重锤落距过大，不仅增大了误差产生的客观因素，也可能对桩造成不必要的破坏。锤击能量过大容易使桩头发生破坏。

（3）传感器的安装对高应变测试的影响

传感器安装的好坏直接影响到数据的采集质量，传感器与桩身贴得越紧、安装刚度越大，测试效果就越好。所以，测试前应对桩身测点附近进行严格处理：在距桩顶1.5~2.5倍桩径的桩身两侧对称位置上分别找到一块能代表桩身性质的平整面，并牢固安装应变环。应变环两固定孔中心的连线与桩的轴线平行；加速度计的安装点应与应变环的中心点处于同一水平面。若应变环通道不能平衡或力值在曲线的尾部不能归零，往往是由于传感器安装点不平而使应变环安装时初始变形过大造成。此时应重新安装应变环。如果力波曲线与速度与阻抗乘积曲线的起跳点不一致，往往是由于应变环中心与加速度计中心不在同一水平面引起的，此时应调整加速度计的高度重新测试。

2. 数据分析技术

高应变测试结果主要有两种分析方法，一种是所谓CASE分析法（具体见后续介绍），该方法属于简化分析方法，有严格的适用条件，该方法利用桩底土的CASE阻尼系数J_c和实测曲线即可计算得到桩的单桩竖向极限承载力，另外通过实测力波和速度波曲线还可计算得到桩的完整性系数；另一种方法是所谓波形拟合法（也称曲线拟合法，具体见下文介绍），主要基于波动方程理论所建立的较严密的数学、力学模型以及相应的专用拟合分析程序，通过反演的手段，不断调整输入参数并进行试算拟合，最后寻找到使得计算曲线与实测曲线比较吻合的桩土参数，并由此得到桩的极限承载力和桩身完整性情况。目前无论是哪一种分析方法均还存在较大的局限性，分析人员的专业素质和主观判断仍会在很大程度上影响到分析结果的准确性和合理性。

8.3.2 高应变动力试桩方法的分类及主要方法原理

1. 高应变动力试桩方法的分类

高应变根据其测试方法和分析方法的不同可分为不同的类别，具体见表8.3.1

高应变动力试桩方法　　　　　　　　　　表8.3.1

方法名称	波动方程法		改进的动力打桩公式法
	CASE法	曲线拟合法（CAPWAP）	
激振方式	自由振动（锤击）		自由振动（锤击）
现场实测的物理量	1. 桩顶加速度随时间的变化曲线 2. 桩顶应力随时间的变化曲线		1. 贯入度 2. 弹性变形值 3. 桩顶冲击能

续表

方法名称	波动方程法		改进的动力打桩公式法
	CASE法	曲线拟合法（CAPWAP）	
主要功能	1. 预估竖向极限承载力 2. 测定有效锤击能力 3. 检验桩身质量、桩身缺陷位置	1. 预估竖向极限承载能力 2. 测定有效锤击能力 3. 计算桩底及桩侧摩阻力和有关参数 4. 模拟桩的静荷试验曲线 5. 检验桩身质量及缺陷程度	估算竖向极限承载力

目前工程上主要采用波动方程法，根据分析方法的不同又可分为CASE法和曲线拟合法（CAPWAP）下面就对这两种方法的原理进行介绍。

2. CASE法检测分析原理

(1) CASE法基本假定：

1) 桩身为材质、截面均匀的一维弹性杆件；

2) 土阻力参数在测试过程中为不随时间变化的常量；

3) 桩身动阻力集中于桩底，桩侧土无动阻力，桩尖处的动阻力与桩底质点运动速度呈正比；

4) 应力波在桩身内传播没有能量耗散。

(2) CASE法承载力计算公式：

在上述四个基本假定基础上，推导得到CASE法的单桩竖向极限承载力的计算公式如下：

$$R_{sp} = \frac{1-J_c}{2}[P(t_1) + Z \cdot V(t_1)] + \frac{1+J_c}{2}[P(t_2) - Z \cdot V(t_2)] \quad (8.3.1)$$

其中，t_1 时刻表示高应变测试曲线上，力波和速度波峰值所在位置，t_2 时刻则表示桩底反射所对应的时刻，$t_2 = t_1 + 2L/C$，L 代表传感器所在位置到桩尖的距离，C 代表桩身一维弹性纵波波速。P 表示力波曲线，V 表示速度波曲线，Z 表示桩身截面声阻抗。

同时，还可以利用实测的力波曲线和速度波曲线计算得到传感器界面处任意时刻的上行力波 $P\uparrow$ 和下行力波 $P\downarrow$，其计算公式如下：

$$\begin{cases} P\downarrow = \frac{1}{2}(P + Z \cdot V) \\ P\uparrow = \frac{1}{2}(P - Z \cdot V) \end{cases} \quad (8.3.2)$$

【例题一】某预应力管桩，波速为4000m/s，桩外径600mm，壁厚150mm，混凝土强度等级为C60，混凝土质量密度 $\rho = 2.5 \times 10^3 \text{kg/m}^3$；现对其进行高应变测试得到曲线如下图8.3.2，已知测试传感器安装在桩顶下1.2m处。测得在 $t = 0\text{ms}$ 时，速度波的峰值为3m/s，当 $t = 30\text{ms}$ 时，力波的值为 -300kN，速度值为0m/s。

(1) 设峰值处 F 波和 $Z \cdot V$ 波基本相等，则当 $t = 0\text{ms}$ 时，力波 F 曲线的峰值为多大？

(2) 该桩总长度为多少米？

(3) $t=0$ms 和 $t=30$ms 时，上行力波和下行力波各为多大？

(4) 如凯斯法（CASE）阻尼系数 $J_C=0.25$，问采用凯斯法计算得到该桩的单桩极限抗压承载力为多大？

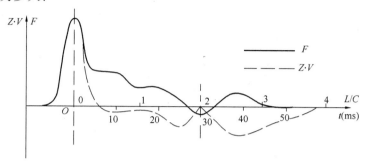

图 8.3.2　高应变测试曲线

解答：(1) 桩的截面积为 $A = \dfrac{\pi \times (0.6^2 - 0.3^2)}{4} = 0.212 \text{m}^2$

桩的截面阻抗 $Z = \rho \cdot A \cdot C = 2.5 \times 10^3 \times 0.212 \times 4000 = 2.12 \times 10^6 \text{kg/s}$

力波峰值为：$F_{\max} = Z \cdot V|_{t=0} = 2.12 \times 10^6 \times 3 = 6360 \text{kN}$

(2) 因为：$\dfrac{2 \cdot L}{C} = 30\text{ms} = 3 \times 10^{-2}\text{s}$，所以传感器到桩尖距离为 $L = \dfrac{3 \times 10^{-2} \times 4000}{2} = 60(\text{m})$

∴ 总桩长为 61.2m。

(3) $t=0$ms 时，

下行力波：$P\!\downarrow = \dfrac{1}{2}(F + Z \cdot V) = \dfrac{1}{2}(6360 + 3 \times 2.12 \times 10^3) = 6360 \text{kN}$

上行力波：$P\!\uparrow = \dfrac{1}{2}(F - Z \cdot V) = \dfrac{1}{2}(6360 - 3 \times 2.12 \times 10^3) = 0 \text{kN}$

$F = 30$ms 时：下行力波 $P\!\downarrow = \dfrac{1}{2}(F + Z \cdot V) = \dfrac{1}{2}(-300 + 0 \times 2.12 \times 10^3) = -150 \text{kN}$

上行力波 $P\!\downarrow = \dfrac{1}{2}(P - Z \cdot V) = \dfrac{1}{2}(-300 - 0 \times 2.12 \times 10^3) = -150 \text{kN}$

(4) 单桩极限抗压承载力：

$$R = \dfrac{1-J_c}{2}(F \cdot Z \cdot V)_{t=0\text{ms}} + \dfrac{1+J_c}{2}(F - Z \cdot V)_{t=30\text{ms}}$$

$$= 0.75 \times 6360 + 1.25 \times (-150) = 4582.5 \text{kN}$$

(5) 桩身完整性的检测和分析

根据一维波动理论，当桩身出现缩颈（或其他导致桩身截面阻抗下降的情况）时，速度曲线上会出现同向反射，而力波曲线上会出现反向反射，如正常桩身截面阻抗为 Z_1，而缺陷处桩身的截面阻抗为 Z_2，则完整性系数定义为：

$$\beta = \dfrac{Z_2}{Z_1} \tag{8.3.3}$$

在实际测试时，完整性系数可从测试曲线上有关特征点的值计算得到，其计算公式如下：

$$\beta = \frac{[F(t_1) + Z \cdot V(t_1)] - 2R_x + [F(t_x) - Z \cdot V(t_x)]}{[F(t_1) + Z \cdot V(t_1)] - [F(t_x) - Z \cdot V(t_x)]} \quad (8.3.4)$$

式中 $F(t_1)$、$V(t_1)$ 分别表示 t_1 时刻力波和速度波取值，t_x 表示缺陷反射峰对应的时刻，R_x 表示缺陷以上部位土阻力的估算值，等于缺陷反射波起始点的力与速度和桩身截面阻抗乘积的差值，各变量取值方法和含义见下图 8.3.3 标注：

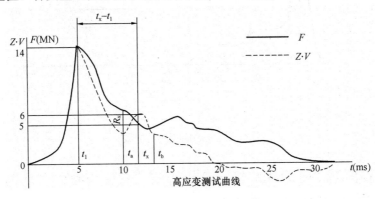

图 8.3.3 桩身完整性系数计算

根据实际测试曲线计算得到的完整性系数值 β，可对桩身完整性等级进行分类，具体见下表，缺陷深度则用 $x = c \cdot (t_x - t_1)/2$ 计算，其值表示缺陷上界面到传感器安装处的距离。

按桩身完整性系数不同对桩身完整性等级进行分类　　　　　　表 8.3.2

类别	β 值	类别	β 值
I	$\beta = 1.0$	III	$0.6 \leqslant \beta < 0.8$
II	$0.8 \leqslant \beta < 1.0$	IV	$\beta < 0.6$

· CASE 法计算公式总结：

1) 计算过程中，未考虑桩身截面变化的影响，因此计算公式只适用于桩身截面阻抗均匀的情况；所以该方法所采用的承载力计算公式不能适用于有缺陷的桩，或截面阻抗发生变化的桩；

2) 假设桩侧土阻力只有静阻力没有动阻力，且静阻力不随时间变化；因此与实际情况有很大差距；

3) 动阻力全部集中于桩底，并用一个凯斯阻尼系数决定，其取值大小将直接影响承载力的分析结果；

4) 总体而言，该方法在理论上是比较粗略的，因此必须严格限制其使用条件；

3. 波形拟合法检测分析原理（典型代表 CAPWAPC 法）

(1) 基本假定

CAPWAP 法将桩分成 N_p 个杆件单元，每单元长度约 1m 左右，如图 8.3.4 所示。假设：

1) 桩身是连续的时不变一维弹性杆件；

2）单元的截面积与弹性模量与桩的相同；
3）阻抗的变化仅发生在单元的界面处，单元内部无畸变；
4）单元长度可以不等，但应力波通过单元的时间相等；
5）土阻力都作用在单元底部。

在上述 5 个假定基础上，可以利用前述的相邻单元间波的入射、反射、透射之间的关系建立波形拟合法的计算分析方法：

首先将桩身单元从上到下予以编号：$i=1,2,\cdots\cdots N_p$；再将单元分界面的节点编号为 $i=0,1,2,\cdots\cdots N_p$；单元编号与其底部界面的编号一致；除单元编号以及表示相邻单元阻抗比值的参数 $T_u[i] = \dfrac{Z_i}{Z_i + Z_{i+1}}$；$T_d[i] = \dfrac{Z_{i+1}}{Z_i + Z_{i+1}}$ 外，以下计算过程中所采用到的力波 P、速度波 V、位移波 S 的下标编号均针对界面节点编号。此外用 j 表示时间节点编号，由于应力波在通过该界面时可能发生突变，所以界面结点两侧的上行波和下行波分量一般是不同的，因此首先应当对界面两侧的上下行力波进行区分，以便在理解和公式推导时不至于发生歧义。所以用 $p_u^+(i,j)$ 表示 i 界面结点上侧的上行波，$p_d^+(i,j)$ 表示 i 界面结点上侧的下行波，$p_u^-(i,j)$ 表示 i 界面结点下侧的上行波，$p_d^-(i,j)$ 表示界面 i 结点下侧的下行波。$v(i,j)$ 表示第 i 界面节点处的速度波值，$S(i,j)$ 表示第 i 界面节点处的位移波值，它们的具体计算公式如下：

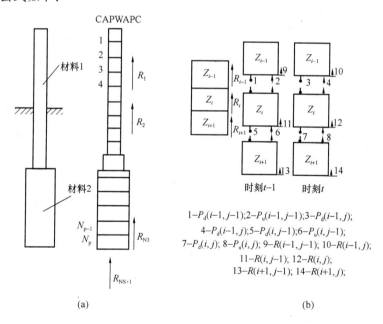

图 8.3.4 曲线拟合法中各单元波的传播关系图
(a) CAPWAP 法中桩身单元划分；(b) 各单元受力示意

（2）计算公式推导

1）桩的中间界面节点的波动分析及计算分析公式推导：
由于波在单元内部传播时，波形不发生变化，固有：
$$p_d^+(i,j) = p_u^-(i-1,j-1) \qquad (8.3.5)$$

$$p_u^-(i,j) = p_u^+(i+1, j-1) \tag{8.3.6}$$

至此,对于第 i 界面单元节点,得到有关变量的计算公式如下:

$$p_u^+(i,j) = 2T_u[i] \cdot p_u^+(i+1, j-1) + [T_d[i] - T_u[i]] \cdot p_d^-(i-1, j-1) + T_u[i] \cdot R(i,j) \tag{8.3.7}$$

$$p_d^-(i,j) = 2T_d[i] \cdot p_d^-(i-1, j-1) + [T_u[i] - T_d[i]] \cdot p_u^+(i+1, j-1) - T_d[i] \cdot R(i,j) \tag{8.3.8}$$

$$v(i,j) = \frac{p_d^+(i,j) - p_u^+(i,j)}{Z_i} = \frac{p_d^-(i,j) - p_u^-(i,j)}{Z_{i+1}}$$

$$= \frac{2[p_d^-(i-1, j-1) - p_u^+(i+1, j-1)] - R(i,j)}{Z_{i+1} + Z_i} \tag{8.3.9}$$

$$s(i,j) = s(i, j-1) + \frac{v(i,j) + v(i, j-1)}{2}\Delta t \tag{8.3.10}$$

通过以上公式不难验证,在第 i 界面节点单元两侧满足力的平衡条件,即:

$$p_u^+(i,j) + p_d^+(i,j) = p_u^-(i,j) + p_d^-(i,j) + R(i,j) \tag{8.3.11}$$

同时也满足位移和速度的连续条件。

但在任意时刻 j 时,上述 4 个公式中,有 5 个未知量,因此如需求解,还需要另一个方程式才能解答,所以仍然要建立土阻力的表达式。当桩土系统在线弹性变形范围内振动时,可假设其动阻力和静阻力分别与界面节点的速度及位移成正比,即可用下式表达:

$$R(i,j) = k[i] \cdot s(i,j) + c[i] \cdot v(i,j) \tag{8.3.12}$$

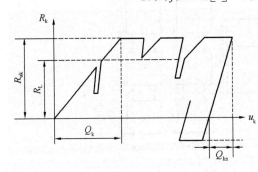

图 8.3.5 桩侧土静阻力与桩身位移关系图

当然,该式仅适合于低应变动测条件下进行计算,对于高应变条件下,动阻力仍可假设与界面节点的速度成正比,但静阻力与位移的关系会变得非常复杂,不仅与当前的位移值有关,还与位移历史有关,所以难以用数学表达式简单的表达,如用图形可表达成下图所示

一般将用上图表示的桩侧土静阻力模型称为理想弹塑性模型。当桩身界面节点位移小于最大弹性位移 Q_k 时,土静阻力与位移呈线性关系,而一旦超过最大弹性位移,加载时土静阻力则不再增加而保持恒定值,即土体进入塑性状态。图中还表示出各阶段卸载所应遵循的静阻力与位移的关系。

2) 桩尖节点的计算公式推导,

$$p_d^+(N_p, j) = p_d^-(N_p - 1, j - 1) \tag{8.3.13}$$

$$p_u^+(N_p, j) = p_d^+(N_p, j) + R(N_p, j) + R_{tip}(j) \tag{8.3.14}$$

$$v(N_p, j) = [p_d^+(N_p, j) - p_u^+(N_p, j)]/Z_{N_p} \tag{8.3.15}$$

$$S(N_p, j) = S(N_p, j-1) + \frac{v(N_p, j) + v(N_p, j-1)}{2}\Delta t \tag{8.3.16}$$

式中,$R(N_p, j)$ 表示最下面一个桩身单元的侧摩阻力,仍可用上述的静侧摩阻力模型图确定,而 $R_{tip}(j)$ 表示桩尖土静阻力(端承力)与桩尖位移关系用下列图式表示,该模型也是一个理想弹塑性模型。

3）传感器处界面节点计算公式推导

对传感器处，首先假设实测的速度波为已知输入条件（实测力波为输入条件时类似），并假定传感器处以上和以下两个单元阻抗相同（因为按规范要求传感器不能安装在桩身截面阻抗变化处），传感器处为桩身第一单元的底部，下面来推导计算力波的表达式：

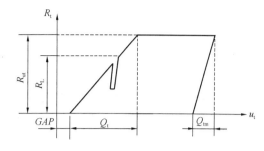

图 8.3.6 桩尖岩土的静阻力与桩尖位移的关系图

首先：$v_m(1,j) = [p_d^+(1,j) - p_u^+(1,j)]/Z_1$

所以

$$p_d^+(1,j) = Z_1 \cdot v_m(1,j) + p_u^+(1,j) \quad (8.3.17)$$

由于第一界面节点单元处无土阻力且 1、2 桩身单元阻抗相同，固有：

$$p_u^+(1,j) = p_u^-(1,j) = p_u^+(2,j-1) \quad (8.3.18)$$

所以计算的力波为：

$$p_c(1,j) = p_d^+(1,j) + p_u^+(1,j) = Z_1 \cdot v_m(1,j) + 2p_u^+(2,j-1) \quad (8.3.19)$$

利用该式结合前述的有关计算过程，即可以一步一步地计算得到各时刻传感器处的计算力波曲线，将其和实测的力波曲线进行比较，并逐步修改桩土参数使得计算曲线与实测曲线逐渐趋于一致的过程就是所谓曲线拟合。上述计算过程一般编制为拟合计算分析程序，成为高应变测试分析系统中最为重要的一部分。

（3）拟合收敛标准

计算曲线与实测曲线的吻合程度一般用所谓"拟合质量数"来表示，拟合质量数用下列公式计算：

$$E = \frac{1}{k}\sum_{j=1}^{k} |[P_c(j) - P_m(j)]/P_{max}| \quad (8.3.20)$$

P_{max} 表示实测力波峰值，k 值表示计算的时间单元的长度，一般应覆盖整个有效的拟合时间长度段。

拟合曲线的各段其主要功能有所差别（见下图），时段 1，从冲击脉冲开始至桩尖反射到达时刻，主要用于修正侧摩阻力和桩侧土的阻尼系数；时段 2，从时段 1 结束时开始，持续数毫秒（一般为桩尖反射脉冲持续段）主要用于修正桩尖土阻力；时段 3，主要用于修正桩尖土阻尼系数；时段 4，以第二时段终点开始，持续时间 20～30ms，主要用于修正土的卸载参数。

（4）拟合分析流程

曲线拟合法基本按下列步骤进行：

1）输入实测的速度波曲线数据；
2）设定初始的桩土参数数据；
3）通过拟合程序进行计算，得到计算的力波曲线；
4）将计算力波曲线和实测的力波曲线进行对比，计算拟合质量数；
5）根据两曲线的吻合程度结合拟合质量数进行拟合结果判断评价；

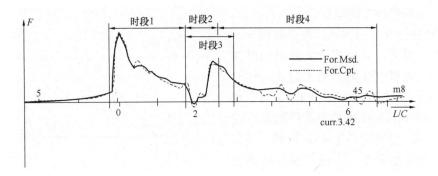

图 8.3.7 波形拟合法各时段的划分及对应控制参数

6）如拟合结果达到预期设定要求，则进入第 7 步；如达不到预期结果则修改参数后进入第 3 步重新计算，直到满意为止；

7）输出结果曲线和参数表，结束拟合过程。

8.3.3 高应变动力试桩的基本流程

1．检测前准备工作

（1）桩头加固处理

除桩头未受损坏的预制桩，其余桩在高应变测试前均应对桩头进行处理，处理应达到以下要求：

1）灌注桩一定要接桩头，并保证侧面传感器安装位置的平整；

2）桩头顶面要水平、平整，桩头中轴线与桩身轴线应重合，桩头截面积与桩身要相等；

3）桩头主筋应全部直通至桩顶混凝土保护层之下，各主筋应在同一高度上；

4）距桩顶一倍桩径范围内，宜用 3～5mm 厚钢板围成护筒保护，并加 2-3 层钢筋网片；

5）桩头混凝土强度等级宜比桩身高 1-2 个等级；

6）高应变测点处的截面尺寸应与桩身相同。

（2）准备锤击和配套设备

图 8.3.8 接桩头处理示意图

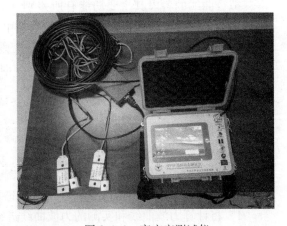

图 8.3.9 高应变测试仪

锤子一般应采用整体铸造的铁锤或钢锤,重量应达到预估单桩极限承载力的1.0%～1.5%以上,锤子起吊及下落过程应平稳对中,敲击过程中应避免偏心。

(3) 仪器准备(包括定期标定),仪器功能检查

测试前应保证测试仪器在有效检定周期内,此外,测试前还应对仪器进行功能性检查,以保证仪器处于正常工作状态。

2. 现场检测

(1) 传感器安装调试;

传感器应安装在距离桩顶两倍桩径位置处,对于大直径桩距离桩顶高度不应小于1倍桩径,同一侧的加速度传感器和应变传感器距离不应大于80mm,四只传感器应位于同一高度处。

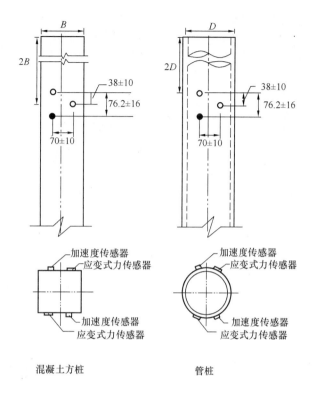

图 8.3.10 传感器安装位置示意图

如用膨胀螺钉安装,应保证安装孔的垂直度,应变传感器安装时,应进行监测,使其安装初始变形值不能太大,否则容易影响到传感器量程并可能导致削波。

图 8.3.11 膨胀螺钉的安装

图 8.3.12 传感器安装

(2) 仪器参数设定和信号采集:

在传感器安装完毕后,应先打开仪器,进入高应变采样程序,设定采样频率、桩长、波速及仪器灵敏度等相关参数,采样频率一般为5～20kHz/通道,每通道采样点数不宜少于1024点,具体要结合桩长情况确定;灵敏度应按传感器及仪器实际标定参数输入。

(3) 锤击设备起吊和锤击

待所有准备工作就绪后,让仪器进入采样等待状态,可以起吊重锤进行锤击,正常情

图 8.3.13　传感器安装

况下，锤击后即可采集到高应变测试曲线，如下图所示：

（4）检测信号的现场评估，如采集到合格信号则可结束测试。

（5）高应变测试曲线一般应符合下列要求：

1）两侧的力和速度信号应基本一致，峰值基本相等，峰值前 F 与 $Z \cdot V$ 应当基本重合，峰值后二者协调；（除桩顶以下不深处存在阻抗变化等特殊情况外）

2）速度及力波曲线尾部应归零；

3）采样时间足够长，信号长度不小于 $5L/C$ 或 $2L/C+20\text{ms}$；

4）位移时程曲线尾部示值应与实测的贯入度一致，且贯入度大小适中（2～6mm）；

5）曲线无明显高频杂波，桩底反射明显；

图 8.3.14　重锤对中

图 8.3.15　重锤起吊

3. 拟合分析及报告编写

（1）数据的预处理；

（2）采用凯司法或波形拟合法进行分析，打印分析结果；

（3）如采用波形拟合分析法进行分析，则进行拟合分析并打印出拟合的结果图形及相关参数表。

（4）编写报告。

基桩高应变检测报告应该包含以下几个内容：

1）委托方名称，工程名称、地点，建设、勘察、设计、监测和施工单位，基础、结构形式，层数，设计要求，检测目的，检测依据，检测数量，检测日期；

2）地基条件描述；

3）受检桩的桩型、尺寸、桩号、桩位、桩顶标高和相关施工记录；

4）检测方法，监测仪器设备，监测过程叙述；

5）受检桩的检测数据，实测与计算分析曲线、表格和汇总结果，如用 CASE 法计算

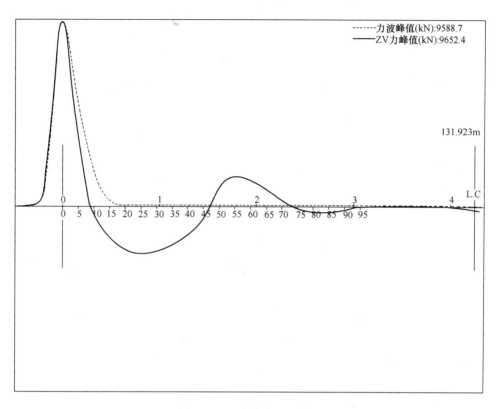

图 8.3.16 高应变测试曲线

承载力,应说明实际采用的桩身波速值和桩底土阻尼系数 J_c 值以及实测贯入度、桩身完整性;如采用实测曲线拟合法进行计算分析,应说明所选用的各单元桩、土的模型参数、并提供拟合曲线、桩侧土阻力和桩端静阻力沿桩身分布图以及模拟的荷载与沉降关系曲线;如果是打桩监控,应说明所采用的桩锤型号、桩垫类型,以及监测得到的锤击数、桩身锤击拉应力和压应力以及能量传递比随入土深度的变化;

6) 与检测内容相应的检测结论。

8.3.4 高应变测试技术总结

目前高应变测试方法在理论模型、仪器安装、现场测试、理论分析(特别是反演拟合分析)等各方面还存在一些薄弱环节,导致高应变测试精度还有待提高。2011 年江苏省有关部门对 62 家检测机构(其中 49 家持有高应变资质,13 家拟申报高应变资质)进行了地基基础工程高应变检测能力的对比验证活动,在已知模拟桩信号信息(桩自身及地质概况)情况下,要求各检测机构在 3 小时内对 3 根桩的原始实测波通过高应变实测曲线拟合法分析,当场提交极限承载力、总侧阻力、总端阻力、波速、桩身完整性类别 5 项结果报告单。其中各单位 3 根桩总承载力平均值与标准值偏差小于 10% 仅 19 家,占被考核单位的 30%,分析结果离散性较大。因此,改进和完善高应变实测试及分析方法具有很强的现实意义和紧迫性。

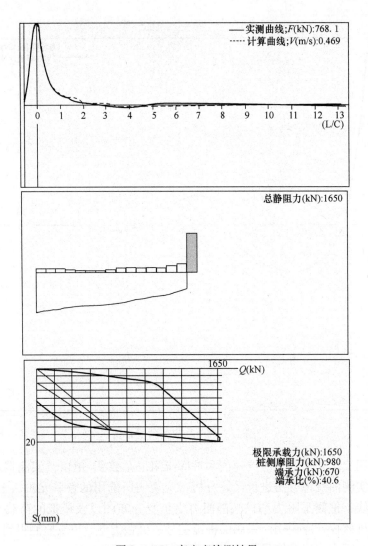

图 8.3.17 高应变检测结果

第9章 既有建筑鉴定

9.1 既有建筑的可靠性鉴定

9.1.1 概述

既有建筑结构物在使用过程中,不仅需要经常性的管理与维护,而且经过若干年后,还需要及时修缮,才能全面完成其设计所赋予的功能。与此同时,还有为数不少的既有建筑,或因设计、施工、使用不当、遭受灾害、人为损坏等需要加固,或因使用功能变化需要改造,或因环境变化而需要处理等等。首先必须对建筑物在安全性、适用性、耐久性、环境性方面存在的问题有全面的了解,才能作出安全、合理、经济、可行的方案。

我国在既有建筑的检测与评定方面已有一定的研究,并取得了不少成果,已制定《工业建筑可靠性鉴定标准》、《民用建筑可靠性鉴定标准》,但在工业建筑可靠性鉴定标准中未区分安全性、适用性、耐久性和环境性,民用建筑可靠性鉴定标准也没有考虑环境性,且将适用性和耐久性合在一起称为正常使用性。随着我国迈入小康型社会,人们的生活水平不断得到提高,对住房的要求也将从基本的面积和功能方面上升到方便性、舒适性等更高的要求。因此,"十一五"国家科技支撑计划重大项目"既有建筑综合改造关键技术研究与示范"中的课题二"既有建筑检测与评定技术"将既有建筑的检测与评定内容分为:安全性、适用性、耐久性和环境性四个方面。

考虑到按安全性、适用性、耐久性和环境性四个方面进行建筑物评定的方法尚未形成系统的、标准的方法,本章主要按目前现行的民用建筑可靠性鉴定标准进行介绍,并简单介绍危房鉴定以及灾后鉴定。根据民用建筑的特点和当前结构可靠度设计的发展水平,可靠性鉴定以概率理论为基础,以结构各种功能要求的极限状态为鉴定依据,即采用概率极限状态鉴定法。该方法的特点之一,是将已有建筑物的可靠性鉴定,划分为安全性鉴定与正常使用性鉴定两个部分,并分别从《建筑结构设计统一标准》定义的承载能力极限状态和正常使用极限状态出发,通过对已有结构构件进行可靠度校核(或可靠性评估)所积累的数据和经验,以及根据实用要求所建立的分级鉴定模式,具体确定划分等级的尺度,并给出每一检查项目不同等级的评定界限,作为对分属两类不同性质极限状态的问题进行鉴定的依据。这样不仅有助于理顺很多复杂关系,使问题变得简单而容易处理,更重要的是能与现行设计规范接轨,从而收到协调统一、概念明确和便于应用的良好效果。因此,在具体实施鉴定时,可根据鉴定的目的和要求,具体确定是进行安全性鉴定,还是进行正常使用性鉴定,或是同时进行这两种鉴定,以评估结构的可靠性。

根据我国民用建筑可靠性鉴定的实践经验,并参考其他国家有关的标准、指南和手册,可靠性鉴定的工作可按如图9.1.1所示框的程序图进行,这是一种常规鉴定的工作程序。执行时,可根据问题的性质进行具体安排。例如:若遇到简单的问题,可予以适当简化；若遇到特殊的问题，可进行必要的调整和补充。

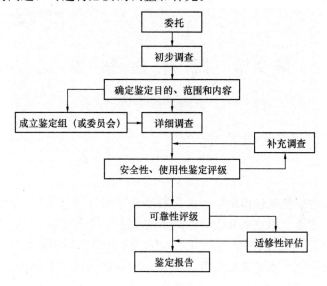

图 9.1.1 可靠性鉴定程序

9.1.2 可靠性鉴定的调查工作

1. 初步调查工作

初步调查一般包括下列基本工作内容：

（a）图纸资料 如岩土工程勘察报告、设计计算书、设计变更记录、施工图、施工及施工变更记录、竣工图、竣工质检及验收文件（包括隐蔽工程验收记录）、定点观测记录、事故处理报告、维修记录、历次加固改造图纸等；

（b）建筑物历史 如原始施工、历次修缮、改造、用途变更、使用条件改变以及受灾等情况；

（c）考察现场 按资料核对实物调查建筑物实际使用条件和内外环境、查看已发现的问题、听取有关人员的意见等；

（d）填写初步调查表；

（e）制定详细调查计划及检测、试验工作大纲并提出需由委托方完成的准备工作。

2. 详细调查工作

详细调查可根据实际需要选择下列工作内容。

（1）结构基本情况勘查：

（a）结构布置及结构形式；

（b）圈梁、支撑（或其他抗侧力系统）布置；

（c）结构及其支承构造；构件及其连接构造；

（d）结构及其细部尺寸，其他有关的几何参数。

（2）结构使用条件调查核实：

（a）结构上的作用；

（b）建筑物内外环境；

（c）使用史（含荷载史）。

（3）地基基础（包括桩基础）检查：

(a) 场地类别与地基土（包括土层分布及下卧层情况）；
(b) 地基稳定性（斜坡）；
(c) 地基变形，或其在上部结构中的反应；
(d) 评估地基承载力的原位测试及室内物理力学性质试验；
(e) 基础和桩的工作状态（包括开裂、腐蚀和其他损坏的检查）；
(f) 其他因素（如地下水抽降、地基浸水、水质、土壤腐蚀等）的影响或作用。
(4) 材料性能检测分析：
(a) 结构构件材料；
(b) 连接材料；
(c) 其他材料。
(5) 承重结构检查：
(a) 构件及其连接工作情况；
(b) 结构支承工作情况；
(c) 建筑物的裂缝分布；
(d) 结构整体性；
(e) 建筑物侧向位移（包括基础转动）和局部变形；
(f) 结构动力特性。
(6) 围护系统使用功能检查；
(7) 易受结构位移影响的管道系统检查。

9.1.3 民用建筑可靠性鉴定的评级

1. 民用建筑可靠性鉴定的分层评级

在详细调查工作的基础上，可进行可靠性鉴定的评级工作，民用建筑可靠性鉴定的评级应分多个层次进行，具体要求如下。

（1）安全性和正常使用性的鉴定评级，应按构件、子单元和鉴定单元各分三个层次。每一层次分为四个安全性等级和三个使用性等级，并应按表 9.1.1 规定的检查项目和步骤，从第一层开始，分层进行：

表 9.1.1

层次		一	二	三
层名		构件	子单元	鉴定单元
等级		a_u、b_u、c_u、d_u	A_u、B_u、C_u、D_u	A_{su}、B_{su}、C_{su}、D_{su}
安全性鉴定	地基基础	按同类材料构件各检查项目评定单个基础等级	按地基变形或承载力、地基稳定性（斜坡）等检查项目评定地基等级	鉴定单元安全性评级
			每种基础评级	地基基础评级
	上部承重结构	按承载能力、构造、不适于继续承载的位移或残损等检查项目评定单个构件等级	每种构件评级	上部承重结构评级
			结构侧向位移评级	
			按结构布置、支撑、圈梁、结构间连系等检查项目评定结构整体性等级	
	围护系统承重部分	按上部承重结构检查项目及步骤评定围护系统承重部分各层次安全性等级		

续表

层次		一	二		三
	层名	构件	子单元		鉴定单元
正常使用性鉴定	地基基础		按上部承重结构和围护系统工作状态评估地基基础等级		
正常使用性鉴定	上部承重结构	按位移、裂缝、风化、锈蚀等检查项目评定单个构件等级	每种构件评级	上部承重结构评级	
			结构侧向位移评级		
	围护系统功能		按屋面防水、吊顶、墙、门窗、地下防水及其他防护设施等检查项目评定围护系统功能等级	围护系统评级	鉴定单元正常使用性评级
		按上部承重结构检查项目及步骤评定围护系统承重部分各层次使用性等级			
可靠性鉴定	等级	a、b、c、d	A、B、C、D		Ⅰ、Ⅱ、Ⅲ、Ⅳ
	地基基础	以同层次安全性和正常使用性评定结果并列表达，或按本标准规定的原则确定其可靠性等级			鉴定单元可靠性评级
	上部承重结构				
	围护系统				

注：表中地基基础包括桩基和桩

1) 根据构件各检查项目评定结果，确定单个构件等级；
2) 根据子单元各检查项目及各种构件的评定结果，确定子单元等级；
3) 根据各子单元的评定结果，确定鉴定单元等级。

（2）各层次可靠性鉴定评级，应以该层次安全性和正常使用性的评定结果为依据综合确定。每一层次的可靠性等级分为四级。

（3）当仅要求鉴定某层次的安全性或正常使用性时，检查和评定工作可只进行到该层次相应程序规定的步骤。

在民用建筑可靠性鉴定过程中，若发现调查资料不足，应及时组织补充调查。

民用建筑适修性评估，应按每种构件、每一子单元和鉴定单元分别进行，且评估结果应以不同的适修性等级表示。每一层次的适修性等级分为四级。

民用建筑可靠性鉴定工作完成后，应提出鉴定报告。鉴定报告的编写应符合《民用建筑可靠性鉴定标准》的要求。

2. 可靠性鉴定的评级标准

民用建筑安全性鉴定评级的各层次分级标准，应按表9.1.2的规定采用。

安全性鉴定分级标准 表 9.1.2

层次	鉴定对象	等级	分级标准	处理要求
一	单个构件或其检查项目	a_u	安全性符合本标准对 a_u 级的要求，具有足够的承载能力	不必采取措施
		b_u	安全性略低于本标准对 a_u 级的要求，尚不显著影响承载能力	可不采取措施
		c_u	安全性不符合本标准对 a_u 级的要求，显著影响承载能力	应采取措施
		d_u	安全性极不符合本标准对 a_u 级的要求，已严重影响承载能力	必须及时或立即采取措施
二	子单元的检查项目	A_u	安全性符合本标准对 A_u 级的要求，具有足够的承载能力	不必采取措施
		B_u	安全性略低于本标准对 A_u 级的要求，尚不显著影响承载能力	可不采取措施
		C_u	安全性不符合本标准对 A_u 级的要求，显著影响承载能力	应采取措施
		D_u	安全性极不符合本标准对 A_u 级的要求，已严重影响承载能力	必须及时或立即采取措施
	子单元中的每种构件	A_u	安全性符合本标准对 A_u 级的要求，不影响整体承载	可不采取措施
		B_u	安全性略低于本标准对 A_u 级的要求，尚不显著影响整体承载	可能有极个别构件应采取措施
		C_u	安全性不符合本标准对 A_u 级的要求，显著影响整体承载	应采取措施，且可能有个别构件必须立即采取措施
		D_u	安全性极不符合本标准对 A_u 级的要求，已严重影响整体承载	必须立即采取措施
	子单元	A_u	安全性符合本标准对 A_u 级的要求，不影响整体承载	可能有个别一般构件应采取措施
		B_u	安全性略低于本标准对 A_u 级的要求，尚不显著影响整体承载	可能有极少数构件应采取措施
		C_u	安全性不符合本标准对 A_u 级的要求，显著影响整体承载	应采取措施，且可能有极少数构件必须立即采取措施
		D_u	安全性极不符合本标准对 A_u 级的要求，严重影响整体承载	必须立即采取措施
三	鉴定单元	A_{su}	安全性符合本标准对 A_{su} 级的要求，不影响整体承载	可能有极少数一般构件应采取措施
		B_{su}	安全性略低于本标准对 A_{su} 级的要求，尚不显著影响整体承载	可能有极少数构件应采取措施
		C_{su}	安全性不符合本标准对 A_{su} 级的要求，显著影响整体承载	应采取措施，且可能有少数构件必须立即采取措施
		D_{su}	安全性严重不符合本标准对 A_{su} 级的要求，严重影响整体承载	必须立即采取措施

注：1. 标准对 a_u 级、A_u 级及 A_{su} 级的具体要求以及对其他各级不符合该要求的允许程度，详见鉴定标准；
  2. 表中关于"不必采取措施"和"可不采取措施"的规定，仅对安全性鉴定而言，不包括正常使用性鉴定所要求采取的措施。

民用建筑正常使用性鉴定评级的各层次分级标准，应按表9.1.3的规定采用。

使用性鉴定分级标准　　　　　　　表 9.1.3

层次	鉴定对象	等级	分级标准	处理要求
一	单个构件或其检查项目	a_s	使用性符合本标准对a_s级的要求，具有正常的使用功能	不必采取措施
		b_s	安全性略低于本标准对a_s级的要求，尚不显著影响使用功能	可不采取措施
		c_s	使用性不符合本标准对a_s级的要求，显著影响使用功能	应采取措施
二	子单元的检查项目	A_s	使用性符合本标准对A_s级的要求，具有正常的使用功能	不必采取措施
		B_s	使用性略低于本标准对A_s级的要求，尚不显著影响使用功能	可不采取措施
		C_s	使用性不符合本标准对A_s级的要求，显著影响使用功能	应采取措施
二	子单元中的每种构件	A_s	使用性符合本标准对A_s级的要求，不影响整体使用功能	可不采取措施
		B_s	使用性略低于本标准对A_s级的要求，尚不显著影响整体使用功能	可能有极少数构件应采取措施
		C_s	使用性不符合本标准对A_s级的要求，显著影响整体使用功能	应采取措施
	子单元	A_s	使用性符合本标准对A_s级的要求，不影响整体使用功能	可能有极少数一般构件应采取措施
		B_s	使用性略低于本标准对A_s级的要求，尚不显著影响整体使用功能	可能有极少数构件应采取措施
		C_s	使用性不符合本标准对A_s级的要求，显著影响整体使用功能	应采取措施
三	鉴定单元	A_{ss}	使用性符合本标准对A_{ss}级的要求，不影响整体使用功能	可能有极少数一般构件应采取措施
		B_{ss}	使用性略低于本标准对A_{ss}级的要求，尚不显著影响整体使用功能	可能有极少数一般构件应采取措施
		C_{ss}	使用性不符合本标准对A_{ss}级的要求，显著影响整体使用功能	应采取措施

注：1. 标准对a_u级、A_u级及A_{su}级的具体要求以及对其他各级不符合该要求的允许程度，详见鉴定标准；
　　2. 表中关于"不必采取措施"和"可不采取措施"的规定，仅对正常使用性鉴定而言，不包括安全性鉴定所要求采取的措施。

民用建筑可靠性鉴定评级的各层次分级标准，应按表9.1.4的规定采用。

可靠性鉴定的分级标准　　　　　　　　　　　　　　　　　　　　　表 9.1.4

层次	鉴定对象	等级	分级标准	处理要求
一	单个构件	a	可靠性符合本标准对 a 级的要求，具有正常的承载功能和使用功能	不必采取措施
		b	安可靠性略低于本标准对 a 级的要求，尚不显著影响承载功能和使用功能	可不采取措施
		c	可靠性不符合本标准对 a 级的要求，显著影响承载功能和使用功能	应采取措施
		d	可靠性极不符合本标准对 a 级的要求，已严重影响安全	必须及时或立即采取措施
二	子单元中的每种构件	A	可靠性符合本标准对 A 级的要求，不影响整体的承载功能和使用功能	可不采取措施
		B	可靠性略低于本标准对 A 级的要求，但尚不显著影响整体的承载功能和使用功能	可能有极个别构件应采取措施
		C	可靠性不符合本标准对 A 级的要求，显著影响整体承载功能和使用功能	应采取措施，且可能有个别构件必须立即采取措施
		D	可靠性极不符合本标准对 A 级的要求，已严重影响安全	必须立即采取措施
	子单元	A	可靠性符合本标准对 A 级的要求，不影响整体承载功能和使用功能	可能有极少数一般构件应采取措施
		B	可靠性略低于本标准对 A 级的要求，但尚不显著影响整体承载功能和使用功能	可能有极少数构件应采取措施
		C	可靠性不符合本标准对 A 级的要求，显著影响整体承载功能和使用功能	应采取措施，且可能有极少数构件必须立即采取措施
		D	可靠性极不符合本标准对 A 级的要求，已严重影响安全	必须立即采取措施
三	鉴定单元	Ⅰ	可靠性符合本标准对 Ⅰ 级的要求，不影响整体承载功能和使用功能	可能有少数一般构件应在使用性或安全性方面采取措施
		Ⅱ	可靠性略低于本标准对 Ⅰ 级的要求，尚不显著影响整体承载功能和使用功能	可能有极少数构件应在安全性或使用性方面采取措施
		Ⅲ	可靠性不符合本标准对 Ⅰ 级的要求，显著影响整体承载功能和使用功能	应采取措施，且可能有极少数构件必须立即采取措施
		Ⅳ	可靠性极不符合本标准对 Ⅰ 级的要求，已严重影响安全	必须立即采取措施

注：标准对 a 级、A 级及 Ⅰ 级的具体分级界限以及对其他各级超出该界限的允许程度，详见鉴定标准。

民用建筑适修性评级的各层次分级标准，应分别按表9.1.5及表9.1.6的规定采用。

每种构件适修性评级的分级标准　　　　　　　　　　　　表9.1.5

等级	分 级 标 准
A'_r	构件易加固或易更换，所涉及的相关构造问题易处理，适修性好，修后可恢复原功能
B'_r	构件稍难加固或稍难更换，所涉及的相关构造问题尚可处理。适修性尚好，修后尚能恢复或接近恢复原功能
C'_r	构件难加固，亦难更换，或所涉及的相关构造问题较难处理。适修性差，修后对原功能有一定影响
D'_r	构件很难加固，或很难更换，或所涉及的相关构造问题很难处理。适修性极差，只能从安全性出发采取必要的措施，可能损害建筑物的局部使用功能

子单元或鉴定单元适修性评级的分级标准　　　　　　　　表9.1.6

等级	分 级 标 准
A'_r/A_r	易修，或易改造，修后能恢复原功能，或改造后的功能可达到现行设计标准的要求，所需总费用远低于新建的造价，适修性好，应予修复或改造
B'_r/B_r	稍难修，或稍难改造，修后尚能恢复或接近恢复原功能，或改造后的功能尚可达到现行设计标准的要求，所需总费用不到新建造价的70%。适修性尚好，宜予修复或改造
C'_r/C_r	难修，或难改造，修后或改造后需降低使用功能或限制使用条件，或所需总费用为新建造价70%，以上。适修性差，是否有保留价值，取决于其重要性和使用要求
D'_r/D_r	该鉴定对象已严重残损，或修后功能极差，已无利用价值，或所需总费用接近、甚至超过新建的造价。适修性很差，除纪念性或历史性建筑外，宜予拆除、重建

注：本表适用于子单元和鉴定单元的适修性评定。"等级"一栏中，斜线上方的等级代号用于子单元；斜线下方的等级代号用于鉴定单元。

9.1.4 构件安全性鉴定评级

构件安全性检查项目分为两类：一是承载能力验算项目；二是承载状态调查实测项目。

1. 构件承载能力验算

根据可靠性鉴定标准，验算被鉴定结构或构件的承载能力时，应遵守下列规定：

1) 结构构件验算采用的结构分析方法，应符合国家现行设计规范的规定；
2) 结构构件验算使用的计算模型，应符合其实际受力与构造状况；
3) 结构上的作用应经调查或检测核实，并应按本标准附录B的规定取值；
4) 结构构件作用效应的确定，应符合下列要求：

(a) 作用的组合、作用的分项系数及组合值系数，应按现行国家标准《建筑结构荷载规范》(GBJ 9) 的规定执行；

(b) 当结构受到温度、变形等作用，且对其承载有显著影响时，应计入由之产生的附加内力。

5) 构件材料强度的标准值应根据结构的实际状态按下列原则确定：

(a) 若原设计文件有效，且不怀疑结构有严重的性能退化或设计、施工偏差，可采用原设计的标准值；

（b）若调查表明实际情况不符合上款的要求，应按本节第4.1.6条的规定进行现场检测，并按本标准附录的规定确定其标准值。

6）结构或构件的几何参数应采用实测值，并应计入锈蚀、腐蚀、腐朽、虫蛀、风化、局部缺陷或缺损以及施工偏差等的影响；

7）当需检查设计责任时，应按原设计计算书、施工图及竣工图，重新进行一次复核。

结构构件及其连接根据其承载能力评定等级按表9.1.7进行。

结构构件及其连接承载能力等级的评定　　　　表9.1.7

构件类别	$R/\gamma_0 S$			
	a_u 级	b_u 级	c_u 级	d_u 级
主要构件及连接	$\geqslant 1.0$	$\geqslant 0.95$，且 <1	$\geqslant 0.90$，且 <0.95	<0.90
一般构件	$\geqslant 1.0$	$\geqslant 0.90$，且 <1	$\geqslant 0.85$，且 <0.90	<0.85

注：1 表中 R 和 S 分别为结构构件的抗力和作用效应；γ_0 为结构重要性系数，应按验算所依据的国家现行设计规范选择安全等级确定。

2. 按承载状态调查实测结果评级

对建筑物进行安全性鉴定，除需验算其承载能力外，尚需通过调查实测，评估其承载状态的安全性，才能全面地作出鉴定结论。为此，要根据实际需要设置这类的检查项目。主要有

（1）结构构造的检查评定

因为合理的结构构造与正确的连接方式，始终是结构可靠传力的最重要保证。倘若构造不当或连接欠妥，势必大大影响结构构件的正常承载，甚至使之丧失承载功能。因而它具有与结构构件本身承载能力验算同等的重要性，显然应列为安全性鉴定的检查项目。

（2）不适于构件继续承载的位移或裂缝的检查评定

这类位移或裂缝相当于《统一标准》中所述的"不适于继续承载的变形"，它已不属于承重结构正常使用性（适用性和耐久性）所考虑的问题范畴。正如《统一标准》所指出的：此时结构构件虽未达到最大承载能力，但已彻底不能使用，故也应视为已达到承载能力极限状态的情况。因此，同样应作为安全性鉴定的检查项目。

（3）结构的荷载试验

众所周知，通过建筑物的荷载试验，能对其安全性作出较准确的鉴定，显然应列为安全性鉴定的检查项目，但由于这样的试验要受到场地、时间与经费的限制，因而一般仅在必要且可能时才进行。

3. 单个构件安全性等级的确定原则

单个构件安全性等级的确定，取决于其检查项目所评的等级，最简单的情况是：被鉴定构件的每一检查项目的等级均相同。此时，项目的等级便是构件的安全性等级。但在不少情况下，构件各检查项目所评定的等级并不相同，此时，便需制定一个统一的定级原则，才能唯一地确定被鉴定构件的安全性等级。

在民用建筑中，考虑到其可靠性鉴定被划分为安全性鉴定和正常使用性鉴定后，在安全性检查项目之间已无主次之分，且每一安全性检查项目所对应的均是承载能力极限状态

的具体标志之一。在这种情况下,不论被鉴定构件拥有多少个安全性检查项目,但只要其中有一等级最低的项目低于 b_u 级(例如 c_u 级或 d_u 级),便表明该构件的承载功能,至少在所检查的标志上已处于失效状态。由之可见,该项目的评定结果所反映的是鉴定构件承载的安全性或不安全性,因此,民用建筑可靠性鉴定标准采用按最低等级项目确定单个构件安全性等级的定级原则,显然是合理的。

9.1.5 构件正常使用性鉴定评级

正常使用性的检查项目虽多,但同样可分为验算和调查实测两类。

1. 构件正常使用性验算

当遇到下列情况之一时,结构构件的鉴定,尚应按正常使用极限状态的要求进行计算分析和验算:

1) 检测结果需与计算值进行比较;
2) 检测只能取得部分数据,需通过计算分析进行鉴定;
3) 为改变建筑物用途、使用条件或使用要求而进行的鉴定。

对被鉴定的结构构件进行计算和验算,除应符合现行设计规范的规定和与承载能力验算相同的要求外,尚应遵守下列规定:

1) 对构件材料的弹性模量、剪变模量和泊松比等物理性能指标,可根据鉴定确认的材料品种和强度等级,按现行设计规范规定的数值采用;
2) 验算结果应按现行标准、规范规定的限值进行评级。若验算合格,可根据其实际完好程度评为 a_s 级或 b_s 级;若验算不合格,应定为 c_s 级。
3) 若验算结果与观察不符,应进一步检查设计和施工方面可能存在的差错。

2. 根据调查实测评定构件的正常使用性等级

根据不同的检测标志(如位移、裂缝、锈蚀等),确定构件正常使用性的评定等级,在民用建筑可靠性鉴定标准中有详细的规定,其等级划分的原则为

1) 分别选择下列量值之一作为划分 a_s 级与/b_s 级的界限:
   (a) 偏差允许值或其同量级的议定值;
   (b) 构件性能检验合格值或其同量级的议定值;
   (c) 当无上述量值可依时,选用经过验证的经验值。
2) 以现行设计规范规定的限值(或允许值)作为划分 b_s 级与 c_s 级的界限。

这里需要说明的是,标准之所以将现行设计规范规定的限值作为检测项目划分 b_s 级与 c_s 级的界限,是因为在一次现场检测中,恰好遇到作用(荷载)与抗力均处于现行设计规范规定的两极情况,其可能性极小,可视为小概率事件。况且,超载和强度不足的问题已明确划归安全性鉴定处理,因而一般对构件使用功能的检测(不含专门的荷载试验),是在应力水平较低的情形下进行的。此时,若检测结果已达到现行设计规范规定的限值,则说明该项功能已略有下降。因此,将其作为划分 b_s 级与 c_s 级的检测界限,应该是合适的。

9.1.6 子单元安全性鉴定评级

民用建筑安全性的第二层次鉴定评级,应按地基基础(含桩基和桩,以下同)、上部承重结构和围护系统的承重部分三个子单元进行评定。

1. 地基基础子单元的安全性评定

影响地基基础安全性的因素很多，可归纳为五个方面：地基、桩基、斜坡、基础和桩。前三者是按整体情况进行评价，故列为直接进入第二层次的检查项目。基础和桩，应作为主要构件，并以第一层次的评定结果为依据参与本层次的评定。另外，需要指出的是，建筑物的地基基础是一个整体，无论哪一方面出问题，均将直接影响其安全性，因此，上述三个检查项目和两种主要构件的评定具有同等的重要性。

当鉴定地基、桩基的安全性时：

1）一般情况下，宜根据地基、桩基沉降观测资料或其不均匀沉降在上部结构中的反应的检查结果进行鉴定评级；

2）当现场条件适宜于按地基、桩基承载力进行鉴定评级时，可根据岩土工程勘察档案和有关检测资料的完整程度，适当补充近位勘探点，进一步查明土层分布情况，并采用原位测试和取原状土作室内物理力学性质试验方法进行地基检验，根据以上资料并结合当地工程经验对地基、桩基的承载力进行综合评；

若现场条件许可，尚可通过在基础（或承台）下进行载荷试验以确定地基（或桩基）的承载力。

3）当发现地基受力层范围内有软弱下卧层时，应对软弱下卧层地基承载能力进行验算；

4）对建造在斜坡上或毗邻深基坑的建筑物，应验算地基稳定性。

当有必要单独鉴定基础（或桩）的安全性时，应遵守下列规定：

1）对浅埋基础（或短桩），可通过开挖进行检测、评定；

2）对深基础（或桩），可根据原设计、施工、检测和工程验收的有效文件进行分析。也可向原设计、施工、检测人员进行核实；或通过小范围的局部开挖，取得其材料性能、几何参数和外观质量的检测数据。若检测中发现基础（或桩）有裂缝、局部损坏或腐蚀现象，应查明其原因和程度。根据以上核查结果，对基础或桩身的承载能力进行计算分析和验算，并结合工程经验作出综合评价；

地基基础的安全性除可以通过承载能力验算进行评定外，也可以通过对地基的变形（建筑物沉降）观测、建筑物沉降裂缝观测、地基稳定性观测等进行分级评定，详细见民用建筑可靠性鉴定标准。

2. 上部承重结构子单元的安全性评定

上部承重结构子单元的安全性鉴定评级，是根据其所含各种构件的安全性等级结构的整体性等级以及结构侧向位移等级进行确定。

各种主要构件和一般构件的评级分别按表9.1.8和表9.1.9进行评定。

每一种主要构件安全性等级的评定　　　　　　　　　表 9.1.8

等级	多层及高层房屋	单层房屋
A_u	在该种构件中，不含c_u级和d_c级，可含b_u级，但一个子单元含b_u级的楼层数不多于（$\sqrt{m/m}$）%，每一楼层的b_u级含量不多于25%，且任一轴线（或任一跨）上的b_u级含量不多于该轴线（或该跨）构件数的1/3	在该种构件中不含c_u级和d_u级，可含b_u级，但一个子单元的含量不多于30%，且任一轴线（或任一跨）的 $ b_u$级含量不多于该轴线（或该跨）构件数的1/3

续表

等级	多层及高层房屋	单层房屋
B_u	在该种构件中，不含 d_u 级，可含 c_u 级，但一个子单元含 c_u 级的楼层数不多于（$\sqrt{m}/m$）％，每一楼层的 c_u 级含量不多于 15％，且任一轴线（或任一跨）上的 c_u 级含量不多于该轴（或该跨）构件数的 1/3	在该种构件中不含 d_u 级可含 c_u 级，但一个子单元的含量不多于 20％，且任一轴线（或任一跨）上的 c_u 级含量不多于该轴线（或该跨）构件数的 1/3
C_u	在该种构件中，可含 d_u 级，但一个子单元含有 d_u 级楼层数不多于（$\sqrt{m}/m$）％，每一楼层的 d_u 级含量不多于 5％，且任一轴线（或任一跨）上的 d_u 级含量不多于 1 个	在该种构件中可含 d_u 级（单跨及双跨房屋除外），但一个子单元的含量不多于 7.5％，且任一轴线（或任一跨）上的 c_u 级含量不多于 1 个
D_u	在该种构件中，d_u 级的含量或其分布多于 c_u 级的规定数	在该种构件中，d_u 级含量或其分布多于 c_u 级的规定数

注：1. 表中"轴线"系指结构平面布置图中的横轴线或纵轴线，当计算纵轴线上的构件数时，对桁架、屋面梁等构件可按跨统计。m 为房屋鉴定单元的层数。
2. 当计算的含有低一级构件的楼层数为非整数时，可多取一层，但该层中允许出现的低一级构件数，应按相应的比例进行折减（即以该非整数的小数部分作为折减系数）。

每种一般构件安全性等级的评定　　　　　　　　　　　　　　　　表 9.1.9

等级	多层及高层房屋	单层房屋
A_u	在该种构件中，不含 c_u 和 d_c 级，可含 b_u 级，但一个子单元含 b_u 级的楼层数不多于（$\sqrt{m}/m$）％，每一楼层的 b_u 级含量不多于 30％，且任一轴线（或任一跨）上的 b_u 级含量不多于该轴线（或该跨）构件数的 2/5	在该种构件中不含 c_u 和 d_u 级，可含 b_u 级，但一个子单元的含量不多于 35％，且任一轴线（或任一跨）的 b_u 级含量不多于该轴线（或该跨）构件数的 2/5
B_u	在该种构件中，不含 d_u 级，可含 c_u 级，但一个子单元含 c_u 级的楼层数不多于（$\sqrt{m}/m$）％，每一楼层的 c_u 级含量不多于 20％，且任一轴线（或任一跨）上的 c_u 级含量不多于该轴（或该跨）构件数的 2/5	在该种构件中不含 d_u 级可含 c_u 级，但一个子单元的含量不多于 25％，且任一轴线（或任一跨）上的 c_u 级含量不多于该轴线（或该跨）构件数的 2/5
C_u	在该种构件中，可含 d_u 级，但一个子单元含有 d_u 级楼层数不多于（$\sqrt{m}/m$）％，每一楼层的 d_u 级含量不多于 7.5％，且任一轴线（或任一跨）上的 d_u 级含量不多于该轴线（或该跨）构件数的 1/3	在该种构件中可含 d_u 级（单跨及双跨房屋除外），但一个子单元的含量不多于 10％，且任一轴线（或任一跨）上的 c_u 级含量不多于该轴线（或该跨）构件数的 1/3
D_u	在该种构件中，d_u 级的含量或其分布多于 c_u 级的规定数	在该种构件中，d_u 含量或其分布多于 c_u 级的规定数

注：表中"轴线"系指结构平面布置图中的横轴线或纵轴线。

结构的整体性，是由构件之间的锚固拉结系统、抗侧力系统、圈梁系统等共同工作形成的。它不仅是实现设计者关于结构工作状态和边界条件假设的重要保证，而且是保持结构空间刚度和整体稳定性的首要条件。但国内外对已有建筑物损坏和倒塌情况所作的调查和统计表明，由于在结构整体性构造方面设计考虑欠妥，或施工、使用不当所造成的安全问题，在各种安全问题中占有不小的比重。因此，在已有建筑物的安全性鉴定中应给予足够重视。这里需要强调的是，结构整体性的检查与评定，不仅现场工作量很大，而且每一部分功能的正常与否，均对保持结构体系的整体承载与传力起到举足轻重的作用。因此，应逐项进行彻底的检查，才能对这个涉及建筑物整体安全的问题作出确切的鉴定结论，详细的评定标准可见民用建筑可靠性鉴定标准。

当已有建筑物出现过大的侧向位移（或倾斜，以下同）时，将对上部承重结构的安全性产生显著的影响，因此，可靠性鉴定标准中列出了不适合继续承载的上部承重结构的侧向位移限值，结合观测到的裂缝等其他变形情况，可以评定其安全性等级。

一般情况下，应按各种主要构件和结构侧向位移（或倾斜）的评级结果，取其中最低一级作为上部承重结构（子单元）的安全性等级。对一些特殊情况下，评级结果需要调整，这在可靠性鉴定标准中已作出了详细的规定。

3. 围护系统的承重部分

围护系统承重部分的评级，是根据该系统专设的和参与该系统工作的各种构件的安全性等级以及该部分结构整体性的安全性等级进行评定。围护系统承重部分的评级原则，是以上部承重结构的评定结果为依据制订的，因而可以在较大程度上得到简化。但需注意的是，围护系统承重部分本属上部承重结构的一个组成部分，只是为了某些需要，才单列作为一个子单元进行评定。因此，其所评等级不能高于上部承重结构的等级。

9.1.7 子单元正常使用性鉴定评级

民用建筑正常使用性的第二层次鉴定评级，也按地基基础、上部承重结构和围护系统划三个子单元进行评定。当仅要求对某个子单元的使用性进行鉴定时，该子单元与其他相邻子单元之间的交叉部分，也应进行检查，并应在鉴定报告中提出处理意见。

1. 地基基础的正常使用性评级

地基基础的正常使用性，可根据其上部承重结构或围护系统的工作状态进行评估。若安全性鉴定中已开挖基础（或桩）或鉴定人员认为有必要开挖时，也可按开挖检查结果评定单个基础（或单桩、基桩）及每种基础（或桩）的使用性等级。

地基基础的使用性等级，应按下列原则确定：

1）当上部承重结构和围护系统的使用性检查未发现问题，或所发现问题与地基基础无关时，可根据实际情况定为 A_s 级或 B_s 级；

2）当上部承重结构或围护系统所发现的问题与地基基础有关时，可根据上部承重结构和围护系统所评的等级，取其中较低一级作为地基基础使用性等；

3）当一种基础（或桩）按开挖检查结果所评的等级为 C_s 级时，应将地基基础使用性的等级定为 C_s 级。

2. 上部承重结构的正常使用性评级

上部承重结构（子单元）的正常使用性鉴定，应根据其所含各种构件的使用性等级和结构的侧向位移等级进行评定。当建筑物的使用要求对振动有限制时，还应评估振动（颤动)的影响。正常使用性评级模式与安全性评级相同,各种主要构件和一般构件的评级分别按表 9.1.10 和表 9.1.11 进行评定。

每种主要构件使用性等级的评定 表 9.1.10

等级	多层及高层房屋	单层房屋
A_s	在该种构件中,不含 c_s 级,可含 b_s 级,但一个子单元含有 b_s 级的楼层数不多于 ($\sqrt{m}/m$)%,且一个楼层含量不多于 35%	在该种构件中不含 c_s 级,可含 b_s 级,但一个子单元的含量不多于 40%
B_s	在该种构件中,可含 c_s 级,但一个子单元含有 c_s 级的楼层数不多于 ($\sqrt{m}/m$)%,且每一个楼层含量不多于 25%	在该种构件中,可含 c_s 级,但一个子单元的含量不多于 30%
C_s	在该种构件中,c_s 级含量或含有 c_s 级的楼层数多于 B_s 级的规定数	在该种构件中,c_s 级含量多于 B_s 级的规定数

注:表中 m 为建筑物鉴定单元的楼层数。

每种一般构件使用性等级的评定 表 9.1.11

等级	多层及高层房屋	单层房屋
A_s	在该种构件中,不含 c_s 级,可含 b_s 级,但一个子单元含有 b_s 级的楼层数不多于 ($\sqrt{m}/m$)%,且一个楼层含量不多于 40%	在该种构件中不含 c_s 级,可含 b_s 级,但一个子单元的含量不多于 45%
B_s	在该种构件中,可含 c_s 级,但一个子单元含有 c_s 级的楼层数不多于 ($\sqrt{m}/m$)%,且每一个楼层含量不多于 30%	在该种构件中,可含 c_s 级,但一个子单元的含量不多于 35%
C_s	在该种构件中,c_s 级含量或含有 c_s 级的楼层数多于 B_s 级的规定数	在该种构件中,c_s 级含量多于 B_s 级的规定数

注:1 表中 m 为建筑物鉴定单元的楼层数。
    2 当计算的含有低一级构件的楼层数为非整数时,可多取一层,但该层中允许出现的低一级构件数,应按相应的比例进行折减(即以该非整数的小数部分作为折减系数)。

上部承重结构的侧向位移过大,即使尚未达到影响建筑物安全的程度,也会对建筑物的使用功能造成令人关注的后果,例如:

1) 使填充墙等非承重构件或各种装修产生裂缝或其他局部破损;
2) 使设备管道受损、电梯轨道变形;
3) 使房屋用户、住户感到不适,甚至引起惊慌。

因而,需将侧向位移列为上部承重结构使用性鉴定的检查项目之一进行检测、验算和评定。可靠性鉴定标准中列出了各种等级时,上部承重结构的侧向位移限值,据此可以评定其正常使用性等级。

一般情况下,应按各种主要构件及结构侧移所评等级,取其中最低一级作为上部承重结构的使用性等级。对一些特殊情况下,评级结果需要调整,这在可靠性鉴定标准中已作出了详细的规定。

3. 围护系统的正常使用性评级

围护系统的正常使用性鉴定，虽然应着重检查其各方面使用功能，但也不应忽视对其承重部分工作状态的检查。因为承重部分的刚度不足或构造不当，往往会影响以它为依托的围护构件或附属设施的使用功能，因此可靠性鉴定标准规定应同时考虑整个系统的使用功能及其承重部分的正常使用性。

民用建筑围护系统的种类繁多，构造复杂。若逐个设置检查项目，则难以概括齐全。因此，可靠性鉴定标准按使用功能的要求，将之划分为7个检查项目。鉴定时，既可根据委托方的要求，只评其中一项；也可逐项评定，经综合后确定该围护系统的使用功能等级。表9.1.12为各个检查项目及其评定分级标准。

一般情况下，可取其中最低等级作为围护系统的使用功能等级；当鉴定的房屋对表中各检查项目的要求有主次之分时，也可取主要项目中的最低等级作为围护系统使用功能等级；当按上款主要项目所评的等级为 A_s 级或 B_s 级，但有多于一个次要项目为 C_s 级时，应将所评等级降为 C_s 级。

围护系统使用功能检查项目及其评定标准 表 9.1.12

检查项目	A_s 级	B_s 级	C_s 级
屋面防水	防水构造及排水设施完好，无老化、渗漏及排水不畅的迹象	构造设施基本完好，或略有老化迹象，但尚不渗漏或积水	构造设施不当或已损坏，或有渗漏，或积水
吊顶（天棚）	构造合理，外观完好，建筑功能符合设计要求	构造稍有缺陷，或有轻微变形或裂纹，或建筑功能略低于设计要求	构造不当或已损坏，或建筑功能不符合要求，或出现有碍外观的下垂
非承重内墙（和隔墙）	构造合理，与主体结构有可靠联系，无可见位移，面层完好，建筑功能符合设计要求	略低于 A_s 级要求，但尚不显著影响其使用功能	已开裂、变形，或已破损，或使用功能不符合要求
外墙（自承重墙或填充墙）	墙体及其面层外观完好，墙脚无潮湿迹象，墙厚符合节能要求	略低于 A_s 级要求，但尚不显著影响其使用功能	不符合 A_s 级要求，且已显著影响其使用功能
门窗	外观完好，密封性符合设计要求，无剪切变形迹象，开闭或推动自如	略低于 A_s 级要求，但尚不显著影响其使用功能	门窗构件或其连接已损坏，或密封性差，或有剪切变形，已显著影响使用功能
地下防水	完好，且防水功能符合设计要求	基本完好，局部可能有潮湿迹象，但尚不渗漏	有不同程度损坏或有渗漏
其他防护设施	完好，且防护功能符合设计要求	有轻微缺陷，但尚不显著影响其防护功能	有损坏，或防护功能不符合设计要求

注：其他防护设施系指隔热、保温、防尘、隔声、防湿、防腐、防灾等各种设施。

围护系统承重部分的使用性评级，参照承重结构的标准评定其每种构件的等级，并取其中最低等级，作为该系统承重部分使用性等级。

围护系统的使用性等级，应根据其使用功能和承重部分使用性的评定结果，按较低的等级确定。

9.1.8 鉴定单元的评级

1. 鉴定单元的安全性评级

民用建筑鉴定单元的安全性鉴定评级，应根据其地基基础、上部承重结构和围护系统承重部分等的安全性等级，以及与整幢建筑有关的其他安全问题进行评定。

鉴定单元的安全性等级，一般情况下，应根据地基基础和上部承重结构的评定结果按其中较低等级确定；当鉴定单元的安全性等级按上述评为 A_{su} 级或 B_{su} 级但围护系统承重部分的等级为 C_u 级或 D_u 级时，可根据实际情况将鉴定单元所评等级降低一级或二级，但最后所定的等级不得低于 C_{su} 级。

出现以下任一情况时，可直接评为 D_{su} 级建筑：
1) 建筑物处于有危房的建筑群中，且直接受到其威胁；
2) 建筑物朝一方向倾斜，且速度开始变快。

当新测定的建筑物动力特性，与原先记录或理论分析的计算值相比，有下列变化时，可判其承重结构可能有异常，但应经进一步检查、鉴定后再评定该建筑物的安全性等级：
1) 建筑物基本周期显著变长（或基本频率显著下降）；
2) 建筑物振型有明显改变（或振幅分布无规律）。

2. 鉴定单元的正常使用性评级

民用建筑鉴定单元的正常使用性鉴定评级，同样也应根据地基基础、上部承重结构和围护系统的使用性等级，以及与整幢建筑有关的其他使用功能问题进行评定。

鉴定单元的使用性等级，按三个子单元中最低的等级确定；当鉴定单元的使用性等级按上述评为 A_{ss} 级或 B_{ss} 级，又遇到下列情况之一时，宜将所评等级降为 C_{ss} 级：
1) 房屋内外装修已大部分老化或残损；
2) 房屋管道、设备已需全部更新。

3. 鉴定单元的可靠性评级

民用建筑的可靠性鉴定，按照划分的层次，以其安全性和正常使用性的鉴定结果为依据逐层进行。

当不要求给出可靠性等级时，民用建筑各层次的可靠性，可采取直接列出其安全性等级和使用性等级的形式予以表示。

当需要给出民用建筑各层次的可靠性等级时，可根据其安全性和正常使用性的评定结果，按下列原则确定：
1) 当该层次安全性等级低于 b_u 级、B_u 级或 B_{su} 级时，应按安全性等级确定；
2) 除上述情形外，可按安全性等级和正常使用性等级中较低的一个等级确定；
3) 当考虑鉴定对象的重要性或特殊性时，也可以对评定结果做不大于一级的调整。

9.2 危险房屋鉴定

目前我国现行的危房鉴定标准为行业标准《危险房屋鉴定标准》JGJ 125—1999（2004 版），

该标准是用于既有房屋的危险性鉴定，用以判断房屋结构的危险程度，以便及时治理危险房屋，确保使用安全。

《危险房屋鉴定标准》分三个层次进行，首先是对危险构件的判定，在此基础上，对地基基础、承重结构和围护结构进行危险性等级评定，最后根据各部分的评定情况对整体房屋的危险性进行综合评定。

由于地基基础为隐蔽工程，对其的危险性评定可以根据上部结构的反应进行评定，包括沉降、倾斜、裂缝等。当然，也可以根据其承载能力相比荷载作用效应来判断其危险性。

考虑到砌体结构、木结构、混凝土结构、钢结构等构件破坏时呈现的症状各不相同，上部结构构件的危险性，应根据结构构件材料的特点分别进行判断，因此检查的重点不尽相同。对砌体结构应重点关注承重砌体的裂缝，包括裂缝宽度、长度、数量、形态走向、分布以及发展情况，应分析裂缝成因，如沉降、温度及收缩变形、还是承重破坏等。对木结构与构件应重点检查腐朽、虫蛀、材料缺陷、构造缺陷、构件变形、构件稳定性与整体稳定性等方面。对混凝土结构构件，应重点关注结构裂缝、变形、倾斜、钢筋锈蚀情况及影响稳定性的支撑、连接等，应检查检测裂缝宽度、深度、长度、位置、走向、分布及其发展情况，分析裂缝成因，判断其危害性。对钢结构构件，应重点关注焊缝、螺栓、铆钉等连接部位，以及影响局部稳定性与整体稳定性的挠度、变形、扭曲、倾斜、支撑和连接情况，当然还应关注构件的锈蚀情况。

除以上关注结构构件表现出的症状以外，对结构构件的实际承载能力进行验算是很重要的，《危险房屋鉴定标准》根据构件承载力与作用效应之比（承载比）来判定危险构件，对砌体与混凝土构件，承载比小于 0.85 判定为危险构件，对木结构和钢结构构件，承载比小于 0.9 判定为危险构件。按承载比判定危险构件是有科学依据的，但材料强度与荷载的取值直接关系到承载比的大小，计算时如何取值，《危险房屋鉴定标准》中没有明确。笔者认为，房屋危险性鉴定不同于可靠性鉴定，目的是判断房屋现时存在的危险性，因此，计算承载力时材料强度应该取标准值而非设计值，当然荷载可以按设计值取用。

《危险房屋鉴定标准》根据危险点、危险构件数量来综合评定地基基础、上部结构或房屋整体的危险性，有一定的合理性，但存在明显的局限性，有时会造成危房的误判、漏判。很显然，房屋整体结构的安全性与危险构件的数量有关，但不仅仅是简单的数量关系，应该与结构体系的传力路径密切相关，完全存在这种可能性，一个关键构件的破坏会影响整体结构的安全性，导致房屋整体倒塌。因此，根据危险构件、危险点的数量来判定房屋的危险程度是不够科学的。

9.3 火灾后结构鉴定

建筑物发生火灾后，应及时对建筑结构进行鉴定，目前我国现有的比较全面的鉴定标准是《火灾后建筑结构鉴定标准》CECS 252，目前现行的是 2009 版，根据该标准，鉴定调查分初步调查和详细调查两阶段进行，详细程序见下图：

由于火灾对混凝土结构、钢结构、砌体结构等的影响大不相同，各种材料经过火高温后的性能也差异很大，因此，调查和判定标准也不一样。

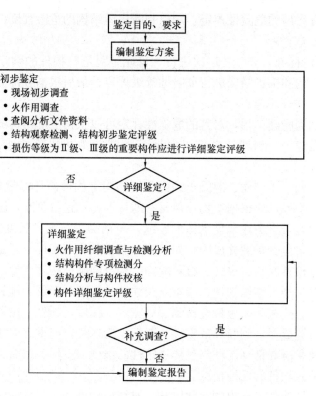

图 9.3.1 火灾后建筑结构鉴定程序

9.3.1 钢筋混凝土结构火灾后鉴定检测

对钢筋混凝土结构,关键是确定火灾对混凝土结构构件的影响深度,判定内部钢筋是否受火灾影响,目前可以采用的检测方法有:

(1)超声波脉冲法,超声波脉冲法是根据超声波在混凝土内部传播速度的改变定性地说明混凝土结构某部位的烧损程度,进而说明该部位的受火温度的高低。运用超声波脉冲法检测出的烧伤层的温度位置大概在300℃处,但运用超声波脉冲法对混凝土构件表面的平整度等方面要求较高,不便于大批量检测;

(2)构件过火时间判别法。利用构件过火时间、温度场、构件截面形式三者关系,来判断受火构件的内部温度场。运用此方法的前提是必须先确定混凝土构件的过火时间,且所参考的温度场分布图只是构件升温过程中某时刻的温度,没有考虑构件的冷却方式和冷却时间。而实际火灾中,构件的烧伤程度跟构件冷却方式和冷却时间存在很大的关系,且构件受火时间在实际工程中很难准确确定;

(3)构件表观观测判别法。通过受火构件的表面颜色特征推断构件表面温度从而评价构件的烧损状况。此方法只能作为火灾后建筑结构的初步鉴定阶段的定性分析;

(4)锤击法。锤击火灾损伤的混凝土,所发出的声音较普通混凝土来说比较沉闷,但这种方法过于依靠经验,而且这与锤击部位有关,其结果只能作为参考;

(5)小芯样法。通过钻取非标准芯样,进行混凝土抗压强度检验来判断该区域的混凝土实际强度值。此方法的局限性在于,钻芯确定的剩余强度只是构件的平均强度,不能判断出代表构件的整个烧损情况以及烧伤深度位置,也只能作为定性,不能定量分析;

（6）回弹法。通过利用回弹数值和火灾后混凝土抗压强度专用测强曲线及计算公式得出抗压强度。此方法不适合于遭受火灾后出现剥落的钢筋混凝土，并且会由于火灾后钢筋混凝土平整表面的硬度差异导致对测试结果的变异性；

（7）中性化深度测定方法。中性化深度即碳化深度，它是利用1％～2％酚酞试剂可检查出火灾中混凝土温度分布曲线中547℃的分解线。其局限性在于中性化测定方法的原理是依据混凝土成分中$Ca(OH)_2$受热分解后pH值的变化，由于$Ca(OH)_2$在500℃以上才开始分解，因此，当混凝土受火温度在500℃以下时，中性化测定方法无效；当混凝土受火时间不长，$Ca(OH)_2$只有部分分解，中性化测定时，酚酞仍显红色。

上述方法的有一定局限性，不能定量检测出火灾后混凝土构件的烧伤深度。混凝土烧失量法结合钻芯法不失为一种较理想的，也是目前能够定量推估混凝土烧伤深度较准确的试验方法。

把受火构件截面500℃位置作为烧损深度线，可对火灾后的混凝土构件运用增大截面法进行加固：当柱表面温度低于400℃且柱截面中心点温度低于100℃时，其承载力，刚度和延性降低有限，可不进行修复；当柱表面温度超过600℃时，除凿去烧伤层至500℃线并补上同等级新混凝土外，还需将截面尺寸扩大短边尺寸的10％，以弥补内部部分混凝土高温损伤所造成的柱承载力和刚度损失。因此确定500℃的烧伤深度位置成为能否应用增大截面法的一个关键步骤。

烧失量是建筑结构混凝土构件经受一定的火灾温度后，从火灾现场提取受火混凝土样品，将其灼烧至失水，成分完全分解的二次失重率，定义为混凝土经受一定的火灾温度后，从火灾现场取受火混凝土样品，在设计的灼烧温度和时间下，烧失的量占原重量的百分数。进行烧失量法试验主要分为两步：

1）对未受火混凝土进行温度预处理，然后进行二次灼烧，利用其烧失量与预处理温度的关系，建立回归方程；

2）对过火混凝土进行高温灼烧，将其烧失量代入第①步的回归方程，最终计算出过火混凝土的温度。

9.3.2 钢结构火灾后的鉴定

钢材受高温后力学性能将受到影响，影响程度与受高温的温度密切相关，普通热轧结构钢在高温下的力学性能表现：1）屈服强度和弹性模量随温度升高而降低，且屈服台阶变得愈来愈小，在温度超过300℃后，已无明显的屈服极限和屈服平台；2）极限强度随温度升高而降低，但在180～370℃区间，钢材极限强度有所提高，而塑性和韧性下降，材料变脆；3）当温度超过400℃后，强度和弹性模量开始急剧下降；温度达到600℃钢构件已基本丧失承载能力。一般情况下，普通热轧结构钢在高温过火冷却后，强度降低很少。

根据以上的了解，钢结构火灾后的鉴定重点应关注：构件的变形、扭曲、局部屈曲以、防火涂料损坏等情况，以及整体变形情况。当然，除检查钢结构构件外，应重点关注焊缝、螺栓等连接部位的受损情况。详细的分级评定参见《火灾后建筑结构鉴定标准》CECS 252。

9.3.3 砌体结构火灾后的鉴定

砌体结构受火高温后，其材料强度也不同程度的受到影响，下表为强度折减系数。

黏土砖、砂浆、黏土砖砌体火灾高温后强度折减系数　　　　表 9.3.1

指　　标	构件表面所受其作用的最高温度（℃）及折减系数					
	<100	200	300	500	700	900
黏土砖抗压强度	1.0	1.0	1.0	1.0	1.0	0
砂浆抗压强度	1.0	0.95	0.90	0.85	0.65	0.35
M2.5砂浆黏土砖砌体抗压强度	1.0	1.0	1.0	0.95	0.90	0.32
M10砂浆黏土砖砌体抗压强度	1.0	0.80	0.65	0.45	0.38	0.10

砌体结构火灾后的鉴定应重点关注砌体的裂缝、变形及损伤情况，以确定结构构件受火灾的影响范围、影响深度，为灾后加固处理提供依据。

第10章 抗 震 试 验

在人类历史上，由于地震灾害造成损失的是无法估量的，人类在地震灾害中付出了极大的代价，但同时也取得了宝贵的经验。当地震灾害来临时，虽然临时的地震预报可以大大减少人员的伤亡，但是根本性的预防措施在于对结构进行合理的结构抗震设计。随着理论研究的深入和实际应用的发展，目前结构抗震理论已形成了一个内容很丰富的科学领域。作为结构抗震理论的重要组成部分，结构抗震的试验研究是与结构抗震理论的发展密切相关的。从80年代到90年代的十几年时间里，结构抗震试验在概念、方法、技术和设备更新等诸多方面都快速发展，一方面是出于结构抗震研究的需要，另一方面是由于现代计算机技术的飞速发展，同时设备厂家对产品的不断研发和创新也起了促进作用。下面列出了主要在实验室进行的拟静力实验、拟动力试验方法和地震模拟振动台实验。

10.1 结构伪静力试验

10.1.1 拟静力试验方法概述

拟静力实验方法是目前研究结构或构件性能中应用最广泛的实验方法。它是采用一定的荷载控制或变形控制对试件进行低周反复加载，使试件从弹性阶段直至破坏的一种实验。它含有两层意思，一是指它的加载速率很低，应变速率对实验结果的影响可以忽略，另一是它包括单调加载和循环加载实验。拟静力实验的根本目的是对材料或结构在荷载作用下的基本表现进行深入的研究，进而建立可靠的理论模型。当然，许多实际工程结构或构件的检验性实验也采用这种实验方法。

1. 伪静力试验原理

由于设备和试验条件的限制，国内外大量的结构抗震试验都是采用伪静力试验方法。即假定在第一振型条件下，给试验对象进行多次往复循环加载，试验时，可控制结构构件的位移（变形）或作用力（荷载量），形成对结构构件在正、反两个方向反复加载和卸载的过程，由于这种加载方式的每一加载过程的周期远远大于结构自身的基本周期，实质上还是采用静力加载方法来模拟地震作用，所以称为伪静力试验，或直接称为低周反复加载静力试验。

2. 伪静力试验的特点

通过伪静力试验，能获得结构构件超过弹性极限后的荷载变形工作性能（恢复力特性）和破坏特征，也可以用来比较或验证抗震构造措施的有效性和确定结构的抗震极限承载能力，进而建立数学模型，最后通过计算机进行结构抗震非线性分析，为改进现行抗震设计方法和修订设计规范提供依据。

这种试验方法的设备要求低，通过普通静力试验用的加载设备也可完成，加载历程可人为控制，并可按需要加以改变或修正。试验过程中，可停下来观察结构的开裂和破坏状态，便于检验或校核试验数据和仪器设备工作情况。但其也存在一定的缺点，由于对称的、有规律的低周反复加载与某一次确定性的非线性地震作用相差甚远，不能反映应变速率对结构的影响，无法再现真实地震的作用。

10.1.2 伪静力加载试验制度

地震是一种自然现象，它的发生和传播到某一具体地点本身是随机的，而且在同一地点同一震级和震中距的情况下，前后两次得到的强震记录也肯定不同，因此结构受地震作用后的反应也是随机的，所以在理论上是找不到一种"标准"的加载方案。

根据不同的要求，需要采取相应的方案。如果仅要求解决结构的强度和变形计算的话，只要保证能得到极限荷载、屈服位移和极限位移这几项主要指标时，那么任何一种加载方案都是可以的。如果要解决构造措施的话，则更需要各种方案的试验，而且不同的构件和试验对象、不同的研究目的都应该有与之相应的不同加载方案。

为此建筑结构伪静力加载试验的加载方案设计，也是每一个试验者必须根据研究工作目的和意图而考虑和制订的一个重要环节。

1. 单向反复加载制度

（1）位移控制加载法

位移控制加载法是在加载过程中以位移为控制值，或以屈服位移的倍数作为加载的控制值。这里，位移的概念是广义的，它可以是线位移，也可以是转角等参数。当试验对象具有明确的屈服点时，一般都以屈服位移的倍数为控制值。当构件不具有明确的屈服点时（如轴力大的柱子）或干脆无屈服点时（如无筋砌体），则由研究者自行主观制订一个认为恰当的位移标准值来控制试验加载。

在控制位移的情况下，又可分为变幅加载、等幅加载和混合变幅加载等多种情况。其中，变幅值位移加载大多数情况是用于确定试件的恢复力特性及建立恢复力模型，一般是每一级位移幅值下循环两到三次，由实验得到相应的滞回曲线，建立构件的恢复力模型。

控制位移的变幅加载如图10.1.1所示。图中纵坐标是延性系数 μ 或位移值，横坐标为反复加载的周次。用变幅加载来确定恢复力模型以研究强度、变形和耗能等性能。

位移控制的等幅加载如图10.1.2所示。这种加载制度表现为在整个试验过程中始终对构件施加等幅位移，主要用于研究其强度降低率和刚度退化规律。

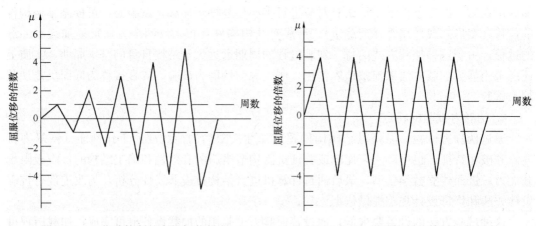

图 10.1.1　位移控制的变幅加载制度　　　图 10.1.2　位移控制的等幅加载制度

混合加载制度结合了变幅、等幅两种不同加载制度，如图 10.1.3 所示。这样，可以综合地研究构件的性能，其中包括等幅部分的强度变化和刚度变化，以及在变幅部分（特别是大变形增长情况下）强度和耗能能力的变化。在这种加载制度下，等幅部分的循环次数可随研究对象和试验要求不同而异，一般可从两次到十次不等。

在上述三种控制位移的加载方案中，以混合加载的方案使用得最多。

（2）作用力控制加载法

力控制加载方法是在加载过程中以力作为控制值，按一定的力幅值进行循环加载。因为试件屈服后难以控制加载的力，所以在实践中，这种方法较少单独使用。

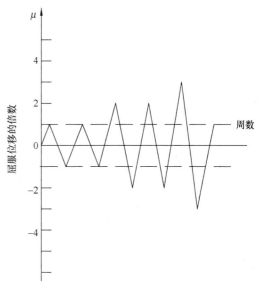

图 10.1.3 控制位移的等幅变幅混合加载制度

（3）作用力控制和位移控制的混合加载法

混合加载法是先控制作用力再控制位移加载。先控制作用力加载时，不管实际位移是多少，一般是逐步加上去，一直加到屈服荷载，再用位移控制。开始施加位移时，要确定标准位移，它可以是结构或构件的屈服位移 δ_0，在无屈服点的试件中，由研究者自定数值。在转变为控制位移加载起，即按 δ_0 值的倍数 μ 值控制，直到结构破坏。

2. 双向反复加载制度

地震对结构的作用实际上是多维作用，为研究地震作用对结构构件的空间组合效应，克服结构构件单方向（平面内）加载时不考虑另一方向（平面外）地震力同时作用对结构影响的局限性，可在 X、Y 两个主轴方向同时施加低周反复荷载。如对框架柱或压杆的空间受力和框架梁柱节点在两个主轴方向所在平面内采用梁端加载方案施加反复荷载试验时，可采用双向同步或非同步的加载制度。

（1）X，Y 轴双向同步加载试验

与单向反复加载相同，我们采取在与构件截面主轴成 β 角的方向作斜向加载低周反复作用，使 X、Y 两个主轴方向的分量同步。

反复加载同样可以是控制位移、控制作用力和两者混合控制的加载制度。

（2）X，Y 轴双向非同步加载试验

双向非同步加载是在构件截面的 X，Y 两个主轴方向分别施加低周反复荷载。由于 X，Y 两个方向可以不同步先后或交替加载。因此，它可以有如图 10.1.4 所示的各种变化方案。图 10.1.4（a）为在 X 轴不加载，Y 轴反复加载，或情况相反，即为前述的单向加载；图 10.1.4（b）为 X 轴单调加载后保持恒载，而 Y 轴反复加载；图 10.1.4（c）为 X，Y 轴先后反复加载；图 10.1.4（d）为 X，Y 两轴交替反复加载；此外还有图 10.1.4（e）的 8 字形加载或图 10.1.4（f）的方形加载等。

当采用由计算机控制的电液伺服加载器进行双向加载试验时，可以对结构构件在 X，Y 两个方向成 90°作用。实现双向协调稳定的同步反复加载。

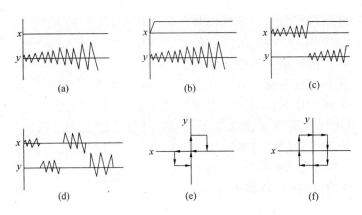

图 10.1.4 双向低周反复加载制度

3. 实验设备及控制方法

电液伺服设备的发展为结构拟静力实验提供了良好的基础。国外有许多厂家生产这类设备，例如美国的 MTS 公司、德国的 SCHENK 公司、英国的 Instron 公司和日本的三菱公司等，它们生产的电液伺服加载试验，系统性能都很好，而且配有常用的基本控制软件，这些软件可以对部分简单的拟静力试验进行加载控制；但是比较复杂或特殊的试验仍然需要编程，所以要求试验设备的生产厂家为用户留有接口以便能够编程控制。国内也有许多厂家生产电液伺服试验系统，性能也能够满足结构实验的需要，但其价格比国外产品便宜很多。电液伺服实验系统都具有模拟控制器，可以直接采用手动控制。如果使用这种控制方式进行试验，上述几种加载规则是比较容易实现的，但数据采集和相应的控制过程只能是半自动化的。为了实现完全的自动化控制的实验过程，必须将计算机控制和电液伺服结构实验系统有机地结合起来。

伪静力试验加载应采用控制作用力和控制位移的混合加载法。试件屈服前，按作用力（荷载）控制分级加载，在临近开裂荷载值和屈服时宜减小级差，以便准确得到开裂荷载值和屈服荷载值。在达到屈服荷载前，可取屈服荷载的 50%，75% 和 100% 控制加载。试件屈服后，按位移控制，位移值应取试件屈服的最大位移值，并以该位移值的倍数（延性系数）为级差控制加载。

正式试验前，应先进行预加载，可反复试验两次。混凝土结构预加荷载值不宜超过开裂荷载计算值的 30%；砌体结构不宜超过开裂荷载计算值的 20%。

正式试验时，宜先施加试件预计开裂荷载的 40%～60%，并重复 2～3 次，再逐步加到 100%。

试验过程中，应保持反复加载的均匀性和连续性，加载卸载的速率宜保持一致。

施加反复荷载的次数，屈服前，每级荷载可反复一次，屈服后，宜反复三次。当进行承载力或刚度退化试验时，反复次数不宜少于五次。

对整体原型结构或结构整体模型进行伪静力试验时，荷载按地震作用倒三角形分布，施加水平荷载的作用点集中在结构质量集中的部位，即作用在屋盖及各层楼面板上。结构顶层为 1，底部为零，中间各层自上而下按高度比例递减，液压加载器作用的荷载通过各层楼板或圈梁传递。

10.1.3 伪静力试验数据整理

伪静力试验的结果通常通过荷载－变形的滞回曲线以及有关参数来表现，它们是研究结构抗震性能的基本数据来源，可用来进行评定结构抗震性能。例如，可以从结构的强度、刚度、延性、退化率和能量耗散等方面进行综合分析，判断结构构件是否有良好的恢复力特性；是否具有足够的承载能力和一定的变形及耗能能力来抗御地震作用。同时，通过这些指标的综合评定，进而比较各类结构、各种构造和加固措施的抗震能力，通过建立和完善抗震设计理论，提出合适的抗震设计方法。

1. 强度

结构强度是伪静力试验的一项主要指标，一般来说，要求结构构件试验结果的极限强度必须大于根据材料实际强度计算得出的极限强度。在抗震设计中，如果结构最大位移反应能控制在强度极限以内，就不可能产生严重的开裂和发生破坏，结构抗震强度高，具有较高的吸能和耗能能力。

试验中各阶段强度指标如下确定：

(1) 开裂荷载

试件出现垂直裂缝或斜裂缝时的荷载值 P_c。

(2) 屈服荷载

屈服荷载为试件刚度开始明显变化时的荷载值 P_y，对于试件受弯和大偏压情况，一般是受拉主筋屈服（曲率或挠度发生明显变化）时的荷载值；对于受剪和受扭情况，一般是受力箍筋屈服时的荷载值；对于小偏心受压和受轴压短柱，可以认为是混凝土出现纵向裂缝时的荷载值；对于钢筋锚固，可以认为是出现纵向劈裂时的荷载值。

(3) 极限荷载

试件达到最大承载能力时的荷载值 P_u。

(4) 破损强度

试件经历最大承载能力后，达到某一剩余承载能力时的荷载值。目前的实验标准和规程规定可取极限荷载的 85%。

2. 刚度

结构刚度反映其变形能力。结构受地震作用后，通过自身的变形来平衡和抵抗地震力的干扰和影响，结构的地震反应将随着结构刚度的变化而改变。从伪静力试验所得 $P-\Delta$ 曲线可以看到，刚度一直是处于变化之中，为了进行研究，可用割线刚度替代切线刚度。在非线性恢复力特性中，由于是加载、卸载、反向加载的重复荷载试验，再加上刚度退化等，其刚度问题远比一次加载复杂的多。

(1) 加载刚度

初次加载的 $P-\Delta$ 曲线有一切线刚度 K_0，用来计算结构自振周期。当荷载加到 P_c，结构出现裂缝，连接 OA 可得开裂刚度 K_c，继续加载到达屈服荷载 P_y，屈服刚度为 OB 的斜率 K_y。C 点为受压区混凝土压碎剥落点，连接 BC 后可得到屈服后刚度 K_s。

(2) 卸载刚度

从 C 点卸载后到 D 点荷载为零，连接 CD 可得卸载刚度 K_u。从大量的滞回曲线看，卸载刚度相当接近于开裂刚度或屈服刚度，将随构件受力特性和本身构造而变化。

(3) 重复加载刚度

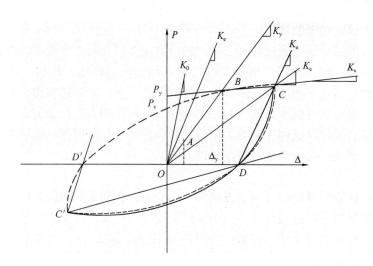

图 10.1.5 结构反复加载时的刚度

从 D 点到 C' 为反向加载,从 C' 到 D' 为反向卸载。从 D' 开始正向重复加载时,刚度随着循环次数的增加而降低,且与 DC' 段相对称。

(4) 等效刚度

连接 OC,可以得到作为等效线性体系的等效刚度 K_e,等效刚度 K_e 随循环次数而不断降低。

3. 骨架曲线

在变位移幅值加载的低周反复加载试验中,骨架曲线是将各次滞回曲线的峰值点连接后形成的包络线,它是每次循环荷载—变形曲线得到最大峰值点的轨迹。

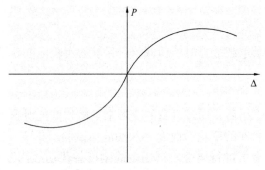

图 10.1.6 伪静力试验的结构骨架曲线

4. 延性系数

延性系数反映了结构构件变形能力,是评价结构抗震性能的一项重要指标。延性系数数值上为结构破坏时的变形和屈服时的变形之比,这里的变形是广义变形,它可以是位移、曲率、转角等。由于结构抗震是利用屈服后的变形消耗地震作用的能量,所以,结构的延性越大,相比之下,它的抗震能力愈好。

5. 退化率

结构强度或刚度的退化率是指在控制位移作等幅低周反复加载时,每施加一次荷载后强度或刚度降低的速率。它放映了在一定的变形条件下,强度或刚度随着反复荷载次数增加而降低的特性,退化率的大小反映了结构是否能够经受得起地震的反复作用。当退化率小的时候,说明结构有较大的耗能能力。

6. 能量耗散

结构构件吸收能量的大小,可由滞回曲线所包围的滞回环面积和它的形状来衡量。面积越大,表明结构耗散能力越强。

人们由伪静力试验可以获得上述各个方面的指标和一系列具体参数,通过对这些量值的对比分析，可以判断各类结构抗震性能的优劣并作出适当的评价。

10.2 结构拟动力试验

10.2.1 拟动力试验方法概述

在前面的低周反复加载试验中，我们人为假定其加载历程所模拟的地震荷载作用，因此，它与实际地震引起的反应相比差别很大。最理想的情况是能够按照某一确定的地震反应来设定相应的加载历程，为此，人们设想通过计算机数值分析来控制试验加载，不需事先假定结构的恢复力模型，即通过直接量测作用在试件上的荷载和位移而得到其恢复力特性，再通过计算机来求解结构非线性地震反应方程，即称为拟动力试验，又名伪动力试验或计算机—加载器联机试验。它吸收了伪静力试验的优点，同时又考虑了结构理论分析和计算的特色，可以用来模拟大型复杂结构的地震反应，目前在工程结构抗震试验研究方面得到了广泛的应用。同时，拟动力试验方法本身的研究也得到了重大发展，特别是近年来，在概念、方法、技术和设备等各方面都与最初阶段的拟动力试验有了很大的不同，应用领域也从一般的建筑结构扩展到了研究土—结构相互作用、桥梁结构、多维多点地震输入和设备抗震等方面。

拟动力实验方法是 1969 年日本学者 M. Hakuno 等人首次提出的，是将计算机与加载作动器联机求解结构动力方程的做法，目的为了能够真实地模拟地震对结构的作用。当时称为杂交实验方法，后来国内外大多统一称之为拟动力实验方法或联机方法。但是这个实验系统因为采用了模拟计算机，存在很大欠缺，计算精度不高，在求解复杂微分方程以及考虑各种边界条件时，计算存在一定的困难。

到 1974 年，K. Takanashi 采用数字计算机代替了性能差的模拟计算机，发展了用于工程结构弹塑性地震反应的拟动力试验系统，当初其目的在于研究目前描述结构或构件恢复力特性的数学模型是否正确，进一步了解难以用数学公式表达恢复力特性的结构地震响应。此项实验获得了成功，更为重要的是它标志着结构抗震实验方法的重大进展。从此，拟动力实验方法在结构抗震实验研究中确立了它不可替代的地位。与理论计算相比，它无需对工程结构做任何假定就能获得结构体系的真实地震反应特征；又具有振动台试验那样模拟真实地震作用的功能。图 10.2.1 给出了拟动力实验过程与数值计算过程之间的比较。

最初 K. Takanashi 在拟动力实验过程中采用线性加速度法，动力方程采用增量的形式，这就需要给出刚度矩阵，在弹塑性状态下其瞬态刚度（正切刚度）由测量得到。由于位移传感器精度限制，而且瞬态刚度的变化很剧烈，往往容易造成实验结果不理想。为了克服这个困难，H. Tanaka 在数值方法上改用了中央差分法代替线性加速度方法，这样在拟动力实验的计算中，直接使用测量的恢复力从而避免使用瞬态刚度，在一定程度上提高了实验结果的稳定性和精度。因此，后来实施的许多拟动力实验均采用中央差分法作为实验的数值积分方法。

拟动力实验方法和实验技术的发展大致可以分为两个阶段。第一阶段是 70 年代到 80 年代中期，这一阶段是拟动力实验方法和技术的开发、改进和初步应用阶段，其实验研究工作主要集中在日本，总共进行了将近 30 项的拟动力实验；美国学者在这一时期也作了许多理论研究工作，K. Takanashi 和 M. Nakashima 对这一时期的拟动力实验工作了详细

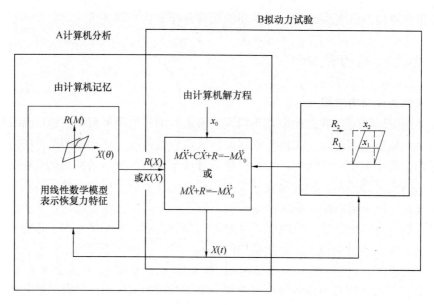

图 10.2.1 数值计算与拟动力实验之间的比较

的评述和总结,提出了存在的问题和未来发展的方向。第二个阶段是 80 年代中期到 90 年代中期,随着拟动力实验方法的不断应用,原有问题的不断解决和新问题的不断涌现,拟动力实验方法本身也产生了新的变化;这一阶段拟动力实验在概念、方法和技术上都与最初有了很大不同。首先是面对的建筑结构对象的多变性,向着更高、更大、更复杂的方向发展,实验室及设备规模对大型结构实验的限制是必须冲破的。其次,传统的拟动力实验方法是基于显式数值积分方法开发的,无论实验设备的技术水平多么先进,由于显式数值积分方法为条件稳定的,在考虑现代结构具有刚度大、自由度多等特点的时候,其数值稳定性限制就明显暴露出来,这是理论上必须解决的问题。最后,传统拟动力实验采用的是一种准静态的加载过程,无法考虑加载速率对结构反应的影响,而地震对结构的作用恰恰是动力的,加之近年来在一些结构中采用了橡胶隔震器、黏滞阻尼器等一些新的元件和设施,使结构具有明显的速度依赖特征。为了解决上述问题,在拟动力实验中提出了一些新的方法和技术。首先是子结构技术在拟动力实验中的应用,这种方法充分考虑了结构的整体规模,同时也最大限度发挥了实验室规模和设备的功能;其次是理论上发展了用无条件稳定的数值积分方法;为进一步考虑加载速率对实验结果的影响,提出了快速拟动力实验方法及数值修正方法来消除加载速率的影响。另外,新型加载设备的技术的研究;实验误差分析理论的建立和抑制方法的研究也都取得了很大进展。

我国在拟动力实验方法的研究和应用开展的比较晚,大约从 80 年底初才开始拟动力实验的研究与应用,目前国内已经有许多单位开展了此项工作的研究与应用,研究的对象从构件、子结构体系到整体结构都有,加载方式有单自由度、等效单自由度和多自由度,采用的数值方法有线性加速度法、中央差分法和隐式无条件稳定的 α-方法等;在加载控制软件的编制和实验误差的抑制方面都达到了很高的水平。

10.2.2 试验操作方法及过程

拟动力试验是指计算机与加载器联机,对试件进行加载试验。计算机系统用于采集结构反应的各种参数,并根据这些参数进行非线性地震反应分析计算,通过 D/A 转换,向加载器发出下一步指令。当试件受到加载器作用后,产生反应,计算机再次采集试件反应的各种参数,并进行计算再向加载器发出指令,直至试验结束。下面以中央差分法为例,介绍单自由度拟动力试验的运算过程。

1. 输入地面运动加速度

地震波的加速度值是随着时间 t 的变化而改变的。为了便于计算,首先将实际地震记录的加速度时程曲线按一定的时间间隔数字化,即按 Δt 时间段内加速度直线变化,这样,就可以用数值积分方法来求解运动方程:

$$m\ddot{x}_n + c\dot{x} + F_n = -m\ddot{x}_{0n} \tag{10.2.1}$$

式中,$\ddot{x}_{0n}, \ddot{x}_n$ 和 $\dot{x}$ 分别为第 n 步时的地面运动加速度、结构的加速度和速度反应,F_n 为结构在第 n 步时的恢复力。

2. 计算下一步的位移值

当采用中心差分法求解时,第 n 步的加速度可用第 $n-1$ 步、第 n 步和第 $n+1$ 步的位移量表示,此时

$$\ddot{x}_n = \frac{x_{n+1} - 2x_n + x_{n-1}}{\Delta t^2} \tag{10.2.2}$$

$$\dot{x}_n = \frac{x_{n+1} - x_{n-1}}{2\Delta t} \tag{10.2.3}$$

将它们代入运动方程得到

$$x_{n+1} = \left[m + \frac{\Delta t}{2}C\right]^{-1} \times \left[2mx_n + \left(\frac{\Delta t}{2}C - m\right)x_{n-1} - \Delta t^2 F_n - m\Delta t^2 \ddot{x}_{0n}\right] \tag{10.2.4}$$

即由位移 x_{n-1}、x_n 和恢复力 F_n 值求得第 $n+1$ 步的指令位移 x_{n+1}。

3. 位移值的转换

由加载控制系统的计算机将第 $n+1$ 步的指令位移 x_{n+1} 通过 A/D 转换成输入电压,再通过电液伺服加载系统控制加载器对结构加载,由加载器用准静态的方法对结构施加与 x_{n+1} 位移相对应的荷载。

4. 量测恢复力 F_{n+1} 及位移 x_{n+1}

当加载器按指令位移值 x_{n+1} 对结构施加荷载时,通过加载器上的荷载传感器测得此时的恢复力 F_{n+1},并由位移传感器测得位移反应值 x_{n+1}。

5. 由数据采集系统进行数据处理和反应分析

将 x_{n+1} 及 F_{n+1} 值连续输入数据处理和反应分析的计算机系统,利用位移 x_n,x_{n+1} 和恢复力按同样方法重复下去,进行计算和加载,以求得位移值 x_{n+2} 和恢复力 F_{n+2} 连续对结构进行试验,直到输入加速度时程的指定时刻。

由于加载器与试件及反力墙之间的联接可能存在一定间隙,同时在加载过程中各传力部分还存在着弹性变形,因此加载器本身的位移传感器的测量值并不等于试件位移,所以对试件的位移测量应采用单独安装的位移传感器。控制的位移是加载器的位移,同时每一步的加载位移增量也不是一次完成的,是通过多次逼近从而达到目标值的。另外一个问题,对于多自由度系统,每个自由度上的目标位移很难同时达到,当某个自由度已经满足误差要求达到目标位移值,而其他自由度还未达到目标位移时,达到目标位移的加载器保

持当前状态,未达到目标的加载器继续加载直到试件所有自由度的位移均达到为止。

10.2.3　等效单自由度体系的拟动力试验

等效单自由度体系的拟动力试验是对多自由度结构体系的一种简化方法。这种方法主要是基于以下考虑:当试验结构存在很多个自由度且刚度很大时,刚度矩阵中的主元数值可能达到 $10^3 \sim 10^4 \text{kN/mm}$,而试验中位移测量设备的精度仅为 $10^{-2} \sim 10^{-3} \text{mm}$,因此即使能将位移精确地控制在精度范围内,荷载也存在 $1 \sim 10 \text{kN}$ 的误差。另一个原因,多自由度结构的内力分布很复杂且随时间呈随机变化,再者由于当时加载器的性能所限及还没有建立有关误差控制方法,因此多自由度结构的拟动力试验控制算法的建立和试验都存在着一定的困难,在这种情况下人们提出了采用等效单自由度体系进行拟动力试验的方法。该方法是基于这样一个事实:刚度大的结构体系在振动过程中基本处于第一振型振动状态,所以等效单自由度体系的试验方法是以第一振型为主,结构各层的地震作用按倒三角形分布(或按第一振型在各质点处的比例系数分布)。试验过程是用一个加载器控制试件顶点的位移,其余加载器控制加载力,并保证各个加载器的荷载与顶点加载器的荷载在整个过程中均保持一定比例。这样整个试验的加载过程就类似于一个单自由度体系的试验。

10.2.4　子结构拟动力实验方法与技术

结构在剧烈的地震作用下将产生破坏,但破坏往往只发生在结构的某些部位或构件上,其他部分仍处于完好或基本完好状态,所以将容易破坏的具有复杂非线性特性的这部分结构进行实验,而其余处于线弹性状态的结构部分用计算机进行计算模拟,被实验的结构部分和计算机模拟部分在一个整体结构动力方程中得到统一。这样解决了两方面的困难:一是大大地降低了试件的尺寸和规模,从而解决了实验室规模对大型结构实验的限制,同时也降低了费用;另一方面,对于大型复杂结构进行拟动力实验,如果试件具有几十个甚至更多的自由度,那么就要求有大批量的电液伺服作动器和相关的实验装置,同时要求整个控制系统具有非常高的控制精度和稳定性。目前一般的结构实验室不可能具有这样的规模和水平,解决问题的唯一途径就是采用子结构技术,从而降低试件对实验设备的要求。

用于实验的结构部分称为实验子结构,其余由计算机模拟的结构部分称为计算子结构,整体结构由实验子结构和计算子结构两部分组成,它们共同形成整体结构的动力方程。由于实验子结构的恢复力呈复杂的非线性特征,理论上难以处理,因此直接由实验获得;而计算子结构处于弹性范围,恢复力呈现为简单的线性特征,因此由计算机进行模拟。

10.2.5　多维拟动力实验方法

1. 多维地震问题

就同多维拟静力加载实验方法一样,多维拟动力实验方法的重要意义是不言而喻的。首先,实际的地震动是多维的,不仅存在平动分量,而且也存在转动分量;其次,大量的震害调查和实验结果也表明,结构在多维地震作用下的破坏比一维地震作用的破坏更严重,受力状态也更复杂。到目前为止还没有很好地建立起多维地震动下结构非线性反应的动力分析方法以及恢复力模型。即使在双水平向地震作用下,一个方向的地震作用也直接影响到结构另一方向的变形和受力特征。因此,即使在结构完全对称情况下,双向地震作用也可能造成结构的扭转振动,这种复杂的受力特征加速了结构的变形,并会进一步导致

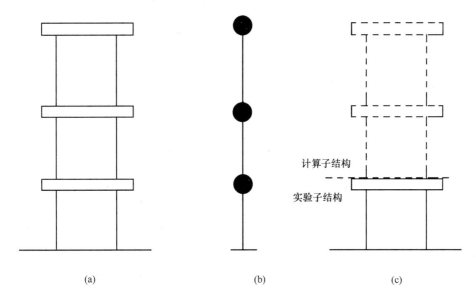

图 10.2.2 三层结构模型及实验子结构
(a) 结构模型；(b) 计算模型；(c) 实验模型

结构的失稳和倒塌。也正是由于这些复杂问题的存在，实验这种作为人们展示物理规律的最直接手段才显得更为重要。

与地震模拟振动台相比，多维拟动力实验设备的地震模拟能力还有一定的差距，目前的地震模拟振动台已经具有可以进行空间六个自由度方向的地震模拟能力，而拟动力实验只达到了水平双向的能力，国内外开发和进行的多维拟动力实验目前都是限于水平双向的。当然，由于拟动力实验可以进行大型结构地震模拟实验的优势仍是其他方法无法比拟的，这也是它获得发展的重要原因。

2. 试验方法与控制原理

双向拟动力实验方法与一维拟动力实验方法在原理上是类似的，但由于是双向加载，所以存在着两个方向的加载作动器的同步加载以及协调、稳定等问题，因此在控制方法上也较为复杂一些。

设多质点结构体系在 x 和 y 两个水平方向受到地震动 $\ddot{x}_0$ 和 $\ddot{y}_0$ 的作用，结构的动力方程可以写成

$$M\ddot{x}_i + C_x \dot{x}_i + F_{xi} = -M\ddot{x}_{0i} \tag{10.2.5}$$

$$M\ddot{y}_i + C_y \dot{y}_i + F_{yi} = -M\ddot{y}_{0i} \tag{10.2.6}$$

式中，M 为质量矩阵，C_x 和 C_y 为 X 和 Y 方向的阻尼矩阵，F_x 和 F_y 为 X 和 Y 方向的恢复力向量。采用比较简单的中央差分法，在 X 和 Y 方向分别有

$$\ddot{x}_i = \frac{x_{i+1} - 2x_i + x_{i-1}}{\Delta t^2} \tag{10.2.7}$$

$$\dot{x}_i = \frac{x_{i+1} - x_{i-1}}{2\Delta t} \tag{10.2.8}$$

$$\ddot{y}_i = \frac{y_{i+1} - 2y_i + y_{i-1}}{\Delta t^2} \tag{10.2.9}$$

$$\dot{y}_i = \frac{y_{i+1} - y_{i-1}}{2\Delta t} \tag{10.2.10}$$

将式 (10.2.7) ~ (10.2.10) 分别代入式 (10.2.5) 和 (10.2.6)，整理可得

$$x_{i+1} = \left(M + \frac{\Delta t}{2}C_x\right)^{-1}\left[2Mx_i + \left(\frac{\Delta t}{2}C_x - M\right)x_{i-1} - \Delta t^2(F_{xi} + M\ddot{x}_{oi})\right] \tag{10.2.11}$$

$$y_{i+1} = \left(M + \frac{\Delta t}{2}C_y\right)^{-1}\left[2My_i + \left(\frac{\Delta t}{2}C_y - M\right)y_{i-1} - \Delta t^2(F_{yi} + M\ddot{y}_{oi})\right]$$
$$\tag{10.2.12}$$

根据式 (10.2.11) 和 (10.2.12) 可以建立双向拟动力实验的控制流程图（图 10.2.3 所示）。

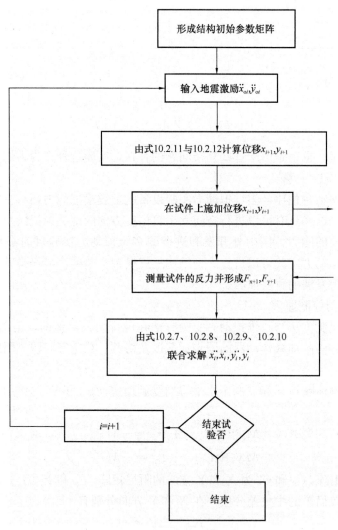

图 10.2.3　双向拟动力实验流程框图

双向拟动力实验由于存在两个方向的互相耦合问题，所以也存在类似双向拟静力加载实验的修正问题。由于位移直接从试件测量得到，所以位移只有单一方向的分量；而恢复力由加载作动器上的力传感器测得，存在着另一方向的耦合分量，那么可以用伪静力加载

试验的方法进行修正。一般情况下由于加载位移比较小，恢复力可以不作修正直接使用。另外，子结构技术在双向拟动力实验中仍可以应用，其方法与前述子结构拟动力实验的应用是完全相同的。

10.3 振动台试验

地震模拟振动台可以很好地再现地震过程和进行人工地震波的实验，它是实验室中研究结构地震反应和破坏机理的最直接方法，这种设备还可用于研究结构动力特性、设备抗震性能以及检验结构抗震措施等方面。另外它在原子能反应堆、海洋结构工程、水工结构、桥梁等方面也都发挥了重要的作用，而且其应用的领域仍在不断地扩大。地震模拟振动台实验方法是目前抗震研究中的最重要手段之一。

10.3.1 地震模拟振动台发展概况

地震模拟振动台始建于60年代末，首先是美国Berkerley加州大学中建成了6.1m×6.1m的水平和垂直两向振动台，随后日本国立防灾科学技术中心建成了世界上最大的15m×15m水平或垂直单独工作的地震模拟振动台。到目前为止，根据最近有关资料的不完全统计，国际上已经建成了近百座地震模拟振动台，主要分布在日本、中国和美国三个国家，其中日本拥有的振动台规模最大、数量最多。中国的地震模拟振动台规模和数量也相当可观。

根据地震模拟振动台的承载能力和台面尺寸，振动台基本上可以分成三种规模，即小型的承载力为10t以下，台面尺寸在2m×2m之内；中型的一般承载力在20t左右，台面尺寸在6m×6m之内；而大型地震模拟振动台的承载力可达数百吨以上。目前国际上正在建造的最大振动台台面尺寸为15m×25m，我国正在建造的最大振动台台面为6m×6m。多数地震模拟振动台的规模属于中型的，即台面尺寸在2m×2m～6m×6m之间，建造这样规模的地震模拟振动台从投资、日常维护和能源消耗三方面考虑都是比较合理的。从驱动方式来看，大部分地震模拟振动台都采用电液伺服方式，即采用高压液压油作为驱动源，这种方式具有出力大、位移行程大、设备重量轻等特点。一部分小型振动台采用电动式的。从激励方向来看单向的和双向的较多，但是随着科学技术的发展和抗震研究水平的提高，三向的地震模拟振动台不断增多。其中一部分是将原有的单向或两向振动台改造成三向振动台，例如加拿大的不列颠（哥伦比亚）将3m×3m的地震模拟振动台改造成水平、垂直二向的并将进一步发展成三向的；美国的海军建筑工程研究实验室（USAC-ERL）将3.65m×3.65m的地震模拟振动台更新成三向的；中国国家地震局工程力学研究所将水平两向5m×5m地震模拟振动台改造成三向的（1997年）；同济大学也将4m×4m水平两向地震模拟振动台改造成三向的（1995年）。关于地震模拟振动台的使用频率一般是0～50Hz，个别有特殊要求的振动台可达100Hz以上。振动台的位移幅值一般在±100mm以内，速度在80cm/s之内，加速度可达2g。从模拟控制方式来看目前主要有两种，一种是以位移控制为基础的PID控制方式，另一种是以位移、速度和加速度组成的三参量反馈控制方式。地震模拟振动台的数控方式主要还是采用开环迭代进行台面的地震波再现。

10.3.2 地震模拟振动台的设计和建造

地震模拟振动台是一项复杂的高技术产品，它的设计和建造涉及土建、机械、液压传动、电子技术、自动控制和计算机技术等。地震模拟振动台作为一个复杂的系统主要由如下几个部分组成：台面和基础，高压油源和管路系统，电液伺服作动器，模拟控制系统，计算机控制系统和相应的数据采集处理系统。图10.3.1为地震模拟振动台系统的示意图。

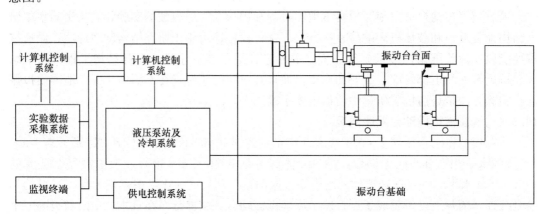

图10.3.1 地震模拟振动台系统示意图

地震模拟振动台的设计和建造是一件非常复杂和困难的工作，由于地震模拟振动台投资很大，所以最大的困难是如何用最小的投资获得最大的系统功能。而且在决策建造振动台的同时要充分预见到地震工程学科将来的发展可能对振动台的进一步要求。例如试件的尺度、振动的自由度以及激励的强度等。MTS公司的A.Clark和G.Burton曾对大型地震模拟振动台的设计问题做过较为详细的讨论，下面就设计和建造方面的问题进行讨论。

1. 振动台的主要技术参数考虑

振动台最主要的技术参数是激励力和使用频率范围，这些参数在很大程度上取决于作动器的工作性能。合理地选择这两个参数使地震模拟振动台既满足实验要求，又能节省投资是十分重要的。建筑结构的原材料特性和构造要求决定了其模型实验时的几何相似比S_e不宜过小，一般不小于1/10，当实验研究内容进入到弹塑性范围时，这个相似比还应大一些（否则尺寸效应的影响可能非常严重）。根据结构模型的相似要求，振动台的再现加速度和实际加速度之比为$S_a=1$。使用频率的选择必须适当，过高地要求上限频率就必须加大伺服阀和油泵的流量，从而导致投资增加；目前多数振动台的使用频率范围是0~50Hz。

能够综合反映地震模拟振动台激励力和频率特征的是最大功能曲线，最大功能曲线全面反映了位移、速度、加速度、频率和载荷之间的关系。当台面负荷减小时，则可以提高输入加速度；当要提高振动台的频率时，则台面的位移幅值就要减小；同样在低频情况下要想获得较大的加速度也不现实，除非增加投资采用能力更大的作动器。

2. 台面与基础

振动台的台面需要有足够的刚度和承载力，以便台面的自振频率能够避开振动台的使用频率范围，不至于造成系统的共振。一般要求台面的一阶弯曲频率高于$\sqrt{2}$倍的使用频率上限，这样基本可以保证台面自身的动力特性不影响振动台的波形再现精度。振动台的台面应当尽可能地轻，这样可以获得更大的台面承载力或者说获得更大的激励加速度。当然台面的自重减小会造成试件动力特性对振动台系统特性影响更加敏感，这个问题目前可以通过模控和数控技术进行补偿来解决。另外，从理论上讲，当台面满载时，台面的自振频率会降低，但根据使用经验证实，由于台面和模型之间几乎是刚性联接，试件和台面组成了一个整体，所以此时台面的频率不仅不降低，反而有所提高。从材料方面来考虑，振动台的台面应当重量轻、刚度大、铝材料可能是最适合的材料，因为铝材密度小，局部刚度也很高。但是从经济性来考虑钢结构的台面是最广泛应用的。大多数的振动台台面是采用钢板焊接而成的格栅结构，但在与作动器的连接部位进行局部加强，以免在高频情况下降低振动台的整体性能。

地震模拟振动台的基础设计处理是十分重要的，如果设置不合理会对人身和建筑物造成严重影响，这方面的例子是有的。目前基础设计的主要依据是根据基础振动对人、建筑物影响的定量分区曲线进行的。研究结果声明，振动台低频段的激励力主要由土壤抵抗，而 20Hz 以上的较高频率激励力主要由基础的质量作用抵消，基础与台面的加速度值恰好等于台面（包括试件在内）质量与基础质量的比值。如果基础的最大加速度为 $0.005g$，则基础的最小重量应等于 20 倍的最大激励力。通常是选择最大台面重量（包括试件）的 20～50 倍作为基础的重量。基础越大则振动台的相对运动越小，振动台的性能就越好。

另一个问题是地震模拟振动台的工作频率范围比较宽，基础的自振频率一般都处于振动台的工作频率范围内，这是基础设计无法避免的。当振动台输入随机波时问题不大，当进行周期振动或扫频实验时，可能产生较严重的共振问题。在共振区基础的振幅较大，为了减少振幅，只有提高基础的阻尼比，然而土壤能够提供给基础的阻尼是非常有限的，所以合理地选择基础的几何形状，增大基础的几何阻尼是一条有效的途径。采用浅而大的基础将可以有效地增大几何阻尼。

3. 液压源及管路

如果按照地震波的最大速度值来设计液压泵站的流量，那么需要采用较大流量的液压泵站。地震过程是一个短时间的脉冲过程，而较大流量的液压泵站将会造成很大的能源浪费，这样作既不经济也不合理。目前的做法是采用较小的液压泵站，利用大型蓄能器来提供给作动器瞬时所需的巨大能量。一般的地震波持时是在 1min 之内，这样就为采用大型蓄能器进行压力补偿提供了可能，在容许的压力下降范围内，蓄能器提供大的流量，而液压泵站可以是小流量的，这种供油方法是地震模拟振动台比较经济的供油方式。液压管路主要用于将油泵与作动器联系起来，为作动器提供高压油，一般是用钢管将高压油引到作动器附近，再用软管与作动器联接起来；需要注意的是软管不宜太长，否则在实验过程中软管可能产生振动，严重时将造成管路损坏。

4. 振动台的技术指标

评价振动台的性能有许多技术指标，对于单水平向的地震模拟振动台应着重考虑的是如下几项：加速度波形失真度，加速度竖向分量，台面主振方向的加速度不均匀度、横向加速度分量，背景噪声和地震波再现能力。关于主振方向的加速度不均匀度国内一般规定在 20% 以内，美国要求小于 10%，而日本要求小于 5%（避开局部共振）。对于横向加速度分量国内规定是小于 20%，一些振动台的实测结果也是在 15% 左右。美国 MTS 公司、日本三维振动设施委员会和德国 SCHENCK 公司均要求横向加速度分量小于 5%，但是实现这个数值还是有一定困难的。

背景噪声定义为振动台输入信号为零时，由于油源振动以及电路噪声等造成的台面加速度反应，一般是用信噪比来表示。国内一般要求信噪比大于 50dB，而美国 MTS 公司和日本规定背景噪声指标应小于最大功能的 1%，德国 SCHENCK 公司提出小于 $0.015g$。但是这些规定均存在一些问题，一般抗震实验中使用的地震波最大加速度在 $0.3g$ 左右，如果按这个数值考虑则信噪比的数值就较小，噪声对实验的影响增大了。

地震波的再现能力是振动台的一项重要技术指标，但它在概念上比较笼统，没有具体的标准，一般是通过台面再现的波形和期望的波形进行比较来判断。

10.3.3 地震模拟振动台的在抗震研究中的作用

模拟地震振动台在抗震研究中发挥了巨大的作用，为抗震科研和工程实践的发展做出了重要的贡献，模拟地震振动台在抗震中主要的作用如下：

1. 研究结构的动力特性、破坏机理和震害原因

借助于系统识别方法，通过对振动台台面的输入及结构物的反应的分析，可以得到结构的各种动力参数，从而为研究结构物的各种动力特性以及结构抗震分析提供了宝贵的依据。通过对模拟地震振动台试验中结构破坏形象的观察，分析结构物的破坏机理，进行相应的理论计算，研究结构物的薄弱部分，指导抗震设计。

2. 验证抗震计算理论和计算模型的正确性

通过模型试验来研究新的计算理论或计算模型的正确性，并将其推广到原型结构中去。

3. 研究动力相似理论，为模型试验提供依据

通过对不同比例的模型试验，将其推广至原型结构的地震反应与震害分析。

4. 检验产品质量，提高抗震性能，为生产服务

5. 为结构抗震静力试验提供依据

根据振动台试验中的结构变形形式，来确定沿结构高度静力加载的荷载分布比例；根据量测结构的最大加速度反应，来确定静力加载时荷载的大小；根据结构动力反应的位移时程，来控制静力试验的加载过程。

10.3.4 建筑结构振动台试验方案设计

试验方案是整个振动台模型试验的指南，它通常依据试验目的而定。在制定试验方案时，除了阐明试验目的和初步设计相似关系外，还应包括模型安装位置及方向、传感器类型及数量、试验工况、地震激励选择及输入顺序等内容。

1. 模型安装位置及方向

首先要明确模型结构最终试验时在振动台上的安装位置及方向。安装原则是尽量使结构质心位于振动台中心，且宜限定在距台面中心一定半径的范围内；尽量使结构的弱轴方向与振动台的强轴重合，以对模型结构最不利情况进行试验。这里要特别说明，在试验输入和数据处理时，要注意不能将振动台方向和模型方向混淆。

2. 传感器布置原则

在振动台试验之前，需在模型结构上布置一定数量的传感器，以获取振动台试验反应数据。传感器布置的基本原则包括但不限于以下内容。

(1) 按试验目的布置传感器。

这是振动台试验的关键环节之一，旨在从宏观上把握传感器的布置方案。例如，进行考察结构扭转效应的试验时，平面上需沿模型同一方向布置至少 2 个加速度传感器，传感器宜尽量布置得靠近平面边界，以测定扭转角；进行考察多塔楼的抗震性能试验时，需在不同塔楼的相应位置布置传感器，以考察不同塔楼相互振动的差别等。

(2) 按计算假定布置传感器。

在结构计算中，一般假定楼层质量集中于各层楼面处，给出结构位移、剪力、倾覆力矩等宏观参数沿高度的分布。因此，在进行振动台试验时，拾取结构宏观参数分布的传感器，宜尽量布置得靠近各楼层质心位置。

(3) 按预期试验结果布置传感器。

在预期给出模型宏观反应沿高度的分布时，则传感器应沿模型高度均匀布置，且平面布置位置应基本一致；在预期给出模型关键构件的反应时，则传感器宜在局部进行布置。

3. 传感器类型

各种传感器的布置是整个试验方案设计的重点，一方面要力求能反映出试验重点；另一方面也要兼顾后处理数据的有效和方便。振动台试验中常用到的传感器有加速度传感器、位移传感器、应变片、速度传感器等。

(1) 加速度传感器

压电式加速度传感器是利用晶体的压电效应制成的，其特点是稳定性高、机械强度高且能在很宽的温度范围内使用。需要注意压电式加速度传感器为单方向传感器。

(2) 位移传感器

拉线式位移传感器可用来测量测点相对于拉线式位移计支架固定点的位移。通常把拉线式位移传感器安装在振动台外台架的不动点上，这时所测到的位移为测点相对于地面的位移。

激光位移传感器是采用激光三角原理或回波分析原理，进行非接触位置、位移测量的精密传感器。其基本原理为由传感器探头发射出激光，通过特殊的透镜被汇聚成一个直径极小的光束，此光束被测量表面漫反射到一个分辨率极高的探测器上，通过探测器所感应到光束位置的不同，可精确测量被测物体位置的变化。

(3) 应变片

电阻应变片是利用金属丝导体的应变电阻效应来测量构件的应变。

(4) 速度传感器

磁电式速度传感器是根据电磁感应原理制成的，其特点是灵敏度高、性能稳定、输出阻抗低、频率响应范围有一定宽度。

传感器数量应根据振动台通道数确定。加速度传感器除特殊部位需适当增加测点外，为保证试验最终图线的真实和圆滑，通常结合模型结构总层数沿楼层高度方向，每隔一定标准层布置测点，测点处的加速度传感器沿 X、Y 向（二向试验时）或 X、Y、Z 向（三向试验时）分别布置；位移传感器的个数不多，通常布置在 X、Y 方向上的最主要楼层处或结构位移反应最大部位，其得到的数量可与加速度积分的位移相互校验；应变片则宜贴在一些应力较大较复杂的重要部位。注意，在传感器布置时，已与试验通道进行了一一对应。考虑到数据处理时的方便性，试验方案中对传感器编号顺序宜与布置传感器的施工顺序一致。

4. 试验工况设计

振动台试验工况设计包括主要试验阶段、地震激励选择、地震激励输入顺序等内容。振动台试验一般根据试验考察目的、国家建筑抗震规范、地方规程等的要求，划分为设防烈度相应的多遇地震、基本烈度地震、罕遇地震等几个主要试验阶段。在制订试验工况时，主要需考虑以下内容：

(1) 在地震激励各阶段开始和完毕时，可以以白噪声扫频获得结构自振频率、阻尼比、振型等动力特性。

(2) 在地震激励各阶段中，可以按规范、规程等要求选择 2 条天然地震波和 1 条人工波作为地震动输入。

(3) 对于双向或三向地震激励输入，不同方向间的输入峰值加速度关系宜满足规范要求，设定为 1（水平 1）：0.85（水平 2）：0.65（竖向）。幅值的大小按照 $a_g^m = S_a \cdot a_g^p$ 来确定，其中 a_g^p 为与原型结构设防烈度水准相对应的地面峰值加速度。

(4) 在地震激励输入时，同一地震波可以输入两组，第一组 X 方向为主向（水平 1）、第二组 Y 方向为主向（水平 1），作用到模型结构上。

5. 地震激励选择及输入顺序

振动台试验是根据相似理论将缩尺模型固定在振动台上，进行一系列地震动输入。对表现出非线性行为的模型来说，振动台试验过程是一个损伤累积和不可逆的过程。一方面地震波不可能选得很多，如何在选择小样本输入的情况下评估结构的抗震性能成为关键问题；另一方面振动台地震动输入要遵循激励结构反应由小到大的顺序，如果结构响应大的地震波输入先于结构响应小的地震波，那么结构响应小的地震波输入将无法激励起模型反应，对评价结构的抗震性将会带来误差。

本书提出以主要周期点处地震波反应谱的包络值，与设计反应谱相差是否不超过 20% 的方法选择地震波；按主要周期点处多向地震波反应谱的加权求和值大小确定地震波输入顺序。

(1) 地震激励选择

振动台试验的一般过程是首先选定 3~4 条地震波，然后再整个试验阶段（模拟多遇地震、基本烈度地震、罕遇地震阶段），不再重新选波和调换输入顺序。针对不同工程以及不同研究目的，振动试验振动台地震波选择宜采用以下方法。

对于特别重要的工程（如核电站反应堆的安全壳等）可采用最不利地震动方法进行选波，作为地震动进行输入。翟长海、谢礼力等按最不利地震动原则将选出的地震波分类列表，以供设计人员直接选用。

对于一般工程，应采用结构主要周期点拟合反应谱的方法。即首先初步选择适应于地震烈度、场地类型、地震分组的数条地震波；分别计算反应谱并与设计反应谱绘制在同一张图中；计算结构振型参与质量达 50% 对应各周期点处的地震波反应谱值；检查各周期点处的包络值与设计反应谱相差不超过 20%；如不满足，则重新选择地震波。

(2) 地震激励输入顺序

如前所述，振动台试验过程不可避免的是一个损伤累积的过程，因而地震动输入顺序的确定对于试验结果的有效性至关重要。

振动试验输入顺序可采用以下方法：计算结构振型参与质量达50%对应各周期点处，选定地震波的反应谱值；将各地震波在主要周期点处各方向上的值，按水平1：水平2：竖向分别以1：0.85：0.65加权求和；按该求和值从小到大的顺序，即确定地震动的输入顺序。这样，对于一般工程，振动台试验地震波选择和输入顺序确定步骤如下：

1）根据研究对象所在场地类型和设防烈度确定地震反应谱，并将反应谱转换为加速度表示，单位一般采用cm/s^2。

2）按规范要求初步选择3～4条地震波，将所选地震波进行反应谱分析，并与设计反应谱绘制在一起。

3）计算结构振型参与质量达50%对应各周期点处的地震波反应谱值；检查各周期点处的包络值与设计反应谱相差是否不超过20%；如不满足，则回到第二步重新选择地震波。

4）计算结构振型参与质量达50%对应各周期点处，选定地震波的反应谱值；将各地震波在主要周期点处各方向上的值，按水平1：水平2：竖向分别以1：0.85：0.65加权求和；按该求和值从小到大的顺序，确定地震波的输入顺序。

10.3.5 振动台试验准备及试验方法

1. 试验准备

从模型制作完成到实施振动台试验这一段时间内，还需要做一些准备工作，主要内容包括模型材料性能试验、地脉动动态性能测试、调整相似关系、标定传感器、附加人工质量、布置传感器等，这些工作可分为两个阶段，基本工作流程如图10.3.2。

2. 试验方法

根据试验目的的不同，在选择和设计台面输入加速度时程曲线后，试验的加载过程可选择一次性加载及多次加载等不同的方案。

（1）一次性加载

所谓的一次性加载就是在一次加载过程中，直接完成结构从弹性到弹塑性及破坏阶段的全过程。在试验过程中，连续记录结构的位移、速度、加速度及应变等输出信号，观察结构的裂缝和屈曲等现象，从而可以研究结构在弹性、弹塑性及破坏阶段的各种性能。但其存在一定的缺点，比如观测困难，如果试验经验不足，一般不采用该方法。

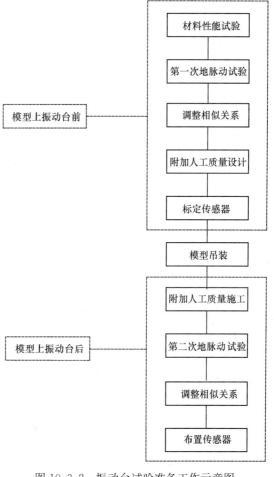

图10.3.2 振动台试验准备工作示意图

（2）多次加载

与一次性加载相比，多次加载法是目前的模拟地震振动台试验中比较常用的试验方法。一般有如下步骤：

1) 动力特性试验

2) 振动台台面输入运动

3) 加大台面输入运动

4) 加大台面输入加速度的幅值

5) 继续加大振动台台面运动

进一步加大振动台台面运动的幅值，使结构变成机动体系，如果在继续增大，结构就会发生破坏倒塌。在各个加载阶段，试验结构的各种反应量测和记录与一次性加载时相同，从而可以得到每个不同试验阶段的特性。但是，多次加载会对结构产生变形积累。

10.3.6 振动台模型试验数据处理方法

1. 模型结构加速度

建筑结构振动台模型试验的加速度反应可以通过分布在模型不同位置、不同高度、不同方向上的加速度传感器直接获取，测量值即为模型的绝对加速度值。可以用来推算更多的模型信息，比如，可以通过不同高度处的加速度值与基础加速度峰值之比获得模型结构的动力放大系数；看通过对加速度数值积分获得位移等。

2. 模型结构位移

模型结构的位移可以通过位移传感器直接测量和对加速度传感器数值积分两种方法获得，因加速度传感器在试验中一般布置较多，因而经常采用加速度数值积分的方法来获得模型结构位移。需要注意的是，加速度数值为绝对加速度，而积分后的位移要与基地位移相减以获得模型结构的相对位移而进行分析。

3. 模型地震作用

（1）模型结构的惯性力

由各个加速度通道的数据，可以求得模型结构的惯性力沿高度的分布，具体步骤如下：

1) 假定各层质量均集中在楼面处，计算各个集中质量 m_i；

2) 将加速度计测得的绝对加速度与相应位置层集中质量 m_i 相乘，得到相应层惯性力时程；

3) 利用插值计算得到未设置加速度传感器楼层的惯性力时程；

4) 各层的惯性力时程叠加，得到总的惯性力时程；

5) 找到与总惯性力时程峰值对应的时间点 T_{max}；

6) 统计与 T_{max} 相应的各楼层惯性力数值（一般也为最值）；

7) 得到各楼层结构在不同地震烈度下的惯性力峰值沿高度分布图。

（2）模型结构的层间剪力

层间剪力数值上等于上面各层惯性力之和。

第 11 章 风 洞 试 验

11.1 风洞试验概述

风洞试验是依据运动的相似性原理,将实验对象(如大型建筑、飞机、车辆的模型或实物)固定在风洞试验段地面人工环境中,通过驱动装置(如风机)使风道产生人工可控制的气流,以此模拟实验对象在实际气流作用下的性态,获取实验对象的风荷载、安全性、稳定性等性能。

世界上第一座风洞于19世纪末在英国建成,风洞的出现最早主要是用在航空航天领域,随着工业技术的发展,风洞开始在一般工业以及土木工程领域应用。丹麦人Irminger于1894年在风洞中测量建筑模型的表面风压,开启了结构风洞的先河,20世纪30年代,英国国家物理实验室(NPL)在低湍流度的航空风洞中进行了风对建筑物和构筑物影响的研究工作,指出了在风洞中模拟大气边界层湍流结构的重要性。1950年代末,丹麦的Jensen对风洞模拟相似率问题做了重要阐述,认为必须模拟大气边界层气流的特性。1965年,在结构风工程先驱Davenport负责下,加拿大西安大略大学建成了世界上第一座大气边界层风洞,即具有较长试验段、能模拟大气边界层内自然风的一些重要紊流特性的风洞。在Davenport带领下新的大气边界层风洞不断涌现,边界层风洞试验技术得到不断发展,已经成为现代土木工程抗风设计不可或缺的技术手段。

对建筑物模型进行风洞试验主要是为了获取建筑物原型的风荷载、风致振动响应特性等,这一技术从根本上改变了传统的设计和规范方法,成为大桥、电塔、大坝、高层建筑、大跨屋盖等超限建筑抗风设计的重要手段。本章将重点介绍风洞试验设备的组成及功能和结构风洞试验类别、试验方法和技术特点。

11.2 风洞试验设备

11.2.1 风洞

所谓风洞,是指在一个按一定要求设计的管道系统内,使用动力装置驱动一股可控制的气流,根据运动的相对性和相似性原理进行各种气动力实验的设备。按流动方式,风洞可以分为闭口回流式风洞和开口直流式风洞;按试验段形式,风洞分为封闭式风洞和敞开式风洞;按风速大小,风洞可以分为低速风洞、高速风洞和高超声速风洞;按应用领域,可分为航空风洞、汽车风洞、建筑风洞、环境风洞等;按运行时间,风洞可分为连续式风洞和暂冲式风洞。相对于航空风洞而言,用于土木工程结构的风洞一般都是低速风洞,同时试验段长度较大,因此通常被称为边界层风洞。

图11.2.1为一典型的回流式边界层低速风洞(ZD-1风洞)的构造图,这类风洞一般

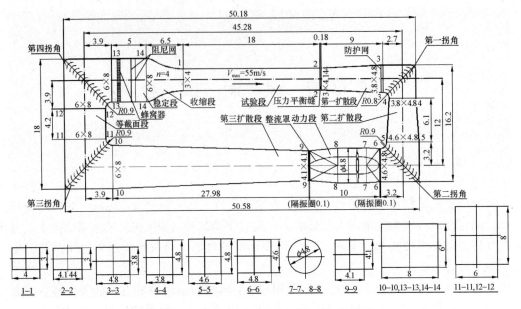

图 11.2.1 典型回流式低速风洞（ZD-1 风洞）

由动力段、扩散段、稳定段、收缩段、试验段等组成，现对其各部分及功能进行详细介绍。动力段是低速风洞的动力产生部件，一般由动力段外壳、风扇、电机、整流罩、导向片和止旋片等构成，动力段的功能是向风洞内的气流补充能量，保证气流以一定的速度运转；扩散段是一种沿气流方向扩张的管道，该风洞中有三个扩散段，其作用是使气流减速，以减少风洞中空气的能量损失，降低风洞工作所需要的功率；稳定段是一段横截面相同的管道，其特点是横截面积大、气流速度低，并有一定长度，稳定段一般都装有整流装置，如蜂窝器和整流网，蜂窝器由许多方形或六角形小格式构成，对气流起导向作用，使气流旋涡尺度减小，整流网是直径较小的钢丝组成的小网眼金属网，可有一层或数层，可以使旋涡尺度进一步减小，气流紊流度明显下降，因此气流经过整流装置后，便使来自上游的紊乱不均匀气流迅速稳定下来，提高气流的均匀性；试验段是风洞中模拟流场，进行模型空气动力实验的部件，是整个风洞的核心，为了模拟实际结构的流场，必须要求试验段具有一定的几何尺寸和气流速度，还应保证试验段气流稳定、速度大小和方向在空间分布均匀，背景紊流度低、轴向静压梯度低等。

11.2.2 风洞测试设备

风洞测试设备可以分为风速测试设备、风压测试设备、风力测试设备及风振测试设备这几种，除风振测试设备具有通用性以外，其他测试设备均有区别于其他测试领域的新特点，这里主要介绍风速、风压及风力的测试设备。

1. 目前风洞试验中进行风速测量的主要仪器设备有皮托管和热线（膜）风速仪等。

（1）皮托管

由空气动力学的伯努力方程，对于低速（即风速不超过 0.3 倍音速，约 100m/s）、不可压缩的流动，沿某一流线作稳定流动的不可压缩无黏性气流应满足如下方程式：

$$P_0 + \frac{1}{2}\rho U^2 = P \tag{11.2.1}$$

式中，ρ 为空气密度（kg/m³），在一个标准大气压（101325Pa）、15℃气温条件下，干燥空气的密度约为 1.225kg/m³，U 为各点的风速，P_0 为各点的气流静压，P 是常数称为总压，对于不同的流线 P 值可能不同。由此式可知，当风速从 U 降为零时，气流的压力将增加 $\rho U^2/2$ 此即为由自由气流风速所能提供的单位面积上的风压，称为动压。

皮托管（也称风速管），即是根据上述原理进行风速测量的设备，标准皮托管的构造如图 11.2.2 所示，其头部为半球形，后为一双层套管，测速时头部对准来流，头部中心处小孔（总压孔）感受来流总压 P，经内管传送至总压接口，头部后约 8D 处的外套管壁上均匀地开有一排孔（静压孔），感受来流静压 P_0，经外套管传至静压接口。根据式（11.2.1），则该点的风速为：

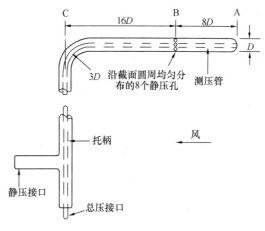

$$U = \sqrt{2(P-P_0)/\rho} \quad (11.2.2)$$

图 11.2.2　标准皮托管构造

总压孔有一定面积，它所感受的是驻点附近的平均压强，略低于总压，静压孔感受的静压也有一定误差，其他如制造、安装也会有误差，故测算流速时应加一个修正系数 ζ。ζ 值一般在 0.98～1.05 范围内，在已知速度之气流中校正或经标准皮托管校正而确定。皮托管的静压接口和总压接口分别与测压设备相连，可直接测出两者的压差即动压，由于皮托管与测压设备之间的导管一般较长，因此主要用来测量风洞流场的平均风速。

（2）热线（膜）风速仪

热线（膜）风速仪发明于 20 世纪 20 年代，其基本原理是利用探头上的热线（膜）在气流流过时由于散热量增加而降温从而导致电阻变化的原理来测量风速。标准的一维热线（膜）探头由两根支架张紧一根短而细的金属丝组成，如图 11.2.3 所示，金属丝通常用铂、铑、钨等熔点高、延展性好的金属制成，常用的丝直径为 5μm，长为 2mm。根据不同用途，热线探头还做成双丝、三丝、斜丝及 V 形、X 形等，图 11.2.4 为 X 形二维热线探头，三维热线探头不常用，由于热线之间相互干扰较严重，误差要大于一维和两维探头。为了增加强度，有时用金属膜代替金属丝，通常在一热绝缘的基底上喷镀一层薄金属膜，称为热膜探头，热膜探头尺寸相对较大，一般都是一维的。

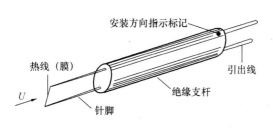

图 11.2.3　一维热线（膜）探头

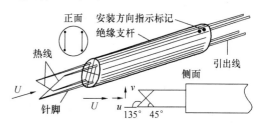

图 11.2.4　X 型二维热线探头

热线（膜）风速仪的优点是：（1）探头体积小，对流场干扰小；（2）适用范围广，不仅可用于气体也可用于液体，在气体的亚声速、跨声速和超声速流动中均可使用；(3) 除了测量平均速度外，还可测量脉动值和湍流量；(4) 频率响应高，可高达1MHz；(5) 测量精度高，重复性好。热线（膜）风速仪的缺点是热线容易断裂，每次使用前都要经过校准，对校准技术的要求较高。

热线（膜）风速仪的功能还可以进行拓展，可用来测量湍流中的雷诺应力及两点的速度相关性、时间相关性，测量壁面切应力（通常是采用与壁面平齐放置的热膜探头来进行的，原理与热线测速相似），还可以用于测量流体温度（事先测出探头电阻随流体温度的变化曲线，然后根据测得的探头电阻就可确定温度）。

2. 风压测试设备

(1) 微压计

液体式压力计是最早使用的测压仪器，其工作原理是液体静力平衡，利用液柱自重产生的压力与被测压力平衡，用液柱高度差来进行压力测量，主要包括补偿式微压计和倾斜式微压计。作为高准确度的液体式微压标准压力计，补偿式微压计应用较广，补偿式微压计主要由盛水小容器5、大容器2、连接胶管1、刻度盘3、刻度尺、螺杆、反光镜等组成，图11.2.5为补偿式微压计的构造图。补偿式微压计的工作原理是：较大压力的胶管接到"+"接头与2相通，小压力接到"—"接头与5相通，2中水面下降，水准头露出，同时5内液面上升。旋转螺杆以提升容器5，同时2中水面随着上升，直到2中水面回到水准头原来所在的水平面为止。此时刻度尺和刻度盘上的读数总和即为所测的压力（mmH_2O）。其原理的实质，是通过提高容器5的位置，用水柱高度来平衡（补偿）压力差造成的2中水面的下降，使2中水面恢复到原来的零位位置，这时5所提高的高度就是两容器压力差所造成的水柱高度。

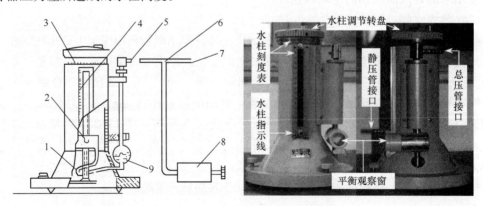

图 11.2.5 补偿式微压计

1—容器连接胶管；2—大容器（疏空）接嘴；3—旋转标尺；4—垂直标尺；5—小容器（加压）接嘴；
6—三通导压管；7—连接标准器管口；8—压力源；9—读数尖头

(2) 测压传感器

随着电测技术的发展，一系列测压传感器开始应用于风压的测量，常用的测压传感器有应变式测压传感器、压阻式测压传感器、电容式测压传感器等。

应变式测压传感器的工作原理是利用被测压强作用于弹性元件上使之变形，导致弹性元件上的电阻应变片产生应变而改变电阻值，从而使由电阻应变片组成的电桥电路输出与压强成一定关系的电压信号,根据校准曲线得到被测压强值;压阻式测压传感器是利用固体受到作用力后电阻率会发生变化的压阻效应制成,其核心部分是一块圆形的硅膜片,在硅膜片上采用集成电路工艺设计四个等值电阻组成一个平衡电桥,当被测压强作用于膜片上时,膜片各点产生应力,由于压阻效应而使四个电阻在应力作用下产生电阻变化,使电桥失去平衡,输出电压信号,根据校准曲线确定相应的压强;电容式测压传感器是利用金属弹性膜片作为电容器的一个可动极板,另一个金属平板作为固定极板,组成一个简单的平板电容器,当被测压强作用下弹性膜片时,膜片受力变形,使传感器的电容量发生变化,根据由校准所确定的压强与电容式测压传感器的电容量之间的函数关系,来确定被测量的压强值。测压传感器的输出量是与被测压强成比例的电量,可供数据采集和处理系统自动记录和处理,体积小、对压强变化反应快、灵敏度高,但易受温度影响,必须经常校准。

(3) 电子压力扫描阀

风压测试中往往需要测量大量测点的压力,如果各测压点都单独使用一个测压传感器,则不仅增加传感器的校准工作量,还会增加实验费用,甚至降低实验结果的准确度,因此对于多点测压普遍采用压力扫描阀装置,20 世纪 70 年代出现的机械压力扫描阀以机械扫描的方法,用一只高精度测压传感器对应几十个通道,靠机械转动将多通道压力逐一对应在公用的传感器上,机械式压力扫描阀通道数有限、压力平衡时间长、滞后大、扫描速率低限制其大规模应用,直至 80 年代出现了电子压力扫描阀系统,电子压力扫描阀系统有先进的设计思想,每个待测点各自对应一个测压传感器,采用高精度压力校准器进行联机实时在线自动校准并考虑对温度的自动修正、速度快、精度高。

图 11.2.6 为由美国 Scanivalve 公司生产的 DSM3400 型电子压力扫描阀系统,由 8 个压力扫描阀模块、系统控制和数据采集单元、伺服压力校正单元和电磁阀控制单元等组成,每只 ZOC33 压力扫描阀模块含有 8 组集成在一起的测压传感器,每组 8 个共 64 个测压传感器,8 个模块共计 512 个测压传感器,DSM3400 数据采集系统提供了 8 个 A/D 板,分别连接 8 个扫描阀模块,每个 A/D 板的最高采样频率为 40kHz,采样方式是对每个扫描阀模块上的所有 64 个通道循环地逐个通道轮流采集,两相邻通道的最小采样延时为 $1/40kHz=25\mu s$,同一通道两次采样的最小延时为 $25 \times 64/1000 = 1.6ms$,即最高采样频率为 625Hz。严格来讲,这种电子压力扫描阀系统真正同步测量的只有 8 个模块的对应通道,其他通道的测量是有延时的,只是由于延时很小,可近似认为各通道的测量是同步的。

图 11.2.6 电子压力扫描阀系统

由于电子压力扫描阀能测量高频压力信号,故常用于大批量测点动态风压的测量。在测压试验中模型表面的压力是通过测压管路传输到压力传感器上的,从空气动力学的角度出发,当测量对象是脉动压力时,这种压力传输是通过压力波的形式实现。当测压管路太短时,压力波在管端将发生反射,并与入射波叠加形成驻波,当与管路系统固有频率接近时就会产生管腔共振,使脉动压力增大;而当测压管路太长时,会使管路系统的固有频率显著降低,从而起到低通滤波器的作用,使压力信号中的高频成分显著衰减,影响测量精度。因此在实际应用中常采用缩短测压管路的长度、增大内径或在测压管的适当位置加入限流器等方法来改善测压管路的信号畸变问题,或者采用理论修正的方法来考虑由于信号畸变造成的脉动压力测量误差。

3. 风力测试设备

天平是风洞测力试验中的主要测力装置,用于直接测量作用在试验模型上的空气动力荷载的一种测量装置。天平可以将作用在模型上的风荷载按天平的直角坐标系分解成三个互相垂直的力分量和绕三个坐标轴的力矩分量,并分别测量,通过坐标转换的方法可以把天平坐标系中的静风荷载转换到所需的坐标系统中,从而确定作用在模型上的风荷载的大小、方向和作用点。天平有多种分类方法,根据安装型式可分为外式天平、内式天平;根据测量原理可分为机械天平、应变天平和压电天平等;按所测分量的多少,可分为单分量天平、三分量天平、五分量天平和六分量天平等。以下分别对各种不同测量原理的天平进行介绍。

(1) 机械天平

机械天平是在低速风洞中使用的一种空气动力测量装置。机械天平由模型支撑系统、模型姿态角机构、力与力矩分解机构、传力系统、平衡测量元件、架车与天平测量控制系统等组成。机械天平采用力平台与力矩平台进行力与力矩的分解,根据静力学平衡原理进行测量。机械天平将作用在模型上的空气动力分解成各个空气动力分量,由每个平衡测量元件进行独立测量,因此有很高的测量精度;通过调整可使各个空气动力分量之间的相互干扰减到最低程度,因此有很高的测量准度;机械天平有较大的刚度,一般不需要对模型进行弹性角修正;机械天平有较宽的载荷测量范围,通过调整可有很高的灵敏度;机械天平受环境影响小,有较好的长期稳定性。机械天平按结构形式进行分类主要可分为塔式天平和台式天平两大类。

(2) 应变天平

应变天平是一种通过测量弹性受力元件表面应变的方法来确定作用在被测物上荷载的测力装置,一般由天平元件(弹性元件)、应变计与测量电路(测量电桥)组成,试验时应变天平承受作用在模型上的空气动力荷载,并且把它传递到支撑系统上。天平元件在空气动力荷载作用下产生形变,其应变与外力大小成正比。粘贴在天平元件表面的应变计也同时产生变形,使其电阻值产生增量,这个电阻增量由应变计组成的惠斯顿全桥测量电路把它转换成电压增量,该电压增量值与应变天平所承受的空气动力荷载值成正比。将电压信号通过 A/D 转换后,输入到计算机上进行处理,即得到作用在模型上的空气动力与力矩。与机械天平相比,应变天平有质量轻、响应快、电信号容易传输的特点,应变天平体积小,可放在模型腔内,不仅可测量作用在全模型上的空气动力与力矩,而且可测量作用在部件模型或外挂物模型上的空气动力与力矩。应变天平按结构形式进行分类主要可分为杆式天平和盒式天平两大类。

除了常规应变天平外，为适应特殊的测力要求，产生了一系列特种应变天平，其中包括动导数天平、铰链力矩天平、外挂天平、喷流天平、马格努斯力天平、旋转天平、螺旋桨天平、旋翼天平、高频底座天平等。高频底座天平是风工程领域应用最为广泛的天平测试系统，用于测量作用在高耸结构物模型上的动态风荷载，与一般应变天平测量不同，高频底座天平测量的是广义力谱，再通过机械导纳求得高耸结构物的动态响应谱。为了获得作用在模型上的广义力谱，天平－模型系统的基阶固有频率要远离模型结构响应的频率范围，因此高频底座天平要有高的刚度，一般要求天平的固有频率在 200Hz 以上。另外为了保证天平各分量的准确测量，特别是动态荷载的准确测量，天平要有较好的力和力矩的分解能力，各分量干扰要小，灵敏度要高。图 11.2.7 为德国 ME-SYSTME 高频天平。

图 11.2.7　德国 ME-SYSTME 高频天平

（3）压电天平

压电天平是利用压电材料受力后在其表面产生电荷的压电效应的原理来测量作用在模型上的空气动力荷载，当压电材料受到一定方向的外力作用时，在它的两个表面上会产生极性相反、电量相等的电荷，其电荷量值与外力的大小成正比。当作用力方向改变时，其电荷的极性也随之改变；当外力去掉后，又恢复到不带电状态。压电天平具有结构简单，灵敏度高，线性度好，刚度大，载荷范围宽以及频率响应快等特点，其缺点是低频特性差。

11.3　结构风洞试验

风洞试验在土木工程中的应用主要是结构抗风试验，需要进行抗风试验的一般是超限的结构或构筑物，包括高层建筑、大跨建筑、大跨桥梁、高耸输电塔等，通过风洞试验方法获得结构或构筑物表面的风荷载以及风效应。本节重点针对结构风洞试验，分边界层流场模拟、测压试验、测力试验和测振试验这四部分来介绍结构风洞试验的试验方法。

11.3.1　大气边界层流场模拟

1. 大气边界层流场特性

进行地表结构物的风洞试验必须首先模拟自然风的风场特性，而模拟自然风的风场特性，必须首先明确用哪些物理量能表现自然风的风场特性。对于建筑抗风设计来说，最大的问题是抗强风设计，风特性主要受地表状态影响，可不考虑低风速下由气温变化引起的热力影响，自然风具有以下两种特征：其一是风速随着离地高度的增加而增大；其二是风在时间和空间上均具有随机脉动的特征。

强风中的平均风速随高度方向的分布可用指数率或对数率来描述，采用指数率描述时，可表示为：

$$\frac{V_z}{V_r} = \left(\frac{Z}{Z_r}\right)^\alpha \tag{11.3.1}$$

其中 Z 是高度，Z_r 是参考高度，V_r 是参考风速，α 是确定风速分布的幂指数，其数值是由相应的地貌情况来确定的，我国现行规范将地面粗糙度规定为海上（A 类）、乡村（B 类）、城市（C 类）和大城市中心（D 类）四类，指数分别取 0.12、0.15、0.22、0.30。

采用对数率描述平均风速分布为：

$$V_z = \frac{v^*}{\kappa} \ln \frac{Z}{Z_0} \tag{11.3.2}$$

其中 Z_0 是决定风速分布形状的系数，称为粗糙长度，粗糙长度在海上约为 0.003m，在大城市可达到 3m。v^* 为摩擦速度，κ 为 Karman 常数。

风的湍流即风速的脉动特性，与平均风速分布随高度增大的表达式不同，要描述风的湍流特性最重要的物理量，是表征脉动离散程度的方差或其均方根值（标准偏差），对于风速而言，用风速标准偏差与平均风速的比值表示脉动的程度，这个系数即为湍流强度，表达式为：

$$I_u = \frac{\sigma_u}{V} \tag{11.3.3}$$

其中为 σ_u 风速脉动的标准偏差，V 为平均风速。与平均风速相同，湍流强度也是随着高度变化的，因此湍流强度大小及其分布形状也需要与自然风保持一致。我国现行规范建议湍流强度在竖向分布的公式为：

$$I_u = I_{10} \left(\frac{Z}{10}\right)^{-\alpha} \tag{11.3.4}$$

其中，α 是地面粗糙度指数，I_{10} 为 10m 高名义湍流度，对于 A 类、B 类、C 类、D 类四类粗糙度，分别取 0.12，0.14，0.23，0.39。

模拟近地面湍流时，虽然湍流强度是一个非常重要的相似参数，但仅凭这一点还不足以表现风的湍流特性。风速脉动是不同周期、不同大小的信号叠加，形成的是不规则的随机信号。因此，如果不能模拟自然风中不同周期的脉动特性，就不能称实验来流与自然风相似。表示这种不规则脉动周期和大小的参数即为功率谱密度。根据观测结果，自然风湍流能量集中在数秒到几十秒以上的长周期内，无量纲化后的功率谱密度可表示为：

$$\frac{nS_u(n)}{\sigma_u^2} = \frac{4n^*}{(1+70.8n^{*2})^{5/6}} \tag{11.3.5}$$

其中，n 为频率，n^* 为无量纲频率，由下式定义：

$$n^* = \frac{nL_x}{V} \tag{11.3.6}$$

L_x 表征湍流的空间尺度，称为湍流积分尺度。经观测，湍流积分尺度随着高度增大的模型可表示为下式：

$$L_x = 100 \left(\frac{Z}{30}\right)^{0.5} \tag{11.3.7}$$

无量纲功率谱密度一致时,可用湍流积分尺度与建筑物的高度之比 Lx/H 来考察风速脉动周期的相似。

2. 大气边界层流场模拟的相似准则

黏性大气流附着地面附近流动时,因地面粗糙度的影响,形成了很大的沿垂直方向的风速递度,其相对增量因地表摩擦不同而异,通常称为大气边界层,风洞试验必须按结构物所处环境模拟风速梯度沿高度的变化规律。从相似理论的观点出发,大气边界层紊流特性的模拟需要满足几何、运动和动力三个相似条件。

几何相似是风洞试验的基本原则,除了要求模型外形按一定缩尺比满足几何相似外,还要求来流紊流的尺度也按同一几何缩尺比缩小,即边界层模拟的几何缩尺比要与结构模拟的几何缩尺比一致。对于构筑物的风载和风振问题,需要考虑的主要是湍流积分尺度。

运动相似对紊流特性的模拟主要有下述三个方面的要求。第一个要求是模型流场中各点的气流速度和原型流场中相应点的气流速度之比均应等于统一的风速缩尺比,为了模拟风速沿高度的变化规律,只要使表示平均风速分布的系数 α 或 Z_0 与实际情况相似即可,α 为无量纲系数,因此风洞试验可采用与自然风作用下相同的数值,而 Z_0 的量纲是长度单位,可采用无量纲的 Jensen 数($=H/Z_0$)来模拟。第二个要求是模型流场中无量纲的紊流强度的分布应和原型流场中的一致;第三个要求是模型和原型流场中的紊流频率成分相似,即模型和原型流场中对应点的脉动风速无量纲自功率谱、对应的任意两点之间脉动风速无量纲互谱(空间和时间相关性)相同。紊流频谱主要反映了紊流的脉动能量在不同频率也即不同尺度涡上的分布。对于结构物的风载和风振问题,主要要求精确模拟在构筑物固有频率附近以及自然风卓越频率附近的紊流谱的形状,但后者的难度较大,实践中模拟流场的低频能量往往较低,达不到要求。

动力相似原则上要求紊流的雷诺数相同,这一点往往由于难以做到而被忽视。

除上述参数外,模拟自然风还必须考虑的一个参数是大气边界层高度。在充分远离地面的高空处,可以忽略地面粗糙度的影响,此时风速不再随高度变化,即计算得到的气压结果都相等,这一高度称为边界层高度。对此高度的实测数据少,无法得到确切的数值,普遍认为在 500~1000m 范围都是可能的。除了超高层建筑物以外,大部分建筑物的高度与边界层高度相比都非常小。因此,在风洞实验中要使建筑模型完全处于湍流边界层内是非常重要的。此外,由于边界层高度可以反映在湍流强度分布中,所以如果湍流强度分布一致,可认为边界层高度相似的条件也能大致满足。

3. 被动模拟技术

紊流场的被动模拟技术不需要能量输入,是指利用粗糙元、格栅和尖塔阵等被动紊流发生装置形成所需模拟紊流场的模拟技术。风洞中较早出现的被动紊流模拟装置是平板格栅,利用不同宽度和间距的平板组合在风洞下游足够远处形成各向同性紊流,紊流的强度与尺度一般与平板的尺度有关。采用变间距平板格栅可以模拟大气边界层风速剖面,但是由于其模拟的平均风剖面光滑性不够理想,因此实际应用中主要用于模拟空间均匀的紊流场,很少用来模拟大气边界层流场。

尖塔阵和粗糙元模拟是目前最常用的边界层风场模拟技术,始于20世纪60年代末。这种技术利用安装在试验段入口附近的一排尖塔阵和按一定规律布置在模型上游风洞地板上的若干排粗糙元来产生所需要的模拟风场。粗糙元一般采用长方体形,尖塔的基本结构如图11.3.1所示，由迎风板和顺风向的隔板组成。迎风板尺寸下大上小，有弧形迎风板、梯形迎风板、三角形迎风板和由三角形板和矩形板组合而成的异形迎风板。两片迎风板也可制作成可绕中心立轴转动，用来模拟不同的湍流强度和湍流积分尺度。

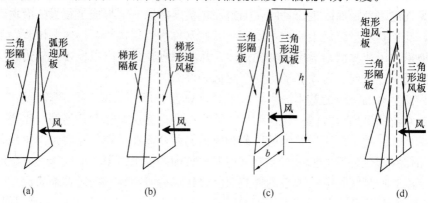

图11.3.1 尖塔结构示意图
(a) 弧形迎风板；(b) 梯形迎风板；(c) 三角形迎风板；(d) 异形迎风板

在长试验段风洞中模拟大气边界层紊流场是目前技术水平下用被动模拟方法所能达到的最好效果，即使在入口处不使用尖塔阵等被动装置，也不能完全达到模拟流场和实际流场中的紊流相似性，如果在入口处采用了尖塔阵、格栅等被动装置，紊流的相似性将更差。即便如此，限于目前流场模拟的技术水平和费用限制，尖塔阵和粗糙元模拟技术以其经济和简便的特点仍成为大气边界层风洞模拟的主流技术，其最大优点是很容易生成平均风速剖面，并在接近地面的一定高度范围内获得较大的紊流强度，但其对低频紊流的模拟不足，紊流积分尺度难以随高度增加而增大的缺陷，仍是被动模拟技术应用的软肋。

4. 主动模拟技术

主动模拟技术是指利用可控制运动机构装置形成所需模拟紊流场的模拟技术，主动模拟装置有振动翼栅、变频调速风扇阵列等。主动模拟和被动模拟的主要区别在于紊流涡发生器的工作原理不同，被动模拟依靠障碍物的尾流模拟大气涡团，而主动模拟则依靠运动机构向风洞中的气流注入随机脉动能量。

11.3.2 测压试验

1. 测压试验的目的

测压试验是通过测压计测得作用于模型上风压力的试验，这种试验多用于获得围护结构上的风荷载，也可用于得到主体结构上的风荷载，有时也用于建筑的风致响应分析来获得考虑风致振动的等效静力风荷载以及评价其居住性能。作用于围护结构上的风荷载是由外表面所受压力与内压之差得到，作用于建筑物整体或局部的风荷载可以通过对建筑物表面上作用的风压力进行积分求得，当建筑物受风致振动产生的附加气动力影响很小时，建筑物的风致响应可以用测压试验得到的脉动风荷载直接计算得到。

2. 测压试验模型设计

在测压试验模型设计时，首先需要根据风洞试验段的尺寸和待测建筑物原型的尺寸并考虑安装测压管和测压设备所需的空间等因素确定模型的几何缩尺比，模型的堵塞度（即最大阻风面积与风洞试验段横截面面积之比）应尽量控制在5%以下，以充分降低风洞壁面效应的影响。根据所选定的几何缩尺比用合适的材料如有机玻璃、木材、ABS 塑料、泡沫塑料等制作与原型保持外形相似的模型和干扰体等，理想情况下最好能准确地制作测压试验模型，但由于模型缩尺比的制约，不可能将模型的细部构造都精确地再现，由于作用于曲面上的风压力受表面凹凸状况影响较大，因此对曲面部分进行模型制作时要加以充分考虑。对于房屋建筑，除了雨篷等个别敞开部件外，大部分区域为封闭结构，只需对其外表面进行测压，而对雨篷、屋顶围墙等个别敞开部件以及体育场顶棚等敞开式结构，由于两个表面均受到风的作用，应进行双面同步测压，此时这些敞开部件的外形均需严格模拟，测压管和压力导管应埋在这些敞开部件模型内部，此外如果墙面等处有间隙或建筑物存在百叶，测量其内侧的风压力时，除了注意间隙或百叶的建模外，还需要充分考虑墙面模型的刚性、气密性、开口率等。

雷诺数效应是刚性测压试验模型需要考虑的重要因素，雷诺数是流体的惯性力与黏性力的比值，是表征建筑物周围绕流特性相似的无量纲参数，定义为 VD/ν，其中 ν 为流体的动黏性系数，空气中其值为 $1.5 \times 10^{-5} \mathrm{m^2/s}$。由于模型的几何缩尺比一般小于 1/100，风速比约为 1/2～1/4，因此模型的雷诺数要比原型的雷诺数小 2～3 个数量级。研究表明，对于具有棱角、转角或外表面凹凸不平的建筑，由上述雷诺数模拟失真对建筑物表面附近的绕流形态和表面压力带来的影响（简称雷诺数效应）相对较小，一般可以忽略；但对于具有光滑曲面的建筑，雷诺数效应对建筑物表面附近的绕流形态和表面压力具有一定甚至明显的影响，应在试验中予以考虑，一般可采用磨砂、粘贴绊条或绊线等粗糙化模型表面的方法来降低雷诺数效应的影响。

测压点布置是模型设计的重要环节，直接影响测压试验结果。由于建筑物表面风压的分布是不均匀的，因此测压点也应不均匀地布置，一般应按照原型结构每 $120\mathrm{m^2}$ 表面内不少于 1 个测压点的原则布置测点。对于高层建筑，有时要在产生局部大风压的墙面拐角附近密布测点，此外高层建筑也会在下部较低层墙面上产生很大风压，因此还需要在低层墙面处设置较多的测点，若屋面或墙面有曲面部分，在风压变化大的区域也同样需要密布测点，形状特殊的位置，有可能受周边建筑物影响使风压增大的部位均应密布测点。根据测量对象的不同，风压测点可多达数百个，有时需要考虑扫描阀的同步测压点数来考虑测点的布置数量。

3. 测量系统

在刚性模型测压试验中一般需要使用两套测量系统：其一是风速测量系统，试验流场的参考风速一般是用皮托管和微压计来测量和监控；其二是风压测量系统，模型表面的风压是通过由安装在模型表面垂直测压孔上的测压管、压力导管和压力传感系统、A/D 板、PC 机、信号采集程序及数据处理软件组成的测压系统来测量（如图 11.3.2）。实际应用中，测压管一般为较短的细金属管，压力导管一般为具有较好弹性的塑料软管，用来连接测压管和扫描阀上的压力传感器，作用于建筑物模型上的风压力是由表面的测压孔经测压管到达测压计获得，皮托静压管感受的总压和静压也经测压管到达测压计获得，建筑物模型上测量得到的风压力值与参考静压之差即为该测点的风压值。

4. 测量条件的选择

测量条件的选择对风压测试的结果至关重要。测量条件主要包括风洞来流及周边建筑和地形的模拟、参考静压点的选取、实验风速的选择、实验风向的确定、数据采样参数的

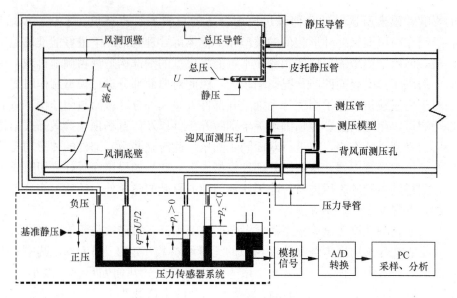

图 11.3.2 风压测量系统示意图

确定等。

(1) 风洞来流及周边建筑和地形的模拟

首先风洞来流要模拟建筑物拟建地点的自然风,为此需要通过参考地图等来掌握拟建建筑物周边的地况,以判断地面粗糙度的类型,然后才能采用前述被动模拟技术来模拟大气边界层流场。当周边建筑物会对拟建建筑物产生影响时,还应该注意对周边建筑物的模拟,通常认为模拟周边建筑物的距离达到周边建筑物高度的10倍足以,如果预先知道实验建筑物周边将来可能发生的变化,不仅要根据现有状况进行实验,最好还要对变化后的状况进行实验。另外,当该建筑物周围的地形非常复杂,规范也难以给出参考信息时,可采用1/1000到1/5000的大缩尺地形比例模型,通过比较模型的风速与气象部门测得的风速,用来推测拟建场所的风速。当建筑建造在斜坡上时,在实验时必须把建筑周边底座高低的变化包含在内,将建筑周边环境模型化,使实验中包括这种地形的影响。

(2) 参考点的选取

测压试验时需要在风洞中设置一个参考点,在该参考点处安装一个皮托管,用来监测和控制试验参考风速,参考点应按其流动受风洞底壁和模型干扰足够小但又能反映主建筑位置处来流特性的原则设置,一般将参考点置于模型前略高于模型顶部的位置。试验中,在测量各测点处风压的同时也测试参考点处的总压和静压,用来推算参考点处的来流动压,以便计算各测压点处与参考点高度有关但与试验风速无关的无量纲风压系数。

(3) 试验风速和风向的选择

试验风速应根据压力传感器的量程和灵敏度、模型的实际刚度和强度、模型的安装情况以及风洞试验风速范围等因素确定,既要保证有足够大但不超过传感器量程的风压作用在模型上,又要保证试验中模型不出现明显的振动现象。根据现有测压计的最小分辨率为 $p=5\text{Pa}$,风压系数的分辨率为 $C=0.05$,取空气密度为 $\rho=1.225\text{kg/m}^3$,则由 $V \geqslant \sqrt{2p/\rho C}$,得到实验风速不小于12.8m/s。测量脉动风压力时,实验风速要根据无量纲风速来进行设定,即需要考虑风速比和设计风速来确定试验风速。此外,作用于曲面部分的风压力根据雷诺数的不同有很大差异,必须了解在适当的实验风速范围内其作用风压力的变化趋势再谨慎选取。

作用于建筑物上的风压力随风向角有很大变化,因此设定试验风向时必须充分注意这种情况。试验风向一般选取 0°～360°范围内不同风向进行,0°风向角一般对应正北风,90°风向角一般对应正东风,风向角的间隔一般取 10°～15°。当局部风压很大时、或随风向变化风压有显著变化时,有必要在该风向角附近增加较细的试验风向角来进行测量。当不同风向范围对应的主建筑上游地貌类别有区别时,考虑到地貌类型的变化一般是逐渐过渡的,因此对位于两种地貌类型过渡区域的两个风向角需要按这两种地貌类型重复试验。

(4) 数据采样参数的确定

数据采样参数主要是采样频率和采样时间。当测量脉动风压时,采样频率应尽可能高,其最高值由所使用的压力扫描阀决定。试验时一般根据原型结构和流场的频率的上限(一般为几赫兹)和频率缩尺比确定模型试验中应考虑的频率上限,再放大 2～3 倍作为采样频率的下限。而采样时间的确定一般以保证原型采样时间不小于 10min 为宜,有时为了考虑长周期脉动分量的,或者为了得到相对稳定的数据序列需要数个样本进行整体平均,需要有更长的采样时间(如 1h 左右),由此根据时间缩尺比可确定试验的采样时间,即每个样本的时间长度。

5. 测压数据处理

测压试验的结果评价一般采用平均风压系数、脉动风压系数,体型系数以及用于围护结构设计的最大及最小峰值风压。

(1) 风压系数

风压系数的计算方法系按目前国内外风工程惯用的方法,即按下式计算:

$$C_p = \frac{P - P_\infty}{P_0 - P_\infty} \tag{11.3.8}$$

式中,C_p 是风压系数,P 是风压值,P_0 和 P_∞ 分别是试验时参考高度处的总压和静压。内外表面同步测量的测压点上的净风压系数可由下式计算:

$$C_p = \frac{P_u - P_d}{P_0 - P_\infty} \tag{11.3.9}$$

式中,P_u 是外表面风压值,P_d 是内表面风压值。

这里的风压系数是瞬时风压系数,对风压系数时程可以按统计学方法得到平均风压系数 C_{pmean} 和均方根风压系数 C_{prms}:

$$C_{pmean} = \sum_{j=1}^{n} C_{pj}/n \tag{11.3.10}$$

$$C_{prms} = \sqrt{\sum_{j=1}^{n}(C_{pj} - C_{pmean})^2/(n-1)} \tag{11.3.11}$$

式中,C_{pj} 为第 j 个风压时程系数值,n 为风压时程点数。由于风洞内流场已按实际流场模拟,因此认为模型上各测点的风压系数即为实物对应点的风压系数。

(2) 各测压点的局部体型系数

由《建筑结构荷载规范》GB 50009—2012 规定,在不考虑阵风脉动和风振效应时,作用在建筑物表面某一点"i"的风压W_i计算公式为：

$$W_i = \mu_{si}\mu_{zi}W_0 \qquad (11.3.12)$$

式中W_0为标准地貌下R年重现期、10m高度处、10min平均的基本风压。μ_{si}为i点的风载体型系数；μ_{zi}为i点的风压高度变化系数。而由风洞试验得出的风压计算公式为：

$$W_i = C_{pi}W_r \qquad (11.3.13)$$

式中C_{pi}为模型试验所得的i点的风压系数，W_r为试验参考点所对应的实物高度上的压力。又根据风压与风速的关系及风速随高度变化的指数公式，可得参考点对应的实物风压为：

$$W_r = \left(\frac{Z_r}{Z_0}\right)^{2\alpha} W_{0\alpha} = \left(\frac{Z_r}{Z_0}\right)^{2\alpha} \left(\frac{H_{T0}}{Z_0}\right)^{2\alpha_0} \left(\frac{H_{T\alpha}}{Z_0}\right)^{-2\alpha} W_0 \qquad (11.3.14)$$

式中Z_r为试验参考点所对应的实物高度；$W_{0\alpha}$为地貌指数为α时的基本风压；Z_0为确定基本风压的高度，在我国$Z_0=10\mathrm{m}$；α为大气边界层地貌指数；α_0为标准地貌指数，规范规定$\alpha_0=0.15$，相当于B类地貌的地貌指数；H_{T0}为标准地貌的大气边界层高度，$H_{T0}=350\mathrm{m}$；$H_{T\alpha}$为地貌指数为α时的大气边界层高度。而式（11.3.14）中

$$\left(\frac{Z_r}{Z_0}\right)^{2\alpha} \left(\frac{H_{T0}}{Z_0}\right)^{2\alpha_0} \left(\frac{H_{T\alpha}}{Z_0}\right)^{-2\alpha}$$

恰好为参考点Z_r处的风压高度变化系数μ_{zr}，因此有$W_r = \mu_{zr}W_0$，将此代入式（11.3.13）中得：

$$W_i = C_{Pi}\mu_{zr}W_0 \qquad (11.3.15)$$

对比式（11.3.12）与式（11.3.15）便可得到风载体型系数μ_{si}与风压系数C_{pi}的关系为

$$\mu_{si} = C_{Pi}\mu_{zr}/\mu_{zi} \qquad (11.3.16)$$

（3）围护结构设计的峰值风压

在进行围护结构及其覆面设计时，应使用最大及最小峰值风压。确定最大及最小峰值风压的方法主要有两大类。第一类常在缺乏建筑物表面脉动风压的试验数据而只有平均风压数据时应用，此时一般假定作用在建筑物表面的风压的脉动主要由大气边界层风场中的风速脉动所造成，即把最大峰值风压理解为考虑了阵风效应的阵风风压，其表达式为：

$$\hat{W}_i = \beta_{gz}C_{Pimean}\mu_{zr}W_0 \qquad (11.3.17)$$

其中，β_{gz}为阵风系数，与地貌类别和离地高度有关，可按现行规范取值。第二类情况针对建筑物外形复杂，加上主建筑物及其周边建筑对来流的干扰效应，作用在建筑物表面上的风压的脉动特性和来流的风压脉动特性之间往往存在着显著的差别，采用阵风因子法得到的最大峰值风压可能会与实现情况有较大差别，此时可以利用试验得到的动态风压时程以概率统计的方法来确定最大瞬时风压，而目前峰值因子法是应用最为广泛的方法。采用峰值因子法来计算最大瞬时风压的公式为：

$$\begin{cases} \hat{W}_{imax} = (C_{Pimean} + kC_{Pirms})\mu_{zr}W_0 \\ \hat{W}_{imin} = (C_{Pimean} - kC_{Pirms})\mu_{zr}W_0 \end{cases} \qquad (11.3.18)$$

其中，$\hat{W}_{imax}$为最大峰值风压，$\hat{W}_{imin}$为最小峰值风压，$k=2\sim4$为峰值因子，一般取3.5。在实际应用中为了安全起见，可偏安全地选取这两种计算方法中最不利的一组作为围护结构设计的最大瞬时风压。

(4) 基于风压积分的风荷载统计

作用于建筑物整体或局部的风荷载可以通过对建筑物表面上作用的风压力进行积分求得，用于积分的风压测点必须同步测量，在荷载积分时须注意总荷载作用方向与建筑表面法向的夹角以及测点控制面积的确定，提高风压积分的精度。

11.3.3 测力试验

1. 测力试验的目的

测力试验是为测得作用在建筑物整体或其中一部分的风荷载而进行的试验。测力试验是将建筑物模型固定于测力天平上，测得被固定模型整体的风荷载（包括阻力、升力、倾覆弯矩和扭矩等），由测得的风荷载可以进行荷载的设定或将其作为外力施加在建筑物模型上进行响应分析，但测力试验无法得到由于建筑物风致振动而产生的附加气动力。此外，即使试验对象的结构动力特性不明确，只要确定了建筑物的外形，就可以进行试验，计算风振响应时，可以把建筑物的结构特性作为参数进行分析，这些都是测力试验的优点。

2. 测力试验模型设计

在测力试验模型设计时，首先需要根据风洞试验段的尺寸和待测建筑物原型的尺寸并考虑天平安装的可行性来确定模型的几何缩尺比，模型的堵塞度（即最大阻风面积与风洞试验段横截面面积之比）应尽量控制在5%以下，以充分降低风洞壁面效应的影响。制作测力试验模型需要满足的相似条件是几何相似条件，而不一定要满足动力相似条件，为了满足模型的几何相似性，最好尽可能地忠实再现模型细部，由于模型－天平测量体系要求具有很高的固有频率，测力试验模型应尽可能选用轻质的刚性材料。

3. 测量系统

根据测量对象的不同，测力天平有许多种类，一般在建筑领域内使用的是通过应变片来测得由于外力使测量仪的感应部位发生微小变形的高频测力天平。该感应部位与刚性模型一起形成整体的振动体系，仅以风荷载的平均值为测量对象时毫无问题，但要测量脉动分量时，必须保证测量的频率范围不在天平－模型构成的振动体系的共振范围内。另外，在刚性模型测力试验中一般需要采用皮托管和微压计来测量和监控试验流场的参考风速。

4. 测量条件的选择

测量条件的选择对测力试验的结果也至关重要，测力试验的测量条件与测压试验基本相同，仅实验风速的选择需考虑测力试验的特点。测力试验中的试验风速除了根据天平的量程和灵敏度以及风洞试验风速范围等因素确定之外，高频测力试验还需要考虑相似准则的限制。在求解风致响应时，多采用频域分析方法，用谱表示风力的脉动特性。一般情况下，风洞试验得到的脉动风力谱采用无量纲形式表达，其横轴为无量纲频率 $n^* = nB/V$（其中 n 为频率，B 为特征尺寸，V 为风速），纵轴为无量纲化的谱值 $S^* = nS(n)/\sigma^2$（其中 $S(n)$ 为谱值，σ^2 为脉动外力的方差）。采用上述无量纲的形式来表示谱，其形状基本不会有变化。其中由于考察频率范围及模型的大小是固定的，因此无量纲频率范围会随风速的变化而变化。为了能用统一的谱来探讨风速范围内的响应结果，还要满足在测得的外力无量纲频率范围内含有建筑物无量纲固有频率，即

$$\frac{n_{\mathrm{cr}}B_{\mathrm{m}}}{V_{\mathrm{m}}} > \frac{n_0 B_{\mathrm{p}}}{V_{\mathrm{min}}} \tag{11.3.19}$$

其中，n_{cr} 为测量对象的频率上限，n_0 为原型一阶固有频率，B_m 和 B_p 分别为模型及原型的特征尺寸，V_{min} 为该建筑抗风设计考虑的建筑物顶部最小风速，则试验风速 V_m 应该满足：

$$V_m < \frac{n_{cr}\lambda_B V_{min}}{n_0} \tag{11.3.20}$$

其中，λ_B 为几何缩尺比。值得注意的是，如果为了扩大解析范围而任意减小风速，会导致风荷载减小，测量精度也随之降低，可见，在原型设计参数和几何缩尺比确定的前提下，提高测量对象的频率上限能提高试验风速，并有效提高测量精度，因此应尽可能提高模型－天平系统的固有频率。

5. 测力数据处理

测力试验的数据处理主要包括弯矩的修正和风力系数的计算，对于高层建筑则涉及基于一阶振型的等效风荷载计算等。

（1）弯矩的修正

天平测得的风力包括模型的整体力和弯矩，当模型的弯矩中心与测量中心不同时，需要进行弯矩修正。如测量仪的弯矩测量中心是建筑物底部再向下 l_0 处，由测得的整体力 $F(t)$ 和 $M(t)$，则建筑物基底弯矩应根据下式进行修正：

$$M'(t) = M(t) - F(t) \cdot l_0 \tag{11.3.21}$$

用该修正方法对时程数据进行数值计算，即可得建筑物的倾覆弯矩。

（2）风力系数

对测得的各风荷载一般采用无量纲化的风力系数来表示，一般各风力系数定义如下：

$$C_F = \frac{F}{\frac{1}{2}\rho V_H^2 A} \tag{11.3.22}$$

$$C_M = \frac{M}{\frac{1}{2}\rho V_H^2 AL} \tag{11.3.23}$$

其中，C_F、C_M 为风力系数，V_H 为参考风速（通常取建筑物顶部平均高度处的平均风速），ρ 为空气密度，A 为特征面积，L 为特征长度。

（3）基于一阶振型的等效风荷载

高频测力天平用于测量高层建筑的风荷载时，可假定一阶振型为卓越振型，取一阶振型为 $\mu_1(z) = z/H$（其中 H 为建筑高度），便可建立广义外力和倾覆弯矩的功率谱之间的关系，从而得到以倾覆弯矩表达的广义位移平均值和均方根：

$$\overline{X} = \frac{M_{mean}}{(2\pi n_0)^2 M_1 \cdot H} \tag{11.3.24}$$

$$\sigma_X = \frac{\sigma_M^2}{(2\pi n_0)^2 M_1 \cdot H}\left[1 + \frac{\pi}{4\eta_1} \cdot \frac{n_0 S_M(n_0)}{\sigma_M^2}\right]^{1/2} \tag{11.3.25}$$

其中，M_{mean} 为基底倾覆力矩的平均值，σ_M 为基底倾覆力矩的均方根，n_0 为高层建筑一阶固有频率，η_1 为高层建筑一阶振动阻尼比，$S_M(n_0)$ 为基底倾覆力矩的功率谱在一阶固有频率处的谱值，M_1 为一阶振型的广义质量，即：

$$M_1 = \int_0^H m(z)\mu_1(z)\mathrm{d}z \tag{11.3.26}$$

其中，$m(z)$ 为 z 高度的质量，由此可得建筑不同高度的最大位移为：

$$X_{\max}(z) = (\overline{X} + g\sigma_X)\mu_1(z) \tag{11.3.27}$$

设计风荷载为：

$$\hat{W}(z) = \overline{W}(z) + m(z) \cdot (2\pi n_0)^2 \cdot X_{\max}(z) \tag{11.3.28}$$

其中，$\overline{W}(z)$ 为 z 高度的平均风荷载，即

$$\overline{W}(z) = C\left(\frac{z}{H}\right)^{\beta} \cdot \left(\frac{1}{2}\rho V_H^2\right) \cdot B \tag{11.3.29}$$

其中，B 为 z 高度的迎风宽度，系数 C 和 β 分别为：

$$C = \frac{C_F C_M}{C_F - C_M} \tag{11.3.30}$$

$$\beta = \frac{2C_M - C_F}{C_F - C_M} \tag{11.3.31}$$

11.3.4 测振试验

1. 测振试验的目的

测振试验是将建筑物的振动特性进行模型化并采用弹性模型在风洞内重现建筑物在风作用下的动力行为。刚度、质量和阻尼均较小的结构，风致振动幅度较大，风和结构的耦合作用对结构响应的影响不可忽略，如高度超过 500m 的超高层建筑或高耸结构，或者长细比大于 15 的重要结构，风—结构耦合效应可能较强，忽略耦合效应对结构响应的估算可能产生较大影响，采用测压试验和测力试验得到的外力结果可以进行响应计算，而测振试验则是直接对包括加速度、位移等响应进行测量，其优势是可以掌握建筑平移振动和扭转振动的耦合作用及试验模型上各自由度之间的耦合作用，此外气弹模型测振试验可以获得由于模型振动而产生的附加气动力与外力共同作用下的响应，这是测压和测力试验无法得到的。由于气动弹性模型风洞试验通常只观测结构上少数部位前几阶模态的风致振动位移或加速度响应，其产生的信息量不足以对主体结构和围护结构风荷载提供全面的评估，因此通常需要与刚性模型的高频天平测力风洞试验或表面风压测量风洞试验结合使用。

2. 测振试验模型设计

与测压试验及测力试验不同，测振试验模型设计的关键是需要准确模拟结构的质量、刚度和阻尼等特性，以下将对各个参数的相似模拟进行详细介绍。

(1) 质量模拟

气弹模型测振试验的一个主要用途就是考察由于流固耦合作用在结构上产生的气动附加质量影响，因此在设计模型时，结构的惯性力与气体惯性力之比应保持与原型相等，即

$$\left(\frac{\rho_s}{\rho}\right)_m = \left(\frac{\rho_s}{\rho}\right)_p \tag{11.3.32}$$

其中，ρ_s 和 ρ 分别为结构和气体密度。由此，可得到模型与原型的质量和质量惯性矩之比：

$$\frac{M_m}{M_p} = \frac{\rho_m}{\rho_p} \cdot \frac{L_m^3}{L_p^3} \tag{11.3.33}$$

$$\frac{I_m}{I_p} = \frac{\rho_m}{\rho_p} \cdot \frac{L_m^5}{L_p^5} \tag{11.3.34}$$

(2) 阻尼模拟

结构的阻尼对共振响应影响很大，结构原型和模型中都采用量纲为一的阻尼比来反映阻尼的影响，模型中采用与原型相同的阻尼比即可。

（3）刚度模拟

结构刚度反映了结构抵抗外力作用下发生变形的能力，结构原型和模型的刚度之比采用等效刚度的形式：

$$C_E = \frac{(E_{eq})_m}{(E_{eq})_p} \tag{11.3.35}$$

根据目标建筑物的研究内容按以下几种来进行评价：

a. 以细长建筑物的弯曲应力为对象时：

$$E_{eq} = \frac{EI}{L^4} \tag{11.3.36}$$

b. 以桁架结构及加强索上的轴应力为对象时：

$$E_{eq} = \frac{EA}{L^2} \tag{11.3.37}$$

c. 以壳或膜等面状建筑物的膜应力为对象时：

$$E_{eq} = \frac{Eh}{L} \tag{11.3.38}$$

其中，E 为弹性模量，L 为特征长度，I 为截面的二阶矩，A 为截面面积，h 为厚度。刚度的缩尺比不是可随意选择的，对于不同的结构要求不同。对于自重作用对气弹影响小的结构，如高层高耸结构、大跨屋盖结构、桁架桥梁等，应保持原型和模型的柯西数 Ca 相等：

$$Ca = \left(\frac{E_{eq}}{\rho V^2}\right)_m = \left(\frac{E_{eq}}{\rho V^2}\right)_p \tag{11.3.39}$$

对于自重作用对气弹影响大的结构，如悬索桥、拉索结构、膜屋盖等，应保证弗劳德数 Fr 相等：

$$Fr = \left(\frac{V^2}{gL}\right)_m = \left(\frac{V^2}{gL}\right)_p \tag{11-3.40}$$

其中，g 为重力加速度。以膜屋盖等为对象的试验还需要附加一些相似条件。由于悬挂屋盖的变形会引起面外刚度急剧变化，因此必须考虑初始变形相似，当初始张力仅由重力作用引起时，可按重力相似情况考虑。关于初始变形的相似条件可以用下式表示：

$$\left(\frac{N_0}{E\Omega}\right)_m = \left(\frac{N_0}{E\Omega}\right)_p \tag{11.3.41}$$

其中，N_0 为初始张力，Ω 为振动体截面积。当室内的空气体积变化与振型有关时，需要满足室内空气的无量刚气承刚度的相似条件可表示为：

$$\left(\frac{\pi L^4 \rho a_s^2}{N_0 \forall_0}\right)_m = \left(\frac{\pi L^4 \rho a_s^2}{N_0 \forall_0}\right)_p \tag{11.3.42}$$

其中，a_s 为声速，$\forall_0$ 为室内体积。当建筑物内部存在较大的连接室内外的开口时，还需要满足无量纲气动阻尼比的相似条件：

$$(\eta_a)_m = (\eta_a)_p \tag{11.3.43}$$

该相似条件同样表示室内体积变化与振型有关，膜结构模型必须满足这些条件。充气膜结构除满足上述相似条件外，还需要模拟内压速压比的相似条件：

$$\left(\frac{p_i}{q}\right)_\mathrm{m} = \left(\frac{p_i}{q}\right)_\mathrm{p} \qquad (11.3.44)$$

其中，p_i 为内压，q 为速度压。对于特定模态的振动分析，还应保证该模态频率对应的斯特拉哈数 St 相等：

$$St = \left(\frac{f_0 L}{V}\right)_\mathrm{m} = \left(\frac{f_0 L}{V}\right)_\mathrm{p} \qquad (11.3.45)$$

测振试验气弹模型应该根据具体需要研究的对象按以上相似准则进行设计，常可设计成为近似模型、等效模型和截断模型等。对于主要质量和刚度都分布在外表面的结构，如烟囱、冷却塔等管状结构，模型的几何、质量和刚度布置都可以与原型近似，它可以模拟结构气动的所有特性；对于高层建筑等结构体系，需要采用等效模型来模拟，这种模型外表面与原型近似，它只能模拟结构气动的部分行为。对于细长结构如大跨桥梁、高塔、输电塔线等可处理成二维模型的结构，可采用部分截断模型进行实验，支座可为刚性或弹簧，可研究模型的部分振动模态或气动导纳系数。

测振试验气弹模型又可分为单自由度气弹模型与多自由度气弹模型。单自由度气弹模型是通过模拟结构的一阶广义质量、阻尼系数、刚度和外加风荷载来考虑结构的一阶风致响应，多自由度模型反映结构与风之间相互作用，可以考虑非理想模态、高阶振动、耦合等问题，但模型的制作和调试非常费时，而且不经济。

3. 测量系统

测振试验一般需要获取结构关键位置的加速度响应、位移响应等振动数据，测量系统可采用加速度传感器、位移传感器等，最新发展起来的视频测量仪也为风振的测试提供了很好的平台。

对于全气弹模型，需要具有足够重量的基底，而且通常要把其基础部位与基底刚接，以免产生不必要的振动。对于节段模型，应具备可调刚度和阻尼的测振支架，确保边界条件与原型保持一致。测振试验最大的难度在于振动系统的调整，其中包括气弹模型的频率调整、振型调整和阻尼调整，整个过程需耗费相当大的精力。

4. 测量条件的选择

测量条件的选择对测振试验的结果也至关重要，测振试验的测量条件与测压试验基本相同，但气弹模型测振试验需要更多地考虑相似关系。气弹模型振动试验需要通过相似条件建立试验风速与原型无量纲风速间的关系，通常试验风速取建筑物顶部的风速为特征风速。由相似条件可确定模型的固有频率，若单纯由试验风速与原型无量纲风速的比例关系来计算，会得到过小的试验风速，风洞风速竖向分布形式会发生变化，流场的形式也难免会有变化，因此应尽可能提高试验风速值。气弹振动试验中可通过改变风洞风速或模型固有频率来模拟实物无量纲风速的变化。通常情况下，会采用改变风洞风速来实现，而最好不改变模型的力学特性。但是由于试验结果的响应值多数是风速的三次方，会产生急剧变化，测量系统有可能在低风速下得不到足够精度的结果，此时可通过提高模型的固有频率来提高试验风速。对于气动弹性模型试验，风和结构的耦合效应不可忽略，而这一耦合效应的强度随试验风速和结构振动幅度的变化而变化，不能从一个试验风速下的结果推算出其他风速下的结果，必须在可能出现的风速范围中进行多级风速试验。

目前的测振设备通常具备较高的采样频率，测振试验的采样频率范围最好能达到模型固有频率的 10 倍以上，采样时间要相当于设计风速作用下的实际 600s 的 5 倍的时间，气动弹性模型的稳定振动通常滞后于风速条件的改变，风洞试验中，试验风速调整后，要经过一段时间风速才会稳定，而结构在这一风速下的动力响应还要再经过一定的时间才会稳定，所以，在试验风速调整后，必须经过一段相对较长的稳定期，比如 30s 后才能采集响应信号。试验数据中包含的噪声采用模拟或数字过滤器去除，此时的截断频率多取对象固有频率的 2~3 倍。

5. 测振数据处理

测振试验能得到需要的风振响应结果，因此其数据处理相对比较简单。气动弹性模型通常是缩尺试验，风荷载和风振响应有不同的相似比，因而应当将试验时的风速和试验结果按照相似关系换算到原型，按统计时间（通常为 600s 实际时间）将数据进行分割，以分别求得响应的平均值、标准偏差、最大值等，再在此基础上进行整体平均以得到最后的结果。统计结果包括加速度响应和位移响应等，将位移换算成加速度数据时，会突出在高频成分附带的噪声，因此要特别注意去除噪声。在得到各层位移响应峰值时，可直接采用式（11-30）计算等效风荷载。

第12章 施 工 监 测

12.1 基坑围护施工监测技术

12.1.1 基坑工程检测概况

随着城市建设的发展,城市区域土地资源越来越稀缺,对土地的利用率要求也越来越高,一方面高层建筑越来越多,而高层建筑都配有不同深度的地下室,高层建筑施工时都会遇到基坑开挖问题;另一方面,随着地铁、城市隧道及城市地下广场等地下工程建设的日益普及和发展,在地铁车站、明挖隧道等工程施工时也必然会面临到基坑开挖问题。由于基坑开挖施工是在地下进行,而地下情况的复杂多变性和地质条件的变化往往会超出我们事先的预计,所以施工时经常会出现实际情况与设计不符的情况,这就要求采用更为先进的信息化施工方法,即施工过程中对基坑及周边的情况进行实时监测,并根据实时监测的结果反过来控制和安排下一步的施工,必要时还要对原有设计进行及时修改和完善才能保证整个施工过程安全、顺利进行。

现行的国家行业标准规定,对开挖深度超过5m,或开挖深度未超过5m但现场地质情况和周围环境较复杂的基坑工程均应实施基坑工程监测,并在建筑基坑工程设计阶段由设计方根据工程现场及基坑设计的具体情况,提出基坑工程监测的技术要求,主要包括监测项目、测点位置、监测频率和监测报警值等。基坑工程施工前,应由建设方委托具备相应资质的第三方对基坑工程实施现场监测。监测单位应编制监测方案,监测方案应经建设、设计、监理等单位认可,必要时还需与市政道路、地下管线、人防等有关部门协商一致后方可实施。

监测工作的程序,一般按下列步骤进行:
1) 接受委托;
2) 现场踏勘,收集资料;
3) 制定监测方案,并报委托方及相关单位认可;
4) 展开前期准备工作,设置监测点、校验设备、仪器;
5) 设备、仪器、元件和监测点验收;
6) 现场监测;
7) 监测数据的计算、整理、分析及信息反馈;
8) 提交阶段性监测结果和报告;
9) 现场监测工作结束后,提交完整的监测资料。

12.1.2 基坑工程监测的目的及特点

1. 基坑工程监测的目的

(1) 为基坑开挖施工提供及时的反馈信息。开挖施工总是从点到面,从前到后,将局部和前期的开挖效应与观测结果加以分析并与设计预估值比较，验证原开挖施工方案正确性和合理性，或根据分析结果调整施工参数，必要时，采取附加工程措施，以此达到信息化施工的目的，使得监测数据和成果成为现场施工管理和技术人员判别工程是否安全的依据，成为工程决策机构必不可少的"眼睛"和"瞭望塔"。目前，这种预警预报式的信息化施工方法已经成为工程技术法规，通过技术规程及政府管理部门指令性推行实施，避免了不少可能发生的工程事故，保护了人民的生命财产安全。

(2) 作为设计与施工的重要补充手段。基坑工程设计和施工方案是设计人员通过对实体工程进行物理抽象，采取数学分析手段开展定量化预测计算，并借鉴长期工程实践经验制定出来的，在很大程度上揭示和反应了实际状况。然而，实践是检验真理的唯一标准，只有在方案实施过程中才能获得最终的结论，其中现场监测是获得上述验证的重要和可靠手段，设计计算中未曾计入的各种复杂因素，都可以通过对现场监测结果分析加以局部修改和完善。将施工监测和信息反馈看作设计的一部分，前期设计和后期设计互为补充，相得益彰。

(3) 作为施工开挖方案修改的依据。根据工程实际施工的结果来判断和鉴别原设计是否安全和适当，必要时还需对原开挖方案和支护结构进行局部的调整和修改。例如，改变挖土顺序，减少日出土量，或采取地基与支护结构加固措施等。为了选择和制定出最佳的修改和加固方案，既保证安全又经济合理，对于设计人员来说，施工监测数据是至关重要的定量化依据。只有通过对监测数据的透彻分析，准确预估结构及其相邻介质的变形趋势，才能以最小的代价获得最大的成效。在采用监测数据预测基坑围护和相邻土层变形与受力规律方面，反演理论的应用取得了较大的成功，其做法是将结构和土层的量测位移作为输入，按所假设的弹性或弹塑性模型反算或校正材料参数和作用荷载，进而推算出相应条件下结构和相邻介质的最终结果予以输出。根据反演分析方法编制成计算机分析程序，装入现场监测用的计算机，则可在输入监测数据的瞬时，获得理论预测结果，这种预测分析方法将在基坑工程信息化施工中起到重要的作用。

(4) 积累经验以提高基坑工程的设计和施工水平。鉴于在地质条件、施工工艺、几何形状、开挖深度、围护和支撑类型等方面所存在的差异，基坑围护的设计和施工，应该在充分借鉴现有成功经验和吸取失败教训的基础上，结合工程自身的特点和要素，力求在技术方面中有所拓展，有所创新。对于某一个特定基坑工程而言，在方案阶段，需要参考同类工程的图纸和监测成果，在竣工阶段，则为后续工程的建设又增添了一个工程实例。正是在各个工程监测工作的基础上，有关基坑工程的数据库才得以逐渐丰富和扩大。从完整的意义说，现场监测工作不仅为确保本工程项目的安全可靠，而且为该领域的学科和技术发展也做出了贡献。在基坑工程技术发展过程中，监测工作及其监测成果起到了十分重要的作用。在通常使用的力学分析、数值计算、室内试验模拟等工程技术手段中，客观事物，即地下结构和相邻土层，总是在不同程度上作些近似或简化处理，为突出主要因素，忽略了其他次要因素，这样做对于不同问题解决是必需和适合的，但在真实刻画自然界客观事物的变化规律方面，不可避免地掺入了人为假定的因素。在这方面，现场监测技术显示了极大的优势，每一个基坑工程的施筑，从某种意义上说，都是一次1：1的实体试验，所取得的数据是围护结构和土层在工程施工过程中的真实反映，是各种复杂因素影响和作用下基坑系统的综合体现。与其他客观事物的发生和发展一样，基坑工程技术是在实践中不断发展的,如果没有现场监测和分析,对于认识和把握基坑工程技术的发展规律几乎是不可能的。

2. 基坑工程监测特点

(1) 时效性　普通工程测量一般没有明显的时间效应。基坑监测通常是配合降水和开挖过程,有鲜明的时间性。测量结果是动态变化的,一天以前(甚至几小时以前)的测量结果都有可能失去直接的意义,因此,深基坑施工过程中的监测需随时进行,通常是1次/每1～7d,在测量对象变化快的关键时期,可能每天需要进行数次。基坑监测的时效性决定了基坑监测的必须具有足够高的频率,观测必须是及时的,应能及时捕捉到监测项目的重要发展变化过程,以便对设计与施工进行动态控制,纠正设计与施工中的偏差,保证基坑及周围环境的安全。

(2) 高精度　普通工程测量中误差限值通常在数毫米,例如60m以下建筑物在测站上测定的高差中误差限值为2.5mm,而正常情况下基坑施工中的环境变形速率可能在0.1mm/d以下,要测到这样的变形精度,普通测量方法和仪器不能胜任,因此,基坑施工中的测量通常采用一些特殊的高精度仪器。

(3) 等精度　基坑施工中的监测通常只要求测得相对变化值,而不是要求测量绝对值。例如,普通测量要求将建筑物在地面定位,这是一个绝对量坐标及高程的测量,而在基坑边壁变形测量中,只要求测定边壁相对于原来基准位置的位移即可,而边壁原来的位置(坐标及高程)可能完全不需要知道。由于这个鲜明的特点,使得深基坑施工监测有其自身规律。例如,普通水准测量要求前后视距相等,以清除地球曲率、大气折光、水准仪视准轴与水准管不平行等项误差,但在基坑监测中,受环境条件的限制,前后视距可能根本无法相等。这样的测量结果在普通测量中是不允许的,而在基坑测量中,只要每次测量位置保持一致,即使前后视距相差悬殊,结果仍然是完全可用的。因此,基坑监测要求尽可能做到等精度。使用相同的仪器,在相同的位置上,由同一观测者按同一方案施测。

12.1.3 基坑工程监测的内容和项目

1. 监测对象

基坑工程的现场监测应采用仪器监测与巡视检查相结合的方法,即通过专用仪器对基坑本身及周边设施和岩土体的变形和应力进行检测,同时还要通过人工观察的方法了解有无过大变形、地面沉陷、支护结构及周边建筑物裂缝、围护结构渗水等异常情况。基坑工程的监测项目应抓住关键部位,做到重点观测、项目配套,形成有效的、完整的监测系统。监测项目尚应与基坑工程设计方案、施工工况相配套。基坑工程现场监测的对象应当包括:

1) 支护结构;
2) 相关的自然环境;
3) 施工工况;
4) 地下水状况;
5) 基坑底部及周围土体;
6) 周围建(构)筑物;
7) 周围地下管线及地下设施;
8) 周围重要的道路;
9) 其他应监测的对象。

2. 监测项目

基坑工程监测项目分仪器监测和人工巡查监测两部分。

(1) 各类别基坑仪器监测部分的项目见表12.1.1：

建筑基坑工程仪器监测项目表　　　　表12.1.1

		一级	二级	三级
（坡）顶水平位移		应测	应测	应测
墙（坡）顶竖向位移		应测	应测	应测
围护墙深层水平位移		应测	应测	宜测
土体深层水平位移		应测	应测	宜测
墙（桩）体内力		宜测	可测	可测
支撑内力		应测	宜测	可测
立柱竖向位移		应测	宜测	可测
锚杆、土钉拉力		应测	宜测	可测
坑底隆起	软土地区	宜测	可测	可测
	其他地区	可测	可测	可测
土压力		宜测	可测	可测
孔隙水压力		宜测	可测	可测
地下水位		应测	应测	宜测
土层分层竖向位移		宜测	可测	可测
墙后地表竖向位移		应测	应测	宜测
周围建（构）筑物变形	竖向位移	应测	应测	应测
	倾斜	应测	宜测	可测
	水平位移	宜测	可测	可测
	裂缝	应测	应测	应测
周围地下管线变形		应测	应测	应测

注：基坑类别的划分按照国家标准《建筑地基基础工程施工质量验收规范》GB 50202—2002执行。

此外，当基坑周围有地铁、隧道或其他对位移（沉降）有特殊要求的建（构）筑物及设施时，具体监测项目应与有关部门或单位协商确定。

(2) 人工巡查监测部分

除仪器监测外，在基坑工程整个施工期内，每天均应有专人进行巡视检查。基坑工程巡视检查应包括以下主要内容：

1) 支护结构

(a) 支护结构成型质量；

(b) 冠梁、支撑、围檩有无裂缝出现；

(c) 支撑、立柱有无较大变形；

(d) 止水帷幕有无开裂、渗漏；

(e) 墙后土体有无沉陷、裂缝及滑移；

(f) 基坑有无涌土、流砂、管涌。

2) 施工工况

(a) 后暴露的土质情况与岩土勘察报告有无差异;

(b) 基坑开挖分段长度及分层厚度是否与设计要求一致,有无超长、超深开挖;

(c) 场地地表水、地下水排放状况是否正常,基坑降水、回灌设施是否运转正常;

(d) 基坑周围地面堆载情况,有无超堆荷载。

3) 基坑周边环境

(a) 地下管道有无破损、泄露情况;

(b) 周边建(构)筑物有无裂缝出现;

(c) 周边道路(地面)有无裂缝、沉陷;

(d) 邻近基坑及建(构)筑物的施工情况。

4) 监测设施

(a) 基准点、测点完好状况;

(b) 有无影响观测工作的障碍物;

(c) 监测元件的完好及保护情况。

5) 根据设计要求或当地经验确定的其他巡视检查内容

巡视检查的检查方法以目测为主,可辅以锤、钎、量尺、放大镜等工器具以及摄像、摄影等设备进行。巡视检查应对自然条件、支护结构、施工工况、周边环境、监测设施等的检查情况进行详细记录。如发现异常,应及时通知委托方及相关单位。巡视检查记录应及时整理,并与仪器监测数据综合分析。

12.1.4 主要监测方法及原理

1. 水平位移监测

(1) 主要方法及原理

1) 视准线法:在两固定点间设置经纬仪的视线作为基准线,定期测量观测点到基准线间的距离,求定观测点水平位移的技术方法。

2) 小角度法:通过测定基准线方向与观测点的视线方向之间的微小角度从而计算观测点相对于基准线的偏离值,根据偏离值在各观测周期中的变化确定位移量。

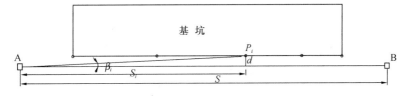

图 12.1.1 小角法示意图

3) 交会法:是利用两个基准点和变形观测点,构成一个三角形,测定这个三角形的一些边角元素,从而求得变形观测点的位置,进而计算出位移变化量的方法。常用的几种方法有:前方交会、侧方交会、后方交会法。

其原理是:已知条件 A、B 两点坐标分别为 (x_A, y_B)、(x_B, y_B),求 P 点的坐标。

待求数据 P 点的坐标 (x_P, y_P) 观测数据。

为确定 P 点的位置,经纬仪分别安置 A、B 两点,用测回法观测 $\angle A$、$\angle B$,然后进行坐标计算。

根据 A、B 两点的坐标和 $\angle A$、$\angle B$，P 点坐标为

$$x_P = \frac{x_A \tan\alpha + x_B \tan\beta + (y_B - y_A)\tan\alpha \tan\beta}{\tan\alpha + \tan\beta} \quad (12.1.1)$$

$$y_P = \frac{y_A \tan\alpha + y_B \tan\beta + (x_A - x_B)\tan\alpha \tan\beta}{\tan\alpha + \tan\beta} \quad (12.1.2)$$

4）自由设站法：全站仪自由设站法观测，是一种以角度与距离同时测量的极坐标法为基础，应用高精度全站仪在基坑附近方便观测的位置设观测站，从观测站上观测若干已知点（或一基准线的两个基准点）及变形监测点的方向和距离，按极坐标法计算出两基点及各变形点在以仪器中心为坐标原点的坐标系中的平面坐标，通过坐标变换（或是按最小二乘法进行平差）计算出各变形观测点在以基准点为坐标原点的坐标系中的平面坐标，通过对各点的周期性观测，便可得到各变形观测点的位移变化。

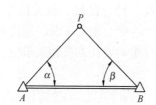

图 12.1.2　前方交会发示意图

图 12.1.3　全站仪

（2）监测要求

水平位移监测基准点应埋设在基坑开挖深度 3 倍范围以外不受施工影响的稳定区域，或利用已有稳定的施工控制点，不应埋设在低洼积水、湿陷、冻胀、胀缩等影响范围内；基准点的埋设应按有关测量规范、规程执行。宜设置有强制对中的观测墩；采用精密的光学对中装置，对中误差不宜大于 0.5mm。

测定特定方向上的水平位移时可采用视准线法、小角度法、投点法等；测定监测点任意方向的水平位移可视监测点的分布情况，采用前方交会法、自由设站法、极坐标法等；当基准点距基坑较远时，可采用 GPS 测量法或三角、三边、边角测量与基准线法相结合的综合测量方法。

基坑围护墙（坡）顶水平位移监测精度应根据围护墙（坡）顶水平位移报警值按表 12.1.2 确定。

基坑围护墙（坡）顶水平位移监测精度要求（mm）　　表 12.1.2

设计控制值（mm）	≤30	30～60	>60
监测点坐标中误差	≤1.5	≤3.0	≤6.0

注：监测点坐标中误差，系指监测点相对测站点（如工作基点等）的坐标中误差，为点位中误差的 $1/\sqrt{2}$。

地下管线的水平位移监测精度宜不低于1.5mm。

其他基坑周边环境（如地下设施、道路等）的水平位移监测精度应符合相关规范、规程等的规定。

2. 竖向位移监测

（1）主要方法及原理

1）几何水准法：在地面两点间安置水准仪，观测竖立在两点上的水准标尺，按尺上读数推算两点间的高差。为了测量地面上 A、P 两点间高差，先将水准标尺 R_1 竖立在水准点 A 上，再将水准标尺 R_2 竖立在一定距离的 B 点上，在 A、B 之间安置水准仪。依据水准仪的水平视线，在标尺上分别读数，两标尺读数差就是 A、B 两点间的高差 H_{AB}。第一站测完后，B 点上水准标尺 R_2 保持不动，A 点的水准标尺 R_1 移至 C 点，水准仪移至 BC 的中间，测得 B、C 两点间高差 H_{BC}，如此继续推进至 P 点，A、P 两点间的高差 $H_{AP} = H_{AB} + H_{BC} + \cdots\cdots$。

图12.1.4 液体静力水准仪

2）液体静力水准法：液体静力水准测量是根据连通管原理，用导管连接两个或更多的容器，将此系统中处于流体静平衡状态时的液体表面作为基准，从而测定被测平面间高差。

（2）监测要求

竖向位移监测可采用几何水准或液体静力水准等方法。坑底隆起（回弹）宜通过设置回弹监测标，采用几何水准并配合传递高程的辅助设备进行监测，传递高程的金属杆或钢尺等应进行温度、尺长和拉力等项修正。

基坑围护墙（坡）顶、墙后地表与立柱的竖向位移监测精度应根据竖向位移报警值按表12.1.3确定。

基坑围护墙（坡）顶、墙后地表及立柱的竖向位移监测精度（mm）　　　表12.1.3

竖向位移报警值	≤20（35）	20～40（35～60）	≥40（60）
监测点测站高差中误差	≤0.3	≤0.5	≤1.5

注：1. 监测点测站高差中误差系指相应精度与视距的几何水准测量单程一测站的高差中误差；
　　2. 括号内数值对应于墙后地表及立柱的竖向位移警报值。

地下管线的竖向位移监测精度宜不低于0.5mm。其他基坑周边环境（如地下设施、道路等）的竖向位移监测精度应符合相关规范、规程的规定。坑底隆起（回弹）监测精度不宜低于1mm。各等级几何水准法观测时的技术要求应符合表12.1.4的要求。

几何水准观测的技术要求　　　表12.1.4

基坑类别	使用仪器、观测方法及要求
一级基坑	DS_{05}级别水准仪，因瓦合金标尺，按光学测微法观测，宜按国家二等水准测量的技术要求施测

续表

基坑类别	使用仪器、观测方法及要求
二级基坑	DS$_1$级别及以上水准仪,因瓦合金标尺,按光学测微法观测,宜按国家二等水准测量的技术要求施测
三级基坑	DS$_3$或更高级别及以上的水准仪,宜按国家二等水准测量的技术要求施测

水准基准点宜均匀埋设,数量不应少于3点,埋设位置和方法要求与水平位移监测基准点相同。各监测点与水准基准点或工作基点应组成闭合环路或附合水准路线。

3. 深层水平位移监测

(1) 主要方法及原理

深层水平位移监测是通过在岩土体中预先埋设测斜管然后用采用测斜仪进行监测的。测斜管一般采用特制的硬性聚氯乙烯塑料管,一般埋设在基坑外侧的土体中或围护桩、墙中。一般要求测斜管底端埋设到足够深度或良好岩土层中,以保证在整个基坑开挖过程底端基本不动,而其上部各点相对于底端的水平位移即认为该处的绝对水平位移。具体测试方法如下:将测斜仪测量方向对准侧向位移方向导槽内,将测斜仪轻轻滑至管底,停置片刻使其稳定并测其读数,然后测斜仪每提升0.5m测读一次,直至管口。然后将测斜仪旋转180度插入同一对导槽内,按上述方法重复测试一次,以消除仪器误差。

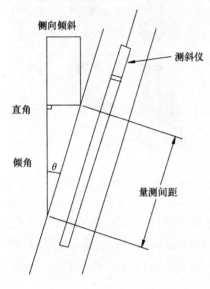

图12.1.5 测斜仪工作原理

(2) 监测要求

围护墙体或坑周土体的深层水平位移的监测宜采用在墙体或土体中预埋测斜管、通过测斜仪观测各深度处水平位移的方法。测斜仪的精度要求不宜小于表12.1.5的规定。

测斜仪精度 表12.1.5

基坑类别	一级	二级和三级
系统精度 mm/m	0.10	0.25
分辨率 mm/500mm	0.02	0.02

测斜管一般采用PVC工程塑料管或铝合金管,直径宜为45~90mm,管内应有两组相互垂直的纵向导槽。

测斜管应在基坑开挖前1周埋设,埋设时应符合下列要求:

1) 埋设前应检查测斜管质量,测斜管连接时应保证上、下管段的导槽相互对准、顺畅,接头处应密封处理,并注意保证管口的封盖;

2) 测斜管长度应与围护墙深度一致或不小于所监测土层的深度;当以下部管端作为位移基准点时,应保证测斜管进入稳定土层2~3m;测斜管与钻孔孔壁之间孔隙应填充密实;

3) 埋设时测斜管应保持竖直无扭转,其中一组导槽方向应与所需测量的方向一致。

测读时，测斜仪应下入测斜管底部静置 5～10min，待探头接近管内温度后再进行量测，每个监测方向均应进行正、反两次量测，结果取两个方向的平均值。

当以上部管口作为深层水平位移相对基准点时，每次监测均应测定孔口坐标的变化。

4. 倾斜监测

建筑物倾斜监测应测定监测对象顶部相对于底部的水平位移与高差，分别记录并计算监测对象的倾斜度、倾斜方向和倾斜速率。应根据不同的现场观测条件和要求，选用投点法、水平角法、前方交会法、正垂线法、差异沉降法等。建筑物倾斜监测精度应符合《工程测量规范》GB 50026 及《建筑变形测量规程》JGJ/T 8 的有关规定。

5. 支护结构内力监测

（1）主要方法及原理

1）钢筋应力计法：有振弦式和电阻应变式两种，测量时应力计以串联方式焊接在主筋上，振弦式钢筋计的工作原理是当钢筋计受轴力时，会引起弹性钢弦的张拉程度的变化，从而改变钢弦的振动频率，通过频率仪测得钢弦的频率变化即可测出钢筋所受作用力的大小，进而换算而得混凝土结构所受的力。电阻应变式钢筋计的工作原理是用钢筋受力后产生的变形，粘贴在钢筋上的电阻片产生变形，从而测出应变值，得出钢筋所受作用力的大小。

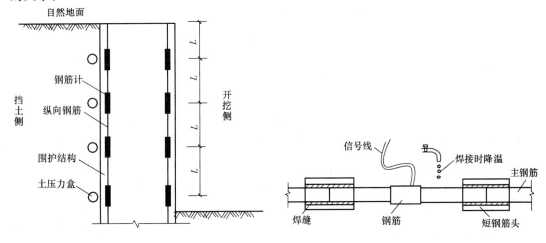

图 12.1.6　钢筋计、土压力盒安装示意图　　图 12.1.7　钢筋计焊接与冷却示意图

计算分析时需通过率定值进行换算，率定值是钢筋应力计厂家在实验室测定的钢筋计参数，该参数用于从测试的频率数据来计算钢筋计的受力，公式为：

$$P = K(F_0^2 - F_1^2) + B \tag{12.1.3}$$

其中：P 为钢筋计的受力值，单位为 kN

K 为钢筋计的率定值，单位为 kN/F

B 为修正数，单位为 kN

F 为频率，单位为 Hz

理论上来说，K 值在基坑监测过程中是不发生变化的，但人为造成 K 值变化时，在非实室条件下又无法测定 K 值，结果造成测试数据失实。所以施工过程中要尽量保护钢筋计，防止钢筋计 K 值的变化。

2) 混凝土应变计法：测量时一般安装在混凝土表面或埋设在内部，用电阻应变片或钢弦作为敏感元件，结合应变仪或频率仪，测定受力构件的表面或内部应变。

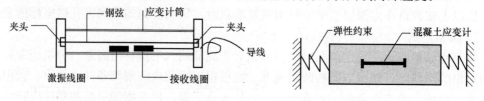

图 12.1.8 振弦式混凝土应变计工作原理示意图　　图 12.1.9 处于弹性约束状态的混凝土试件

对于振弦式应变计，设钢弦的初始张力为 P_0，初始频率为 f_0，在试件两端施加外力后，钢弦的张力变为 P，自振频率变为 f，混凝土的应变增量为 ε_c，钢弦的应变增量为 ε，则有：

$$\Delta P = P - P_0 = K(f^2 - f_0^2) \tag{12.1.4}$$

$$\varepsilon = \varepsilon_c = k(f^2 - f_0^2) \tag{12.1.5}$$

$$k = K/EA$$

式中，K 是与钢弦长度、密度有关的参数；E 为钢弦的弹模；A 为钢弦的断面积；k 为应变计的灵敏度系数。

（2）监测要求

基坑开挖过程中支护结构内力变化可通过在结构内部或表面安装应变计或应力计进行量测。对于钢筋混凝土支撑，宜采用钢筋应力计（钢筋计）或混凝土应变计进行量测；对于钢结构支撑，宜采用轴力计进行量测。围护墙、桩及围檩等内力宜在围护墙、桩钢筋制作时，在主筋上焊接钢筋应力计的预埋方法进行量测。支护结构内力监测值应考虑温度变化的影响，对钢筋混凝土支撑尚应考虑混凝土收缩、徐变以及裂缝开展的影响。应力计或应变计的量程宜为最大设计值的 1.2 倍，分辨率不宜低于 0.2%F·S，精度不宜低于 0.5%F·S。围护墙、桩及围檩等的内力监测元件宜在相应工序施工时埋设并在开挖前取得稳定初始值。

6. 裂缝检测

裂缝监测应包括裂缝的位置、走向、长度、宽度及变化程度，需要时还包括深度。裂缝监测数量根据需要确定，主要或变化较大的裂缝应进行监测。

裂缝监测可采用以下方法：

（1）对裂缝宽度监测，可在裂缝两侧贴石膏饼、划平行线或贴埋金属标志等，采用千分尺或游标卡尺等直接量测的方法；也可采用裂缝计、粘贴安装千分表法、摄影量测等方法。

裂缝宽度宜采用裂缝读数显微镜或裂缝宽度测试仪器检测，现有的裂缝宽度的测量方法分四类：

1）塞尺或裂缝宽度对比卡：简单，但只能用于粗测，测试精度低。

2）裂缝显微镜：用具有一定放大倍数的显微镜直接观测裂缝宽度，读数精度一般为 0.02~0.05mm，需要人工近距离调节焦距并读数和记录，有些还需另配光源，测试速度慢，测试工作的劳动强度大，而且有较大的人为读数误差。裂缝显微镜方法是目前裂缝测试的主要方法。例如：国产仪器 WYSK-40 型裂缝宽度测试仪：测量范围 0～4mm，精度 0.05mm；进口产品 ELE35-2520\2505 型裂缝宽度测试仪：测量范围 0～4mm，精度 0.02mm。

3）图像显示人工判读的裂缝宽度测试仪器

近年内市场上有通过摄像头拍摄裂缝图像并放大显示在显示屏上，然后依据屏幕上的刻度尺，人工读取裂缝宽度的裂缝测试仪器，如北京康科瑞公司的 KON-FK（O）裂缝宽度测试仪、深圳市思韦尔检测科技公司的 SW-LW-101 型表面裂缝宽度观测仪、四川省建筑科学研究院的 Z 72 型等。这种测试仪避免了裂缝显微镜必须近距离调节焦距的要求，降低了裂缝测试的劳动强度，但仍需人工估测和记录宽度，因此必然存在人工读数时的离散和误差。

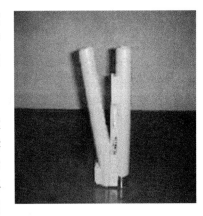

图 12.1.10　裂缝宽度读数显微镜

图 12.1.11　KON-FK（O）裂缝宽度测试仪

4）图像显示自动判读的裂缝宽度测试仪器

该类仪器的最大特点是对裂缝宽度的自动判读，即通过摄像头拍摄裂缝图像并放大显示在显示屏上，然后对裂缝图像进行图像处理和识别，执行特定的算法程序自动判读出裂缝宽度，这类测量仪器具备了摄取裂缝图像并自动判读以及显示、记录和存储功能，测试实时快速准确，代表了裂缝宽度测量仪器的发展方向。进口仪器有日产 FCV-21 型裂缝宽度测试仪，前端为数字式摄像头，用于摄取裂缝图像，经连接线将图像显示在电脑的显示屏上，自动判读并显示裂缝宽度。测试范围 0.05～2.0mm，读测精度 0.05mm，测试精确度 0.03mm。但 0.05mm 的读测精度偏低，另外进口仪器的价格较高，且不便于售后服务。北京康科瑞公司于 2006 年推出的 KON-FK（A）裂缝宽度测试仪是较新型的国产自动判读数显式裂缝宽度测试仪。

（2）对裂缝深度量测，当裂缝深度较小时宜采用凿出法和单面接触超声波法监测；深度较大裂缝宜采用超声波法监测。

1）测试原理

在相等间距条件下，测量跨缝和不跨缝的声传播时间，跨缝声时因绕过裂缝末端使声时加长，由传播声时和探头间距计算缝深。

2）基本假设：

（a）裂缝附近混凝土质量基本一致；

(b) 跨缝和不跨缝检测的声速相同；

(c) 跨缝测试的首波信号绕过裂缝末端到达接收换能器。

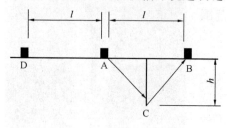

图 12.1.12 裂缝深度检测原理图

$$H = \frac{L}{2}\sqrt{\left(\frac{t_1}{t_0}\right)^2 - 1} \quad (12.1.6)$$

式中，t_0 为 D、A 两点之间的声时；t_1 为 A、B 两点之间的声时。

应在基坑开挖前记录监测对象已有裂缝的分布位置和数量，测定其走向、长度、宽度和深度等情况，标志应具有可供量测的明晰端面或中心。裂缝宽度监测精度不宜低于 0.1mm，长度和深度监测精度不宜低于 1mm。然后在基坑开挖过程中定期观测裂缝的发展变化情况。

7. 土压力监测

(1) 主要方法及原理

土压力监测一般采用振弦式土压力计（盒）进行，土压力盒一般埋设在支护结构与土的交界面上，基坑开挖过程中，支护结构和土体都会发生变形，支护结构表面的土压力就会发生变化，当被测结构物表面土压力发生变化时，土压力计感应板同步感受土压力的变化，感应板将会产生变形，变形传递给振弦转变成振弦松紧程度的变化，从而改变振弦的振动频率。通过电磁线圈激振振弦并测量其振动频率，频率信号经电缆传输至读数装置，即可测出被测结构物表面的土压力值。

(2) 监测要求

土压力宜采用土压力计量测。土压力计的量程应满足被测土压力的要求，其上限可取最大设计压力的 1.2 倍，精度不宜低于 0.5%F·S，分辨率不宜低于 0.2%F·S。

土压力计埋设可采用埋入式或边界式（接触式）。埋设时应符合下列要求：

1) 受力面与所需监测的压力方向垂直并紧贴被监测对象；

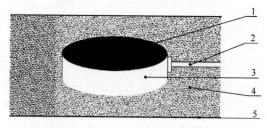

图 12.1.13 土压力盒安装示意图
1—承压膜；2—导线；3—压力盒；4—细砂；5—地基

2) 埋设过程中应有土压力膜保护措施；

3) 采用钻孔法埋设时，回填应均匀密实，且回填材料宜与周围岩土体一致；

4) 做好完整的埋设记录。

土压力计埋设以后应立即进行检查测试，基坑开挖前至少经过 1 周时间的监测并取得稳定初始值。

8. 孔隙水压力监测

孔隙水压力宜通过埋设钢弦式、应变式等孔隙水压力计进行测量，采用频率计或应变仪量测。

孔隙水压力计应满足以下要求：量程应满足被测压力范围的要求，可取静水压力与超孔隙水压力之和的 1.2 倍；精度不宜低于 0.5%F·S，分辨率不宜低于 0.2%F·S。

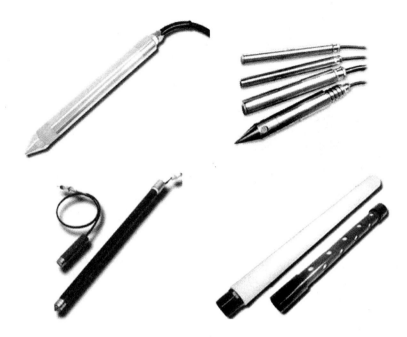

图 12.1.14 几种常用的孔隙水压力计

孔隙水压力计埋设可采用压入法、钻孔法等。

孔隙水压力计应在事前 2~3 周埋设,埋设前应符合下列要求:

1) 孔隙水压力计应浸泡饱和,排除透水石中的气泡;
2) 检查率定资料,记录探头编号,测读初始读数。

采用钻孔法埋设孔隙水压力计时,钻孔直径宜为 110~130mm,不宜使用泥浆护壁成孔,钻孔应圆直、干净;封口材料宜采用直径 10~20mm 的干燥膨润土球。

孔隙水压力计埋设后应测量初始值,且宜逐日量测 1 周以上并取得稳定初始值。应在孔隙水压力监测的同时测量孔隙水压力计埋设位置附近的地下水位。

9. 地下水位监测

(1) 主要方法原理

水位监测仪器:钢尺水位仪(钢尺量距读数精度为 1mm)、电子水准仪。

水位监测方法:松开钢尺水位计绕线盘后面制动螺丝,使绕线盘能自由转动,按下电源按钮(电源指示灯亮),把测头放入水位管内,手拿钢尺电缆,让水位测头在管内缓慢向下移动,当测头触点接触到水面时,水位仪接收系统便会发出蜂鸣声,此时读出钢尺电缆在管口处的读数,即为水位管内水面至管口的距离。

水位监测计算:为了确定水位变化量,采用水准仪水准测量的方法测定水位管管口高程,由下式计算水位管内水面的高程:

$$D_S = H_S - h_S \tag{12.1.7}$$

式中:D_S——水位管内水面高程(m);

H_S——水位管管口高程(m);

h_S——水位管内水面与管口的距离(m)。

若初始观测水位高程为 D_S^0,当期(第 i 次)观测水位高程为 D_S^i,上期(第 $i-1$ 次)

观测水位高程为 D_S^{i-1}，则当期水位变化量为：

$$\Delta h_S^i = D_S^i - D_S^{i-1} \quad (12.1.8)$$

累计水位变化量 Δh_S 为：

$$\Delta h_S = D_S^i - D_S^0 \quad (12.1.9)$$

（2）监测要求

地下水位监测宜通过孔内设置水位管，采用水位计等方法进行测量。地下水位监测精度不宜低于10mm。检验降水效果的水位观测井宜布置在降水区内，采用轻型井点管降水时可布置在总管的两侧，采用深井降水时应布置在两孔深井之间，水位孔深度宜在最低设计水位下2～3m。潜水水位管应在基坑施工前埋设，滤管长度应满足测量

图 12.1.15 钢尺水位仪

要求；承压水位监测时被测含水层与其他含水层之间应采取有效的隔水措施。水位管埋设后，应逐日连续观测水位并取得稳定初始值。

12.1.5 测点布置和要求

基坑工程监测点的布置总原则：

1) 应最大限度地反映监测对象的实际状态及其变化趋势，并应满足监控要求，同时还应不妨碍监测对象的正常工作，并尽量减少对施工作业的不利影响；

2) 所有监测标志应稳固、明显、结构合理，监测点的位置应避开障碍物，便于观测；

3) 在监测对象内力和变形变化大的代表性部位及周边重点监护部位，监测点应适当加密；

4) 监测点布置完成后应加强对监测点的保护，必要时应设置监测点的保护装置或保护设施，以免监测点遭到破坏导致监测工作无法继续进行。

基坑监测点布置分为基坑及支护结构和周边环境两部分，分别应达到下列要求：

1. 基坑和支护结构部分

（1）基坑边坡顶部的水平位移和竖向位移监测点应沿基坑周边布置，基坑周边中部、阳角处应布置监测点。监测点间距不宜大于20m，每边监测点数目不应少于3个。监测点宜设置在基坑边坡坡顶上。

（2）围护墙顶部的水平位移和竖向位移监测点应沿围护墙的周边布置，围护墙周边中部、阳角处应布置监测点。监测点间距不宜大于20m，每边监测点数目不应少于3个。监测点宜设置在冠梁上。

（3）深层水平位移监测孔宜布置在基坑边坡、围护墙周边的中心处及代表性的部位，数量和间距视具体情况而定，但每边至少应设1个监测孔。当用测斜仪观测深层水平位移时，设置在围护墙内的测斜管深度不宜小于围护墙的入土深度；设置在土体内的测斜管应保证有足够的入土深度，保证管下端嵌入到稳定的土体中。

（4）围护墙内力监测点应布置在受力、变形较大且有代表性的部位，监测点数量和横向间距视具体情况而定，但每边至少应设1处监测点。竖直方向监测点应布置在弯矩较大处，监测点间距宜为3～5m。

（5）支撑内力监测点的布置应符合下列要求：

1）监测点宜设置在支撑内力较大或在整个支撑系统中起关键作用的杆件上；
2）每道支撑的内力监测点不应少于3个，各道支撑的监测点位置宜在竖向保持一致；
3）钢支撑的监测截面根据测试仪器宜布置在支撑长度的1/3部位或支撑的端头。钢筋混凝土支撑的监测截面宜布置在支撑长度的1/3部位；
4）每个监测点截面内传感器的设置数量及布置应满足不同传感器测试要求。

（6）立柱的竖向位移监测点宜布置在基坑中部、多根支撑交汇处、施工栈桥下、地质条件复杂处的立柱上，监测点不宜少于立柱总根数的10%，逆作法施工的基坑不宜少于20%，且不应少于5根。

（7）锚杆的拉力监测点应选择在受力较大且有代表性的位置，基坑每边跨中部位和地质条件复杂的区域宜布置监测点。每层锚杆的拉力监测点数量应为该层锚杆总数的1%～3%，并不应少于3根。每层监测点在竖向上的位置宜保持一致。每根杆体上的测试点应设置在锚头附近位置。

（8）土钉的拉力监测点应沿基坑周边布置，基坑周边中部、阳角处宜布置监测点。监测点水平间距不宜大于30m，每层监测点数目不应少于3个。各层监测点在竖向上的位置宜保持一致。每根杆体上的测试点应设置在受力、变形有代表性的位置。

（9）基坑底部隆起监测点应符合下列要求：
1）监测点宜按纵向或横向剖面布置，剖面应选择在基坑的中央、距坑底边约1/4坑底宽度处以及其他能反映变形特征的位置。数量不应少于2个。纵向或横向有多个监测剖面时，其间距宜为20～50m；
2）同一剖面上监测点横向间距宜为10～20m，数量不宜少于3个。

（10）围护墙侧向土压力监测点的布置应符合下列要求：
1）监测点应布置在受力、土质条件变化较大或有代表性的部位；
2）平面布置上基坑每边不宜少于2个测点。在竖向布置上，测点间距宜为2～5m，下部测点宜加密；
3）当按土层分布情况布设时，每层应至少布设1个测点，且布置在各层土的中部；
4）土压力盒应紧贴围护墙布置，宜预设在围护墙的迎土面一侧。

（11）孔隙水压力监测点宜布置在基坑受力、变形较大或有代表性的部位。监测点竖向布置宜在水压力变化影响深度范围内按土层分布情况布设，监测点竖向间距一般为2～5m，并不宜少于3个。

（12）基坑内地下水位监测点的布置应符合下列要求：
1）当采用深井降水时，水位监测点宜布置在基坑中央和两相邻降水井的中间部位；当采用轻型井点、喷射井点降水时，水位监测点宜布置在基坑中央和周边拐角处，监测点数量视具体情况确定；
2）水位监测管的埋置深度（管底标高）应在最低设计水位之下3～5m。对于需要降低承压水水位的基坑工程，水位监测管埋置深度应满足降水设计要求。

（13）基坑外地下水位监测点的布置应符合下列要求：
1）水位监测点应沿基坑周边、被保护对象（如建筑物、地下管线等）周边或在两者之间布置，监测点间距宜为20～50m。相邻建（构）筑物、重要的地下管线或管线密集处应布置水位监测点；如有止水帷幕，宜布置在止水帷幕的外侧约2m处。

2）水位监测管的埋置深度（管底标高）应在控制地下水位之下 3~5m。对于需要降低承压水水位的基坑工程，水位监测管埋置深度应满足设计要求；

3）回灌井点观测井应设置在回灌井点与被保护对象之间。

2. 周边环境监测点布置

(1) 从基坑边缘以外 1~3 倍开挖深度范围内需要保护的建（构）筑物、地下管线等均应作为监控对象。必要时，尚应扩大监控范围。

(2) 位于重要保护对象（如地铁、上游引水、合流污水等）安全保护区范围内的监测点的布置，尚应满足相关部门的技术要求。

(3) 建（构）筑物的竖向位移监测点布置应符合下列要求：

1) 建（构）筑物四角、沿外墙每 10~15m 处或每隔 2~3 根柱基上，且每边不少于 3 个监测点；

2) 不同地基或基础的分界处；

3) 建（构）筑物不同结构的分界处；

4) 变形缝、抗震缝或严重开裂处的两侧；

5) 新、旧建筑物或高、低建筑物交接处的两侧；

6) 烟囱、水塔和大型储仓罐等高耸构筑物基础轴线的对称部位，每一构筑物不得少于 4 点。

(4) 建（构）筑物的水平位移监测点应布置在建筑物的墙角、柱基及裂缝的两端，每侧墙体的监测点不应少于 3 处。

(5) 建（构）筑物倾斜监测点应符合下列要求：

1) 监测点宜布置在建（构）筑物角点、变形缝或抗震缝两侧的承重柱或墙上；

2) 监测点应沿主体顶部、底部对应布设，上、下监测点应布置在同一竖直线上；

3) 当采用铅锤观测法、激光铅直仪观测法时，应保证上、下测点之间具有一定的通视条件。

(6) 建（构）筑物的裂缝监测点应选择有代表性的裂缝进行布置，在基坑施工期间当发现新裂缝或原有裂缝有增大趋势时，应及时增设监测点。每一条裂缝的测点至少设 2 组，裂缝的最宽处及裂缝末端宜设置测点。

(7) 地下管线监测点的布置应符合下列要求：

1) 应根据管线年份、类型、材料、尺寸及现状等情况，确定监测点设置；

2) 监测点宜布置在管线的节点、转角点和变形曲率较大的部位，监测点平面间距宜为 15~25m，并宜延伸至基坑以外 20m；

3) 上水、煤气、暖气等压力管线宜设置直接监测点。直接监测点应设置在管线上，也可以利用阀门开关、抽气孔以及检查井等管线设备作为监测点；

4) 在无法埋设直接监测点的部位，可利用埋设套管法设置监测点，也可采用模拟式测点将监测点设置在靠近管线埋深部位的土体中。

(8) 基坑周边地表竖向沉降监测点的布置范围宜为基坑深度的 1~3 倍，监测剖面宜设在坑边中部或其他有代表性的部位，并与坑边垂直，监测剖面数量视具体情况确定。每个监测剖面上的监测点数量不宜少于 5 个。

(9) 土体分层竖向位移监测孔应布置在有代表性的部位，数量视具体情况确定，并形成监测剖面。同一监测孔的测点宜沿竖向布置在各层土内，数量与深度应根据具体情况确定，在厚度较大的土层中应适当加密。

12.1.6 基坑工程监测方案编制

1. 方案编制前的准备工作

监测单位编写监测方案前应当做好资料收集分析和现场踏勘工作，收集资料内容应当包括：

1) 岩土工程勘察成果文件；
2) 基坑工程设计说明书及图纸；
3) 基坑工程影响范围内的道路、地下管线、地下设施及周边建筑物的有关资料。

除收集资料外，监测单位还应了解委托方和相关单位对监测工作的要求，并进行现场踏勘、搜集、分析和利用已有资料，监测单位在现场踏勘、资料收集阶段的工作应包括以下内容：

1) 进一步了解委托方和相关单位的具体要求；
2) 收集工程的岩土工程勘察及气象资料、地下结构和基坑工程的设计资料，了解施工组织设计（或项目管理规划）和相关施工情况；
3) 收集周围建筑物、道路及地下设施、地下管线的原始和使用现状等资料。必要时应采用拍照或录像等方法保存有关资料；
4) 通过现场踏勘，了解相关资料与现场状况的对应关系，确定拟监测项目现场实施的可行性；
5) 在前述收集分析资料和现场踏勘基础上制定合理的监测方案。

2. 监测方案的内容

监测方案应包括工程概况、监测依据、监测目的、监测项目、测点布置、监测方法及精度、监测人员及主要仪器设备、监测频率、监测报警值、异常情况下的监测措施、监测数据的记录制度和处理方法、工序管理及信息反馈制度等。

3. 监测方案的论证和实施

对于一些重要和复杂的基坑工程以及基坑周边环境条件要求高的工程，其基坑监测方案应进行专门论证，具体来说满足下列条件的工程应当进行监测方案的论证：

1) 地质和环境条件很复杂的基坑工程；
2) 邻近重要建（构）筑物和管线，以及历史文物、近代优秀建筑、地铁、隧道等破坏后果很严重的基坑工程；
3) 已发生严重事故，重新组织实施的基坑工程；
4) 采用新技术、新工艺、新材料的一、二级基坑工程；

方案论证后，或不需论证的方案，在经过建设方、设计方、监理单位认可后，实施时，监测单位应严格实施监测方案，及时分析、处理监测数据，并将监测结果和评价及时向委托方及相关单位作信息反馈。当监测数据达到监测报警值时必须立即通报委托方及相关单位。当基坑工程设计或施工有重大变更时，监测单位应及时调整监测方案。

4. 监测总结报告

监测结束阶段，监测单位应向委托方提供以下资料，并按档案管理规定，组卷归档。

1) 基坑工程监测方案；

2) 测点布设、验收记录；
3) 阶段性监测报告；
4) 监测总结报告。

基坑工程监测总结报告的内容应包括：
1) 工程概况；
2) 监测依据；
3) 监测项目；
4) 测点布置；
5) 监测设备和监测方法；
6) 监测频率；
7) 监测报警值；
8) 各监测项目全过程的发展变化分析及整体评述；
9) 监测工作结论与建议。

12.1.7 基坑工程监测实例

1. 工程概况

拟建某广场位于杭州市江干区，场地东侧紧邻机场路，北侧邻机场路巷，南侧为在建地铁线站台，西侧和西北侧为居民生活小区。工程拟建建筑物由酒店区、住宅区两个独立的高层结构单元组成。酒店区地上十九层，裙房四层，拟采用钢筋混凝土框架—核心筒结构体系；住宅地上二十九层，裙房二层，拟采用钢筋混凝土部分框支剪力墙结构体系。地上总建筑面积约 82929m^2，地下三层，建筑面积 49001m^2。地表以下约 10~12m 深度范围内以粉土为主，渗透性较好，而基底坐落在厚度达 12~24m 的深厚淤泥质粉质黏土层。

土方开挖及地下室施工工况：挖土和支撑分 6 个区块施工；底板分 8 个区块浇筑。
1) 开挖第一层土方：11 年 10 月 28 日至 11 年 11 月 30 日，历时 32d；
2) 第一道支撑施工时间：11 年 12 月 2 日至 11 年 12 月 27 日；
3) 第二层土方：12 年 2 月 9 日至 12 年 3 月 29 日，历时 49d；
4) 第二道支撑施工时间：12 年 3 月 3 日至 12 年 4 月 9 日；
5) 第三层土方：12 年 4 月 14 日至 12 年 6 月 5 日，历时 52d；
6) 第三道支撑施工时间：12 年 5 月 7 日至 12 年 6 月 20 日；
7) 第四层土方：12 年 6 月 15 日至 12 年 10 月 4 日土方开挖全部完成；
8) 基础地板 12 年 10 月 31 日全部施工完成；
9) 第三道支撑拆除时间：2012 年 9 月 24 日～2012 年 11 月 7 日；
10) 地下二层楼板 12 年 12 月 23 日全部施工完成；
11) 第二道支撑拆除时间：2012 年 12 月 8 日～2013 年 3 月 6 日；
12) 地下一层楼板 2013 年 4 月 20 日全部施工完成；
13) 第一道支撑拆除时间：2013 年 2 月 23 日～2013 年 4 月 26 日；
14) 2013 年 6 月 9 日全部到±0.00。

2. 周边环境及工程地质条件

基坑东面为机场路和在建地铁线站台，道路下埋有雨水、给水、污水、燃气、电力、通讯等综合市政地下管线；南侧邻近在建地铁风亭井（天然地基，基底埋深约 9m），距离基坑最近仅约6m；西侧为公寓及小区道路，为天然地基上的4层砖混结构；北侧为机床厂宿舍区，为天然地基或夯扩短桩基础上的6～7层砖混结构。

基坑开挖影响深度范围内各岩土层及分布特征自上而下分述如下：

①—1 填土：灰黄～灰褐，主要以混凝土碎块、碎石、砖瓦块等建筑垃圾、少量生活垃圾及黏性土、粉性土组成。层厚1.0～6.8m，全场分布。

②—1 黏质粉土：灰黄色，很湿，稍密。局部含少量有机质氧化斑点，局部相变为粉质黏土，干强度低，摇振反应中等，韧性低。层厚1.2～4.1m。局部缺失。

②—2 砂质粉土：灰色，湿～很湿，稍密，局部中密。含少量有机质氧化，可见云母碎屑，局部呈粉砂状，干强度低，摇振反应慢，韧性低。层厚1.9～2.7m，分布连续。

②—3 黏质粉土：灰色，湿，稍密。含黏性土，局部富集呈团块状，干强度低，摇振反应中等，韧性低。层厚0.7～3.2m。局部分布。

②—4 砂质粉土：灰色，很湿，稍密，局部中密。含少量有机质氧化，可见云母碎屑，含大量粉砂局部呈粉砂状，干强度低，摇振反应迅速，韧性低。层厚0.7～8.4m，分布连续。

③ 淤泥质粉质黏土：灰色，流塑状，饱和，夹有少量薄层粉土，含有机质成分，有臭味，干强度中等，可见贝蛤细屑，无摇振反应，韧性中硬。层厚11.8～24.5m。全场分布。

④—1 粉质黏土：灰黄～灰青色，饱和，软可塑为主，夹粉土薄层，含少量铁锰质氧化斑点，无摇振反应，干强度中等，韧性中硬。层厚1.0～4.9m。

④—2 粉质黏土：灰黄，饱和，可塑，显水平沉积层理韵律，夹粉土薄层，含铁锰质氧化斑点，无摇振反应，干强度中等，韧性中硬。层厚1.8～9.1m。本层在场地西南角缺失。

⑤—1 粉质黏土：灰色，饱和，可塑（局部软塑），含少量铁锰质氧化斑点及植物残体等腐质物，无摇振反应，干强度高，韧性中硬。层厚1.9～8.0m。局部分布。

⑤—2 粉质黏土：灰色～灰青色，饱和，可塑，夹层状粉砂，局部富集呈互层状、团块状，无摇振反应，干强度高，韧性中硬。层厚1.6～7.0m。局部分布。

⑤—3 夹细纱：灰色～灰黄色，饱和，稍密～中密，主要以石英、长石凳暗色矿物组成，可见云母细屑，均匀性一般。层厚1.4～3.3m。局部分布。

⑥ 粉质黏土：灰黄色～灰绿色，饱和，硬可塑，含铁锰质氧化物及少量高岭土条带，经氧化淋滤固结，性质较好，干强度高。底部相变为可塑状黏土，层厚1.3～10.0m，连续分布。

⑦ 粉质黏土：灰白色～灰黄色，饱和，软可塑，混少量粉细砂，局部砂含量较高，干强度中等，摇震反应无，韧性中等。局部底部呈粉细砂状，局部缺失。

⑧ 圆砾：灰～灰黄色，湿，中密～密实，砾含量15～20%，粒径以0.5～2.0为主，圆砾含量50～60%，粒径以2.0～5.0为主，个别可达8cm，局部夹少量漂石，其余为中粗砂及黏性土充填，局部砂含量较高，层厚2.5～14.3m。全场分布。

⑨—1 全风化晶屑凝灰岩：青灰色，原岩结构已基本破坏，岩芯风化成砂土状，具可塑性，局部夹强风化岩碎块，手捏易碎。层厚3.2～8.3m，局部分布。

⑨—2 强风化晶屑凝灰岩：青灰色～紫红，显晶质凝灰结构，块状构造。层厚1.2～

6.6m，分布连续。

⑨-3 中等风化晶屑凝灰岩：青灰色～紫红，显晶质凝灰结构，块状构造，节理裂隙发育，结构面微张。揭露层厚 3.6～5.6m。

从场地地基土层分布来看，地表以下约 12m 深度范围内以粉土为主，渗透性较好，需注意对地下水的控制，而基底坐落在深厚淤泥质粉质黏土层，对开挖周围地基变形控制和基坑工程施工非常不利。

3. 监测目的及监测内容

建筑物密集的城区内进行深基坑开挖常会因支护结构的失稳或变形过大而发生事故，同时，基坑降水也会给周围建筑物和构筑物带来不良影响，这不仅贻误工期、严重影响邻近建筑物和道路管线等公用设施的安全、造成巨大的经济损失，而且事后往往很难处理，这已为大量的工程所证实。为此，有关部门已将现场监测列为防止深基坑开挖事故发生的重要举措之一。

概括起来说，本次基坑工程现场监测有以下三点作用：

(1) 指导现场施工

由于支护结构的变形和失稳并不是在瞬间发生，而是随着开挖的进行逐步发展的。监测工作可以全面了解开挖过程中围护体系的实际状态，有助于正确估计开挖工程总体稳定性，为开挖施工的顺利进行以及邻近建筑物、地下管线等公用设施的安全提供保证。监测过程中一旦发现异常情况，例如支护桩水平位移发展过快或绝对数值过大，支撑轴力超出设计值等，即可及时调整施工方式或采取必要的补救措施，防止事故的发生。

(2) 校核、修正设计

将结构内力、变形的观测资料与设计计算值进行比较，可以了解设计是否安全可靠、经济合理。如有必要可根据观测资料修正设计参数。

(3) 有利于纠纷的解决

建筑物等设施的损害是否由于邻近深基坑开挖引起，常常造成纠纷。现场观测资料可以为纠纷的解决提供可靠的依据。

根据该工程基坑开挖深度、环境特点、地基土层物理力学性质指标和支护设计方案，需要对本项基坑开挖工程进行监测的项目见表 12.1.6、表 12.1.7：

监测项目及具体情况 表 12.1.6

序号	监测项目	数量	分布情况	频率	监测仪器
1	深层水平位移监测（墙后土体）	21（点）	基坑周边	正常情况：坑深>2m 挖土期间每天1次，其余可间隔1～3天1次 异常情况：每天2次	测斜仪
2	深层水平位移监测（地连墙）	3（点）	地连墙内	正常情况：坑深>2m 挖土期间每天1次，其余可间隔1～3天1次 异常情况：每天2次	测斜仪
3	地下水位	16（点）	基坑周边	正常情况：坑深>2m 挖土期间每天1次，其余可间隔1～3天1次 异常情况：每天2次	皮卷尺直接量测

续表

序号	监测项目	数量	分布情况	频率	监测仪器
4	地基分层沉降	5（点）	基坑周边	每个设计计算工况2次	沉降仪
5	支撑轴力	27组（54只）	支撑梁主筋上	正常情况：坑深>2m挖土期间每天1次，其余可间隔1~7天1次 异常情况：每天2次	弦式传感器测定仪
6	地下墙内力（钢筋计）	37组（74只）	地连墙主筋上	每个设计计算工况2次	弦式传感器测定仪
7	土压力	45只	地连墙内外两侧	每个设计计算工况2次	弦式传感器测定仪
8	水压力	35只	地连墙内外两侧	每个设计计算工况2次	弦式传感器测定仪
9	新打立柱桩沉降	6点	立柱支撑上	开挖期间：每周1次 异常情况：1天1次 停挖期间：15天1次	水准仪
10	地下连续墙墙顶沉降与位移	30点	压顶梁上	开挖期间：每周1次 异常情况：1天1次 停挖期间：15天1次	水准仪 南方NTS-362R 全站仪
11	周围环境沉降	80点	基坑周边	开挖期间：每周2次 异常情况：1天1次 停挖期间：1周1次	水准仪

广场基坑开挖现场监控测点数量一览表　　　　表12.1.7

序号	监测项目	测管（点）数量	备注
1	围护桩及土体深层水平位移	测斜管18+6根	3根试验墙中各设测斜管1根，其余埋在坑壁地基土中
2	坑外地下水位	水位管16根	
3	支撑轴力	9×3=27点	每个测点设2只钢筋应力计
4	地基分层沉降管	5根	每根沉降管在各土层的顶面各设磁环1只（深度分别距离地面约4m、9m、14m、20m、26m、30m）
5	地下墙内力（钢筋计）	37对（T1、T2）	试验墙T1、T2内外侧竖向每2.0m布置1对钢筋计
6	地下墙墙侧土压力	土压力盒15×3=45只（T1、T2、T3）	每个墙体试验段墙背主动土压力测点10个；内侧坑底土压力测点5个，3m间距。（第一个土压力盒距钢筋笼顶3m，图中W代表基坑外侧，N代表基坑内侧坑底布置）
7	地下墙墙侧孔隙水压力	孔压计10×3+5=35只（T1、T2、T3）	坑外与土压力位置对应10个，3m间距。（第一个孔压计距钢筋笼顶3m，图中W代表基坑外侧，N代表T3基坑内侧坑底布置）
8	新打立柱沉降	沉降观测点6点	新打立柱6点
9	地下连续墙墙顶沉降和水平位移	沉降观测点30点	地下连续墙墙顶设置30点
10	周围地表和建筑沉降	沉降观测点80点	除周围地表外，观测对象还包括西边和西北边居民住宅楼。道路沉降15~20m设置一点，周边建筑物（沿基坑边的住宅建筑）每栋至少设置4~6个变形监测点

具体监测布置点如下图所示：

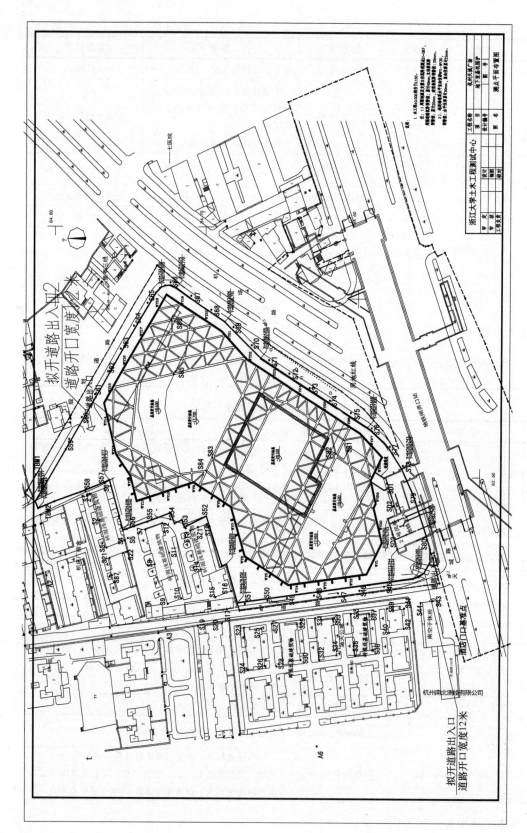

图 12.1.16 监测点平面布置图一（地面沉降与位移测点）

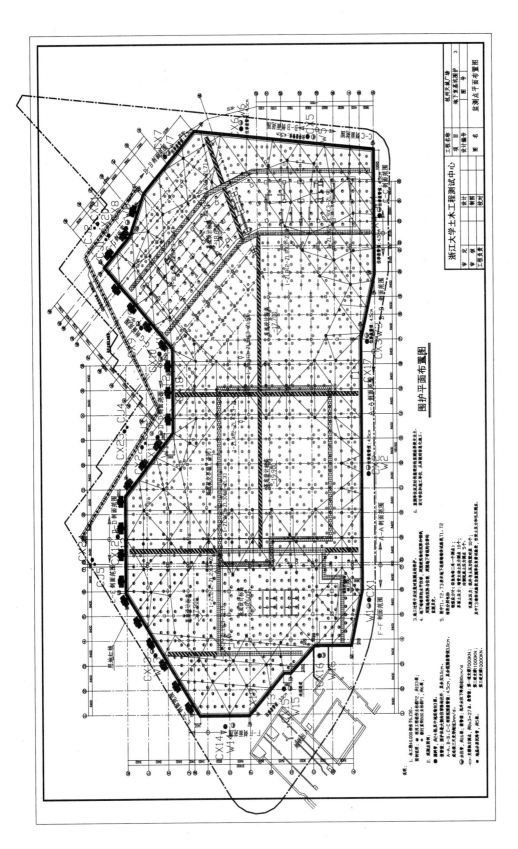

图 12.1.17 监测点平面布置图二

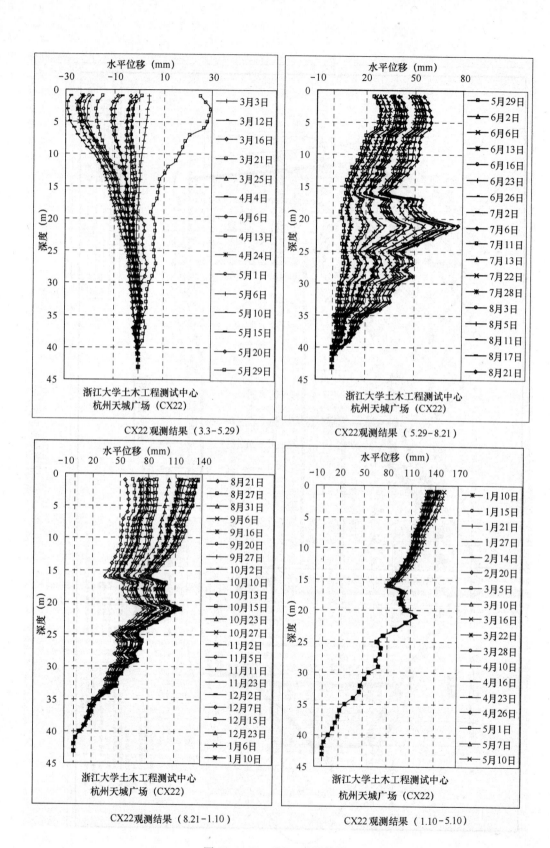

图 12.1.18 CX22 观测结果

4. 监测警戒值

监测报警指标　　　　　　　　　　　　　　　　　表 12.1.8

序号	监测项目	报警指标
1	深层水平位移（墙后土体）	最大值：累计 45mm（A-A～C-C 剖面） 最大值：累计 30mm（其余范围） 速率：连续 3 天＞3mm/d
2	深层水平位移（连续墙）	最大值：累计 30mm 速率：连续 3 天＞3mm/d
3	支撑轴力（三道支撑）	报警值：第一道支撑：7000kN； 第二道支撑：11000kN； 第三道支撑：10000kN。
4	地下墙内力	
5	坑外地下水位	变化幅度：80cm/d
6	土压力	
7	水压力	
8	地下连续墙墙顶水平、竖向位移	坡顶水平最大位移：30mm 坡顶竖向最大位移：25mm
9	新打立柱桩隆沉	最大位移：20mm
10	周围环境沉降	道路沉降：40mm，建筑物沉降 25mm。
11	地基分层沉降	

5. 监测结论

综合本工程深基坑整个施工个过程的监测成果分析，本工程围护结构在地下室施工期间：

1）少数测斜管在基坑开挖过程中由于地表施工影响对测斜管顶部的碰撞，导致管顶位移显著增大而失真，基坑四周各个测点的深层水平位移最大值普遍超出预警值，其中最大位移量为 151.04mm，发生在基坑西北侧的 CX22 测斜管。

2）地下水位稳定在 0～4m 之间。

3）支撑内力的监测结果表明：第一道轴力最大值为 18903kN 左右，发生在 1-ZL5 测点，大于预警值。第二道轴力最大值为 29866kN 左右，发生在 2-ZL5 测点，且 2-ZL4-2-ZL5 支撑梁的轴力明显超过预警值，第三道轴力最大值为 23677kN 左右，发生在 2-ZL4 测点，大于预警值。

4）沉降点数据表明：部分测点沉降明显超过预警值，最大的点 S70 沉降值达到 156mm。

5）地下连续墙墙顶水平与竖向位移数据表明，部分测点略大于预警值，其余各个点的位移均在预警值范围内，墙身内力监测结果表明，围护墙内力实测值小于设计值。

6）根据后续监测数据表明，本基坑围护结构已趋于稳定。

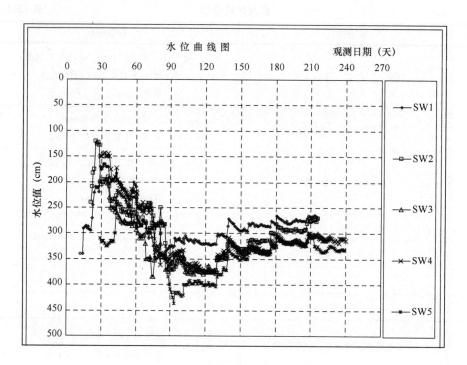

图 12.1.19　水位管 SW1-SW5 观测结果

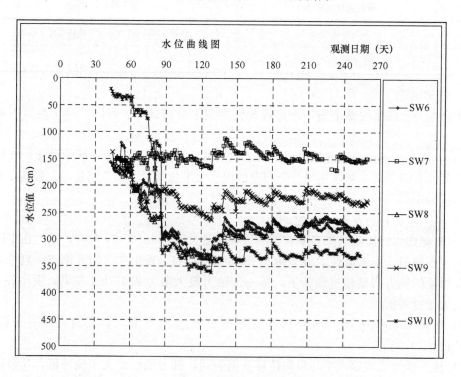

图 12.1.20　水位管 SW6-SW10 观测结果

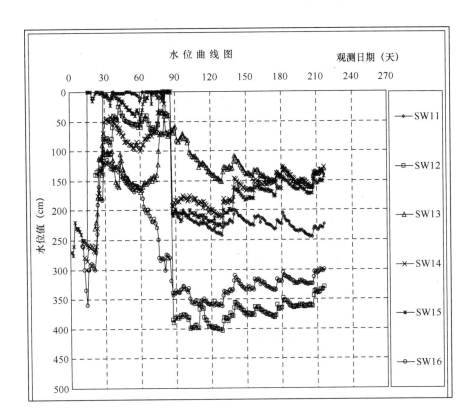

图 12.1.21 水位管 SW11-SW16 观测结果

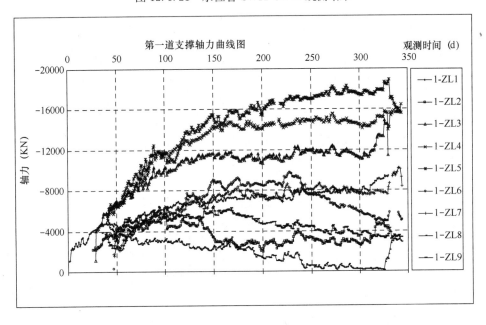

图 12.1.22 第一道支撑轴力监测点观测结果（注：负值表示压力）

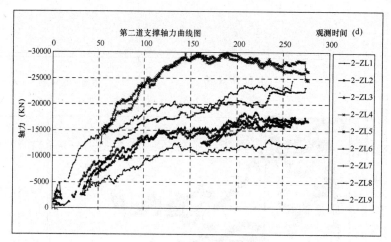

图 12.1.23 第二道支撑轴力监测点观测结果（注：负值表示压力）

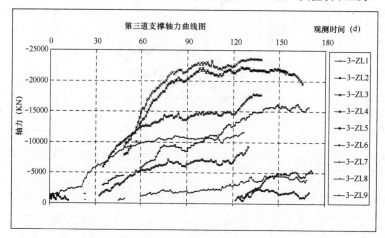

图 12.1.24 第三道支撑轴力监测点观测结果（注：负值表示压力）

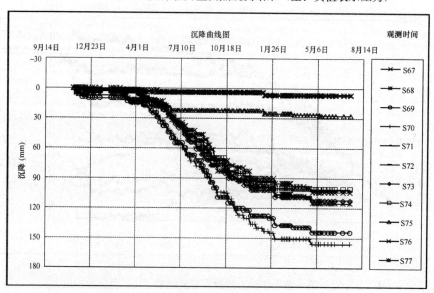

图 12.1.25 沉降监测点观测结果（S67-S77）

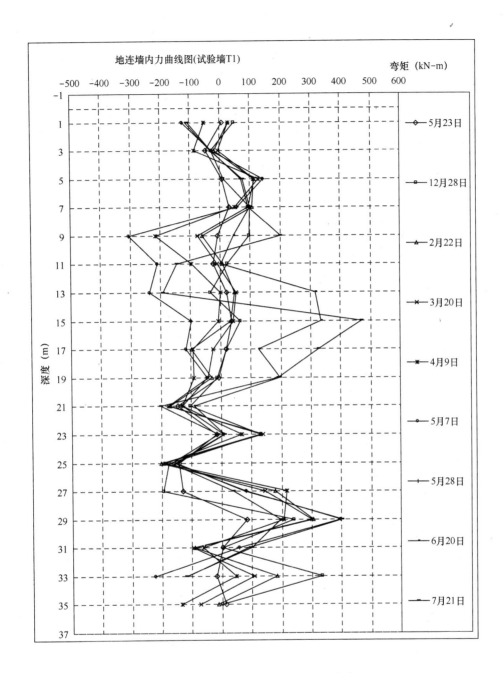

图 12.1.26 地连墙内力观测结果（试验墙 T1）

综上所述，监测数据说明该工程支护结构的强度是满足的，虽然在基坑施工期间围护结构水平位移、坑外地面沉降和部分支撑杆件轴力明显超过预警值，但由于监测数据反馈及时，相关单位采取措施果断，基坑施工对周围环境的影响在可控范围内，通过建设、施工、设计、监理等有关单位的努力，该深基坑工程和地下室施工安全、顺利完成。

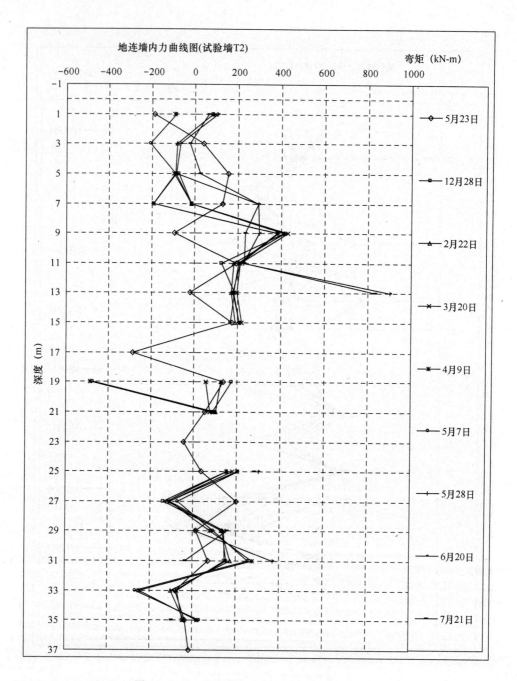

图 12.1.27 地连墙内力观测结果（试验墙 T2）

12.2 桥梁工程施工监控技术

12.2.1 概论

1. 前言

大跨度桥梁的建造一般均采用分阶段逐步安装的施工方法，桥梁结构从开始施工到成桥必须经历一个复杂的多阶段构件施工安装和体系转换过程。为了保证桥梁结构建造过程中结构的安全和建成后桥梁结构满足设计要求，施工过程中必须采取相应的工程和技术上的措施对桥梁的建造过程进行监测和控制。桥梁施工监测与控制是桥梁施工技术的重要组成部分，它是在桥梁施工过程中，实时监测结构的实际状态和环境状况，运用现代控制理论识别、调整和预测实际状态与理想状态的误差，使施工状态尽可能地接近理想状态，从而确保施工中结构的安全，并最终实现成桥内力和线形满足设计要求。

桥梁施工监控可为桥梁施工提供质量保证。衡量大跨度桥梁的施工宏观质量的标准就是其成桥状态的内力及线形符合设计要求。采用自架设法分段施工的桥梁，其内力和位移变化较为复杂，且受多种因素的影响，要使结构内力和线形的最终状态符合设计要求，就必须通过监测并比较各施工阶段结构内力及变形的监测值和理论计算值之间的误差，分析误差并及时调整，控制结构状态直至实现符合设计要求的成桥状态。

桥梁施工监测监控可为桥梁施工提供安全保证。如果施工过程中没有监测，则无法知道施工过程中结构的实际受力状态与设计状态的偏差，当二者之间的偏差较大时，无法采取措施进行调整和控制，这样就可能出现结构破坏或其他突发事故。因此，为确保施工安全，施工监控是极为重要的。

建成后的桥梁是施工监控的最终阶段，也是桥梁运营阶段的初始状态，因此，桥梁施工监控的成果可以为桥梁运营阶段的健康监测提供初始状态。另外，在桥梁施工监控阶段安装的监测系统也可作为运营阶段安全性和耐久性监测系统的一部分，在桥梁运营阶段长期监测桥梁结构运行状态，就可为桥梁的安全使用和实时有效的维护提供科学依据与可靠保证。

2. 桥梁施工监控发展概况

桥梁结构的施工控制是现代控制理论和桥梁工程相结合的必然产物。桥梁施工控制理论经历了一个从开环控制，到闭环控制，然后到自适应控制的过程。

1956年，德国工程师Dishinger在瑞典成功地建造了第一座现代斜拉桥－主跨182.6m的Strömsund桥，在施工过程中，如何使索力和标高同时达到设计要求的问题已被高度重视。60年代初，前联邦德国桥梁大师F.Leonshardt首创斜拉桥施工控制的倒退分析法（Back Analysis），并在Düsseldorf北桥中首先得到了成功应用。

最早较系统地把工程控制论应用到桥梁施工管理的国家是日本，80年代初，日本修建日野预应力混凝土连续梁桥时，建立了应力、挠度等参数的监测系统，用计算机对所测数据进行现场处理后送回控制室进行结构计算分析，再将分析结果返回到现场进行施工控制。到80年代后期，形成了以现场微机为中心的监控系统，其最大优势在于能直接在现场完成自动测试、分析和控制全过程，并可进行设计值敏感分析和实际结构行为预测。该系统在1989年建成的Nitchu桥和1991年建成的Tomei Ashigara桥上实际应用效果良好。

90年代初期，Kawasaki公司的Sakai等人提出了比较完善的桥梁施工控制系统及流程图。该系统分为两个部分，第一部分主要针对现场施工安装了现场预测过程，其中包括为确定各个施工阶段结构线性和应力以及施工误差影响程度的结构分析，通过测量和计算结果确定参数误差，然后进行参数误差的估计和修正，最后对实际误差进行调整。第二部分是结构分析计算系统。通过监测－误差分析－误差修正－结构计算等过程的反复调整，指导施工过程，使桥梁结构越来越接近设计理想状态。该系统成功应用于主跨570m的彩虹桥（Rainbow）悬索桥的施工控制中。

我国自20世纪80年代起开始注意到施工监控的重要性。1983年，林元培在主跨为200m的上海泖港混凝土斜拉桥的施工中，首次采用卡尔曼滤波方法对施工合龙段的索力和标高进行终点控制调整，尝试了桥梁结构分阶段施工中的误差调整和控制方法。90年代，随着我国大跨度桥梁建设高潮的到来，出现了一个工程控制技术研究的热潮，桥梁施工控制方法的研究涵盖了斜拉桥、悬索桥、拱桥、连续梁（刚构）等几乎所有大跨度桥型。

如上所述，施工监控技术已从人工测量、分析与预报，发展到自动监测、分析预报和调整控制的计算机自动控制，并已形成了较完善的桥梁施工监控系统。即便如此，国内外对桥梁施工监控技术的研究还在继续，这是由于影响桥梁施工的因素太多、太复杂，同时，不断涌现出的、新型的、规模更大的桥梁工程也对桥梁施工监控提出了更高的要求。

12.2.2 桥梁施工监控主要内容

桥梁施工控制的目的是实现成桥内力和线形满足设计要求，并确保在整个施工过程中桥梁结构的内力和变形始终处于容许的安全范围内。对于不同类型的桥梁，其监控内容不尽相同，但总体上包含以下几个方面。

1. 线形控制

桥梁结构在施工过程中会产生挠曲变形，桥梁施工过程中的诸多影响因素会使结构实际位置（各施工阶段的梁段三维坐标）偏离预期状态，致使桥梁不能顺利合拢或成桥后永久线形不能满足设计要求，所以必须对桥梁施工过程进行监控，确保其在施工过程中与成桥后的线形达到设计期望值。施工控制的结果一般采用误差容许值来评判。常见桥型的施工控制标准如下。

（1）悬臂浇筑、拼装的大跨径预应力混凝土连续梁桥、连续刚构桥

合拢段相对高程：±20mm。

成桥后：高程偏差±20mm；轴线偏位±10mm。

（2）预制安装拱桥

主拱圈：高程±20mm，轴线偏位±10mm。

同跨各拱肋之间：间距30mm，相对高差±20mm。

（3）混凝土斜拉桥

索塔：轴线偏位10mm；倾斜度≯$H/3000$（H为桥面以上塔高）且≯30mm（或设计要求）；塔顶高程±10mm。

悬浇主梁：轴线偏位$L/10000$；合拢高差±30mm；线形±40mm；挠度±20mm。

悬拼主梁：轴线偏位10mm；拼接高程±10mm；合拢高差±30mm。

（4）悬索桥

索塔：同斜拉桥。

主缆线形：基准索中跨跨中高程±$L/20000$，边跨跨中高程±$L/10000$；上、下游基准索股高差10mm；一般索股高程（相对于基准索）0～15mm。

索夹安装：纵向位置±10mm。

索鞍：纵、横向位置10mm，标高+20～0mm。

2. 应力控制

如何确保桥梁结构在各施工阶段的受力满足规范要求,成桥状态的受力情况达到设计要求,这是施工控制的核心问题。一般地,我们取桥梁结构的几个断面作为控制截面,通过预埋应力应变传感器监测结构实际应力来了解结构的实际应力状态,若发现实际应力状态与理论计算应力状态的差别超限,就要进行原因查找和调控,使之在允许范围内变化。相对于线形控制而言,结构应力控制难度更大,它不像变形那样易于发现,若应力控制不好,将会给结构造成严重的危害,轻者会使结构局部受力不均,重者会使混凝土结构发生开裂等现象,甚者导致结构失去承载能力;因此,它比变形控制显得更加重要,必须对结构应力实施严格监控;现行桥规对应力控制的项目和精度还没有明确的规定,需根据实际情况确定,通常包括以下主要内容:

1) 结构自重作用下的应力;
2) 施工荷载作用下的应力;
3) 预加力作用下的应力;
4) 温度作用下的应力;
5) 混凝土徐变、收缩应力;
6) 基础变位、风荷载等其他作用下的应力。

3. 稳定控制

桥梁结构的稳定性关系到桥梁结构的安全,它与桥梁结构强度处在同等甚至更重要的位置,因此,桥梁施工过程中不仅要严格控制桥梁结构的内力和变形,同时也要严格控制各施工阶段桥梁结构构件的局部和整体稳定。

目前,人们对桥梁失稳已引起重视,但着重关注的是桥梁建成后的稳定性,对施工过程中可能出现的桥梁失稳现象并没有可靠的监测手段,随着桥梁跨径的不断增大,尤其是对承受动荷载引起的桥梁失稳或突发情况,还没有快速反应控制系统。目前主要通过对各施工阶段的桥梁结构进行稳定分析计算(计算稳定安全系数),结合结构实际内力和变形情况来进行综合评定和控制桥梁结构的稳定性。

4. 安全控制

桥梁施工过程的安全控制也是桥梁施工控制的重要组成部分,只有保证桥梁结构在施工过程中的安全性,才可以谈得上其他控制;其实,桥梁施工的安全控制是上述线形控制、应力控制和稳定控制的综合表现形式,只有上述各项得到了有效的控制,安全控制才能有效实施。由于结构形式不同,影响施工安全控制的参数也不一样,因此,在施工控制中需要根据桥梁结构的实际情况,确定其安全控制的重点。

12.2.3 桥梁施工控制方法

桥梁施工控制以现代控制理论为基础,主要方法有开环控制法、闭环控制法和自适应控制法等。应结合具体桥梁的施工特点、结构组成形式以及施工步骤的不同而选用不同的施工控制方法。

1. 开环控制法

对于跨径不大、结构简单的桥梁结构,一般总是可以在设计计算中按照桥梁结构的设计荷载精确计算出成桥阶段的结构理想状态,并根据各个施工阶段的施工荷载准确估计出结构的预拱度。在施工过程中只要严格按照这个预拱度进行施工,施工完成后的结构状态就基本上能够达到结构理想状态的几何线形和内力状况。因为在这种施工过程中的控制作用是单向向前的,并不需要根据结构的实际状态来改变原先设定的预拱度,因而又被称为开环控制方法;由于在这个系统中不考虑结构状态方程的误差和系统量测方程的噪声,因此又称为确定性控制方法。

确定性系统的基本组成如图12.2.1所示。首先采用合理状态分析方法从设计目标出发计算确定成桥理想状态;然后采用理想倒退分析方法计算确定施工理想状态,并将该状态与可能含有状态误差的施工实际状态进行比较,如果没有误差,继续下一阶段的施工;如果存在误差,则采用确定性控制方法计算确定控制作用,并采用实时向前分析方法计算确定计入状态误差和控制作用后的实际结构状态,即最优实现状态。

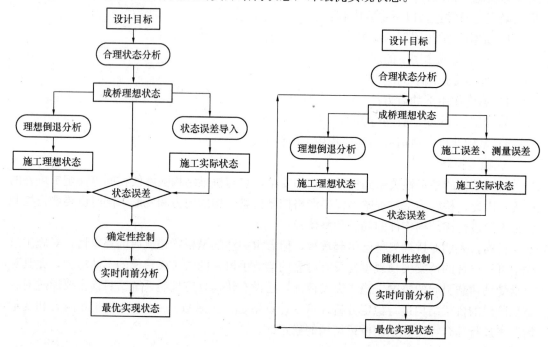

图12.2.1 确定性系统基本组成　　　图12.2.2 随机性系统基本组成

2. 闭环控制法

对于跨径大、结构复杂的桥梁体系,尽管可以在设计计算中精确计算出成桥状态和各个施工阶段的理想结构状态,但是由于施工中的结构状态误差和测量系统误差的存在,随着施工过程的进展误差就会积累起来,以致到施工完毕时,代表实际状态的几何线形和内力状况远远地偏离了结构理想状态。这就要求在施工误差出现后,必须进行及时的纠正或控制。虽然结构理想状态无法实现了,但可以按某种性能最优的原则,使得误差已经发生的结构状态达到所谓结构最优状态。因为这种纠正的措施或控制量的大小是由结构实际状态(计入误差)经反馈计算所确定的,这就形成了一个闭环反馈系统,因而称为闭环控制或反馈控制;由于在这个控制系统中出现了结构状态误差和系统量测误差,因此又称为随机性控制。

随机性系统的基本组成如图12.2.2所示。同样从合理状态分析开始,计算确定出成桥理想状态,然后采用倒退分析方法计算确定施工理想状态,并将其与可能含有状态误差和测量误差的施工实际状态进行比较,如果没有误差,继续下一阶段施工;如果存在误差,则采用随机性控制方法计算确定考虑预测反馈的控制作用,并采用实时向前分析方法计算确定计入各种影响的实际结构状态,即最优实现状态;重新开始新的一轮理想倒退分析方法计算确定调整后的施工理想状态,直至施工完成。

3. 自适应控制法

虽然闭环控制方法能够通过控制作用,消除由模型误差和测量噪声所引起的结构状态误差,但是这种随机性控制方法只是在施工误差产生以后用被动的调整措施减小已经造成的结构状态误差对最终结构状态的影响。分段施工中实际结构状态达不到各个施工阶段理想结构状态是误差生成的重要原因之一,会使系统模型——结构有限元分析模型中的计算参数与实际参数之间有偏差,例如截面几何特性、材料容重、弹性模量、混凝土收缩徐变等等。如果能够在重复性很强的分段施工特别是悬臂施工中,将这些有可能引起结构状态误差的参数作为未知变量或带有噪声的变量,在各个施工阶段进行实时识别,并将识别得到的参数用于下一施工阶段的实时结构分析、重复循环,这样在经过若干个施工阶段的计算与实测磨合后,必然可以使得系统模型参数的取值趋于精确合理,使系统模型反映的规律适应于实际情况,从而主动降低模型参数误差;然后再对结构状态误差进行控制。这就是自适应控制又称自组织控制的基本原理。

自适应系统的施工实际状态中,可以将误差分为施工误差、测量误差、参数误差等。在比较施工理想状态与施工实际状态之间是否存在误差后,出现了两种可能:如果没有误差,即可转入下一阶段的施工;如果发现误差,还必须判别是否存在计算模型参数误差,如果没有参数误差,即可按照随机性系统一样的方式进行控制,如果计算模型参数误差不可忽略,则必须对结构参数进行识别,并将识别得到的模型参数回代到计算模型中,重新进行合理状态分析,以便确定新的成桥理想状态和施工理想状态,又进入到新的一轮循环中,直至参数误差消除或施工完成。自适应系统的基本组成如图12.2.3所示。

桥梁分段施工控制方法基本上是围绕着如何实现分段施工中的三个结构基本状态,即设计理想状态、施工实际状态和最优实现状态。在分段施工前,一般要结合桥型特点和施工方法等计算确定一种结构合理状态作为成桥阶段的设计理想状态;然后采用所谓理想倒退分析方法计算确定施工理想状态,并与施工实际状态进行比较,找出两种状态的误差,采用各种控制方法加以调整;最后采用所谓向前分析方法计算确定最优实现状态。

12.2.4 桥梁施工控制结构分析方法

1. 桥梁施工过程模拟分析方法

在确定了施工方案的情况下,如何分析各施工阶段及成桥结构的受力特性及变形是施工设计中的首要任务。现有的结构计算途径通常有以下三种:正装计算法、倒退计算法、无应力状态计算法。

(1) 正装计算法

正装计算法是按照桥梁结构的实际施工顺序,逐阶段地进行结构变形和受力分析,它能较好地模拟桥梁结构的实际施工历程,能得到桥梁结构在各个施工阶段和成桥阶段的位移和受力状态,这不仅可用来指导桥梁设计和施工,而且为桥梁施工控制提供了依据。在正装计算中,能较好地考虑一些与桥梁结构形成历程有关的因素,如结构的非线性问题和混凝土的收缩、徐变问题。因此,正装计算法在桥梁结构的计算分析中占有重要的位置。正装计算法有如下一些特点:

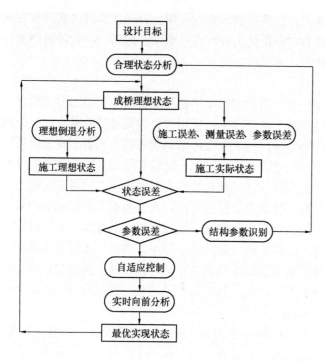

图 12.2.3　自适应系统基本组成

1) 桥梁结构在正装计算之前，必须制定详细的施工方案，只有按照施工方案中确定的施工顺序进行结构分析，才能得到各施工阶段和成桥阶段的实际变形和受力状态。

2) 在结构分析之初，要确定结构最初实际状态。即以符合设计要求的实际施工结果（如跨径、标高等）倒退到施工的第一阶段作为结构正装计算分析的初始状态。

3) 本阶段的结构分析必须以前一阶段的计算结果为基础，前一阶段结构位移是本阶段确定结构轴线的基础，以前各施工阶段结构受力状态是本阶段结构时差、材料非线性计算的基础。

4) 混凝土收缩、徐变等时差效应可在各施工阶段中逐步计入。

5) 对大跨度桥梁应计入结构几何非线性效应，本阶段结束时的结构受力状态用本阶段荷载作用下结构受力与以前各阶段结构受力平衡求得。

6) 计算模型中各节点坐标产生位移，最终结构线形不可能完全满足设计线形要求。

正装计算分析不仅可以为成桥结构的受力提供较为精确的结果，为结构强度、刚度验算提供依据，而且可以为施工阶段理想状态的确定，为完成桥梁结构施工控制奠定基础。

(2) 倒拆计算法

为了使竣工后的结构保持设计线形，在施工过程中一般采用设置预拱度的方法来实现，因此，对于分段施工大跨度桥梁，一般要给出各个施工阶段结构物控制点的标高（预抛高），这个问题用正装计算法难以解决，而倒拆计算法可以解决这一问题。其基本思想是，假设 $t=t_0$ 时刻内力分布满足正装计算 t_0 时刻的结果，线形满足设计要求。在此初始状态下，按照正装分析的逆过程，对结构进行倒拆，分析每次卸除一个施工段对剩余结构的影响，在一个阶段内分析得出的结构位移、内力状态便是该阶段结构施工的理想状态。

对于倒拆计算法，应该注意以下两个问题。

1) 对于几何非线性十分明显的大跨度桥梁如斜拉桥和悬索桥，由于缆索的非线性影响，按倒拆计算法的结果进行正装施工，桥梁结构将偏离预定的成桥状态。解决的办法是可以采用循环迭代逼近分析方法，其基本思想是：依据已知的设计成桥状态进行倒拆分析，以位移反推结构的最初始状态，由此得到第一次拟理想初状态，依据初状态按施工顺序进行正装计算，求出新的成桥状态。由于几何非线性的影响，正装、倒拆一次分析结果并不吻合，因此，需要反复多次进行正装、倒拆计算，直到计算成桥状态与设计成桥状态一致。由此求得的最后一次循环的初始状态即为理想的初始状态。

2) 理论上，倒拆计算无法进行混凝土收缩、徐变计算，因为混凝土构件的收缩、徐变不仅与混凝土的龄期有关，而且与作用在混凝土构件上的应力演变有关，因而结构在进行倒拆计算时，考虑混凝土的收缩、徐变有一定的困难。为解决这一问题，一般有以下两种计算方法：

(a) 徐变计算迭代法

采用倒拆和正装交替进行迭代计算法：第一轮倒拆计算时不计混凝土的收缩、徐变，然后以倒拆计算结果投入正装计算，逐阶段计算混凝土的收缩、徐变影响，并将各阶段的收缩、徐变值保存起来，下一轮倒拆计算时计入上一轮正装计算相应阶段的混凝土收缩、徐变值。如此反复进行，直到计算结果收敛。

(b) 用老化理论进行徐变倒拆分析

老化理论具有一个重要特点，已知结构初始内力就可求出徐变终了时的结构内力，反过来，已知结构徐变终了时的结构内力亦可以求出结构初始的内力。利用这一特点，对桥梁结构进行倒拆分析时就可以考虑徐变影响，从而确定结构中理想状态的内力。

(3) 无应力状态法

设想将一座已建成的桥梁结构解体，结构中各构件或者单元的无应力长度和曲率是一个确定的值，在桥梁结构施工中或建成后，不论结构温度如何变化，如何位移，以及如何加载，即在任何受力状态下，各构件或单元的无应力长度和曲率恒定不变，只是构件或单元的有应力长度和曲率不相同而已。我们用构件或单元的无应力长度和曲率保持不变的原理进行结构状态分析的方法叫做无应力状态法。桥梁结构无应力状态只是一个数学目标，通过它将桥梁结构安装的中间状态和终结状态之间联系起来，为分析桥梁结构各种受力状态提供了一种有效的方法。

2. 桥梁施工控制结构分析方法

一般地，施工过程的结构分析方法都是采用有限元法，有时也可以采用解析法。有限元法结构分析软件种类较多，可以是专用软件（如桥梁博士、MIDAS等），也可以是采用通用软件（如ANSYS、SAP、ADINA、NASTRAN等）。选择何种软件的关键应根据所分析对象的实际受力情况、分析内容等确定。对于桥梁施工控制中的结构分析，由于计算模型随着施工过程的改变，同时要求分析跟踪进行，采用常规通用软件来分析是有一定困难的，应采用具有施工控制跟踪、仿真分析功能的软件，也可将通用软件作为一个平台，通过必要的前后处理来适应施工控制结构分析的需要。

12.2.5 桥梁施工施工误差分析、参数识别与状态预测

1. 误差分析

在实际施工中，结构的实际状态很难达到它的理想状态，换言之，桥梁结构的实际状态与理想状态总存在着一定的误差。施工中结构偏离目标的原因涉及的范围极其广泛，包括设计参数误差（如材料特性、截面特性、容量等）、施工误差（如制作误差、架设误差、索的预张力误差等）、测量误差、结构分析模型误差等。

桥梁施工控制中的误差是指结构的实测值与实时修正后理论分析（计算）值之间的偏差。桥梁施工控制中总是要先确定控制项目，这些控制项目可通过量测手段定量出来。如在斜拉桥中施工中，一般选取索力、挠度和截面应力作为控制项目；对于劲性骨架施工的拱桥，则选用扣索索力、挠度、截面组分应力等作为控制项目；对桥梁的稳定性，由于无

法直接量测而作为间接控制项目。由于没有误差的施工是不存在的，对各个控制项目必须建立容许误差的标准。对于施工误差、材料特性误差等，在一般施工、设计规范中已有规定，但对一些大跨径桥梁施工中的一些特殊的控制项目的容许误差还没有标准可查，需要根据实际情况进行研究和优化，其原则是既要确保施工的准确度，又要给予施工一定的宽容度，方便施工。

2. 参数识别的内容与方法

设计参数误差是引起桥梁施工误差的主要因素之一。所谓设计参数误差，就是我们在进行桥梁结构分析时所采用的理想设计参数值与结构实际状态所具有的相应设计参数值的偏差。在桥梁施工控制中，对于设计参数误差的调整就是通过量测施工过程中实际结构的行为，分析结构的实际状态和理想状态的偏差，用误差分析理论来确定或识别引起这种偏差的主要设计参数误差，来达到控制桥梁结构的实际状态与理想状态的偏差，使结构的成桥状态与设计相一致。

为了在施工中不断修正因涉及参数的误差引起的各个控制项目（如截面应力、变形、标高等）的失真，对设计参数进行识别是必需的。参数识别就是依据施工中的实测值对主要设计参数进行分析，然后将修正过的设计参数反馈到控制计算中去，重新给出施工中结构应力、变形、稳定安全系数等的理论期望值，以消除理论值与实测值不一致中的主要偏差（大范围误差）。对于桥梁施工偏差在事后无法调整、调整手段不多或调整困难的情况下，事前正确预报就显得非常重要，这也就给设计参数的识别提出了更高的要求。

对于参数的识别，首先要确定引起桥梁结构偏差的主要设计参数，其次就是运用各种理论和方法（如最小二乘法）来分析、识别这些设计参数误差，最后得到设计参数的正确估计值，通过修正参数误差，使桥梁结构的实际状态和理想状态相一致。

（1）引起结构状态偏差的设计参数

桥梁结构的设计参数主要是指能引起结构状态（变形和内力）变化的要素。结构设计参数的变化会导致结构内力的变化和形状的改变，因此，我们在大跨度桥梁的施工控制中，必须对结构设计参数进行识别和修正。同一桥梁结构中设计参数的改变对结构状态的影响程度是不同的，而且，同一个设计参数对不同的结构体系也有不同的影响程度，因此，我们必须搞清楚每一结构体系包括哪些结构设计参数。一般地，大跨度桥梁结构的设计参数主要包括以下几个方面：

1）结构几何形态参数

结构几何形态参数主要是指桥梁结构的跨径、矢跨比、塔高、缆索的线形以及悬索桥中的主鞍预偏量等，它们表征了结构的形状和结构最初的状态。

2）截面特征参数

截面主要特征参数包括：墩（塔）截面抗弯惯矩、截面面积和抗推刚度；主梁截面的抗弯惯矩和截面积；缆索截面积等。在桥梁结构的施工控制中，这些参数对结构的内力变化和结构变形都有较大的影响。

3）与时间相关的参数

温度和混凝土龄期、收缩徐变是随时间而变化的设计参数。温度的变化对桥梁结构的内力和变形有较大的影响，在钢桥中尤为明显。桥梁结构中的温度场是至今无人搞清楚的难题，人们一贯的做法是通过定时观测（如每天早晨日出前进行观测）来尽量减少温度的影响。混凝土收缩徐变与桥梁结构的形成历程有着密切的关系,在混凝土桥梁结构中,混凝土收缩、徐变对结构的内力和变形都有明显的影响。

4) 荷载参数

在桥梁结构的施工控制中,荷载参数主要指结构构件自重力(容重)、施工临时荷载和预加力。对于钢结构构件来说,构件的恒载变化很小,加工误差引起恒载变化是很有限的,变化规律比较稳定。但对于现场浇筑的混凝土结构来说,由于容重变化、超厚、胀模引起的构件自重的变化是经常发生的,也没有一定的规律。施工临时荷载是较为稳定的量,但由于在已成结构上乱堆乱放材料,往往引起临时荷载较大的误差。对于预应力体系中的有效预加力,由于预应力损失的变化而常常引起不小的误差。另外,对施工中可能遇到的风荷载也不能忽视。

5) 材料特性参数

材料特性参数主要指材料的弹性模量和剪切模量。对于钢材来说,弹性模量和剪切模量是很稳定的参数,而对于混凝土材料来说,弹性模量和剪切模量有一定的波动,在桥梁的施工控制中要对其进行识别。

以上所讲的五类设计参数,对于不同的桥梁体系,它们的影响程度不同,因此在桥梁施工控制中,应根据桥梁的结构体系来分别加以区别和采用。

(2) 主要设计参数的估计和修正

确定了主要设计参数之后,我们就要对主要设计参数进行正确的估计,根据参数估计和结果,对原假定参数进行修正。参数估计的方法很多,常用的估计准则有:最小方差准则、极大似然准则、线性最小方差准则以及最小二乘法准则。由于最小方差准则和极大似然准则均要求知道被估计参数 X 和观测值 Z 的联合分布密度函数,而在一般桥梁工程施工控制中很难满足这个条件,故我们在此不作进一步介绍。

3. 状态预测方法

(1) 卡尔曼(Kalman)滤波法

在工程实际中经常会遇到这样一些系统:系统的初始状态 $X(t_0)$ 是一个随机变量,不知道它的确切取值,只知其均值(数学期望)和方差,系统不但受确定性控制输入 $u(t)$ 的作用,而且往往受到一些随机干扰(噪声)的作用,在这些随机干扰和随机初始状态的作用下,系统的状态 $X(t)$ 不是一个确定性的函数,而是一个随机过程。另外,量测系统即使不存在系统误差,也会有随机误差存在。或者说,量测系统也存在随机干扰。因此,我们需要根据夹杂着噪声干扰的量测信号 $Y(t)$ 把 $X(t)$ 估计出来,以便实现某种最优控制,这就是最优估计问题。这种状态估计的解决方法主要采用 Kalman 滤波法。

Kalman 滤波是美国学者 R. E. Kalman 于 1960 年首先提出的,他将状态空间的概念引入到随机估计理论中,把信号过程视为在白噪声作用下一个线性系统的输出,这种输入输出关系用状态方程来描述。这样所描述的信号过程不但可以是平稳的标量随机过程,而且可以是非平稳的向量随机过程。借助于当时数字计算机发展的成果,将概率论和数理统计领域的成果用于解滤波估计问题,提出了一种新的线性递推方法。这种方法不要求贮存过去的观测数据。当新的数据被观测到后,只要根据新的数据和前一时刻的估计量,借助于信号过程本身的状态转移方程,按照一套递推公式,即可算出新的估计量,因而大大减少了计算量和贮存量,便于实时处理。Kalman 滤波法主要有离散线性系统的 Kalman

滤波法和连续线性系统的 Kalman 滤波法。在桥梁的施工控制中，结构的状态均是用离散的数据序列表示（如某些测点的标高、某些断面的应力等），而不是用连续量表示，所以我们一般采用离散线性系统的 Kalman 滤波法，其理论和应用详见相关文献。

（2）灰色系统理论法

灰色系统理论就是以灰关联空间为基础的分析体系，它以现有信息或原始数列为基础，通过灰过程及灰生成对原始数列进行数据加工与处理，建立灰微分方程即灰模型（GM 模型）为主体的模型体系，来预测系统未来发展变化的一种预测控制方法。灰色系统理论是我国邓聚龙教授于 1982 年首先提出的，他撰写的《灰色控制系统》是灰色系统理论的奠基性著作。

（3）最小二乘法

最小二乘法，又称最小平方法，是一种数学优化技术。它通过最小化误差的平方和寻找数据的最佳函数匹配。利用最小二乘法可以简便地求得未知的数据，并使得这些求得的数据与实际数据之间误差的平方和为最小。在控制系统的参数估计领域内也发现和采用了这种方法。最小二乘法在我国桥梁工程中的应用始于 20 世纪 80 年代后期，有许多知名学者将它应用于在斜拉桥施工控制中的系统参数估计，并取得了较好的成果。

12.2.6 桥梁施工监测

1. 施工监测系统的建立

施工监测系统是大跨度桥梁施工控制系统中的一个重要部分，各种桥梁施工控制中都必须根据实际施工情况与控制目标建立完善的施工监测系统。桥梁结构施工监测系统中一般都包括结构设计参数监测、几何状态监测、应力监测、动力监测、温度监测等几个部分。图 12.2.4 为目前常见的施工监测系统示意图。现场 PC 机负责采集不同来源的数据，并及时将采集数据经误差分析并处理后通过网络传输到远程服务器，供技术分析人员和专家分析和决策。通过施工监测系统的建立，跟踪施工过程并获取结构的真实状态，不仅可以修正理论设计参数，保证施工控制预测的可靠性，同时又是一个安全警报系统，通过警报系统可及时发现和避免桥梁结构在施工过程中出现的超出设计范围的参数（如变形、截面应力等）以及结构的破坏。另外，该监测系统还可在桥梁使用中对其安全状况进行监测，为桥梁的科学管理与维护提供数据资料。

2. 施工监测方法

施工监测方法很多，具体应根据监测对象、监测目的、监测频度、监测时间长短等情况选定最方便实用、最可靠的监测方法。

（1）几何形态监测

桥梁结构几何形态监测的对象主要有结构的实际几何形态，其内容包括标高、跨长、结构和缆索的线形、结构变形或位移等。

目前用于桥梁结构几何形态监测的仪器主要包括测距仪、水准仪、全站仪、光电图像式挠度仪等。通常采用全站仪监测三维几何形态参数，如悬索桥主缆索和加劲梁线形、索塔位置、主索鞍位置、索夹位置等；斜拉桥索塔位置、斜拉索锚固位置、加劲梁线形等；拱桥轴线线形、拱上结构位置、桥面线形等；连续刚构或连续梁桥的墩位、主梁线形等。采用精密水准仪、激光挠度仪等作为标高、变形（位）等的监测手段。

结构几何形态参数的监测一般需要在结构温度趋于恒定的时间区段内（一般为夜间

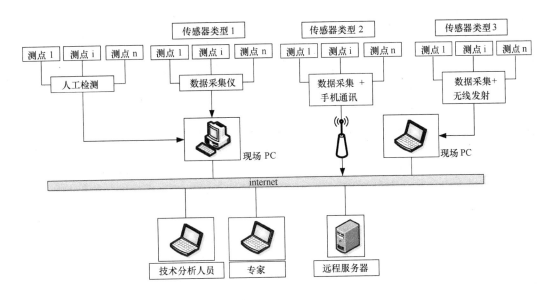

图 12.2.4 施工监测系统示意图

10：00 至次日凌晨 6：00）进行，同时必须对结构温度进行监测，只有在结构温度趋于稳定后，所观测到的控制点位置坐标方可作为监测结果。对于结构温度趋于稳定的标准问题，根据经验确定，若以结构构件同一断面上的表面测点平均温度作为结构构件断面测试温度，则构件长度方向测试断面的最大温差 $|\Delta t|$ 不应超过 2℃，在同一测试断面上测点温度的最大温差 $|\Delta t|$ 不应超过 1℃。

(2) 应变监测

结构截面的应变（包括混凝土应变、钢筋应变、钢结构应变等）监测是施工监测的主要内容之一，它是施工过程的安全预警系统。随着施工的推进，桥梁结构某点的应变值是不断变化的。在某一时刻的应变值是否与计算分析（预测）值一样，是否处于安全范围是施工控制关心的问题。一旦发现异常情况，就立即停止施工，查找原因并及时进行处理。

由于桥梁施工的时间一般较长，所以，应变监测是一个长时间的连续量测过程。要实时、准确地监测结构的应变情况，采用方便、可靠和耐久的传感器非常重要。目前主要是采用钢弦式传感器，主要原因是钢弦式传感器具有较良好的稳定性，自然具有应变累计功能，抗干扰能力较强，数据采集方便等。

(3) 索力监测

大跨度桥梁多采用钢索类构件，如中、下承式拱桥的吊杆、斜拉桥的斜拉索、悬索桥主缆及吊索等，这些构件的索力是设计的重要参数，也是施工监控施工中需要监测与调整的施工控制参数之一。索力量测效果将直接对结构的施工质量和施工状态产生影响。要在施工过程中比较准确地了解索力实际状态，选择适当的量测方法和仪器，并设法消除现场量测中各种误差因素的影响非常关键。目前可供现场索力量测的方法主要有三种：

1) 压力表量测法

索结构通常采用液压千斤顶张拉，由于千斤顶油缸中的液压和张力有直接的关系，所以，只要测定油缸的液压就可求得索力。通过事先标定，可以得到压力表所示液压和千斤顶拉力之间的关系，则利用压力表测定索力的精度可达到 1%～2%。由于液压换算索力的方法简单易行,可直接借助施工中已有的千斤顶,故是施工控制中索力测量最实用的方法之一。

2) 压力传感器量测法

压力传感器法是指在拉索的锚下安装压力传感器,通过二次仪表读取拉索索力。这种方法量测的准确度高,稳定性较好,易于长期监测。选择恰当的传感器除满足施工控制监测需要外,还可用于桥梁使用过程中的索力量测。

3) 振动频率量测法

在已知索的长度、两端约束情况、分布质量等参数时,通过测量索的振动频率,进而计算出索的拉力。

(4) 预应力监测

预应力水平是影响预应力桥梁(如连续梁、连续刚构桥等)施工控制目标实现的主要因素之一。监测中主要是对预应力筋的张拉真实应力、预应力管道摩阻损失及其永存预应力值进行测定。对于前者,通常在张拉时通过在张拉千斤顶与工作锚板之间设置压力传感器测得;对于后两者,可在指定截面的预应力筋上粘贴电阻应变片测其应力,张拉应力与测得的应力之差即为该截面的预应力管道摩阻损失值。

(5) 温度监测

大跨度桥梁结构的结构温度是一个复杂的随机变量,它与桥梁所处的地理位置、方位、自然条件(如环境气温、当时风速风向、日照辐射强度)、组成构件的材料等等因素有着密切的关系。而温度变化对大跨度桥梁结构会产生影响,如悬臂施工连续刚构(梁)桥标高会随温度的变化而发生上(下)挠度;斜拉桥斜拉索在温度变化时其长度将相应伸长或缩短,直接影响主梁标高;悬索桥主缆标高将随温度的改变而变化,索塔也可能因温度变化而发生变位,这些都会对主缆的架设、吊杆下料长度计算确定等产生很大影响。因此,为保证桥梁施工达到设计要求的内力状态和线形,必须对结构实际温度进行实地监测。监测时还要特别注意对结构局部温度与整体温度相结合的测量,寻求合理的立模、架设等时间,修正实测的结构状态的温度效应。

目前,结构温度的测量方法较多,包括辐射测温法、电阻温度计测温法、热电偶测温法以及其他各种温度传感器等。每种方法的测量范围、精度和测量仪器的体积及测量繁杂程度都有所不同,通常应选用体积小、附着性好、性能稳定、精度高且可进行长距离监测传输的测温组件。

(6) 桥梁施工远程监测

随着科学技术的发展,桥梁施工远程监测,即测试现场实现无人化操作,桥梁施工监测信息的获取、传输和处理完全实现自动化和智能化是可行的,同时也是必要的。现场的传感器系统在现场控制系统的指挥协调下,进行数据的采集,然后借助于网络自动把数据传送到研究中心,一个桥梁监测研究中心就可以实现众多桥梁的自动化监测。这样不仅方便、快捷,而且可以高效率地利用有限的资源。随着科学技术的发展,网络化仪器已经出现,监测领域正在兴起远程监测的热潮。

12.2.7 桥梁施工监控实例

1. 工程概况

武汉市轨道交通一号线二期工程跨江汉铁路货场桥梁采用预应力混凝土槽形梁与钢管

混凝土拱组合结构，跨径组合为：49.9m＋104.983m＋49.9m。桥址平面位于 S 型反向曲线上。桥型布置详见图 12.2.5。

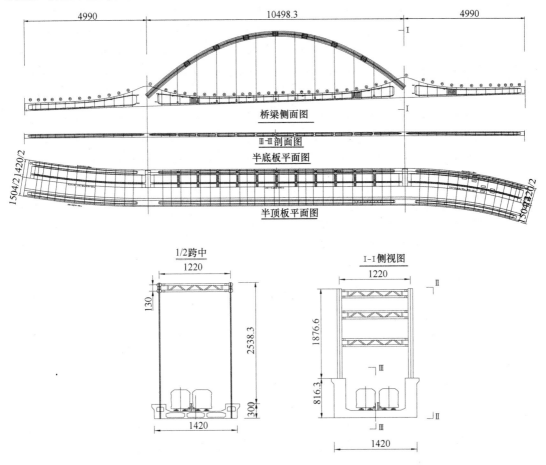

图 12.2.5　桥型布置示意图

主梁采用槽形梁结构，两侧主纵梁采用箱型截面，中支点处梁高 8.163m，跨中梁高 3.0m，中间以 4 次抛物线连接。中间桥面系采用等高度单箱三室箱型截面，梁高 1.5m。槽形梁截面顶宽 15.04m，底宽 14.2m。两侧主纵梁共设 4 道横隔板，边支点横隔板厚 1.5m，中支点横隔板厚 8.583m。对应桥面也设置 4 道横隔梁，边支座横隔梁厚 1.5m，中支点横隔梁厚 2.0m。各吊杆处共 11 道吊点横梁，吊点横梁高 1.5m，厚 0.5m，贯穿全截面。主梁共分 51 个梁段，边孔梁段编号为 LS1～LS12、RS1～RS12，中孔梁段编号为 LM1～LM12、RM1～RM12、MM13，梁拱结合部 0 号梁段编号为 L0、R0。0 号梁端长 11.983m，中孔、边孔合拢梁段长 2.0m，边孔直线段长 4.408m，其余梁段长分 3.0m、3.5m、4.0m 三种。主梁除 0 号梁、LS12、RS12 梁段在支架上施工外，其余梁段均采用挂篮悬臂浇筑。

主梁设纵向和竖向双向预应力，底板局部设置横向预应力筋。纵向预应力采用 $19\phi^s15.20mm$、$9\phi^s15.20mm$ 两种规格的钢绞线索。主梁竖向预应力采用 $\phi25mm$ 高强精轧螺纹钢筋。横向预应力在中支点两侧 42.983m 范围内设置，预应力采用 $4\phi^s15.20mm$

钢绞线。

拱肋采用钢管混凝土结构，计算跨度 $l=104.983$m，设计矢高 $f=23.33$m，矢跨比 $f/l=1:4.5$，拱轴线采用二次抛物线线型。拱肋于拱顶设置最大 0.042m 预拱度，施工矢高 $f=23.372$m。拱肋采用等高度哑铃形截面，截面高度 2.1m。拱肋弦管直径 $\phi 800$mm，由拱脚局部 16mm 厚、拱身 12mm 厚的钢板卷制而成，弦管之间用 $\phi=16$mm 厚、12mm 厚钢缀板连接，拱肋弦管及缀板内填充微膨胀 C50 混凝土。两榀拱肋间横向中心距 12.2m。拱肋钢管在工厂制作加工后，运至现场拼装，为便于运输，每榀拱肋划分为 9 运输节段（不含预埋段）。每榀拱肋上下弦管分别设一处灌注混凝土隔仓板和 22 道加劲钢箍；腹板内设 3 处灌注混凝土隔仓板，沿拱轴线均匀设置加劲拉筋，加劲拉筋间距为 0.50m。两榀拱肋之间共设 7 道横撑，横撑均采用空间桁架撑，各横撑由 4 根 $\phi 400\times 12$mm 主钢管和 32 根 $\phi 200\times 10$mm 连接钢管组成，钢管内部不填混凝土。

吊杆顺桥向间距 8m，全桥共设 11 对吊杆。吊杆采用 PES（FD）7-37 型低应力防腐拉索（平行钢丝束），外套复合不锈钢管，配套使用 LZM7-37 型冷铸镦头锚。吊杆上端穿过拱肋，锚于拱肋上缘张拉底座，下端锚于吊杆横梁下缘固定底座。

(1) 主要技术标准

1) 双线，线间距 3.7~3.95m，主桥平面位于反向 S 形曲线上，右线半径 350m，中间夹直线长 28.139m，第一、二孔位于 2.77％的纵坡上，第三孔位于竖曲线上（$R=3000$m）。轨面至梁顶高度：$H=0.54$m。

2) 设计行车速度：本桥为 35km/h。

3) 建筑限界：满足电力牵引铁路桥隧建筑限界高 6.55m。

4) 轨道类型：无砟轨道。

(2) 施工方法

主桥采用"先梁后拱"施工方法，主要施工步骤如下：利用挂篮悬臂浇筑主梁；合拢主梁边孔；合拢主梁中孔；在桥面架设支架，拼装钢管拱肋；依次灌注拱肋下弦管、上弦管、缀板内混凝土；按指定次序张拉吊杆，调整吊杆力；施工桥面系；张拉主梁后期钢索；调整吊杆力到设计索力。

2. 施工流程

施工流程如表 12.2.1 所示。

施工流程表　　　　　　　　　　　　　表 12.2.1

施工工序	简图
1st： 1. 施工主桥桥墩。 2. 安装临时支墩和中墩支座，浇注 L0、M0 梁段混凝土并预埋拱脚处主拱肋。 3. 待梁体混凝土达到设计强度、弹模的 90％及养护龄期不小于 7d 后，张拉相应的竖向、横向、纵向预应力钢束并及时压浆。	（E22#墩　E23#墩　E24#墩　E25#墩）

续表

施工工序	简图
2st： 1. 安装挂篮，对称浇注 LS1、LM1、RM1、RS1 段混凝土。 2. 待梁段混凝土达到设计强度的 90% 及养护龄期不小于 7d 后，张拉相应的竖向、横向、纵向预应力筋，并及时压浆。	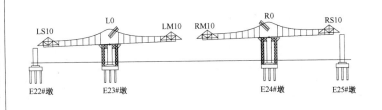
3st～11st： 1. 移动挂蓝，重复上述步骤，悬浇 LS2～LS10、LM2～LM10、RM2～RM10、RS2～RS10 梁段，每个节段待混凝土达到设计强度的 90% 及养护龄期不小于 7d 后，张拉相应的竖向、横向、纵向索，并及时压浆。	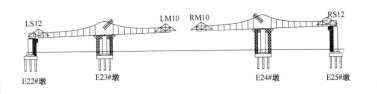
12st： 1. 在 E22 墩、E25 墩旁架设边孔梁段临时支架。 2. 安装支座，浇筑边孔梁段（LS12、RS12）混凝土。	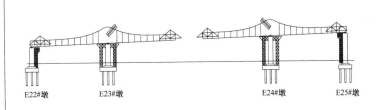
13st：边跨合拢（合拢温度：12～18℃） 1. 合拢段临时锁定。在非急剧变化之夜间低气温时浇筑合拢段 LS11、RS11。 2. 合拢段混凝土初凝并达到一定强度后，拆除中墩临时支墩，并解除活动支座的临时纵向约束。 3. 合拢段混凝土达到设计强度、弹模的 90% 后，张拉边跨相应竖向、纵向索，并及时压浆。 4. LS5～LS12、RS5～RS12 梁段内灌注铁砂混凝土，形成永久压重。 5. 撤除边跨支架。	

续表

施工工序	简图
14 st～15st： 1. 继续向中跨悬浇 LM11、LM12、RM11、RM12 梁段； 2. 待梁段混凝土达到设计强度的90%及养护龄期不小于7d后，分别张拉相应竖向、纵向索，并及时压浆。	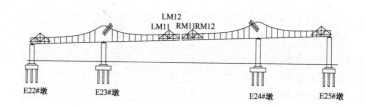
16st：中跨合拢（合拢温度：12～18℃） 1. 合拢段临时锁定。在非急剧变化之夜间低温时进行合拢段浇注。 2. 合拢段混凝土达到设计强度、弹模的90%且养护龄期不小于7d后，张拉竖向、纵向索，先长索，后短索，顶底板索交叉进行，并及时压浆。	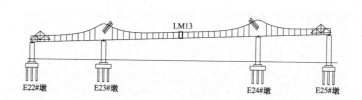
17st： 1. 保留边跨梁端挂篮、同时移中跨挂篮至两梁端； 2. 在桥面架设拼装拱肋的临时支架； 3. 拱肋钢管和横撑就位，自拱脚至拱顶调整拱肋线型及标高，临时焊接固定各拱肋及横撑，逐一将临时固定焊接成永久固定。	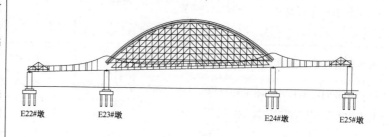
18st： 1. 拆除桥面临时支架。 2. 对称泵送拱肋下弦管内混凝土。 3. 待下弦管内混凝土达到设计强度后，对称泵送拱肋上弦管内混凝土。 4. 待上弦管内混凝土达到设计强度后，对称泵送缀板内混凝土。	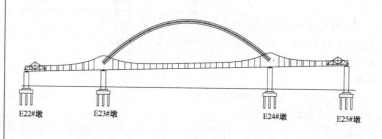

续表

施工工序	简图
19st: 1. 待拱肋缀板内的混凝土达到设计强度后，安装吊杆，按指定顺序逐根初张吊杆。 2. 拆除边跨挂篮。 20st：施工桥面系。 21st：吊杆索力调整。 22st：成桥。	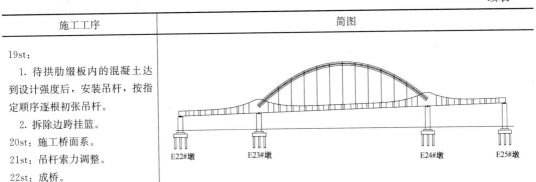

3. 施工监控的内容

本施工监控的主要内容如下：

1）根据设计图纸、施工组织设计等资料，撰写《武汉市轨道交通一号线二期工程跨江汉铁路货场桥梁施工监控大纲》。

2）施工过程中结构的理论计算。

3）施工过程中主梁平面线形监测。

4）施工过程中主梁标高监测。

5）施工过程中主梁控制截面应力监测。

6）施工过程中主梁浇筑立模标高预告。

7）施工过程中施工误差分析及成桥内力状态分析。

8）施工过程中参与每周一次的监理施工例会。

9）撰写《武汉市轨道交通一号线二期工程跨江汉铁路货场桥梁施工监控总结报告》。

4. 施工过程中结构的理论计算

对施工过程中每个阶段进行详细的变形计算和受力分析，是施工控制中最基本的内容之一，为了达到施工控制的目的，首先必须通过施工控制计算来确定桥梁结构施工过程中每个阶段在受力和变形方面的理想状态（施工节段理想状态），以此为依据来控制施工过程中每个阶段的结构行为，使其最终成桥线性和受力状态满足设计要求。由于混凝土材料的特性、施工误差是随机变化的，因而施工条件不可能是理想状态，为了解决上述问题，在对跨江汉铁路货场桥梁主桥施工监控理论计算中，本阶段从前进分析、倒退分析、实时跟踪分析这三方面入手，相互结合，实现成桥结构在线形、内力各方面满足设计要求的目标。

桥梁结构的稳定性关系到桥梁结构的安全。通过施工过程各阶段稳定分析计算（稳定安全系数），并结合结构应力、变形的监测数据综合评定，控制施工过程中各阶段结构的稳定性。

为了保证施工过程结构的安全，必须按照施工和设计所确定的施工工序，以及设计单位所提供的基本参数，对施工过程进行一次正装计算，得到各施工状态以及成桥状态下的结构受力和变形等状态控制参数，与设计单位相互校对确认无误后再作为施工控制的理论轨迹。

施工过程的理论计算采用 MIDAS Civil，并采用桥梁博士软件进行校核计算。图

12.1.6是采用MIDAS Civil软件建立的空间计算模型。图12.2.7是采用桥梁博士软件建立的平面计算模型。

5. 主桥结构部分设计参数的测定与取值

在进行结构设计时,结构设计参数主要是按规范取用,由于部分设计参数的取值一般小于实测值,因此,大多数情况下,采用规范设计参数计算的结构内力及位移较实测值大,这对设计是偏于安全的,但对于结构施工控制来说是不容忽

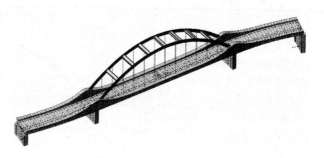

图12.2.6 MIDAS Civil空间计算模型

视的偏差,因为它将直接影响到成桥后结构线形及内力是否符合设计要求。因此,应对部分主要设计参数及时进行测定,以便在计算时对部分结构设计参数进行一次修正,从而进一步修正原结构线形,以保证该桥成桥后满足设计要求奠定基础。需测定的主要技术参数包括:

图12.2.7 桥梁博士平面计算模型

(1)混凝土弹性模量

混凝土弹性模量按照施工单位提供的弹性模量试验结果修正计算模型。表12.2.2列出了部分实测结果。

弹性模量试验结果 表12.2.2

实验日期	试件编号	龄期(d)	弹性模量(GPa)	
			单块值	代表值
2010.01.28	1	5	36	36
	2		36	
	3		37	
2009.10.11	1	28	45	43
	2		42	
	3		42	
2009.12.02	1	28	43	42
	2		40	
	3		41	
2009.12.06	1	28	45	43
	2		42	
	3		44	

续表

实验日期	试件编号	龄期（d）	弹性模量（GPa）	
			单块值	代表值
2009.12.11	1	28	43	45
	2		45	
	3		46	
2010.01.01	1	28	45	44
	2		43	
	3		43	
2010.01.14	1	28	46	45
	2		44	
	3		45	
2010.01.16	1	28	47	46
	2		44	
	3		47	

(2) 混凝土容重

根据现场箱梁尺寸实测，存在尺寸偏大情况，如果调整计算模型的截面尺寸，则调整的工作量将是巨大的，因此，实际计算中按实测尺寸计算主梁节段体积，超出部分采用调整混凝土容重的方法进行调整。

(3) 施工临时荷载

调查现场堆放的配重和施工机具、材料的位置、重量和堆放日期，然后在两个计算模型中施加临时荷载，以此修正理论计算值。

(4) 管道摩阻试验

本桥预应力管道设计采用塑料波纹管，设计取用值为：预应力筋与管道壁的摩擦系数 $\mu=0.23$，每米管道局部偏差对摩擦的影响系数 $k=0.0025$。经现场管道摩阻试验，得到 $\mu=0.2056$，$k=0.001828$，介于规范值与设计值之间。

6. 线形监控

(1) 主梁节段混凝土立模标高预测

在主梁的悬臂浇筑过程中，节段混凝土立模标高的合理确定，是关系到主梁的线形是否平顺、是否符合设计的一个重要问题。如果在确定立模标高时考虑的因素比较符合实际，而且加以正确的控制，则最终桥面线形较为良好；如果考虑的因素与实际情况不符合，控制不力，则最终桥面线形会与设计线形有较大的偏差。

立模标高并不等于设计中桥梁建成后的标高，而是需要设一定的预拱度，以抵消施工中产生的各种变性（挠度）。其计算公式如式（12.2.1）：

$$H_{lmi} = H_{sji} + \Sigma f_{1i} + \Sigma f_{2i} + f_{3i} + f_{4i} + f_{5i} + f_{gl} - f_{di} \qquad (12.2.1)$$

式中：H_{lmi} ——i 节段立模标高（节段上某确定位置）；

H_{sji} ——i 节段设计标高；

Σf_{1i} ——由各梁段自重在 i 节段产生的挠度总和；

Σf_{2i}——由张拉各节段预应力在 i 节段产生的挠度总和;

f_{3i}——混凝土收缩、徐变在 i 节段引起的挠度;

f_{4i}——施工临时荷载在 i 节段引起的挠度;

f_{5i}——使用荷载在 i 节段引起的挠度;

f_{gl}——挂篮变形值;

f_{di}——吊杆张拉后主梁变形值。

其中挂篮变形值 f_{gl} 是根据挂篮加载试验,综合各项测试结果,最后绘制出挂篮荷载—挠度曲线,进行内插而得。而 Σf_{1i}、Σf_{2i}、f_{3i}、f_{4i}、f_{5i}、f_{di} 六项在前进分析和倒退分析计算中已经加以考虑,倒退分析输出结果中的预抛高值 H_{ypgi} 就是这六项挠度总和。那么,式 (12.2.1) 可改写为:

$$H_{lmi} = H_{sji} + H_{ypgi} + f_{gl} \tag{12.2.2}$$

预计标高的计算公式为:

$$H_{yji} = H_{lmi} - f_{gl} - f_i \tag{12.2.3}$$

式中:H_{yji}——i 节段预计标高;

f_i——块件浇筑完后,i 节段的下挠度。

本阶段主梁每一节段混凝土立模标高经上面计算后,在每一节段施工前均下达《跨江汉铁路货场桥施工监控指令表》。汇总结果详见表 12.2.3。

立模标高预测调整量　　　　　　　　表 12.2.3

截面号	E23 墩		E24 墩	
	梁段号	预抛高（mm）		预抛高（mm）
6	LS10	−14	RS10	−18
7	LS9	−14	RS9	−13
8	LS8	−11	RS8	−11
10	LS7	−5	RS7	−5
11	LS6	−4	RS6	−4
13	LS5	12	RS5	−8
14	LS4	27	RS4	−9
16	LS3	11	RS3	−9
17	LS2	−7	RS2	−7
19	LS1	−5	RS1	−5
20	L0	−4	R0	/
32	L0	4	R0	/
33	LM1	6	RM1	9
35	LM2	10	RM2	12
36	LM3	28	RM3	13
38	LM4	20	RM4	20
39	LM5	28	RM5	28
41	LM6	38	RM6	38
42	LM7	45	RM7	45
44	LM8	44	RM8	45

续表

截面号	E23 墩		E24 墩	
	梁段号	预抛高（mm）		预抛高（mm）
45	LM9	46	RM9	44
46	LM10	48	RM10	42
48	LM11	30	RM11	30
49	LM12	38	RM12	48

（2）主梁标高监测

对于梁拱组合桥施工监控来说，主梁的线形观测是控制成桥线形最主要的依据。

1）测点布置

对于槽形主梁，根据连续梁桥悬浇施工的特点，每次浇筑一个节段梁，每个悬臂施工节段均为测试断面，考虑到槽形主梁可能发生扭转变形，每个断面布置4个测点。2个高程控制点布置在离节段混凝土块件前端10cm处，采用$\phi 16$钢筋在垂直方向与顶板的上下层钢筋点焊牢固，并严格要求垂直。测点（钢筋）露出箱梁混凝土表面2cm，要求将测头磨平并用红油漆标记。另2个测点用于控制底模标高。测点布置详见图12.2.8。

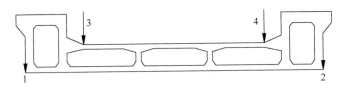

图 12.2.8 主梁标高测点布置

2）测试手段

采用普通水准仪测量能够达到精度要求，现场实际采用苏州一光 DSZ2 水准仪进行水准测量。为了尽量减少温度对观测的影响，观测时间统一安排在早晨太阳出来以前。

3）测试工况

主梁每一节段施工，需测量下述三个工况：

（a）挂篮前移并立模前后；

（b）节段混凝土浇筑完毕；

（c）节段预应力钢筋张拉完毕。

4）测量结果

对于E23墩，由于临时改变施工方案，1号段改为支架现浇施工，而且施工前钢管支架没有预压，预抛高量不足，0号块、1号段出现了较大沉降（最大处达3.6cm），其沉降量在2、3号节段施工时逐渐调整了过来。E23墩4号节段后、E24墩全部节段混凝土底板标高均在监控控制误差范围内。

（3）边跨合拢监控

边跨合拢时的标高变化情况见表12.2.4。由表列数据可知，E22～E23号墩边跨合拢前两侧断面实测高差为51mm，同理论计算高差相差2mm，满足规范规定的合拢要求，可以直接进行合拢。合拢后，实测的梁截面高差为48mm，同理论计算高差相差1mm，合拢控制精度满足施工控制要求。E24～E25号墩边跨合拢前两侧断面实测高差为41mm，同理论计算高差相差 1mm，满足规范规定的合拢要求，可以直接进行合拢。合拢后，实测的梁截面高差为 45mm，同理论计算高差相差 5mm。合拢控制精度满足施工控制要求。

边跨合拢标高变化表　　　　　　　　　　　　表 12.2.4

截面编号	E23-5~E23-6			E24-6~E24-5		
	E23-5	E23-6	截面高差（mm）	E24-5	E24-6	截面高差（mm）
理论计算梁底标高(m)	31.943	31.992	49	37.106	37.066	40
合拢前实测标高(m)	31.921	31.972	51	37.101	37.060	41
合拢后实测标高(m)	31.919	31.967	48	37.099	37.054	45

（4）中跨合拢监控

中跨合拢时的标高变化情况见表 12.2.5。由表列数据可知，中跨合拢前两侧断面实测高差为 56mm，同理论计算高差相差 7mm，满足规范规定的合拢要求，可以直接进行合拢。合拢后，实测的梁截面高差为 58mm，同理论计算高差相差 9mm。合拢控制精度满足施工控制要求。

中跨合拢标高变化表　　　　　　　　　　　　表 12.2.5

截面编号	E23-49	E24-49	截面高差（mm）
理论计算梁底标高（m）	34.616	34.665	49
合拢前实测标高（m）	34.612	34.668	56
合拢后实测标高（m）	34.609	34.667	58

（5）拱肋线形测量

1）空钢管拱肋架设竖向预抬量的确定

本桥采用先梁后拱的施工方法，在连续槽形梁桥面上搭设军用梁墩，军用梁墩的位置设在空钢管拱肋段接头处，采用军用梁连接军用梁墩，以保证整个支架的稳定性。由汽车吊直接将空钢管拱肋段吊装到支架上。经模型仿真计算并考虑军用梁墩的变形后，跨中接头处空钢管拱肋架设预抬量为 45mm，其余接头位置预抬量按二次抛物线确定。

2）拱肋平面线形

拱肋平面线形测量方法如下：在每个拱肋吊装段各焊接 1 个角钢，根据钢管拱施工方案，共有 10 个吊装段，共焊接 10 个角钢。角钢长 5~6cm，将小段钢尺固定于角钢上面，钢尺上面刻有 20×1mm=2cm 的均匀刻度。如图 12.2.9 所示。再用全站仪测出钢尺上刻度读数，即可测出各段拱肋的横向偏位。

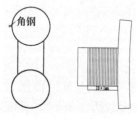

图 12.2.9　拱肋横截面及钢尺

（6）成桥线形测量

1）主梁平面线形

已经建成的主梁平面线形测量方法如下：先在桥面采用全站仪按 5m 一个点放样出主梁的设计中心线，然后采用钢尺直接测量主梁左、右两侧槽壁内侧的宽度，以此宽度中点作为实际主梁中心点，再测量实际主梁中心点与设计中心线之间的距离作为平面线形的中

线偏差。测量结果表明最大偏左值 3.2cm,最大偏右值 5cm,说明本次实测中线偏差较大。究其原因,分析如下:

(a) 严格地讲,桥梁中心线的测量应采用主梁底板中心点作为实际桥梁中心点,但是,实测过程中发现梁底中心线测量无法实施。所以实际测量中以桥面主梁左、右两侧槽壁间距作为主梁实际中心点,这与实际桥梁中心线之间会存在误差,因为测量中发现两侧槽壁混凝土存在跑模现象,如果一侧槽壁混凝土跑模多,另一侧少,就会造成实测中心点偏离。但由于主梁为槽形梁,在桥面上只能采用这个测量方法。

(b) 对于两个边跨,均处在曲线上,桥梁设计中心线是一条曲线,但实际施工时采用节段悬臂浇筑法,每个节段在施工时采用直线,也就是说是用分段直线代替曲线,经计算,以直代曲时,一个节段曲线与直线间的最大距离可达 1.2cm,即中心点偏差 1.2cm。

基于以上二点,本次中线测量结果虽然偏差较大,但不能完全代表实际情况。

2) 拱肋平面线形

拱肋平面线形测量结果如表 12.2.6 所示。表中误差值为以最小刻度 11mm 为基准点所得出的值,左侧拱肋平面线形最大误差为 4mm,右侧拱肋平面线形最大误差为 3mm,均小于设计文件规定容许值 5mm,满足设计要求。

拱肋上角钢刻度读数 表 12.2.6

位置		角钢上刻度尺读数(mm)	误差(mm)
左侧	DZ1	12	1
	DZ2	13	2
	DZ3	11	0
	DZ4	15	4
	DZ5	12	1
右侧	DZ1	11	0
	DZ2	14	3
	DZ3	13	2
	DZ4	11	0
	DZ5	12	1

3) 主梁标高

中跨合拢后以及吊杆第二次张拉后,对全桥线形进行了通测,结果表明实测标高同理论计算标高和设计文件规定值基本吻合,差值最大为 9mm,小于规范规定的限值±10mm。全桥实测标高平顺,线形无折角,表明本次施工监控线形目标顺利完成。

4) 拱肋标高

拱肋竖向线形采用 TOPCON-102N 全站仪测量。在桥面上架设全站仪,将棱镜分别置放在拱脚和各吊杆顶部位置进行测量,表 12.2.7 列出了实测拱肋顶高程及与理论高程的差值。各测点的具体位置详见图 12.2.10。从表 12.2.7 中可以看出,左侧拱肋竖向线形最大误差为 8mm,右侧拱肋平面线形最大误差为 7mm,均小于设计文件规定容许值 10mm,满足设计要求。

7. 控制截面应力监测

(1) 测点布置

根据梁拱组合桥的受力特点,主梁测试断面主要布置在支点、四分点和跨中附近,拱

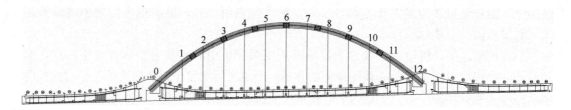

图 12.2.10 拱肋高程测点图

肋测试断面主要布置在拱脚、$L/4$、$L/2$、$3L/4$附近。测试截面位置见图 12.2.11,其中主梁布置 9 个测试断面,每个测试断面布置 12 个测点;拱肋布置 5 个测试断面,每个断面布置 4 个测点;各测试断面的测点布置详见图 12.2.12。

拱肋竖向线性数据　　　　　　　　表 12.2.7

测点编号	位置	理论高程(m)	左拱肋		右拱肋	
			实测高程(m)	误差(mm)	实测高程(m)	误差(mm)
0	23 号墩拱脚	40.968	40.968	0	40.965	−3
1	D1	48.828	48.828	0	48.830	2
2	D2	53.885	53.879	−6	53.891	6
3	D3	57.822	57.827	5	57.818	−4
4	D4	60.654	60.653	−1	60.650	−4
5	D5	62.394	62.391	−3	62.399	5
6	D6	63.062	63.069	7	63.065	3
7	D7	62.656	62.648	−8	62.649	−7
8	D8	61.200	61.203	3	61.193	−7
9	D9	58.701	58.706	5	58.698	−3
10	D10	55.150	55.147	−3	55.143	−7
11	D11	50.608	50.612	4	50.613	5
12	24 号墩拱脚	43.730	43.734	4	43.733	3

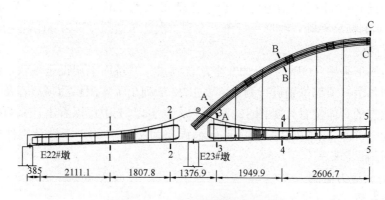

图 12.2.11 应变测试断面布置图

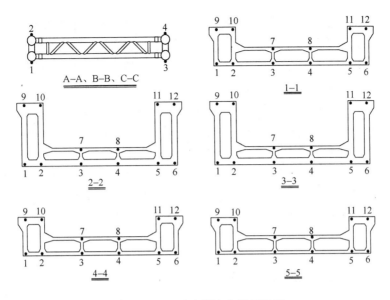

图 12.2.12 应变测点布置示意图

（2）测试手段

由于弦式应变计具有较好的长期稳定性，比较适合施工监测的要求，因此主要采用弦式应变计，对于主梁混凝土应变监测，采用 JMZX-215（A）智能弦式数码应变计，对于拱肋钢管应变监测，采用 JMZX-212（A）智能弦式数码应变计，这两种传感器除了能监测应变外，还带有温度测量功能。

（3）测试工况

由于测量数据较多，仅测量下述三个工况：

1）挂篮前移并立模前后；

2）节段混凝土浇筑完毕；

3）节段预应力钢筋张拉完毕。

（4）实测应力与理论计算值的比较

图 12.2.13 表示各测试截面代表性测点的应力实测值与理论计算值的对比。图中实测值是在现场实测数据的基础上，考虑了不同时间混凝土收缩、徐变和温度影响等的基础上处理后的结果。从图 12.2.13 可知：

1）二条曲线变化规律一致，说明实测值比较可靠。

2）除个别测点实测应力值与理论计算值相比误差率较大外，大部分测点实测应力值与理论计算值相比误差较小。

3）主梁所有测点实测值均小于零，说明主梁混凝土均处在受压状态，且应力幅值均未超过规范容许值，说明结构是安全的。

4）钢管混凝土拱在整个施工过程中均处于低应力状态，即钢管处在弹性工作阶段，安全储备系数较高。

对于实测应力值与理论计算值相比误差较大的原因分析如下：

1）应力幅值的绝对值较小，很小的应力差就会导致较大的误差率。

2）实测应变中包含了由于混凝土收缩、徐变引起应变增量部分，这部分应变不能直接测量得到,而采用理论计算值。实际结构的这部分应变与理论计算存在误差。

3) 桥面荷载的不确定性。桥面有很多施工机械、材料和配重等荷载,除配重按规定位置堆放外,其他荷载位置比较随意,其他荷载虽然不大,但也会导致理论计算值与实际情况出现偏差。

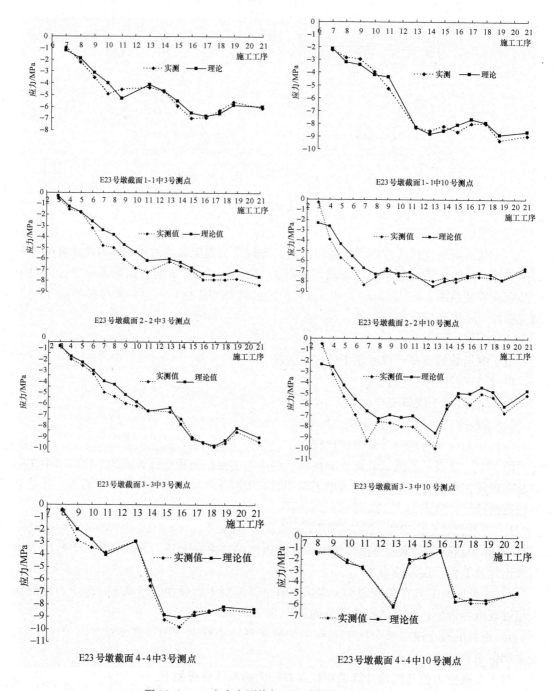

图 12.2.13 应力实测值与理论计算值的对比(一)

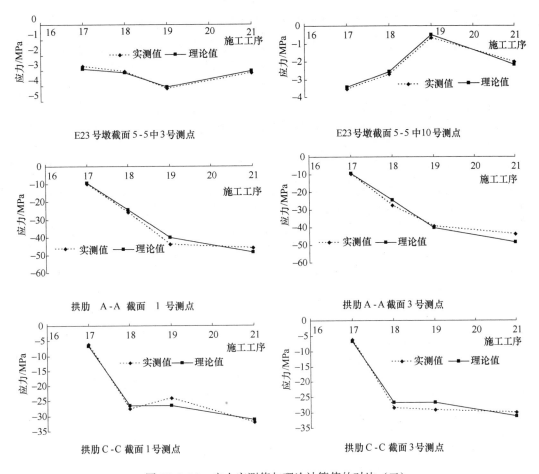

图 12.2.13 应力实测值与理论计算值的对比（二）

8. 吊杆索力

对于梁拱组合桥，拱肋由于受到主梁的水平反力的作用，拱内弯矩、剪力较小，主要以受压为主，可以充分发挥混凝土抗压性能好的优点；主梁直接承受桥面荷载，以受弯为主；吊杆的作用是将主梁上的部分竖向荷载传递到拱肋，使拱肋和主梁共同受力。通过合理布置吊杆和调整吊杆的张拉力，可以减小主梁的弯矩。吊杆的张拉力并不改变梁拱组合体系的弯矩包络图，但会引起梁、拱之间的内力重分布。因此，通过调整吊杆的张拉力，可以使主梁和拱肋中的内力分布均匀、合理，以满足施工期结构内力及成桥状态内力和线形的要求。因此，施工过程中的吊杆索力张拉控制就显得很重要。

（1）吊杆索力的张拉控制

施工过程中，吊杆是逐根张拉的，后期张拉的吊杆会影响先期张拉的吊杆力，使先期张拉的吊杆力减小。传统的方法是对每根吊杆分级多次张拉到位，以减小其对先期张拉吊杆力的影响。这种方法虽然有效，但施工工序多。本次施工控制时采用影响矩阵法，即根据计算模型和施工顺序，可以计算出后期吊杆张拉时对先期张拉吊杆力的影响系数，然后假定每根吊杆的初始张拉力，通过迭代计算，逐次逼近每根吊杆的初始张拉力。

（2）测试手段

张拉吊杆时，采用千斤顶油压和环境随机振动法综合测定吊杆张力。张拉吊杆时千斤顶油压和张拉力之间存在一一对应关系，通过测读千斤顶油压可以直接获知吊杆张拉力。环境随机振动法借助于索力动测仪（本桥施工监测采用JMM-268索力仪）测试。对于两端嵌固且自由振动的吊杆，由于其张力与其自振频率（基频）的平方成正比，将加速度计固定于吊杆上，测定其横向振动，索力动测仪可在采集吊杆的多谐振动曲线后通过频谱分析（FFT）得到吊杆的横向振动频率，利用索力与索的振动频率之间存在对应关系的特点，在已知索的长度、两端约束情况、分布质量等参数时，通过测量索的振动频率，计算出索的拉力。

(3) 测量结果

表12.2.8给出了吊杆两次张拉时的理论值与实测值的比较情况。由表列数据可知，吊杆实测值与理论值误差均在10%以内，满足桥梁施工规范要求。

吊杆索力测试结果 表12.2.8

吊杆编号	位置	吊杆第一次张拉完毕				吊杆第二次张拉完毕			
		实测值(kN)	一对吊杆力之和实测值(kN)	一对吊杆力之和理论值(kN)	相对误差	实测值(kN)	一对吊杆力之和实测值(kN)	一对吊杆力之和理论值(kN)	相对误差
D1	左	172.36	472.65	500	-5.47%	376.3	755.2	737	2.5%
	右	300.29				378.9			
D2	左	232.7	474.9	500	-5.02%	340.2	689.3	677	1.8%
	右	242.2				349.1			
D3	左	257.8	514.6	500	2.92%	338.5	678.4	675	0.5%
	右	256.8				339.9			
D4	左	263.28	491.02	500	-1.80%	347.0	705.9	701	0.7%
	右	227.74				358.8			
D5	左	235.6	475.3	500	-4.94%	341.0	696.3	705	-1.2%
	右	239.7				355.3			
D6	左	241.42	454.86	500	-9.03%	335.4	685.4	700	-2.1%
	右	213.44				350.0			
D7	左	218.29	463.75	500	-7.25%	325.9	672.9	686	-1.9%
	右	245.46				347.0			
D8	左	262.1	524.2	500	4.84%	322.3	657.4	663	-0.8%
	右	262.1				335.1			
D9	左	244.23	491.59	500	-1.68%	308.6	621.2	619	0.4%
	右	247.36				312.6			
D10	左	193.12	472.17	500	-5.57%	302.2	613.7	592	3.7%
	右	279.05				311.4			
D11	左	201.05	462.66	500	-7.47%	305.7	611.9	612	0.0%
	右	261.61				306.2			

9. 结论

1）本桥施工监控中选用的结构分析程序是合适的，且计算模型合理分析方法可靠，测试数据准确，为施工监控的成功奠定了基础。

2）施工监控期间一直坚持贯彻以下原则：在稳定性满足要求的前提下，对变形、应力进行双控，其中以变形控制为主，严格控制各个控制截面的挠度，同时兼顾应力发展情况。这一原则是完全正确的。

3）通过对各施工阶段主梁应力应变监测及其与理论计算值的比较，虽然个别测点应力误差率较大，但从实测数据可知，主梁混凝土均处在受压状态，应力幅值远未超过规范容许值，说明结构是安全的。拱肋应力状态监测结果表明结构的内力分布基本反映了结构设计及施工控制计算的预测，主要承重构件工作应力状态的发展及成桥初期结构的工作状态与理论计算基本相符，全桥主要承重结构均处于材料安全状态范围内，满足桥梁设计规范要求。

4）通过各施工节段主梁底板标高实测值与理论计算值的比较可知，除因 E23 号墩临时改变施工方案，导致 E23 墩 0 号块～3 号节段标高超出了监控容许值，但在后续施工工序中及时做了调整。成桥状态主梁的结构线形及桥面标高满足设计要求，符合桥梁设计及桥梁施工规范的规定。

5）左、右侧拱肋平面线形最大误差分别为 4mm、3mm，均小于设计文件规定容许值 5mm。左、右侧拱肋竖向线形最大误差分别为 8mm 和 7mm，均小于设计文件规定容许值 10mm。以上测量结果表明成桥状态拱肋的线形满足设计要求。

6）吊杆通过两次张拉后，各吊杆力实测值与设计值接近，误差均在 5% 以内，满足桥梁施工规范要求。

参 考 文 献

[1] 湖南大学等合编. 建筑结构试验(第二版). 北京：中国建筑工业出版社，1998
[2] 姚谦峰，陈平编，土木工程结构试验. 北京：中国建筑工业出版社，2003
[3] 周明华主编. 土木工程结构试验与检测. 南京：东南大学出版社，2002
[4] 朱伯龙主编. 结构抗震试验. 北京：地震出版社，1989
[5] 袁海军，姜红主编. 建筑结构检测鉴定与加固手册. 北京：中国建筑工业出版社，2003
[6] 杨学山编. 工程振动测量仪器和测试技术. 北京：中国计量出版社，2001
[7] 林圣华编. 结构试验. 南京：南京工学院出版社，1987
[8] 宋彧，李丽娟等编. 建筑结构试验. 重庆：重庆大学出版社，2001
[9] 王伯雄主编. 测试技术基础. 北京：清华大学出版社，2003
[10] 易成，谢和平等. 钢纤混凝土疲劳断裂性能与工程应用. 北京：科学出版社，2003
[11] 傅志方，华宏星编. 模态分析理论与应用. 上海：上海交通大学出版社，2000
[12] 易伟建. 钢筋混凝土简支方板强度与变形研究[硕士学位论文]. 长沙：湖南大学，1984
[13] 杨晓. 贺龙体育场大型现代空间结构设计与研究[硕士学位论文]. 长沙：湖南大学，2002
[14] 孔德仁，朱蕴璞等编. 工程测试技术. 北京：科学出版社，2004
[15] 王济川编. 建筑结构试验指导. 长沙：湖南大学出版社，1992
[16] 余红发编. 混凝土非破损测强技术研究. 北京：中国建材工业出版社，1999
[17] 王柏生主编. 结构试验和检测. 杭州：浙江大学出版社，2007
[18] 李忠献编. 工程结构试验理论与技术. 天津：天津大学出版社，2004
[19] 吴慧敏编. 结构混凝土现场检测技术. 长沙：湖南大学出版社，1988
[20] 曹树谦，张文德等编. 振动结构模态分析. 天津：天津大学出版社，2002
[21] [英]J. H. 邦奇著，王怀彬译. 结构混凝土试验. 北京：中国建筑工业出版社，1987
[22] 王娴明编. 建筑机构试验. 北京：清华大学出版社，1988
[23] [日]臼井支朗编. 信号分析. 北京：科学出版社，2001
[24] 王天稳主编. 土木工程结构试验. 武汉：武汉理工大学出版社，2003
[25] 邱法维，钱稼茹，陈志鹏著. 结构抗震实验方法. 北京：科学出版社 2000
[26] 姚振纲，刘祖华编. 建筑结构试验. 上海：同济大学出版社 1998
[27] 中华人民共和国行业标准. 建筑抗震试验方法规程 JGJ 101－96. 北京：中国建筑工业出版社，1997
[28] 中华人民共和国行业标准. 钢结构检测评定及加固技术规程 YB 9257－96. 北京：冶金工业出版社，1999
[29] 中华人民共和国行业标准. 砌体工程现场检测技术标准 GB/T 50315—2011. 北京：中国建筑工业出版社，2011
[30] 中华人民共和国行业标准. 混凝土结构试验方法标准 GB 50152－92. 北京：中国建筑工业出版社，1992
[31] 中华人民共和国行业标准. 回弹法检测混凝土抗压强度技术规程 JGJ/T 23－2001. 北京：中国建筑工业出版社，2001

[32] 李德寅，王邦楣等编. 结构模型试验. 北京：科学出版社，1996
[33] 马永欣，郑山锁编. 结构试验. 北京：科学出版社，2001
[34] 刘永森、王柏生、沈旭凯，环孔法测试混凝土工作应力试验研究，建筑结构学报，第27卷增刊，776－778＋782
[35] 张曙光主编，高剑平董世贵编写，建筑结构试验. 北京：中国电力出版社，2005
[36] 易伟建、张望喜，建筑结构试验. 北京：中国建筑工业出版社，2005
[37] 张令弥，振动测试与动态分析. 北京：航空工业出版社，1992
[38] 应怀樵，振动测试与分析. 北京：中国铁道出版社，1979
[39] 李德葆、沈观林、冯仁贤，振动测试与应变电测基础. 北京：清华大学出版社，1987
[40] 胡时岳、朱继梅，机械振动与冲击测试技术. 北京：科学出版社，1983
[41] 李方泽、刘馥清、王正，工程振动测试与分析. 北京：高等教育出版社，1992
[42] 熊仲明、王社良编著. 土木工程结构试验. 北京：中国建筑工业出版社，2006
[43] 宋彧、段敬民编著. 建筑结构试验与检测. 北京：人民交通出版社，2005
[44] 混凝土结构耐久性设计与施工指南 CECS 01-2004. 北京：中国建筑工业出版社，2005
[45] 回弹法检测混凝土抗压强度技术规程 JGJ/T 23—2011. 北京：中国建筑工业出版社，2011
[46] 钻芯法检测混凝土强度技术规程 CECS 03-2007. 北京：中国工程建设标准化协会，2007
[47] 超声-回弹综合法检测混凝土强度技术规程 CECS 02-2005. 北京：中国计划出版社，2005
[48] 超声法检测混凝土缺陷技术规程 CECS 21-2000. 北京：中国工程建设标准化协会，2001
[49] 后装拔出法检测混凝土强度技术规程 CECS 69-94. 北京：中国计划出版社，1995
[50] 预应力筋用锚具、夹具和连接器 GB/T 14370—2000. 北京：中国建筑工业出版社，2000
[51] 预应力筋用锚具、夹具和连接器应用技术规程 JGJ 85—2002. 北京：中国建筑工业出版社
[52] 钢结构工程施工质量验收规范 GB 50205—2001. 北京：中国计划出版社，2002
[53] 钢结构工程质量检验评定标准 GB 50221—2001. 北京：中国计划出版社，2002
[54] 网架结构工程质量检验评定标准 JGJ 78—91. 北京：中国建设出版社，1992
[55] 钢网架螺栓球节点用高强度螺栓 GB/T 16939—1997. 北京：中国标准出版社，1997
[56] 金属材料室温拉伸试验方法 GB/T 228—2002. 北京：中国标准出版社，2002
[57] 焊接接头拉伸试验方法 GB 2651—1989. 北京：中国标准出版社，2005
[58] 焊接接头机械性能试验取样方法 GB 2649—1989. 北京：中国标准出版社，2005
[59] 建筑钢结构焊接技术规程 JGJ 81—2002. 北京：中国建筑工业出版社，2003
[60] 紧固件机械性能螺栓、螺钉和螺柱 GB 3098.1—2000. 北京：中国标准出版社，2000
[61] 普通混凝土长期性能和耐久性能试验方法 GBJ 82—85. 北京：中国计划出版社，2012
[62] 康益群，叶为民编. 土木工程测试技术手册. 上海：同济大学出版社，1999
[63] 周颖，吕西林著. 建筑结果振动台模型试验方法与技术. 北京：科学出版社，2012
[64] 黄浩华著. 地震模拟振动台的设计与应用技术. 北京：地震出版社，2008
[65] 黄本才，汪丛军. 结构抗风分析原理及应用(第二版)[M]. 上海：同济大学出版社，2008
[66] 贺德馨. 风洞天平[M]. 北京：国防工业出版社，2001.
[67] 陈政清. 桥梁风工程[M]. 北京：人民交通出版社，2005.
[68] 埃米尔．希缪，罗伯特．H．斯坎伦．风对结构的作用—风工程导论[M]. 刘尚培，项海帆，谢霁明译. 上海：同济大学出版社，1992.
[69] [日]风洞实验指南研究委员会. 建筑风洞实验指南[M]. 孙瑛，武岳，曹正罡译. 北京：中国建筑工业出版社，2011.
[70] 中华人民共和国住房和城乡建设部. 中华人民共和国国家标准，建筑结构荷载规范 GB 50009—2012[S]. 北京：中国建筑工业出版社，2012

[71] 秦顺全. 桥梁施工控制——无应力状态法理论与实践[M]. 北京：人民交通出版社，2007.
[72] 葛耀君. 分段施工桥梁分析与控制[M]. 北京：人民交通出版社，2003
[73] 向中富. 桥梁施工控制技术[M]. 北京：人民交通出版社，2001
[74] 顾安邦，张永水. 桥梁施工监测与控制[M]. 机械工业出版社，2005
[75] 林元培. 卡尔曼滤波法在斜拉桥施工中的应用[J]，土木工程学报，1983，16(3)：7—14
[76] 葛耀君，项海帆. 大跨度桥梁工程控制的发展与展望[C]. 第十六届全国桥梁学术会议论文集（上），2004 长沙：284-296
[77] 武汉市轨道交通一号线二期工程跨江汉铁路货场桥施工监控报告[R]. 浙江大学土木工程测试中心．2010
[78] 赵宇. 不同动应力路径下粉土动力特性试验研究. 浙江大学，2007.6
[79] 沈扬，周建，张金良，张泉芳，龚晓南. 新型空心圆柱仪的研制与应用. 浙江大学学报（工学版），2007，41(9)：1450-1456
[80] 周建，张金良，沈扬，张泉芳. 原状软黏土空心圆柱试样制备研究. 岩土工程学报，2007，29(4)：618-621.
[81] 土工试验方法标准 GBT 50123—1999. 北京：中国计划出版社，1999
[82] 贾官伟，詹良通，陈云敏. 水位骤降对边坡稳定性影响的模型试验研究. 岩石力学与工程学报，2009，28(9)：1798-1803.
[83] 袁聚云. 土工试验与原理. 上海：同济大学出版社，2003
[84] 建筑基桩检测技术规范 JGJ 106—2014. 中国建筑工业出版社，2014
[85] 徐攸在，桩的动测新技术. 北京：中国建筑工业出版社，2014
[86] 王雪峰，基桩动测技术. 北京：科学出版社，2001
[87] 王腾，王奎华. 任意段变截面桩纵向振动的半解析解及应用[J]. 岩土工程学报，2000，22(6)：654-658
[88] 王奎华，谢康和，曾国熙. 变截面阻抗桩受迫振动问题解析解及应用. 土木工程学报，1998，31(6)：56-67
[89] 王礼立. 应力波基础. 北京：国防工业出版社，1985
[90] 吴世明等. 土介质中的波. 北京：科学出版社，1997
[91] 建筑基坑工程监测技术规范 GB 50497—2009. 中国建筑工业出版社，2009
[92] 刘俊岩，建筑基坑工程监测技术规范实施手册. 北京：中国建筑工业出版社，2010
[93] 夏才初，土木工程监测技术. 北京：中国建筑工业出版社，2001
[94] 宰金珉，岩土工程测试与监测技术. 北京：中国建筑工业出版社，2008
[95] 李方泽，刘馥清，王正. 工程振动测试与分析. 北京：高等教育出版社，1992